U0270331

复合材料手册 1

【美】CMH-17协调委员会 编著

汪海 沈真 等译

共 6 卷

聚合物基复合材料
—— 结构材料表征指南

Polymer Matrix Composites

Guidelines for Characterization of Structural Materials

内容提要

本书是《复合材料手册》(以下简称 CMH－17)的第 1 卷,主要包括用于确定聚合物基复合材料体系及其组分,以及一般结构元件性能的指南,即试验计划、试验矩阵、取样、浸润处理、选取试验方法、数据报告、数据处理、统计分析以及其他相关的专题,并对数据的统计处理和分析给予了特别的关注,还包括了产生材料表征数据的一般指南,以及将相关材料数据在 CMH－17 中发布的特殊要求。

本书可供材料领域及其相关行业的工程技术人员、研发人员、管理人员,以及高等院校相关专业师生参考使用。

Originally published in the English language by SAE International, Warrendale, Pennsylvania, USA, as *Composite Materials Handbook*, *Volume 1*: *Polymer Matrix Composites*: *Guidelines for Characterization of Structural Materials*. Copyright 2012 Wichita State University/National Institute for Aviation Research.

上海市版权局著作权合同登记号:09－2013－910

图书在版编目(CIP)数据

复合材料手册:聚合物基复合材料. 第 1 卷. 结构材料表征
指南/美国 CMH－17 协调委员会编著;汪海等译. —上海:
上海交通大学出版社,2014(2017 重印)
ISBN 978－7－313－11493－8

Ⅰ.①复… Ⅱ.①美…②汪… Ⅲ.①聚合物-复合材料-
指南 Ⅳ.①TB33－62

中国版本图书馆 CIP 数据核字(2014)第 281789 号

复合材料手册 第 1 卷
聚合物基复合材料
——结构材料表征指南

编　　著:【美】CMH－17 协调委员会	译　者:汪　海　沈　真　等
出版发行:上海交通大学出版社	地　址:上海市番禺路 951 号
邮政编码:200030	电　话:021－64071208
出 版 人:郑益慧	
印　　制:上海盛通时代印刷有限公司	经　销:全国新华书店
开　　本:787mm×1092mm　1/16	印　张:41.75
字　　数:821 千字	
版　　次:2014 年 12 月第 1 版	印　次:2017 年 4 月第 2 次印刷
书　　号:ISBN 978－7－313－11493－8/TB	
定　　价:248.00 元	

版权所有　侵权必究
告读者:如发现本书有印装质量问题请与印刷厂质量科联系
联系电话:021－37910000×8050

《复合材料手册》（CMH－17G）译校工作委员会

顾 问 林忠钦 姜丽萍 郭延生

主 任 汪 海 沈 真

成 员（按姓氏笔画排列）

丁惠梁 白嘉模 朱 珊 杨楠楠

李新祥 沈 真 汪 海 宋恩鹏

张开达 陈普会 徐继南 梁中全

童贤鑫 谢鸣九

《复合材料手册》第1卷
译校人员

第1章 总论
  翻译 **沈 真**   校对 **梁中全**

第2章 复合材料性能测试指南
  翻译 **沈 真**   校对 **梁中全**

第3章 增强纤维的评定
  翻译 **刘钟铃**   校对 **沈 真**

第4章 基体表征
  翻译 **李国明**   校对 **沈 真**

第5章 预浸材料表征
  翻译 **向 媛**   校对 **白嘉模**

第6章 单层、层压板和特殊形式结构的表征
  翻译 **沈 真**   校对 **沈 真**

第7章 结构元件表征
  翻译 **谢鸣九**   校对 **张开达**

第8章 统计方法
  翻译 **叶 强**   校对 **陈普会**

译　者　序

　　1971 年 1 月，《美国军用手册》第 17 分册(MIL－HDBK－17)第一版 MIL－HDBK－17A《航空飞行器用塑料》(*Plastics for Air Vehicles*)正式颁布。当时，手册中几乎没有关于复合材料的内容。随着先进复合材料在美国军用飞机上的用量迅速增大，美国于 1978 年在国防部内成立了《美国军用手册》第 17 分册协调委员会。1988 年，该委员会颁布了 MIL－HDBK－17B，并把手册名称改为《复合材料手册》(*Composite Materials Handbook*)。近年来，先进复合材料在结构上的应用重心开始从最初的军用为主向民用领域转变，用量也迅速增加。为了适应这种变化，该委员会的归口管理机构于 2006 年从美国国防部改为美国联邦航空局，并退出军用手册系列，改为 CMH－17(Composite Materials Handbook－17)，但协调委员会的组成保持不变，继续不断地将新的材料性能和相关研究成果纳入手册。2012 年 3 月起，该委员会陆续颁布了最新的 CMH－17G 版，用以替代 2002 年 6 月颁布的 MIL－HDBK－17F。

　　在过去的四十多年里，大量来自工业界、学术界和其他政府机构的专家参与了该手册的编制和维护工作。他们在手册中建立和规范化了复合材料性能表征标准，总结了复合材料和结构在设计、制造和使用维护方面的工程实践经验。这些持续的改进最终都体现在了 MIL－HDBK－17(或 CMH－17)的多次改版和维护上，并极大地推动了先进复合材料(特别是碳纤维增强树脂基复合材料)在美国和欧洲航空航天及相关工业领域的广泛应用。

　　由于手册中收录的数据在测试、处理和使用等各个环节上完全符合相关规范和标准，收录的设计、分析、试验、制造和取证等方法均经过严格验证，因此，该手册在权威性和实用性方面超越了其他所有手册，成为美国联邦航空局(Federal Aviation Administration, FAA)适航审查部门认可的具有重要指导意义的文件，在国际航空航天和复合材料工业界得到广泛应用，甚至被誉为"复合材料界的圣经"。

最新版 CMH-17G 共分为 6 卷。名称如下：

第 1 卷 《聚合物基复合材料——结构材料表征指南》

第 2 卷 《聚合物基复合材料——材料性能》

第 3 卷 《聚合物基复合材料——材料应用、设计和分析》

第 4 卷 《金属基复合材料》

第 5 卷 《陶瓷基复合材料》

第 6 卷 《复合材料夹层结构》

相比 MIL-HDBK-17F 版，CMH-17G 无论在内容完整性还是在对工程设计的具体指导方面，都有较大变化。特别是在聚合物基复合材料性能表征、结构设计与应用等方面，增加了大量最新研究成果，还特别对原来的 MIL-HDBK-23（复合材料夹层结构）进行了更新，并纳入为 CMH-17G 版的第六卷。

CMH-17G 是对美国和欧洲过去四十多年复合材料及其结构设计与应用研究经验的全面总结，也是美国陆海空三军、NASA（美国国家航空航天局）、FAA 及工业部门应用复合材料及其结构最具权威性的手册。虽然手册中多数信息和内容来自航空航天领域研究成果，但其他所有使用复合材料及其结构的工业领域，无论是军用还是民用，都会发现本手册是非常有价值的。

鉴于本手册对我国研发和广泛应用先进复合材料结构具有重要意义，在上海市科学技术委员会的支持下，上海航空材料与结构检测中心与上海交通大学航空航天学院民机结构强度综合实验室联合组织国内长期从事先进复合材料研究和应用的专家翻译了本手册。

本手册经原著版权持有者——美国 Wichita 州立大学国家航空研究院（NIAR，National Institute of Aviation Research）授权，经与 SAE International 签订手册中文版版权转让协议后，在其 2012 年 3 月陆续出版的 CMH-17G 英文版基础上翻译完成。

本手册的翻译出版得到了上海交通大学出版社和江苏恒神纤维材料有限公司的大力支持，在此一并表示感谢。同时，也对南京航空航天大学乔新教授为本手册做出的贡献表示感谢。

译校工作委员会

2014 年 4 月

序

    《复合材料手册》(CMH‐17)为复合材料结构件的设计和制造提供了必要的资讯和指南。其主要作用是：①规范与现在和未来复合材料性能测试、数据处理和数据发布相关的工程数据生成方法，并使之标准化。②指导用户正确使用本手册中提供的材料数据，并为材料和工艺规范的编制提供指南。③提供复合材料结构设计、分析、取证、制造和售后技术支持的通用方法。为实现上述目标，手册中还特别收录了一些满足某些特殊要求的复合材料性能数据。总之，手册是对快速发展变化的复合材料技术和工程领域最新研究进展的总结。随着有关章节的增补或修改，相关文件也将处于不断修订之中。

CMH‐17 组织机构

    《复合材料手册》协调委员会通过深入总结技术成果，创建、颁布并维护经过验证的、可靠的工程资讯和标准，支撑复合材料和结构的发展与应用。

CMH‐17 的愿景

    《复合材料手册》成为世界复合材料和结构技术资讯的权威宝典。

CMH‐17 组织机构工作目标

    ● 定期约见相关领域专家，讨论复合材料结构应用方面的重要技术条款，尤其关注那些可在总体上提升生产效率、质量和安全性的条款。

    ● 提供已被证明是可靠的复合材料和结构设计、制造、表征、测试和维护综合操作工程指南。

    ● 提供与工艺控制和原材料相关的可靠数据，进而建立一个可被工业部门使用的完整的材料性能基础值和设计信息的来源库。

    ● 为复合材料和结构教育提供一个包含大量案例、应用和具体工程工作参考方案的来源库。

- 建立手册资讯使用指南,明确数据和方法使用限制。
- 为如何参考使用那些经过验证的标准和工程实践提供指南。
- 提供定期更新服务,以维持手册资讯的完整性。
- 提供最适合使用者需要的手册资讯格式。
- 通过会议和工业界成员交流方式,为国际复合材料团体的各类需求提供服务。

与此同时,也可以使用这些团队和单个工业界成员的工程技能为手册提供资讯。

注释

(1) 已尽最大努力反映聚合物(有机)、金属和陶瓷基复合材料的最新资讯,并将不断对手册进行审查和修改,以确保手册完整反映最新内容。

(2) CMH－17 为聚合物(有机)、金属和陶瓷基复合材料提供了指导原则和材料性能数据。手册的前三卷目前关注(但不限于)的主要是用于飞机和航天飞行器的聚合物基复合材料,第 4,5 和 6 卷则相应覆盖了金属基复合材料(MMC)、包括碳-碳复合材料(C－C)在内的陶瓷基复合材料(CMC)及复合材料夹层结构。

(3) 本手册中所包含的资讯来自材料制造商、工业公司和专家、政府资助的研究报告、公开发表的文献,以及参加 CMH－17 协调委员会活动的成员与研究实验室签订的合同。手册中的资讯已经经过充分的技术审查,并在发布前通过了全体委员会成员的表决。

(4) 任何可能推动本手册使用的有益的建议(推荐、增补、删除)和相关的数据可通过信函邮寄到:

CMH－17 Secretariat,MaterialsSciences Corporation,135 Rock Road,Horsham,PA 19044,

或通过电子邮件发送到:handbook@materials-sciences.com.

致谢

来自政府、工业界和学术团体的自愿者委员会成员帮助完成了本手册中全部资讯的协调和审查工作。正是由于这些志愿者花费了大量时间和不懈的努力,以及他们所在的部门、公司和大学的鼎力支持,才确保了本手册能够准确、完整地体现当前复合材料界的最高水平。

《复合材料手册》的发展和维护还得到了材料科学公司手册秘书处的大力支持,美国联邦航空局为该秘书处提供了主要资金。

目　　录

第1章 总 论

1.1 手册介绍

以统计为基础的标准化材料性能数据是进行复合材料结构研制的基础;材料供应商、设计工程师、制造部门和结构最终用户都需要这样的数据。此外,复合材料结构的高效研制和应用,必须要有可靠且经验证过的设计与分析方法。本手册的目的是要在下列领域提供全面的标准化做法:

（1）用于研制、分析和颁布复合材料性能数据的方法。

（2）基于统计基础的复合材料性能数据组。

（3）对采用本手册颁布的性能数据的复合材料结构,进行设计、分析、试验和支持的通用程序。

在很多情况下,这种标准化做法的目的是阐明管理机构的要求,同时为研制满足客户需求的结构提供有效的工程实践经验。

复合材料是一个正在成长和发展的领域,随着其变得成熟并经验证可行,手册协调委员会正在不断地将新的信息和新的材料性能纳入手册。虽然多数信息的来源和内容来自于航宇应用,但所有使用复合材料及其结构的工业领域,不管是军用还是民用,都会发现本手册是有用的。本手册的最新修订版包括了更多与非航宇领域应用有关的信息,随着本手册的进一步修订,将会增加非航宇领域使用的数据。

Composite Materials Handbook-17(CMH-17)一直是由国防部和 FAA 共同编制和维护的,包括了大量来自工业界、学术界和其他政府机构的参与者。虽然最初复合材料在结构上的应用主要是军用,但最近的发展趋势表明,这些材料在民用领域的应用越来越多。这种趋势促使本手册的正式管理机构于 2006 年已从国防部改为 FAA,手册的名称也由 Military Handbook-17 改为 Composite Materials Handbook-17,但手册的协调委员会和目的保持不变。

1.2 手册内容概述

Composite Materials Handbook-17 由 6 卷本的系列丛书构成。

第1卷　聚合物基复合材料——结构材料表征指南（Volume 1：Polymer Matrix Composites—Guidelines for Characterization of Structural Materials）

第1卷包括了用于确定聚合物基复合材料体系及其组分，以及一般结构元件性能的指南，包括试验计划、试验矩阵、取样、浸润处理、选取试验方法、数据报告、数据处理、统计分析以及其他相关的专题。对数据的统计处理和分析给予了特别的关注。第1卷包括了产生材料表征数据的一般**指南**和将材料数据在CMH-17中发布的**特殊要求**。

第2卷　聚合物基复合材料——材料性能（Volume 2：Polymer Matrix Composites—Material Properties）

第2卷中包含了以统计为基础的聚合物基复合材料数据，它们满足CMH-17特定的母体取样要求与数据文件要求，涵盖了普遍感兴趣的材料体系。由于G修订版的出版，在第2卷中发布的数据归数据审查工作组管辖，并且由总的CMH-17**协调组**批准。随着数据成熟并得到批准，新的材料体系和现有材料体系的附加材料数据也将会被收录进去。尽管不符合当前的数据取样、试验方法或文件的要求，本卷仍收入一些从原版本中选出，且工业界感兴趣的数据。

第3卷　聚合物基复合材料——材料应用、设计和分析（Volume 3：Polymer Matrix Composites—Material Usage，Design，and Analysis）

第3卷提供了用于纤维增强聚合物基复合材料结构设计、分析、制造和外场支持的方法与得到的经验教训，还给出了有关材料与工艺规范，以及如何使用第2卷中列出数据的指南。所提供的信息与第1卷中给出的指南一致，并详尽地汇总了活跃在复合材料领域，来自工业界、政府机构和学术界的工程师与科学家的最新知识与经验。

第4卷　金属基复合材料（Volume 4：Metal Matrix Composites）

第4卷公布了有关金属基复合材料体系的性能，这些数据满足本手册的要求，并能获取。还给出了经挑选出与这类复合材料有关其他技术专题的指南，包括典型金属基复合材料的材料选择、材料规范、工艺、表征试验、数据处理、设计、分析、质量控制和修理。

第5卷　陶瓷基复合材料（Volume 5：Ceramic Matrix Composites）

第5卷公布了有关陶瓷基复合材料体系的性能，这些数据满足本手册的要求，并能获取。还给出了经挑选出与这类复合材料有关其他技术专题的指南，包括典型陶瓷基复合材料的材料选择、材料规范、工艺、表征试验、数据处理、设计、分析、质量控制和修理。

第6卷　复合材料夹层结构（Volume 6：Structrural Sandwich Composites）

第6卷是对已撤销Military Handbook 23的更新，它的编撰目的是用于结构夹层聚合物基复合材料的设计，这种材料主要用于飞行器。给出的信息包括军用和民用飞行器中夹层结构的试验方法、材料性能、设计和分析技术、制造方法、质量控制和检测方法，以及修理技术。

1.3 第 1 卷的目的和范围

第 1 卷给出了适用于聚合物基复合材料各种需求的材料表征、试验方法和数据生成的指南,它包括用于获取组分材料(即纤维、基体)、复合的材料形式(如预浸料)和固化后单层与层压板数据的方法。给出的信息范围是复合材料结构研制程序时通常使用的试验类型、环境调节方法和数据处理技术。虽然本卷包括了一些结构复杂性更高级别试验的指南(即层压板、连接等),但主要聚焦于材料级别的性能表征,并特别关注确定性能值时通常所用的统计方法,以及对发布在本手册第 2 卷中数据的具体要求。

本手册强调对材料基准值(材料许用值)和设计值进行了区分。本手册,特别是本卷聚焦于材料基准值,它是复合材料体系性能的统计下限估计值,如图 1.3 所示。设计值的基础虽然是材料基准值,但满足规章要求的设计值与应用密切相关,并必须考虑很多会影响结构强度与刚度的附加因素。确定具体应用的设计值时,还可能有很多适航与采购部门提出的附加要求,它已超出了 CMH - 17 的范围(具体的指南见 CMH - 17 第 3 卷第 3 章)。

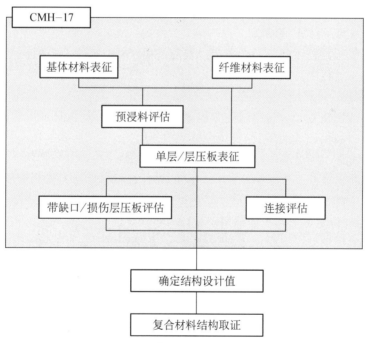

图 1.3 阴影部分是 CMH - 17 第 1 卷的重点,第 3 卷覆盖了结构和取证的内容

虽然建立具体结构应用设计值的过程起始于第 2 卷中包含的数据,但多数应用需要收集更多的数据,特别是层压板和结构复杂程度更高级别的数据。同时必须要向适航或采购部门证明,能制造出与第 2 卷中数据等同的材料,它通常只涉及有限的试验及数据对比。第 1 卷介绍了这种材料/工艺等同性评估的通用指南,但这种

评估的很多细节有待于适航或采购部门的判断。

多数适航和采购部门对关键结构应用,喜欢采用(某些可能要求)按第 1 卷中给出的试验和分析指南来表征的复合材料体系。若无法遵循 CMH‑17 的指南或数据要求,应与适航或采购部门接触,来确定数据要求和其他文件,它们对判断结构研制过程中提出或使用的数据值是否合理可能是必需的。

1.4　文件的使用与限制

1.4.1　使用第 1～3 卷的路线图

以下各页中,提供了一些概要的路线图,用以简要说明本文件中涉及以下问题的相关各节。这些路线图是本手册的简要指南,因此,虽然它们指出了这些问题的一般处理流程,但没有给出在实际处理时所需的详细处理流程。在某些情况下没有包括一些较小的节,对此,读者可参见手册完整的内容目录。

♯1 路线图:新材料在设计和结构验证中的应用

这个路线图覆盖了新材料的鉴定、建立材料许用值和结构设计值,以及对用新材料制造的结构进行设计、分析及取证的问题,通常设计部门会使用本路线图。

♯2 路线图:新材料的鉴定

这个路线图覆盖了新材料的鉴定以及制订相应材料采购规范的流程,通常设计部门会使用本路线图。

♯3 路线图:单层级许用值的建立

这个路线图覆盖了为材料确定单层级材料许用值的流程,它可供希望为客户提供许用值的材料供应商使用,也可供设计部门使用。

♯4 路线图:为新材料建立提交给第 2 卷的数据

这个路线图覆盖了为建立提交给本手册,来计算材料性能和许用值的材料数据,然后收入第 2 卷的流程。这个路线图可供材料供应商使用,也可供设计部门使用。

♯5 路线图:将第 2 卷的数据用于设计与结构验证

这个路线图覆盖了获得第 2 卷用数据,以及进行"等同性"试验,以确认能将此材料用于制造商生产过程的流程。

♯6 路线图:验证材料和/或工艺过程变更后的等同性

这个路线图覆盖了在对材料或对零件生产过程进行较小更改后,验证其等同性的流程。这个路线图可供材料供应商或设计部门使用。

♯7 路线图:对"第 2 来源"材料进行使用验收的验证

对将新材料取代原来的材料而用于零件设计和取证的情况,这个路线图覆盖了验证其可接受性的流程。"新"材料是指不同的纤维或树脂材料,或者指对原来的材料有重大变更。这个路线图通常供设计部门使用。

♯8 路线图:螺接连接试验与分析方法

这个路线图覆盖了螺接连接许用值和设计值的确定,以及螺接连接设计与分析问题。

♯9 路线图:胶接连接试验与分析方法

这个路线图覆盖了胶接连接许用值和设计值的确定,以及胶接连接的设计与分析问题。

♯10 路线图:修理的设计、分析及制作

这个路线图覆盖了复合材料层压板修理时,其许用值和设计值的确定,以及修理的设计、分析与制作问题。

♯1 路线图:新材料在设计和结构验证中的应用

建立具体结构应用的设计准则和适航审定方法

审查积木式方法
    第 3 卷第 4 章

材料鉴定
    见路线图　♯2

建立单层级许用值
    见路线图　♯3

建立层压板级许用值
    无缺口拉伸、压缩、剪切
    第 1 卷第 6 章(程序类似于路线图　♯3)

建立结构设计数据
    断裂韧性   (第 1 卷 6.8.6 节)
    冲击后强度   (第 1 卷 7.7 节)
    缺口拉伸和压缩   (第 1 卷 7.4 节)
    螺接连接   (第 1 卷 7.5 节)
    胶接连接   (第 1 卷 7.6 节)
    疲劳   (第 1 卷 2.5.14 节和第 3 卷第 12 章)   (F 版的第 3 卷第 7 章)
    损伤容限   (第 3 卷第 12 章)   (F 版的第 3 卷第 7 章)

进行结构设计和分析
    设计   (第 3 卷第 7 章)   (F 版的第 3 卷第 12 章)
    层压板强度   (第 3 卷第 8 章)   (F 版的第 3 卷第 5 章)
    压缩屈曲/压损   (第 3 卷第 9 章)   (F 版的第 3 卷 5.7 节)
    胶接连接   (第 3 卷第 10 章)   (F 版的第 3 卷 6.2 节)
    螺接连接设计   (第 3 卷第 11 章)   (F 版的第 3 卷 6.3 节)
    疲劳   (第 3 卷第 12 章)   (F 版的第 3 卷第 7 章)
    损伤容限   (第 3 卷第 12 章)   (F 版的第 3 卷第 7 章)
    修理   (第 3 卷第 14 章)   (F 版的第 3 卷第 8 章)
    厚截面复合材料   (第 3 卷第 15 章)   (F 版的第 3 卷第 10 章)

♯2 路线图:新材料的鉴定

编制材料和工艺规范
 第1卷 2.3.3 和 8.4.1 节(概述)
 第3卷 5.11 节(具体) （F 版的第 3 卷 2.11 节）

建立质量保证/质量控制程序,材料验收试验
 第1卷 2.3.3 节
 第3卷 5.11 节 （F 版的第 3 卷 2.11 节）
 第3卷第 5 章 （F 版的第 3 卷第 3 章）

定义试验矩阵
 第1卷 2.3.2 和 2.3.3 节

定义试验方法
 第1卷第 3～6 章

购买材料(多批)
进行试验

试验数据处理和正则化
 第1卷 2.4 节

计算材料规范的验收值
 第1卷 8.4.1 节

#3 路线图:单层许用值的确定

建立材料和工艺规范
　　第 3 卷 5.11 节

建立质量保证(QA)/质量控制程序(QC),确定材料验收试验
　　第 1 卷 2.3.3 和 8.4.1 节
　　第 3 卷 5.11 节　　　　　　　　　　　(F 版的第 3 卷 2.11 节)
　　第 3 卷第 5 章　　　　　　　　　　　(F 版的第 3 卷第 3 章)

定义试验矩阵
　　第 1 卷 2.2 节(编制计划)
　　第 1 卷 2.3.2 和 8.2 节(试验矩阵)

定义试验方法
　　第 1 卷第 3～6 章

购买材料(多批)
进行试验
　　若需要,适航机构目视见证

试验数据处理和正则化
　　第 1 卷 2.4 节

计算许用值
　　第 1 卷 8.3.1～8.3.4, 8.3.6 节
　　(对每种环境条件计算单独的许用值)
　　第 1 卷 8.3.1～8.3.4, 8.3.5 节
　　(对包括所有环境条件的汇总数据的许用值计算)
　　第 1 卷 8.3.7 节
　　(回归型铺层参数的许用值)

♯4 路线图：为新材料建立提交第 2 卷使用的数据

审查编制数据文件的流程并提交
第 1 卷 2.5 节
同时参见 www.cmh17.org

编制材料和工艺规范
第 3 卷 5.11 节 （F 版的第 3 卷 2.11 节）
（若由材料供应商编制，则为样板规范）

建立质量保证(QA)/质量控制(QC)程序，确定材料验收试验
第 1 卷 2.3.3 和 8.4.1 节
第 3 卷 5.1.1 节 （F 版的第 3 卷 2.11 节）
第 3 卷第 5 章 （F 版的第 3 卷第 3 章）

定义试验矩阵
第 1 卷 2.3.2 和 2.2 节 （编制计划）
第 1 卷 2.3.2 和 8.2 节 （试验矩阵）
第 1 卷 2.5 节 （提交数据）

定义试验方法
第 1 卷第 3～7 章

进行试验
若需要，适航机构目视见证
收集要求的所有数据
确认数据

试验数据处理和建立数据文件
第 1 卷 2.4～2.5 节

向 CMH17 秘书处提交数据

♯5 路线图:将第 2 卷的数据用于设计与结构验证

获得原来材料数据源的第 2 卷数据
获得相应于第 2 卷中数据的材料采购和工艺信息

编制材料和工艺规范
　　第 3 卷 5.11 节　　　　　　　　　　　　　　　(F 版的第 3 卷 2.11 节)

建立质量保证(QA)/质量控制(QC)程序,确定材料验收试验
　　第 1 卷 2.3.3 节和 8.4.1 节
　　第 3 卷 5.1.1 节,第 5 章　　　　　　　　　(F 版的第 3 卷 2.11 节,第 3 章)

评估原来数据源的铺层与固化工艺和"新"制造商工艺的差别

定义等同性试验矩阵和通过的准则
　　第 1 卷 2.2 节(编制计划)
　　第 1 卷 2.3.7 节和 8.2 节(试验矩阵)

定义试验方法
　　第 1 卷第 3~7 章

进行试验
　　若需要,适航机构目视见证

试验数据处理和正则化
　　第 1 卷 2.4 节

进行统计检验
　　第 1 卷 8.4.2 节

对未通过统计检验的数据重新进行试验
　　第1卷(待定)　　　　　否 ←——　是否所有的数据均通过?　——→ 是　　采用第2卷的数据

进行附加的考虑环境及尺寸更大的结构试验

♯6 路线图:验证材料和/或工艺过程经过变更后的等同性

评估"原来"材料和/或工艺与"新"材料和/或工艺之间的差别
　　第1卷2.3.4.2节

定义等同性试验矩阵和通过的准则
　　第1卷2.2节　　　　　　（编制计划）
　　第1卷2.3.7节和8.2节　（试验矩阵）

定义试验方法
　　第1卷第3～7章

进行试验
　　若需要,适航机构目视见证

试验数据处理和正则化
　　第1卷2.4节

进行统计检验
　　第1卷8.4.2节

对未通过统计检验的数据重新进行试验
　　第1卷（待定）

否 ← 是否所有的数据均通过? → 是

接受材料或工艺的变更

若需要,进行附加的考虑环境及尺寸更大的结构试验

#7 路线图:对"第 2 来源"材料进行使用验收的验证

评估"原来"材料和"新"材料之间的差别 　　第 1 卷 2.3.4.1 节

定义等同性试验矩阵和通过的准则 　　第 1 卷 2.2 节　　　　　　　（编制计划） 　　第 1 卷 2.3.4.1 节和 8.2 节　（试验矩阵）

定义试验方法 　　第 1 卷第 3～7 章

进行试验 　　若需要,适航机构目视见证

试验数据处理和正则化 　　第 1 卷 2.4 节

进行统计检验 　　第 1 卷 8.4.2 节

对未通过统计检验的数据重新进行试验　第1卷（待定）　←　否　←　是否所有的数据均通过?　→　是　→　接受新材料

若需要,进行附加的考虑环境及尺寸更大的结构试验

♯8 路线图:螺接连接试验与分析

编制试验矩阵 　　第1卷7.4~7.5节 　　第1卷7.5节	（层压板强度） （紧固件强度）

试验数据处理和正则化 　　第1卷2.4节

计算许用值和设计值 　　第1卷8.3节

分析方法 　　第3卷第11章 　　第3卷第14章（螺接修理）	（F版的第3卷6.3节） （F版的第3卷8.3.4.3节）

设计 　　第3卷第7章	（F版的第3卷第12章）

♯9 路线图:胶接连接试验与分析方法

参考章节 　　第1卷第4章 　　第1卷第5章	（F版的第3卷第2章）

建立材料和工艺规范 　　第3卷5.11节	（F版的第3卷2.11节）

编制试验矩阵 　　第1卷第7.6节 　　第1卷6.8.6节

计算许用值和设计值 　　第1卷8.3节

分析方法 　　第3卷第10章（胶接连接） 　　第3卷第12章（脱胶扩展） 　　第3卷第12章（脱胶） 　　第3卷第14章（胶接修理）	（F版的第3卷6.2节） （F版的第3卷7.7.4.2节） （F版的第3卷7.8.4.2节） （F版的第3卷8.3.4.4节）

设计 　　第3卷第7章	（F版的第3卷第12章）

♯10 路线图:修理的设计、分析及制作

表征修理材料		
编制材料和工艺规范	第 3 卷 5.11 节	(F 版的第 3 卷 2.11 节)
建立单层级许用值	(见路线图♯3)	
建立层压板许用值	(类似于路线图♯3)	
建立螺接连接许用值	第 1 卷 7.4～7.5 节	
建立胶黏剂许用值	第 1 卷 7.6.2 节	
建立胶接连接许用值	第 1 卷 7.6.3 节	
计算许用值和设计值	第 1 卷 8.3 节	

修理设计知识	
第 3 卷第 14 章	(F 版的第 3 卷 8.2 节)

修理设计	
第 3 卷第 14 章	(F 版的第 3 卷 8.3 节)

胶接修理分析方法	
第 3 卷第 8 章	
第 3 卷第 10 章(胶接连接)	(F 版的第 3 卷第 5 章)
第 3 卷第 12 章(脱胶扩展)	(F 版的第 3 卷 6.2 节)
第 3 卷第 12 章(脱胶)	(F 版的第 3 卷 7.7.4.2 节)
第 3 卷第 14 章(胶接修理)	(F 版的第 3 卷 8.3.4.4 节)

螺接修理分析方法	
第 3 卷第 8 章	(F 版的第 3 卷第 5 章)
第 3 卷第 10 章	(F 版的第 3 卷 6.3 节)
第 3 卷第 14 章(螺接修理)	(F 版的第 3 卷 8.3.4.4 节)

设计	
第 3 卷第 7 章	(F 版的第 3 卷第 12 章)

1.4.2　信息的来源

CMH-17 中包含的信息,来源于材料生产商和制造商、航宇工业、政府赞助的研究报告、公开的文献、与研究者直接接触,以及 CMH-17 协调活动的参与者。来自工业界、美国陆军、海军、空军、NASA,以及美国联邦航空局(FAA)的代表,对这个文件中发表的所有信息进行了整理与审查。做出了各种努力,以反映在复合材料,特别是结构用复合材料使用方面的最新信息。手册在不断地进行审查和修订,以与当今的技术状态同步,并保证其完整性与准确性。

1.4.3　数据的使用及应用指南

此处所包含的所有数据,是针对具体的环境条件,以小尺寸试验件为基础的,它们大多限于单向准静态加载情况[①]。使用者有责任去判定,手册中的数据是否适合给定的应用情况,以及若选择这些数据的话,如何按下述用途将其转换或考虑尺寸效应:

- 用于多向层压板;
- 用于有不同特征长度和几何形状的结构;
- 处于多轴应力状态;
- 暴露在不同的环境下;
- 当作用非静态载荷时。

第3卷将对这些问题和其他一些问题作进一步的讨论。手册数据的具体应用已经超出了CMH-17的范围和责任,因此,关于这个手册具体条款的适用性及解释,可能需要得到适当的采购或认证机构的正式批准。

1.4.4 强度性能及许用值术语

这个手册的目的是提供产生材料性能数据的指南,性能中包括一些极端环境下以统计为基础的强度数据,这些极端环境包括了大多数中间的具体应用环境,其原理是,要避免由具体应用问题来制约一般的材料性能表征程序。若还有在中间环境条件下的数据,则可更完整地定义性能与环境(对性能)影响之间的关系。然而,在某些情况下,对复合材料体系的极限环境可能依赖于使用情况;而在另外一些情况下,有可能得不到极限环境时的数据。

在第2卷中,列表给出了以统计为基础已有的强度性能数据。当应力和强度分析的能力允许在单层级进行安全裕量校核时,这些数据是很有用的,可作为确定结构设计许用值的起点。对此,CMH-17的强度基准值,也可称为材料设计许用值。某些结构设计许用值可能必须用不同于CMH-17中的规定,另外的层压板、元件或更高级别的试验数据经验地确定,这取决于应用情况。

1.4.5 参考文献的应用

虽然每章结尾提供了很多参考文献,但要注意,引用文献中的信息,与本手册中有关数据建立的一般指南,或收入数据的具体要求未必在每个方面都一致。这些参考文献只是作为有益的参考,但未必一定是在特定领域内完整或权威的其他相关信息来源。

1.4.6 商标及产品名的使用

使用商标及专利产品名,并不构成美国政府或CMH-17协调组对它们的认可。

[①] 除非另外说明,试验均按所指明的特定试验方法进行,对先进复合材料,重点是用ASTM标准试验方法得到的数据。但在ASTM试验方法不适用或还没有时,或者,当有一些用非标准(但是常用的)试验方法得出的数据时,则由非标准试验方法得到的数据也可以被接受发表,在数据文件中注明所用的具体试验方法。还要参见2.5.5节中关于试验方法认可标准的说明。

1.4.7 毒性、健康危害和安全

在 CMH-17 中讨论的某些工艺和试验方法,可能涉及有害的材料、操作或设备。这些方法可能没有讨论因其使用而带来的安全问题(若有的话)。对这些方法的使用者,有责任在使用以前建立适当的安全与健康细则,并确定这些条款限制的适用性。材料制造厂商以及各复合材料用户,也可就复合材料有关的健康及安全问题提供指南。

1.4.8 消耗臭氧的化学物质

在 1991 年美国的空气洁净法令中,已对限制使用消耗臭氧化学物质的问题做了详细说明。

1.5 批准步骤

本手册的内容由 CMH-17 协调组编制与批准,该协调组每年开两次会来考虑对此手册的变更与增补。这个组包括主席团成员、协调员、秘书处、工作组主席和现任的工作组成员(其中除了生产厂商和学术、研究机构的代表外,还包括来自美国及国际上各个采购、适航部门的代表)。每次 CMH-17 协调组会议,大约在计划会期的 8 周前用邮件通知参加者,并在会议结束 8 周后把会议的备忘录发布到网站。

这些工作组的职能虽然相似,但它们分为 3 类:
- 执行的,即一个负有监管职能的工作组,由各工作组的主席、手册的主席团、协调员和秘书处组成。
- 常任的,包括数据审查、指南、材料与工艺、统计、安全管理和试验工作组。
- 专业的,专业工作组可随时变更,目前有空间用复合材料、抗坠毁、夹层、专业的数据生成和支持性工作组。

此外,为专门的目的可定期组成专项工作组,它们在一定的期限内向工作组报告并进行活动。协调组及工作组的组成与组织,以及文件更改批准所遵循的程序,均汇总并分别发表在 CMH-17 协调组成员指南中,可以从协调员或秘书处得到。

对此手册进行增添、删节或修改的建议,应当在会议通知公布前一段时间同时提交给适当的工作组和秘书处,并应包括对提议修改的具体说明,以及相关的支持数据或分析方法。应当给秘书处提供文件中提议出版的文件、图形、图纸或照片的电子版。得到相关工作组批准后,提议的更改将发表在下一个备忘录的特殊章节,即所谓的"黄页"中,而所有的参加者都允许对其进行评论,并对其进行投票。若在公布的征求意见期截止前,对任何条款没有收到否决票(含具体的评论),则认为已被协调组批准,并认为自此日起生效。若有否决票将由相关工作组在下次会议上解决。

有关把材料性能数据收入到 CMH-17 中的请求,应当随同 2.5.5 节所规定的文件,一起提交给协调员或秘书处。已经建立了数据源信息包,来帮助那些考虑为 CMH-17 提供数据的人们,这可以从秘书处维护的网站,www.cmh17.org 那里得

到。在协调员和数据审查工作组主席的指导下,秘书处对所提交的每份数据进行审查和分析,并在可能的下次协调组会议上介绍供数据审查工作组进行评审的数据。收入新材料的选择,由 CMH‐17 协调组掌控。出于实际考虑,排除了包括所有先进复合材料的做法,但将会进行合理的努力,以适时地增加一些有用的新材料体系。

1.6 材料取向编码

1.6.1 层压板取向编码

层压板取向编码的目的是提供简单明了的方法来描述层压板的铺层情况。下面的段落描述了在书面文件中常用的两种不同的取向编码。

1.6.1.1 铺层顺序记号

图 1.6.1.1 所示的例子给出了最常用的记号,这里用文件给出的方法以 ASTM 操作规程 D6507(见文献 1.6.1.1(a))为基础,该层压板取向编码主要基于 Advanced Composites Design Guide(见文献 1.6.1.1(b))中所有的编码。

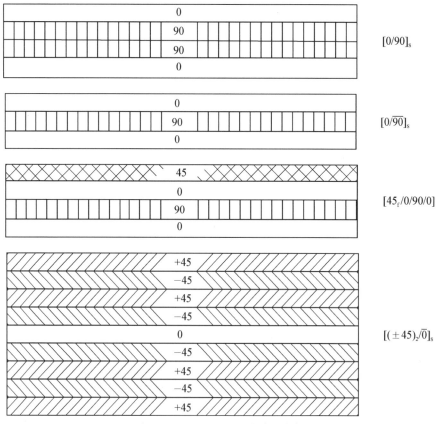

图 1.6.1.1 层压板取向编码举例

说明：

（1）用纤维方向和 x 轴之间的夹角，来说明每个单层相对于 x 轴的取向。面向铺层面时从 x 轴逆时针测量的角度定义为正角（右手准则）。

（2）当描述织物铺层时，测量经向与 x 轴之间的角度。

（3）在具有不同绝对值的相继单层取向之间，用斜线（/）隔开。

（4）对具有相同取向的两个或多个单层，在其第一层的角度后用附加的下标来表示，该下标等于在这个取向下重复的单层数。

（5）各单层按照铺贴的先后列出，从第一层到最后一层，用括号来表示编码的起止。

（6）若描述了铺层的前一半，而后一半与前一半对称，则用下标"s"加以说明；若该铺层的层数为奇数，则在未重复层的角度上面加一横线予以说明。

（7）将一组重复的层用括号标出，将重复的层数用下标注明。

（8）表明材料所用的约定是，对单向带的单层没有下标，对织物则用下标"f"。

（9）混杂层压板，其层压板编码用单层的下标来标明其中不同的材料。

（10）由于大多数计算机程序不允许使用上标和下标，推荐进行以下修改：

● 在下标信息前面用冒号（:），例如，$[90/0:2/45]:s$。
● 用单层后面的反斜线符号（\），来代替单层上面的横线（表示对称层压板中的未重复单层），例如，$[0/45/90\backslash]:s$。

1.6.1.2 铺层百分比记号

在各种复合材料结构中通常只使用 $0°$，$\pm45°$ 和 $90°$ 铺层方向，因为用这些铺层角能构建出大多数感兴趣的结构特性，从而产生了第 2 种在工业界广泛使用的铺层方位编码：

$$（A/B/C）$$

式中 A，B，C 分别是 $0°$，$\pm45°$ 和 $90°$ 铺层方向的百分比。

说明：

（1）这种记号通常用于区分不同的层压板铺层，有时用曲线或毯式曲线来绘制层压板强度数据与纤维含量百分比的图；

（2）这种记号并不能识别铺层的编号或铺贴的顺序，但对给出层压板的总厚度是很好的做法，因为它已提供给用户足够的信息来进行最常用的分析（平板屈曲、层压板分析等）；

（3）把 $+45°$ 和 $-45°$ 方向的纤维百分数加在一起来得到"B"值。在读编码时，由于没有任何信息来区分两个方向的百分比，通常假设 $+45°$ 纤维的百分数等于 $-45°$ 纤维的百分数；

（4）假设织物铺层等同于这样的层，即该层的一半纤维在一个方向，而另一半纤维垂直于第一个方向；

(5) 这种记号不适用于含不同材料或厚度的铺层。

1.6.2　编织物取向编码

编织物取向编码的目的是给出简单、易于理解的描述二维编织预成形件的方法,这种方法来自 ASTM 操作规程 D6507(见文献 1.6.1.1(a)),编织取向编码主要基于文献 1.6.2。

用编织取向编码来描述纤维方向、纱束大小和层数:

$$[0_{m_1} / \pm \theta_{m_2} \cdots]_n N$$

式中:θ 为编织角;m_1 为轴向纱束中的纤维数量(k 表示一千);m_2 为编织向纱束中的纤维数量(k 表示一千);n 为层压板中编织层的数量;N 为预成形件中轴向纱的体积百分数。

表 1.6.2 中的例子说明了编织取向编码的应用,文献 1.6.1.1(a)给出了更多的信息。

表 1.6.2　编织取向编码的例子

编织编码	轴向纱的大小	编织角/(°)	编织纱的大小	层数	轴向纱的含量/(%)
$[0_{30k}/\pm70_{6k}]_3 63\%$	30k	±70	6k	3	63
$[0_{12k}/\pm60_{6k}]_5 33\%$	12k	±60	6k	5	33

1.7　符号、缩写,及单位制

本节定义了 CMH-17 中采用的符号和缩写,并说明了所沿用的单位制。只要可能,都保留了通常的用法。这些信息主要来源于文献 1.7(a)到(c)。

1.7.1　符号及缩写

本节定义了本手册中采用(除了统计学的符号以外)的所有符号和缩写;关于统计学的符号在第 8 章进行定义。单层/层压板的坐标轴适用于所有的性能;力学性能的符号则汇总在图 1.7.1 中

- 当用作为上标或下标时,符号 f 和 m 分别表示纤维和基体。
- 表示应力类型的符号(如,cy 为压缩屈服)总在上标位置。
- 方向标示符(如 $x,y,z,1,2,3$ 等)总在下标位置。
- 铺层序号的顺序标示符(如 $1,2,3$ 等)用于上标位置,且必须用括号括起来,以区别于数学的幂指数。
- 其他标示符,只要明确清楚,可用于下标位置,也可用于上标位置。
- 由上述规则导出的复合符号(即基本符号加标示符),以下列的特定形式表示。

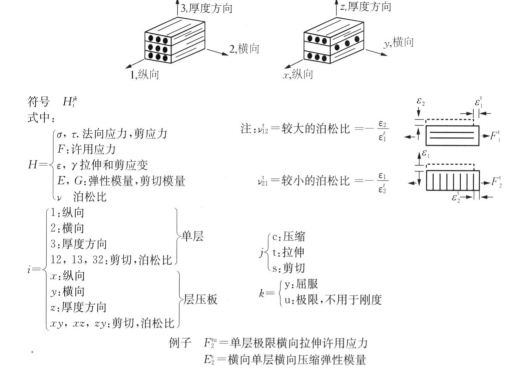

符号　H_i^{jk}

式中：

$$H = \begin{cases} \sigma, \tau. \text{法向应力,剪应力} \\ F: \text{许用应力} \\ \varepsilon, \gamma \text{ 拉伸和剪应变} \\ E, G: \text{弹性模量,剪切模量} \\ \nu \quad \text{泊松比} \end{cases}$$

注：$\nu_{12}^t = $ 较大的泊松比 $= -\dfrac{\varepsilon_2}{\varepsilon_1^t}$

$\nu_{21}^t = $ 较小的泊松比 $= -\dfrac{\varepsilon_1}{\varepsilon_2^t}$

$$i = \begin{cases} \left.\begin{cases} 1: \text{纵向} \\ 2: \text{横向} \\ 3: \text{厚度方向} \\ 12, 13, 32: \text{剪切,泊松比} \end{cases}\right\} \text{单层} \\ \left.\begin{cases} x: \text{纵向} \\ y: \text{横向} \\ z: \text{厚度方向} \\ xy, xz, zy: \text{剪切,泊松比} \end{cases}\right\} \text{层压板} \end{cases}$$

$$j = \begin{cases} c: \text{压缩} \\ t: \text{拉伸} \\ s: \text{剪切} \end{cases}$$

$$k = \begin{cases} y: \text{屈服} \\ u: \text{极限,不用于刚度} \end{cases}$$

例子　$F_2^{tu} = $ 单层极限横向拉伸许用应力

$E_2^c = $ 横向单层横向压缩弹性模量

图 1.7.1　力学性能的符号

在使用 CMH-17 时,认为下列通用符号和缩写是标准的。当有例外时,将在正文或表格中予以注明。

A　　　(1) 面积(m^2, in^2)

　　　　(2) 交变应力与平均应力之比

　　　　(3) 力学性能的 A 基准

a　　　(1) 长度(mm, in)

　　　　(2) 加速度(m/s^2, ft/s^2)

　　　　(3) 振幅

　　　　(4) 裂纹或缺陷的尺寸(mm, in)

B　　　(1) 力学性能的 B 基准值

　　　　(2) 双轴比率

Btu　　英制热单位

b　　　宽度(mm, in),例如与垂直载荷的挤压面或受压板宽度,或梁截面宽度

C　　　(1) 比热容($kJ/(kg \cdot {}^\circ C)$, $Btu/(lb \cdot {}^\circ F)$)

℃　　　(2) 摄氏

CF　　地心引力(N, lbf)

CPF	正交铺层系数
CPT	固化后单层厚度（mm, in）
CG	（1）质心；"重心"
	（2）面积或体积质心
$\mathrm{\mathsf{C}}_L$	中心线
c	柱屈曲的根部固定系数
$\bar{c}$	蜂窝夹芯高度（mm, in）
cpm	每分钟周数
D	（1）直径（mm, in）
	（2）孔或紧固件的直径（mm, in）
	（3）板的刚度（N·m, lbf·in）
d	表示微分的算子
E	拉伸弹性模量，应力低于比例极限时应力与应变的平均比值（GPa, Msi）
E'	储能模量（GPa, Msi）
E''	损耗模量（GPa, Msi）
E_c	压缩弹性模量，应力低于比例极限时应力与应变的平均比值（GPa, Msi）
E_c'	垂直于夹层平面的蜂窝芯弹性模量（GPa, Msi）
E^{sec}	割线模量（GPa, Msi）
E^{tan}	切线模量（GPa, Msi）
e	端距，从孔中心到板边的最小距离（mm, in）
e/D	端距与孔直径之比（挤压强度）
F	（1）应力（MPa, ksi）
F	（2）华氏
F^b	弯曲应力（MPa, ksi）
F^{ccr}	压损应力或折损应力（破坏时柱应力的上限）（MPa, ksi）
F^{su}	纯剪极限应力（此值表示该横截面的平均剪应力）（MPa, ksi）
FAW	纤维面积重量（g/m^2, lb/in^2）
FV	纤维体积含量（%）
f	（1）内（或计算）应力（MPa, ksi）
	（2）在有裂纹毛截面上作用的应力（MPa, ksi）
	（3）蠕变应力（MPa, ksi）
f^c	压缩内应力（或计算压缩应力）（MPa, ksi）
f_c	（1）断裂时的最大应力（MPa, ksi）
	（2）毛应力限（筛选弹性断裂数据用）（MPa, ksi）
ft	英尺
G	刚性模量、剪切模量（MPa, Msi）

GPa	千兆帕斯卡(gigapascal)
g	(1) 克
g	(2) 重力加速度(m/s^2，ft/s^2)
H/C	蜂窝(夹芯)
h	高度(mm，in)，如梁截面高度。
h	小时
I	面积惯性矩(mm^4，in^4)
i	梁的中性面(由于弯曲)斜度，弧度
in	英寸
J	(1) 扭转常数($=I_p$ 对圆管)(m^4，in^4)
J	(2) 焦耳
K	(1) 绝对温标，开氏温标
K	(2) 应力强度因子($MPa\sqrt{m}$，$ksi\sqrt{in}$)
	(3) 导热系数($W/m℃$，$Btu/ft^2/h/in/℉$)
	(4) 修正系数
	(5) 介电常数，电容率
K_{app}	表观平面应变断裂韧度或剩余强度($MPa\sqrt{m}$，$ksi\sqrt{in}$)
K_c	平面应变断裂韧度，对裂纹扩展失稳点断裂韧度的度量($MPa\sqrt{m}$，$ksi\sqrt{in}$)
K_{Ic}	平面应变断裂韧度($MPa\sqrt{m}$，$ksi\sqrt{in}$)
K_N	按经验计算的疲劳缺口因子
K_s	板或圆筒的剪切屈曲系数
K_t	(1) 理论弹性应力集中因子
	(2) 蜂窝夹芯板的 t_w/c 比
K_v	电介质强度，绝缘强度(kV/mm，V/mil[①])
K_x，K_y	板或圆筒的压缩屈曲系数
k	单位应力的应变
L	圆筒、梁或柱的长度(mm，in)
L'	柱的有效长度(mm，in)
lb	磅
M	外力矩或力偶($N \cdot m$，$in \cdot lbf$)
Mg	百万克(兆克)
MPa	兆帕斯卡(s)
MS	军用标准

---

① mil(密耳)是非法定长度单位，$1\ mil = 10^{-3}\ in = 2.54 \times 10^{-5}\ m$。

$M.S.$	安全裕度、安全系数
M_W	分子量
M_{WD}	分子量分布
m	（1）质量（kg，lb）
	（2）半波数
	（3）米
	（4）斜率
N	（1）破坏时的疲劳循环数
	（2）层压板的层数
	（3）板的面内分布力（lbf/in）
N	（1）牛顿
	（2）正则化
NA	中性轴
n	（1）在一个集内的次数
	（2）半波数或全波数
	（3）经受的疲劳循环数
P	（1）作用的载荷（N，lbf）
	（2）暴露参数
	（3）概率
	（4）比电阻、电阻系数（Ω）
P^u	试验的极限载荷，（N，lbf/每个紧固件）
P^y	试验屈服限载荷，（N，lbf/每个紧固件）
p	法向压力（Pa，psi）
psi	磅/平方英寸
Q	横截面的静面积矩（mm^3，in^3）
q	剪流（N/m，lbf/in）
R	（1）循环载荷中最小与最大载荷之代数比
	（2）减缩比
RA	面积的减缩
R.H.	相对湿度
RMS	均方根
RT	室温
r	（1）半径（mm，in）
	（2）根部半径（mm，in）
	（3）减缩比（回归分析）
S	（1）剪力（N，lbf）

（2）疲劳中的名义应力（MPa，ksi）

（3）力学性能的 S-基准值

S_a　　疲劳中的应力幅值（MPa，ksi）

S_e　　疲劳极限（MPa，ksi）

S_m　　疲劳中的平均应力（MPa，ksi）

S_{max}　应力循环中应力的最大代数值（MPa，ksi）

S_{min}　应力循环中应力的最小代数值（MPa，ksi）

S_R　　应力循环中最小与最大应力的代数差值（MPa，ksi）

$S.F.$　安全系数

s　　（1）弧长（mm，in）

　　　（2）蜂窝夹层芯格尺寸（mm，in）

T　　（1）温度（℃，℉）

　　　（2）作用的扭矩（N·m，in·lbf）

T_d　　热解温度（℃，℉）

T_F　　暴露的温度（℃，℉）

T_g　　玻璃化转变温度（℃，℉）

T_m　　熔融温度（℃，℉）

t　　（1）厚度（mm，in）

　　　（2）暴露时间（s）

　　　（3）持续时间（s）

V　　（1）体积（mm^3，in^3）

　　　（2）剪力（N，lbf）

W　　（1）重量（N，lbf）

　　　（2）宽度（mm，in）

W　　（3）瓦特

x　　沿坐标轴的距离

Y　　关联构件几何尺寸与裂纹尺寸的无因次系数

y　　（1）受弯梁弹性变形曲线的挠度（mm，in）

　　　（2）由中性轴到给定点的距离

　　　（3）沿坐标轴的距离

Z　　截面模量，I/y（mm^3，in^3）

α　　热膨胀系数（m/(m·℃)，in/(in·℉)）

γ　　剪应变（m/m，in/in）

Δ　　差分（用于数量符号之前）

δ　　伸长率或挠度（mm，in）

ε　　应变（m/m，in/in）

ε^e　　弹性应变(m/m，in/in)

ε^p　　塑性应变(m/m，in/in)

μ　　渗透性

η　　塑性折减因子

$[\eta]$　　本征黏度

η^*　　动态复黏度

ν　　泊松比

ρ　　(1) 密度(kg/m³，lb/in³)

　　　(2) 回转半径(mm，in)

ρ'_c　　蜂窝夹芯密度(kg/m³，lb/in³)

Σ　　总计、总和

σ　　标准差

σ_{ij}, τ_{ij}　　外法线朝 i 的平面上沿 j 方向的应力($i, j = 1, 2, 3$ 或 x, y, z)(MPa，ksi)

T　　作用剪应力(MPa，ksi)

ω　　角速度(rad/s)

∞　　无限大

1.7.1.1　组分的性能

下列符号专用于典型复合材料组分的性能：

E_f　　纤维材料弹性模量(MPa，ksi)

E_m　　基体材料弹性模量(MPa，ksi)

E_x^g　　预浸玻璃细纱布沿纤维方向或沿织物经向的弹性模量(MPa，ksi)

E_y^g　　预浸玻璃细纱布在垂直于纤维方向或织物纬向的弹性模量(MPa，ksi)

G^f　　纤维材料剪切模量(MPa，ksi)

G^m　　基体材料剪切模量(MPa，ksi)

G_{xy}^g　　预浸玻璃细纱布剪切模量(MPa，ksi)

G'_{cx}　　夹芯沿 x 轴的剪切模量(MPa，ksi)

G'_{cy}　　夹芯沿 y 轴的剪切模量(MPa，ksi)

l　　纤维长度(mm，in)

α^f　　纤维材料热膨胀系数(m/(m·℃)，in/(in·℉))

α^m　　基体材料热膨胀系数(m/(m·℃)，in/(in·℉))

α_x^g　　预浸玻璃细纱布沿纤维方向或织物经向的热膨胀系数(m/(m·℃)，in/(in·℉))

α_y^g　　预浸玻璃细纱布垂直纤维方向或织物纬向的热膨胀系数(m/(m·℃)，in/(in·℉))

ν^f　　纤维材料泊松比

ν^m　　基体材料泊松比

ν_{xy}^{g}	由纵向(经向)伸长引起横向(纬向)收缩的玻璃细纱布泊松比
ν_{yx}^{g}	由横向(纬向)伸长引起纵向(经向)收缩的玻璃细纱布泊松比
σ	作用于某点的轴向应力,用于细观力学分析(MPa,ksi)
τ	作用于某点的剪切应力,用于细观力学分析(MPa,ksi)

1.7.1.2　单层与层压板

下列符号、缩写及记号适用于复合材料单层及层压板。目前,CMH‐17 的重点放在单层性能上,但这里给出了适用于单层及层压板的常用符号表,以避免可能的混淆。

$A_{ij}(i,j=1,2,6)$	(面内)拉伸刚度(N/m,lbf/in)
$B_{ij}(i,j=1,2,6)$	耦合矩阵(N,lbf)
$C_{ij}(i,j=1,2,6)$	刚度矩阵元素(Pa,psi)
D_x,D_y	弯曲刚度(N・m,lbf・in)
D_{xy}	扭转刚度(N・m,lbf・in)
$D_{ij}(i,j=1,2,6)$	弯曲刚度(N・m,lbf・in)
E_1	平行于纤维或经向的单层弹性模量(MPa,Msi)
E_2	垂直于纤维或纬向的单层弹性模量(MPa,Msi)
E_x	沿参考轴 X 的层压板弹性模量(MPa,Msi)
E_y	沿参考轴 Y 的层压板弹性模量(MPa,Msi)
G_{12}	在 12 平面内的单层剪切模量(MPa,Msi)
G_{xy}	在参考平面 xy 内的层压板剪切模量(MPa,Msi)
h_i	第 i 铺层或单层的厚度(mm,in)
M_x,M_y,M_{xy}	(板壳分析中的)弯矩及扭矩分量(N・m/m,in・lbf/in)
n_{f}	每个单层在单位长度上的纤维数
Q_x,Q_y	分别垂直于 x 及 y 轴的板截面上,与 z 平行的剪力(N/m,lbf/in)
$Q_{ij}(i,j=1,2,6)$	折算刚度矩阵(Pa,psi)
u_x,u_v,u_z	位移向量的分量(mm,in)
u_x^0,u_y^0,u_z^0	层压板中面的位移向量分量(mm,in)
V_{V}	空隙含量(用体积百分数表示)
V_{f}	纤维含量或纤维体积含量(用体积百分数表示)
V_{g}	玻璃细纱布含量(用体积百分数表示)
V_{m}	基体含量(用体积百分数表示)
V_x,V_y	边缘剪力或支承剪力(N/m,lbf/in)
W_{f}	纤维含量(用质量分数表示)
W_{g}	玻璃细纱布含量(用质量分数表示)
W_{m}	基体含量(用质量分数表示)
W_{s}	单位表面积的层压板重量(N/m²,lbf/in²)

α_1	沿 1 轴的单层热膨胀系数(m/m/℃，in/(in·℉))
α_2	沿 2 轴的单层热膨胀系数(m/m/℃，in/(in·℉))
α_x	层压板沿广义参考轴 x 的热膨胀系数(m/(m·℃)，in/(in·℉))
α_y	层压板沿广义参考轴 y 的热膨胀系数(m/(m·℃)，in/(in·℉))
α_{xy}	层压板的热膨胀剪切畸变系数(m/(m·℃)，in/(in·℉))
θ	单层在层压板中的方位角，即 1 轴与 x 轴间的夹角(°)
λ_{xy}	等于 ν_{xy} 与 ν_{yx} 之积
ν_{12}	由 1 方向伸长引起 2 方向收缩的泊松比[①]
ν_{21}	由 2 方向伸长引起 1 方向收缩的泊松比[①]
ν_{xy}	由 x 方向伸长引起 y 方向收缩的泊松比[①]
ν_{yx}	由 y 方向伸长引起 x 方向收缩的泊松比[①]
ρ_c	单层的密度(kg/m³，lb/in³)
$\rho_{\bar{c}}$	层压板的密度(kg/m³，lb/in³)
ϕ	(1) 广义角坐标(°)
	(2) 偏轴加载中，x 轴与载荷方向之间的夹角(°)

1.7.1.3 下标

认为下列下标记号是 CMH - 17 的标准记号：

1，2，3	单层的自然直角坐标(1 是纤维方向或经向)
A	轴
a	(1) 胶黏的
	(2) 交变的
app	表观的
byp	旁路的
c	(1) 复合材料体系，特定的纤维/基体组合
	(2) 复合材料作为一个整体，区别于单一的组分
	(3) 当与上标撇号($'$)连用时，指夹层芯子
	(4) 临界的
cf	离心力
e	疲劳或耐久性
eff	有效的
eq	等同的
f	纤维
g	玻璃细纱布
H	圈

---

① 因为使用了不同的定义，在对比不同来源的泊松比以前，应当检查其定义。

i	顺序中的第 i 位置
L	横向
m	（1）基体
	（2）平均
max	最大
min	最小
n	（1）序列中的第 n 个（最后）位置
$\boldsymbol{n}$	（2）法向的
p	极的、极性的
s	对称
st	加筋条
T	横向
t	在 t 时刻的参量值
x，y，z	广义坐标系
Σ	总和，或求和
o	初始点数据或参考数据
（　）	表示括号内的项相应于特定温度的格式。RT——室温（21℃， 70℉）；除非另有说明，所有温度以华氏温度（℉）表示[①]。

1.7.1.4　上标

在 CMH－17 中，认为下列上标记号是标准的。

b	弯曲
br	挤压
c	（1）压缩
	（2）蠕变
cc	压损
cr	压缩屈曲
e	弹性
f	纤维
g	玻璃细纱布
is	层间剪切
(i)	第 i 铺层或单层
lim	限制，指限制载荷
m	基体

---

① 译者注：原文采用英制单位，翻译稿中所有含单位的数字均已转换成国际单位制，括号内的数字为原文的数字。

ohc	开孔压缩
oht	开孔拉伸
P	塑性
pl	比例极限
rup	破断
s	剪切
scr	剪切屈曲
sec	割线(模量)
so	偏轴剪切
T	温度或热
t	拉伸
tan	切线(模量)
u	极限的
y	屈服
′	二次(模量),与下标 c 连用时指蜂窝夹芯的性能。
CAI	冲击后压缩

1.7.1.5 缩写词

在 CMH-17 中,使用下列缩写词。

AA	atomic absorption(原子吸收)
AES	Auger electron spectroscopy(Auger 电子能谱术)
AIA	Aerospace Industries Association(航宇工业协会)
ANOVA	analysis of variance(变异分析)
ARL	US Army Research Laboratory(美国陆军研究所)
ASTM	American Society for Testing and Materials(美国材料试验学会)
BMI	bismaleimide(双马来酰亚胺)
BVID	barely visible impact damage(目视勉强可见冲击损伤)
CAI	compression after impact(冲击后压缩)
CCA	composite cylinder assemblage(复合材料圆柱组合)
CFRP	carbon fiber reinforced plastic(碳纤维增强塑料)
CLS	crack lap shear(裂纹搭接剪切)
CMCS	Composite Motorcase Subcommittee (JANNAF)(复合材料发动机箱小组委员会(JANNAF))
CPT	cured ply thickness(固化后单层厚度)
CTA	cold temperature ambient(低温环境)
CTD	cold temperature dry(低温干态)
CTE	coefficient of thermal expansion(热膨胀系数)

CV	coefficient of variation(变异系数)
CVD	chemical vapor deposition(化学气相沉积)
DCB	double cantilever beam(双悬臂梁)
DDA	dynamic dielectric analysis(动态电介质分析)
DLL	design limit load(设计限制载荷)
DMA	dynamic mechanical analysis(动态力学分析)
DOD	Department of Defense(国防部)
DSC	differential scanning calorimetry(差示扫描量热法)
DTA	differential thermal analysis(示差热分析)
DTRC	David Taylor Research Center(David Taylor 研究中心)
ENF	end notched flexure(端部缺口弯曲)
EOL	end-of-life(寿命结束)
ESCA	electron spectroscopy for chemical analysis(化学分析的电子能谱术)
ESR	electron spin resonance(顺磁共振、电子自旋共振)
ETW	elevated temperature wet(高温湿态)
FAA	Federal Aviation Administration(联邦航空管理局)
FFF	field flow fractionation(场溢分馏法)
FGRP	fiberglass reinforced plastic(玻璃纤维增强塑料)
FMECA	Failure Modes Effects Criticality Analysis(失效模式影响的危险度分析)
FOD	foreign object damage(外来物损伤)
FTIR	Fourier transform infrared spectroscopy(傅里叶变换红外光谱法)
FWC	finite width correction factor(有限宽修正系数)
GC	gas chromatography(气相色谱分析)
GSCS	Generalized Self Consistent Scheme(广义自相容方案)
HDT	heat distortion temperature(热扭变温度)
HPLC	high performance liquid chromatography(高精度液相色层分离法)
ICAP	inductively coupled plasma emission(感应耦合等离子体发射)
IITRI	Illinois Institute of Technology Research Institute(伊利诺斯理工学院)
IR	infrared spectroscopy(红外光谱学)
ISS	ion scattering spectroscopy(离子散射光谱学)
JANNAF	Joint Army，Navy，NASA and Air Force(陆、海军、NASA 及空军联合体)
LC	liquid chromatography(液相色层分离法)
LPT	laminate plate theory(层压板理论)
LSS	laminate stacking sequence(层压板铺层顺序)

MMB	mixed mode bending(混合型弯曲)
MOL	material operational limit(材料工作极限)
MS	mass spectroscopy(质谱(分析)法)
MSDS	material safety data sheet(材料安全数据单)
MTBF	Mean Time Between Failure(破坏间的平均时间)
NAS	National Aerospace Standard(国家航宇标准)
NASA	National Aeronautics and Space Administration(国家航空航天局)
NDI	nondestructive inspection(无损检测)
NMR	nuclear magnetic resonance(核磁共振)
PEEK	polyether ether ketone(聚醚醚酮)
RDS	rheological dynamic spectroscopy(流变动态波谱学)
RH	relative humidity(相对湿度)
RT	room temperature(室温)
RTA	room temperature ambient(室温大气环境)
RTD	room temperature dry(室温干态)
RTM	resin transfer molding(树脂转移模塑)
SACMA	Suppliers of Advanced Composite Materials Association(先进复合材料供应商协会)
SAE	Society of Automotive Engineers(汽车工程师协会)
SANS	small-angle neutron scattering spectroscopy(小角度中子散射光谱学)
SEC	size-exclusion chromatography(尺度筛析色谱法)
SEM	scanning electron microscopy(扫描电子显微镜)
SFC	supercritical fluid chromatography(超临界流体色谱法)
SI	International System of Units(Le Système International d'Unités)(国际单位制)
SIMS	secondary ion mass spectroscopy(次级离子质谱(法))
TBA	torsional braid analysis(扭转编织分析)
TEM	transmission electron microscopy(发射电子显微镜)
TGA	thermogravimetric analysis(热解重量分析)
TLC	thin-layer chromatography(薄层色谱法)
TMA	thermal mechanical analysis(热量力学分析)
TOS	thermal oxidative stability(热氧化稳定性)
TVM	transverse microcrack(横向微裂纹)
UDC	unidirectional fiber composite(单向纤维复合材料)
VNB	V‐notched beam(V 缺口梁)
XPS	X‐ray photoelectron spectroscopy(X 射线光电光谱学)

1.7.2 单位制

遵照 1991 年 2 月 23 日的国防部指示 5000.2，Part 6，Section M"使用公制体系"的规定，通常，CMH - 17 中的数据同时使用国际单位制(SI 制)和美国习惯单位制(英制)。IEEE/ASTM SI10《采用国际单位制(SI)的美国标准：现代的公制》则对准备作为世界标准度量单位的 SI 制(见文献 1.7.2(a))，提供了应用的指南。下列出版物(见文献 1.7.2(b)～(e))提供了使用 SI 制及换算因子的进一步指南：

(1) DARCOM P 706 - 470：Engineering Design Handbook：Metric Conversion Guide，July 1976.

(2) NBS Special Publication 330：The International System of Units (SI)，National Bureau of Standards，1986 edition.

(3) NBS Letter Circular LC 1035：Units and Systems of Weights and Measures，Their Origin，Development，and Present Status，National Bureau of Standards，November 1985.

(4) NASA Special Publication 7012："The International System of Units Physical Constants and Conversion Factors"，1964.

表 1.7.2 列出了与 CMH - 17 数据有关、由英制向 SI 制换算的因子。

表 1.7.2 英制与 SI 制换算因子

由	换算为	乘以
Btu(热化学)/in² · s	W/m²	1.634246×10^{6}
But-in(s · ft² · ℉)	W/(m · K)	5.192204×10^{2}
华氏度(℉)	摄氏度(℃)	$T_C=(T_F-32)/1.8$
华氏度(℉)	开氏度(K)	$T_K=(T_F+459.67)/1.8$
ft	m	3.048000×10^{-1}
ft²	m²	9.290304×10^{-2}
ft/s	m/s	3.048000×10^{-1}
ft/s²	m/s²	3.048000×10^{-1}
in	m	2.540000×10^{-2}
in²	m²	6.451600×10^{-4}
in³	m³	1.638706×10^{-5}
kgf	牛顿(N)	9.806650×10^{0}
kgf/m²	帕斯卡(Pa)	9.806650×10^{0}
kip(1000 lbf)	牛顿(N)	4.448222×10^{3}
ksi(kip/in²)	MPa	6.894757×10^{0}
lbf · in	N · m	1.129848×10^{-1}
lbf · ft	N · m	1.355818×10^{0}
lbf/in²(psi)	帕斯卡(Pa)	6.894757×10^{5}
lb/in³	kg/m³	2.767990×10^{4}

（续表）

由	换算为	乘以
Msi(10^6psi)	GPa	$6.894\,757 \times 10^0$
磅力(lbf)	牛顿(N)	$4.482\,22 \times 10^0$
磅质量(lb)	千克(kg)	$4.535\,924 \times 10^{-1}$
Torr(乇)	帕斯卡(Pa)	$1.333\,22 \times 10^{-2}$

1.8 定义

在 CMH-17 中使用下列的定义。这个术语表还不很完备，但它给出了几乎所有的常用术语。当术语有其他意义时，将在正文和表格中予以说明。为了便于查找，这些定义按照英文术语的字母顺序排列。

A 基准值（A-basis）或 A 值（A-value）——建立在统计基础上的材料性能。指定测量值母体的第一百分位数上的 95％ 下置信限，也是对指定母体中 99％ 较高值的 95％ 下容许限。

A 阶段（A-stage）——热固性树脂反应的早期阶段，在该阶段中，树脂仍可溶于一定液体，并可能为液态，或受热时能变成液态。（有时也称之为**甲阶段 resol**）。

吸收（absorption）——某种材料（吸收剂）吸收另一种材料（被吸收物质）的过程。

促进剂（accelerator）——一种材料，当其与某种催化的树脂相混合时，将加速催化剂与树脂之间的化学反应。

验收（acceptance）（见材料验收 material acceptance）。

准确度（accuracy）——指测量值或计算值与已被认可的一些标准或规定值之间的吻合程度。准确度中包括了操作的系统误差。

加成聚合反应（addition polymerization）——用重复添加的方法，使单体链接起来形成聚合物的聚合反应；反应中不脱除水分子或其他简单分子。

黏合（adhesion）——通过加力或连锁作用，或者通过两者同时作用，使得两个表面在界面处结合在一起的状态。

胶黏剂（adhesive）——能通过表面黏合，把两种材料结合在一起的一种物质。本手册专指所生成的连接部位能传递大结构载荷的那些结构胶黏剂。

ADK——表示 k 样本 Anderson-Darling 统计量，用于检验 k 批数据具有相同分布的假设。

代表性样本（aliquot）——较大样本中一个小的代表性样本。

老化（aging）——在大气环境下暴露一段时间对材料产生的影响；将材料在某个环境下暴露一段时间间隔的处理过程。

大气环境（ambient）——周围的环境情况，例如压力与温度。

滞弹性（anelasticity）——某些材料所显示的一种特性，其应变是应力与时间两者的函数。这样，虽然没有永久变形存在，在载荷增加以及载荷减少的过程中，都需要有一定的时间，才达到应力与应变之间的平衡。

角铺层（angleply）——任何由正、负 θ 铺层构成的均衡层压板，其中 θ 与某个参考方向成锐角。

各向异性（anisotropic）——非各向同性；即随着（相对于材料固有自然参考轴系）取向的变化，材料的力学及/或物理性能不同。

芳纶（aramid）——一种人造纤维，其纤维的构成物质是一种长链的合成芳族聚酰胺，其中至少有 85％ 的酰胺基（—CONH—）是直接与两个芳基环链接的。

纤维面积重量（areal weight of fiber）——单位面积预浸料的纤维重量，常用 g/m^2 表示，换算因子见表 1.6.2。

人工老化（artificial weathering）——指暴露在某些实验室条件下；这些条件可能是循环改变的，包括在各种地理区域内的温度、相对湿度、辐照能的变化，及其大气环境中其他任何因素的变化。

纵横比、长径比（aspect ratio）——对基本上为二维矩形形状的结构（如壁板），指其长向尺寸与短向尺寸之比。但在压缩加载下，有时是指其沿载荷方向的尺寸与横向尺寸之比。另外，在纤维的细观力学里，则指纤维长度与其直径之比。

热压罐（autoclave）——一种封闭的容器，用于对在容器内进行化学反应或其他作业的物体，提供一个加热或不加热的流体压力环境。

热压罐模压（autoclave molding）——一种类似袋压成形的工艺技术。将压力袋覆盖在铺贴件上，然后，把整个组合放入一个可提供热量和压力以进行零件固化的热压罐中。这个压力袋通常与外界相通。

编织轴（axis of braiding）——编织的构型沿其伸展的方向。

B 基准值（B‑basis）或 **B 值**（B‑value）——建立在统计基础上的材料性能。指定测量值母体的第十百分位数上的 95％ 下置信限，也是对指定母体中 90％ 较高值的 95％ 下容许限（见第 1 卷 8.1.4 节）。

B 阶段（B‑stage）——热固性树脂反应过程的一个中间阶段；在该阶段，当材料受热时变软，同时，当与某些液体接触时，材料会出现溶胀但并不完全熔化或溶解。在最后固化前，为了操作和处理方便，通常将材料预固化至这一阶段。（有时，也称为乙阶段（resitol））。

袋压成形（bag molding）——一种模压或层压成形的方法；该法通过对一种柔性材料施加流体压力，将压力传到被模压或胶接的材料上。通常使用空气、蒸汽、水，或者用抽真空的手段，来提供流体压力。

均衡层压板（balanced laminate）——一种复合材料层压板，其所有非 0° 和非 90° 的其他相同角度单层，均只正负成对出现（但未必相邻）。

批次（batch）或**批组**（lot）——取自定义明晰的原材料集合体中，在相同条件下基本上同时生产的一些材料。

　　讨论：批次/批组的具体定义取决于材料预期的用途。更多与纤维、织物、树脂、预浸材料和为生产应用的混合工艺有关的特定定义在第 3 卷 5.5.3 节中进行了讨论。在第 1 卷 2.5.3.1 节中描述了欲将数据提交收入本手册第 2 卷的专门的预浸料批次要求。

　　挤压面积（bearing area）——销子直径与试件厚度之积。

　　挤压载荷（bearing load）——作用于接触表面上的压缩载荷。

　　挤压屈服强度（bearing yield strength）——指当材料对挤压应力与挤压应变的比例关系出现偏离并到某一规定限值时，其所对应的挤压应力值。

　　弯曲试验（bend test）——用弯曲或折叠来测量材料延性的一种试验方法；通常是用持续加力的办法。在某些情况下，试验中可能包括对试件进行撞击；这个试件的截面沿长度方向基本均匀，长度是截面最大尺寸的几倍。

　　黏结剂、定型剂（binder）——在制造模压制件过程中，为使毡子或预成形件中的纱束能粘在一起而使用的一种胶接树脂。

　　二项随机变量（binomial random variable）——指一些独立试验中的成功次数，其中每次试验的成功概率是相同的。

　　双折射率（birefringence）——指（纤维的）两个主折射率之差，或指在材料给定点上其光程差与厚度之比。

　　吸胶布（bleeder cloth）——一层非结构的材料，以便能在复合材料零件制造时，排出固化过程中的多余气体和树脂。吸胶布在完成固化后被除去，因而并不构成复合材料制件的一部分。

　　线筒（bobbin）——一种圆筒状或略带锥形的桶体，带突缘或无突缘，用于缠绕无捻纱、粗纱或有捻纱。

　　胶接（bond）——用胶做黏结剂或不用胶，把一个表面粘到另一个表面上。

　　编织物（braid）——由三根或多根纱线所构成的体系，其中的纱彼此交织，但没有任何两根纱线是相互缠绕的。

　　编织角（braid angle）——与编织轴之间的锐角。

　　双轴编织（braid，biaxial）——具有两个纱线系统的编织织物，其中一个纱线系统沿着 $+\theta$ 方向，而另一个纱线系统沿着 $-\theta$ 方向，角度由编织轴开始计量。

　　编织数（braid count）——沿编织织物轴线计算，每英寸上的编织纱数量。

　　菱形编织物（braid，diamond）——织物图案为一上一下（1×1）的编织织物。1×1P

　　窄幅织物（braid，flat）——一种窄的斜纹机织带；其每根纱线都是连续的，并与这个机织带的其他纱相互交织，但自身无交织。

　　Hercules 编织物（braid，hercules）——图案为三上三下（3×3）的编织织物。3×3T

　　提花编织物（braid，jacquard）——借助于提花织机进行编织图案设计；提花织机是个脱落机构，可用它独立地控制大量纱束，产生复杂的图案。

规则编织物（**braid，regular**）——织物图案为二上二下（2×2）的编织织物。2×2T

正方形编织物（**braid，square**）——其纱线构成正方形图案的编织织物。

两维编织物（**braid，two-dimensional**）——沿厚度方向没有编织纱的编织织物。

三维编织物（**braid，three-dimensional**）——沿厚度方向有一或多根编织纱的编织织物。

三轴编织物（**braid，triaxial**）——在编织轴方向上设置有衬垫纱的双轴编织织物。

编织（**braiding**）——一种纺织的工艺方法；它将两个或多个纱束、有捻纱或带子沿斜向缠绕，形成一个整体的结构。

宽幅（**broadgoods**）——一个不太严格的术语，指宽度大于 305 mm（12 in）的预浸料，它们通常由供货商以连续卷提供。这个术语通常用于指经校准的单向带预浸料及织物预浸料。

（复合材料）屈曲（**buckling（composite）**）——一种结构响应模式，其特征是，由于对结构元件的压缩作用，导致材料的面外挠曲变形。在先进复合材料里，屈曲不仅可能是常规的总体或局部失稳形式，同时也可能是单独纤维的细观失稳。

纤维束（**bundle**）——普通术语，指一束基本平行的长丝或纤维。

C 阶段（**C‐stage**）——热固性树脂固化反应的最后阶段，在该阶段，材料成为几乎既不可溶解又不可熔化的固态（通常认为已充分固化，有时称为**丙阶段**（**resite**））。

绞盘（**capstan**）——一种摩擦型提取装置，用以将编织物由折缝移开，其移动速度决定了编织角。

碳纤维（**carbon fibers**）——将有机原丝纤维（如人造纤维、聚丙烯腈（PAN））进行高温分解，再置于一种惰性气体内，从而生产出的纤维。这个术语通常可与"石墨"纤维（graphite）互相通用；然而，碳纤维与石墨纤维的差别在于，其纤维制造和热处理的温度不同，以及所形成纤维的碳含量不同。典型情况是，碳纤维在大约 1300℃（2400°F）时进行炭化，经检验含有 93%～95% 的碳；而石墨纤维则在 1900～3000℃（3450～5450°F）进行石墨化，经检验含有 99% 以上的元素碳。

载体（**carrier**）——通过编织物的编织动作来输送有捻纱的机械装置，典型的载体包括筒子架纺锤、迹径跟随器和拉紧装置。

均压板（**caul plates**）——一种表面无缺陷的平滑金属板，与复合材料铺层具有相同尺寸和形状。在固化过程中，均压板与铺贴层直接接触，以传递垂直压力，并使层压板制件的表面平滑。

检查（**censoring**）——若每当观测值小于或等于 M（大于或等于 M）时，记录其实际观测值，则称数据在 M 处是右（左）检查的。若观测值超过（小于）M，则观测值记为 M。

链增长聚合反应（**chain-growth polymerization**）——两种主要聚合反应机制之

一。在这种链锁聚合反应中,这些反应基在增长过程中不断地重建。一旦反应开始,通过由某个特殊反应引发源(可以是游离基、阳离子或阴离子)所开始的反应链,使聚合物的分子迅速增长。

层析图(chromatogram)——混合物溶液体系中的洗出溶液(洗出液)经色谱仪分离后,各组分峰值的色谱仪响应图。

缠绕循环(circuit)——缠绕机中纤维给进机构的一个完整往返运动。缠绕段的完整往返运动,是从任意一点开始,到缠绕路径中通过该起点并到与轴相垂直平面上的另外一点为止。

共固化(cocuring)——指在同一固化周期中,在将一个复合材料层压板固化的同时,将其胶接到其他已经制备好的表面(见**二次胶接 secondary bonding**)。

线性热膨胀系数(coefficient of linear thermal expansion)——温度升高一度,每单位长度所产生的长度改变。

变异系数(coefficient of variation)——母体(或样本)标准差与母体(或样本)平均值之比。

准直(collimated)——使平行。

相容(compatible)——指不同树脂体系能够彼此在一起处理,且不致使终端产品性能下降的能力。

复合材料分类(composite class)——手册中,指复合材料的一种主要分类方式,其分类按纤维体系和基体类型定义,如有机基纤维复合材料层压板。

复合材料(composite material)——复合材料是由成分或形式在宏观尺度都不同的材料构成的复合物。各组分在复合材料中保持原有的特性,即各组分尽管变形一致,但它们彼此完全不溶解或者说相互不合并。通常,各组分能够从物理上区别,并且相互间存在界面。

混合料(compound)——一种或多种聚合物与所有用于最终成品的材料的紧密混合物。

缩聚反应(condensation polymerization)——一种特殊形式的逐步聚合反应,其特点是,在反应基的逐级加成过程中,有水或其他简单分子的生成。

置信系数(confidence coefficient)——见**置信区间(confidence interval)**。

置信区间(confidence interval)——置信区间按下列三者之一进行定义:

$$(1)\ p\{a < \theta\} \leqslant 1 - \alpha$$
$$(2)\ p\{\theta < b\} \leqslant 1 - \alpha$$
$$(3)\ p\{a < \theta < b\} \leqslant 1 - \alpha$$

式中,$1 - \alpha$ 称为置信系数。称类型(1)或(2)的描述为单侧置信区间,而称类型(3)的描述为双侧置信区间。对式(1),a 为下置信限;对式(2),b 为上置信限。置信区间内包含参数 θ 的概率,至少为 $1 - \alpha$。

压实(consolidation)——①在金属基复合材料中,指扩散粘接操作,将定向的层块变为最终的复合材料层压板;②在热塑性复合材料中,指一种工艺步骤,通过几种方法之一来减少空隙并获得所需的密度。

组分(constituent)——通常指大组合的一个元素。在先进复合材料中,主要的组分是纤维和基体。

连续长丝(continuous filament)——指其纱线与纱束的长度基本相同的纱束。

耦合剂(coupling agent)——一种与复合材料的增强体或基体发生作用的化学物质,用以形成或提供较强的界面胶接。耦合剂通过水溶液或有机溶液,或由气体相加到增强体中,或作为添加剂加到基体中。

覆盖率(coverage)——表面上被编织物所覆盖部分的量度。

龟裂(crazing)——在有机基体表面或表面下的可见细裂纹。

筒子架(creel)——一个用来支持无捻纱、粗纱或纱线的构架,以便能平稳而均匀地拉动很多丝束,而不会搞乱。

蠕变(creep)——在外加应力所引起应变中与时间有关的那部分应变。

蠕变率(creep, ratio of)——蠕变(应变)-时间曲线上,在给定时刻处的曲线斜率。

卷曲(crimp)——编织过程中在编织物内产生的波纹。

卷曲角(crimp angle)——从丝束的平均轴量起、单个编织纱的最大锐角。

卷曲转换(crimp exchange)——使编织纱体系在受拉或压时达到平衡的工艺。

临界值(critical values)——当检验单侧统计假设时,其临界值是指,若该检验的统计大于(小于)此临界值时,这个假设将被拒绝。当检验双侧统计假设时,要决定两个临界值,若该检验的统计小于较小的临界值时,或大于较大的临界值时,这个假设将被拒绝。在以上这两种情况下,所选取的临界值取决于所希望的风险,即当此假设为真实但却被拒绝的风险,通常取 0.05。

正交铺层(crossply)——指任何非单向的长纤维层压板,与角铺层的意义相同。在某些文献中,术语"正交铺层"只是指各铺层间彼此成直角的层压板,而"角铺层"则用指除此之外的所有其他铺层方式。在本手册中,这两个术语被作为同义词使用。由于使用了层压板铺层取向代码,因而没有必要只为其中某一种基本铺层方向情况保留单独的术语。

累积分布函数(cumulative distribution function)——见第 1 卷 8.1.4 节。

固化(cure)——指通过化学反应,即缩合反应、闭环反应或加成反应等,使热固性树脂的性能发生不可逆的变化。可以在添加或不加催化剂、在加热或者不加热的情况下,通过添加固化(交联)剂来实现固化。同时,也可通过加成反应实现固化,如环氧树脂体系的酐固化过程。

固化周期(cure cycle)——指为了达到规定的性能,将反应的热固性材料置于规定的条件下进行处理的时间进程。

固化应力(cure stress)——复合材料结构在固化过程中所产生的残余内应力。一般情况下,当不同的铺层具有不同的热膨胀系数时,会产生固化应力。

去胶（debond）——指有意将胶接接头或胶接界面剥离[1]，通常用于修理或重新加工情况。（见脱粘 disbond，未粘住 unbond）。[2]

变形（deformation）——由于施加载荷或外力所引起的试件形状变化。

退化（degradation）——指在化学结构、物理特性或外观等方面出现的有害变化。

分层（delamination）——指层压板中在铺层之间的材料分离。分层可能出现在层压板中的局部区域，也可能覆盖很大的区域。在层压板固化过程或在随后使用过程的任何时刻中，都可能由于各种原因而出现分层。

旦（denier）——一种表示线密度的直接计量体系，等于 9 000 m 长的纱、长丝、纤维或其他纺织纱线所具有的质量（克）。

密度（density）——单位体积的质量。

解吸（desorption）——指从另一种材料中释放出所吸收或所吸附材料的过程。解吸是吸收、吸附的逆过程，或者，是这两者的逆过程。

偏差（deviation）——相对于规定尺度或要求的差异，通常规定其上限或下限。

介电常数（dielectric constant）——板极之间具有某一介电常数的电容器，以真空取代电解质时，两者电容之比即其介电常数，这是单位电压下每单位体积所储存电荷的一个度量。

介电强度、抗电强度、绝缘强度（dielectric strength）——当电解质材料破坏时，单位厚度的平均电压。

脱胶（disbond）——在两个被胶接体间的胶接界面内出现胶接破坏或分离情况的区域。在结构寿命的任何时间，都可能由于各种原因发生脱胶。另外，用通俗的话来说，脱胶还指在层压板制品两个铺层间的分离区域，这时，通常更多使用"分层"一词。（见脱粘 debond，未粘住 unbond，分层 delamination。）[3]

分布（distribution）——给出某个数值落入指定范围内概率的公式（见正态分布，Weibull 分布和对数正态分布。）

干态（dry）——在相对湿度为 5% 或更低的周围环境下，材料达到吸湿平衡的一种状态。

干纤维区（dry fiber area）——指纤维未完全被树脂包覆的纤维区域。

延展性（ductility）——材料在出现断裂之前的塑性变形能力。

弹性（elasticity）——在卸除引起变形的作用力之后，材料能立即恢复到其初始尺寸及形状的特性。

---

① 译者注：原文为 A deliberate separation of a bonded joint or interface。

② 编辑注：在广大的复合材料界对此定义有争议和不同意见，有些人严格坚持本手册给出的定义，而另一些则认为是可以互换的（如 FAA AC 20 - 107）。读者要注意，在其他文件中该定义可能是其中之一。

③ 编辑注：在广大的复合材料界对此定义有争议和不同意见，有些人严格坚持本手册给出的定义，而另一些则认为是可以互换的（如 FAA AC 20 - 107）。读者要注意，在其他文件中该定义可能是其中之一。

伸长[率]（elongation）——在拉伸试验中，试件标距长度的增加或伸长，通常用初始标距的百分数来表示。

洗出液（eluate）——（液相层析分析中）由分离塔析出的液体。

洗涤剂（洗脱剂）（eluent）——对进入、通过以及流出分离塔的标本（溶质）成分，进行净化或洗涤所使用的液体（流动相）。

丝束（end）——指正被织入或已被织入到产品中的单根纤维、纱束、无捻纱或有捻纱，丝束可以是机织织物中的一支经纱或细线。对芳纶和玻璃纤维，丝束通常是未加捻的连续长丝纱束。

环氧当量（epoxy equivalent weight）——含有一个化学当量环氧基树脂所相应的重量，用克数表示。

环氧树脂（epoxy resin）——指具有如右图所示环氧基特征的一些树脂，但其结构形式可能是多样的。（环氧基或环氧化物基通常表现为环氧丙基醚、环氧丙基胺或作为脂环族系的一部分。通常复合材料应用芳族型环氧树脂。）

环氧基

引伸计（extensometer）——用于测量线性应变的一种装置。

F‑分布（F‑distribution）——见第 1 卷 8.1.4 节。

织物（非机织）（fabric，nonwoven）——通过机械、化学、加热或溶解的手段，以及这些手段的组合，实现纤维的胶接、连锁或胶接加连锁，从而形成的一种纺织结构。

织物（机织）（fabric，woven）——由交织的纱或纤维所构成的一种普通材料结构，通常为平面结构。在本手册中，专指用先进纤维纱按规定的编织花纹所织成的布，用作为先进复合材料单层中的纤维组分。在这个织物单层中，其经向被取为纵向，类似于长丝单层中的长丝纤维方向。

折缝（fell）——在编织形式中的某种点，其定义为编织体系的纱线终止彼此相对运动的点。

纤维（fiber）——称谓长丝材料的一般术语。通常把纤维用作长丝的同义词，把纤维作为一般术语，表示有限长度的长丝。天然或人造材料的一个单元，它构成了织物或其他纺织结构的基本要素。

纤维含量（fiber content）——复合材料中含有的纤维数量。通常，用复合材料的体积百分数或质量分数来表示。

纤维支数（fiber count）——复合材料的规定截面上，单位铺层宽度上的纤维数目。

纤维方向（fiber direction）——纤维纵轴在给定参考轴系中的取向或排列方向。

纤维体系（fiber system）——构成先进复合材料的纤维组分中，纤维材料的类型及排列方式。纤维体系的例子有，准直的长纤维或纤维纱、机织织物、随机取向的短纤维带、随机纤维毡、晶须等。

纤维体积含量(fiber volume (fraction))——见**纤维含量**(fiber content)。

单丝、长丝(filament)——纤维材料的最小单元。这是在抽丝过程中形成的基本单元,把它们聚集构成纤维束(以用于复合材料)。通常长丝的长度很长直径很小,长丝一般不单独使用。当某些纺织长丝具有足够的强度和柔性时,可以用作为纱线。

长丝复合材料(filamentary composites)——用连续纤维增强的复合材料。

纤维缠绕(filament winding)——见**缠绕**(winding)

纤维缠绕的(filament wound)——指与用纤维缠绕加工方法所制成产品有关的。

纬纱(fill)——机织织物中与经纱成直角、从布的织边到织边布置的纱线。

填料(filler)——添加到材料中的一种相对惰性的物质,用以改变材料的物理、力学、热力学、电学性能以及其他的性能,或用以降低材料的成本。有时,这个术语专指颗粒状添加物。

表面处理剂(finish)**或上浆材料**(size system)——用于处理纤维(表面)的材料,其中含有耦合剂,以改善复合材料中纤维表面与树脂基体之间的结合。此外,在表面处理剂中还经常含有一些成分,它们可对纤维表面提供润滑,防止操作过程中的纤维表面擦伤;同时,还含有黏结剂,以增进纱束的整体性,及便于纤维的包装。

确定性影响(fixed effect)——由于特定级别处置或状态的改变引起的测量值系统漂移(见第1卷8.1.4节)。

溢料(flash)——指从模具或模子分离面溢出,或从封闭模具中挤出的多余材料。

仿型样板(former plate)——附着在编织机上,用于帮助进行折缝定位的一种硬模。

断裂延性(fracture ductility)——断裂时的真实塑性应变。

标距(gage length)——在试件上需要确定应变或长度变化的某一段初始长度。

凝胶(gel)——树脂固化过程中,由液态逐步发展成的初始胶冻状固态。另外,也指由含有液体的固体聚集物所组成的半固态体系。

凝胶涂层(gel coat)——一种快速固化的树脂,用于模压成形过程中改善复合材料的表面状态,它是在脱模剂之后,最先涂在模具上的树脂。

凝胶点(gel point)——指液体开始呈现准弹性性能的阶段。(可由黏度-时间曲线上的拐点发现这个凝胶点。)

凝胶时间(gel time)——指从预定的起始点到凝胶开始(凝胶点)的时间周期,由具体的试验方法确定。

玻璃(glass)——一种熔融物的无机产品,它在冷却成固体状态时没有产生结晶。在本手册中,凡说到玻璃,均指其(用作为长丝、机织织物、纱、毡以及短切纤维等情况的)纤维形态。

玻纤布(**glass cloth**)——常规机织的玻璃纤维材料(见**细纱布 scrim**)。

玻璃纤维(**glass fibers**)——一种由熔融物抽丝、冷却后成为非晶刚性体的无机纤维。

玻璃化转变(**glass transition**)——指非晶态聚合物或处于无定形阶段部分晶态聚合物的可逆变化过程,或由其黏性状态或橡胶状态转变成硬而相对脆性的状态,或由其硬而相对脆性的状态转变为黏性状态或橡胶状态。

玻璃化转变温度(**glass transition temperature**)——在发生玻璃化转变的温度范围内,其近似的中点温度值。

石墨纤维(**graphite fibers**)——见**碳纤维**(**carbon fibers**)。

坯布(**greige**)——指未经表面处理的织物。

手工铺贴(**hand lay-up**)——一种工艺过程,即把构件放到模具上或工作台面上,然后用手工将随后的铺层铺叠起来。

硬度(**hardness**)——抵抗变形的能力;通常用压痕来测定。标准试验形式有布氏(Brinell)、洛氏(Rockwell)、努普(Knoop)以及维克(Vickers)试验。

热清洁(**heat cleaned**)——指将玻璃纤维或其他纤维暴露在高温中,以除去其表面上与所用树脂体系不相容的上浆剂或黏结剂。

多相性(**hcterogeneous**)——表示由各自单独可辨的不相似成分组成材料的说明性术语;也可用于说明内部边界分开且性能不同的区域所组成的介质(注意,非均质材料不一定是多相的)。

均质性(**homogeneous**)——说明性术语,指其成分处处均匀的材料;也指无内部物理边界的介质;还指其性能在内部每一点处均相同的材料,即材料性能相对于空间坐标为常数(但是,对方向坐标则不一定)。

水平剪切(**horizontal shear**)——有时用于指层间剪切。在本手册中这是未经认可的术语。

相对湿度(**humidity,relative**)——指当前水蒸气压与相同温度下标准水蒸气压之比。

混杂(**hybrid**)——指由两种或两种以上复合材料体系的单层所构成的复合材料层压板,或指由两种或两种以上不同纤维(如碳纤维与玻璃纤维,或碳纤维与芳纶纤维)相组合而构成的结构(单向带、织物及其他可能组合成的结构形式)。

吸湿的(**hygroscopic**)——指能够吸纳并保存大气湿气。

滞后(**hysteresis**)——指在一个完整的加载及卸载循环中所吸收的能量。

夹杂(**inclusion**)——在材料或零件内部出现的物理或机械的不连续体,一般由固态、夹带的外来材料构成。夹杂物通常可以传递一些结构应力和能量场,但其传递方式却明显不同于母体材料。

整体复合材料结构(**integral composite structure**)——铺贴和固化成单个复杂连

续的复合材料结构,而该结构的常规制造方法是将几个结构元件分别制造后,用胶接或机械紧固件将其装配起来,例如,把机翼盒段的梁、肋以及加筋蒙皮制造成一个整体的零件。有时,也不太严格地用该术语泛指任何不用机械紧固件进行装配的复合材料结构。

界面(interface)——指复合材料中其物理上可区别不同组分之间的边界。

层间的(interlaminar)——指在层压板单层之间的。

讨论:用于描述物体(如空隙)、事件(如断裂)或场(如应力)。

层间剪切(interlaminar shear)——使层压板中两个铺层沿其界面产生相对位移的剪切力。

中间挤压应力(intermediate bearing stress)——指挤压的载荷-变形曲线某点所对应的挤压应力,在该点处的切线斜率等于挤压应力除以初始孔径的某个给定百分数(通常为4%)。

层内的(intralaminar)——指在层压板的单层之内的。

讨论:用于描述存在或出现的物体(如空隙)、事件(如断裂)或势场(如应力)。

各向同性(isotropic)——指所有方向均具有一致的性能。各向同性材料中,性能的测量与测试轴的方向无关。

挤卡状态(jammed state)——编织织物在受拉伸或压缩时的状态,此时,织物的变形情况取决于纱的变形性能。

针织(knitting)——将单根或多根纱的一系列线圈相互连锁以形成织物的一种方法。

转折区域(knuckle area)——在纤维缠绕部件不同几何形状截面之间的过渡区域。

***k* 样本数据(k-sample data)**——从 *k* 批样本中取样时,由这些观测值所构成的数据集。

衬垫纱(laid-in yarns)——在三轴编织物中,夹在斜纱之间的一个纵向纱体系。

单层(lamina)——指层压板中单一的铺层或层片。

讨论:在缠绕时,一个单层就是一个层片。

层压板(laminate)——对纤维增强的复合材料,指经过压实的一组单层(铺层),这些单层关于某一参考轴取同一方向角或多个方向角。

层压板取向(laminate orientation)——复合材料交叉铺设层压板的结构形态,包括交叉铺层的角度、每个角度的单层数目,以及准确的单层铺设顺序。

格子花纹(lattice pattern)——纤维缠绕的一种花纹,具有固定的开孔排列方式。

铺贴(lay-up)(动词)——按照规定的顺序和取向,将材料的单层加以逐层叠合。

铺层(lay-up)(名词)——①在固化或压实前,按照规定的顺序和取向铺层后的叠合件。②在固化或压实前,包括铺层叠合件、装袋材料、透气材料等的完整叠合体。③对层压板组分材料、几何特性等情况的描述。

对数正态分布（lognormal distribution）——一种概率分布。在该分布中，从母体中随机选取的观测值落入 a 和 b（$0 < a < b < B$）之间的概率，由正态分布曲线下面在 $\log a$ 和 $\log b$ 之间的面积给出。可以采用常用对数（底数 10）或自然对数（底数 e）（见第 1 卷 8.1.4 节）。

批（lot）——见批次（batch）。

下置信限（lower confidence bound）——见置信区间（confidence interval）。

宏观[性能]（macro）——当涉及复合材料时，表示复合材料作为结构元件的总体特性，但不考虑组分的特性或特征。

宏观应变（macrostrain）——指任何有限测量标距范围内的平均应变；与材料的原子间距相比，这个标距是个大值。

芯模（mandrel）——在用铺贴、纤维缠绕或编织方法生产零件过程中，用作基准的成形装置或阳模。

毡子（mat）——用黏结剂把随机取向的短切纤维或卷曲纤维松散地粘合在一起，而构成的纤维材料。

材料验收（material acceptance）——对特定批次的材料，通过试验和/或检测确定其是否满足适用采购规范要求的过程（"材料验收"在符合美国 DOD MIL - STD - 490/961 操作规程的规范中，也称为"质量符合性"）。

讨论：通常选择一组材料验收试验，并命名为"验收试验"（或"质量符合性"试验）。这些试验理论上应代表关键的材料/工艺特征，使得试验结果出现的重大变化能指示材料的变化。材料规范给出了这些验收试验的抽样要求和限制值，用鉴定数据和随后的产品批次数据，通过统计方法来确定材料规范要求。验收试验的抽样要求通常随工艺的成熟度和信任度而变——当变化的可能性较大时，抽样就越多且更频繁；反之，当工艺更成熟且性能的稳定性已被证实，则抽样就可少一些且频率可低一些。现代的生产实践强调，用验收试验数据作为统计质量控制的工具来监控产品的趋势，和进行实时（或近实时）工艺修正。

材料等同性（material equivalency）——确定两种材料或工艺在它们的特性与性能方面是否足够相似，从而在使用时可以不必区分并无需进行附加的评估。（见材料互换性）。

讨论：用统计检验确定来自两种材料，或来自同一种材料用两种不同方式加工得到的数据是否有重大差别。等同性仅限于评估材料组分有微小差别或该材料所用制造工艺（如固化）变更的情况，满足同一材料规范最低要求，但平均性能统计上不同的两种材料，不认为是"等同"的。第 1 卷 8.4.1 节"确定同一材料现有数据库与新数据组之间等同性的检验"，给出了可用于确定来自两种材料或制造工艺数据是否等同的统计检验程序。对真正等同的两种材料，每一个重要性能的母体和分布必须基本上是相同的，但实际上几乎无法实现，所以当必须确定等同性时，要求进行工程上的判断。CMH - 17 将只发布特殊材料和工艺的性能，等同性的结论则留待材料的终端用户去确定和判断。

材料互换性（material interchangeability）——确定替代材料或工艺是否被特定结构接受的过程（见材料等同性）。

讨论：例如，通过验证两种材料的性能与许用值能满足所有的形式、配合与功能要求，就能确定两种非等同的材料或制造工艺均能被接受用于特定结构，则认为在特定结构中这两种材料或工艺是可互换的。

材料鉴定（material qualification）——用一系列规定的试验评估按基准制造工艺生产的材料，来建立其特征值的过程。与此同时，要将评估的结果与原有的材料规范要求进行比较，或建立新材料规范的要求。

讨论：材料鉴定最初是对新材料进行的，当需要对制造工艺进行重新评估，或材料规范要求发生变化时，要部分或全部重复进行材料鉴定。当现有的结构需要增加对性能的要求，或要将该材料用于新结构应用时，还可能需要扩大原有鉴定的范围。对从未鉴定过的材料性能，通常需要包含"目标"值以代替要求，在这种情况下，基于评估结果的要求，鉴定后需要更新目标值。此外评估结果需说明，材料满足和/或超过了所有的规范要求（因此，该材料可以认为已由关注的机构按该规范通过了"鉴定"），或不满足规范要求。

材料体系（material system）——指一种特定的复合材料，它由按规定几何比例和排列方式的特定组分构成，并具有用数值定义的材料性能。

材料体系类别（material system class）——用于本手册时，指具有相同类型组分材料、但并不唯一定义其具体组分的一组材料体系；如石墨/环氧类材料。

材料变异性（material variability）——由于材料本身在空间与一致性方面的变化及其制造工艺上的差异，而产生的一种变异源（见第 1 卷 8.1.4 节）。

基体（matrix）——基本上是均质的材料；复合材料的纤维体系被嵌入其中。

基体含量（matrix content）——复合材料中的基体数量，用质量分数或体积百分比来表示。

讨论：对聚合物基复合材料称为树脂含量，通常用质量分数表示。

平均值（mean）——见样本平均值（sample mean）和母体平均值（population mean）。

力学性能（mechanical properties）——材料在受力作用时与其弹性和非弹性反应相关的材料性能，或者涉及应力与应变之间关系的性能。

中位数（median）——见样本中位数（sample median）和母体中位数（population median）。

细观（micro）——当涉及复合材料时，仅指组分（即基体与增强材料）和界面的性能，以及这些性能对复合材料性能的影响。

微应变（microstrain）——在标距长度内，与材料原子间距同量级的应变。

弦线模量（modulus，chord）——应力应变曲线任意两点之间所引弦线的斜率。

初始模量（modulus，initial）——应力应变曲线初始直线段的斜率。

割线模量（modulus，secant）——从原点到应力应变曲线任何特定点所引割线的斜率。

切线模量（modulus，tangent）——由应力应变曲线上任一点切线所导出的应力差与应变差之比。

弹性模量（杨氏模量）（modulus，Young's）——在材料弹性极限以内其应力差与应变差之比。（适用于拉伸与压缩情况）。

刚性模量（modulus of rigidity），剪切模量或扭转模量（shear modulus or torsional modulus）——剪切应力或扭转应力低于比例极限时，其应力与应变之比值。

弯曲极限强度（modulus of rupture，in bending）——指梁受载到弯曲破坏时，该梁最外层纤维最大（导致破坏的）拉伸或压缩应力值。该值由弯曲公式计算：

$$F^{\mathrm{b}} = \frac{Mc}{I} \tag{1.8(a)}$$

式中：M 为由最大载荷与初始力臂计算得到的最大弯矩；c 为从中性轴到破坏的最外层纤维之间的初始距离；I 为梁截面关于其中性轴的初始惯性矩。

扭转极限强度（modulus of rupture，in torsion）——圆形截面构件受扭转载荷到达破坏时，其最外层纤维的最大剪切应力；最大剪切应力由下列公式计算：

$$F^{\mathrm{s}} = \frac{Tr}{J} \tag{1.8(b)}$$

式中：T 为最大扭矩；r 为初始外径；J 为初始截面的极惯性矩。

吸湿量（moisture content）——在规定条件下测定的材料含水量，用潮湿试件质量（即干物件质量加水分质量）的百分数来表示。

吸湿平衡（moisture equilibrium）——当试件不再从周围环境吸收水分，或向周围环境释放水分时，试件所达到的状态。

脱模剂（mold release agent）——涂在模具表面上、有助于从模具中取出模制件的润滑剂。

模制边（molded edge）——模压后物理上不再改变而用于最终成形工件的边沿，特别是沿其长向没有纤维丝束的边沿。

模压（molding）——通过加压和加热，使聚合物或复合材料成形为具有规定形状和尺寸的实体。

单层（monolayer）——构成交叉铺设或其他形式层压板的基本层压板单元。

单体（monomer）——一种由分子组成的化合物，其中每个分子能提供一个或更多构成的单元。

NDE（nondestructive evaluation）——无损评定，一般认为是 NDI（无损检测）的同义词。

NDI（nondestructive inspection）——无损检测。用以确定材料、零件或组合件的质量和特性，而又不致永久改变对象或其性能的一种技术或方法。

NDT（nondestructive testing）——无损试验，一般当作 NDI（无损检测）的同义词。

颈缩（necking）——一种局部的横截面面积减缩，这现象可能出现在材料受拉伸应力作用的情况下。

负向偏斜（negatively skewed）——若一个分布不对称且其最长的尾端位于左侧，则称该分布是负向偏斜的。

试件名义厚度（nominal specimen thickness）——名义的单层厚度乘以铺层数所得的厚度。

名义值（nominal value）——为方便设计而规定的值，名义值仅在名义上存在。

正态分布（normal distribution）——一种双参数 (μ, σ) 的概率分布族，观测值落入 a 和 b 之间的概率，由下列分布曲线在 a 和 b 之间所围面积给出：

$$f(x) = \frac{1}{\sigma\sqrt{2\pi}} e^{-(x-\mu)^2/2\sigma^2}$$

（见第 1 卷 8.1.4 节）。

正则化（normalization）——将纤维控制性能的原始测试值，按单一（规定）的纤维体积含量进行修正的数学方法。

正则化应力（normalized stress）——把测量的应力值乘以试件纤维体积与规定纤维体积之比，修正后得到的相对规定纤维体积含量的应力值；可以用试验测量纤维体积，也可以用试件厚度与纤维面积重量间接计算得到这个比值。

观测显著性水平（observed significance level，OSL）——当零假设（null hypotheses）成立时，观测到一个较极端的试验统计量的概率。

偏移剪切强度（offset shear strength）——（由正确实施的材料性能剪切响应试验），弦线剪切弹性模量的平行线与剪切应力/应变曲线交点处对应的剪切应力值，在该点，这个平行线已经从原点沿剪切应变轴偏移了一个规定的应变偏置值。

低聚物（oligomer）——只由几种单体单元构成的聚合物，如二聚物、三聚物等，或者是它们的混合物。

单侧容限系数（one-side tolerance limit factor）——见**容限系数**（tolerance limit factor）。

正交各向异性（orthotropic）——具有三个相互垂直的弹性对称面（的材料）。

烘干（oven dry）——材料在规定的温度和湿度条件下加热，直到其质量不再有明显变化时的状态。

PAN 纤维（PAN fibers）——由聚丙烯腈纤维经过受控高温分解而得到的增强纤维。

平行层压板（parallel laminate）——由机织织物制成的层压板，其铺层均沿织物卷中原先排向的位置铺设。

平行缠绕（parallel wound）——描述将纱或其他材料绕到带突缘绕轴上的术语。

剥离层（peel ply）——一种不含可迁移化学脱模剂的布材，并设计得与层压板表面层共固化。它通常用于保护胶接表面，胶接操作前用剥离的方法将其从层压板上完全揭掉。揭掉可能很难,但可得到清洁且具有清晰织纹的断裂表面。它可以经过处理(如机械压光),但不得含脱模剂成分。

pH 值(**pH**)——对溶液酸碱度的度量,中性时数值为 7,其值随酸度增加而逐渐减小,随碱度增加而逐渐提高。

纬纱密度(**pick count**)——机织织物每单位英寸或每厘米长度的纬纱数目。

沥青纤维(**pitch fibers**)——由石油沥青或煤焦油沥青所制成的增强纤维。

塑料(**plastic**)——一种含有一种或多种高分子量有机聚合物的材料,其成品为固态,但在其生产或加工为成品的某阶段,可以流动成形。

增塑剂(**plasticizer**)——一种低分子量材料,加到聚合物中以使分子链分离,其结果是,降低了玻璃化转变温度,减小了刚度和脆性,同时改善工艺性(注意,许多聚合物材料不需要使用增塑剂。)

合股纱(**plied yarn**)——由两股或两股以上的单支纱经一次操作加捻而成的纱。

层数(**ply count**)——在层压复合材料中,指用于构成该复合材料的铺层数或单层数。

泊松比(**Poisson's ratio**)——在材料的比例极限以内,均布轴向应力所引起的横向应变与其相应轴向应变的比值(绝对值)。

聚合物(**polymer**)——一种有机材料,其分子的构成特征是,重复一种或多种类型的单体单元。

聚合反应(**polymerization**)——通过两个主要的反应机制,使单体分子链接一起而构成聚合物的化学反应。增聚合是通过链增进行,而大多数缩聚合则通过跃增来实现。

母体(**population**)——指要对其进行推论的一组测量值,或指在规定的试验条件下有可能得到的测量值全体。例如,"在相对湿度 95% 和室温条件下,碳/环氧树脂体系 A 所有可能的极限拉伸强度测量值"。为了对母体进行推论,通常有必要对其分布形式作假设,所假设的分布形式也可称为母体(见第 1 卷 8.1.4 节)。

母体平均值(**population mean**)——在按母体内出现的相对频率对测量值进行加权后,给定母体内所有可能测量值的平均值。

母体中位数(**population median**)——指母体中测量值大于和小于它的概率均为0.5 的值(见第 1 卷 8.1.4 节)。

母体方差(**population variance**)——母体离散度的一种度量。

孔隙率(**porosity**)——指实体材料中截留多团空气、气体或空腔的一种状态,通常,用单位材料中全部空洞体积所占总体积(实体加空洞)的百分比来表示。

正向偏斜(**positively skewed**)——若是不对称分布,且最长的尾端位于右侧,则称该分布是正向偏斜。

后固化(**postcure**)——补充的高温固化,通常不再加压,用以提高玻璃化转变温度、改善最终性能或完善固化过程。

适用期（pot life）——在与反应引发剂混合以后，起反应的热固性合成物仍然适合预期加工处理的时间周期。

精度（precision）——所得的一组观测值或试验结果相一致的程度，精度包括了重复性和再现性。

（碳或石墨纤维的）原丝（precursor）——用以制备碳纤维和石墨纤维的 PAN（聚丙烯腈）纤维或沥青纤维。

预成形件（preform）——干织物与纤维的组合体，提供用于多种不同湿树脂注入工艺过程。可以对预成形件缝合，或者用其他方法加以稳定，以保持其形状。混合的预成形件可以包含热塑性纤维，并可用高温和加压来压实，而无需注入树脂。

预铺层（preply）——已按客户规定的铺层顺序进行铺贴的预浸材料铺层。

预浸料（prepreg）——准备好可供模压或固化的片材，它可能是用树脂浸渍过的丝束、单向带、布或毡子，在使用前可以存放。

压力（pressure）——单位面积上的力或载荷。

概率密度函数（probability density function）——见第 1 卷 8.1.4 节。

比例极限（proportional limit）——与应力应变的比例关系不存在任何偏离的情况（所谓虎克定律）下，材料所能承受的最大应力。

鉴定（qualification）——见**材料鉴定（material qualification）**。

准各向同性层压板（quasi-isotropic laminate）——均衡而对称的层压板，在这层压板的某个给定点上，所关心的本构关系特性，在层压板平面内呈现各向同性。

讨论：通常的准各向同性层压板为[0/±60]ₛ及[0/±45/90]ₛ。

随机影响（random effect）——由通常无法控制的外部因素特定状态的改变引起的测量值漂移（见第 1 卷 8.1.4 节）。

随机误差（random error）——由未知或不可控因素引起，且独立而不可预见地影响着每次观察值的那部分数据变异（见第 1 卷 8.1.4 节）。

断面收缩［率］（reduction of area）——拉伸试验试件的初始截面积与其最小横截面积之差，通常表示为初始面积的百分数。

折射率（refractive index）——空气中的光速（具有确定波长）与在被检物质中的光速之比，也可定义成，当光线由空气穿入该物质时其入射角正弦与反射角正弦之比。

增强塑料（reinforced plastic）——其中埋置了较高刚度或很高强度纤维的塑料，这样，改善了基本树脂的某些力学性能。

脱模剂（release agent）——见**脱模剂（mold release agent）**

脱模织物（release fabric）——一种含可迁移化学脱模剂的布材，设计用于与层压板表面层共固化，通常用于使层压板更易从模具上取出的目的。打算通过剥离来更易于完整地从层压板上取下，它在层压板上留下无织纹、比较光滑的表面效果和化学残留物。

隔离膜（release film）——设计用于与层压板表面层共固化的片状薄膜。目的通常是使层压板更易于从模具上取出。薄膜材料通常是聚四氟乙烯，PTFE（Teflon）的衍生物，打算通过剥离来更易于完整地从层压板上取下，它在层压板上留下只带少量印迹的光滑表面剂和化学残留物。

回弹（resilience）——从变形状态恢复的过程中，材料抵抗约束力而做功的性能。

树脂（resin）——有机聚合物或有机预聚合物，在复合材料中用作基体以包容纤维增强物，或用作胶黏剂。这种有机基体可以是热固性或热塑性的，同时，可能含有多种成分或添加剂，以影响其可操作性、工艺性能和最终的性能。

树脂含量（resin content）——见**基体含量**（matrix content）。

贫脂区（resin starve area）——指复合材料构件中树脂未能连续平滑包覆住纤维的区域。

树脂体系（resin system）——指树脂与一些成分的混合物，这些成分用于满足预定工艺和最终成品的要求，例如催化剂、引发剂、稀释剂等成分。

室温大气环境（room tempreture ambient，RTA）——①实验室大气相对湿度，(23 ± 3)℃，$((73\pm5)$℉)的环境条件；②在压实/固化后，立即储存在(23 ± 3)℃，$((73\pm5)$℉)和最大相对湿度 60% 条件下的一种材料状态。

粗纱（roving）　　由略微加捻或不经加捻的若干原丝、丝束或纱束所汇成的平行纤维束。在细纱生产中，指处于梳条和纱之间的一种中间状态。

S 基准值（S‑basis）**或 S 值**（S‑value）——力学性能值，通常为有关的政府规范或 SAE（美国汽车工程师学会）航宇材料规范中对此材料所规定的最小力学性能值。

样本（sample）——准备用来代表所有全部材料或产品的一小部分材料或产品。从统计学上讲，样本就是取自指定母体的一组测量值（见第 1 卷 8.1.4 节）。

样本平均值（sample mean）——样本中所有测量值的算术平均值。样本平均值是对母体均值的估计量（见第 1 卷 8.1.4 节）。

样本中位数（sample median）——将观测值从小到大排序，当样本大小为奇数时，居中的观测值为样本中位数；当样本大小 n 为偶数时，中间两个观测值的平均值为样本中位数。若母体关于其平均值是对称的，则样本中位数也就是母体平均值的估计量（见第 1 卷 8.1.4 节）。

样本标准差（sample standard deviation）——即样本方差的平方根（见第 1 卷 8.1.4节）。

样本方差（sample variance）——等于样本中观测值与样本平均值之差的平方和除以 $n-1$（见第 1 卷 8.1.4 节）。

夹层结构（sandwich construction）——一种结构壁板的概念，其最简单的形式是，在两块较薄而且相互平行的结构板材中间，胶接一块较厚的轻型芯子。

饱和[状态]（saturation）——一种平衡状态，此时，在所指定条件下的吸收率基本上降为零。

细纱布（scrim），亦称玻纤布（glass cloth）、载体（carrier）——一种低成本、织成网状结构的机织织物，用于单向带或其他 B 阶段材料的加工处理，以便操作。

二次胶接（secondary bonding）——通过胶黏剂胶接工艺，将两件或多件已固化的复合材料零件结合在一起，这个过程中唯一发生的化学反应或热反应，是胶黏剂自身的固化。

织边（selvage 或 selvedge）——织物中与经纱平行的织物边缘部分。

残留应变（set）——产生变形的作用力完全卸除后，仍然保留的应变。

剪切断裂（shear fracture）（对结晶类材料）——沿滑移面平移所导致的断裂模式，滑移面的取向主要沿剪切应力的方向。

贮存期（shelf life）——材料、物质、产品或试剂在规定的环境条件下贮存，并能够继续满足全部有关的规范要求和/或保持其适用性的情况下，其能够存放的时间长度。

短梁强度（short beam strength，SBS）——正确执行 ASTM 试验方法 D2344 所得的试验结果。

显著性（significant）——若某检验统计值的概率最大值小于或等于某个被称为检验显著性水平的预定值，则从统计意义上讲该检验统计值是显著的。

有效位数（significant digit）——定义一个数值或数量所必需的位数。

浸润材料（size system）——见**表面处理剂（finish）**。

上浆剂（sizing）——一个专业术语，指用于处理纱的一些化合物，使得纤维能黏结在一起，并使纱变硬，防止其在机织过程被磨损。浆粉、凝胶、油脂、腊以及一些人造聚合物如聚乙烯醇、聚苯乙烯、聚丙烯酸和多醋酸盐等都被用作为上浆剂。

偏斜（skewness）——见**正向偏斜（positively skewed）、负向偏斜（negatively skewed）**。

管状织物（sleeving）——管状编织织物的一般名称。

长细比（slenderness ratio）——均匀柱的有效自由长度与柱截面最小回旋半径之比。

梳条（sliver）——由松散纤维组合而成的连续纱束，其截面近似均匀、未经过加捻。

溶质（solute）——被溶解的材料。

比重（specific gravity）——在一个恒温或给定的温度下，任何体积某种物质的重量，与同样体积的另一种物质的重量之比。固体与流体通常是与 4℃(39°F)时的水进行比较。

比热容（specific heat）——在规定条件下，单位质量的某种物质升高温度一度所需要的热量。

试件（specimen）——从待测试的样品或其他材料上取下的一片或一部分。试件通常按有关的试验方法要求进行制备。

纺锤（**spindle**）——纺纱机、三道粗纺机、缠绕机或相似机器上的一种细长而垂直转动的杆件。

标准差（**standard deviation**）——见**样本标准差**（**sample standard deviation**）。

短切纤维（**staple**）——指自然形成的纤维，或指由长纤维上剪切成的短纤维段。

逐步聚合（**step-growth polymerization**）——两种主要聚合机制之一。在逐步聚合中，通过单体、低聚物或聚合物分子的联合，由消耗反应基而进行反应。因为平均分子量随着单体的消耗而增大，只有在高度转化时，才会形成高分子量的聚合物。

应变（**strain**）——由于力的作用，物体尺寸或形状相对其初始尺寸或形状每单位尺寸的变化量，应变是无量纲量，但经常用 in/in，m/m 或百分数来表示。

股（**strand**）——一般指作为单位使用的单束未加捻连续长纤维，包括梳条、丝束、纱束、纱等。有时，也称单根纤维或长丝为股。

强度（**strength**）——材料能够承受的最大应力。

应力（**stress**）——物体内某点处，在通过该点的给定平面上作用的内力或内力分量的烈度。应力用单位面积上的力（lbf/in^2，MPa 等）来表示。

应力松弛（**stress relaxation**）——指在规定约束条件下固体中应力随时间的衰减。

应力-应变曲线（**stress-strain curve（diagram）**）——一种图形表示方法，表示应力作用方向上试件的尺寸变化与作用应力幅值的相互关系。一般取应力值作为纵坐标（垂直方向），而取应变值为横坐标（水平方向）。

结构元件（**structural element**）——一个专业术语，用于较复杂的结构成分（如蒙皮、长桁、剪力板、夹层板、连接件或接头）。

结构型数据（**structured data**）——（见第 1 卷 8.1.4 节）。

覆面毡片（**surfacing mat**）——由细纤维制成的薄毡，主要用于在有机基复合材料上形成光滑表面。

对称层压板（**symmetrical laminate**）——一种复合材料层压板，其在中面下部的铺层顺序与中面上部者呈镜面对称。

加强片（**tab**）——用于在试验夹头或夹具中抓住层压板试件的一片材料，以免层压板受损坏，并使其得到适当的支承。

黏性（**tack**）——预浸料的黏附性。

［单向］带（**tape**）——指制成的预浸料，对碳纤维可宽达 305 mm（12 in），对硼纤维宽达 76 mm（3 in）。在某些场合，也有宽达 1524 mm（60 in）的横向缝合碳纤维带的商品。

韧度（**tenacity**）——用无应变试件上单位线密度的力来表示的拉伸应力，即克（力）/旦尼尔，或克（力）/特克斯。

特克斯（**tex**）——表示线密度的单位，等于每 1000 m 长丝、纤维、纱或其他纺织纱的质量或重量(用克表示)。

导热性(thermal conductivity)——材料传导热的能力,物理常数,表示当物体两个表面的温度差为一度时,在单位时间内通过单位立方体物质的热量。

热塑性(thermoplastic)——一种塑料,在该材料特定的温度范围内,可以将其重复加温软化、冷却固化;而在其软化阶段,可通过将其流入物体并通过模压或挤压而成形。

热固性(thermoset)——一种聚合物,经过加热、化学或其他的方式进行固化以后,就变成为基本不熔和不溶的材料。

容限(tolerance)——允许参量变化的总量。

容许限(tolerance limit)——对某一分布所规定百分位的下(上)置信限。例如,B 基准值是对分布的第 10 个百分位数取 95% 的下置信限。

容限系数(tolerance limit factor)——指在计算容许限时,与变异性估计量相乘的系数值。

韧度(toughness)——对材料吸功能力的度量,或对单位体积或单位质量的材料,使其断裂实际需要做的功。韧度正比于原点到断裂点间载荷-伸长量曲线下所包围的面积。

丝束(tow)——未经加捻的连续长纤维束。在复合材料行业,通常指人造纤维,特别是碳纤维和石墨纤维。

变换(transformation)——数值变换,是对所有数值用数学函数实现的计量单位变换。例如,给定数据 x,则 $y = x + 1$,x^2,$1/x$,$\log x$ 以及 $\cos x$ 都是 x 的变换。

一级转变(transition,first order)——聚合物中与结晶或熔融有关的状态变化。

横观各向同性(transversely isotropic)——说明性术语,指一种呈现特殊正交各向异性的材料,其中在两个正交维里,性能是相同的,而在第三个维里性能就不相同;在两个横向具有相同的性能,而在纵向则非如此。

伴随件(traveller)——一小片与试件相同的产品(板、管等),用于例如测量浸润调节效果的吸湿量。

捻度(twist)——纱或其他纺织丝线单位长度沿其轴线扭转的圈数,可表示为每英寸的圈数(t/in),或每厘米的圈数(t/cm)。

加捻方向(twist,direction of)——对纱或其他纺织丝线加捻的方向,用大写字母 S 和 Z 表示。把纱吊置起来,若纱围绕其中心轴的可见螺旋纹与字母 S 中段的偏斜方向一致,则称其为 S 加捻,若方向相反,则之为 Z 加捻。

加捻增量(twist multiplier)——每英寸的加捻圈数与纱线支数平方根之比值。

典型基准值(typical basis)——典型性能值是样本平均值,注意,典型值定义为简单的算术平均值,其统计含义是,在 50% 置信水平下可靠性为 50%。

未粘住(unbond)——指两被胶接件的界面间准备胶接而未被胶接的区域。也用来指一些为模拟胶接缺陷,而有意防止其胶接的区域,例如在质量标准试件制备中的未胶接区(参见**脱粘 disbond、脱胶 debond**)。

单向纤维增强复合材料(**unidirectional fiber-reinforced composite**)——其所有纤维均沿相同方向排列的任何纤维增强复合材料。

单胞(**unit cell**)——这个术语用于编织织物的纱线轨迹,表示其重复几何图案的一个格子单元。

非结构型数据(**unstructured data**)——见第 1 卷 8.1.4 节。

上置信限(**upper confidence limit**)——见**置信区间**(**confidence interval**)。

真空袋模压(**vacuum bag molding**)——对铺贴层进行加压固化的一种工艺,产生压力的方法是,用柔性布盖在铺贴层上且沿四周密封,然后在铺贴层与软布之间抽真空。

均方差(**variance**)——见**样本方差**(**sample variance**)。

黏度(**viscosity**)——材料体内抵抗流动的一种性能。

空隙(**void**)—— 复合材料内部所裹挟的气泡或接近真空的空穴。

空隙含量(**void content**)——复合材料内部所含空隙的体积百分比。

经纱(**warp**)——机织织物中,沿纵向的纱(见**纬纱**(**Fill**)),本身很长并近似平行。

经纱面(**warp surface**)——经纱面积大于纬纱面积的表面层。

讨论:对经纱与纬纱表面均相等的织物,不存在经纱面。

[双参数]Weibull 分布(**Weibull distribution**(**two-parameter**))——一种概率分布,随机取自该母体的一个观测值,落入值 a 和 $b(0 < a < b < \infty)$ 之间的概率由式 1.8(c)给出,式中:α 称为尺度参数;β 称为形状参数(见第 1 卷 8.1.4 节)。

$$\exp\left[-\left(\frac{a}{\alpha}\right)^{\beta}\right] - \exp\left[-\left(\frac{b}{a}\right)^{\beta}\right] \tag{1.8(c)}$$

湿铺贴(**wet lay-up**)——在把增强材料铺放就位的同时或之后,加入液态树脂体系的增强制品制造方法。

湿强度(**wet strength**)——在其基体树脂吸湿饱和时有机基复合材料的强度(见**饱和**(**saturation**))。

湿法缠绕(**wet winding**)——一种纤维缠绕方法,这种方法是,在将纤维增强材料缠到芯模上的同时用液体树脂对其浸渍。

晶须(**whisker**)——一种短的单晶纤维或细丝。晶须的直径范围是 $1 \sim 25\,\mu m$,其长径比在 $100 \sim 15\,000$ 之间。

缠绕(**winding**)——一种工艺过程,指在受控的张力下,把连续材料绕到有预定几何关系的外形上,以制作结构。

讨论:可以在缠绕之前、在缠绕过程中,以及在缠绕之后,加上胶接纤维用的树脂材料。纤维缠绕是最普通的一种形式。

使用寿命(**work life**)——在与催化剂、溶剂或其他组合成分混合以后,化合物仍然适合于其预期用途的时间周期。

机织织物复合材料（woven fabric composite）——先进复合材料的一种主要形式，其纤维组分由机织织物构成。机织织物复合材料一般是由若干单层组成的层压板，而每个单层则由埋置于所选基体材料中的一层织物构成。单个的织物单层是有方向取向性的，由其组合成特定的多向层压板，以满足规定的强度和刚度要求包线。

纱（yarn）——表示连续长丝束或纤维束的专业术语；它们通常是加捻的因而适于制成纺织物。

合股纱（yarn，plied）——由两股或多股有捻纱合成的纱束。通常，将这几股纱加捻合到一起，有时也不加捻。

屈服强度（yield strength）——指当某材料偏离应力-应变比例关系达到某规定限值时，其所对应的应力值。（这个偏移用应变表示，如在偏量法中为 0.2%，在受载总伸长法中为 0.5%）。

X 轴（X-axis）——复合材料层压板中，在层压板面内作为 0°基准，用以标明铺层角度的轴。

X-Y 平面（X-Y plane）——复合材料层压板中，与层压板平面相平行的基准面。

Y 轴（Y-axis）——复合材料层压板中，位于层压板平面内与 X 轴相垂直的轴。

Z 轴（Z-axis）——复合材料层压板中，与层压板平面相垂直的基准轴。

参 考 文 献

1.6.1.1(a)　ASTM Practice D6507 - 00（2005）. Standard Practice for Fiber Reinforcement Orientation Codes for Composite Materials [S]. Annual Book of ASTM Standards, Vol.15.03, American Society for Testing and Materials, West Conshohocken, PA.

1.6.1.1(b)　DOD/NASA Advanced Composites Design Guide [S]. Vol.4, Section 4.0.5, Air Force Wright Aeronautical Laboratories, Dayton, OH, prepared by Rockwell International Corporation, 1983（distribution limited）.

1.6.2　Maters J E and Portannova M A. Standard Test Methods for Textile Composites [S]. NASA Langley Research Center, NASA CR - 4751, 1996.

1.7(a)　Metallic Materials Properties & Development Standardization（MMPDS）- 04 [S]., formerly MIL - HDBK - 5F, 2008.

1.7(b)　DOD/NASA Advanced Composites Design Guide [S]. Air Force Wright Aeronautical Laboratories, Dayton, OH, prepared by Rockwell International Corporation, 1983（distribution limited）.

1.7(c)　ASTM E1823 - 07a, Standard Terminology Relating to Fatigue and Fracture Testing [S]. Annual Book of ASTM Standards, Vol.03.01, American Society for Testing and Materials, West Conshohocken, PA.

1.7.2(a) IEEE/ASTM SI10 - 02. American National Standard for Use of the International System of Unites (SI): The Modern Metric System [S]. Annual Book of ASTM Standards, Vol. 14. 04, American Society for Testing and Materials, West Conshohocken, PA.

1.7.2(b) Engineering Design Handbook: Metric Conversion Guide [S]. DARCOM P706 - 470, July 1976.

1.7.2(c) The International System of Units (SI) [S]. NBS Special Publication 330, National Bureau of Standards, 1986 edition.

1.7.2(d) Units and Systems of Weights and Measures, Their Origin, Development, and Present Status [S]. NBS Letter Circular LC 1035, National Bureau of Standards, November 1985.

1.7.2(e) The International System of Units Physical Constants and Conversion Factors [S]. NASA Special Publication 7012, 1964.

第2章 复合材料性能测试指南

2.1 引言

本章为聚合物基复合材料试验表征指南,在 CMH－17 的材料性能数据基础上给出并讨论了为多种用途推荐的试验矩阵,重点强调了试验和试验矩阵计划中可能存在的问题,并提供了有帮助的选择。本章的各节包括:

- 2.1 节,介绍本章并给出试验需求的分类方法。
- 2.2 节,讨论影响试验结果和基准值的各种因素,尤其对编制试验计划时比较重要的问题进行了集中讨论,这些计划既包括了单个试验也包括了需要评估成百上千个试验件的大型试验程序。
- 2.3 节,针对 2.1 节中所述的关键类别组,给出了大量事先制定的试验矩阵,它们覆盖了在推荐试验环境下特定性能集的表征,并包括了对批次和试验件数量的要求。
- 2.4 节说明了试验数据正则化、数据处理和给出报告的方法。
- 2.5 节详细说明了试验母体的取样要求,具体试验数据正则化以及数据进入 CMH－17 第 2 卷时提交文件的要求。

2.1.1 复合材料结构的积木式方法

通常认为,仅仅通过分析来证实复合材料结构的设计是不充分的。反之,人们用"积木式方法"进行设计研制试验来协同分析验证,这种方法通常认为是复合材料结构鉴定/取证(qualification/certification)[①]所必不可少的。这主要是基于复合材料对面外载荷的敏感性、复合材料失效模式的多样性,以及缺乏标准、统一分析方法的原因。

由于在真实湿度和温度环境下进行全尺寸试验常常是不现实的,因此,积木式

[①] 在美国国防部 DOD 的应用中通常把设计证实(substantiation)称为"鉴定"("qualification"),而在涉及美国 FAA 的民用情况称为"取证"("certification")。所有这些术语说明一个相似的过程,但"证实"是一个更普遍的术语,用"鉴定"和"取证"则具有前面说到的限制性含义。

方法还被用来确定应用于室温大气环境下进行全尺寸试验的环境补偿值,即用较低层次的试验来证明这些环境补偿因子。同理,积木式试验还常用来确定疲劳谱的截除方法以及在全尺寸水平上的疲劳分散性补偿因子。

图 2.1.1 给出了积木式方法的简图,并在文献 2.1.1(b)和(c)中作了详细的讨论,可以把这个方法归纳为以下的步骤:

(1) 生成材料的基准值和初步的设计许用值。

(2) 基于对结构的设计/分析,选取后续试验验证的关键区域。

(3) 对每个设计特征确定强度控制的失效模式。

(4) 选择出现强度关键失效模式的试验环境。应特别注意基体敏感的失效模式(如压缩、面外剪切和胶接面)以及因为面外载荷或刚度剪裁的设计而可能产生的"热点(hot-spot)"问题。

(5) 设计并试验一系列试验件,其中每个模拟一个单独的失效模式和载荷情况,与分析预计相对比,并按需要调整分析模型或设计许用值。

(6) 设计并进行逐渐复杂的试验,评估可能由于几个潜在失效模式引起破坏的更复杂的载荷状态。与分析预计相对比,并按需要调整分析模型。

(7) 按需要设计(包括补偿因子)并进行全尺寸构件的静力与疲劳试验,以最终验证内力和结构完整性。与分析进行比较。

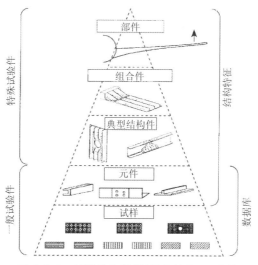

图 2.1.1　试验的金字塔(见文献 2.1.1(a))

2.1.2　试验级别与数据的使用

可以按照两种基本方法来定义试验工作,即结构的复杂性程度和数据的应用类型。每种方法的分类情况将在后面各节进行详细讨论,并如 2.1.2.3 节所述,可用于构思大型的试验规划,以便编制试验计划。

2.1.2.1 结构复杂性等级

图 2.1.1 中的 5 个结构复杂性等级[①]本身都是以其几何特征或其形式为基础的,它们是:组分、单层、层压板、结构元件和组合件。在材料数据研制过程的初期,应确定要试验的材料形式和对每个级别要强调的重点,这取决于很多因素,包括制造工艺、结构应用、公司/机构的惯例、和/或采购或适航部门。虽然在某些罕见的例子中使用一级就足够了,但大多数应用情况至少需要两级,而通常是完整地实施积木式方法的所有五级。无论所选择的是什么结构复杂性等级,都需要预浸料(或基体,而把加入基体作为工艺的一部分,例如树脂传递模塑工艺)的物理或化学性能表征,以支持物理和力学性能的试验结果。每个采购或适航部门均规定了数据使用的具体最低要求与指南。建议 CMH-17 的用户在着手计划和进行任何用于支持结构鉴定或取证的试验以前,要与采购或取证机构进行协调。

这 5 个结构复杂性等级覆盖了以下的范围:

组分试验

它对纤维、纤维结构、基体材料和纤维-基体预成形件的各自性能进行评价。例如,关键性能包括纤维和基体的密度以及纤维的拉伸强度与拉伸模量。

单层试验

它对复合材料形态中纤维和树脂共同的性能进行评价。虽然有时把预浸料列为一个单独的级别,为讨论起见,预浸料的性能也包括在该级别。关键的性能包括纤维面积重量、基体含量、空隙含量、固化后的单层厚度、单层的拉伸强度与模量、单层的压缩强度与模量以及单层的剪切强度与模量。

层压板试验

层压板试验对给定层压板设计形式的复合材料响应进行表征。关键的性能包括拉伸强度与模量、压缩强度与模量、剪切强度与模量、层间断裂韧性以及疲劳阻抗。

结构元件试验

它评价的是复合材料容许常见层压板中不连续性的能力。关键的性能包括开孔与充填孔拉伸强度、开孔与充填孔压缩强度、冲击后压缩强度以及连接的挤压强度与挤压旁路强度。

组合件(或更高级别)试验

这种试验评价的是复杂性逐渐增大的结构组件的行为与失效模式。这是专门针对具体应用的,因而在 CMH-17 内没有专门论述。

2.1.2.2 数据应用分类

还可以按照数据的使用,把材料性能试验归到以下 5 类中的一类或几类:筛

---

① 由于通常进行单层级的试验与分析,手册的讨论着重于建立单层级的数据库;然而,这并不是要限制单独或联合使用任何其他结构复杂性等级。此外,本手册对组合级涉及较少,因为其对应用的依赖极强,然而,可以把这里所包含的试样级试验计划编制和数据文件概念推广用于组合件(或更高级别)的试验。

选[①]、鉴定、验收、等同性和结构证实。大多数材料体系试验的起点通常是材料筛选,要对准备应用于工程硬件的材料体系做进一步的试验,以得到附加的数据。虽然在 CMH-17 没有专门说明最后一类结构证实的要求,但按照 CMH-17 的指南所产生的数据将构成这些要求的一部分。这 5 类数据使用分类覆盖了以下的范围:

筛选试验

它为给定的应用,常常是心中有一个具体的应用对象,来评价一些备选的材料。筛选试验的目的,是在最恶劣的环境条件和载荷试验条件下对新材料体系进行初步评价。本手册根据航宇结构应用的关键性能,提供了筛选新材料体系的指南。CMH-17 的筛选试验矩阵提供各种强度、模量和物理性能的平均值,既包括单层级又包括层压板级的试验,并在随后安排更加深入的评价前,通过选材过程去掉不符要求的材料体系,发现有希望的材料体系。

材料鉴定试验

这一步是证明给定材料/工艺满足材料规范要求的能力;也是建立原始规范要求值的过程。严格的材料鉴定试验考虑数据的统计性能,理念上是一组为满足结构证实要求而实施的设计许用值试验,或与其直接相关的一组试验。(然而,虽然某个材料可按给定的规范进行鉴定,但对每个具体的应用情况仍然必须得到批准。)目标是定量地评定关键材料性能的变异性,得出用于建立材料验收、等同性、质量控制和设计基准值的各种统计量。由于在工业界有各种不同的取样和统计方法,因此,必须明确规定所用的方法。虽然可以用很多途径得到一般的基准值,但 CMH-17 基准值本身带有明确规定的取样要求和特定的统计检验过程,并强调了像试验方法、失效模式和数据文件编制这样的附加考虑。

验收试验

它的任务是通过对材料产品的定期取样和对关键材料性能的评价,来验证材料的符合性和一致性。把从小取样尺寸得出的试验结果与先前试验中建立的控制值进行统计比较,以确定材料的生产工艺有无显著变化。

等同性试验

这一任务是,评定替换材料与先前所表征材料(通常为使用现有材料性能数据库而建立的)的等同性。其目的是评价其试验母体的关键性能,这些试验对提供确定结论来说已经足够充分,而比重新建立整个新数据库费用来说又显然很节省。重要的应用包括:对先前鉴定过的材料,评价可能的第二供应来源。然而,这个过程的最普遍的用途是:①对已经鉴定的材料体系,评价较小的组分、组分工艺或制造工艺

---

① 对少量具体性能(通常只有一个性能)的特征响应进行的更有限的筛选试验,并不明确地归为一个试验类别,但也常常使用。这些有限试验的母体通常小到 3 至 6 个,一般来自同一批次,常常集中关注一个特定的环境条件。由于每个这类试验具有一个具体但经常变化的目的,所以在 CMH-17 中没有对其提供明确推荐的试验矩阵;然而,为其余试验类型提供的指南,对其试验计划的编制仍然是有用的参照。

的变更；以及②证实先前建立的 CMH - 17 基准值。

结构证实试验

这是评定给定结构满足具体应用要求能力的过程。设计许用值的建立，理念上是从材料鉴定任务期间获得的材料基准值导出，或相关联的，建立设计许用值的任务也被认为是结构证实试验的一个部分。在按照美国国防部的要求执行时，这个任务称为结构鉴定（structural qualification），而当美国的 FAA 作为认证机构时，这个任务称为结构取证（structural certification）。

2.1.2.3　试验计划的详细说明

表 2.1.2.3 给出了可用于大型试验程序编制试验计划的矩阵。按照结构复杂性等级和数据使用分类给出的材料性能试验被放在阵列的轴上，每个相交的格子单元表示一种独特的试验内容（虽然偶尔会使用单元格子的组合）。可以用一组单元格子，来概括整个积木式试验计划的范围。表 2.1.2.3 中的阵列，说明了以复合材料为基础的航宇结构应用中其结构证实的常见（但绝非通用）试验序列。这个序列从左上角画阴影的格子开始，随着时间推移进入到右下角的格子，用编号来说明其在序列内的大致顺序（对结构证实的分类和组合件级别打上阴影，表示在 CMH - 17 中不专门对其进行讨论）。

本手册 2.3 节按照数据使用的分类，定义了若干推荐的试验矩阵。

表 2.1.2.3　试验计划的详细说明

结构复杂性水平	数据使用分类				
	材料筛选	材料鉴定	材料验收	材料等同性	结构证实
组分	1				
单层	2	4			
层压板		5			7
结构元件	3	6			8
组合件					9

2.2　试验计划的编制

2.2.1　概述

2.2 节讨论了很多会影响试验计划实施的试验目标。在下一节即 2.3 节推荐的试验矩阵中，通过对若干复合材料形式和目标提供推荐的试验矩阵（试验类型和在不同环境下的试验数量）来完成这些计划。这些预先确定的试验矩阵可能必须对具体应用按客户要求来制定。积木式方法的详细讨论见第 3 卷第 4 章。

复合材料的材料性能表征与金属或未增强塑料有显著差别。2.2 节提供了对试验和试验计划编制有影响的很多关键差别的信息，包括：

- 试验矩阵；
- 材料取样和数据汇集；
- 统计计算；
- 试验方法选取；
- 材料与工艺变异性；
- 浸润调节和非大气环境试验问题；
- 可供选择的试样构型；
- 数据正则化和数据文件报告；
- 与具体应用有关的试验。

所有重要的试验计划均应从编制详细的试验计划开始。试验计划规定要评定的材料性能、选择试验方法、从标准试验方法提供的选项中选择具体的试验件和试验构型，和确定成功的准则。计划由合同承包方编制，由认证机构批准，这是承包方与认证机构相互理解的焦点。编写明晰、准备充分的试验计划也是主要的管理工具，用以明确试验工作的规模、成功的程度和进展情况。

2.2.2　对以统计为基础的性能的基准方法与可选方法

CMH-17中，主要聚焦于指导如何确定强度和破坏应变性能的基准值①。本手册已经建立了如图 8.3.1 所示，由试验结果计算出基准值的具体统计方法，推荐把这个方法用于处理数据，而这也是评估在第 2 卷颁布数据所需要的方法。

在本手册内对颁布数据规定的其他要求还包括：具体的母体取样方法和报告支持性数据。为得到材料变异性的合理评估，本手册颁布的基准值是按 2.2.5 节和2.5.3 节的讨论，基于每个环境与纤维方向，至少由 3 批材料和最少 18 个试件得出的。这些数据按照 2.2.11 节和 2.4.3 节讨论的方法进行正则化（适用时），用图 8.3.1 描述和 8.3 节讨论的程序进行统计评估，并按第 2 卷 1.4.2 节的要求提供报告。

同样的统计方法可以用于批次和/或重复试件较少的母体，但若把得自这种母体的数据提交本手册颁布时，在公布的数据汇集中将不包括基准值。

在建立新的材料数据时可以对 CMH-17 的基准方法进行修改，这取决于应用情况和采购方或认证机构的意见，在此情况下，本手册的指南对支持和参考仍然是有用的。在某些情况下，尽管很少使用，也可证明其他建立基准值的取样方法与统计方法是合理的并可采用。这些替代的方法直接影响到试验矩阵的建立，并通常需要对统计学和具体材料体系的材料行为有比较高深的认识。2.3.6.1 节介绍了一种替代方法，在 8.3.5.3 节中概述了其相关的统计基础。在使用这些替代方法时，强烈建议要事先得到采购方或认证机构的批准认可。

---

① 按照 1.7 节的定义，B 基准值是预期至少有 90% 母体值以 95% 的置信度高于其数值的这个值。在本手册中，认为材料性能的统计估计基准值本身就是材料性能。

2.2.3　数据等同性问题

数据汇集的评估(可能来自两个不同子母体的数据是否足够相似能够加以联合)和材料等同性(与另一个材料有共同特征的某种材料是否足够相似而可用其数据进行设计)是数据等同性中相似的问题;两者都需要采用统计的方法,来评定两个数据子母体之间的相似性与变异[①]。在2.3.4.1节,2.3.7节和2.5.3.4节中,比较详细地概括了这些及其他相关的问题。对数据等同性的评价,要始于检查各种关键性能的批内和批次间统计量(见8.3.2节)。

若只是为得到较大母体以更能代表事物(见2.2.5节关于取样尺寸影响的综合讨论),非常期望能把不同子母体(subpopulation)的试验数据进行汇集,同时还希望能证明没有基准值的材料等同于另一种已建立了基准值的材料(见2.3.4.1节,2.3.7节)。使用汇集数据或等同材料的要求,通常是按每个应用情况在与认证机构讨论过程中确定的;而对准备由CMH-17颁布的数据,则由CMH-17数据审查工作组确定。

在确定统计的等同程度以前,应满足基本工程考虑,两种材料应具有相同化学成分、微结构和材料形式族系,某种程度上,该准则与具体应用有关。例如,对来自同样基体和相似纤维的两个复合材料体系的性能数据,若纤维/基体的界面明显不同,即使其纤维具有相似的模量和拉伸强度,也可能不准许将其进行汇集。通常,对原丝制造或材料工艺仅有较小改变而出现变异的数据集,也要考虑其数据等同性问题,例如:

- 组分或组分制造工艺的较小变更;
- 由不同零件制造商加工的同样材料;
- 同一制造商在不同地方加工的同样材料;
- 工艺参数的细小改变,或
- 以上情况的组合。

目前,数据等同性的统计方法假定,在各试验室之间和在试验室内部,其试验方法之间变异是可以忽略的。当这个假设不成立时,这种由试验方法导致的人为变异性,会大大削弱这些统计方法对两个不同数据集进行有意义对比的能力。在2.2.4节和2.2.5节中将对此作进一步的讨论。

2.2.4　试验方法的选取

常将比较简单的小试件得到的试验结果(然后用经验方法来确定固有材料性能(例如材料压缩模量或拉伸强度),或一般结构响应(例如准各向同性层压板的开孔拉伸强度))作为输入值用于对较大而复杂具体结构响应的模拟。过去为金属或塑

[①] 如果发现某些性能相似而另外一些并不相似,必须在相信替代的材料是等同以前,用工程判断确定不相似的性能对给定应用的重要性。因而,等同仅适用于该应用情况,对另外不同的应用,必须重新确定其等同性。

料发展的试验方法多数情况不能直接用于先进复合材料。虽然复合材料所用试验方法的基本物理原理与没有增强材料时的方法相似,但一般复合材料的不均匀性、正交各向异性、吸湿敏感性以及低韧性,常常使试验(特别是力学试验)要求产生重大的变异,包括:

- 组分含量对材料响应的强烈影响,这就需要测量每个试件的材料响应;
- 需要评定多个方向上的性能;
- 需要对试件进行状态调节,以对吸湿和排湿进行定量与控制;
- 试件对中和载荷引入方法更加重要,以及
- 需要假设失效模式的一致性。

复合材料的很多其他独特特性也造成了试验上的变异,包括:

- 压缩强度通常低于拉伸强度(虽然像硼/环氧树脂这样的特定材料体系行为与此相反);
- 工作温度与材料性能的玻璃化转变温度比较接近(与金属相比);
- 剪应力响应与正应力响应无关联,以及
- 对试件制备的高度敏感性。

对试验方法的衡量标准是,完美的试验在理论上能产生所希望的结果,例如在进行试验的过程中产生均匀的单轴应力状态。然而,与常规材料相比,上述因素将增加复合材料对更多试验参数的敏感性。因此,试验方法的鲁棒性(robustness),或对试件和试验方法微小变化的相对不敏感性,与理论的完善变得同样重要。鲁棒性或缺乏鲁棒性是用试验室之间的试验来评定,并用**精度**(在样本母体内的变异性)和**偏差**(样本均值对真实平均值之间的变异)进行度量[①]。试验方法的精度和偏差通过循环比较(round-robin)试验(试验室内部和试验室之间的比较试验)来评价。显见,理想的情况是在试验室内部和试验室之间的试验中均具有高精度(变异小)和低偏差(样本均值接近真实平均值)。这样一种试验方法将重复地产生可再现的结果,而不要考虑材料、操作者或试验室。然而,对偏差的定量需要每个试验有其材料标准,目前对复合材料还没有这样的标准。其结果,目前只能对复合材料试验方法的偏差进行定性评估。

(对给定试件)其试验方法的精度和偏差会有所不同,这是试验件尺寸和几何的变异对精度和偏差产生的影响。对非均质材料,预期形体较大的试件会在试样内包含更多有代表性的材料微结构样本。虽然可取,但较大的试件也比小试件更易于包含更多微观或宏观的结构缺陷,这样预期会产生略低的强度(虽然有可能也具有较小的变异)。试件在几何上的变异还可能产生另外的后果。**尺寸**和**几何形状**的影响可能造成结果的统计差别,这些差别与试验方法其他方面的"完善程度"或方法实施

[①] 通常"精确度"(accuracy)是将精度和偏差这两方面作为一般术语联合使用。术语"精度"(precision)和"偏差"(bias)则较专用,适用处首选使用。

无关,应事先想到这样的影响。因此,即使试件响应不能(多半也不会)与结构的响应完全相同,"理想"的试验方法中将包括能够与结构响应始终**相关联的**试件几何形状。

因为各种试验参数的重要程度仍在研究与了解之中(即使是比较普通的试验),同时由于"标准试验室操作规程"实际上在各个试验室均有不同,因此,尽可能多地控制或用文件规定这些操作规程和参数就至关重要。在改进现有的和编制新的标准试验方法时,负责将复合材料试验方法标准化的 ASTM D - 30 委员会正试图考虑所有这些因素(见文献 2.2.4)。由于完整性及其作为完全一致同意的标准的地位,只要适用,本手册就强调使用 ASTM D - 30 试验方法。

无论什么原因,若不能把试验方法的敏感性降到最小,都可能使 CMH - 17 内的统计方法失效,因为这些统计方法都隐含地假设:数据中的所有变异都是由于材料或工艺变异的结果。由于试件制备或试验方法引起的任何附加变异都被加到材料/工艺变异之中,这可能导致过度保守的(或甚至没有意义的)基准值结果。

第 3 到第 7 章中讨论了试验方法,特别强调的是先进复合材料用的 ASTM 标准。讨论了各种复合材料试验方法的优点和缺点,为完整起见,包括了在文献中出现的某些常被引用的非标准方法。第 3 和 4 章覆盖了组分试验方法;第 5 章覆盖了预浸料的试验方法;第 6 章覆盖了单层和层压板试验;第 7 章覆盖了结构元件试验方法。目前 CMH - 17 认可由表 2.2.4 所示试验方法产生的数据,可考虑包括在第 2 卷中。第 3 章到第 7 章列出了附加的试验方法,它们用于收入第 2 卷并被认可的数据,包括专门的材料形式。ASTM D4762《聚合物基复合材料试验标准指南》给出了有关选择经常修订的最新 ASTM 标准综述指南。

表 2.2.4　CMH - 17 推荐的试验方法汇集

试验类别	标准试验方法	章节号
预浸料试验		
树脂含量	ASTM D3529	5.4.1.1
纤维面积重量	ASTM D3529(即将更新)	5.4.1.2
挥发分含量	ASTM D3530	5.4.1.3
树脂流动性	ASTM D3531	5.4.1.4
树脂凝胶时间	ASTM D3532	5.4.1.5
吸湿量	ASTM D4019	5.4.1.6
黏性	(无推荐方法)	5.4.1.7
铺覆性	(无推荐方法)	5.4.1.8
固化度	(无推荐方法)	5.4.1.9
不溶物含量	ASTM D3529	5.4.1.10
DSC	SACMA RM 25	5.4.1.11
流变学	(无推荐方法)	5.4.1.12
DMA(RDS)	SACMA RM 19	5.4.1.13

（续表）

试验类别	标准试验方法	章节号
HPLC	SACMA RM 20	5.4.2.1
IR	ASTM D1252/E168	5.4.2.2
单层物理实验		
吸湿状态调节	ASTM D5229	6.3.3
玻璃化转变温度（干）	ASTM D7028	6.6.3
玻璃化转变温度（湿）	ASTM D7028	6.6.3
密度	ASTM D792	6.6.4
固化后单层厚度	ASTM D3171/方法Ⅱ	6.6.5
纤维含量	ASTM D3171/方法Ⅰ或Ⅱ	6.6.6
树脂含量	ASTM D3171/方法Ⅰ或Ⅱ	6.6.6
空隙含量	ASTM D3171/方法Ⅰ	6.6.7
平衡吸湿量	ASTM D5229	6.6.8
湿扩散系数	ASTM D5229	6.6.8
CTE,面外	ASTM E831	6.6.9.1
CTE,面内	ASTM E228	6.6.9.1
热导系数（低到中等温度系数材料）	ASTM C177	6.6.10
比热容	ASTM E1269	6.6.11
热扩散（和直接测量高温度系数材料）	ASTM E1461	6.6.12
材料筛选/工艺控制		
面内剪切（仅±45°层压板）	ASTM D3518	6.8.4
短梁强度	ASTM D2344	6.8.4
4 点弯曲	ASTM D7264	6.8.5
单层/层压板力学试验		
面内拉伸[4]	ASTM D3039	6.8.2
面内压缩	ASTM D6641	6.8.3
由 90/0 拉伸/压缩试验数据处理得到的 0°性能数据	ASTM 新的工作项目 WK8817	2.4.2
面内剪切	ASTM D7078	6.8.4
面外剪切	ASTM D5379	6.8.4
面外拉伸	ASTM D7291	6.8.2.3
开孔拉伸	ASTM D5766	7.4.2.1
充填孔拉伸	ASTM D6742 与 ASTM D5766 组合	7.4.2.2
开孔压缩	ASTM D6484	7.4.3.1
充填孔压缩	ASTM D6742 与 ASTM D6484 组合	7.4.3.2
单剪挤压（单或双紧固件）	ASTM D5961 方法 B 或 C	7.5.2.3
双剪挤压（"销子"挤压）	ASTM D5961 方法 A	7.5.2.2
挤压/旁路相互作用	ASTM D7248	7.5.3
紧固件拉脱强度	ASTM D7332	7.5.4

(续表)

试验类别	标准试验方法	章节号
冲击后压缩	ASTM D7136(冲击) ASTM D7137(剩余强度)	7.7.3.1
Ⅰ型断裂韧性	ASTM D5528	6.8.6.2.2
Ⅱ型断裂韧性	ASTM 新的工作项目 Z8302Z	6.8.6.2.3
Ⅲ型断裂韧性	(无推荐方法)	6.8.6.2.4
Ⅰ/Ⅱ混合型断裂韧性	ASTM D6671	6.8.6.2.5
Ⅰ型疲劳分层起始	ASTM D6115	6.9(草案)
Ⅰ型疲劳分层扩展	(无推荐方法)	—
拉/拉疲劳	ASTM D3479	6.9
拉/压疲劳	(无推荐方法)	6.9
挤压疲劳	ASTM D6873	—

注:(1) 对具体的材料性能,某些材料形式或工艺(如纤维缠绕)可能要用上面未列入的试验方法,见第3章至
　　　第7章中详细的试验方法描述,或为得到更完整的解释,见试验方法本身。
　　(2) 对列出一种以上试验方法的性能,不同的试验方法通常或适用于不同的材料形式,或采用不同的试验
　　　原理。例如持续使用集中剪切试验方法是由于每种方法都能发现至少一种最适合的应用,尽管是有争
　　　议的。
　　(3) 采用与本表所列不同的试验方法提交的数据,必须经试验和数据审查工作组审查和批准,要按2.5.5
　　　节所述的程序。
　　(4) ASTM D638 和 D695 可分别适用于玻璃纤维层压板的拉伸和压缩。

2.2.5　母体的取样和大小

与金属材料的 MMPDS(原 MIL-HDBK-5)不同,用于复合材料的 CMH-17 不要求从同一个母体同时确定 B 基准值和 A 基准值。这不是因为在材料行为方面有任何本质上的差别,而是因为迄今为止缺乏对复合材料 A 基准性能的需求,因此复合材料 B 基准样本母体(18+)要比 MMPDS(原 MIL-HDBK-5)中对金属 A/B 基准的样本母体(100~300)小很多。不幸的是,因为复合材料要试验的性能与方向更多,同时,复合材料的试验矩阵是全面分布的,不仅有室温同时还有极端环境条件,所以在 B 基准复合材料试验计划中,其试件的总数常常超过 A/B 基准金属试验计划中试件的总数①。然而,在 CMH-17 中包括并允许使用先进的统计回归技术,这个技术可以在一些特定情况下以及当与不同的取样分布相联合时,用先前确定 B 基准值时相似的复合材料试件总数,能可靠地确定 A 基准值(见2.3.6.1 节)。

---

① 金属用 MMPDS(原 MIL-HDBK-5)重点关注 A 基准值,至少需 100 个拉伸试样,但与室温拉伸性能用母体较小,与室温拉伸性能成比例的压缩、剪切、挤压和非大气环境试验,来估计压缩、剪切、挤压、和非大气环境的基准值。CMH-17 对每个方向、每个性能和每个环境,至少需 18(* 译者注:原文为 30)个试样来确定 B 基准值。对 A 基准值,CMH-17 要求增加到 90 个试样。但当使用 CMH-17 的先进统计回归技术时,有时可把试件母体分散到要试验的所有环境条件中,就减少了所需要的试验件总数。

2.5.3 节详细说明了对 CMH-17 中 B 基准非回归数据所需的取样方法,取样中至少包括 3 批生产材料,采用分布在这些批次中的最少 18 个试件,在所考虑的每种环境下充分地对每种性能进行试验。最初的前 3 批预浸料要各自采用不同批组的纤维与基体组分(当批次数量大于 3 时不要求)。对每种条件和性能,批次的重复件至少要从两个不同的试板中取样,这些试板最少要覆盖两个不同的工艺循环。用超声检查或其他适当的无损检测技术,对试板进行无损评定。不得在质量有疑问的部位截取试样。要制订试验计划(或报告)来明确层压板的设计、试件取样细节、制造的方法(包括材料跟踪信息)、检查方法、试件截取的方法、标记方案以及试验方法。

对一般的数据建立,取样技术和样本大小可能取决于具体应用或鉴定/认证部门。任何使用 CMH-17 统计方法的取样方案都希望能有多个批次,每个批次由大小均匀的子母体构成。这种最低 3 批次的要求,只适用于准备把材料性能收入 CMH-17 的那些情况。经过采购方或适航部门的批准,可以采用其他的重复试件数和批次数。然而,应采用本手册推荐的统计方法来评估力学强度数据,以保证得到统计上可接受的基准值。

2.2.5.1　样本大小的选取

无论什么取样方案,对小样本母体,任何计算的基准值结果都强烈地取决于样本的大小。小样本,其试验的费用显然较少,但也要付出不同类型的代价,因为母体规模减小,则所计算的基准值也低。图 2.2.5.1 是一个假定的例子,其中按给定的无限正态分布母体,用不同的样本量得出了样本大小对所计算 B 基准值的影响[①]。极限情况下,对很大的样本量,这个例子的 B 基准(10 个百分位)值将为 87.2。图中的圆点线是对应每个样本大小时所有可能 B 基准值的平均值,也可以把这条线解释

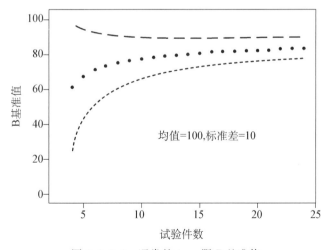

图 2.2.5.1　通常的 1-σ 限 B 基准值

---

① 基于子母体的任何统计计算,只是对整个母体真实值的估计值,虽然样本越大越有代表性,这个估计值也越好。

成,对确定的样本变异系数 CV 为 10%,估计的 B 基准值 是样本大小的函数。虚线则表示任何给定样本大小的 $1-\sigma$ 限($2-\sigma$ 限近似地限定了 95% 置信区间)。

不仅估计的 B 基准值随着样本量的增大而提高,同时,正如这些 $1-\sigma$ 限所示,B基准估计值的预期变异也明显降低。下面的 $1-\sigma$ 限,要比上面的 $1-\sigma$ 限距离平均的 B 基准值更远;这说明计算的 B 基准值有倾斜,这情况对小样本更严重。由于这种倾斜的结果,小母体情况计算的 B 基准值非常可能过于保守,而不是偏于危险,因而在 B 基准值中更增大了因使用小母体而付出的代价。尽管对非正态分布的相似例子可能有不同的定量结果,但可以预期,其随着样本大小变化的趋势是相似的。关于样本尺寸影响的进一步讨论,将安排在 8.2.5 节中。

2.2.5.2　批次数量对 ANOVA 的影响

CMH-17 的统计方法(见图 8.3.1)包括统计检验以确定批次间的变异。若得到的统计量指出批次间的变异过大,则不能按照常规方法将数据汇集,而要用方差分析(ANOVA)方法加以评定。无论如何,统计方法只与所评定数据的品质与数量一致。

批数小会使 ANOVA 方法产生极保守的基准值,因为这方法基本上是把每批次的平均值作为单个数据点,输入到常规的正态分布方法中以确定基准值(2.2.5.1节介绍了小样本对基准值的影响)。因为 CMH-17 的统计方法假定试验的变异可以忽略,由试验导致的(批内或各批间的)变异(见 2.2.4 节的有关讨论)被当作实际的材料/工艺变异性,从而可能得到过低的基准值。

此外,当批数减少,或当批间的变异减少,或者两者同时出现时,批间的变异检验逐渐变得无作用。例如,当只对少量批次进行取样时,批间变异的检验结果表明批次间没有重大变异可能是不真实的,而另外的批次取样可能指出实际存在批间变异,但却被原先的批数少而掩盖了。

因此,对少于 5 批时不推荐使用 ANOVA 方法,8.3.5.2.7 节讨论了对数据组少于 5 批时计算初步基准值的替代方法。

2.2.6　材料与工艺变异、试件制备和 NDE

本手册第 1 卷的以后各节中,读者可找到各种试验方法的汇编,用于各种纤维、树脂与复合材料形式以及结构元件。在多数情况下,这些材料或结构元件都是复杂得多步骤材料生产过程的产品。图 2.2.6.1(a)和 2.2.6.1(b)说明了从原材料到复合材料最终产品的基本生产工艺流程[图 2.2.6.1(b)中的每个方框图代表了一个可能对材料引入附加变异性的工艺过程]。这些过程可能需要高温、应力或压力,通常涉及挥发物放出、树脂流动与压实,以及增强纤维的重新调整。若要正确解释并适当地使用所测到的复合材料性能,必须了解材料性能的变异性。该变异性发生在常规的工艺过程中,并可能由于工艺过程发生的大量异常情况而增大。

2.2.6.1　材料和材料工艺

本手册中所涉及的复合材料组分是有机基体(热固性的或热塑性的),有机或无机增强纤维。增强纤维力学性能的变异有多种原因,例如纤维微结构的缺陷或者有

认为所有的产品（无论其工作的阶段）都是原材料。它们可能是树脂的化学原料、玻璃制品的砂料、长丝的前驱体、织物制品、平板和/或其他很多待加工为最终成品的制品。

然后把每种原材料进行加工，或是与其他原材料进行混合，或是改变成有待于流程中另一工艺处理的原材料。所得到的每个原材料在本步骤处理时都应当使其相对下一步功能的变异为最小。加工处理的功能可能是复杂的，例如基体的浸渍；也可能是简单的，例如搬运。无论怎样，每步必须有效控制，

原材料完成的产品仍留下一个加工的功能，即当其被下一步接受时仍然是原始产品。在刚结束的这个步骤中必须认识并维护对产品符合性的责任，只要最终产品未实现其应有的功能之前，材料的流程就未结束。

图 2.2.6.1(a)　复合材料和加工工艺,所有材料和加工工艺共同的基本流程

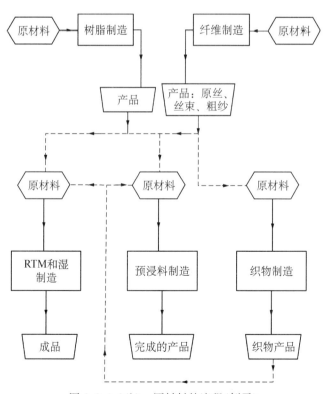

图 2.2.6.2(b)　原材料的流程(例子)

机纤维中聚合物链取向的变异。

热塑性的基体可能因工艺而出现分子重量和分子重量分布的变异。这种变异可能会严重影响热塑性基体的熔融黏性以及随后的成形工艺性。在预浸渍时常常把热固性树脂加入纤维,其中有些部分固化,称为 B-阶段。在进行预浸渍以前,还可以使用稳定热固性树脂体系的其他方法。稳定这些材料很重要,因为在包装、运输和储存这些不适当(或即使适当)稳定处理的中间态产品(如预浸带、织物和粗纱)时,有很多可能的变异源。

可以用手工或自动工艺来实现增强纤维的铺放工作。在纤维铺放中精确度不高,或在基体流动与压实过程中增强纤维的移动,都可能引起变异。固化和/或压实可能和纤维铺放同时,也可能在纤维铺放之后进行,工艺过程的这个步骤容易出现变异。这取决于加工的工艺(例如,拉挤成形相对 RTM)。

作为例子,考虑从 B-阶段预浸带开始,复合材料零件在热压罐(加压或同时加热的装置)中的固化过程。当树脂加热并开始流动时,材料由气相(挥发物或截留的空气),液相(树脂)和固相(增强材料)构成。为避免由于空隙体积过大造成材料性能的变异,必须把产生空隙的气相材料排除或用液相加以吸收。为避免因纤维体积含量变化所造成的变异,必须使树脂在零件内均匀分布。纤维必须保持其选定的取向,以避免或减少由于纤维偏移形成的性能变异或丧失。

应始终把相关的工艺参数和材料的影响用文件记录,以帮助工艺控制和排除故障。若不能通过这个途径识别并避免可能的工艺和制造缺陷,可能会因对不代表真实零件或应用中所出现情况的材料进行测试而浪费资源。此外,可能因为考虑避免材料变异而付出重大的重量代价。所以,更好理解这些工艺参数和其对材料性能的可能影响,还可使复合材料制造商避免因材料、零件或最终产品性能不可接受而付出巨大的费用。

本节简要讨论了材料和工艺流程中所遇到各种过程引起的复合材料性能变异问题。有关这个问题更广泛、详细的处置,读者可参见第 3 卷第 5 章"材料与工艺——变异性对复合材料性能的影响"中对这些问题的深入讨论,该章还包括了关于材料制备和工艺规范的讨论。复合材料的最终产品制造商没有直接控制来料的整个过程,因而使用这样的规范以使材料的变异降到最低是至关重要的。

2.2.6.2　试件制备和无损评定(NDE)

本节留待以后补充。

2.2.7　吸湿和浸润处理因素

无论是以复合材料基体或以聚合物纤维结构出现的大多数聚合物材料,都能够从周围环境中吸收少量但可能重要的水分[①]。假定没有任何开裂或其他吸收的路

---

① 虽然某些聚合物如聚丁二烯能够抵抗水分吸收因而可以不需要进行吸湿的浸润处理,但认为这些材料是鲜有的例外情况。另一方面,大量增强体包括碳、玻璃、金属和陶瓷纤维族是不吸湿的。因此,除了聚合物纤维如芳纶以外,假设任何吸湿均只限于聚合物基体。

径,通常假设水分增加的物理机制是遵循 Fick 定律的质量扩散(水分扩散类似于热扩散)。虽然与周围环境直接接触的材料表面,几乎会立即产生水分吸收或排出,但水分从内部的流入或流出比较慢。水分的扩散速率比热流热扩散低很多数量级,然而,在潮湿环境下暴露几周或几个月之后,材料最终会吸收足够量的水分。吸收的水可能引起尺寸变化(膨胀),降低聚合物的玻璃化转变温度,并降低与基体和基体/纤维界面有关的复合材料力学性能(大大降低材料的最高使用温度——见 2.2.8 节)。由于吸湿是很多结构应用设计所关心的,材料试验应包括典型吸湿暴露后的性能评定。因为材料吸湿量与厚度及暴露的时间有关,不应采用固定时间的吸湿方法①。反之,应遵照如 ASTM D5229/D5229M 那样的吸湿方法(见文献 2.2.7(c)),它考虑了扩散过程,并在厚度方向吸湿量接近均匀时终结。

有两个 Fick 材料吸湿性能:湿扩散和平衡吸湿量(水分质量分数),这些性能通常用测定重量的试验方法来确定(如 ASTM D5229/D5229M 方法 A),即把初始干燥的试件暴露到潮湿的环境中,并记录水分的质量增益-时间平方根关系。在称重的初始阶段,质量-时间关系会是线性的,其斜率与吸湿速率相关(湿扩散);当大部分外部材料的吸湿量趋于平衡时,质量增益-时间平方根曲线的斜率逐渐变小;最后,当材料内部达到平衡时,相继称重的差值将趋于零,而其斜率将几乎平行于时间轴,该点的质量百分增益就是平衡吸湿量,图 2.2.7(a) 和(b)说明了这个过程。图 2.2.7(a)显示了试件在吸湿暴露过程中的总质量增益与时间平方根的关系,并显示了由于温度不同,其响应的差别。对 67℃(150°F)的条件(见图 2.2.7(a)中的菱形点),图 2.2.7(b)中给出了几个初始时间周期沿试件厚度方向的湿度剖面,表明在接近表面处吸湿迅速增加,而在试件的中间吸湿增加较慢。

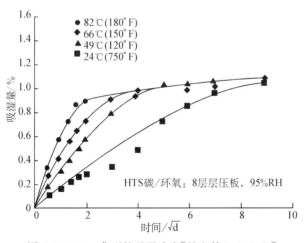

图 2.2.7(a)　典型的吸湿响应[见文献 2.2.7(d)]

---

① 固定时间的吸湿方法的例子包括用于塑料的 ASTM D618[见文献 2.2.7(a)]和 D570[见文献 2.2.7(b)]。

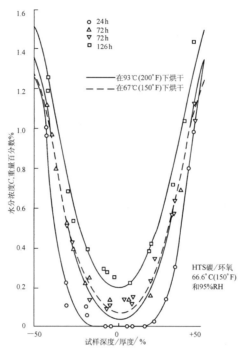

图 2.2.7(b)　厚度方向湿度分布与时间的关系［见文献 2.2.7(d)］

2.2.7.1　湿扩散率

吸湿速率受到称为湿扩散率的材料性能控制。湿扩散率通常与相对湿度关系不大，因而假定其仅为温度的函数，通常遵循与绝对温度的倒数呈 Arrhenius 型指数关系。图 2.2.7.1(a)说明了这种对温度的强烈依变关系，图中给出了一种特定碳/韧性环氧树脂的湿扩散率与温度关系的曲线。图 2.2.7.1(b)给出了另一种材料体系在几种温度下的一族吸湿增重曲线。对这个材料体系，把吸湿时的温度降低到 33℃(60°F)，就使吸湿 1% 需要的时间增加了 5 倍。

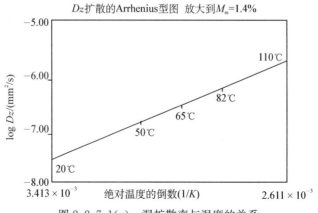

图 2.2.7.1(a)　湿扩散率与温度的关系

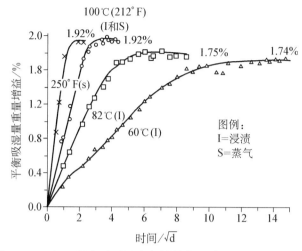

图 2.2.7.1(b)　温度对吸湿速率的影响,混杂硼-石墨/环氧树脂
(5505 - AS/3501)层压板(76 mm × 13 mm ×
3.0 mm, 3.0 in×0.5 in×12 in)(见文献 2.2.7.1)

2.2.7.2　平衡吸湿量

平衡吸湿量和温度关系不大,因此,假设平衡吸湿量只是相对湿度的函数。给定材料的最大平衡吸湿量是在 100%RH 下出现的,也将其称为饱和含量。已经发现,给定相对湿度下的平衡吸湿量近似等于相对湿度乘以材料的饱和含量;然而,正如图 2.2.7.2 所示,未必每种材料体系都很好符合这种线性的近似。不管怎样,若材料没有达到其在给定相对湿度下的平衡吸湿量,则其厚度方向的局部吸湿量就是不均匀的。需要强调的另外一点是,在大气条件潮湿环境下的吸湿性能,既不同于流体浸泡也不同于加压蒸汽的情况。后面这些环境情况改变了材料的扩散特征,产生了较高的平衡吸湿量,因此,除非其模拟了所讨论问题的应用环境,否则不应使用。

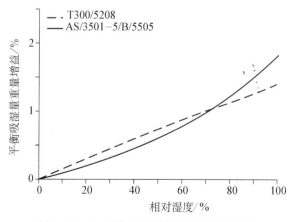

图 2.2.7.2　平衡吸湿量与相对湿度的关系

2.2.7.3 浸润处理与试验环境

为评估吸湿量对材料性能的最不利影响,要用预先吸湿到设计服役(寿命终结时)吸湿量(假定其相当于在设计服役相对湿度下达到平衡)的试件进行试验。首选的吸湿方法是采用 ASTM D5229/D5229M,其过程在 6.3 节中作了概括。

设计服役吸湿量用考虑了对特定结构二次效应的半经验计算得出,或用比较简单的假设较保守地确定(若采购方或适航当局没有规定)。前一情况的例子记载在文献 2.2.7.3(a)中,其中把全世界的气象数据和基于美国空军飞机的数据相结合,以确定 3 类美国空军飞机(即歼击机、轰炸机、运输/加油机)的跑道停放环境谱。这个研究采用排序的方法,来选择关于典型碳/环氧树脂复合材料结构吸湿的基准地点和最恶劣地点。这些数据可以用来对具体应用情况确定设计服役吸湿量,对一个基地位于热带的超声速飞机,典型的具体设计服役相对湿度可能是 81%RH。另一个较保守的方法,是从参考文献,如关于全世界环境暴露条件的美国军用指南 MIL - STD - 210(见文献 2.2.7.3(b))中选择的昼夜循环的平均相对湿度。由于没有考虑日晒、飞行活动(特别是超声速)以及气象季节变化所带来的干燥过程,这样做通常导致一个较高的设计服役相对湿度(一般为 88%)。

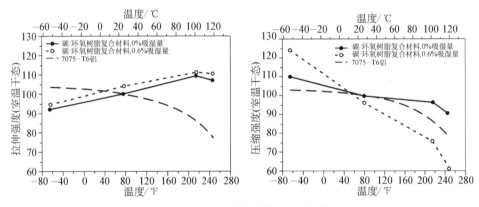

图 2.2.7.3　温度与湿度对强度的影响(见文献 2.2.7.3(c))

基于以上的认识以及其他的历史考虑,CMH - 17 的协调工作组已经同意,合理的飞机设计服役相对湿度上限值为 85%RH,同时,在对具体飞机应用没有确定其特定的设计服役吸湿量之前,可以使用这个数值。当试验件在 85%RH 条件下吸湿达到平衡时,使用这个设计服役吸湿量将避免数据外推的工作。还没有对其他应用确定经过认可的设计服役湿度水平。

对要提交给 CMH - 17 的湿热试验数据,应把试件吸湿到平衡吸湿量,并在材料工作极限(MOL)温度或低于此温度下进行试验(见图 2.2.8(a)～(c))。由图 2.2.8(a)可见,当温度低于室温时,环境对与基体有关的性能一般影响较小。然而,尽管没有低温 MOL,很多材料体系与纤维有关的性能,却可能因为温度变低而不断降低。图 2.2.7.3 比较了拉伸(纤维控制的)和压缩(受基体影响的)响应随温度的变化。由于这些因素,鉴定/取证的试验计划通常不要求进行低于室温的浸润处理,同时,因为一般不要求确定低温 MOL,因此,就仅进行最低设计服役温度条件(通常为 $-55℃(-67°F)$)下的试验。

2.2.8　材料工作极限(MOL)

正如早先所指出的,聚合物基复合材料的性能受到温度和湿度的重大影响。一般,基体控制的力学性能,其值随着吸湿量增大和室温以上的温度增加而降低。对主要受增强体(纤维)性能控制的那些性能(例如单向拉伸),这种降低的情况在一定的温度范围内可能是相反的或不出现或极小。对受有机基体影响的性能(例如剪切和压缩),这种性能退化可能是严重的。此外,这种退化不是线性的。在给定的吸湿量下,随着温度的增加这退化变得更严重,直到某个温度时出现急剧的性能下降,并在超出这温度后这种下降变得不可逆。最好把性能开始急剧下降的温度规定为"特征温度",它也被定义为材料工作极限(MOL)或最高工作温度。

复合材料的吸湿量随温度升高对性能降低有重大影响。如图 2.2.8(a)所示,给定温度下的性能退化随着吸湿量的增加而更为严重。这样,MOL 随吸湿量增加而降低。虽然可以确定很多吸湿量下的不同 MOL,一般的做法是确定在一个"最恶劣"吸湿量下的湿态 MOL。对某些应用,也可以确定干态的 MOL。

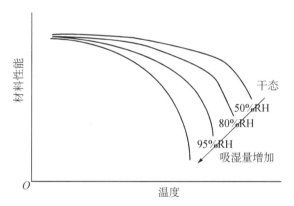

图 2.2.8(a)　温度与湿度对与基体有关的破坏应变的影响

确定 MOL 的目的是,要保证在服役中的材料不会在温度**稍微**增加就会引起强度或刚度严重损失的环境下工作,从而绝对避免不可逆的性能改变。

应指出,依赖于纤维的性能低于室温时可能随温度下降而降低。然而,由于这些性能一般不会随温度下降而急剧降低,在预期最低服役温度下进行试验就已经足够,因而如 2.2.7.3 节所讨论和图 2.2.7.3 所示,不需要确定一般的最低工作温度。

尽管具体应用环境的上限可能低于对所用材料确定的 MOL 温度,应在材料的 MOL 温度下,和相应于实际遇到的最高相对湿度下达到平衡吸湿量,对每个材料进行表征。对飞机,一般认为 85% 是最恶劣情况的相对湿度。除了室温和低温外,在 MOL 温度下的试验将保证材料能够用于适当的应用,同时其最大好处是能够发挥每种材料的能力。可以用线性内插保守地估计在具体应用环境下的材料性能。若需要，可以在计划中增加一些具体应用环境下的试验，以验证并降低保守的程度。图 2.2.8(b)描述了这个过程。

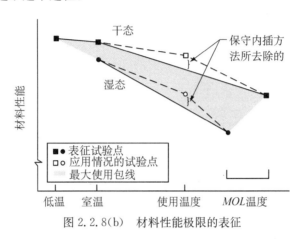

图 2.2.8(b)　　材料性能极限的表征

还没有用于确定 MOL 的成熟标准。一种方法(见文献 2.2.8(a)～2.2.8(c))是利用由 DMA 或相似数据确定的玻璃化转变温度(T_g)，减掉某个温度裕度 ΔT。对环氧树脂基体的复合材料，通常取 28℃(50°F)作为温度裕度，但是当用其他数据为依据时，也能证明对具体的应用使用较小的裕度是可接受的。虽然玻璃化转变温度(T_g)是有用的工具，但这也不是确定 MOL 的唯一基础。玻璃化转变常常出现在一段温度区间，同时，众所共知，T_g 的测量与试验方法有关(关于玻璃化转变温度参见 6.4.3 节)。对确定 MOL 有用的其他数据，包括外场经验(对已经使用的材料)和在包括测得的 $T_g \pm \Delta T$ 区间某一温度范围内进行的力学试验。

评定与基体有关力学性能(在适当的湿态情况下)随温度而变的行为，是用于验证(由 T_g 数据暂定的)MOL 的一个可靠方法。为此，不同研究人员已经使用了短梁强度、面内剪切强度、面内剪切模量和准各向同性板的开孔压缩强度，而后面两种是最成功的 MOL 标志。一般取 4 个或 5 个温度来提供所选性能的趋势曲线。图2.2.8(c)给出了当用力学试验来验证由 T_g 数据所确定的 MOL 时可能出现的 3 种情况。在第一种情况下，力学数据确证了所选取的 T_g。在第二种情况下，力学数据认为由 T_g 预计的 MOL 是保守的。在第三种情况下，力学数据并不支持由 T_g 数据确定的 MOL，并指出应选取较低的 MOL 值。由力学性能数据确定 MOL 的一个方法是，选取性能-温度曲线偏离线性达到给定百分数时所对应的温度值。在文献 2.2.8(d)中可以找到一个这样的例子，但是关于同时使用 T_g 和力学试验结果来确定 MOL 的专门准则的标准尚在讨论之中有待定型。不管怎样，它提供了一种定义材料 MOL 的现实方法，即由 T_g 测量值预计 MOL 值，然后用力学性能数据来验证或修正。

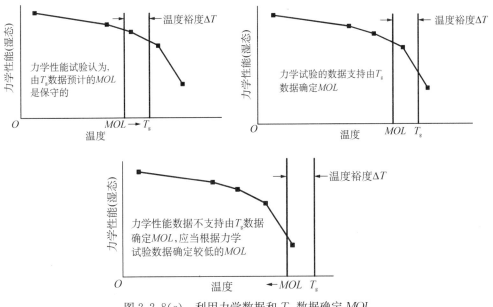

图 2.2.8(c)　利用力学数据和 T_g 数据确定 MOL

前面介绍了基于 T_g 和力学性能退化来确定 MOL 的一般方法。此外,还需要考虑其他一些因素,这些因素可能会进一步降低某些特别的应用情况和/或材料类型的有效 MOL。其中有两个因素特别重要:蒸汽压力分层,和"高温"复合材料的应用,下面几节将对其进行讨论。

2.2.8.1　蒸汽压力分层

在确定聚合物基复合材料层压板的最高工作温度时必须考虑的湿度/温度失效模式(没有机械载荷作用),是蒸汽压力分层破坏失效(见文献 2.2.8.1(a)～2.2.8.1(c))。如前面指出的,聚合物基复合材料(热固性和热塑性的)含一定程度的孔隙率和吸湿。当基体通过扩散过程从环境中吸湿时,孔隙区域会部分充水。若把层压板暴露在高于水沸点温度的环境中,则水变成蒸汽。当温度和相应的蒸汽压力达到某一水平,即超过了层压板材料的湿态层间(即平面法向的)拉伸强度,就出现了分层。

蒸汽压力分层模式可能出现在某个温度范围内,取决于吸湿总量,如图 2.2.8.1(a)所示。在湿板的面外拉伸强度曲线(是设计相对湿度和平衡吸湿水平的函数)与蒸汽压力曲线相交时,预计会出现破坏。为确定新材料体系在某个设计相对湿度范围内的最高工作温度,推荐执行类似于图 2.2.8.1(b)的试验计划。

除了干态试板外,应在 3 个相对湿度水平下对试板进行浸润处理使其达到平衡。把这些试板暴露在飞行任务的时间-温度剖面(环境)下。进行试板热暴露试验的一个问题是,这个时间-温度暴露应模拟真实的服役过程加热情况,以便层压板的蒸汽烘干情况在设计应用中具有代表性。试板所经历的加热速率低于设计情况时

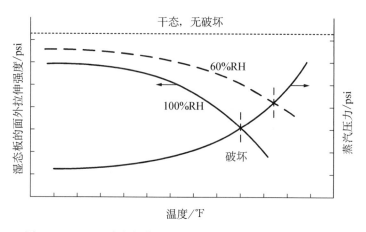

图 2.2.8.1(a)　当内部蒸汽压力超过面外拉伸强度时出现破坏

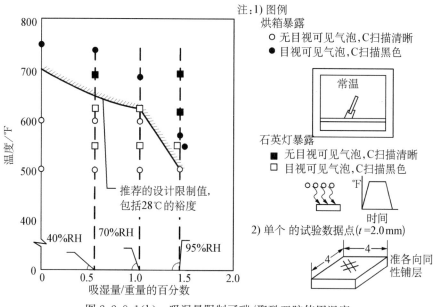

图 2.2.8.1(b)　吸湿量限制了碳/聚酰亚胺使用温度

可能会更多地失水,从而在出现分层前达到一个虚假的较高温度。对诸如导弹应用中所经历的高加热速率,推荐使用石英灯加热。对较慢的加热速率,采用计算机控制的烘箱暴露方式可能是容许的。所选择的许用设计温度曲线,应包括低于出现分层温度的安全容限(在这个例子中为 28℃(50℉))。

2.2.8.2　高温复合材料体系的 *MOL* 考虑

高温复合材料体系的 *MOL* 还决定于除湿度以外的其他服役环境条件。*MOL* 取决于真实应用中对任务的寿命要求。零件的寿命与时间、温度、压力和机械载荷有关。

湿态的 T_g 是高温复合材料 MOL 值的指标之一。湿度影响高温性能,可能在厚层压板截面内引起热气泡。对热气泡的阻抗与零件的吸湿量和厚度,以及零件将会遇到的加热速率有关。

高温复合材料 MOL 值的其他指标有横向微裂纹(TVM)阻抗和热氧化稳定性(TOS)。TVM 是由于层压板在某个温度范围内的热循环所造成的。由于纤维和树脂在膨胀系数上的巨大差别和大多数高温树脂的韧性较低,TVM 可能扩展。这些热应力可能引起 90°铺层在纤维-基体界面处的破坏,这种退化主要影响由树脂/界面所控制的性能如压缩强度、面内剪切强度和层间性能。出现的 TVM 数量取决于使用温度的范围、最高工作温度和热循环的次数。

TOS 是对材料氧化速率的一种度量,也是高温复合材料体系的一个重要性能。聚合物复合材料的热氧化特征与纤维、上浆剂和树脂有关。因为纤维/基体界面是主要的退化区域,可以分别定性评估这些组分的热氧化稳定性,真实的性能则要在层压板级别上加以评估。虽与界面有关的性能受到的影响最大,但所有的性能都可能受到 TOS 的影响。虽在明显的重量损失以前就有某些力学性能的退化,层压板的重量损失仍是特定材料系统热氧化总量的良好标志。材料的 TOS 性能与时间、温度和氧气流动速率/压力有关。

对高温聚合物复合材料,可能存在 TVM,TOS 和湿/热暴露之间相互促进的影响。为对材料的 MOL 有准确的评定,推荐用一种反映实际应用环境的真实方式,使这些影响同时出现。对短期的应用,可以通过把层压板暴露在热循环、在温度下老化以及湿润环境的联合环境下直到零件具体的任务寿命,以实验的方式来确定退化的总量。可用环境暴露后的材料,机械加工出一些试件进行试验,从而评定材料的剩余强度。

对长期应用的情况,可能难于进行这种实时的环境暴露,也许需要建立耐久性模型和加速试验,以便预计这些应用在寿命终结时的性能。耐久性模型可以用于预计所形成(与任务中暴露环境有关的)损伤总量和随后的剩余强度性能。可以采用在较高的温度或压力下进行材料老化,以加速材料的氧化,从而加速任务暴露试验。重要的是要使加速试验产生与真实时间暴露同样的损伤机理。为此,推荐要进行某些有限的真实时间暴露试验,以证实损伤机理,并证实耐久性模型的精确性。

2.2.8.3　湿热试验——报告破坏时的吸湿量

对准备进行湿热静强度试验的层压板试件,一般要进行预浸润处理到平衡吸湿量。通常,试验结果中报告的是这一平衡吸湿量而不是在破坏时的真实吸湿量,在图 2.2.8.3 中说明了这种现象。在室温(RT)和在 177℃(350°F)下,对带湿态碳/环氧面板的夹层梁试件进行压缩试验。图 2.2.8.3 显示,因为在室温下的试验过程中没有可测量到的失水,这 5 个室温下的梁压缩试件在破坏时的吸湿量(1.25%)与试验前的吸湿量相同,通过破坏后立即切下一块面板、称重、将其干燥、再计算破坏时的吸湿量证实了这一点。这些 177℃（350°F）的试验件破坏前在试验温度下停留了 9 min，失水大约 0.5%，吸湿量由 1.25% 变为 0.75%。每个试件都是通过在破坏后立即切下一片面板、称重、将其干燥，再计算得出其在破坏时的吸湿量。必须了解的是，在初始的 1.25% 平衡吸湿状态下，沿面板厚度方向上的每个铺层均为 1.25% 的吸湿量。在破坏时的 0.75% 是面板的平均吸湿量，沿厚度具有明显的分布变化（表面干而中心湿）。

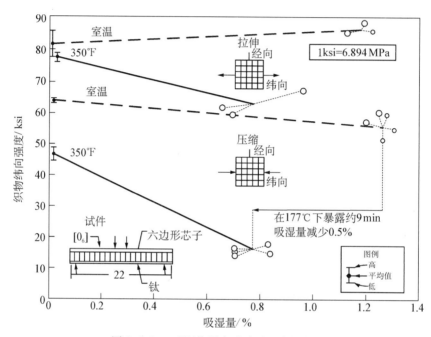

图 2.2.8.3　湿/热强度试验过程中的失水

　　试验的目标应是使试验过程中的失水和破坏时可能的吸湿量分布的变化为最小。有几种途径可以使湿热试验过程中的失水为最小。若准备在低于 100℃（212°F）的温度条件下进行强度试验，可以在试验中把试件保持在与原先进行浸润处理时具有相同相对湿度的加湿箱内，以维持试验前的吸湿平衡（无失水）；若试验温度高于 100℃（212°F），这个方法就不行了。另外一个使失水最小的方法是，使在高温试验温度下的时间为最少。使用接触式加热器或石英灯（而不是增压的热空气箱）可以使试件表面温度达到试验温度的时间最少。当使用加速加热装置时，在试验件厚度中心处稳定在试验温度后才可施加机械载荷。最后，还可通过选择较厚的试件使失水最小，因为失水首先出现在表面的铺层内。

　　虽然采取了一些措施以使湿热试验中的失水为最小，仍然必须要用记录破坏时的吸湿量并与强度数据一起报告。有 3 种方法来获得破坏时的吸湿量。其一是采用湿度监控试件，其材料、铺层和试验件工作段宽度及厚度均应相同，监控试件必须采用与试验件相同的制造方法和预浸润处理步骤。在湿热试验过程中，监控试件必须和试件一样放入同一个试验箱内,经历同样的热历程。一旦试验件破坏,必须立即把监控试件从热环境取出,以防止进一步失水。对监控试件称重、干燥、再称重,从而计算出破坏时的吸湿量。第二种得到破坏时吸湿量的方法是,利用记录的试验过程时间温度历程预计湿热试验时的失水量,再从试验前的吸湿量中减掉这部分吸湿量,来得到破坏时的吸湿量。这个方法假定该试验温度下的湿扩散常数以及试件在试验过程中的详细热历程是已知的。第三种,也是最精确和首选的方法是,在破坏后立即切下一段试件的试验段,进行称重、干燥、再称重,从而计算出破坏时的吸湿量。

2.2.9　非大气条件的试验

此节留待以后补充。

2.2.10　空间环境对材料性能的影响

2.2.10.1　引言

NASA 在称为空间环境与影响方面有一个非常活跃的研究和培训计划,由 Mashall 空间飞行中心执行,有 6 个工作组:

电磁影响和航天器充电;

离子辐射环境;

材料和工艺;

流星和轨道碎片;

中性外部污染;

电离层和热层。

该计划发表了很多有关空间飞行实验和基于地面实验测量数据的报告,此外它们颁布了设计指南、设计工具、数据库和模型,在在线网站(see. msfc. nasa. gov)上给出了全部信息,参考文献 2.2.10.1 给出了有用的概述。

欧洲空间局正在研发和编制将由欧洲空间标准合作组织(ECSS)颁布的试验方法和标准,在网页 hhtp://www. esa. int/SPECIAL/ESA Publications/index. html 的"procedures and standards "标题下或 www. esa. nl 可以找到这些文件。

下面是主要的空间环境影响和对各种材料(包括层压板)表征其影响的方法概述。要注意,很多影响主要是对表面的影响,并通过工程化表面处理、涂层或以毯毡覆盖来处理。

2.2.10.2　原子氧

航天器表面所用的很多材料对原子氧(AO)的攻击很敏感,它是低地球轨道(LEO)热层区的主要成分。由于光解作用,热层中的氧主要以原子形式存在。AO 的密度随高度和太阳活动而变化,低太阳活动期在 $200\sim400\,\mathrm{km}(7\times10^5\sim14\times10^5\,\mathrm{ft})$ 高度是主要的中性物种,同时受到太阳紫外线、微流星体冲击损伤、溅射的暴露,或污染效应会加重 AO 的影响,从而导致某些材料表面的力学、光学和热性能的严重退化。对光学敏感性实验要考虑的相关现象是航天器的发热,光发射是由对航天器表面冲击激发的亚稳态分子产生的。研究表明,表面起催化剂作用,因此其强度取决于表面材料的种类。

由于表面退化的程度直接与原子氧影响(总积分通量)成正比,反之,其影响也由航天器高度、姿态、轨道倾斜度、任务持续时间和太阳活动状态这样的参数所确定,因此对一种应用似乎是可接受的材料,对另一种应用则可能是无法接受的。不幸的是,很难在空间进行受控的实验,地面模拟实验很难获得超高温度的氧原子源。因此,要寻找用于可靠的材料地面实验评估方法作为空间实验的替代方法,但由于原子氧的制成方法和试验程序的差别,几乎无法获得不同试验地点的一致性。JPL 出版物 95 - 17 "Protocal for Atomic Oxygen Testing of Materials in Ground Facilities"(见文献 2.2.10.2(a))中已建立了描述原子氧试验的公用语言,在该草案中定义了分类级别,它们基于材料表面与地面暴露环境相互作用间的基本差别。简单地说,Level 1 是筛选试验,Level 2 是代表低地球轨道(LEO)空间飞行的氧原子环境的试验,Level 3 是离子和/或真空紫外线(VUV)光复合时氧原子的综合试验。可以用这 3 个分类级别来描述试验设施的鉴定程度和试验本身的性质。

参考文献 2.2.10.2(b)给出了有关选择材料的有益入门。

2.2.10.3 微流星体碎片

超高速冲击特性由空间碎片颗粒或尘埃和小微流星体与航天器表面碰撞产生,长期暴露飞行器(long duration exposure facility,LDEF)的微流星体和碎片专题研究组和其他的 LDEF 实验人员已对 LDEF 出现的巨量超高速冲击进行了大量研究,记录、分析和建模。参考文献 2.2.10.3 给出了有益入门。

2.2.10.4 紫外线辐射

UV 光谱分为 3 个部分:真空或低于 200 nm(8.0×10^{-6} in)的极端 UV,$200 \sim 300$ nm($8 \times 10^{-6} \sim 12 \times 10^{-6}$ in)的远 UV,和 $300 \sim 400$ nm($12 \times 10^{-6} \sim 16 \times 10^{-6}$ in)的近 UV。这些 UV 足以引起有机链断裂,虽然低于 $0.21 \mu m$ 的太阳辐射小于太阳常数的 0.001%,但它的存在可以促使像 C = C,C = O 和功能团这样的重要有机结构链断裂。

太阳的极端 UV(EUV)和 UV 输出以类似于太阳黑子数(SSN)的模式变化,这一变异性转换成了热层已有能量的变化;反过来,出现的外大气层温度变化又引起了大气层密度的太阳周期变化。

因为在 LEO 中存在原子氧,预期来自光子吸收反应的中间体,将与来自氧化过程的反应中间体起反应,光子-氧化能导致某些聚合物失色和降低透明度,这些反应引起的化学变化还可能导致形成极性基团,它会影响电性能。

参考文献 2.2.10.4 给出了有关 UV 辐射和电离辐射的有益入门。

2.2.10.5 带电粒子

与电离辐射相关的例子归为与辐射源有关的 3 个主要类别:俘获的辐射带粒

子、宇宙射线和太阳耀斑粒子。近年来的卫星研究成果提出,俘获的辐射带(或 van Allen 带)粒子似乎来源于多种物理机理:由磁风暴活动对低能量粒子的加速、由于宇宙射线与大气层粒子碰撞,在高层大气中产生的高能中子衰变产物的俘获和太阳耀斑。宇宙射线来源于太阳系以外其他太阳耀斑、新星/超新星的爆发或类星体。

构成射线环境的高能粒子能穿越航天器材料并存积动能,这一过程引起原子位移或在入射粒子尾迹留下带电粒子流。航天器的损伤包括太阳能电池阵列产生的电能降低、敏感的电子器件失效、传感器背景噪声增加和航天器乘员的辐射暴露,现代的电子器件正变得对电离辐射越来越敏感。

2.2.11　由层压板获得单向层的性能

虽然有可能,但通常很难用单一铺层方向的单向试件力学试验得到有效或可重复得到的试验结果,特别是在没有足够试验量的试验室中,如果技术人员不能够专门致力于准备和进行这类试验,情况更是如此。一种替代的办法是,试验一种通常取自 $[90/0]_{ns}$ 系列正交铺层的层压板,并通过层压板理论计算等效的单向铺层强度与刚度。已经发现,正交铺层层压板对试件制备和试验实施中的(棘手的)次要偏差是非常宽容的,常常得到较高的平均强度和较低的数据分散性。很多人也认为,正交铺层层压板的材料响应对结构层压板更有代表性。这个方法的试验数据处理基础将在 2.4.2 节中讨论。

2.2.12　数据正则化

数据正则化是试验后的数据处理过程,试图消除试验数据中因纤维体积含量局部变化所造成的不合实际的人为偏差。下面概括了将纤维控制性能的结果修正为某个固定基准纤维体积含量时结果的过程,2.4.3 节将对此进行详细介绍。

复合材料的大多数材料性能与增强体与基体的相对比例有关。在表征连续增强复合材料性能时,取样母体内的部分性能值变异只是由于纤维体积的局部变化而引起,而不是由于纤维、基体或纤维/基体界面性能的任何变异。对很多沿增强纤维方向测量的复合材料性能[①],性能与纤维体积含量之间的关系基本上是线性的。这就有可能把某些测量的性能修正到某个固定的基准纤维体积含量,得到所谓的**正则化性能值**。

虽然少量纤维体积含量的变异可能部分是由于纤维总量的变异(以及甚至是由于空隙的变异),但大多数的纤维体积变异则是由于工艺过程产生的局部基体含量变化。

2.2.13　数据文件的编制

在开始实施试验计划以前必需的步骤是对数据文件编制要求和方法制订计划,

---

① 所谓"纤维控制的"性能。

以使数据能全部用于预定的目标。在确定数据文件编制范围前，必须确定获取数据的初始目标和可能的长期用途。试验的要求可以从初步选材的快速估计（一到几个试件就已足够），一直到为一个组织的数据库和提交给 CMH－17 来建立长期材料性能值（需要大量的试件）。不同阶段的数据记录和评估可能需要不同的数据文件。在试验室内可能要保存原始数据，甚至原始的传感器信号。对材料性能的评定与审查，特别是当信息可以追溯到原始来源时，需要的试验信息可以不那么详细。按照 ASTM E－49 委员会的定义，**评估**是用于"确定性能数据精度与可靠性的过程"（见文献 2.2.13(a)）。对 CMH－17 数据所期望的是，文件的编制应足以满足：

（1）建立可追溯性与历史记录（由制造、试验和评估日期来识别）。

（2）明确定义材料的谱系和相关的工艺规范。

（3）识别试验程序。

（4）识别影响试验结果的变量。

建立参照数据的其他计划，至少应具有如表 2.5.6 所示同样严格的文件编制要求。

在任何试验计划中，为今后数据的使用成为可能，数据文件应足够完整，以便材料和试验能够重现。

文件可以记录在原始数据的计算机化数据库中，或记录在试验室的笔记本或用其他的硬拷贝形式。保存和评估数据过程的计算机化工作越早进行，保持可追溯性就越容易，并可避免抄录的错误。使用计算机并不能取消错误检查和审查的要求，无论过程中计算机化程度有多高，每个组织应有其自身的数据记录和审查规程。这种规程的考虑包括是谁负责记录下列特别信息：材料标识、工艺、试件制备、检查、试验和破坏试件的存储，以及每个这些步骤的联系信息。每个试验室十分普遍的做法是，对材料识别信息访问设限。在这个情况下，任何数据若计划长期使用，就必须明确职责，以使材料识别信息与试验室的数据记录相对应。

可以由几个来源得到建立数据文件要求的指南。CMH－17 第 1 卷 2.5.6 节列出了把数据提交给本手册时需要的数据文件要求和推荐用于内部记录保存的一些条款。两个 ASTM 的指南（见文献 2.2.13(b) 和 (c)），为数据记录和数据库的编制提供了主要的指南。ASTM E1309 讨论了所有复合材料的材料识别问题。ASTM E1434 对连续纤维聚合物基复合材料力学性能提供了试验信息和结果的指导。这两个文件应按模块方式一起使用：首先确定材料然后识别试验方法，并记录结果信息；每个数据元素具有一个下列类型的重要性等级：

● 对试验有效性要求的；

● 对材料可追溯性要求的；

● 对试验有效性推荐的；

● 对材料可追溯性推荐的；

● 可选的。

这些重要性等级把数据文件要求分成两个子集:一个用于材料可追溯性,一个用于试验有效性。一个试验室能在不读取材料识别信息的情况下就可满足试验有效性要求。应把材料可追溯性的责任指派给某个可以接触必需信息的人(如同上面所指出的)。用于建立这些内容和类似 ASTM 指南的方法,有助于数据记录和计算机化的数据库的内容,但对数据库的结构没有过分的限制。

在 CMH-17 的数据文件要求中隐含了这些 ASTM 指南,因为表 2.5.6 规定试验方法的所有部分都要遵循,除非在报告中列出了差别。有几个力学性能的 ASTM 方法对数据记录涉及 E1309 和 E1434,对数据记录的指南的基准由表 2.5.6 引向 ASTM 试验方法。

关于建立材料性能数据库的一般指南,见参考文献 2.2.13(d)和(e)。

2.2.14 针对应用的特殊试验要求

此节留待以后补充。

2.3 推荐的试验矩阵

2.3.1 筛选材料的试验矩阵

筛选过程的目的是揭示新候选材料体系的关键力学性能属性和/或不足之处,同时又使试验量为最小。对特定的复合材料体系,筛选过程确定其关键的试验和环境条件,以及任何其他的特殊考虑,合适的试验矩阵设计,可使其与现有产品用材料体系进行对比。

筛选试验矩阵设计的一般方法是选择关键的静力试验项目来提供足够的数据,以便评定单层和层压板级的刚度和强度平均值。单层级的试验提供通常在经典层压板点应力分析使用,材料本身的刚度和强度性能,包括拉伸、压缩和剪切载荷。另外,还要在关键的环境下进行单层级的拉伸和开孔压缩试验。层压板级的试验对与应力不连续(如紧固件孔、螺栓挤压或冲击损伤)相关的使用情况,提供进行筛选的强度数据。一些附加的层压板级试验,则用于提供筛选的刚度数据,来验证通过经典层压板理论,用单层数据对层压板刚度的预计。这些试验一般都在室温下进行,而环境的影响则用关键的单层级拉伸和开孔压缩试验来进行估计。

在 2.3.1.1 节中,给出了典型的力学性能筛选试验矩阵的例子,并进行了讨论。正如 2.3.1.2 节在高温材料的例子中所讨论的,对最严重的环境条件可能还必须考虑附加的因素。对暴露在工作液体中以及对其他特殊情况的敏感度问题,在筛选评定时可能还要增加一些特殊的试验。在 2.3.1.3 节中给出并讨论了有关液体敏感度的筛选试验矩阵的例子(具体应用时可能需要对上述试验矩阵进行修正。)

2.3.1.1 力学性能筛选

表 2.3.1.1 是一个推荐的力学性能筛选试验矩阵,这个试验矩阵是为环氧树脂基体系建立的,但对其他的材料体系也有用。在这个筛选试验矩阵中,0°轴向拉伸

试验考察纤维控制的性能,而 0°轴向压缩试验则监测纤维/基体之间的相互作用①,它们均提供静强度和刚度性能;面内剪切试验件则用来评定基体的特性,确定剪切模量和有效剪切强度;最后用冲击后压缩试验来评定其抗损伤能力。试验采用 3 种环境条件:低温大气环境(CTA)、室温大气环境(RTA)和高温湿态(ETW)情况。推荐这些试验状态是基于目前所用环氧树脂体系复合材料的结果,这些试验结果表明:CTA 环境对纤维控制的性能最关键,ETW 环境对基体控制的性能最严重。ETW 试样要经浸润调节,使其达到在所规定相对湿度下的平衡吸湿量。

表 2.3.1.1　复合材料静强度筛选试验矩阵

试验内容	试验件数量			评价重点
	CTD	RTA	ETW	
单层:				
0°拉伸	3	3	3	纤维性能
0°压缩		3		纤维/基体相互作用
面内剪切		3		纤维/基体相互作用
层压板:				
开孔压缩①		3	3	应力集中
开孔拉伸①		3		应力集中
螺栓−挤压①		3		挤压
冲击后压缩①		3		冲击损伤

注:① 试验方法如表 2.2.4 所示。

2.3.1.2　对高温材料体系的力学性能筛选

表 2.3.1.2 给出了一个用于高温聚合物基复合材料的典型力学性能试验矩阵,为在评估的筛选阶段恰当地评定高温聚合物基复合材料的耐久性,对表 2.3.1.1 作了一些变化。试验矩阵可以依据研究的目的作改变,但重要的是要评定所有的暴露状态。

在进行力学试验评定前,必须评定预浸料的物理性能和层压板性能。要仔细检测试验用层压板的孔隙率、干态及湿态的玻璃化转变温度 T_g。所推荐的力学试验包括了纤维控制的性能、界面/树脂控制的性能和损伤容限性能。高温静力试验情况的温度,应低于该材料体系的湿态玻璃化转变温度 T_g。

湿态的暴露状态为 71℃(160°F)/85%RH,直至达到平衡吸湿量。很重要的一点是,在高温湿态试验中要测量试件的干燥情况,并保持其为最小。

热氧化稳定性(TOS)试验应至少进行 1 000 h,应在试验规定的 100 h,250 h,500 h,750 h 和 1 000 h 的时间间隔,测量其质量损失,这个试验给出了材料的氧化速率。

———————————

① 0°轴向拉伸试验也能揭示某些材料在高应变率时的纤维/基体的相互作用。

表 2.3.1.2 高温聚合物基复合材料试验矩阵①

力学性能	干态试验温度			湿态②	TOS③	热循环④
	最低温度	24℃	ET1	ET1	ET1	ET1
拉伸	3	3	3		3	
压缩或开孔压缩 OHC		3	3	3	3	3
面内剪切		3	3	3		3
Ⅰ型断裂韧性或 CAI		3	3		3	3

注：① 试验方法按表 2.2.4 所示。
② ET1 高温试验温度应低于材料体系的湿态玻璃化转变温度。
③ 应在高于 ET1 但低于材料体系的干态玻璃化转变温度 T_g 的情况下，至少进行层压板热老化 1000 h，或在代表 1000 h 暴露的加速试验状态下进行热老化。应记录质量损失与时间的关系，即记录 100 h，250 h，500 h，750 h，1000 h 情况下的质量损失。在暴露后应进行显微镜观察。试件的机械加工应在暴露后进行。
④ 从最低温度到高于 ET1 但低于材料体系干态玻璃化转变温度 T_g 的温度下，对层压板进行热循环试验。试验至少进行 500 次热循环。试验后测量微裂纹的密度。在暴露后再将层压板加工成试验件。

热循环试验应至少进行 500 次。试验的目的，不仅是要确定是否会出现微裂纹，并要确定微裂纹的开裂速率。试验的最低温度应代表在使用中可能出现的最低值，例如，对飞机结构为 $-54℃(-65°F)$。

对 TOS 试验和热循环试验，其最高暴露温度应在材料体系的湿态玻璃化转变温度 T_g 和干态玻璃化转变温度 T_g 之间。若最高暴露温度低于湿态玻璃化转变温度 T_g，试验可能不足以区分，同时可能需要更长的暴露时间。当暴露温度高于材料体系干态玻璃化转变温度 T_g，通常会得到在低于干态玻璃化转变温度时不会出现的一个不真实的损伤机理。在对试验件进行机械加工前，应对层压板进行孔隙率和有无分层的无损检测。为理解与具体暴露情况相关的损伤机理，还应进行显微镜观察，其中包括测量微裂纹的密度。

2.3.1.3 液体敏感性的筛选

过去不太关注结构复合材料暴露在使用中常见相关液体(除了水和湿气)产生的问题，这是因为大多数结构复合材料都是以环氧树脂为基体的，它本身对液体有很好的抗力。通常，采用环氧树脂时，其所允许的因吸湿而导致的性能下降，已足以覆盖其他相关液体(例如燃油、液压油等)可能引起的性能下降。虽然在有强酸介质时环氧树脂体系出现加速退化的问题，但大多数工作液体，例如清洁剂和液压油，在本性上是碱性的。但环氧树脂对二氯甲烷(各种油漆清除剂中的一种共同成分)缺乏抗力则是个例外。二氯甲烷还会不断地侵蚀其他的结构聚合物。因而，通常不允许在聚合物基的复合材料上使用化学除漆剂。

鉴于以上的考虑，同样重要的问题是，需要评估新聚合物材料对其可能接触的各种液体的阻抗。好多新的环氧树脂都有一些添加的组分，以改善其韧性等性能，添加的组分可能会影响环氧树脂对溶剂的阻抗。现在还使用了或正在考虑使用很多其他聚合物，它们都具有不同的溶剂敏感性。过去遇到过一个例子，即关于对研制中的聚砜热塑性结构件的评估,因其对磷酸酯基液压液的阻抗差而被放弃(见文献 2.3.1.3(a))。某些其他的结构热塑性材料,尽管它们对湿气和液压油具有优异的阻抗,但对燃油的抗力却较差,具有较高芳香物含量的燃油,例如相对 JP-8,JP-4 似乎会引起更严重的问题(见文献 2.3.1.3(b))。在所引用的情况中,燃油的浸润似乎主要是大大降低材料(PEEK)的玻璃化转变温度(见文献 2.3.1.3(c)),其结果就是降低了材料的最高使用温度。

使用温度较高的树脂体系,例如双马来酰亚胺(BMI)和聚酰亚胺,容易因高碱性液体的作用而退化。在有高浓度氢氧化物的离子积聚时,这两种聚合物都容易出现功能酰亚胺环的分裂。由于大多数航空公司所用的清洁剂和液压油在实质上是碱性的,其次因为氢氧化物的离子在碳纤维与活性金属之间电耦合时,在树脂边界上局部生成并从而引起降解,因此这是个重大的问题,应用专门的设计,来满意地处理这个电化学腐蚀问题。引进一种绝缘机制,例如在碳/树脂和金属结构之间的树脂/纤维层,将是一种办法,可用来减轻这种因电解驱使的退化而出现的危险,提供排水装置等也可以减少暴露。若有暴露在一个坑、池区域内的情况,对层压板的边界加以良好的密封就很重要。通常,把这些材料暴露在碱性的溶液中可能是十分偶然的,因而这也就可能不是个问题。

在可能暴露在有害液体环境时,推荐用以下的评估程序,来评定聚合物树脂体系对此应用情况的适用性。

评估中应考虑到飞机结构对液体的不同暴露程度。推荐两类液体暴露,对每类列出了液体的例子:

类别 I

有可能储存或将与材料长期接触的液体

JP-4 发动机燃油	MIL-T-5624
JP-5 发动机燃油	MIL-T-5624
JP-8 发动机燃油	MIL-T-83133
液压油	MIL-H-5606
液压油[①]	MIL-H-83282
PAO(Poly Alphaolefin)冷却液	MIL-C-87252
发动机润滑油	MIL-L-7808
发动机润滑油	MIL-L-23699
乙烯乙二醇/尿素除冰液(Class I)	SAE AMS 1432(取代 MIL-D-83411)
机油箱水[②]	MIL-S-8802　4.8.15 节
二氯甲烷氯化物[③]	ASTM D4701(取代 MIL-D-6998)

[①] Monsanto 低密度航空液压油,民用。

[②] SAE AMS 2629 喷气机基准液和 3%氯化钠氯化物/水溶液的混合物。

[③] U.S. 海军要求。

SO₂/盐喷剂③　　　　　　　　　　　　　　　　—

类别 Ⅱ

涂上后擦去(或蒸发)或不会与材料长期接触的液体

碱性清洁液(Types 1 和 2)	MIL‐C‐87936
MEK 洗涤液	ASTM D740(取代 TT‐M‐261)
干洗溶剂(Type 2)	P‐D‐680
烃洗涤液	TT‐S‐735
聚丙二醇除冰剂(Type 1)	MIL‐A‐8243
异丙醇除冰剂	TT‐I‐735

有关这些液体的更多信息见文献 2.3.1.3(d)~(t)。

还推荐对每一类用不同的暴露程度,在试验或评价其重量损失前通过浸润进行暴露:

类别 Ⅰ　将材料浸润在液体中,直到重量增益达到平衡(饱和)(除了 MIL‐S‐8802 的机油箱水腐蚀试验)。

类别 Ⅱ　将材料在液体中浸润 15 天,以确定最坏的影响。然后进行一些模拟较真实情况的试验,包括意外延长暴露等。

应进行力学试验和物理试验。在力学试验中,应包括对准各向同性铺层的开孔压缩试验和面内剪切试验。开孔压缩试验与设计值有重要的关系,且对基体的退化很敏感。在工业界用面内剪切试验来比较基体性能是很平常的事,它对鉴别"潜在的"有害液体很敏感。它提供了是否保持必需的剪切刚度的一种指标,以保证树脂到纤维的性能传递是可接受的。虽然材料刚度损失的准则与材料和应用情况有关,通常认为剪切模量比未暴露时低 20%~40%就是重大的,从而需进一步研究。在室温和最大使用温度下暴露后的试验,最少要试验 5 个试件。其试验结果应与未进行暴露情况进行比较。

对开孔压缩试验和±45°拉伸试验较经济的替代办法是层间或短梁强度试验,这些试验件易于制造、加工、浸润处理并进行试验。虽然短梁强度试验与设计性能无关,但它对基体的退化敏感,因而可作为有价值的材料评价指标。和面内剪切试验一样,应把在室温和最大使用温度下暴露后的试验结果,与未进行暴露情况进行比较,以获得液体暴露的影响。

物理试验中应包括称重以测量质量变化,用显微照相来检查微裂纹,以及可能时包括用扫描电子显微镜检查表面银纹。相对前者,应注意的是,因为显然已经达到了饱和状态,接下来**未必**就会自动终止进一步的性能退化。特别是当涉及新树脂体系时,应进行长期暴露于关键液体情况的试验。在文献 2.3.1.3(u)中给出了这类试验的例子。因为涉及长时间的暴露,这些试验应在评估过程的早期就开始进行。

过去的程序是,若已经证实水或湿气是使性能退化最严重的液体,则在随后的设计试验中,将不必包括除吸湿处理以外的各种液体暴露试验。在图2.3.1.3(a)中,对类别Ⅰ的储存液体给出了这样的一个程序。实际上,若在液体暴露后的材料性能优于湿气暴露的情况,则在随后的试验中只要考虑湿气即可。若是水以外的某个液体更严重,则在随后的试验中还必须再包括这个液体。

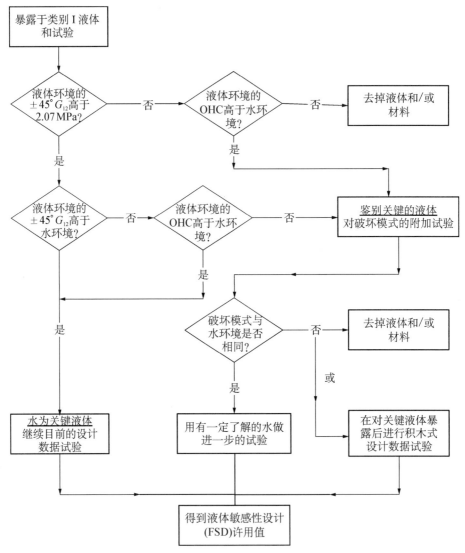

图2.3.1.3(a) 决策树——类别Ⅰ储存液体

对涂上后擦去的类别Ⅱ液体,其程序有些差别,因为水不是一个良好对照物。因此,推荐具有已认可使用经历的树脂作为对照,这用图2.3.1.3(b)的决策树来说明,其中建议用3501-6环氧树脂的性能进行比较。

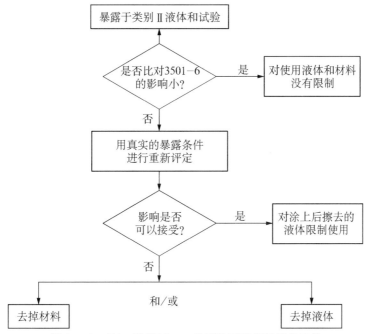

图 2.3.1.3(b)　决策树——类别Ⅱ不长期暴露的液体

2.3.2　材料鉴定和单层基准值试验矩阵

2.3.2.1　组分试验矩阵

此节留待以后补充。

2.3.2.2　预浸料试验矩阵

表 2.3.2.2 给出了推荐用于预浸料材料的鉴定试验矩阵。本表基于热固性基体,对热塑性基体需进行修正。

表 2.3.2.2　推荐由材料供应商和主承包商进行的物理和化学性能试验[①]

试验性能	每批次的试验数量[②]	试验总数
树脂含量	3	15
挥发分含量	3	15
凝胶时间	3	15
树脂流动性	3	15
纤维面积重量	3	15
吸湿量	3	15
黏性	3	15
HPLC(高效液相色谱法)	3	15
IR(红外光谱法)	3	15

（续表）

试验性能	每批次的试验数量②	试验总数
DMA（树脂浇注体的动态力学分析）	3	15
DSC（差示扫描量热法）	3	15
RDS（流变动态光谱法）	3	15

注：① 试验方法按表 2.2.4 所示，在制造预浸料材料前应对这些方法（特别是对尚无 ASTM 标准的性能）进行
协调和取得一致。
　　② 对 5 批预浸料材料，每一批都应进行试验。

2.3.2.3　单层试验矩阵

表 2.3.2.3(a)和表 2.3.2.3(b)中，给出了推荐的物理和力学性能试验矩阵，供材料鉴定和单层级材料性能的统计评定。

表 2.3.2.3(b)所示的力学性能试验矩阵，基于对每种性能在每种条件下至少 30 个试验的要求（至少 5 批，每批至少 6 个数据），以在确定 B 基准性能时进行参数和/或非参数的分析。若承包商和采购方或认证当局能取得一致，较少的试验或批次也是可接受的。

表 2.3.2.3(a)　固化后单层物理性能试验①

物理性能	每批预浸料的试验数量②	试验总数
纤维含量	3	15
树脂含量	3	15
密度	3	15
固化后单层厚度	10	50
玻璃化转变温度（干态）③	3	15
玻璃化转变温度（湿态）③	3	15

注：① 试验方法按表 2.2.4 所示。
　　② 对 5 批中的每一批都应进行试验。
　　③ 干态试验件是指"制造状态"的试验件，它们一直被放置在环境受控试验室的大气环境中。湿态试验件
被放置于湿热环境箱中进行环境调节，直至达到承包商和用户一同意的平衡吸湿量后，再将它们放入
热密封的覆铝聚乙烯袋中，直至进行试验时才取出。进行试验的方式，应使试验件内的吸湿量保持在承
包商和认证部门一致同意的水平。

表 2.3.2.3(b)　固化后单层力学性能试验①

力学性能	每批预浸料的试验条件②和数量③			试验总数
	最低温度干态	室温干态 RTD	最大温度湿态	
0°拉伸（经向）	6	6	6	90
90°拉伸（纬向）	6	6	6	90
0°压缩（经向）	6	6	6	90
90°压缩（纬向）	6	6	6	90

（续表）

力学性能	每批预浸料的试验条件② 和数量③			试验总数
	最低温度干态	室温干态 RTD	最大温度湿态	
面内剪切	6	6	6	90
0°短梁强度④		6		30
				480

注：① 试验方法按表 2.2.4 所示。
　　② 进行最低和最高温度的试验时，其温度误差应在名义试验温度的 ±2.8℃（±5°F）范围内。名义试验温
　　　　度应由承包商与认证方一致认可。干态试件是指"制造状态"的试件，它们一直放置在环境控制试
　　　　验室中的大气环境中。湿态试件是指先被放置在湿热环境箱中，直至达到承包商和购买方一致同意
　　　　的平衡吸湿量才从箱中取出的试件。这些试验被放置在热密封的覆铝聚乙烯袋中，直至进行试验
　　　　时才取出。进行试验时，应将试件中的吸湿量保持在承包商和认证部门一致同意的水平。
　　③ 对 5 批中的每一批都应进行试验。
　　④ 短梁强度只用于筛选和质量控制的目的。

2.3.2.4　用于单层级基准值的替代方法

8.3.5 节在表 2.3.2.4(a)～2.3.2.4(d) 中给出了对单层级力学性能的替代试
验矩阵，它采用把不同环境条件汇集的统计方法，这种汇集方法是将不同的环境条
件数据汇集在一起的回归分析形式。试验条件与表 2.3.2.3(b) 中给出的一样，4 个
试验矩阵覆盖了单向带和双向织物、标准（B 基准）与充分（A 基准）[1]取样水平。

表 2.3.2.4(a)　替代的固化后单层力学性能试验——单向带[1]

铺层	力学性能	批次数×试板数×试件数			
		试验温度/吸湿状态			
		CTD	RTD	ETD	ETW
$[0]_8$	面内拉伸强度、模量和泊松比	3×2×3	3×2×3		3×2×3
$[0]_{20}$	面内压缩模量②	3×2×3	3×2×3	3×2×3	3×2×3
$[90]_{16}$	面内拉伸强度和模量	3×2×3	3×2×3		3×2×3
$[90]_{20}$	面内压缩强度和模量②	3×2×3	3×2×3		3×2×3
$[0/90]_{3s}$	面内拉伸强度和模量	3×2×3	3×2×3		3×2×3
$[90/0/90]_7$	面内压缩强度和模量②	3×2×3	3×2×3	3×2×3	3×2×3
$[45/-45]_{4s}$	面内剪切强度和模量	3×2×3	3×2×3		3×2×3
$[0]_{45}$	短梁强度（面外剪切）	3×2×3	3×2×3	3×2×3	3×2×3

注：① 试验方法按表 2.2.4 所示。
　　② 推荐至少对每种环境条件前两个试件使用背靠背的应变计，若未观察到屈曲，则其余测模量的试件可只
　　　　在试件的一侧使用应变计；可以用适当的引伸计来代替应变计。

----

① 这要假设数据的变异系数（CV）不高于 15%，若 CV 较大，则为计算 A 基准值，必须要在试验矩阵中增加更
　多的数据点。若要计算 B 基准值，则只需覆盖不同温度的 30 个数据点即可达到同样的置信水平，每批应尽
　可能在不同温度下均匀分布，并在每一试验状态下必须至少有 3 批。

表 2.3.2.4(b)　替代的固化后单层力学性能试验——单向带——充分取样①

铺层	力学性能	批次数×试件数③			
		试验温度/吸湿状态			
		CTD	RTD	ETD	ETW
$[0]_8$	面内拉伸强度、模量和泊松比	5×11	5×11	5×11	5×11
$[0]_{20}$	面内压缩模量②	5×11	5×11	5×11	5×11
$[90]_{16}$	面内拉伸强度和模量	5×11	5×11	5×11	5×11
$[90]_{20}$	面内压缩强度和模量②	5×11	5×11	5×11	5×11
$[0/90]_{3s}$	面内拉伸强度和模量	5×11	5×11	5×11	5×11
$[90/0/90]_7$	面内压缩强度和模量②	5×11	5×11	5×11	5×11
$[45/-45]_{4s}$	面内剪切强度和模量	5×11	5×11	5×11	5×11
$[0]_{45}$	短梁强度(面外剪切)	5×11	5×11	5×11	5×11

注:① 试验方法按表2.2.4所示。
　② 推荐至少对每种环境条件前两个试件使用背靠背的应变计,若未观察到屈曲,则其余测模量的试件可只在试件的一侧使用应变计;可以用适当的引伸计代替应变计。
　③ 对每批/试验/环境,从一块试板上取5个试件,从第2块单独加工的试板上取6件进行试验。

表 2.3.2.4(c)　替代的固化后单层力学性能试验——双向织物①

铺层	力学性能	批次数×试板数×试件数			
		试验温度/吸湿状态			
		CTD	RTD	ETD	ETW
$[0]_{4s}$	面内拉伸强度、模量和泊松比	3×2×3	3×2×3		3×2×3
$[0]_{4s}$	面内压缩强度和模量②	3×2×3	3×2×3	3×2×3	3×2×3
$[90]_{4s}$	面内拉伸强度和模量	3×2×3	3×2×3		3×2×3
$[90]_{4s}$	面内压缩强度和模量②	3×2×3	3×2×3	3×2×3	3×2×3
$[45/-45]_{2s}$	面内剪切强度和模量	3×2×3	3×2×3		3×2×3
$[0]_{17}$	短梁强度(面外剪切)	3×2×3	3×2×3	3×2×3	3×2×3

注:① 试验方法按表2.2.4所示。
　② 推荐至少对每种环境条件前两个试件使用背靠背的应变计,若未观察到屈曲,则其余测模量的试件可只在试件的一侧使用应变计;可以用适当的引伸计代替应变计。

表 2.3.2.4(d)　替代的固化后单层力学性能试验——双向织物——充分取样①

铺层	力学性能	批次数×试板数×试件数③			
		试验温度/吸湿状态			
		CTD	RTD	ETD	ETW
$[0]_{4s}$	面内拉伸强度、模量和泊松比	5×11	5×11	5×11	5×11
$[0]_{4s}$	面内压缩强度和模量②	5×11	5×11	5×11	5×11
$[90]_{4s}$	面内拉伸强度和模量	5×11	5×11	5×11	5×11

（续表）

| 铺层 | 力学性能 | 批次数×试板数×试件数③ | | | |
| | | 试验温度/吸湿状态 | | | |
		CTD	RTD	ETD	ETW
$[90]_{4s}$	面内压缩强度和模量②	5×11	5×11	5×11	5×11
$[45/-45]_{2s}$	面内剪切强度和模量	5×11	5×11	5×11	5×11
$[0]_{17}$	短梁强度（面外剪切）	5×11	5×11	5×11	5×11

注：① 试验方法按表 2.2.4 所示。
　　② 推荐至少对每种环境条件前两个试件使用背靠背的应变计，若未观察到屈曲，则其余测模量的试件可只在试件的一侧使用应变计；可以用适当的引伸计来代替应变计。
　　③ 对每批/试验/环境，从一块试板上取 5 个试件，从第 2 块单独加工的试板上取 6 件进行试验。

但要知道，在进行强度数据的统计回归分析时有几个基本的假设，其中包括：

● 在参数变化的范围内，失效模式保持不变；

● 偏差基本不受参数的影响；

● 不属于独立变量的参数（如在对温度作回归分析时的吸湿量）保持不变。

在产品设计的寿命范围内结构的设计温度变化时，汇集的方法特别有用，使得在几个温度下每个温度只需少量数据。同样在某些情况下可以用 3 个高温试验条件来代换"高温湿态"（ETW），只要在该温度范围内试验数据更均匀地分布即可。ET2 代表给定结构（应用）的最高工作温度，ET1 代表高于室温低于最高工作温度的中等高温，而 ET3 代表材料体系的使用上限温度，如 MOL。所有的温度在干态时低于干态的 T_g，对湿态情况低于湿态的 T_g。关于分布的试验温度，其具体例子包括：

● 177℃（350℉）环氧树脂　　－50℃，23℃，80℃，100℃ 和 120℃
　　　　　　　　　　　　　　　（－65℉，73℉，180℉，220℉ 和 250℉）

● 232℃（350℉）双马　　　　　－50℃，23℃，120℃，180℃ 和 200℃
　　　　　　　　　　　　　　　（－65℉，73℉，250℉，350℉ 和 400℉）

● 315℃（600℉）聚酰亚胺　　　－50℃，23℃，180℃，230℃ 和 290℃
　　　　　　　　　　　　　　　（－65℉，73℉，350℉，450℉ 和 550℉）

对提交手册发表的数据，2.5 节中讨论的标准母体取样和数据文件要求仍然有效。

2.3.2.5　纤维缠绕材料试验矩阵

在表 2.3.2.5 所示的试验矩阵中，包含了所建议的纤维缠绕结构的力学性能试验。

JANNAF 复合材料发动机箱体分会（Composite Motorcase Subcommittee）推荐将纤维缠绕的平层压板，用于确定纤维缠绕结构设计和分析用的单向力学性能。然而，还没有描述这种工艺的统一标准。因此，工业界和政府部门使用了多种制造

表 2.3.2.5　纤维缠绕材料性能试验

力学性能[①]	建议的试验方法[①]	试验条件和每批预浸料的试验数量[②][③]			试验总数
		最低温度干态	RTD	最高温度湿态	
0°拉伸	ASTM D3039	6	6	6	90
90°拉伸	ASTM D5450	6	6	6	90
0°压缩	ASTM D6641	6	6	6	90
90°压缩	ASTM D5449	6	6	6	90
面内剪切	ASTM D5448	6	6	6	90
层间剪切	ASTM D5379	6	6	6	90
					540

注:① 虽然表 2.2.4 定义了一般试验方法的建议,有几个试验方法是专用于缠绕体系的,在此详细说明了对试验方法的选择。关于这些 ASTM 试验方法更多的信息参见 6.12 节"特殊形式的力学性能试验"。
② 对 5 批中的每一批都应进行试验。
③ 进行最低和最高温度的试验时,其温度误差应在名义试验温度的 ±2.8℃(±5°F)范围内。名义试验温度应由承包商与认证方一致认可。干态试验件是指"制造状态"的试验件,它们一直放置在环境受控试验室中的大气环境中。湿态试验件是指先被放置在湿热环境箱中,直至达到承包商和购买方一致同意的平衡吸湿量才从箱中取出的试验件。这些试验件被放置在热密封的覆铝聚乙烯袋中,直至进行试验时才取出。进行试验时,应将试验件中的吸湿量保持在承包商和认证部门一致同意的水平。

平层压板的方法(见参考文献 2.3.2.5(a)和(b))。在这两次缠绕会议上,包括工业界和政府部门的纤维缠绕制造部门,介绍了各自为单向材料力学性能试验而制备平层压板的技术。

　　一个主要的问题是,采用圆柱形还是采用矩形的缠绕芯。若采用圆柱形缠绕芯,芯子的直径是一个因素,直径越大,则在将层压板从芯子中取出并展平进行固化时,其剪切的影响越小。若芯子是矩形的,则主要问题是如何在缠绕时拉紧纤维。

　　对纤维缠绕层压板,下列问题一直被关注研究着:
- 用热压罐固化还是非热压罐固化;
- 是在固化以前还是以后切割纤维;
- 在缠绕芯子上固化,还是取出后在其他的模具上固化;
- 是否使用均压板;
- 是缠一层、切开并铺贴,还是在切开前缠绕到所需厚度。

目前,缠绕制造商似乎是采用最能模拟最终产品所用的工艺技术,来制造试板。

2.3.3　材料验收试验矩阵

此节留待以后补充。

2.3.4　替代材料等同性试验矩阵

2.3.4.1　替代来源复合材料的鉴定

很多手册对关键材料参数,如物理和工艺特性,常常在材料和工艺规范中给出建议。而其他参数更多地与应用有关,可能很难在材料级进行验证。本节虽然未予讨论,读者不应就此推断认为特殊的话题是不重要的,对具体的项目或产品必须考虑所有关键的特性参数。

倘若材料体系或工艺有某些变化,为证实单层和层压板材料性能要求的指南给出了对次结构应用。还可能要求更高级别的力学元件/组合件证实试验,这取决于关键材料或结构参数的变化程度,也取决于应用(结构)。

2.3.4.1.1　引言

这些指南适用于下列情况:由一个供应商提供的一种复合材料体系已获鉴定,但需要或想要对替代的材料体系和/或材料供应商进行鉴定。这种方法假定,对原有材料已建立了大量的数据和经验(对替代体系则没有),并已从这些数据和经验建立了力学性能的统计基准值。另外还假设,为对产品进行鉴定和证实它的性能,已做了一些更高级别的试验。

本指南不能覆盖诸如由 E-玻璃纤维换为芳纶纤维这样的巨大变化,重点是满足原来材料规范的那些材料。纤维品种的改变或类似的替换,被看作是一种主要的修改或重新设计。工艺和模具的变化也认为超出了本节的范围。

2.3.4.1.2　目标和方法

对替代材料进行鉴定的最终目的是要能将它取代原来的材料体系,而不致对制造或结构性能带来影响。为实现这一目标,需要定义在诸如成形、制造和使用等不同阶段控制性能的那些关键材料参数。其理想情况是,在材料组分或单层的级别上,通过测量和比较一些参数,像化学成分、纤维强度、基体强度和复合材料强度等,来进行这样的评价。这在将来也许是可能的,但用目前的技术还达不到。

替代材料成功地通过鉴定,本身还不足以允许在给定的零件内,将它与原来的材料混合使用。不推荐在同一个零件内将两种不同的材料体系混杂使用,除非已进行了适当的评定,证实了它们的相容性。

CMH-17 的聚焦点是 B 基准的单层性能。适当的替代材料鉴定工作可能需要超越这一级别的评定,而需要进行更复杂的验证,包括分析与试验。这些工作可能要包括层压板、试验件、元件以及组合件试验,例如开孔、充填孔、螺栓挤压、低速冲击、疲劳和壁板屈曲试验等。对一种替代材料的鉴定,所要遵循的一般方法如下:

(1) 鉴别出材料性能关键参数,并指出它们为什么是关键的原因。

(2) 对每一个参数,确定适当的试验、测量方法或评定方法,这些都必须与原来材料所做的试验、测量方法或评定方法严格地对应(例如,同样的试验件形式和同样的状态)。

(3) 对试验、测量方法或评定方法,确定是否通过(成功)的准则。

(4) 制订试验计划并获得必要的批准。

(5) 进行试验并给出试验报告。

(6) 通过或拒收。

2.3.4.1.3 材料兼容性

为证实在应用硬件中所用替代材料与原材料体系是否等同或更优越一些,必须评定的范围首先与材料的兼容性有关,其次,与硬件结构的复杂性和载荷有关。材料的兼容性用表 2.3.4.1.3 中所给的准则来确定。基准的材料体系是由某个预浸料厂家用规定的预浸料生产线生产的一种材料。例如,AS4/3501-6 是由 Hercules公司的 3 号生产线生产的,与其最兼容、且为证实等同性需要做工作最少的替代材料,是由 Hercules 公司的 4 号生产线生产的 AS4/3501-6。兼容性最差的材料体系,则是用不同的基体与纤维、由不同的预浸料生产厂家所生产的材料。因此,Fiberite C12K/934 是一种兼容性最差的材料体系,因而需要做更多的工作来证实其等同性。对表 2.3.4.1.3 中没有包括的那些情况,必须按照与其相应的兼容性程度来进行评定。

表 2.3.4.1.3　材料兼容性准则

	兼容性最好					兼容性最差
材料因子	1	2	3	4	5	6
纤维牌号	相同	不同	相同	不同	相同	不同
纤维丝束尺寸	相同	相同/不同	相同	相同/不同	相同	不同
树脂	相同	相同	不同	相同	不同	不同
预浸料厂商	不同	相同	相同	不同	不同	不同
生产线	不同	相同	相同	不同	不同	不同

注:相同——在替代材料中保持不变;不同——在替代材料中发生变化。

(1) 第 1 列是预浸料供应商和生产线有变化。这种情况现在越来越常见,因为树脂体系在预浸料制造商之间是有许可证的,例如,海军的 A-6 re-wing 和 V-22 鱼鹰计划中,ICI Fiberite(Cytec) 得到了 Hercules(Hexcel)3501-6 的许可证。这种合作的许可证运作,使得预浸料供应商能为顾客提供几乎相同的预浸料,供生产使用。

(2) 第 2 列代表这样一种纤维类型的变化,其中新纤维品种的性能与已获得鉴定的原来纤维基本相当。这种情况的出现,可能是由于经济方面的考虑,或出现在纤维供应中断的情况下。

(3) 第 3 列是树脂的变化。当预浸料供应商能为客户的计划研制出价格更低和/或性能(如损伤容限)更好的新树脂体系时,这种情况是很正常的。

(4) 第 4 列和第 5 列代表预浸料供应商、生产线和纤维或树脂的改变。当顾客需要另外的供应商,但由于第 2 来源鉴定预算限制,因而希望使用相同的纤维或树脂(假定已有树脂和/或纤维的数据库)时,就会出现这种情况。

(5) 第 6 列涉及对新预浸料供应商使用不同纤维和树脂时的鉴定问题。这种情况的一个例子是,当用 Fiberite C12K/934 来代替 Hercules AS4/3501-6 时的鉴定问题。这是兼容性最差的情况,因而,为证实可接受要做的工作最多。

2.3.4.1.4 关键的材料或结构性能参数

关键的材料或结构性能参数,是那些可测量的量,它们若能与原来的数值进行比较,就能用于定量给出在制造或结构性能方面的差别;这些参数与材料和硬件有关,并可能随设计、工装、制造和使用等因素而变化。然而,在表 2.3.4.1.4 中已定义了 5 类参数。这个表中列出了相应于每一类型的典型性能参数的例子。

表 2.3.4.1.4　关键材料参数和结构性能参数的例子

物理性能	工艺性能	力学性能	制造性能	硬件结构性能
黏性	固化后单层厚度	单层性能	钻孔	静强度
树脂含量	固化周期	环境影响	模具	疲劳强度
面积重量	敏感性	损伤容限	无损检测	刚度
流动性	纤维体积	层间剪切	成本	失效模式
玻璃化转变温度	热循环	面外拉伸	订货至交货时间	质量
形式	密度	缺陷扩展	可用性	挤压性能
外置时间	放热曲线	缺陷影响	可重复性	压损性能
贮存寿命	毒性	压力瓶试验	可加工性	开孔拉伸
储存要求			一致性	开孔压缩
吸湿				壁板试验
溶剂阻抗				疲劳试验
				损伤阻抗
				损伤容限（BVID、VID 和大缺口）

2.3.4.1.5　成功准则

性能参数的相对重要性和完整性都随零件设计、载荷与应用情况而变化。有的情况下,只要报告其测量值即可。而另一些情况下,其测量值必须满足或超过原来的值。还有的情况下,测量值与原来的值不得有很大的差别,既不能太高也不能过低。例如模量、纤维面积重量、基体含量和固化后单层厚度等就是这种情况。

在鉴定计划一开始,就必须确定每个参数的成功准则。必须对指定的每个成功准则,提供其规定的理由。对给定测量值的容差,应是这个成功准则的一部分。

2.3.4.1.6　替代材料评定用的单层级试验矩阵

本节的指南适用于次结构应用,对主结构应用的替代材料要求通常要更多且更复杂,对主结构应用的指南将在今后修订本手册时予以增加。

2.5 节规定了 CMH-17 数据所用 B 基准单层性能值的最低要求,它可以很快地归纳为,对所感兴趣的每个环境和性能,至少要从 3 批材料中预备总共 18 个试验件。由于替代材料的鉴定程序并不打算确定基准值而是要表明与原来材料的一致性,作为准备与原有数据进行比较的第二个数据母体,其试验数量可以减少一些。所需的等同性试验的实际数量,取决于两种材料体系之间的兼容程度。表 2.3.4.1.6(a)和(b)中,分别对单向带和织物材料,给出了所需试验的数量和性能的推荐意见。进行等同性检验试验时,必须用与确定基准值试验时相同的方式和试验方法。试验后也必须进行适当的统计分析(见 8.4 节)来评估试验结果和评价等同性。

表 2.3.4.1.6(a)　替代材料的单层试验要求——单向带[①][④]

单层性能	批次数 兼容性[③]						每批试验件数量 兼容性[③]						环境条件数量[②] 兼容性[③]						试验件总数 兼容性[③]					
	1	2	3	4	5	6	1	2	3	4	5	6	1	2	3	4	5	6	1	2	3	4	5	6
0°拉伸	2	3	3	3	3	3	4	4	4	5	5	6	2	2	2	2	2	2	16	24	24	30	30	36
90°拉伸	2	3	3	3	3	3	4	4	4	5	5	6	2	2	2	2	2	2	16	24	24	30	30	36
0°压缩	2	3	3	3	3	3	4	4	4	5	5	6	2	2	2	2	2	2	16	24	24	30	30	36
90°压缩	2	3	3	3	3	3	4	4	4	5	5	6	2	2	2	2	2	2	16	24	24	30	30	36
面内剪切	2	3	3	3	3	3	4	4	4	5	5	6	2	2	2	2	2	2	16	24	24	30	30	36
																			80	120	120	150	150	180

注:① 表 2.2.4 规定了试验方法。
　② 环境条件应为 RTD 和最恶劣的情况。
　③ 兼容性的定义见表 2.3.4.1.3。
　④ 必须根据每一单独的规范进行质量保证试验。

表 2.3.4.1.6(b)　替代材料单层试验要求——织物[①][④]

单层性能	批次数 兼容性[③]						每批试验数量 兼容性[③]						环境条件数量[②] 兼容性[③]						试验件数量 兼容性[③]					
	1	2	3	4	5	6	1	2	3	4	5	6	1	2	3	4	5	6	1	2	3	4	5	6
经向拉伸	2	3	3	3	3	3	4	4	4	5	5	6	2	2	2	2	2	2	16	24	24	30	30	36
纬向拉伸	—	3	3	3	3	3	—	4	4	5	5	6	—	2	2	2	2	2	—	24	24	30	30	36
经向压缩	2	3	3	3	3	3	4	4	4	5	5	6	2	2	2	2	2	2	16	24	24	30	30	36
纬向压缩	—	3	3	3	3	3	—	4	4	5	5	6	—	2	2	2	2	2	—	24	24	30	30	36
面内剪切	2	3	3	3	3	3	4	4	4	5	5	6	2	2	2	2	2	2	16	24	24	30	30	36
																			48	120	120	150	150	180

注:① 表 2.2.4 规定了试验方法。
　② 环境条件应为 RTD 和最恶劣的情况。
　③ 兼容性的定义见表 2.3.4.1.3。
　④ 必须根据每一单独的规范进行质量保证试验。

2.3.4.1.7　用于替代材料评定的层压板级试验矩阵

本节的指南适用于次结构应用,对主结构应用的替代材料要求通常要更多且更复杂。对主结构应用的指南将在今后修订本手册时予以增加。

为对替代材料体系进行鉴定,要考虑的下一更高级别的试验,是层压板的力学性能试验。这个级别的试验要确认关键设计参数的强度(应变)基准值,并应采用与原来材料试验所用的相同层压板来进行。建议进行的试验见表 2.3.4.1.7(a)。究竟要做多少表 2.3.4.1.7(a) 中的试验,取决于材料兼容性系数。表.2.4.1.7(b)给出了推荐的试验数量。

表 2.3.4.1.7(a)　层压板试验的范围

材料兼容性系数	层压板试验	总　　数	
		单向带	织物
1	无缺口层压板	12	12
2,3	所有的静力试验,2 种环境条件	36	36
4,5	所有的静力试验,2 种环境条件	36	36
6	要求的所有试验	42	42

表 2.3.4.1.7(b)　建议的层压板试验数量①

设计性能	载荷		层压板种类数量		环境条件种类②	试验件数量③	试验件总数	
	拉伸	压缩	单向带	织物			单向带	织物
静　力								
无缺口层压板强度和刚度	×	×	1	1	2	3	12	12
开孔		×	1	1	2	3	6	6
充填孔	×		1	1	2	3	6	6
冲击损伤	×	×	1	1	1	3	6	6
双剪挤压	×		1	1	1	3	3	3
单剪挤压	×		1	1	1	3	3	3
							36	36
疲　劳④								
开孔	1	1	1		1	3	3	3
冲击损伤	1	1	1		1	3	3	3
							6	6
							42	42

注:① 试验方法按表 2.2.4 所示。
　② 当要求 2 种环境条件时,应为 RTD 和最恶劣的情况;当要求 1 种环境条件时,应为 RTD。
　③ 1 批材料即可。
　④ 重复载荷和剩余强度:常幅,$R = -1$, $n = 1 \times 10^6$ 次。

2.3.4.2　对已获鉴定材料所作变化的评定

本节的指南适用于次结构应用,对主结构应用的材料变化的评定通常要更多且更复杂。对主结构应用的指南将在今后修订本手册时予以增加。

本节定义了当材料供应商对已通过鉴定用于结构的材料体系作了改变时,对之进行评定的一些指南。这里不包括巨大的变化。着重点是满足原来(现有)材料的规范要求。应考虑所有各级别上的可能变化。

所推荐的评定,目的是要验证计划的变化不会影响物理、结构或制造的要求。这个指南列出了可能的变化,以及为评定特定变化影响而需进行的相应实验/试验。

具体的评估要按提议变化的性质和严重性进行裁定。

制订成文的质量计划，是这种方法的假定先决条件。它应描述从接收原材料到最终产品发运的整个制造过程。这个文件应不断更新，并应与 ISO9002 或 MIL-Q-9858A 相一致。质量计划应涉及所用的原材料，按适当顺序给出关键的制造步骤，并列出关键的工艺控制文件，和质量的检验或试验。

在提出修改的时候，要进行工艺分析，以确定所提出的改变是否值得进一步考虑，这可由一个合适的技术专家来完成。在着手进行评估程序前，应编制指南来筛选可能的修改方案。例如常规或正在进行的设备维护、人员变动、控制仪器的升级等，通常都不需要进行正式的评估。对产品配方提出改变、减少工艺步骤、改变制造设备，或改变操作顺序等，则都是需要进行正式评估的重大修改类型。

确定对所提工艺修改的相对重要性或分类，是通过深入的工艺和产品影响分析的逻辑系统确定的。建议成立工艺评估组（PRT）来进行工艺分析，工艺分析必须鉴别出：

- 关键的工艺步骤（包括顺序）；
- 在每一工艺步骤中使用的关键设备；
- 每个设备对质量有重大影响的工艺参数（时间、温度、速率、压力）；
- 每一关键工艺参数对质量有重大影响的变化范围；
- 监控和/或控制每一关键工艺参数所使用、对质量有重大影响的仪器。

2.3.4.2.1　修改的分类

在考虑对所建议的工艺进行修改鉴别时，应对所有相关的信息进行全面综合的评审，包括进行工艺修改的基本原理（理由）。应评估该修改对产品下一个使用者的影响，以及在最终的结构应用中对产品性能的影响。

评审的基础，是前面所述对产品/工艺分析得到的认识。在对产品影响评审的基础上，将把工艺修改归属下列 3 类之一：

类别 1：“没有影响”

这个修改实际上是微小的。已知其对产品的质量、物理或化学特性或性能没有什么影响。此外，该修改看来不会对随后的用户带来使用或性能上的缺陷。因此，把这种工艺修改归属为“没有影响”。

类别 2：“不知道”

若根据对提出修改已有的信息，对所建议的变化缺乏足够的了解，则必须把这种工艺修改归为“不知道”。

类别 2 是一种临时的分类，将一直保留到能够获得附加的信息为止。不应将归为类别 2 的修改付诸实施。在实施修改以前，必须把类别 2 的修改最终变成类别 1 或类别 3。

类别 3：“改变”

若对已有的信息进行评审的结论是，所提出的修改可能引起产品特性、质量、性能发生重大的变化，或可能对随后的用户有影响，则必须把这种工艺修改归属为“改变”。

2.3.4.2.2　对每种修改类别需采取的措施

归为类别 1 的修改应正式批准。应将变化记录在案，并着手制定适当的工艺变化执行或监控文件。这就使制造商能在规定的时间,适当的监控下,按一致同意的时间表执行该修改。

若是在原材料成分方面的变化,在成分未修改前和修改后,最少用 3 批这种成分的试验验证它们是等同,那么就能采用这种"没有影响"的类别。用于验证这种情况的试验矩阵,应与原材料制造商和复合材料制造商在表述该材料所有重要特性时所用的矩阵相同。

若建议的修改归为"不知道",为进一步评审和采取措施,应确定更多的信息或试验。

在没有对附加的信息或试验完成评审,修改类别的状态尚未被更改为类别 1 或类别 3 以前,制造商不应实施所建议的修改。

若建议的修改被归为类别 3"改变",则:

(a) 不实施该工艺修改,或

(b) 根据 2.3.4.2.4 节,确定等同性试验计划。

在执行等同性试验计划时,应按 8.4.1 节给出的统计方法,将这些数据与现有的产品数据进行比较。若数据分析表明是等同的,应将得到的数据报告送交给用户,以取得一致意见。若数据分析表明,这个修改的结果是不等同的,制造商将采取下列办法中的一种:

(a) 不执行该修改,或

(b) 与用户一起审查数据文件报告,以确定为实施该修改需采取的措施。

2.3.4.2.3　执行

类别 1"没有影响"。可以在批准审查的基础上立即执行这类工艺修改。应继续监控正常的验收试验,以证实对产品没有影响。

类别 2"不知道"。在没有得到更多的信息以前,不能执行这类工艺修改。只有在其变为类别 1 或类别 3 并得到批准以后,才能执行这类工艺修改。

类别 3"改变"。在执行这类工艺修改或产品发货以前,要求有适当的验证试验、并取得用户的书面通知和同意。

2.3.4.2.4　验证试验矩阵

表 2.3.4.2.4(a)~表 2.3.4.2.4(h),按照所建议的变化类型,规定了推荐的验证试验。表 2.3.4.2.4(a) 给出了当纤维变化时的指南,表 2.3.4.2.4(b) 给出了树脂变化情况的指南,表 2.3.4.2.4(c) 给出了当预浸料变化时的推荐意见。每个表的左边一列是变化描述,它最恰当地表达了建议进行的修改。

在给出了适当的变化描述后,右边的水平行给出了推荐的试验。表 2.3.4.2.4(a)~表 2.3.4.2.4(c) 中,给出了在每一级别上所推荐进行的材料批次数。

表 2.3.4.2.4(a)~表 2.3.4.2.4(c) 给出了试验的类型,并在后面的一些表(见表 2.3.4.2.4(d)~表 2.3.4.2.4(h))中给出了进一步的描述。

对所有的化学和物理试验,每个样品要试验 3 个试验件;而对所有的力学试验,推荐对每个样品要试验 5 个试验件。

表 2.3.4.2.4(a)　与纤维变化有关的验证要求①

对变化的描述	组分性能 1级 表2.3.4.2.4(d)	组分性能 2级	预浸料性能 物理性能 表2.3.4.2.4(f)	预浸料性能 工艺性能 表2.3.4.2.4(g)	力学性能验收 表2.3.4.2.4(h)	试验要求——要试验的批数(A)(B) 压缩 ETW	面内剪切 ETW	层压板力学性能 OHC ETW	层压板力学性能 OHT	层压板力学性能 CAI (C)
新生产线	3	3	2	—	1	1	1	—	—	—
原丝重新定点	3	3	3	—	3	3	3	2	2	2
上浆剂	3	3	3	1	3	3	3	2	2	2
编织厂家	2	—	—	—	1	—	1	—	—	—
重新定点	2	—	—	—	1	—	1	—	—	—
主要的生产线设备	2	(D)	—	—	1	1	1	—	—	—
工艺	2	(D)	—	—	1	1	1	—	—	—
原材料	2	(D)	—	—	1	1	1	—	—	—

表 2.3.4.2.4(b)　与变更树脂配方有关的验证要求①

对变化的描述	组分性能 1级 表2.3.4.2.4(e)	组分性能 2级	预浸料性能 物理性能 表2.3.4.2.4(f)	预浸料性能 工艺性能 表2.3.4.2.4(g)	力学性能验收 表2.3.4.2.4(h)	试验要求——要试验的批数(A)(B) 压缩 ETW	面内剪切 ETW	层压板力学性能 OHC ETW	层压板力学性能 OHT	层压板力学性能 CAI (C)
组分	3	3	2	1	2	2	2	2	—	1
组分来源	3	3	1	1	1	1	1	—	—	—

注:① 试验方法按表 2.2.4 所示。
(A) 预浸料试验使用最有代表性的树脂体系。
(B) 对物理和化学试验,每个样品做 3 个试验件;对力学性能试验,每个样品做 5 个试验件。
(C) 断裂韧性或界面胶接试验。
(D) 根据变化的程度决定。

（续表）

对变化的描述	组分性能		预浸料性能			层压板力学性能				
	1级 表2.3.4.2.4(e)	2级	物理性能 表2.3.4.2.4(f)	工艺性能 表2.3.4.2.4(g)	力学性能验收 表2.3.4.2.4(h)	压缩 ETW	面内剪切 ETW	OHC ETW	OHT	CAI (C)
工艺	3	3	2	1	2	2	2	—	—	—
设备	3	3	2	1	2	2	2	—	—	—
重新定点	2	—	1	—	1	1	1	—	—	—

试验要求——试验的批数（A）（B）

注：① 试验方法按表 2.2.4 所示。
(A) 预浸料试验使用最有代表性的树脂体系。
(B) 对物理和化学试验，每个样品做 3 个试验件；对力学性能试验，每个样品做 5 个试验件。
(C) 断裂韧性或界面胶接试验。

表 2.3.4.2.4(c)　与变更预浸料有关的验证要求①

变化的描述	预浸料性能			层压板力学性能				
	物理性能 表2.3.4.2.4(f)	工艺性能 表2.3.4.2.4(g)	力学性能验收 表2.3.4.2.4(h)	压缩 ETW	面内剪切 ETW	OHC ETW	OHT	CAI (C)
工艺/设备	3	1	2	2	2	2	2	2
新生产线	3	1	2	2	2	2	2	2
重新定点	2	1	1	1	1	—	2	—

试验要求——试验的批数（A）（B）

注：① 试验方法按表 2.2.4 所示。
(A) 预浸料试验使用最有代表性的树脂体系。
(B) 对物理和化学试验，每个样品做 3 个试验件；对力学性能试验，每个样品做 5 个试验件。
(C) 断裂韧性或界面胶接试验。

表 2.3.4.2.4(d)　纤维试验矩阵[1]

试　验	1 级	2 级
丝束拉伸	×	
丝束模量	×	
密度	×	
单位长度质量	×	
表面特征,如 ESCA/界面能量/显微镜评定	—	×

注:[1] 试验方法按表 2.2.4 所示。

表 2.3.4.2.4(e)　树脂浇注体试验矩阵[1]

性　能	1 级	2 级
HPLC	×	
红外		×
DSC		×
凝胶时间	×	
弯曲模量		×
玻璃化转变温度,干态和湿态		×
黏性		×
吸湿量		×

注:[1] 试验方法按表 2.2.4 所示。

表 2.3.4.2.4(f)　预浸料物理性能试验[1]

性　能	
树脂含量/面积重量偏差	×
流动性	×
玻璃化转变温度,干态和湿态	×
吸湿量	×

注:[1] 试验方法按表 2.2.4 所示。

表 2.3.4.2.4(g)　预浸料工艺性试验[1]

微裂纹/固化层压板的热循环	×
形态/固化层压板的微结构	×

注:[1] 试验方法按表 2.2.4 所示。

表 2.3.4.2.4(h)　力学性能验收试验[1]

性　能	室温	高温干态
拉伸强度和模量	×	
压缩强度	×	×
剪切,短梁强度(SBS)或面内剪切	×	×

注:[1] 试验方法按表 2.2.4 所示。

2.3.5 一般层压板/结构元件的试验矩阵

2.3.5.1 引言

简化流程图,图 2.3.5.1 综述了典型材料/结构鉴定过程的积木式流程。为评定材料体系对生产使用的适用性,要做一系列的评估。这些多目标的评定常常是同时并行的,其范围从材料性能到可制造性以及成本等。有关积木式方法更详细的讨论见第 3 卷第 4 章。

由于结构设计概念的复杂性(如平的硬壳式壁板与共固化的半硬壳式的机身段),为评定和降低材料与结构设计的风险,对取证试验可能需要一个广泛的、复杂程度逐步增加的积木式验证试验方法。大家知道,对设计许用值,复合材料体系完整的结构鉴定通常高度依赖于该材料所应用的结构。历史的经验教训表明,复合材料产品的硬件设计计划,在设计研制计划的初期,就必须评价和发现材料、结构以及可制造性方面的设计缺陷,以满足成本、性能和研制周期等目标。为此,都极其希望能对任何项目尽早确定具有高置信度的材料设计许用值。若能成功地实现这一点,设计研制计划就能集中考虑细节设计、高级别的设计研制试验,以及可制造性等问题。任何计划所面临的最**不好**的情况是,其材料的研发或重新选材工作是与细节设计研发**同时并行**。

本节介绍了图 2.3.5.1 中评定层压板级力学性能表征的部分。意图是要确定一系列层压板级试验矩阵,以补充前面 2.3.2.3 节和 2.3.1.1 节中所规定的单层级力学性能表征试验矩阵,和单层和/或层压板筛选试验矩阵。

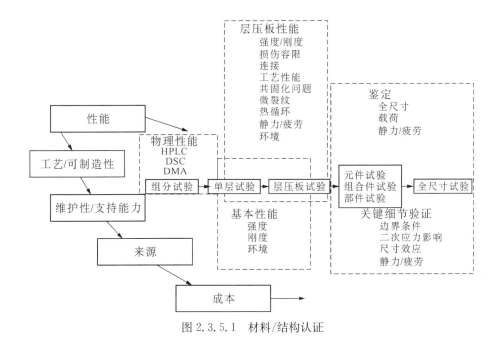

图 2.3.5.1 材料/结构认证

本节中这些试验矩阵的基础是,在推广应用于真实结构以前,几乎所有硬件设计研制计划都进行大量类似的层压板级试样试验。对理论/试验相关性,需要附加的层压板级试验数据以证实用于预计设计许用值的数学模型,这些模型通常把单层的刚度和强度作为输入数据(见 2.3.2.3 节)。另外一种情况是,当没有数学模型或认为数学模型不完善时,也需要用层压板试验数据来建立经验的趋势。在这两种情况下,历来都需要一些层压板级的试样数据,来证实或建立对结构鉴定非常重要的设计许用值。在每个新的结构研制计划中,常常都要重复这些耗时耗钱的试验。由于在试样级要进行大量的这类试验,**所得到的试验数据,一旦得到后,就应适用于各种应用情况,并为其他应用计划的认证机构所认可。**

后面一些节中规定了下列的层压板级系列试验矩阵:①无缺口层压板强度;②含缺口层压板强度;③螺栓挤压和挤压/旁路强度。合起来,这些试验矩阵应给出统计上有意义的层压板级的数据库。第 3 卷第 7 章和第 8 章对层压板,第 3 卷第 10 章和第 11 章对胶接与螺栓连接,以及第 3 卷第 12 章对损伤容限的分析与设计进行了概要的讨论。

这些试验矩阵是对单向带或织物预浸料所选择的 3 个批次而规定的。依据**已经验证过的**强度预计模型的可用性,以及它们仅使用单层级的强度和刚度输入数据的程度,有可能只在单层的级别上来考虑批次的影响,从而在后面的试验矩阵中无需多批次的试验。这样,在取得认证机构批准时,可以建议一种对每种试验条件只作 5 个试验件的单批次试验计划。此外要指出的是,对其他的载荷条件,如面内剪切,可能还需要在积木式评定中进行更高级别的附加试验,而不是由这些试验矩阵来覆盖。

复合材料结构中的任何连接都是潜在的失效位置,设计不当,连接处会成为失效的起始点,从而导致丧失结构强度,和部件的最终破坏。通常使用两种连接:①机械紧固件连接和②胶接连接。这些指南规定了为可靠的结构连接设计需要的试验类型、层压板、环境和试验件数。

对机械螺栓连接,描述了表征下列各种失效模式的连接所需的试验:缺口拉伸/压缩、挤压、挤压/旁路、剪豁和紧固件拉脱。对影响连接强度各种变量,给出了表征连接强度建议的试验矩阵。建议的矩阵是为获得设计性能所需的最低试验量,第 1 卷第 7 章中给出了相应的试验方法。

2.3.5.2 　建议的无缺口层压板强度试验矩阵

如表 2.3.5.2 中所详细说明的,推荐在拉伸与压缩两种载荷情况下,对所选择的干冷(CTD)、室温干态(RTD)、湿热(ETW)试验条件,为一系列选定铺层的层压板进行无缺口强度试验。对 2 种层压板构型,3 个批次材料体系,每个批次试验 3 个试验件。在每种试验条件下用一个批次材料的 5 个试验件选择性地试验另外 2 种层压板。试验矩阵强调了在极端环境能力(CTD 和 ETW)下对由纤维控制性能的评定,并提供室温干态试验条件(RTD)下的基准数据,其目的是能够在相关层压板的应用范围内和试验条件下,为有选择地验证刚度与强度的分析模型提供数据。

有限的试验数量就意味着,数据汇集要使用覆盖不同试验条件的回归分析(见 8.3.5.3 节)。极限温度和湿度条件的精确规范,由单层级试验(见 2.3.1.1 节和 2.3.2.3 节)得出的最低/最高材料工作温度(MOL),或由制造商和采购方联合给定的使用考虑来确定。

对单向带的表征试验规定了 4 种通用的层压板铺层构型,对织物的表征试验规定了 3 种通用的层压板铺层构型。如表 2.3.5.2 中的毯式曲线图所示,所选的 4 种层压板覆盖了常用结构层压板的应用范围,重点是纤维控制的正交和准各向同性层压板结构。此外,实心正方形指的是 2.3.2.3 节中所规定的 0°,90°,或±45°(单层级)评定。对织物表征试验,表 2.3.5.2 毯式曲线中的实线代表了范围缩小的可能层压板结构,在表 2.3.5.2 试验矩阵中用 40/20/40 织物层压板,来代替 50/40/10和 40/40/20 的单向带层压板。本节也推荐采用 2.3.5.5 节中对机械紧固件连接规定的铺层顺序。

表 2.3.5.2　层压板强度试验矩阵

目标:

创建通用的层压板级数据库,以评定无缺口层压板对层压板刚度和强度分析模型相关性的适用范围,并为经验方法建立可供选择、但在统计上有效的数据库。

铺层比例(%)0/±45°/90°层	厚度	与加载方向的夹角 Φ	压缩 RTD	压缩 ETW	拉伸 CTD	拉伸 RTD
25/50/25	T1	0	9	9	9	9
	T2	0	9	9		9
	T1	22.5	—	5	5	
50/40/10	T1	0	9	9	9	9
	T2	0	9	9		9
	T1	22.5	—	5	5	
40/40/20	T1	0		5	5	
10/80/10	T1	0		5	5	
小计			36	56	56	36
总计						184

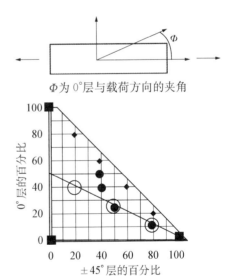

Φ 为 0°层与载荷方向的夹角

■ 单层级试验点(第 1 卷 2.4 节)
● 层压板级试验点(本试验矩阵)
　RTD 室温干态试验条件
　CTD 低温干态试验条件
　ETD 高温干态试验条件
　ETW 高温湿态试验条件
○ 织物试验点

注:假设为 0°,+45°,—45°,90°族系的铺层方向,均衡,对称

9 表示每批 3 试件,3 批

5 表示每批 5 试件,1 批

T1 代表层压板厚度约为 2～6mm(0.06～0.25 in)

T2 代表第 2 种层压板厚度,可以选择,取决于结构所用层压板厚度的上限对织物用 40/20/40 代替 50/40/10 层压板,而取消 40/40/20

试验矩阵还建议,在严重环境试验条件下,对偏离材料主轴22.5°的2种层压板进行试验,以评定偏轴材料行为。此外,若结构的厚度范围大大超过(例如大于2倍)基本的"T1"厚度2~6mm(0.08~0.24 in),则在表2.3.5.2中,规定对所有的试验条件要进行第二种3批材料系列的"T2"厚度层压板试验。但是若结构包含层压板其厚度范围偏差在4mm(0.16 in)范围内,可能只需要一种厚度的试验矩阵(或许不同于表2.3.5.2中所建议的"T1"范围)。这就把单向带层压板的试验矩阵减缩到总共114个试验(对织物为104个)。若结构厚度范围非常宽,则应进行第二系列(T2)层压板厚度的试验。这将使单向带层压板试验总数为184个(对织物为174个)。

2.3.5.3 建议的开孔层压板强度试验矩阵

表2.3.5.3中详述的试验矩阵用于提供评定含开孔的层压板强度,开孔许用值通常用作考虑制造异常与冲击损伤对层压板强度影响的基准强度,开孔数据还用于确定用来预计带大缺口壁板强度的含缺口强度参数(见第3卷第12章)。此外,开孔压缩数据常用于确定复合材料螺栓连接分析使用的压缩旁路强度,因为开孔压缩数据总是低于充填孔压缩值。但要注意,开孔拉伸数据常常高于充填孔拉伸数据,因此必须确定开孔与充填孔拉伸数据中的较低值,并用于螺栓连接分析。

表2.3.5.3　推荐的层压板开孔试验矩阵

铺层	厚度	孔径/mm(in)	宽度/mm(in)	宽度/孔径比	紧固件头部形状	含缺口拉伸强度					目的
						CTD	RTD	ETW	ETW+ΔT	总数	
[25/50/25]	T1	6.35 (0.25)	38 (1.5)	6	开孔	9	5	5		19	基准开孔
[25/50/25]	T1	4.83 (0.19)	29 (1.125)	6	开孔		5			5	孔径影响
[25/50/25]	T1	12.7 (0.50)	76 (3.0)	6	开孔		5			5	孔径影响
[25/50/25]	T1	25.4 (1.00)	152 (6.0)	6	开孔		5			5	孔径影响
[25/50/25]	T1	6.35 (0.25)	25 (1.0)	4	开孔		5			5	宽度影响
[25/50/25]	T1	12.7 (0.50)	51 (2.0)	4	开孔		5			5	宽度影响
[10/80/10]	T1	6.35 (0.25)	38 (1.5)	6	开孔	9	5	5		19	铺层影响
[50/40/10]单向带或[40/20/40]织物	T1	6.35 (0.25)	38 (1.5)	6	开孔	9	5			14	铺层影响

开孔拉伸试验总数 77

（续表）

铺层	厚度	孔径/mm(in)	宽度/mm(in)	宽度/孔径比	紧固件头部形状	含缺口压缩强度					目的
						CTD	RTD	ETW	ETW+ΔT	总数	
[25/50/25]	T1	6.35 (0.25)	38 (1.5)	6	开孔	5	5	9	9	28	基准开孔
[25/50/25]	T1	4.83 (0.19)	29 (1.125)	6	开孔		5	9		14	孔径影响
[25/50/25]	T1	12.7 (0.50)	76 (3.0)	6	开孔		5	9		14	孔径影响
[25/50/25]	T1	25.4 (1.00)	152 (6.0)	6	开孔		5	9		14	孔径影响
[25/50/25]	T1	6.35 (0.25)	25 (1.0)	4	开孔		5			5	宽度影响
[25/50/25]	T1	12.7 (0.50)	51 (2.0)	4	开孔		5			5	宽度影响
[10/80/10]	T1	6.35 (0.25)	38 (1.5)	6	开孔		5	9		14	铺层影响
[50/40/10]单向带或[40/20/40]织物	T1	6.35 (0.25)	38 (1.5)	6	开孔		5	9	9	23	铺层影响
[50/40/10]单向带或[40/20/40]织物	T1	12.7 (0.50)	76 (3.0)	6	开孔		5	9		14	铺层和孔径影响

开孔压缩试验总数　　　　　　　　　131

注：表中数量为 5 时，试验件取自 1 批，数量为 9 时，取自 3 批；
　　T1 是主要的层压板厚度，T2 是可选的层压板厚度；
　　对 T1，n 的选择要使得层压板总的厚度在 2.5~5.0 mm 之间。

铺层		铺层顺序
[25/50/25]	单向带	$[45/0/-45/90]_{ns}$
[10/80/10]	单向带	$[45/-45/90/45/-45/45/-45/0/45/-45]_{ns}$
[50/40/10]	单向带	$[45/90/-45/0/0/45/0/0/-45/0]_{ns}$
[25/50/25]	织物	$[45/0/-45/90]_{ns}$
[10/80/10]	织物	$[45/-45/45/-45/0/0/-45/45/-45/45]_n$
[40/20/40]	织物	$[0/90/0/90/45/45/90/0/90/0]_n$

试验状态
CTD　　　低温干态
RTD　　　室温干态
ETW　　　高温湿态
ETW+ΔT　高温湿态+ΔT
见 2.2.7 节

　　2.3.5.2 节对无缺口层压板强度矩阵推荐的 3 种层压板构型，也推荐用于对受拉伸与压缩开孔载荷下的单向带与织物材料的试验，这些层压板覆盖了通常所用 0/45/—45/90 的铺层范围。对具有明显不同于所推荐 3 种铺层的特殊结构应用，也应增加到试验矩阵中。

　　因为开孔强度可以凭经验直接从数据确定，试验矩阵包括在预期的恶劣环境下选择的 3 批次材料试验。所收集的大部分试验数据的环境条件,对开孔压缩是湿热(ETW),或对开孔拉伸是干冷(CTD),还规定对室温干态的基准条件要有足够的数据(注:若对特定的材料已证明其他的环境条件更恶劣,则应获得对该环境条件的 3 批次数据)。

关于 2.3.5.2 节的无缺口层压板试验矩阵,有限数量的试验意味着要采用覆盖环境条件进行回归分析的数据汇集。精确地规定恶劣温度和浸润调节要通过对单层级试验确定的最高/最低材料工作极限(MOL)(见 2.3.1.1 节和 2.3.2.3 节),或由制造商与认证机构联合确定的应用考虑来决定应在对试验件预浸润至平衡吸湿量(见 2.2.7.2 节)后进行。为保证了解结构用层压板温度影响的上限,要有选择地对基体敏感的开孔压缩试验件进行附加的一组" ETW ＋ΔT" 湿热试验。

试验件的名义宽度为 6 倍孔径 ($W/d = 6$),包括少量 $W/d = 4$ 的试验来评定宽度影响,并提供用于校准强度预计分析方法的附加数据。为提供用于确定大紧固件和结构中供导线、控制电缆、开孔的通孔孔径影响的数据,要包括孔径为 12.7mm(0.50 in) 和 25.4mm(1.0 in) 的试验。

2.3.5.4　建议的充填孔层压板强度试验矩阵

表 2.3.5.4(a) 和表 2.3.5.4(b)中详述的试验矩阵用于提供评定含充填孔的层压板强度,采用充填孔和开孔拉伸强度中的最小值来确定用于螺栓连接挤压/旁路分析的拉伸旁路端点。通常用开孔压缩强度作为用于螺栓连接挤压/旁路分析的压缩旁路端点,因为开孔压缩数据总是低于相应的充填孔压缩值。在某些情况下,对特定的部件设计准则或其他考虑,要用充填孔压缩强度作为用于螺栓连接挤压/旁路分析的压缩旁路端点,但多数情况下,必须要对制造工艺、设计载荷和疲劳载荷进行大量验证,来保证在结构服役寿命期间充填孔强度不会降低。若在挤压/旁路分析中使用开孔压缩强度则表 2.3.5.4(b)中试验矩阵的充填孔部分可以删除。

表 2.3.5.4(a)　推荐的层压板充填孔拉伸试验矩阵

铺层	厚度	孔径/mm(in)	宽度/mm(in)	宽度孔径比	紧固件头部形状	含缺口拉伸强度					目的
						CTD	RTD	ETW	ETW＋ΔT	总数	
[25/50/25]	T1	6.35 (0.25)	32 (1.25)	5	H1	9	5	5		19	基准充填孔
[25/50/25]	T1	4.83 (0.19)	24 (0.94)	5	H1	5				5	孔径影响
[25/50/25]	T1	9.52 (0.375)	48 (1.875)	5	H1	5				5	孔径影响
[25/50/25]	T1	6.35 (0.25)	25 (1.0)	4	H1	5				5	宽度影响
[25/50/25]	T1	9.52 (0.375)	38 (1.5)	4	H1	5				5	宽度影响

（续表）

铺层	厚度	孔径/mm(in)	宽度/mm(in)	宽度孔径比	紧固件头部形状	含缺口拉伸强度					目的
						CTD	RTD	ETW	ETW+ΔT	总数	
[10/80/10]	T1	6.35 (0.25)	32 (1.25)	5	H1	9	5	5		19	铺层影响
[50/40/10] 单向带或 [40/20/40] 织物	T1	6.35 (0.25)	32 (1.25)	5	H1	9	5			14	铺层影响
[50/40/10] 单向带或 [40/20/40] 织物	T1	4.83 (0.19)	24 (0.94)	5	H1	9				9	铺层和孔径影响
[50/40/10] 单向带或 [40/20/40] 织物	T1	9.52 (0.375)	48 (1.875)	5	H1	9				9	铺层和孔径影响
1♯头部充填孔试验总数										90	
[25/50/25]	T2	6.35 (0.25)	32 (1.25)	5	H1	9				9	厚度影响
[25/50/25]	T2	9.52 (0.375)	48 (1.875)	5	H1	9				9	厚度影响
[50/40/10] 单向带或 [40/20/40] 织物	T2	6.35 (0.25)	32 (1.25)	5	H1	9				9	厚度影响
[50/40/10] 单向带或 [40/20/40] 织物	T2	9.52 (0.375)	48 (1.875)	5	H1	9				9	厚度影响
2♯厚度充填孔试验总数										36	
[25/50/25]	T1	6.35 (0.25)	32 (1.25)	5	H2	9	5			14	基准 H2 影响
[25/50/25]	T1	4.83 (0.190)	24 (0.94)	5	H2	5				9	孔径影响
[25/50/25]	T1	9.52 (0.375)	48 (1.875)	5	H2	5					孔径影响

（续表）

铺层	厚度	孔径/mm(in)	宽度/mm(in)	宽度孔径比	紧固件头部形状	含缺口拉伸强度					目的
						CTD	RTD	ETW	ETW+ΔT	总数	
[10/80/10]	T1	6.35 (0.25)	32 (1.25)	5	H2	9	5			14	铺层影响
[50/40/10] 单向带或 [40/20/40] 织物	T1	6.35 (0.25)	32 (1.25)	5	H2	9	5			14	铺层影响

2♯头部充填孔试验总数　　　　52

注:表中数量为5时,试验件取自1批,数量为9时,取自3批;

　　T1是主要的层压板厚度,T2是可选的层压板厚度;

　　H1是主要的紧固件头部形式,H2是可选的紧固件头部形式。对其他的紧固件头部形式,重复矩阵中的H2部分;

　　对T1,n的选择要使得层压板总的厚度在2.5~5.0mm之间。

铺层	铺层顺序	试验状态	
[25/50/25] 单向带	$[45/0/-45/90]_{ns}$	CTD	低温干态
[10/80/10] 单向带	$[45/-45/90/45/-45/45/-45/0/45/-45]_{ns}$	RTD	室温干态
[50/40/10] 单向带	$[45/90/-45/0/0/45/0/0/-45/0]_{ns}$	ETW	高温湿态
[25/50/25] 织物	$[45/0/-45/90]_{ns}$	ETW+ΔT	高温湿态+ΔT
[10/80/10] 织物	$[45/-45/45/-45/0/0/-45/45/-45/45]_n$		
[40/20/40] 织物	$[0/90/0/90/45/45/90/0/90/0]_n$	见2.2.7节	

表2.3.5.4(b)　推荐的层压板充填孔压缩试验矩阵

铺层	厚度	孔径/mm(in)	宽度/mm(in)	宽度孔径比	紧固件头部形状	含缺口压缩强度					目的
						CTD	RTD	ETW	ETW+ΔT	总数	
[25/50/25]	T1	6.35 (0.25)	32 (1.25)	5	H1		5	9	9	23	基准充填孔
[25/50/25]	T1	4.83 (0.19)	24 (0.94)	5	H1		5	9		14	孔径影响
[25/50/25]	T1	9.52 (0.375)	48 (1.875)	5	H1		5	9		14	孔径影响
[25/50/25]	T1	6.35 (0.25)	25 (1.0)	4	H1		5			5	宽度影响
[25/50/25]	T1	9.52 (0.375)	38 (1.5)	4	H1		5			5	宽度影响

（续表）

铺层	厚度	孔径/mm(in)	宽度/mm(in)	宽度孔径比	紧固件头部形状	含缺口压缩强度					目的
						CTD	RTD	ETW	ETW+ΔT	总数	
[10/80/10]	T1	6.35 (0.25)	32 (1.25)	5	H1		5	9		14	铺层影响
[50/40/10] 单向带或 [40/20/40] 织物	T1	6.35 (0.25)	32 (1.25)	5	H1		5	9	9	23	铺层影响
[50/40/10] 单向带或 [40/20/40] 织物	T1	4.83 (0.19)	24 (0.94)	5	H1		5	9		14	铺层和孔径影响
[50/40/10] 单向带或 [40/20/40] 织物	T1	9.52 (0.375)	48 (1.875)	5	H1		5	9		14	铺层和孔径影响
1♯头部充填孔试验总数										126	
[25/50/25]	T2	6.35 (0.25)	32 (1.25)	5	H1			9	9	18	厚度影响
[25/50/25]	T2	9.52 (0.375)	48 (1.875)	5	H1			9		9	厚度影响
[50/40/10] 单向带或 [40/20/40] 织物	T2	6.35 (0.25)	32 (1.25)	5	H1			9	9	18	厚度影响
[50/40/10] 单向带或 [40/20/40] 织物	T2	9.52 (0.375)	48 (1.875)	5	H1			9		9	厚度影响
2♯厚度充填孔试验总数										54	
[25/50/25]	T1	6.35 (0.25)	32 (1.25)	5	H2	9	5			14	基准 H2 影响
[25/50/25]	T1	4.83 (0.190)	24 (0.94)	5	H2	5				9	孔径影响

（续表）

铺层	厚度	孔径/mm(in)	宽度/mm(in)	宽度孔径比	紧固件头部形状	含缺口压缩强度					目的
						CTD	RTD	ETW	ETW+ΔT	总数	
[25/50/25]	T1	9.52 (0.375)	48 (1.875)	5	H2	5					孔径影响
[10/80/10]	T1	6.35 (0.25)	32 (1.25)	5	H2	9	5			14	铺层影响
[50/40/10] 单向带 或 [40/20/40] 织物	T1	6.35 (0.25)	32 (1.25)	5	H2	9	5			14	铺层影响

2♯头部充填孔试验总数　　　　52

注：表中数量为 5 时，试验件取自 1 批，数量为 9 时，取自 3 批；

T1 是主要的层压板厚度，T2 是可选的层压板厚度；

H1 是主要的紧固件头部形式，H2 是可选的紧固件头部形式。对其他的紧固件头部形式，重复矩阵中的 H2 部分；

对 T1，n 的选择要使得层压板总的厚度在 2.5～5.0 mm 之间。

铺层	铺层顺序	试验状态	
[25/50/25] 单向带	[45/0/-45/90]$_{ns}$	CTD	低温干态
[10/80/10] 单向带	[45/-45/90/45/-45/45/-45/0/45/-45]$_{ns}$	RTD	室温干态
[50/40/10] 单向带	[45/90/-45/0/0/45/0/0/-45/0]$_{ns}$	ETW	高温湿态
[25/50/25] 织物	[45/0/-45/90]$_{ns}$	ETW+ΔT	高温湿态+ΔT
[10/80/10] 织物	[45/-45/45/-45/0/0/-45/45/-45/45]$_n$		
[40/20/40] 织物	[0/90/0/90/45/45/90/0/90/0]$_n$	见 2.2.7 节	

对前面无缺口层压板强度和开孔强度矩阵推荐的 3 种层压板构型，也推荐用于对受拉伸与压缩充填孔载荷下的单向带与织物材料的试验，这些层压板覆盖了通常所用 0/45/-45/90 的铺层范围。对具有明显不同于所推荐 3 种铺层的特殊结构应用，也应增加到试验矩阵中。

因为充填孔强度可以凭经验直接从数据确定，试验矩阵包括在预期恶劣环境下选择的 3 批次材料试验，所收集大部分数据的环境条件，对压缩失效模式是湿热（ETW），或对开孔失效模式是干冷（CTD），还规定对室温干态的基准条件要有足够的数据。（注：若对特定的材料已证明其他的环境条件更恶劣，则应获得对该环境条件的 3 批次数据。）

关于 2.3.5.2 节的无缺口层压板试验矩阵，有限数量的试验意味着要采用覆盖环境条件进行回归分析的数据汇集。精确地规定恶劣温度和浸润调节要通过对单层级试验确定的最高/最低材料工作权限（MOL）（见 2.3.1.1 节和 2.3.2.3 节），或由制造商与认证机构联合确定的应用考虑来决定应在对试验件预浸润至平衡吸湿量(见 2.2.7.2 节)后进行。为保证了解结构用层压板温度影响的上限,要有选择地对基体敏感的充填孔压缩试验件增加一组"ETW+ΔT"湿热试验。

对充填孔试验有一些必须考虑的附加变量,它们包括:紧固件头部形式、紧固件夹持力矩、划窝深度、孔径和相对紧固件直径的容差、基准紧固件间距和层压板厚度。

如 2.3.2.5 节中所讨论的,用"T1"层压板厚度作为试验矩阵中的基准厚度值。若需要覆盖应用设计的变化,该试验矩阵推荐 T2 厚度的另一系列试验件,若结构应用覆盖很宽的厚度值,则要对另一组厚度重复试验矩阵的 T2 部分。

试验件的名义宽度为 5 倍孔径($W/d=5$),在这里用 $W/d=5$ 是因为它相应于通常的紧固件名义间距,并可避免为调整到 $W/d=6$ 的数据所需的附加试验。要包括少量 $W/d=4$ 的试验来评估宽度影响,并提供用于校准强度预计分析方法的附加数据。

基准紧固件头的形式(H1)应是结构最常用的形式,若正在编制通用的设计许用值试验计划,则对基准头部形式推荐选择凸头紧固件。试验矩阵要含有少量试验来确定另一种紧固件头部形式(H2)的影响。对要求的每种紧固件头部形式可重复矩阵的 H2 部分(即 100°拉伸、100°剪切、130°弱剪切和 100°弱剪切等)。

对充填孔拉伸试验,安装紧固件时应采用最大扭矩,因为充填孔拉伸强度随夹持力增加而降低;反之对充填孔压缩试验,紧固件安装则应采用最大夹持力(不是扭矩水平)的 50%,以考虑安装不当或在使用中失去夹持力,充填孔压缩强度随扭矩增加而增加。可惜,紧固件的夹持力与紧固件的扭矩并不是线性关系,所以需要采用载荷传感垫圈或测量用紧固件进行经验研究来确定扭矩和夹持力间的关系,用得到的关系可规定采用相应于达到 50%夹持力的扭矩。

推荐用于设计的最大划窝深度通常是层压板厚度的 67%。充填孔拉伸和压缩强度随划窝深度的增加而降低,所以推荐选择的层压板厚度要使得划窝深度在50%~67%之间。

对充填孔试验,孔的容差特别重要。航宇结构规定的孔容差通常为+0.076/−0.000 mm(+0.003/−0.000 in)。为避免在安装紧固件时对层压板造成损伤,不采用干涉配合。为避免充填孔压缩和挤压强度,以及挤压疲劳寿命降低过多,要求采用较小的最大容差。对充填孔拉伸强度推荐使用尽可能接近最小尺寸的孔,因为会产生最保守的结果;反之,对充填孔压缩试验,推荐采用孔的尺寸至少超过孔径+0.076 mm(+0.003 in)。若由于制造的原因希望更大的孔容差,则充填孔压缩试验应采用最大允许的孔尺寸。

2.3.5.5　机械紧固件连接试验概述

2.3.5.5.1　失效模式

连接试验和分析的一个重要考虑,是要关注特定复合材料体系中具体连接设计多半会出现的失效模式,并由此选择试验方法的类型。本节简要讨论了各种失效模式;某种具体失效模式的出现主要取决于连接的几何特性和层压板的铺层。图 2.3.5.5.1 示出了复合材料螺栓连接失效可能出现的各种模式。具体失效模式的出现可能受螺栓直径(D)、层压板宽度(W)、边距(e)和厚度(t)的影响,所用紧固件的类型也会影响具体失效模式的出现。

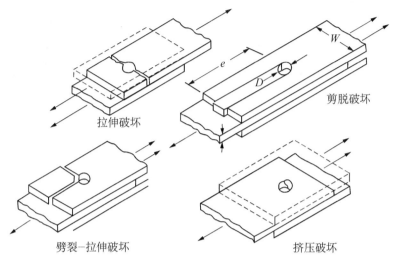

拉伸破坏

剪脱破坏

劈裂-拉伸破坏

挤压破坏

图 2.3.5.5.1　先进复合材料螺栓连接的典型失效模式

当螺栓直径与板条宽度相比足够大时,发生净截面拉伸/压缩破坏。对石墨/环氧树脂体系中接近各向同性的铺层,这个比值大约是 1/5 或更大些 ($W/D \leqslant 5$),以主要载荷方向的铺层破坏为其特征。由于孔靠近试件的端头会发生劈裂失效,可能由于净截面拉伸失效引发劈裂破坏。这种类型的失效通常起始于试件的末端而不在紧固件的接触面。在某些情况下,在螺栓弯曲和变形后,螺栓头可能会穿过层压板而发生拉脱失效。这种模式经常发生在沉头紧固件中,与所选用的具体紧固件密切相关。最后,重要的是,对任何给定的几何形状,失效模式都可能随铺层和铺层顺序而变化。

2.3.5.5.2　挤压/旁路相互作用的影响

为对不同失效模式和它们之间相互作用进行设计,必须由试验确定复合材料的以下承载能力:

● 缺口/净截面拉伸/压缩;

● 挤压;

● 挤压/旁路;

● 剪脱。

试验的总量因制造商和认证机构而异,取决于对每个公司分析能力的信任程度。CMH - 17 的基本原则是,关于试验总量的指南是典型的,但不一定是最少或最大量。

图 2.3.5.5.2 清楚地说明了挤压、净截面拉伸/压缩、和挤压/旁路失效模式的临界状态,飞机设计师通常用该图进行设计,图中涵盖了 5 种失效可能性,它们与螺栓载荷和连接元件应变有关。该图通常由 2.3.5.5.2 节到 2.3.5.5.4 节所述的试

验来确定。在零挤压(没有螺栓载荷)时,是净拉伸或压缩失效(点 A 和 E),用7.4.3
节描述的开孔和充填孔试件来确定这种性能。A 和 C 之间的线段表示由于挤压载
荷而使得净拉伸强度的降低;类似地,E 到 C¹ 之间的线段表示了螺栓载荷对净压缩
强度的影响;点 C 和 C¹ 是单钉连接强度,全部载荷由螺栓传递。7.5.2 节介绍了对
不同连接变量确定设计点所需要的试验。实际上,C 和 C¹ 的连接情况没有大的差
别,所以通常只进行拉伸挤压试验就足够了。

对每个不同的层压板、紧固件类型和环境条件,图 2.3.5.5.2 所示的图形可能
是不同的,但是可以用一个图涵盖许多应用范围。曲线的形状也可能随层压板中
0°、90°或±45°方向铺层的百分比而变化。后面几节的目的,是对如何通过试验建
立图 2.3.5.5.2 的临界点提供指南。要试验的层压板数量取决于对分析能力和外
推的信心。在连接设计中通常应避免出现剪脱破坏,这可以通过提供足够大的孔间边
距或端距,以及均衡的层压板结构来实现。然而,在某些返修情况下,无法避免剪脱临
界的连接。在这些情况下,必须制定一个试验计划来建立设计值(见 2.3.5.5 节)。

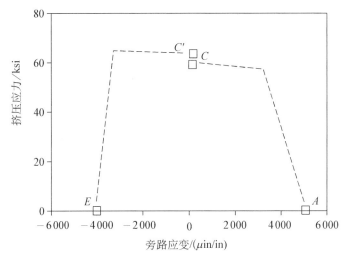

图 2.3.5.5.2 挤压/旁路相互影响例子

对含有螺栓连接的复合材料结构设计,若某个螺栓传递的载荷大于总载荷的
20%,可能需要进行试验验证。本节的目的是对怎样得到这些数据提供指南。特别
地,本节描述了:若事先已知材料变异和环境依赖性,为实验确定图 2.3.5.5.2 中试
验曲线 AC 和 EC′(B 基准值),所需的试件几何形状、试验方法和试验矩阵。

正在建立一些解析方法,例如文献 2.3.5.5.2,以便降低试验的要求。对以净截
面拉伸失效模式为特征的净拉伸/旁路象限(直线 AC),已经取得了进展。对这种失
效模式,利用挤压/旁路组合载荷的线性相互作用,得到了良好的相关关系。

2.3.5.5.3 厚度/间隙/加垫的影响

虽然在大多数复合材料应用中,采用胶接连接对重量似乎更有效,但由于螺栓

连接具有较高的可靠性和可以拆卸的优点,仍然占主导地位。在复合材料结构的装配中,匹配面之间将会出现间隙,在拧紧紧固件之前需要处置这些间隙。在安装紧固件将未加垫的过大间隙合拢时,可能引起复合材料结构的分层,然而任何尺寸残留的间隙都会降低连接性能。

试验数据表明,复合材料螺栓连接的强度部分取决于螺栓直径、复合材料厚度、加垫的间隙厚度和所用加垫材料的类型。图2.3.5.5.3(a)和图2.3.5.5.3(b)举例说明了在多钉连接的单剪复合材料中,直径厚度比和加垫的间隙对强度降低的影响,这些曲线不是普遍适用的,需要对具体使用者的应用情况,产生相似的数据。然后,用折减系数来降低名义的许用挤压应力。具体材料体系的名义许用挤压应力值,是采用使螺栓弯曲最小、可得到整个厚度方向均匀应力的试件形式(大直径厚度比的连接板或者多钉试验),并考虑了所有适当的统计和环境降低影响而得到的。采用液体垫片填充间隙的连接,其连接强度减缩系数要大于采用金属或复合材料实心垫片的情况。

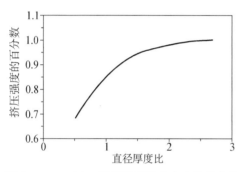 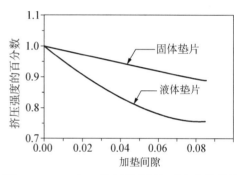

图2.3.5.5.3(a) 挤压强度随D/t变化的曲线　图2.3.5.5.3(b) 挤压强度随间隙变化的曲线

2.3.5.5.4 剪脱强度

材料的剪脱强度是其能够抵抗图2.3.5.5.4(a)所示剪脱失效的能力。复合材料连接设计应避免这种失效模式。然而,若边距减小到小于典型的3倍钉径(3D),则7.5.2节的挤压试件会出现剪脱失效,于是,就把这些试件和方法用于确定剪脱强度。剪脱强度是基于毛面积按$P/2et$计算的。关于e、D和t的定义见图2.3.5.5.4(a)。可以选取足够大的端距,和采用适当数量±45°层和90°层的交替铺层顺序,来避免复合材料连接的剪脱失效模式。事实上,如果不把过多相同方向的铺层集中在一起,在端距为3D情况下就绝无可能出现的限制剪脱失效模式设计。另一方面,在某些情况下,特别在返修和修理中,小端距是不可能避免的。因此,即使层压板在名义边距下不发生剪脱失效,也必须知道层压板抗剪脱失效的能力。

由于把纯挤压试件用于确定剪脱强度,在报告中出现了一些误解:声言较小的e/D值降低了连接的挤压强度。虽然具有小e/D比的剪切搭接试件确实在比层压板挤压强度更低的挤压应力下出现失效,但这是因为剪切面处的剪脱失效模式比挤压失效模式先发生的结果。

图 2.3.5.5.4(b)给出了失效模式如何随着 e/D 和层压板的铺层而变化的关系。在该图中以挤压应力为纵坐标,剪脱应力为横坐标,对在 1.5～2.5 之间的 e/D 值和不同层压板,给出了其破坏试验数据。所示的结果表明,无论挤压应力或比值 e/D 如何,有一个常值的剪脱破坏应力。有一种层压板,即使 $e/D = 2.5$,其连接载荷也足够高,可使连接因挤压而发生失效。图 2.3.5.5.4(b)的数据还表明,当在一起的同方向铺层从 4 层加倍变为 8 层时,剪脱强度出现下降。图 2.3.5.5.4(a)显示了典型的失效模式,一块材料沿纤维方向平行移动,而没有压损螺栓前面的任何纤维。由于这种剪脱失效模式是一种基体失效,对由于环境出现的退化较为敏感。

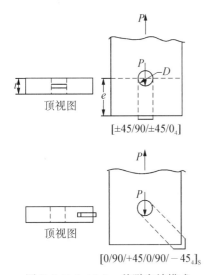

图 2.3.5.5.4(a)　剪脱失效模式

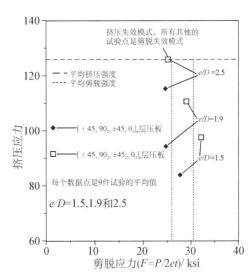

图 2.3.5.5.4(b)　挤压/剪脱试验破坏数据与
　　　　　　　　　挤压和剪脱应力

还有另外的数据表明,沿挤压载荷方向集中铺有 50% 或更多铺层的层压板,在同样的方向上出现剪脱失效,而与端距(e)是 2D 或 8D 无关。所以,不能只依靠增加端距来改进高度正交异性板的抗剪脱能力。为了避免剪脱失效,人们必须避免大量集中相同方向的铺层。结论是,与端距相比,剪脱强度更依赖层压板的铺层比例和铺层顺序。

2.3.5.6　建议的机械紧固件连接试验矩阵

2.3.5.6.1　建议的连接挤压试验矩阵——静力加载

本节介绍了为得到单剪或双剪搭接连接的挤压强度设计值推荐的试验矩阵。如果实际连接形式是双剪,推荐的试验方法与试件见 ASTM D5961 方法 A;而对单剪连接情况,则推荐使用双钉试件和 ASTM D5961 方法 B(见 7.5.2 节)。

挤压强度与连接几何形状、连接元件刚度及紧固件刚度有关。应当指出,对具有 20%～40% 0°铺层、40%～60% ±45°铺层的 0/±45/90 族层压板,其挤压强度基本上是常数。此外,紧固件的特性,诸如夹持力和钉头及钉尾的形状,都有明显的影

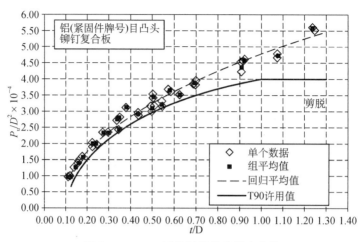

图 2.3.5.6.1 平均极限载荷强度曲线

响。然而,对某个具体的层压板族、某种具体的紧固件和等厚度单层的连接元件,影响最大的参数是 t/D。这一点已被飞机设计人员认识到,因而在 MMPDS(原 MIL-HDBK-5)(见文献 2.3.5.6.1)中用参数 t/D 给出,见图 2.3.5.6.1。该无量纲曲线的斜率就是挤压强度,它随 t/D 的增加而减小,直到层压板足够厚以致发生螺栓剪切破坏为止。采用所推荐的试验件、方法和试验矩阵,将对复合材料连接得到等同的数据。对复合材料,这种正则化的图仅对特定的层压板的挤压数据有效(特定的材料、铺层百分数、铺层顺序等)。

在具体应用中连接的形式可能与这里所推荐的试验件构型不同,即不等厚的连接元件、间隙、固体垫片、燃油密封措施。应当根据需要修改试件的几何形状,来评价这些参数对挤压强度的影响,这里所介绍的试验方法通常仍然适用。

表 2.3.5.6.1 中给出了推荐用于单剪挤压强度试验的试验矩阵,在图 7.5.2.3.2(b)中给出了相关的试验件构型。该矩阵适用于复合材料-复合材料和复合材料-金属的螺栓连接,具体的使用取决于具体的结构应用。表 2.3.5.6.1 中对单个厚度、紧固件头部形式、两个孔径的试验矩阵子集,给出了用于对一种材料和一种紧固件形式设计抵抗挤压失效,最低限度的数据水平。在矩阵中还包括了覆盖更大范围设计构型的附加参数。

对前面所提出的开孔和充填孔强度矩阵推荐的 3 种层压板构型,也推荐用于单向带与织物材料的挤压试验,这些层压板覆盖了通常所用 $0°/45°/-45°/90°$ 的铺层范围。对所推荐 3 种铺层明显不同的特殊铺层结构应用,特殊铺层的层压板也应增加到试验矩阵中。

因为挤压强度可以凭经验直接从数据确定,试验矩阵包括在预期恶劣环境下选择的 3 批次材料试验。收集的大部分试验数据是湿热(ETW)环境下的,还规定对室温干态的基准条件要有足够的数据(注:若对特定的材料已证明其他的环境条件更恶劣,则应获得对该环境条件的 3 批次数据)。

表 2.3.5.6.1　用于挤压强度的机械紧固件连接试验矩阵

铺层	厚度	孔径 /mm(in)	宽度 /mm(in)	宽度孔径比	紧固件头部形状	挤压强度					目的
						CTD	RTD	ETW	ETW+ΔT	总数	
[25/50/25]	T1	6.35 (0.25)	38 (1.5)	6	H1		5	9	9	23	基准挤压
[25/50/25]	T1	4.83 (0.19)	29 (1.125)	6	H1		5	9		14	孔径影响
[25/50/25]	T1	9.52 (0.375)	57 (2.25)	6	H1		5	9		14	孔径影响
[10/80/10]	T1	6.35 (0.25)	38 (1.5)	6	H1		5	9		14	铺层影响
[10/80/10]	T1	9.52 (0.375)	57 (2.25)	6	H1		5	9		14	铺层和孔径影响
[50/40/10] 单向带或 [40/20/40] 织物	T1	6.35 (0.25)	38 (1.5)	6	H1		5	9		14	铺层影响
[50/40/10] 单向带或 [40/20/40] 织物	T1	4.83 (0.19)	9 (1.125)	6	H1		5	9		14	铺层和孔径影响
[50/40/10] 单向带或 [40/20/40] 织物	T1	9.52 (0.375)	57 (2.25)	6	H1		5	9		14	铺层和孔径影响
[25/50/25]	T2	6.35 (0.25)	38 (1.5)	6	H1			9		9	厚度影响
[25/50/25]	T2	4.83 (0.19)	29 (1.125)	6	H1			9		9	厚度影响
[25/50/25]	T2	9.52 (0.375)	57 (2.25)	6	H1			9		9	厚度影响
[10/80/10]	T2	6.35 (0.25)	38 (1.5)	6	H1		5	9		14	铺层影响
[50/40/10] 单向带或 [40/20/40] 织物	T2	6.35 (0.25)	38 (1.5)	6	H1			9		9	厚度影响

铺层	厚度	孔径/mm(in)	宽度/mm(in)	宽度孔径比	紧固件头部形状	挤压强度					目的
						CTD	RTD	ETW	ETW+ΔT	总数	
[50/40/10]单向带或[40/20/40]织物	T2	4.83(0.19)	29(1.125)	6	H1				9	9	厚度影响
[50/40/10]单向带或[40/20/40]织物	T2	9.52(0.375)	57(2.25)	6	H1				9	9	厚度影响
1#头部挤压试验总数										189	
[25/50/25]	T1	6.35(0.25)	38(1.5)	6	H2		5		9	14	基准 H2 影响
[25/50/25]	T1	4.83(0.190)	29(1.125)	6	H2			5		5	孔径影响
[25/50/25]	T1	9.52(0.375)	57(2.25)	6	H2			5		5	孔径影响
[10/80/10]	T1	6.35(0.25)	38(1.5)	6	H2		5		9	14	铺层影响
[50/40/10]单向带或[40/20/40]织物	T1	6.35(0.25)	38(1.5)	6	H2		5		9	14	铺层影响
2#头部挤压试验总数										52	
[25/50/25]	T1	6.35(0.25)	38(1.5)	6	H1		5	5		10	挤压/垫片
加垫挤压试验总数										10	

注:表中数量为 5 时,试验件取自 1 批,数量为 9 时,取自 3 批;

　　T1 是主要的层压板厚度,T2 是可选的层压板厚度;

　　H1 是主要的紧固件头部形式,H2 是可选的紧固件头部形式。对其他的紧固件头部形式,重复矩阵中的 H2 部分;

　　对 T1,n 的选择要使得层压板总的厚度在 2.5～5.0 mm 之间;

铺层		铺层顺序	试验状态	
[25/50/25]	单向带	$[45/0/-45/90]_{ns}$	CTD	低温干态
[10/80/10]	单向带	$[45/-45/90/45/-45/45/-45/0/45/-45]_{ns}$	RTD	室温干态
[50/40/10]	单向带	$[45/90/-45/0/0/45/0/0/-45/0]_{ns}$	ETW	高温湿态
[25/50/25]	织物	$[45/0/-45/90]_{ns}$	ETW+ΔT	高温湿态+ΔT
[10/80/10]	织物	$[45/-45/45/-45/0/0/-45/45/-45/45]_n$		
[40/20/40]	织物	$[0/90/0/90/45/45/90/0/90/0]_n$	见 2.2.7 节	

高温和浸润调节的精确规范要通过为单层级试验所确定的最高/最低材料工作温度(见 2.3.1.1 节和 2.3.2.3 节),或由制造商与认证机构联合确定的应用考虑来确认。湿热试验应在对试验件预浸润至平衡吸湿量(见 2.2.7.2 节)后进行。为保证了解结构用层压板温度影响的上限,要对基准试验构型有选择地增加一组"ETW+ΔT"试验。

对挤压试验还有一些必须考虑的变量,它们包括:紧固件头部形状、紧固件夹持力、划窝深度、孔径和相关紧固件直径的容差、基准紧固件间距和层压板厚度。

在该试验矩阵中,采用 2.3.5.3 节中讨论的"T1"层压板厚度作为基准厚度值,若需要覆盖结构应用的设计变化,则该试验矩阵建议另一系列厚度为"T2"的试验件,一旦结构应用厚度值覆盖很宽的范围,则对其他的厚度重复该矩阵的 T2 部分。

名义的试验件宽度是孔径的 6 倍($W/d=6$),这里用 $W/d=6$ 是为保证出现挤压失效(一旦这些试验产生净截面失效,则应增加到 $W/d=8$,并重复进行试验)。

基准紧固件头部形状(H1)应是结构最常用的形式。若正在规划通用的设计许用值试验程序,则为基准头部形状选用凸头紧固件。试验矩阵包括少量试验来确定其他紧固件头部形状(H2)的影响,对所需的每一种头部形状类型可重复该矩阵中的 H2 部分(即 100°拉伸、100°剪切、130°弱剪切和 100°弱剪切等)。

对挤压试验,紧固件安装应采用最大夹持力(不是扭矩水平)的 50%,以考虑安装不当或在使用中失去夹持力,挤压强度随夹持力增加而增加。可惜,紧固件的夹持力与紧固件的扭矩并不是线性关系,所以需要采用载荷传感垫圈或测量用紧固件进行经验研究来确定扭矩和夹持力间的关系,用得到的关系可规定采用相应于达到 50%夹持力的扭矩。

推荐用于设计的最大划窝深度通常是层压板厚度的 67%。挤压强度随划窝深度的增加而降低,所以建议选用使划窝深度在 50%~67%之间的层压板厚度。

对挤压试验,孔的容差特别重要,航宇结构规定的孔容差通常为+0.076/−0.000 mm(+0.003/−0.000 in)。为避免在安装紧固件时对层压板造成损伤,不采用干涉配合。为避免过多地降低充填孔压缩和挤压强度,以及挤压疲劳寿命,要求采用较小的最大容差。对挤压试验推荐采用孔的尺寸至少超过孔径+0.076 mm(+0.003 in)。若由于制造的原因,希望更大的孔容差,则挤压试验应采用最大允许的孔尺寸。

该试验矩阵包括含 6.4 mm(0.25 in)螺栓直径的基准准各向同性铺层,来评估两个条带之间 0.8 mm(0.03 in)或更厚的液体垫片间隙的影响,若衬垫与复合材料无法粘接,则可用苯酚层压板衬垫来代替液体垫片。

2.3.5.6.2　建议的连接挤压试验矩阵——疲劳载荷

表 2.3.5.6.2 中给出了推荐的挤压疲劳试验矩阵,建议使用应力比 $R=-0.2$(压缩载荷是拉伸载荷的 20%)的常幅疲劳。选择的加载频率应避免在试验件的连

接区域过热,对目前的材料体系,这可理解为 5 Hz。对所考虑的每种紧固件都应重复该试验矩阵,每种试验 15 个试验件将允许每一应力水平下做 3 个试验件(5 个应力水平)。起始点最好选为静强度的 50%,后续的应力水平则根据前面的疲劳寿命结果来选择。所有的试验应在室温大气环境下进行。

表 2.3.5.6.2　用于挤压疲劳的机械紧固件连接试验矩阵

| 铺层 | 厚度 | 孔径 /mm(in) | 宽度 /mm(in) | 宽度孔径比 | 紧固件头部形状 | 挤压疲劳强度 | | | | | 目的 |
						CTD	RTD	ETW	ETW $+\Delta T$	总数	
[25/50/25]	T1	6.35 (0.25)	38 (1.5)	6	H1		15			15	基准挤压
[50/40/10] 单向带或 [40/20/40] 织物	T1	6.35 (0.25)	38 (1.5)	6	H1		15			15	铺层影响
[25/50/25]	T2	6.35 (0.25)	38 (1.5)	6	H1		15			15	厚度影响
				1♯头部挤压疲劳总数						45	
[25/50/25]	T1	6.35 (0.25)	38 (1.5)	6	H2		15	9		15	基准 H2 影响
[50/40/10] 单向带或 [40/20/40] 织物	T1	6.35 (0.25)	38 (1.5)	6	H2		15	9		15	铺层影响
				2♯头部挤压疲劳总数						30	
[25/50/25]	T1	6.35 (0.25)	38 (1.5)	6	H1		15	5		15	挤压/垫片
				加垫挤压疲劳连接总数						15	

注:15 个试验件=5 个应力水平下每种 3 件(取自 1 批次);
　　T1 是主要的层压板厚度,T2 是可选的层压板厚度;
　　H1 是主要的紧固件头部形式,H2 是可选的紧固件头部形式。对其他的紧固件头部形式,重复矩阵中的 H2 部分;
　　对 T1,n 的选择要使得层压板总的厚度在 2.5~5.0 mm(0.1~0.2 in)之间;
　　常幅疲劳($R = 0.2$)到单孔测量的孔伸长达到 4%。

铺层		铺层顺序	试验状态	
[25/50/25]	单向带	$[45/0/-45/90]_{ns}$	CTD	低温干态
[10/80/10]	单向带	$[45/-45/90/45/-45/45/-45/0/45/-45]_{ns}$	RTD	室温干态
[50/40/10]	单向带	$[45/90/-45/0/0/45/0/0/-45/0]_{ns}$	ETW	高温湿态
[25/50/25]	织物	$[45/0/-45/90]_{ns}$	ETW $+\Delta T$	高温湿态$+\Delta T$
[10/80/10]	织物	$[45/-45/45/-45/0/-45/45/-45/45]_{n}$		
[40/20/40]	织物	$[0/90/0/90/45/45/90/0/90/0]_{n}$	见 2.2.7 节	

　　应在保证挤压失效和避免螺栓剪断或(在复合材料或金属连接元件中)出现净拉伸破坏的基础上选择试验件。该试验矩阵可对复合材料-复合材料或复合材料-金属连接,或这两者来进行,取决于具体结构应用的需求。试验件与静力挤压强度试验所用的一样。

　　2.3.5.6.3　建议的挤压/旁路试验矩阵

　　表 2.3.5.6.3(a)和 2.3.5.6.3(b)中概述了对特定聚合物基复合材料,要创建图 2.3.5.6.2 的挤压/旁路相互作用图建议所需的试验。试验矩阵假设已经或将从 2.3.5.3 节和 2.3.5.4 节中推荐的螺栓载荷、缺口拉伸/压缩试验得到端点(A 和 E),还假设点 C 和 C_1 从 2.3.5.6.2 节推荐的挤压强度试验得到。在矩阵中包括了与室温不同的几组环境试验,来验证从含缺口层压板和挤压强度端点试验确定的修正系数。湿热试验应在对试验件预浸润至平衡吸湿量(见 2.2.7.2 节)后进行,湿热试验要在对试验件已被预浸润后进行。

　　在创建图 2.3.5.5.2 中所示形式的挤压/旁路相互作用图时,很重要的是连接变量(厚度、铺层、直径、紧固件、环境等)与所有相互作用图上的点都要相同。但该图上所示的直线对(像孔的容差和紧固件夹持力这样的)参数可以有不同的值,通常为确定特定直线的试验要选择给出最低强度的这些参数值。

表 2.3.5.6.3(a)　拉伸挤压/旁路试验矩阵

铺层	厚度	孔径/mm(in)	宽度/mm(in)	宽度孔径比	紧固件头部形状	拉伸挤压旁路强度							目的
						50%旁路			75%旁路				
						CTD	RTD	ETW	CTD	RTD	ETW	总数	
[25/50/25]	T1	6.35 (0.25)	32 (1.25)	6	H1	5	5			5		15	基准挤压/旁路
[25/50/25]	T1	4.83 (0.19)	24 (0.94)	6	H1		5					5	孔径影响
[25/50/25]	T1	9.52 (0.375)	48 (1.875)	6	H1		5					5	孔径影响
[10/80/10]	T1	6.35 (0.25)	32 (1.25)	6	H1	5	5			5		15	铺层影响
[50/40/10] 单向带或 [40/20/40] 织物	T1	6.35 (0.25)	32 (1.25)	6	H1	5	5			5		15	铺层影响
[25/50/25]	T2	6.35 (0.25)	51 (2.0)	6	H1		5					5	厚度影响

（续表）

铺层	厚度	孔径/mm(in)	宽度/mm(in)	宽度孔径比	紧固件头部形状	拉伸挤压旁路强度							目的
						50%旁路			75%旁路				
						CTD	RTD	ETW	CTD	RTD	ETW	总数	
[25/50/25]	T2	9.52 (0.375)	48 (1.875)	6	H1		5					5	厚度影响
1♯紧固件头挤压/旁路——"旁路失效"模式试验总数　65													
[25/50/25]	T1	6.35 (0.25)	51 (2.0)	8	H1	5	5					10	宽度影响
[25/50/25]	T1	9.52 (0.375)	76 (3.0)	8	H1		5					5	宽度影响
[10/80/10]	T1	6.35 (0.25)	51 (2.0)	8	H1	5	5					10	宽度和铺层影响
[50/40/10]单向带或[40/20/40]织物	T1	6.35 (0.25)	51 (2.0)	8	H1	5	5					10	宽度和铺层影响
1♯紧固件头挤压/旁路——"挤压失效"模式试验总数　35													
[25/50/25]	T1	6.35 (0.25)	32 (1.25)	5	H2		5		5			10	基准 H2 影响
[25/50/25]	T1	4.83 (0.19)	24 (0.94)	5	H2		5					5	孔径影响
[25/50/25]	T1	9.52 (0.375)	48 (1.875)	5	H2		5					5	孔径影响
[10/80/10]	T1	6.35 (0.25)	32 (1.25)	5	H2		5					5	铺层影响
[50/40/10]单向带或[40/20/40]织物	T1	6.35 (0.25)	32 (1.25)	5	H2		5					5	铺层影响
2♯紧固件头挤压/旁路——"旁路失效"模式试验总数　30													
[25/50/25]	T1	6.35 (0.25)	51 (2.0)	8	H2		5					5	宽度影响

（续表）

铺层	厚度	孔径/mm(in)	宽度/mm(in)	宽度孔径比	紧固件头部形状	拉伸挤压旁路强度							目的
						50%旁路			75%旁路				
						CTD	RTD	ETW	CTD	RTD	ETW	总数	
[10/80/10]	T1	6.35 (0.25)	51 (2.0)	8	H2		5					5	宽度和铺层影响
[50/40/10] 单向带或 [40/20/40] 织物	T1	6.35 (0.25)	51 (2.0)	8	H2		5					5	宽度和铺层影响

2♯紧固件头挤压/旁路——"挤压失效"模式试验总数　　　　　15

注：15 个试验件＝5 个应力水平下每种 3 件（取自 1 批次）；
　　H1 是感兴趣的紧固件头部形式；
　　对 T1，n 的选择要使得层压板总的厚度在 2.5～5.0 mm 之间；

铺层	铺层顺序		试验状态	
[25/50/25] 单向带	$[45/0/-45/90]_{ns}$		CTD	低温干态
[10/80/10] 单向带	$[45/-45/90/45/-45/45/-45/0/45/-45]_{ns}$		RTD	室温干态
[50/40/10] 单向带	$[45/90/-45/0/0/45/0/0/-45/0]_{ns}$		ETW	高温湿态
[25/50/25] 织物	$[45/0/-45/90]_{ns}$		ETW+ΔT	高温湿态+ΔT
[10/80/10] 织物	$[45/-45/45/-45/0/0/-45/45/-45/45]_n$			
[40/20/40] 织物	$[0/90/0/90/45/45/90/0/90/0]_n$		见 2.2.7 节	

表 2.3.5.6.3（b）　压缩挤压/旁路试验矩阵

铺层	厚度	孔径/mm(in)	宽度/mm(in)	宽度孔径比	紧固件头部形状	压缩挤压旁路强度							目的
						50%旁路			75%旁路				
						CTD	RTD	ETW	CTD	RTD	ETW	总数	
[25/50/25]	T1	6.35 (0.25)	38 (1.5)	6	H1	5	5			5		15	基准挤压/旁路
[25/50/25]	T1	4.83 (0.19)	29 (1.125)	6	H1		5					5	孔径影响
[25/50/25]	T1	9.52 (0.375)	57 (2.25)	6	H1		5					5	孔径影响
[10/80/10]	T1	6.35 (0.25)	38 (1.5)	6	H1	5	5			5		15	铺层影响

（续表）

铺层	厚度	孔径/mm(in)	宽度/mm(in)	宽度孔径比	紧固件头部形状	压缩挤压旁路强度							目的
						50%旁路			75%旁路			总数	
						CTD	RTD	ETW	CTD	RTD	ETW		
[50/40/10]单向带或[40/20/40]织物	T1	6.35(0.25)	38(1.5)	6	H1	5	5			5		15	铺层影响
[25/50/25]	T2	6.35(0.25)	32(1.25)	6	H1		5					5	厚度影响
[25/50/25]	T2	9.52(0.375)	48(1.875)	6	H1		5					5	厚度影响
1#紧固件头挤压/旁路——"旁路失效"模式试验总数												65	
[25/50/25]	T1	6.35(0.25)	51(2.0)	8	H1		5	5				10	宽度影响
[25/50/25]	T1	9.52(0.375)	76(3.0)	8	H1		5					5	宽度影响
[10/80/10]	T1	6.35(0.25)	51(2.0)	8	H1		5	5				10	宽度和铺层影响
[50/40/10]单向带或[40/20/40]织物	T1	6.35(0.25)	51(2.0)	8	H1		5	5				10	宽度和铺层影响
1#紧固件头挤压/旁路——"挤压失效"模式试验总数												35	
[25/50/25]	T1	6.35(0.25)	32(1.25)	5	H2		5		5			10	基准 H2 影响
[25/50/25]	T1	4.83(0.19)	24(0.94)	5	H2		5					5	孔径影响
[25/50/25]	T1	9.52(0.375)	48(1.875)	5	H2		5					5	孔径影响
[10/80/10]	T1	6.35(0.25)	32(1.25)	5	H2		5					5	铺层影响
[50/40/10]单向带或[40/20/40]织物	T1	6.35(0.25)	32(1.25)	5	H2		5					5	铺层影响

（续表）

铺层	厚度	孔径/mm(in)	宽度/mm(in)	宽度孔径比	紧固件头部形状	压缩挤压旁路强度							目的
						50%旁路			75%旁路			总数	
						CTD	RTD	ETW	CTD	RTD	ETW		
2♯紧固件头挤压/旁路——"旁路失效"模式试验总数　　　　15													
[25/50/25]	T1	6.35 (0.25)	51 (2.0)	8	H2		5					5	宽度影响
[10/80/10]	T1	6.35 (0.25)	51 (2.0)	8	H2		5					5	宽度和铺层影响
[50/40/10] 单向带 或 [40/20/40] 织物	T1	6.35 (0.25)	51 (2.0)	8	H2		5					5	宽度和铺层影响
2♯紧固件头挤压/旁路——"挤压失效"模式试验总数　　　　15													

注:若"旁路"失效模式试验不是旁路失效,则把 W/d 减少到 4,并再次试验;

　　表中数量为 5 时,试验件取自 1 批,数量为 9 时,取自 3 批;

　　T1 是主要的层压板厚度,T2 是可选的层压板厚度;

　　H1 是主要的紧固件头部形式,H2 是可选的紧固件头部形式。对其他的紧固件头部形式,重复矩阵中的 H2 部分;

　　对 T1,n 的选择要使得层压板总的厚度在 2.5～5.0 mm 之间;

铺层	铺层顺序	试验状态	
[25/50/25] 单向带	$[45/0/-45/90]_{ns}$	CTD	低温干态
[10/80/10] 单向带	$[45/-45/90/45/-45/45/-45/0/45/-45]_{ns}$	RTD	室温干态
[50/40/10] 单向带	$[45/90/-45/0/0/45/0/0/-45/0]_{ns}$	ETW	高温湿态
[25/50/25] 织物	$[45/0/-45/90]_{ns}$	ETW+ΔT	高温湿态+ΔT
[10/80/10] 织物	$[45/-45/45/-45/0/0/-45/45/-45/45]_{n}$		
[40/20/40] 织物	$[0/90/0/90/45/45/90/0/90/0]_{n}$	见 2.2.7 节	

　　为实现表 2.3.5.6.3(a)和表 2.3.5.6.3(b)中试验要求,应使用用于双剪构型单独受载螺栓的方法,如参考文献 2.3.5.5.2 描述及 7.5.3 节中所示的或类似方法。对单剪构型,有关 50%旁路试验应使用双钉试验件,有关 75%旁路试验应使用 3 钉试验件,该试验矩阵可适用于单剪或双剪连接。若结构中存在两种连接,则应将试验矩阵重复进行。

　　表 2.3.5.6.3(a)和表 2.3.5.6.3(b)中的矩阵用于提供确定图 2.3.5.5.2 所示未标注的拉伸与压缩拐点位置所需数据。这些典型的点通常用 50%旁路试验数据来确定,要包括少量有限的 75%旁路试验数据来验证相互作用的形状。

　　常采用与拉伸旁路相互作用同样的斜率来确定相互作用图的压缩侧。若将开孔压缩数据用作压缩旁路强度是可以接受的。这种情况下,可省略表 2.3.5.6.3(a)和表 2.3.5.6.3(b)中矩阵的压缩部分。若将充填孔压缩数据用作压缩旁路强度,则应进行压缩挤压/旁路试验,因为源于充填孔压缩的相互作用趋向于椭圆形,而不是两条直线。

该矩阵分为两个独立的失效模式部分——一组用于"旁路"失效模式,一组用于"挤压"失效模式。第一组试验用于确定图 2.3.5.5.2 中所示近似垂线的净截面相互作用线;当用单钉试验件确定挤压强度时采用第二组试验,"挤压"失效模式的结果定义了图 2.3.5.5.2 中近似水平线的斜率。若挤压强度由双钉试验件确定,则可以省略"挤压"失效模式的挤压/旁路试验。

"旁路"失效模式挤压/旁路试验的名义试验件宽度是孔径的 5 倍($W/d = 5$),采用 W/d 为 5 的值是因为这对应于典型紧固件的间距,和对充填孔拉伸与压缩试验推荐的宽度。对"挤压"失效模式挤压/旁路试验的名义试验件宽度是孔径的 8 倍,以保证得到真正的挤压失效。

对前面含缺口层压板和挤压强度试验矩阵推荐的 3 种层压板构型,也推荐用于受有挤压/旁路载荷时单向带和织物材料的矩阵。这些层压板覆盖了典型的 $0°/45°/-45°/90°$ 铺层,对明显不同于所推荐的 3 种铺层的具体结构应用,应在试验矩阵中增加其他铺层的层压板。

对挤压/旁路试验还有一些必须考虑的其他变量,它们包括:紧固件头部形状、紧固件夹持力、划窝深度、孔径和相关紧固件直径的容差、基准紧固件间距和层压板厚度。

在该试验矩阵中,采用 2.3.5.3 节中讨论的"T1"层压板厚度作为基准厚度值,若需要覆盖结构应用的设计变化,则该试验矩阵建议进行厚度为"T2"的另一系列试验件,一旦结构应用厚度值覆盖很宽的范围,则对其他的厚度重复该矩阵的 T2 部分。

基准紧固件头部形状(H1)应是结构最常用的形式。若正在规划通用的设计许用值试验程序,则基准头部形状选用凸头紧固件。试验矩阵包括少量试验来确定其他紧固件头部形状(H2)的影响,对所需的每一种头部形状类型可重复该矩阵中的 H2 部分(即 100°拉伸、100°剪切、130°弱剪切和 100°弱剪切等)。

对带沉头紧固件的挤压/旁路试验,紧固件头必须装在连接的同一侧,以便给出紧固件周围正确的载荷分配,从而产生正确的净截面失效模式。对这种构型,失效载荷时离真实的紧固件之间 50∶50 载荷传递,通常只有很小偏离。

对旁路失效模式的拉伸挤压/旁路试验,紧固件安装应采用最大扭矩水平,因为充填孔拉伸强度随夹持力增加而降低;反之,对压缩挤压/旁路试验和挤压失效模式的拉伸挤压/旁路试验,紧固件安装应采用最大夹持力(不是扭矩水平)的 50%,以考虑安装不当或在使用中失去夹持力,充填孔压缩和挤压强度随夹持力增加而增加。可惜,紧固件的夹持力与紧固件的扭矩并不是线性关系,所以需要采用载荷传感垫圈或测量用紧固件进行经验研究来确定扭矩和夹持力间的关系,用得到的关系可规定采用相应于达到 50%夹持力的扭矩。

推荐用于设计的最大划窝深度通常是层压板厚度的 67%。因为充填孔拉伸和压缩强度均随划窝深度的增加而降低,所以推荐选择的层压板厚度使划窝深度在其

50%～67%之间。

对充填孔试验,孔的容差特别重要,航宇结构规定的孔容差通常为＋0.076/－0.000mm(＋0.003/－0.000in)。为避免在安装紧固件时对层压板造成损伤,不采用干涉配合。为避免充填孔压缩和挤压强度以及挤压疲劳寿命降低过多,要求采用较小的最大容差。对旁路失效模式的拉伸挤压/旁路试验,要求采用的孔尽可能接近最小尺寸,因为这会给出最保守的结果;反之对压缩挤压/旁路试验和挤压失效模式的拉伸挤压/旁路试验,推荐采用孔的尺寸至少超过孔径＋0.076mm(＋0.003in)。

2.3.5.6.4 建议的紧固件拉脱强度试验矩阵

表2.3.5.6.4所示为建议用于紧固件筛选或研制的试验矩阵。应将方法A的试验件(见图7.5.4.2(c))与一种紧固件构型所述的试验矩阵一起使用,试验应在室温大气和湿热条件下进行。后者定义为对该复合材料最高使用温度和吸湿量(见2.2.8节)。对不同的紧固件、钉头或钉尾构型和安装孔间隙,要重复该试验矩阵。如表2.3.5.6.4所用的,1类用于干涉配合,2类用于飞机级质量,通常为＋0.076/－0.000mm(＋0.003/－0.000in),3类用于间隙配合。

表 2.3.5.6.4 紧固件拉脱试验矩阵[①]

几何特性	复合材料板厚/mm(in)	铺层	紧固件杆的名义直径/mm(in)	安装孔类型	环境(温度/%湿态)	试验数量[②]
复合材料-复合材料	4.83(0.190) 钉头侧	25/50/25	6.35(0.25)	2 类	室温/大气 湿热	5 5
复合材料-复合材料	3.05(0.120) 钉尾侧	25/50/25	6.35(0.25)	2 类	室温/大气 湿热	5 5
复合材料-金属[③] (金属在钉头侧)	4.83(0.190)	25/50/25	6.35(0.25)	3 类	室温/大气 湿热	5 5
复合材料—金属[③] (金属在钉尾或螺母侧)	4.06(0.160)	25/50/25	6.35(0.25)	2 类	室温/大气 湿热	5 5

注:① 按表2.2.4推荐的试验方法是 ASTM D7332;
  ② 适用处的每一夹持状态(见7.5.5.4节);
  ③ 金属厚度可变,以适应紧固件夹持长度。

对图7.5.5.2(e)试验(方法B),应构建类似于表2.3.5.6.4的试验矩阵,但因为该试验更多是面向设计的,只需要试验较少的变量,应只重复试验5件。

2.3.5.6.5 复合材料鉴定中建议的紧固件试验矩阵

2.3.5.6.5.1 概述

复合材料螺栓连接设计的第一步是确认适用于复合材料使用的紧固件。本节所述试验产生的数据提供了选择紧固件的现实基础,因为试验给出了连接强度的良好估计值。复合材料要求紧固件有较大的尾部底脚(与金属相比),特别是盲紧固件,这里所述的试验详细考察了这一特性。选择紧固件后,在2.3.5.6节中列举了为设计用于其他层压板,和失效模式与具体紧固件特性并不直接相关螺栓连接用的其他试验数据。

试验要求和方法取自后面的子节和7.5.2节与7.5.4节,详细的试验方法可从这些章节获得。对复合材料中用紧固件鉴定的试验只用一种层压板铺层(准各向同性),但有多种厚度。此外试验限于室温条件,因为不像复合材料,环境对紧固件不关键。该试验计划的基础是假设被连接的板均为复合材料。若该特定的紧固件也想用在复合材料/金属连接的情况,则也应对这种构型进行试验。试验矩阵反映了受紧固件影响最大的两个性能:连接挤压和拉脱强度。建议要进行的拉脱试验首先要确定该紧固件对复合材料的适应性。一旦满足了这一点,再进行更多的挤压试验。在飞机工业界,还有一个由制造商和认证机构提出的要求:25%的挤压和拉脱试验由紧固件制造商之外的机构进行。为将数据收入MMPDS(原 MIL - HDBK - 5),必须至少有一家飞机制造商使用该紧固件。为完整性起见,建议在这里包括紧固件剪切和拉伸强度试验,虽然这些性能与连接元件无关。

用于碳纤维复合材料的紧固件应是钛 A286 CRES 或 Monel,以减少电化学腐蚀的可能。在某些结构应用特别是空间结构中,电化学腐蚀不是问题。该限制不适用于芳纶或玻璃纤维复合材料。

这里介绍的试验计划得到的数据,对飞机结构应用的鉴定本身还是不够的,疲劳试验和制造容差的研究(夹持长度、密封角和孔径)是完整紧固件鉴定要求必须满足的其他判据。

2.3.5.6.5.2 紧固件剪切试验

按 NASM1312(原 MIL - STD - 1312)要用钢板进行这些试验,对双剪用试验 13,对单剪用试验 20(见参考文献 2.3.5.6.2),此处可以接受原来生效的鉴定试验的证据。

2.3.5.6.5.3 紧固件拉伸试验

按 NASM1312(原 MIL - STD - 1312),试验 8(见参考文献 2.3.5.6.2)要用钢板进行这些试验,此处可以接受原来生效的鉴定试验的证据。

2.3.5.6.5.4 紧固件拉脱试验

确定拉脱强度的试验件构型应符合图 7.5.4.2(a),(b)和(c),7.5.4 节给出了试验方法,试验矩阵见表 2.3.5.6.4,建议对代表紧固件适用性的 3 种不同直径进行试验,一种直径是 6.35 mm(0.25 in),这可能需要调整层压板厚度,但层压板铺层应保持为 $(45/0/-45/90)_{ns}$,对每一种需考虑的紧固件要重复该试验矩阵。

2.3.5.6.5.5 挤压试验

建议采用图 7.5.2.3.2(b)所示复合材料-复合材料双钉挤压试验件尺寸,这种单剪构型更代表工业界使用的多钉连接。用可接受的紧固件,应实现复合材料挤压失效,虽然第二个紧固件绕它的纵向旋转可能会很明显。表 2.3.5.6.5.5 所示为用于紧固件鉴定的试验矩阵,建议采用同一种铺层 $(45/0/-45/90)_{ns}$ 的 3 种不同厚度和 3 种紧固件直径，一种直径应为 $6.35\,\text{mm}(0.25\,\text{in})$，另外两种应反映现有的紧固件尺寸。复合材料元件其他厚度的选择应在这些指南的范围内，以保证数据尽可能有用：① $0.8<D/t<2$ 和 ② 划窝深度应不超过层压板总厚度的 67%，试验的目标是对每种直径试验得到一族 3 条挤压应力-D/t 比曲线，对每个直径至少应做 15 个试验。对每一种要考虑的紧固件要重复该试验矩阵。

表 2.3.5.6.5.5　紧固件鉴定挤压试验矩阵

| 铺层 | 厚度 | 孔径/mm(in) | 宽度/mm(in) | 宽度孔径比 | 紧固件头部形状 | 挤压强度 | | | | | 目的 |
						CTD	RTD	ETW	ETW+ΔT	总数	
[25/50/25]	T1	6.35 (0.25)	38 (1.5)	6	H1		5			5	基准挤压
[25/50/25]	T1	D2		6	H1		5			5	直径影响
[25/50/25]	T1	D3		6	H1		5			5	直径影响
[25/50/25]	T2	6.35 (0.25)	38 (1.5)	6	H1		5			5	厚度影响
[25/50/25]	T2	D2		6	H1		5			5	厚度影响
[25/50/25]	T2	D3		6	H1		5			5	厚度影响
[25/50/25]	T3	6.35 (0.25)	38 (1.5)	6	H1		5			5	厚度影响
[25/50/25]	T3	D2		6	H1		5			5	厚度影响
[25/50/25]	T3	D3		6	H1		5			5	厚度影响
								挤压总数		45	
[25/50/25]	T1	6.35 (0.25)	38 (1.5)	6	H1		15			15	带垫片挤压
								挤压疲劳总数		15	

注：若"旁路"失效模式试验不是旁路失效，则把 W/d 减少到 4，并再次试验；
　　表中数量为 5 时，试验件取自 1 批，数量为 9 时，取自 3 批；
　　T1 是主要的层压板厚度，T2 是可选的层压板厚度；
　　H1 是主要的紧固件头部形式，H2 是可选的紧固件头部形式。对其他的紧固件头部形式，重复矩阵中的 H2 部分；
　　对 T1，n 的选择要使得层压板总的厚度在 $2.5\sim5.0\,\text{mm}$ 之间；
　　常幅疲劳（$R=0.2$）到单孔测量的孔伸长达到 4%。

铺层	铺层顺序	试验状态	
[25/50/25] 单向带	$[45/0/-45/90]_{ns}$	CTD	低温干态
[10/80/10] 单向带	$[45/-45/90/45/-45/45/-45/0/45/-45]_{ns}$	RTD	室温干态
[50/40/10] 单向带	$[45/90/-45/0/0/45/0/0/-45/0]_{ns}$	ETW	高温湿态
[25/50/25] 织物	$[45/0/-45/90]_{ns}$	ETW+ΔT	高温湿态+ΔT
[10/80/10] 织物	$[45/-45/45/-45/0/-45/45/-45/45]_{n}$		
[40/20/40] 织物	$[0/90/0/90/45/90/90/0/90/0]_{n}$	见 2.2.7 节	

2.3.5.7　建议的胶接连接试验矩阵

本节留待今后补充。

2.3.5.8　建议的损伤表征试验矩阵

本节留待今后补充。

2.3.6　对基准值的替代方法

本节留待今后补充。

2.3.7　对使用取自 CMH‑17 或其他大数据库基准值的数据验证

为降低新复合材料结构应用的研制成本,设计师和制造商需要使用从现有复合材料大数据库获得的基准值和性能,而不必进行基本上重复数据库的试验。为此,用户必须验证按用户的工艺参数制造的复合材料性能的等同性,以及在其设计构型中达到了原数据库材料的性能。在共享数据库的概念中,等同性的验证是最关键的一步。若无法确认等同性,用户就不可能在省却大大增加的试验量的前提下,为取证目的使用大型共享材料数据库。

为在设计中直接使用取自 CMH‑17(或其他来源)的单层级基准值,使用机构应证实,能始终生产出(与材料试验程序阶段所评定材料)相同的材料。为此目的,至少应进行表 2.3.4.1.6(a)和(b)中所确定的验证试验。对每个载荷状态总共需要 6 个试验件,试验件或是取自分别制造的 2 批,或是取自 1 批中分别制造的 2 块试板,这意味着每个状态 12 个试验件。若评估关键力学性能的数据充分表明一致,则其他的试验矩阵也是可接受的(如,见参考文献 2.3.7)。在 8.4.3 节中,概述了用于证实这些数据与原来的基准值来自于同一母体的统计方法。

取自任何 CMH‑17 数据种类的单层级基准值的使用取决于承包商和认证机构之间达成的协议。与推荐的单层级验证试验的偏离,例如,减少或增加要评定的载荷状态数也取决于这样的协议。为使用取自 CMH‑17 的层压板级基准值,将需要额外的层压板级等同性试验。

为验证材料等同性,推荐的试验矩阵和统计方法只适用于下列具体情况:

(1) 同一零件制造商用相同的制造工艺在不同地点生产的相同材料;

(2) 不同的制造商用等同于原数据库工艺的工艺生产的相同材料;

(3) 同一零件制造商用与原工艺稍有不同的后续工艺生产的相同材料;

(4) 材料供应商对预浸料组分和/或组分制造工艺的微小变化;

(5) 上述变化的组合。

被认为是微小变更的后续材料体系和/或工艺变更的具体类型包括,但不限于:

(1) 后续工艺增加固化压力或真空度,这包括从烘箱固化(仅真空)变为热压罐固化;对后续工艺降低固化压力或真空度通常认为是较大的变更;

(2) 像保压时间和加热速率这样固化参数的微小变更;

(3) 预浸料黏度。

本节不覆盖被认为是较大的变更,在 2.3.4 节替代材料(对次结构应用)中说明的后续材料体系和/或工艺变更的类型包括：

（1）纤维变更（如从 AS4 变为 T300 或 IM7 纤维）；

（2）树脂变更（如从 3501 - 6 变为 E7K8 树脂）；

（3）织物纹路组织形式变更（如从 8 综缎机织变为平纹织物）；

（4）织物的丝束大小变更（如从 6k 丝束变为 3k 丝束）。

进一步的评估或试验取决于变更的范围，例如，预浸料黏度增加可能会产生较高的挥发分含量，而已知较高的挥发分含量会产生较高的空隙含量，并会降低固化后层压板的玻璃化转变温度。2.3.4 节，2.5.11 节和 8.4.2 节对这件事提供了进一步的指南。

材料等同性的成功验证并不意味着后续材料和/或后续工艺使得层压板、元件和组合件级也会得到等同的性能，因为特定结构应用的制造复杂性会得到不同的性能。为实现结构验证要求，通常需要完成这些级别的其余部分试验。

工程判断是等同性验证过程的关键要素。若某个温度下的力学性能统计上不等同，在声称该材料与共享数据库材料不等同以前，应研究差别的特性与大小和该性能的重要性。例如，因为纤维控制的层压板拉伸强度与模量、高温湿态压缩强度与模量通常是设计关键性能，更重要的是应关心这些性能的统计试验结果。

除了使用材料等同性以便利用共享数据库外，使用类似的试验来确定材料或工艺的自然变化是否会改变材料的关键性能。另一种等同性试验是用于控制材料的批次验收试验，要进行这样的连续取样来保证材料满足规范要求，并当使用统计过程控制系统时，材料性能不会随时间而变化。

2.4　数据处理与文件编制

2.4.1　引言

本节描述了某些，但不是全部适用于复合材料的数据处理程序。所述程序在试验数据的处理中一直得到成功的使用，并为复合材料特性提供了良好的物理基础。2.4.5 节给出了数据文件编制要求。

2.4.2　由层压板得到单层的性能

由于材料的发展，复合材料的力学性能在提高，例如，碳纤维复合材料的拉伸强度和破坏应变在 20 世纪 80 年代几乎提高了一倍（见文献 2.4.2(a)）。然而，由于性能的改进，适用于以前各代复合材料的某些试验方法已不再适合于表征高强度先进材料体系的全部能力。

最严重的问题与基本铺层（单层）拉伸与压缩强度的精确测定有关，这些性能传统上用单向试验件来表征单向带和相似形式复合材料。由于材料的性能已经提高，与这些试件有关的缺点就变得很严重。虽然在某些情况下有可能用单向试件得到可接受的强度数据，但在其设计、制造中需要特别小心，从而增加了大量费用。作为一个替代方法,越来越多的工作者采用正交铺层层压板[①]试验,用经典层压板理论间接计算单层的性能。

有大量的论据支持这种方法。最经常主张的优点是其具有较小数据分散性,较高(更实际)的强度值,这两方面已经为大量研究者所证实(见文献 2.4.2(a)和(b))。较高的强度值归因于减少或消除了由于各种原因出现的提前破坏,这将在以后进行讨论。变异性小则与试件质量波动小、对制造缺陷不敏感有关,这种敏感性的降低反映了更接近于结构构型的响应情况。

使用正交铺层试验最引人注意的原因,也许是能更好地代表实际结构构件中使用的层压板。因为,一般而言,当一个单层与其他不同取向的铺层相邻时,对载荷的响应可能不同于其孤立受力(或相邻的铺层为相同取向)的情况,这就解释了要按最终使用状态来表征单层性能的理由。在所分析的层压板中,与用单一铺层方式得到的值相比,按照这个方式得到的值更能代表层压板的预期性能值。

虽然这个方法对解决所有的试验困难不是万能的,但在先进复合材料工业界已经成为十分普遍的方法,标准化的工作正在进行之中。这个方法确实具有不少优点,因此在编制试验计划时应予以考虑。有关进一步的信息,可以参见文献 2.4.2 (c)和(d)。

2.4.2.1 方法

确定纵向单层强度的一般方法是选择、制造、并试验一个适当的多向层压板,然后利用经典层压板理论来计算 $0°$ 单向层的拉伸或压缩强度。这个方法采用了几个假设:

(1) 层压板破坏的机理和应变与未提前破坏的单向试件中的单层一样;

(2) 在破坏以前层压板和单层两者的应力-应变曲线基本是线弹性的(将简单讨论这假设不成立时所用的方法);

(3) 公式中使用的单层 E_1, E_2 和 v_{12} 值,在初始破坏时是有效的;

(4) 单层残余应力和损伤(如单层的裂纹)的影响可以忽略。

按照所给的这些假设,显然不是所有的层压板都满足。已发现有一族层压板是有用的,并已有大量的试验数据,即 $[0_x/90_y]_{ns}$ 层压板。在这一族层压板之中,$[0/90]_{ns}$ 是最广泛使用的。虽然这种层压板通常不用于真实结构,但它提供了相邻铺层具有不同铺层取向的环境,此外,所计算的系数(下面将讨论)低得合理。也已成功使用了准各向同性的层压板,但其系数几乎是 $0°/90°$ 层压板的两倍,置信度较低。因为具有很多 $\pm 45°$ 铺层层压板的破坏应变可能没有单向试件那样大,因此不优先使用这种会使其 v_{12} 超过单层 v_{12} 铺层的层压板。由于固化后冷却过程中的劈裂,某些树脂基体极脆的复合材料不能保证 $0°/90°$ 层压板的制造质量,在这些情况下,必

---

① 这个"正交铺层"的术语是按 1.7 节的定义来使用的,这不同于在工业界使用的其他定义。在这里是"角铺层"和"多向铺层"的同义词,而不是严格地指[0/90]系列的层压板。

须包括一些±45°的铺层。在一族层压板内铺叠顺序会有一定影响,几个相同方向铺层铺叠在一起(厚铺层)的层压板,通常得到的压缩强度值低于铺层更均匀的情况(见文献 2.4.2.1)。显然,在所有情况下都必须使用对称铺层层压板以防止弯曲。

第三个假设假定已经由其他的试验(多半由单向试件)得到了 E_1,E_2 和 υ_{12} 的数值,这并不是一个严重的问题,因为单向试件的缺点对模量测量的影响没有对强度的影响大。可以解释的理由是,E_2(以及在某种程度上 E_1)不是直到破坏都保持线性,而它们通常是在比破坏载荷低很多的情况下进行计算的。然而,如同以后将详细讨论的,由于这个方法对 E_2 的变异相当不敏感,因此这不是什么重大的问题。

为计算单层强度,要把测得的层压板试验强度乘以一个用经典层压板理论得出的正交铺层系数 CPF:

$$F_1 = CPF \cdot F_x \qquad (2.4.2.1(a))$$

对 $[0_x/90_y]_{ns}$ 族的层压板,根据各个铺层应变均匀的假设,这个系数用以下公式计算:

$$CPF = \frac{E_1[mE_2+(1-m)E_1]-(\upsilon_{12}E_2)^2}{[mE_1+(1-m)E_2][mE_2+(1-m)E_1]-(\upsilon_{12}E_2)^2}$$

$$(2.4.2.1(b))$$

式中,m 是 0°铺层在层压板中的百分比(E_1,E_2 和 υ_{12} 根据需要分别采用拉伸或压缩)。

对 $[0/90]_{ns}$ 层压板(相同数量的 0°和 90°铺层),这个公式简化为:

$$CPF = \frac{E_1\left(\dfrac{E_1+E_2}{2}\right)-(\upsilon_{12}E_2)^2}{\dfrac{(E_1+E_2)^2}{4}-(\upsilon_{12}E_2)^2} \qquad (2.4.2.1(c))$$

如同上面提到的,这些公式对 E_2 的变异性不太敏感,同时对 υ_{12} 的变化只有很小的影响。对 $E_1=138\,\text{GPa}(20\,\text{Msi})$ 的 $[0/90]_{ns}$ 层压板,E_2 改变 20% 的情况下这个系数的变化小于 2%,而 υ_{12} 变化 20% 时其影响可以忽略不计。因此 E_2 和 υ_{12} 的数值不要求很高的精度(当然,对该系数的精度影响取决于 E_1 和 E_2 的真实比例)。单层的剪切模量与应力有关,因为这些模量对稳定性有影响,从而影响压缩强度,对软的基体材料可能会有些困难。

很多情况下可能根本得不到 E_2 的值。若出现这个情况,有一个替代的方法,即使有 E_2 值,这个方法也可成为首选的办法。这个方法只涉及用单向试件测出 E_1,并由所试验的正交铺层层压板得到 E_x。按照假设1,即层压板的破坏应变和单向试件相同,可按下式计算单层的强度:

$$F_1 = \frac{E_1}{E_x}F_x \qquad (2.4.2.1(d))$$

已经有报告说明在 E_1/E_x 比值和按照式（2.4.2.1(d)）得到的系数 F 之间非常一致（见文献 2.4.2(a)）。

到目前为止所介绍的这些方法均假设到破坏时具有线性的应力-应变行为。若不是这个情况（例如某些正交铺层的玻璃纤维/环氧树脂层压板），则可按照以下公式计算纤维方向的单层强度：

$$F_1 = E_1(\varepsilon_x + \upsilon_{21}\varepsilon_y)/(1 - \upsilon_{12}\upsilon_{21}) \qquad (2.4.2.1(e))$$

式中，在 x 和 y 方向的应变（ε）是在破坏时的测量值。

若可以忽略泊松效应，可以把式（2.4.2.1(e)）简化为

$$F_1 \approx E_1\varepsilon_x \approx F_x\frac{E_1}{E_x^*} \qquad (2.4.2.1(f))$$

式中，E_x^* 是层压板在破坏时的割线模量。当 υ_{21} 和 E_2 未知时，这个公式是有用的。

2.4.2.2 拉伸强度试验

仔细设计和制造的单向拉伸试件可以给出先进复合材料的良好结果，但这通常是个别情况而不是一般规律。一个大问题是胶黏加强片在端头处的提前破坏，特别是在其渐渐斜削而不是矩形截面并在整个长度上被夹头夹住的情况下。试验先进复合材料所需要的高载荷，常常在加强片的端头形成强大的剥离力，并随后使复合材料第一层出现层间拉伸破坏。一旦出现这个情况，大部分载荷将由这个外部铺层承受，该层拉伸破坏并使得加强片脱落。由于试验正交铺层试件所需载荷较低，多半不会出现这个问题。

Rawlinson（见文献 2.4.2(a)）和其他人研究了不同的层压板铺层顺序。两种均衡铺层的 0/90 和 0/±45 层压板所得到的平均强度值，都可与质量最好的单向试件测量值相当，而且数据的分散性明显降低。此外还证实了，某些层压板在试验时无须粘接加强片而可直接用液压夹头进行夹持，这样就进一步节省了试验费用。某些有时被称为"无加强片"的试件，实际上在夹头和试件之间需要一层中间层，例如，在与试件接触一侧带胶的砂纸，或涂磨料的金属网（带有保护试验机夹头的塑料）。若不使用粘接加强片，不应把 0°铺层放在层压板的外表面，因为夹头会造成其损伤。这样，对不用粘接加强片的正交铺层试验，$[90/0]_{ns}$ 层压板要比 $[0/90]_{ns}$ 好。应指出，在 $[90/0]_{ns}$ 构型下，表面应变测量对外面 90°层的基体开裂比较敏感。若使用粘接加强片，加强片材料的铺层顺序是要考虑的重要问题（见文献 2.4.2(b)）（参见 6.8.2 节）。对带加强片的试样，由 $[90/0]_{ns}$ 和 $[0/90]_{ns}$ 层压板得到的结果似乎只有很小的差别。

2.4.2.3 压缩强度试验

和拉伸试验情况一样，试验先进复合材料所需的高载荷在单向试件的压缩试验时也引起了一些问题。在压缩情况下，端头"开花"和纵向劈裂是常见的提前破坏模式。使用正交铺层试件会大大减少或消除这些模式的出现，因为试件破坏会趋向于

微屈曲或单层屈曲(见文献 2.4.2.3)。此外,报告已经指出准各向同性层压板对加载方式和端部约束不太敏感(见文献 2.4.2.3)。其他作者也报告对 $[0/90]_{ns}$ 层压板得到了相同的结果。意味着,这样评估的是材料的能力而不是试验方法的能力。

虽然已经普遍使用 $[0/90]_{ns}$ 铺层,但关于所用的"最好"层压板铺层顺序目前还没有一致的意见。根据报告,这些试件给出了高强度值和低数据分散性。由几个数据来源获得的数据(尚未公布)表明, $[90/0]_{ns}$ 层压板比 $[0/90]_{ns}$ 得到的平均值更高。还没有对这种数值高的情况得出结论性的解释,但已归因于几个因素。首先,有推测说 90°的外层可防止承载的 0°铺层在试件制造或试验中受到损伤,这些损伤若影响到 0°铺层,可能形成提前破坏的起始点。其次,认为外部 90°铺层的存在增强了 0°铺层的稳定性。若事实如此,结构分析人员将必须对外部 0°层处于主要压缩载荷方向的具体应用情况,确定由 $[90/0]_{ns}$ 层压板导出的设计性能是否适合。第三,已经知道,0°的外层增大了有加强片试件在测量区域端部的应力集中,而这据信就促使了提前破坏。第四,由于泊松效应所引起的横向拉伸应力,可能造成外部 0°铺层的劈裂。

2.4.2.4　其他性能

由于其对缺口极度敏感造成的提前破坏,单向复合材料的横向强度一直很难表征。为改善这种情况,有些研究采用了正交铺层的层压板,但这还没有很好的报告。在大多数结构分析中(除非用于分析的横向强度太低以致导致虚假的"首层"破坏预计)这些强度值的精度对结果没有重大影响,因此继续这个研究的兴趣就比较低。

普遍使用 $[+45/-45]_{ns}$ 层压板的拉伸试验来导出 $[0/90]$ (基体控制的)面内剪切强度和模量性能。这个方法得出的强度结果一般是真实材料剪切性能的下限。更详细的内容见本卷的 6.8.2 节。

2.4.3　数据正则化

出于众多的原因要对力学试验数据进行数据分析,其中包括确定多批次的统计量和以统计为基础的性能值(许用值)、比较不同来源的材料、进行材料选择、评价工艺参数以及质量保证的评估等。若所试验的试验件具有不同的纤维体积含量,这些计算或直接比较可能是无效的。正则化是把原始试验值调整到单一(规定)纤维体积含量的方法。以下各小节将讨论正则化的理论、方法和实际应用问题。

2.4.3.1　正则化理论

增强纤维性能控制的力学性能与层压板中的纤维体积含量有关。在常用的"混合律"模型中,例如假定 0%纤维体积时单向层压板的 0°拉伸强度等于基体的拉伸强度,而 100%纤维体积时等于纤维束的拉伸强度。因此忽略高纤维含量时贫脂的影响,纤维体积含量和层压板极限强度在整个纤维/树脂比例范围内是线性关系,这是由于在试件横截面内纤维体积百分比与纤维面积百分比是相同的。预期拉伸模量的情况也是如此。这样,具有不同纤维体积含量的试验件,其纤维控制的性能随纤维体积含量线性变化。

　　有两个因素可能使层压板纤维体积含量产生变化：①相对纤维总量的基体树脂总量（树脂含量）和②孔隙率总量（空隙体积）。这些因素导致由材料之间、批次之间、试板之间，以及甚至是一个试板内试件之间纤维体积含量的变化。为进行材料、批次、试板和试件比较的数据分析，必须把纤维控制的性能数据修正到一个公共的纤维体积含量。若不这样，将在数据中引入附加的变异源，可能导致错误的结论。数据正则化的处理试图消除或减少纤维控制性能的变异性。

2.4.3.2　正则化方法

　　因为理论上纤维控制的强度与刚度性能随纤维体积含量线性变化，首先一个显见的方法就是用适当的方法（基体溶解、燃烧、光学技术等）确定试验件真实的纤维体积含量，并利用一个（选取或规定的）公共的纤维体积含量比值把原始数据修正为实际值，如式（2.4.3.2(a)）所示

$$正则化值 = 试验值 \times \frac{FV_{正则化}}{FV_{试件}} \qquad (2.4.3.2(a))$$

式中：$FV_{正则化}$ 为所选的公共纤维含量（体积含量或％）；$FV_{试件}$ 为试件的真实纤维含量（体积含量或％）。

　　虽然这似乎是最直接的方法，但有其局限性。最严重的不足是，通常并不测量每个单独试验件的纤维体积。最多从每块试验试板取有代表性的一片，来估计试板的平均纤维体积含量。因为一个试板内的树脂含量可能变化很大（由于树脂在成形过程中的运动和其他原因），从这个板上切割出来的所有试件其纤维体积含量可能不一样。其结果，就不可能对每个单独的试件进行精确的正则化。此外，将基体溶解的方法对某些材料体系也是有问题的，因此为得到精确可复现的结果还需要高超的技艺（有关确定纤维体积的信息，参见 6.6.6 节）。

　　首选的数据正则化方法采用了某种措施来考虑各试验件之间纤维体积的变异。这个方法的基础是纤维体积含量和层压板固化后单层厚度之间的关系。如同早先所述，层压板的纤维体积含量是树脂含量和空隙含量的函数。对给定的空隙含量，层压板的纤维体积含量完全取决于树脂的含量。此外，对给定的空隙含量和纤维面积重量，试板厚度（从而固化后单层的厚度）也只取决于树脂含量。于是，对不变的纤维面积重量和空隙含量，固化后单层厚度就只取决于纤维体积含量。这种依赖关系就能够用各个试验件的单层厚度（总厚度除以铺层数）对该试验件进行正则化。图 2.4.3.2 给出了固化后单层厚度和纤维体积含量关系的一个例子（在结构复合材料通常感兴趣的纤维体积含量范围即 0.45 和 0.65 内，这实际上是线性关系）。

　　下面说明每个试验件正则化公式推导过程。用前面讨论的关系式，导出关于 $FV_{正则化}$ 和 $FV_{试件}$ 的表达式并代入式（2.4.3.2(a)）中。为说明简单起见，假定度量单位是一致的。

　　第一步先定义一个等效纤维厚度，它相当于用纤维材料构成一个在长丝之间没有空气间隙的实体均匀厚度板的厚度

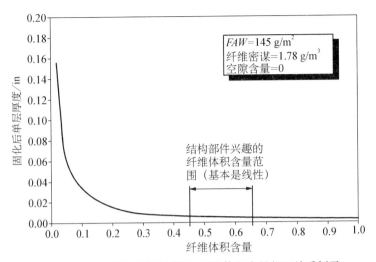

图 2.4.3.2　固化后单层厚度与纤维体积含量相互关系例子

$$t_{\mathrm{f}} = \frac{FAW}{\rho_{\mathrm{f}}} \qquad (2.4.3.2(\mathrm{b}))$$

式中：t_{f} 为实体纤维层的等效厚度；FAW 为增强纤维的纤维面积重量；ρ_{f} 为纤维密度。

于是，层压板中的纤维百分数就是这个纤维层的厚度除以层压板的总厚

$$FV = \frac{t_{\mathrm{f}}}{CPT} \qquad (2.4.3.2(\mathrm{c}))$$

式中：FV 为纤维体积含量；CPT 为层压板的固化后单层厚度。

由式(2.4.3.2(b))和式(2.4.3.2(c))得到

$$FV = \frac{FAW}{\rho_{\mathrm{f}} CPT} \qquad (2.4.3.2(\mathrm{d}))$$

这就是在图 2.4.3.2 例子中的曲线公式。接着可得到

$$FV_{\text{正则化}} = \frac{FAW_{\text{名义}}}{\rho_{\mathrm{f}} CPT_{\text{正则化}}} \qquad (2.4.3.2(\mathrm{e}))$$

和

$$FV_{\text{试件}} = \frac{FAW_{\text{试件}}}{\rho_{\mathrm{f}} CPT_{\text{试件}}} \qquad (2.4.3.2(\mathrm{f}))$$

式中：$FV_{\text{正则化}}$ 为所规定或选取用于正则化的纤维体积含量；$FV_{\text{试件}}$ 为试件的纤维体积含量；$FAW_{\text{名义}}$ 为由材料规范或其他来源得到的纤维面积重量；$FAW_{\text{试件}}$ 为试件真实纤维面积重量；$CPT_{\text{正则化}}$ 为相应于正则化纤维体积含量的固化后单层厚度；$CPT_{\text{试件}}$ 为真实试件的单层厚度（试件厚度除以铺层数）。

式(2.4.3.2(e))和式(2.4.3.2(f))联立，得到

$$\frac{FV_{正则化}}{FV_{试件}} = \frac{FAW_{名义}}{FAW_{试件}} \frac{CPT_{试件}}{CPT_{正则化}} \qquad (2.4.3.2(g))$$

再把式(2.4.3.2(g))代入式(2.4.3.2(a)),得到正则化的值

$$正则化值 = 试验值 \times \frac{FAW_{名义}}{FAW_{试件}} \frac{CPT_{试件}}{CPT_{正则化}} \qquad (2.4.3.2(h))$$

从而,可以将试验值乘以所给纤维面积重量与固化后单层厚度的比值,把每个试件正则化。按照如下重新排列后的式(2.4.3.2(e)),计算正则化的固化后单层厚度

$$CPT_{正则化} = \frac{FAW_{名义}}{FV_{正则化}\rho_f} \qquad (2.4.3.2(i))$$

虽然式(2.4.3.2(h))描述了原先式(2.4.3.2(a))的模型,但若把式(2.4.3.2(h))转变为以下形式,就不再需要计算$CPT_{正则化}$

$$正则化值 = 试验值 \times \frac{FV_{正则化}CPT_{试件}\rho_f}{FAW_{试件}} \qquad (2.4.3.2(j))$$

把$FAW_{试件}$的值定义为各个单独试件的真实纤维面积重量,但它不是按照每个试件测量。然而,由于纤维面积重量在一批材料内一般变化不大,通常用每批纤维面积重量的平均值(或者,若可能用每卷的平均值)进行正则化就足够了。对用树脂传递模塑(RTM)或其他非预浸料工艺过程制造的层压板,应使用织物或预成形件的批或卷的平均面积重量。当假设以批次的纤维面积重量来近似批次内试件纤维面积重量时,式(2.4.3.2(j))变成

$$正则化值 = 试验值 \times \frac{FV_{正则化}CPT_{试件}\rho_f}{FAW_{批次}} \qquad (2.4.3.2(k))$$

在实际应用中,纤维面积重量通常以 g/m² 为单位,纤维密度则为 g/cm³,而单层厚度可能以 in 或 mm 为单位。对这些单位,需要对公式(2.4.3.2(k))的分子采取一个变换系数;若单层厚度为英寸,变换系数为 25 400;若单层厚度为毫米,变换系数为 1000。采用这些系数,式(2.4.3.2(k))变为

$$正则化值 = 试验值 \times \frac{25\,400FV_{正则化}CPT_{试件}\rho_f}{FAW_{批次}} \qquad (2.4.3.2(l))$$

或

$$正则化值 = 试验值 \times \frac{1000FV_{正则化}CPT_{试件}\rho_f}{FAW_{批次}} \qquad (2.4.3.2(m))$$

式中:$FV_{正则化}$为规定或选择用于正则化的纤维体积含量;$CPT_{试件}$为真实试件单层厚度(试件厚度除以铺层数),in(式(2.4.3.2(l)))或 mm(式(2.4.3.2(m)));ρ_f为纤维

密度,g/cm³;$FAW_{批次}$为批次平均纤维面积重量,g/m²。

如前所述,空隙含量影响到纤维体积含量。若把孔隙率"加"到层压板内,厚度会增大而纤维体积含量会下降。但是,对给定的纤维面积重量,纤维体积含量的改变将是同样的,无论厚度改变的原因是什么(是树脂含量改变或空隙含量改变)。这样,用式(2.4.3.2(l))或式(2.4.3.2(m))进行正则化时,没有必要对空隙体积进行任何修正。当然,这要假设空隙含量不那么大或局部集中,不会降低基本的承载能力.。

一种混合方法同时采用了用试验方法得到的单个试件厚度和纤维体积的数据(基体溶解、燃烧、光学技术等)。这个方法由式(2.4.3.2(n))给出

$$正则化值 = 试验值 \times \frac{CPT_{试件}}{CPT_{批次平均}} \frac{FV_{正则化}}{FV_{批次平均}} \qquad (2.4.3.2(n))$$

式中:$CPT_{试件}$为真实试件单层厚度(试件厚度除以铺层数);$CPT_{批次平均}$为批次平均固化后单层厚度,由很多试板或试件厚度测量值计算得出;$FV_{正则化}$为规定的或选择的正则化纤维体积含量;$FV_{批次平均}$为批次平均纤维体积含量,由批次内试板大量试验确定的纤维体积计算得出。

在式(2.4.3.2(n))中,首先用试件单层厚度把试验值修正到批次平均单层厚度。这基本上是把数据正则化到公共的纤维体积含量——大概为批次平均纤维体积含量。然后进一步修正式 2.4.3.2(n)的第二个比值,把批次平均纤维体积含量修正为正则化的纤维体积含量。当没有纤维面积重量的情况下,这个方法是有用的。但是这个方法需要另外一个假设,即用于试验确定批次平均纤维体积含量的试件,具有等于$CPT_{批次平均}$的平均单层厚度。通常的情况不是如此,因为批次平均固化后单层厚度可能是由大量试板的很多测量值确定的,而批次平均纤维体积含量则可能是由比较少的试件得出。若仔细地选择纤维体积的试件使其代表批次的单层厚度,则可成功应用这个方法。

2.4.3.3　正则化的实际应用

虽然后面几节已介绍了用纤维体积含量对性能值正则化的理论修正方法,但实际上通常使用简化的工程方法。这种方法只用固化后单层厚度(CPT)来实施正则化,并不对纤维面积重量的差别进行修正,所用的公式是式(2.4.3.3)。

$$正则化值 = 试验值 \times \frac{CPT_{测量值}}{CPT_{正则化}} \qquad (2.4.3.3)$$

式中:试验值为用测量的试件单层厚度计算获得的应力、应变或模量值;$CPT_{测量值}$为试验件测量的层压板单层厚度平均值;$CPT_{正则化}$为材料为正则化规定或选择的名义固化后单层厚度(通常由材料规范给出)。

实际上式(2.4.3.3)假设,纤维体积含量只取决于固化后树脂含量,因为材料规范中纤维面积重量的容差通常小于预浸料树脂含量,只要批次纤维面积重量在规范限制值范围内,忽略纤维面积重量的变异性引起的精度损失比较小。式(2.4.3.3)

能在不必知道批次纤维面积重量的情况下进行正则化,只需要知道规定要正则化的固化后单层厚度、实际的试件厚度和层数。

采用该简化(也许不太精确)方法可能涉及在设计和分析时如何使用由正则化的数据计算基准值的问题。设计师和结构分析人员要获得确定的材料固化后单层厚度,设计师用这一厚度来确定零件和模具的尺寸,分析师则用该厚度把应力转换成载荷或反之。该厚度并不针对每批材料进行修正,但当按给定的一组工艺参数生产时,假设它是不变的。为保证在分析中正确地进行应力-载荷的转换,基准值(材料许用应力)应基于该分析师采用同一固化后单层厚度。若数据正则化基于纤维体积含量来进行(理论上正确的方法),则对应于每批的正则化纤维体积含量的正则化固化后单层厚度是变化的。因此得到的基准值可能并不精确地对应于分析师所用的单层厚度。因为采用这种简化方法不会消除批次纤维面积重量引起的小量变异性,除给出对应于确定的固化后单层厚度的基准值外,还会得到产生略偏保守基准值的附加好处。

通常的做法是对由单向带、织物和粗纱制造的层压板,将纤维控制的单层和层压板强度(无缺口和有缺口两种情况)和模量进行正则化。虽然已经观察到纤维体积会影响各种由基体控制的性能(例如面内剪切和层间剪切),但对这些影响还没有清晰的模型,因此不对这些性能进行正则化处理。在本手册的第 2 卷中,对单向层压板所有强度与刚度的力学性能值给出了正则化的值,但下列的性能除外:单向层压板的 90°(横向)拉伸和压缩、层间(3-或 z-方向)拉伸、层间剪切、面内剪切、短梁强度、应变能释放率和泊松比。

对用缠绕工艺由粗纱或相似形式材料制造的层压板,在正则化时有其独特的问题。这种结构不具有通常意义上的层:这个缠绕"层"的厚度取决于纤维束的带宽、缠绕的间隔,以及在缠绕中纤维束的扩展。因为不能直接使用名义的单层厚度和纤维面积重量,不可能用单层厚度和纤维面积重量进行正则化,必须利用正则化的纤维体积含量与纤维体积含量平均测量值之比,对这些材料的试验数据正则化(见式(2.4.3.2(a)))。

纤维控制的性能正则化后,由于纤维体积含量差别所造成的变异减少,正则化后的数据分散性应小于未正则化的情况,这样正则化后变异系数应降低。然而,所发现的情况并不总是如此,正则化不能总获得所预期的分散性下降,这有很多的原因:

(1)若测量的固化后单层厚度接近正则化厚度,同时纤维面积重量接近名义值,则修正系数将是小值,并可能基本上与这些数量测量时的误差同一量级。

(2)破坏起始的模式可能与纤维体积含量有关。例如在给定范围内,测量的(未正则化)压缩强度可能随纤维体积含量增加而增大。但在某个点,由于已经超过了基体支持纤维的能力,因而出现宏观尺度上的失稳破坏,增加的纤维并不能增加强度。在这个情况下,强度与纤维体积的关系遭到破坏,因而数据分散性不一定会因正则化而减小。

（3）试验件的缺陷可能引起提前破坏。若某些试件由于缺陷而破坏，而其他的达到了材料的真实极限值，正则化的结果将是不可预计的。

（4）若变异系数已经很小（例如小于 3％），将不能预期正则化能使其有进一步减少，因为对大多数复合材料性能，所观测到的这个变异水平几乎已是最小的了。

对正则化以后数据分散性不变通常并不关注。但若正则化以后数据分散明显**增大**，则应研究其原因。

2.4.4　异常数据的处理

检测异常数据点（比一个数据集内其他观测结果高很多或低很多的观测结果）是统计分析的一部分，这将在第 1 卷 8.3.3 节进行讨论。虽然 8.3.3 节发出警告，在发现错误的原因前不能抛弃异常数据，但有些情况下可以（也应）根据判断把异常值去掉。下面几节试图对判断过程增加某些内容，以使应保留的异常值不会意外被抛弃，同时不要保留那些应抛弃的异常值。

根据这个讨论的宗旨，假定试验目的是对按规定程序和参数来进行浸润处理和试验，进行材料性能的表征。若是这种情况，试验数据的变异性应（理想地）只反映材料的变异性（原材料质量、组分工艺变异性、混合比等）、工艺参数变异性（在试件制造工艺控制范围内）、试件在试验以前的环境历程变异性（在控制范围内）以及试验机参数在容差以内的变异性。在实际中还有因为未知或不可控因素造成的不可避免的变异。然而，增大观测数据分散性的误差源超出了这些不可避免的和容许的变异源。这些附加的变异性可能是由于内部制造的原因、工艺参数超过允许的控制限、试验夹具或试验机的缺陷和其他任何可检测或不可检测的因素造成的。处理异常数据的任务就要确定（根据物理迹象和判断），这数据变异是反映了容许的材料和工艺变异性（此时要保留异常数据），还是由于外部的错误（此时要抛弃异常数据）。

检出异常数据后（或者目视检查数据，或者用统计检验），首先应根据物理的迹象识别其原因。在下面列出几个举例的情况，可用以作为抛弃异常数据的依据（所列举的内容还不完整）：

（1）材料（或一个组分）不符合规范；

（2）一个或多个试板或试件制造参数超差；

（3）试验件的尺寸或取向超差；

（4）在试验件中检测出（不是所研究的）缺陷；

（5）在试件的预浸润处理中出现错误（或浸润处理参数超差）；

（6）试验机和/或试验夹具以某种特定并可确认的方式设置不当；

（7）试验件以某个特定并可确认的方式在试验机中安装不当；

（8）试验参数（速度、试验温度等）超出了规定的范围；

（9）试验过程中试验件在夹头内打滑；

（10）试验件的失效不是试验要求的模式（加强片脱落、不想要的弯曲、破坏在工作段以外等）；

（11）验证产生异常数据的可疑条件而进行的试验；

（12）数据正则化不当。

一旦搜索物理迹象无结果，则开始进行判断。有很多方法来评定那些没有找出物理解释的异常数据。建议如下可能的过程，其流程如图 2.4.4 所示。

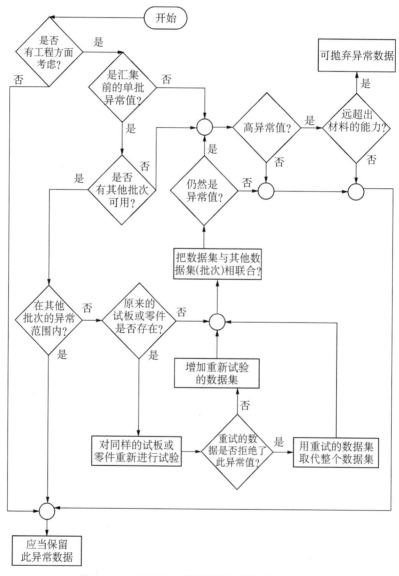

图 2.4.4　处理未查明原因异常数据的判断过程

当检测出一个异常值时,它可能是、也可能不是要关注的问题。若把它夹杂在数据中并不影响基准值的计算,也不会导致其他工程问题,则可简单地将其保留而不再加以考虑。

若在单个批次或单个数据集内检出了一个异常数据点,同时,若还有另外附加的数据集(制造、浸润处理和试验的情况相同),有很多考虑可用来支持判断的过程调用。反之,若没有可用的附加数据集,或者在把几个数据集加以联合(汇集)以后才检出异常值(见第 1 卷 8.3.1 节),则只有很少的选择可考虑,而判断将更带有主观性。

对单个数据集中有一个异常值,若还有附加数据集可用,首先考虑并确定所考察的异常值是否在其他数据集的非异常值范围内。若它在其他数据集的非异常值范围内,推荐将此异常值保留。

若单个数据集中的异常值也在其他数据集的非异常值范围外,下一个选择就是从与原异常值数据所对应的相同零件或试板中取出试件并重新试验,以获得重新试验的数据。若重新试验的数据拒绝这异常数据,可以用这个重新试验的数据集替代原先的整个数据集,然后把这替换的数据集和其他的数据集相联合。若重新试验的数据依然存在异常值,则保留原先的数据,并将其和其他的数据集进行联合,也可以把这个重新试验的数据集增加到数据总体之中。无论是否更换原先的数据,接着都要检查联合数据集的异常值。若在联合数据集中没有检测出异常值,则无需对其进行删除。

若在联合的数据集内有若干异常值(或者在单个数据集内有异常值但没有可用的附加数据集),这个判断过程变得更具有主观性。在此情况下,建议只考虑删除高的异常值。通常,若一个高的异常值如此之高以致根据经验和其他来源的相似试验结果已经显然超出了已知或预期的材料能力,则可以将其删除。若在单一的数据集存在低异常值并且没有可用的附加数据集,应试验一些附加的批次并重复判断的过程。没有附加批次的信息,重新试验同样的单一批次试验是不充分的。

注意,这个判断过程不是去确认具体的原因,也不实际检验源于不正常变异的可疑数据。这个判断过程试图建立一批信息以便得出结论:(由预期的材料、工艺或试验变异之外的某个因素引起的)不正常变异极有可能是异常值的根源。应在确定并量化物理原因的所有努力都失败后,才使用这种处理异常值的方法。用这个判断过程决定的任何数据删除,都应在文件中详细说明理由。

2.4.5　数据文件编制

2.5.6 节中给出了用于将数据提交给 CMH-17 数据文件详细的编制要求。对只由一个公司或一个用户使用的数据,文件编制要求可以不那么严谨,通常这些要求可在材料供应商、制造商和批准机构间协商。

2.5　为向 CMH‑17 提交数据的材料试验

2.5.1　引言

2.5 节介绍把材料性能数据在 CMH‑17 第 2 卷发表时的要求。可以从 CMH‑17 协调委员会或秘书处得到一个数据来源信息包，以帮助数据提交者向本手册提供数据。这个信息包中提供了关于数据准备、传递的建议和电子表格文件，该文件中包含有关试件、批次和材料信息的推荐形式。整个数据提供和审查的过程已在 1.5 节中说明，并概括在图 2.5.1 中。

所提供并可能公布的材料性能数据集，可被归类于后面介绍的某个 CMH‑17 数据类别，并进行检验，了解对 2.5.9～2.5.14 节中所讨论的性能，其材料与工艺（见 2.5.2 节）、取样（见 2.5.3 节）、浸润处理（见 2.5.4 节）、试验方法（见 2.5.5 节）和数据文件编制（见 2.5.6 节）是否满足要求。在本手册中只对 B 和 A 类数据给出 B 基准值。（若有足够的数据，使用一个 A 类标志并同时提供 A‑值和 B‑值。）CMH‑17 数据类型是：

- A75——充分取样数据

以统计为基础的材料性能，满足手册最严格的母体取样、数据文件编制和试验方法要求。在手册中给出 A‑值和 B‑值。在摘要汇集表中用大写字母 A 标示。

- A55——减量取样数据

以统计为基础的材料性能，采用对某种结构应用适用的减量取样，满足手册最严格的数据文件编制和试验方法要求（见第 3 卷第 4 章"积木式方法"）。在手册中给出 A‑值和 B‑值。在摘要汇集表中用小写字母 a 标示。

- AP10——汇集，充分取样数据

以统计为基础的材料性能，满足手册最严格的数据文件编制和试验方法要求，满足为汇集覆盖温度和湿度条件的假设，需要至少 3 种环境。在手册中给出 A‑值。在所有的环境下不少于 10 批次，且至少 60 个试件时，在摘要汇集表中用带下划线的大写字母 A 标示。

- AP5——汇集，减量取样数据

以统计为基础的材料性能，满足最严格的数据文件编制和试验方法要求，满足为汇集覆盖温度和湿度条件的假设，需要至少 3 种环境。在手册中给出 A‑值。在所有的环境下不少于 5 批次，且至少 40 个试件时，在摘要汇集表中用带下划线的小写字母 a 标示。

- B30——充分取样数据[①]

以统计为基础的材料性能，满足手册最严格的 B‑值母体取样、数据文件编制和

---

① B30 数据类型相当于 CMH‑17 的 B 到 G 版本中充分认可的类型（fully approved class）。

试验方法要求。在手册中给出 B-值。在摘要汇集表中用大写字母 B 标示。

● B18——减量取样数据

以统计为基础的材料性能,满足手册最严格的数据文件编制和试验方法(适用于对某些应用的 B-值减缩母体取样(见第 3 卷第 4 章"积木式方法"))要求。对少于 5 批的数据组不采用 ANOVA 统计分析方法计算基准值。在手册中给出 B-值。在摘要汇集表中用小写字母 b 标示。

● BP5——汇集,充分取样数据

以统计为基础的材料性能,满足手册最严格的数据文件编制和试验方法要求,满足为汇集覆盖温度和湿度条件的假设,需要至少 3 种环境。在手册中给出 B-值。在所有的环境下不少于 5 批次,且至少 40 个试件时,在摘要汇集表中用带下划线的大写字母 B 标示。

● BP3——汇集,减量取样数据

以统计为基础的材料性能,满足最严格的数据文件编制和试验方法要求,满足为汇集覆盖温度和湿度条件的假设,需要至少 3 种环境。在手册中给出 B-值。在所有的环境下不少于 3 批次,且至少 15 个试件时,在摘要汇集表中用带下划线的小写字母 b 标示。

● M——平均数据

平均材料性能,满足手册最严格的数据文件编制和试验方法要求。这个数据类型一般适用于模量和泊松比数据以及其他通常不用基准值的性能数据。在摘要汇集表中用大写字母 M 标示。

● I——临时数据

数据不满足 B 和 A 类数据要求的具体取样或数据文件编制要求。可以把临时数据再分为两类:

(1) 数据满足 B 和 A 类数据的数据文件编制要求,但试验的批数或试件重复数不够。有可能将这些数据与其他的数据汇集,构成一个满足 B 和 A 类数据要求的适当样本母体。

(2) 尽管母体取样满足 B 和 A 类数据要求,但不满足数据文件编制要求。这些数据不能用于以后的数据汇集。

● S——筛选的数据

代表少于 3 批的数据,或为批准目的由筛选试验方法得到的数据。筛选数据类型的目的是尽快使有用的新材料数据和其他信息进入手册,即使只有如 2.1.2.2 节和表 2.3.1.1 节的推荐试验矩阵所述的有限数据集。在摘要汇集表中用大写字母 S 标示。

注意,对不需要把数据收入 CMH-17 的情况,对结构应用材料数据类型的选择需按合同承包方和适航当局之间的协议。

2.5.2　材料和工艺规范要求

提交给本手册的所有材料应按对关键物理和力学性能有要求的材料规范进行制造,并应按对关键工艺参数进行适当控制的工艺规范进行生产。应将材料与工艺规范的复印件,包括要考虑收入本手册第 2 卷的数据,以电子或硬拷贝格式提交给秘书组。2.5.6 节给出了附加的数据文件编写要求。

材料供应商应按工艺控制文件(PCD)生产提交给本手册的所有材料。

材料规范、工艺规范和 PCD 应按 FAA 咨询通报 23-20"聚合物基复合材料体系材料采购和工艺规范验收指南"或其等效文件进行编制和维护。

2.5.3　取样要求

如 2.2.5.1 节所指出的,基准值的大小与获得的数据量、所代表的批次数以及各批次间生产一致性有关。在本手册中只对 B 和 A 类数据提供基准值。每种类型的最低取样要求见表 2.5.3。

表 2.5.3　CMH-17 数据类型的最小取样要求

标识	符号	说明	最低要求	
			批数	试件数
A75	A	A 基准-充分取样	10	75
A55	a	A 基准-减量取样	5	55
AP10	A	A 基准-汇集,充分取样	10*	60*
AP5	a	A 基准-汇集,减量取样	5*	40*
B30	B	B 基准-充分取样	5	30
B18	b	B 基准-简化取样	3	18
BP5	B	B 基准-汇集,充分取样	5*	25*
BP3	b	B 基准-汇集,减量取样	3*	15*
M	M	平均	3	18
I	I	临时	3	15
S	S	筛选	1	5

注:* 对每种环境条件。

2.5.3.1　对 B 和 A 类数据的附加要求

材料供应商要用生产设施来制备各批预浸料。对单向带材料,前 5 批预浸料应包含 5 个不同纤维和 5 个不同树脂组分批组(对 A 类数据,对 B 类数据为 3)。第 6 (或 4)批以后可以是前面所用纤维与树脂批组的特别组合。对涉及经向和纬向纱的织物材料,每批预浸料要用取自单独批次的纤维和树脂制成,每批织物在经向和纬向中每一个要含有不同的纤维批组,如表 2.5.3.1 所示(注:对 A 类数据,至少需要 5 批次预浸料)。

从第 6(或 4)批以后可以是前面所用纤维与树脂批组的特别组合。

表 2.5.3.1　对织物预浸料批次的纤维批组

预浸料批次	织物批次	经纱	纬纱	树脂批次
1	织物批次 A	纤维批组 1	纤维批组 A	1
2	织物批次 B	纤维批组 2	纤维批组 B	2
3	织物批次 C	纤维批组 3	纤维批组 C	3
4	织物批次 D	纤维批组 4	纤维批组 D	4
5	织物批次 E	纤维批组 5	纤维批组 E	5

注:纤维批组 1～5 必须是单独的;纤维批组 A～E 必须是单独的;但对一批织物在经向和一批织物在纬向可以用同一批组纤维。

对每种情况和性能,批次的重复试件应从至少两个不同的试板上取样,这些试板至少要分别覆盖两个工艺循环。应用超声检查或其他适当的无损检测技术对试板进行无损评估。不应从质量有疑点的试板部位截取试验件。试验计划(或报告)应记录层压板设计、试件取样细节、制造方法(包括材料可追溯性信息)、检测方法、试件截取方法、标记方案和试验方法。

2.5.3.2　数据汇集

为得到足够的数据来计算材料性能的基准值,希望有能力把多个相似但不等同的数据集相汇集。所汇集的数据集可以来自不同制造商、同一制造商在不同地方或同一制造商在工艺稍有改变时生产的材料。

关于适合进行数据汇集的决定由 CMH-17 的数据审查工作组(DRWG)作出,这个工作组将检查所有试验性能的批次间变异性(8.3.5 节)。在开始进行利用数据汇集的新试验计划以前,建议要得到 CMH-17 的数据审查工作组的事先批准。然而,由 CMH-17 数据审查工作组批准进行具体数据的汇集过程,并不能保证在试验结束后该材料数据集可以进行汇集。推荐在投入大量资源进行大规模试验以前,对数据的可汇集性做初步的研究。

对几个制造商希望共同建立提交给 CMH-17 的 B 基准数据的情况,CMH-17 的数据审查工作组要预先批准汇集程序。必须具有并采用标准的材料及工艺规范。最低取样要求是最少 3 个制造商,各自至少用 3 个不同批次的材料生产试板。按照 2.5.3.1 节所讨论的,必须从 5 个不同的预浸料批次中取样少 9 批,并要遵照 2.5.3.1 节中有关各批重复件、加工处理、检测、计划编制以及报告要求。

2.5.4　浸润处理要求

对环境浸润处理推荐采用 ASTM D5229(方法 A 或 B),2.5.5 节选择试验方法的要求适用于对浸润处理方法的选择。数据报告需要用文件记录所用的指南和试验件总的吸湿量,只要有适当的文件记录,也可接受其他的浸润处理方法。

2.5.5　试验方法要求

当把数据提交给 CMH-17 考虑收入本手册第 2 卷时,具体使用的试验方法标准以下面的概念为基础。理想地,应由一个独立自主公认的标准组织(其中可包括来自材料供应商、最终用户、学术界或政府的代表),对试验方法的适用性、精确度和偏差进行严格的评价。应能在可引用的公开发表出版物中得到这个评价和试验方法,并包括不同试验室间的验证(round robin)试验。在很多情况下得不到满足上述准则的试验方法,则必须为数据提交而选取不太严格满足要求的方法(下面的 2 或 3)。

根据材料的结构复杂性等级(见 2.1.2.1 节)和性能,CMH-17 协调委员会已经确定了一些具体的试验方法,用于准备提交数据供本手册第 2 卷发表的情况。这些方法将在第 3 到 7 章中指定或说明,它们满足下面的一个或多个判据:

(1) 适用于先进复合材料和通用的方法,已经完成了下列工作:

- 在公认的标准制订组织赞助下的 Round robin 试验(不同试验室间的验证试验);
- 对精确度和偏差的严格审查;
- 在公认的标准制订组织的公开文献中发表。

(2) "共同习惯"的方法,它还没有按上面的(1)进行标准化,但在复合材料工业界通用,能在可引用的公开文献出版物中得到,其标准化进程已正式开始。

(3) 对具体的结构或工艺/产品形式还没有满足以上要求的标准方法,由 CMH-17 协调委员会一致同意选择的其他试验方法。这方法可能已由 CMH-17 工作组或由其他组织建立,其标准化进程已正式开始。

用于向本手册提交数据的这些试验方法,在进行试验时必须满足表 2.2.4 中概括的本手册建议。对 B 和 A 类数据,需要充分认可的试验方法。对 I 类数据可以接受临时试验方法。对 S 类数据可以接受筛选试验方法。

CMH-17 批准的方法

要仔细检查作为数据基础的试验方法。若该方法是由 CMH-17 在第 1 卷第 6 章和第 7 章中推荐的方法之一,则该数据不应由于试验方法的选择而被拒;若数据是用已获批准的较早版本,而不是现行版本得到的,则要注意其差别,但通常不会对是否接受该数据有影响。

未获 CMH-17 批准的方法

若该数据是由未列入 CMH-17 批准列表的试验方法获得的,必须注明与已获批准方法的差别;试验方法和数据要由试验工作组进行审查,该工作组将对 DRWG 提出建议供考虑。若这些方法间有重大差别,则可能要求数据提供者对有疑问的性能进行比较试验。若未经批准的方法得到的结果与已获批准的方法类似,则该数据会被接受,并注明与 CMH-17 批准方法的差异。此外,对可被接受的数据,所遵循的方法必须是可公开获得和以正式批准、发布和出版格式出现(即不是建议、标准草案或公司专利文件)。

失效模式和部位

每一数据组都要同时给出对失效模式的描述,应按标准试验方法中的规定报告失效模式。要陈述的最重要的内容是得到什么样的失效模式:对拉伸载荷是纤维断裂,除非在加载方向没有纤维;可接受的压缩失效不包括屈曲,和/或对剪切载荷是基体失效。只有当强度值在试验母体内,加强片失效才可接受。所有的夹持/加强片/圆弧区失效要由 DRWG 来处置。

2.5.6　数据文件编制要求

本节简要说明为将数据收入 CMH - 17 第 2 卷时必需的数据文件编制要求。数据必须满足向本手册提交数据时有效的数据文件编制要求,表 2.5.6 中给出了在本手册公布数据时有效的数据文件编制要求。注意,这些要求今后会有修改,因此,最新权威版本的数据文件编制要求可能与表 2.5.6 略有区别,必须从秘书处或协调委员会得到最新权威版本。

2.2.13 节提供了数据文件编制的一般建议。数据文件编制要求的核心,是数据库建立过程的完全可追溯性和可控制性,整个过程包括从材料生产、经过采购、制造、机械加工、浸润处理、测定、试验、数据收集、数据正则化直到最终的统计分析解释。关于复合材料力学试验的关键信息项目汇集见表 2.5.6,应在任何这类材料性能测定的文件报告中包括这些内容。提交给秘书处的任何数据中应包括带有标记(•)的项目。在提交证明所提交数据的 B、A 类数据的文件内,必须包括带有标记(⊗)的项目以及带有标记(•)的项目。秘书处希望提交带有标记(•)的项目,若可能,这个信息将出现在第 2 卷中。在第 1 卷 2.2.13 节中讨论了关于内部文件编制的建议。秘书处应可追溯并可得到所有合理的信息[①],以便确认统计异常值。

表 2.5.6　文件编制要求

材料识别——所有复合材料都需要

- 材料识别
- 材料种类(例如,C/EP)
- 材料采购规范

基体材料——所有复合材料都需要

- 商业名称
- 制造商
- 制造日期,最早与最晚
- 每批的批号
- 名义密度与试验方法

增强体——所有复合材料都需要

---

① 例如紧固件类型和拧紧力矩状态适用于螺栓挤压试验,但不适用于拉伸试验,因此对挤压试验需要报告这一信息,但对拉伸试验就不需要。

（续表）

- 原丝类型（即 PAN，人造纤维）
- 商业名称
- 制造商
- 制造日期，最早和最晚
- 每批的批号
- 表面处理（Y/N）
▼ 表面处理种类
- 表面处理剂（上浆剂）类别与总量
- 密度（每批料平均）与试验方法
- 名义长丝支数（纤维根数）
- 捻度

预成形件

- 预成形件式样
- 预成形件标识
- 预成形件制造商
- 预成形件制造方法——模塑，缝合，RFI 等
- 预成形件层数
- **2 - D　织物**
▼ 织物制造商/织造商
- 织物族别（纹路组织）
- 织物标准样式编号（玻璃纤维织物特有）
- 织物上浆剂类别
- 织物上浆剂含量
- 每英寸的织物经向和纬向纱束支数（根数）
- 每批的纤维面积重量[①]
- 织物纬向纤维（若不同）
- **3 - D　机织材料**（包括三轴织物）
- 连锁描述
- 经向纤维长纱支数（根数）
- 纬向纤维长纱支数（根数）
- 斜向纤维长丝支数（根数）
- 机织纱长丝支数（根数）
- 经纱百分数
- 纬纱百分数
- 斜角纱的角度（相对轴线纱，正角）
- 斜角纱百分数
- 机织纱百分数
- 厚度方向纱的百分数
- 节距长度
- 经线长纱支数（根数）

---

① 见零件说明，纤维面积重量。

（续表）

- 纬线长纱支数（根数）

缝合信息

- 缝合形式
- 缝合线
- 缝合轴向间距（针距）
- 缝合行距
- ▼ 缝线的旦尼尔
- 缝线长纱支数（根数）
- 偏轴纱支数（根数）
- 偏轴纱角度

编织信息

- 编织描述
- 轴向纤维类型
- 编织纤维类型
- 轴向纤维长丝支数（根数）
- 编织纤维长丝支数（根数）
- 编织角
- 轴向纱百分数
- 编织纱百分数
- ▼ 编织物中轴向纱间隔

缠绕描述

- 缠绕描述

预浸料

- 单层的制造商
- 制造日期
- 材料批号
- 商业名称
- 材料形式——单向带/织物
- 每批次的纤维面积重量①
- 每批料总的树脂含量
- ▼ 挥发分含量
- 稀纱布材料类型
- 稀纱布织物形式

工艺——所有复合材料都需要

- 工艺规范
- 铺贴图解（包括袋压材料，稀纱布，，吸胶材料等）
- ⊗ 零件制造商
- 制造日期（完成日期）
- 增强体应用工艺（如何将纤维/预成形件放到一起）——见第 2 卷，表 1.4.2(b)
- 固化工艺类型（零件是如何固化/模塑成形的）——见第 2 卷，表 1.4.2(b)

---

① 见零件说明，纤维面积重量。

（续表）

- ▼ 增黏剂通用名称
- ▼ 增黏剂材料类型（例如环氧树脂）
- ▼ 增黏剂形式——气溶胶/液体
- ▼ 增黏剂制造商

工艺说明——对所有的复合材料要求适当的分组

热压罐/烘箱/压机固化
- ● 近零吸胶/吸胶工艺
- ● 把未固化零件放入热压罐/烘箱/压机的温度（包括范围）
- ● 达到固化条件的升温升压速率
- ● 后固化条件——温度、压力、持续时间，
- ● 达到后固化条件的升温升压速率
- ● 后固化条件——温度、压力、持续时间，
- ● 冷却速率
- ● 取出零件的温度
- ● 其他关键控制参数

RTM（不适用于 RFI）
- ● 在树脂注射以前的脱气步骤
- ● 初始的模具温度
- ● 预成形件插入温度
- ● 加热速率，注射树脂以前的浸渍时间和温度
- ● 使用真空（Y/N）和 Hg 柱高度（in））
- ● 注射速率（cm^3/min）、温度和压力
- ● 固化温度、压力和持续时间
- ● 冷却速率和取出零件的温度
- ● 附加后固化（Y/N）——温度、持续时间、在模具内/自由放置

零件说明——所有复合材料都需要

- ● 形式（试板、管等）
- ● 铺层数
- ● 铺层编码
- ● 纤维面积重量①，名义值，按批次或按零件，和试验方法
- ● 名义纤维体积含量* 和试验方法
- ▼ 树脂含量（重量或体积），名义值和试验方法
- ⊗ 空隙含量，名义值，按批次或按零件，和试验方法
- ● 密度，名义值，按批次或按零件，和试验方法
- ● 单层厚度，名义值，按批次或按零件，和试验方法
- ● 玻璃化转变温度（湿和干态，名义值）和试验方法

试件制备——所有复合材料都需要

---

① 需要每批或每块试板的纤维体积含量或纤维面积重量（*FAW*）。对预浸料，可以用批次或卷的平均 *FAW*。对其他材料，可用组装增强体（织物、编织物或预成形件）的批料或卷的平均 *FAW*。如果使用附加的面外增强材料，例如缝合，可以在加上面外增强体前得出这个（例如未缝合织物的）批次或卷的平均 *FAW*。

（续表）

- 试件取向
- ⊗ 加强片胶接固化温度（名义值）

力学试验——所有复合材料的力学试验都需要

- 试件数
- 试验方法（列举与标准方法的**所有**差别，包括报告的要求。假定除所列的差别外均遵照这试验方法）
- 适用标准的日期
- 试验日期
- 每个试件的厚度
- 试件浸润处理的标准方法
- 浸润处理温度①
- 浸润处理湿度
- 浸润处理时间
- 浸润处理环境（若不是试验室的大气环境），若可能，流体的标准标识
- 平衡（Y/N）
- ⊗ 吸湿量，规定是吸湿量还是摄取量
- 试验温度
- 开始加载前在试验环境下经历的时间
- 紧固件类型和拧紧条件（挤压、机械紧固件连接（MFJ）、充填孔）
- 孔的直径（开孔/充填孔、挤压、MFJ）
- ▼ 孔的间隙，划窝角和深度（充填孔、挤压、MFJ）
- 每个连接板（挤压，MFJ）的名义厚度、宽度和材料
- 边距（挤压、MFJ）
- 夹具拧紧力矩（如 SACMA RM‑1）
- 试验终止时的剪切应变（剪切）
- 失效模式识别和位置
- 所有未正则化的（原始）数据
- 模量和泊松比计算方法
- 得出拐点强度的方法（挤压）
- 得出比例极限的方法（挤压）
- 计算断裂韧性的方法（断裂韧性）

注：● 提交秘书处时需要的；
　　⊗ 对 B 和 A 类数据，提交秘书处时需要的；
　　▼ 秘书处需要的，若可能则提供。

　　该表中的项目都是按力学性能试验要求的信息列出的。文件编制要求按制造各个阶段可能的形式进行分组，并确定了所有复合材料都需要的组别。所有的材料类型都需要按**材料标识**、**基体材料**和**增强体**分组。在**预成形件**和**预浸料**组内的项目，则要求根据材料制造的附加步骤按照各个制造形式标明。例如 2‑D

---

① 如果浸润处理用多步处理的方法，要提供每步浸润处理的信息。

织物的预浸料将需要**预成形件**组的 **2-D 织物**部分和**预浸料**部分。关于适当**说明工艺过程**的节(内容)也应使用。其余各组适用于所有的力学性能试验。注意,这些项目的分组按照其是否需要包括特定制造阶段的相应信息决定。对大多数的项目,也就是获得该信息时的制造形式。对后面的分组也有少数例外情况。例如,关于稀纱布的信息包括在**预浸料**组中,因为其需要稀纱布的信息。纤维面积重量应在最适当的制造阶段来测量。有些个别的文件项目若不适用就不需要使用它们[①]。

其他类型试验或材料等级所需要的信息也是相似的。例如,预浸料性能试验将需要预浸料、增强材料、基体和(也许)织物的信息,同时需要关于试件制备和试验方法的相应信息。

2.5.7　数据正则化

2.4.3 节包含了对正则化理论和实践的详细讨论。虽然 2.4.3.2 节介绍的方法理论上是进行正则化最好的方法,但对本手册数据的正则化,要采用如 2.4.3.3 节讨论的更常用的方法,即按名义固化后单层厚度进行正则化。虽然该方法对纤维面积重量的变化不修正,但精度损失很小,并如 2.4.3.3 节中所讨论的,在具体操作方面有好处。因此对 CMH-17 要正则化的那些性能,要把式 2.4.3.3(a)用于由单向带或 2 维宽幅织物制造的试件获得手册数据的正则化。名义固化后单层厚度要取自适用的材料规范,它应等于或很接近试验件平均固化后单层厚度。

2.5.8　统计分析

手册的所有数据均按照 8.3.1 节的流程图进行分析。按照下列顺序考虑模型——正态、Weibull、对数正态以及非参数模型。统计方法的选择包括对数据汇集的考虑(见 2.5.3 节),要经过数据评价工作组的审查并得到批准。

2.5.9　单层和层压板的力学性能

每种材料手册的力学性能值将在第 2 卷的数据汇总中列出。

2.5.9.1　得自层压板的单向性能

2.4.2 节给出了由层压板"反推"单向材料单向层力学性能的方法。将按照图 2.5.1 的程序,考虑把这个方法得出的数据包括到手册中。虽然 2.4.2 节的方法适用于很多铺层情况,但还在继续探索其他的可能性,到目前为止,只有 $[90/0]_{ns}$ 层压板被 CMH-17 协调委员会认为是可接受的。

2.5.9.2　强度和破坏应变

强度和破坏应变的手册值均应满足 2.5.3 节对每个性能和每种条件的取样要求。对准备包括在母体内的数据,必须认为其失效模式对所用的试验方法是可接受

---

① 例如紧固件类型和拧紧状态适用于螺栓挤压试验但不适用于拉伸试验,因此对挤压试验需要报告这个信息,对拉伸试验就不需要。

的。为汇总不同环境条件的数据,它们必须显示有类似的物理失效模式,即对拉伸纤维控制性能的拉伸纤维断裂。要对压缩载荷下的情况予以特别关注,因为可能有多种失效模式。要按 2.4.3 节和 2.5.7 节对强度进行正则化。将按照 8.3.1 节所述对强度和破坏应变进行完整的统计处理,包括异常值检出、数据汇集试验、分布的确定以及 B 基准值计算。

2.5.9.3　失效模式和部位

每一数据组要同时给出对试验件失效模式的描述,失效模式的报告要按标准试验方法的规定。确定数据是否可接受最重要的要素是得到的失效类型:例如对拉伸载荷是纤维断裂;可接受的压缩失效不包括柱失稳模式,和/或对单层剪切载荷的基体失效。只有当其数量没有超出母体的一定比例,且强度值在试验母体的其他数值范围内,加强片脱落失效才是可接受的。所有的夹持/加强片/圆角失效要由 DRWG 处置。

2.5.9.4　弹性模量,泊松比和应力/应变曲线

在确定的固定的应变范围计算弹性模量(杨氏模量或剪切模量)与泊松比的手册值,应满足 2.5.3 节对每个性能和每种条件的取样要求。弹性模量应按 2.4.3 节和 2.5.7 节进行正则化,并对结果按 8.3.1 节所述进行统计分析。将列表给出模量的最小值、平均值、最大值以及变异系数(CV)值,并列表给出泊松比的平均值。报告中应包括计算方法和每个性能的应变范围。若提供了应力/应变数据,将用 8.4.5 节介绍的方法计算平均应力/应变曲线,并按第 2 卷,1.4.2 节给出报告。

2.5.10　化学性能

此节留供以后补充。

2.5.11　单层和层压板的物理性能

物理性能(若可能,在 23±3℃(73±5℉))的手册值将在每个材料的数据汇总中列出。若可能,另外的值将以温度或其他参数的函数形式用图给出。

2.5.11.1　密度

应对测定任何力学性能的每批材料,在规定的温度(没有特定要求时使用 23±3℃(73±5℉))下由至少 3 个试件平均得出密度的手册值。

2.5.11.2　组分

此节留供以后补充。

2.5.11.3　平衡吸湿量

应按规定的相对湿度和温度(没有规定要求时使用 85%RH,82℃(180℉)),由每个情况至少 3 个试件平均得出平衡吸湿量的手册值。若能够得到平衡吸湿量随温度和相对湿度变化的补充信息,应以图的形式给出这些值。

2.5.11.4　湿扩散率

应在规定的温度(没有规定要求时使用 82℃(180℉))下,由每个温度至少 3 个试件平均得出湿扩散率的手册值。若能够得到湿扩散率随温度和相对湿度变化的

补充信息,应以图的形式给出这些值。

2.5.11.5 湿膨胀系数

应按照与热膨胀系数相同的方式(见 2.5.12.1 节),得到并报告湿膨胀系数的手册值。

2.5.11.6 玻璃化转变温度

应对干材料和湿材料状态,由每种状态至少 3 个试件平均得出玻璃化转变温度的手册值。6.6.3 节中讨论了关于玻璃化转变温度测试和湿态保持的指南。

2.5.12 热性能

在汇集中列出了热性能的室温值。若可能,按第 2 卷 1.4.3 节把其他热性能值与温度函数关系在单张图中给出。应对规定的温度或温度范围确定每个性能。在表 2.5.12 中对不同基体材料,给出了不另行规定时采用的温度默认值。所有材料的室温默认值是 23℃(73℉),对所有默认温度值的容限是 3℃(±5℉)。

表 2.5.12　手册中热物理数据的默认温度

基体材料族	默认高温		默认温度范围	
	℉	℃	℉	℃
环氧树脂	220	104	73～275	23～135
双马来酰亚胺	350	177	73～450	23～232
PEEK	220	104	73～250	23～121
聚酰亚胺	550	288	73～600	23～315

2.5.12.1 热膨胀系数

应按规定的温度范围(在没有规定,使用表 2.5.12 中相应基体材料族的默认温度范围),对每个温度范围用至少 5 个试件的平均得出平均线性热膨胀系数(CTE)的手册值。应清楚注明热膨胀的参照温度。

2.5.12.2 比热容

应按规定的温度(在没有规定要求时,使用默认的室温),对每个温度用至少 3 个试件的平均得出常压的比热容手册值。

2.5.12.3 热传导率

应按规定的温度范围(在没有规定要求时,使用表 2.5.12 中相应基体材料的默认温度范围),对每个温度范围用至少 3 个试件的平均得出平均热传导率的手册值。

2.5.12.4 热扩散

应按规定的温度(在没有规定要求时,使用表 2.5.12 中相应基体材料的默认高温作为中间温度),对每个温度用至少 3 个试件的平均得出热扩散率的手册值。

2.5.13 电性能

此节留供以后补充。

2.5.14 疲劳

疲劳定义为在适当的环境条件下重复机械载荷作用所造成的性能变化。对纤维控制的铺层设计,并使面外载荷最小的聚合物基复合材料结构,通常不认为疲劳是制约设计的性能,但受高周疲劳载荷的构件是例外,例如旋翼桨叶、螺旋桨叶片和发动机风扇叶片。这些结构会遇到高周循环载荷(高达 5×10^8),因而其设计不能只考虑静力和损伤。在这些结构应用中,疲劳是一个重要的性能。可以用试样、元件和构件试验的"积木式"设计/验证方法来保证足够的疲劳寿命。

应在不同的研制级别上阐明疲劳问题:

- 基本材料性能筛选——主要目的是比较不同的材料以便选择。
- 设计许用值——目的是以足够的重复试件试验和条件来表征所选的具体材料,确保通过分析完成的设计具有适当的性能。这一级试验的另外用途,是为进行更高级别(更复杂)元件和组合件试验确定疲劳放大系数。

关于用单层疲劳数据导出层压板的疲劳许用值还没有公认的做法,因此,推荐以结构特定层压板为基础的许用值。ASTM D3479"聚合物基复合材料拉-拉疲劳标准试验方法"是一个通用的试样试验方法,可以用作疲劳试验方法的指南。注意,该发布的试验方法用于拉-拉疲劳,而一般对复合材料更关键的是压-压和拉-压疲劳。

下面是某些关于试件疲劳试验的一般指南。疲劳数据是在设计关键试验条件(即 $-54℃(-65℉)$、室温或湿/热)下产生的。设计关键试验条件更多依赖于应用情况。对湿/热试验,应在试验以前使试件达到希望的吸湿水平,并在实际疲劳试验过程中保持该吸湿水平。而希望的吸湿水平本身又依赖于应用情况,可能是某个规定相对湿度的平衡吸湿量,平衡水平的某个百分数,或由具体应用环境、零件几何特性和计划服役寿命所规定的某个其他条件。作为举例,文献 2.5.14(a)(J. Rouchon)中包含了由一个适航机构所用的方法。

和得到静力设计许用值的过程一样,在疲劳试验中也可使用缺口试样。这个方法可能是非保守的,因为与无缺口的试件相比,缺口试件在最大应力横截面的材料量大为降低。若试件试验的目的是考虑材料和工艺过程变异对疲劳性能的影响,则无缺口试件是更适当的构型。无缺口试件的失效将从试件中固有的随机破坏位置开始,而有缺口试件的失效则限于从试件中的制造缺口处起始。

若疲劳试验的目的是对工艺变异性提供结构级的评估,则采用真实的制造异常可能更加合适。在循环载荷环境下,基于复合材料结构的制造异常如分层、脱胶、纤维断裂是重要的,因为,对无扩展损伤容限方法中必须表明它们没有明显扩展;或者,对有扩展的损伤容限方法,在构件的寿命期间将其检查出来以前,它们不会扩展到临界长度。通常推荐用元件、构件和组合件级的疲劳试验,来证实允许的制造异常极限,并用以建立使用中的检测要求。

可以用3个 R 比值,即 $R = 0.1$(拉-拉)、$R = 10.0$(压-压)和 $R = -1.0$(拉-压)

来评价面内材料性能的疲劳数据.设计疲劳载荷情况可能没有指出完整的载荷谱情况,但用这3个R比值就可构成一个Goodman图(见文献2.5.14(b)),来帮助预计任何给定R比值时的疲劳.对层间的性能,推荐执行两个低R比即$R=0.1$和$R=-1.0$.对面外(厚度方向)疲劳,不需要$R=10.0$,因为这是通常不会出现的失效模式.对层间剪切疲劳的$R=10.0$与$R=0.1$是一样的,所以不进行$R=10.0$的试验.

试验通常按载荷控制的方式进行,由于PMC的线弹性性质,一般不需要进行应变控制的试验.除非把试验频率设置成使用中的频率,设置的试验频率不应使试件内的温升大于$2.8℃(5℉)$,通常使用的试验频率是$5\sim10Hz$.所有试件应是热耦合的,以保证在整个疲劳试验中可以忽略对试件的温升.在试验过程中使用服役频率可能很重要,因为已经证明,增加试验频率可能增大某些材料/试验构型的疲劳寿命.

疲劳试验件的失效模式评估与静力试验件的情况同样重要.若出现不正确的失效模式,可能产生错误的数据.通常要避免不想要的失效模式,包括加强片脱胶、非工作段的失效以及在几何过渡区的纤维劈裂.为使试件的疲劳试验中出现正确的工作段失效模式,疲劳试件设计与制造质量非常重要.

试验中选择的应力水平,应在半对数疲劳应力-循环数图($S-N$图)上提供合适的数据间隔,并在所感兴趣的循环数区域提供破坏点.有关低周疲劳(LCF)40 000循环数结构的循环数范围例子是,在10^3到10^5循环之间产生破坏点.每个曲线所需要的数据点数不同,取决于其预期的用途.对材料筛选,一般8个数据点就足以确定疲劳的特性.对设计许用值,推荐对三批次使用15个数据点.回归分析或Sendeckyj方法(见文献2.5.14(c)和(d))是分析这个数据及建立B基准和A基准设计许用值曲线的有效方法.

疲劳设计许用值曲线有两种用途.首先,可用一个B基准或A基准值来确定某个特定循环数的应力最大值.另一个用途是用关键设计性能疲劳数据的数据分布,确定载荷/寿命放大系数,用于元件或构件试验.因为通常只对少量元件或构件进行疲劳试验,必须增大这个试验的载荷/寿命来考虑材料和工艺分散性.即使有基于经验的技术来预计PMC结构的寿命,也需要元件或构件试验来证实,因为在试件试验或设计分析中没有考虑到一些和具体特征有关的影响,例如铺层递减及制造的复杂性.在FAA报告(见文献2.5.14(e))中介绍了这种载荷/寿命放大方法和可靠的统计方法,以保证以有限数量的试验件获得结构应用的耐久性.载荷/寿命增大方法还可用于考虑难于在元件或构件试验中再现的环境效应.

正如以前所讨论的,复合材料中大多数的疲劳问题适用于高周结构应用.大多数飞机结构承受具有变幅和最大值的载荷范围(谱载荷),这些结构不具备高周特征.谱载荷出现了另外的复杂性,并已证明它很难在寿命预计时加以考虑.已证明对金属结构发展的累积损伤方法对复合材料是无效的,这就必然需要日益依赖经验的方法来进行寿命验证而不是寿命预计.

参 考 文 献

2.1.1(a) Rouchon J. Certification of Large Aircraft Composite Structures, Recent Progress and New Trends in Compliance Philosophy [R]. presented at the 17th ICAS, Stockholm, Sweden, 1990.

2.1.1(b) Whitehead R S, Ritchie G L and Mullineaux J L. Qualification of Primary Composite Aircraft Structures [R]. presented at the USAF ASIP Conference, Macon, GA, 27 – 29 November, 1984.

2.1.1(c) Whitehead R S and Deo R B. A Building Approach to Design Verification Testing of Primary Composite Structures, Proceedings of the 24th AIAA/ASME/AHS SDM Conference, Lake Tahoe, NV, May 1983:473 – 477.

2.2.4 Fields R E. Improving Test Methods for Composites [S]. ASTM Standardization News, Oct. 1993:38 – 43.

2.2.7(a) ASTM Test Method D570 – 98(2005). Water Absorption of Plastics [S]. Annual Book of ASTM Standards, Vol. 8.01, American Society for Testing and Materials, West Conshohocken, PA.

2.2.7(b) ASTM Practice D618 – 05. Conditioning Plastics and Electrical Insulating Materials for Testing [S]. Annual Book of ASTM Standards, Vol. 8.01, American Society for Testing and Materials, West Conshohocken, PA.

2.2.7(c) ASTM Test Method D5229/D5229M – 92(2004). Moisture Absorption Properties and Equilibrium Conditioning of Polymer Matrix Composite Materials [S]. Annual Book of ASTM Standards, Vol. 15.03, American Society for Testing and Materials, West Conshohocken, PA.

2.2.7(d) Ryder J T. Effect of Load History on Fatigue Life [S]. AFWAL – TR – 80 – 4044, July 1980.

2.2.7.1 Hedrick I G, Whiteside J B. Effects of Environment on Advanced Composite Structures [C]. AIAA Conference on Aircraft Composites: Emerging Methodology for Structural Assurance, San Diego, CA, 1977.

2.2.7.3(a) Whiteside J B, et al. Environmental Sensitivity of Advanced Composites [S]. Volume 1, Environmental Definition, AFWAL – TR – 80 – 3076.

2.2.7.3(b) MIL – STD – 210C. Climatic Information to Determine Design and Test Requirements for Military Systems and Equipment [S].

2.2.7.3(c) Sanger K B. Certification Testing Methodology Structures [R]. Naval Air Development Center Report NADC – 86132 – 60 on Federal Aviation Administration Report DOT/FAA/CT – 36/38, Jan. 1986, p. 38.

2.2.8(a) Hedrick I G, Whiteside J B. Effects of Environment on Advanced Composite Structures [C]. AIAA Conference on Aircraft Composites: Emerging Methodology for Structural Assurance, San Diego, CA, 1977.

2.2.8(b) Schneider P J. Conduction Heat Transfer [M]. Addison-Wesley, 1955.

2.2.8(c) Whiteside J B, et al. Environmental Sensitivity of Advanced Composites [S]. Vol. I Environmental Definition, AFWAL – TR – 80 – 3076.

2.2.8(d) Whitehead R S, Kinslow R W. Composite Wing/Fuselage Program [R]. Vol. IV Test

Results and Qualification Recommendations, AFWAL - TR - 88 - 3098.

2.2.8.1(a) Garrett R A, Bohlmann R E and Derby E A. Analysis and Test of Graphite/Epoxy Sandwich Panels Subjected to Internal Pressures Resulting From Absorbed Moisture [R]. Advanced Composite Material Environmental Effects Symposium, Sept. 1977.

2.2.8.1(b) Ashford L W. Analysis and Test of Carbon/Bismaleimide Laminates Subjected to Internal Pressures Resulting From Trapped Moisture [C]. Proceedings of the 18th International SAMPE Technical Conference, Oct. 1986.

2.2.8.1(c) Kim H J, Bohlmann R E. Thermal Shock Testing of Wet Thermoplastic Laminates [C]. Proceedings of the 37th International SAMPE Symposium, March 1992.

2.2.10.1 James B F, Norton O A, Alexander M B, Anderson B J and Euler H C. The Natural Space Environment: Effects on Spacecraft [R]. NASA RP - 1350, NASA Marshall Space Flight Center, AL, 1994.

2.2.10.2(a) JPL Publication 95 - 17. Protocol for Atomic Oxygen Testing of Materials in Ground Based Facilities.

2.2.10.2(b) Dooling D, Finckennor M M. Material Selection Guidelines to Limit Atomic Oxygen Effects on Spacecraft Surfaces [R]. NASA/TP - 1999 - 209260, June, 1999, NASA Marshall Space Flight Center, AL.

2.2.10.3 Belk C, Robinson J, Alexander M, Cooke W and Pavelitz S. Metroriods and Orbital Debris: Effects on Spacecraft [R]. NASA RP - 1408, NASA Marshall Space Flight Center, AL.

2.2.10.4 Vaughan W W, Niehuss K O and Alexander M B. Spacecraft Envoronments Interaction: Solar Activity and Effects on Spacecraft [R]. NASA RP - 1396, NASA Marshall Space Flight Center, AL.

2.2.13(a) ASTM Guide E1485 - 92(1997). Development of Material and Chemical Property Database Descriptions [S]. ASTM Annual Book of Standards, Vol. 15.03, American Society for Testing and Materials, West Conshohocken, PA.

2.2.13(b) ASTM Guide E1309 - 00 (2005). Standard Guide for Identification of Fiber-Reinforced Polymer-Matrix Composite Materials in Databases [S]. ASTM Annual Book of Standards, Vol. 15.03, American Society for Testing and Materials, West Conshohocken, PA.

2.2.13(c) ASTM Guide E1434 - 00(2006). Standard Guide for Recording Mechanical Test Data of Fiber-Reinforced Composite Materials in Databases [S]. ASTM Annual Book of Standards, Vol. 15. 03, American Society for Testing and Materials, West Conshohocken, PA.

2.2.13(d) Rumble Jr J R and Smith F J. Database Systems in Science and Engineering [M]. Adam Hilger, Philadelphia, 1990.

2.2.13(e) The Building of Materials Databases [S]. ASTM Manual 19, C. H. Newton, ed., American Society for Testing and Materials, West Conshohocken, PA, 1993.

2.3.1.1 Standard Tests for Toughened Resin Composites, Revised Edition [M]. NASA Reference Publication 1092 - Revised, July 1983, Available NTIS.

2.3.1.3(a) NASA Contract NAS1 - 11668 [G].

2.3.1.3(b) Curliss D B, Carlin D M and Arnett M S. The Effect of Jet Fuel Absorption on Advanced Aerospace Thermoset and Thermoplastic Composites [G]. Wright

Patterson Air Force Base.

2.3.1.3(c)　Corrigan E. Thermoplastics Conference, February 1990 [C].

2.3.1.3(d)　MIL- T - 5606, Hydraulic Fluid, Petroleum Base: Aircraft, Missile, and Ordnance [S].

2.3.1.3(e)　MIL - T - 5624, Turbine Fuel, Aviation, Grades JP - 4, JP - 5, and JP - 5/JP - 8 ST [S].

2.3.1.3(f)　MIL - L - 7808, Lubricating Oil, Aircraft Turbine Engine, Synthetic Base [S].

2.3.1.3(g)　MIL - A - 8243, Anti-Icing and Deicing-Defrosting Fluid [S].

2.3.1.3(h)　MIL- S- 8802, Sealing Compound, Temperature-Resistant, Integral Fuel Tanks and Fuel Cell Cavities, High Adhesion [S].

2.3.1.3(i)　MIL - L - 23699, Lubricating Oil, Aircraft Turbine Engine, Synthetic Base, NATO Code Number O - 156 [S].

2.3.1.3(j)　MIL - T - 83133, Turbine Fuels, Aviation, Kerosene Type, NATO F - 34 (JP - 8) and NATO F - 35 [S].

2.3.1.3(k)　MIL- H - 83282, Hydraulic Fluid, Fire Resistant, Synthetic Hydrocarbon Base, Aircraft, Metric, NATO Code Number H - 537 [S].

2.3.1.3(l)　MIL - C ÷ 87252, Coolant Fluid, Hydrolytically Stable, Dielectric [S].

2.3.1.3(m)　MIL - C - 87936, Cleaning Compounds, Aircraft Exterior Surfaces, Water Dilutable [S].

2.3.1.3(n)　P - D - 680, Dry Cleaning and Degreasing Solvent [S].

2.3.1.3(o)　TT - I - 735, Isopropyl Alcohol [S].

2.3.1.3(p)　TT - S - 735, Standard Test Fluids, Hydrocarbon [S].

2.3.1.3(q)　ASTM Specification D740 - 05. Standard Specification for Methyl Ethyl Ketone [S]. Annual Book of ASTM Standards, Vol. 6. 04, American Society for Testing and Materials, West Conshohocken, PA. (supersedes TT - M - 261).

2.3.1.3(r)　ASTM Specification D4701 - 00(2006). Standard Specification for Technical Grade Methylene Chloride [S]. Annual Book of ASTM Standards, Vol. 15. 05, American Society for Testing and Materials, West Conshohocken, PA. (supersedes MIL - D - 6998).

2.3.1.3(s)　SAE AMS 1435, Rev A. Fluid, Generic, Deicing/Anti-icing, Runways and Taxiways [S]. 1999, SAE, World Headquarters, 400 Commonwealth Drive, Warrendale, PA.

2.3.1.3(t)　SAE AMS 2629. Jet Reference Fluid for Sealants [S]. SAE, Warrendale, PA.

2.3.1.3(u)　Tanimoto E Y. Effects of Long Term Exposure to Fuels and Fluids on Behavior of Advanced Composite Materials [R]. NASA Contract Report 165763, August 1981.

2.3.2.5(a)　JANNAF CMCS Test &· Inspection Panel Meeting, 23 May 1991.

2.3.2.5(b)　Military Handbook 17 Filament Winding Working Group Meeting, 18 September 1991.

2.3.5.5.2　Crews J H and Naik R A. Combined Bearing and Bypass Loading on a Graphite/ Epoxy Laminate [J]. Composite Structures, Volume 6, 1986, pp, 21 - 40.

2.3.5.6.1　DOT/FAA/AR - MMPDS - 02, Metallic Materials Properties Development and Standardization(MMPDS), 1 April 2005 [S].

2.3.5.6.2　NASM1312, Fasteners Test Methods [S].

2.3.7   Tomblin J S, Ng Y C and Raju K S. Material Qualification and Equivalency for Polymer Matrix Composite Material Systems [S]. DOT/FAA/AR - 00/47, April 2001.

2.4.2(a)   Rawlinson R A. The Use of Crossply and Angleply Composite Test Specimens to Generate Improved Material Property Data [C]. Proceedings of the 36th International SAMPE Symposium, April 1991, pp.1058 - 1068.

2.4.2(b)   Hart-Smith L J. Generation of Higher Composite Material Allowables using Improved Test Coupons [C]. Proceedings of the 36th International SAMPE Symposium, April, 1991, pp.1029 - 1044.

2.4.2(c)   Wilson D W, Prandy J and Altstadt V. An Analytical and Experimental Evaluation of 0/90 Laminate Tests for Compression Characterization [R]. presented at the D - 30 Symposium, ASTM Spring Meeting, Pittsburgh, PA, 1992.

2.4.2(d)   Standardization of Test Methods for Laminated Composites [R]. Materials Sciences Corporation Technical Progress Report, MSC TPR 3244/1706 - 002, AMTL Contract No. DML04 - 89 - C - 0023, July 1992.

2.4.2.1   Farley G L, Smith B T and Maiden J. Compression Response of Thick Layer Composite Laminates with Through-the-Thickness Reinforcement [J]. Journal of Reinforced Plastics and Composites, Vol.11, July 1992, pp.787 - 810.

2.4.2.3   Chatterjee S N, Wung E C J, Ramnath V and Yen C F. Composite Specimen Design Analysis-Volume 1: Analytical Studies [R]. Technical Report AMTL TR 91 - 5, prepared by Materials Sciences Corporation, January 1991.

2.5.14(a)   Rouchon J. Certification of Large Airplane Composite Structures, Recent Progress and New Trends in Compliance Philosophy [R]. 17 ICAS Congress, Stockholm 1990.

2.5.14(b)   Goodman J. Mechanics Applied to Engineering [R]. Longmans, Green, &. Co., Ltd. London, 1899.

2.5.14(c)   Sendeckyj G P. Fitting Models to Composite Materials Fatigue Data [S]. ASTM STP734, 1981:245 - 260.

2.5.14(d)   Sendeckyj G P. Effect of Stress Ratio Effect on Fatigue Life of Composites [R]. presented at 8th Annual Mechanics of Composites Review, Dayton, OH, 5 - 7 October, 1982, AFWAL - TR - 83 - 4005 (April 1983).

2.5.14(e)   Whitehead R S, Kan H P, Cordero R and Saether E. Certification Testing Methdology for Composite Structures [R]. DOT/FAA/CT - 86 - 39 October 1986.

第3章 增强纤维的评定

3.1 引言

本章叙述了通常用于表征有机基复合材料用增强纤维的化学、物理和力学性能的技术和试验方法,覆盖了以单向纱、纱束或纤维束和双向织物形式出现的增强材料。纤维表征一般需要先进的试验技术,并且实验室必须具有测定纤维性能的良好装备与经验。一般也公认,很多情况下,增强复合材料中显现的纤维性能的测定,最好以复合材料形式来完成。3.2~3.5节推荐了评定碳纤维、玻璃纤维、有机(聚合物)纤维及其他特殊增强纤维的一般技术和试验方法。3.6节包含可用于评定纤维的试验方法实例。

大多数增强纤维在生产过程中都经过表面处理或在纤维表面涂敷表面处理剂(如上浆剂),以改善操作性能和/或促进纤维-树脂的黏合。表面处理影响浸渍过程中纤维的浸润性,以及作为增强纤维使用时纤维-基体黏合的干态强度和水解稳定性。由于直接关系到复合材料性能,任何改进表面化学组成的处理效果一般通过复合材料本身的力学试验来度量。在纤维质量控制中上浆剂含量和其组分的一致性是重要的,并且测量这些参数是纤维评定的一部分。

3.2 化学技术

有多种化学和光谱技术以及试验方法来表征增强纤维的化学结构和组分。碳纤维的碳含量在90%~100%。一般标准模量和中等模量PAN基(聚丙烯腈)碳纤维的碳含量是90%~95%,其余材料大部分是氮。当要在高温条件下(在260℃或500°F以上)使用含这些纤维的复合材料时,其微量组分以及微量元素的影响非常重要。有机纤维通常包含大量的氢元素以及一种或多种另外的元素(例如氧、氮以及硫),可通过光谱分析来识别它们。玻璃纤维含二氧化硫[*],通常还含有氧化铝和氧化铁,还可能含有氧化钙、氧化钠和钾、硼、钡、钛、锆、硫以及砷的氧化物,这取决于

---

[*] 译者注:似应为二氧化硅。

玻璃类型。

3.2.1　元素分析

各种定量的湿重量分析和光谱化学分析技术可用于分析研究纤维中组分和微量元素。可以用 ASTM C169 来确定硼硅酸盐玻璃纤维的化学组分(见文献 3.2.1(a))。

ASTM D3178 提供了一种适用于碳和氢元素分析的标准化方法,经改进可用于碳纤维和聚合物纤维的测量(见文献 3.2.1(b))。通过在一个封闭系统中燃烧已称重样品,经充分氧化和除去干扰物质后,在吸收塔中固定燃烧产物来测定碳和氢的浓度,将碳和氢的浓度表示为干态纤维总重量的百分数。ASTM D3174(见文献 3.2.1(c))描述了可通过灰分剩余物分析测定金属杂质的有关试验。

此外,已有各种能够快速分析研究增强纤维中的碳、氢、氮、硅、钠、铝、钙、镁及其他元素的商用分析仪器。对元素分析,可以采用 X 射线荧光、原子吸收(AA)、火焰发射和电感耦合等离子体发射(ICAP)光谱技术。操作说明书和方法细节可由仪器制造商处得到。

因为碳和聚合物纤维中的微量金属组分对纤维氧化率可能有影响,所以它们对增强纤维的性能有显著影响。通常将存在的金属表示为原始干纤维重量的百万分之几,并能够通过分析灰分残余物测定。一般用火焰发射光谱法进行半定量测定。当要求定量值时,采用原子吸收法。关于碳纤维的氧化,由于钠有可能催化碳氧化,因而通常是最受关注的。

3.2.2　滴定

可以用滴定技术来测定纤维表面基团的潜在化学活性,例如,可通过测量 pH 值来测定在碳纤维制造或后处理过程中引入的可水解基团的相对浓度(见 3.6.1 节)。但由于表面官能度低,所以滴定技术一般不用于商品化的碳纤维。

3.2.3　纤维结构

X 射线衍射光谱法可用于表征结晶或半结晶纤维的整体结构。结晶度和微晶取向对碳纤维和聚合物纤维的模量及其他关键性能有直接影响。

利用工业电源供应和衍射仪装置的 X 射线粉末衍射法来表征碳纤维的结构。将纤维研磨成细粉末,然后利用 CuK 辐射取得 X 射线粉末衍射图样。通常用计算机分析谱图以测定下列参数:

(1) 平均石墨层间距:由 002 峰位置。

(2) 平均晶粒尺寸 L_c:由 002 峰峰宽。

(3) 平均晶粒尺寸 L_a:由 100 峰峰宽。

(4) 平均晶格尺寸,a 轴:由 100 峰位置。

(5) 衍射峰面积与漫射面积之比。

(6) 002 峰面积与总衍射面积之比。

(7) 100 峰面积与总衍射面积之比。

(8) 100 峰面积与 002 峰面积之比。

(9) 结晶度指数:由 X 射线衍射峰代表的结晶区与散射面积代表的无定形碳的比较。

结晶体纤维状材料的 X 射线散射表明存在明锐和漫衍射图样,这些图样表明散布的结晶相具有无定形区。结晶度指数的概念源于来自纤维的部分散射是漫射的,并因此形成所谓无定形背景的事实。因此,评价结晶度的简单方法是通过把衍射图样分离成结晶体(明锐的)和无定形(漫射的)成分而获得。结晶度指数是结晶度的相对度量,并非绝对数值结果,对于建立与纤维物理性能的关系是有用的。

广角 X 射线光谱和红外光谱技术也已发展用于测定聚合物纤维中结晶度和分子取向。试验与结果解释要求专用设备、先进计算机模型和高技术水平的专门知识。

3.2.4　纤维表面化学

通常对纤维进行表面处理以改善纤维和树脂基体材料之间的黏合性。采用气体、等离子体、液体化学试剂或电解处理以改良纤维表面,进行表面氧化或许是改良纤维表面最普通的方法。

目前对纤维表面结构、由于表面经历不同的纤维表面处理得到的改性,以及这些改性对复合材料性能的相对重要性尚未完全了解。该问题的出现是由于涉及小表面积($0.5\sim1.5\,m^2/g$)和极低浓度的官能团。如果由一种特定物质覆盖 20% 的表面,此数量仅相当于每克纤维 $1\,\mu mol$ 的化学基团。应对未经上浆剂处理的纤维进行表面表征。经溶剂脱除上浆剂后的纤维残余上浆剂会对大多数技术有干扰,而由于氧化作用和碳化产品,热解技术会改变纤维表面。

下列技术已用于表征纤维表面:

(1) X 射线衍射——提供关于晶粒尺寸和取向、石墨化程度和微孔特征方面的信息。

(2) 电子衍射——给出微晶取向、三维有序和石墨化程度(因为仅穿透1000Å,所以对于表面更好)。

(3) 透射电子显微镜(TEM)——在所有通常可用的显微技术中,该技术提供的分辨率最高。对于纤维表面的直接 TEM 分析,可用超薄切片制备样品,通常约厚50 nm。TEM 提供关于表面精细结构和显示原纤和针状微孔。

(4) 扫描电子显微镜(SEM)——给出结构和表面形态。对于测定纤维直径和识别纤维表面上形态特征(尺度、碎片、沉积物、凹点),SEM 是一项有用的技术。

(5) 电子自旋共振(ESR)光谱——给出微晶取向。

(6) X 射线光电子能谱(XPS)或化学分析电子能谱法(ESCA)——测量原子中由低能 X 射线激发的核心电子结合能。通过略微改变这些核心电子能量给出有关官能团类型和浓度的信息,来揭示表层区 10~15 nm 厚(最初几个原子层)的化学环境方面变化,表面敏感性是由于这些电子的深度在 1~2 nm 之间。

使用 XPS 或 ESCA 可以测定碳纤维中总氧含量与总碳量之比及氧化的碳(包括羟基、醚、酯、羰基和羧基官能团)与总碳量之比。

(7) 俄歇电子能谱(AES)——高能电子(1~5 keV)射向表面上产生在原子的内层能级中空位。这些空位代表已激发的离子,其可以经历去激活作用并因此产生俄歇电子。通过分析研究能量范围为 0~1 keV 的全部反向散射的俄歇电子的特征能量,可能获得最初 30 或 40 原子层(大约 30 nm)的元素成分,有时能从分析数据获得分子的信息。

(8) 离子散射能谱(ISS)——用离子作为分子探针来识别最外表面层上的元素。仅能得到原子信息,而且灵敏度取决于原子的元素。

(9) 二次离子质谱(SIMS)——为了通过质量能谱进行直接分析,用受控的带有加速离子溅射过程来除去表面原子层。SIMS 可用于识别表面分子和测定其浓度。

(10) 红外光谱(IRS)或傅里叶转换红外光谱(FTIRS)——是一种吸收振动光谱技术,用于获得有关表面化学组分的分子信息。IRS 提供关于表面分子化学组分的定性和定量信息。IR 分析的质量取决于纤维组分,并直接与样品制备期间精心操作的情况相关。

如果可以用 IR 显微镜直接检验纤维,对于直径在 0.015~0.03 mm 之间的纤维,无需制备样品。可将有机纤维压制成(高达 1000/m²)纤维网格薄膜。

(11) 激光拉曼光谱——一种补充 IR 并且应用比较简单的吸收/振动的分光技术,几乎不需要制备样品。对于直接分析,纤维可以在入射光束的路径中定向。纤维样品必须对高强度入射光是稳定的,并应不包含发荧光物质。

(12) 接触角和润湿测量法——提供一种纤维表面自由能的间接测量方法,用于预测界面相容性和与基体材料的热力学平衡。可通过直接测量接触角、物质吸收或表面速度来得到接触角与润湿测量信息。如果采用光学法,很难测量小直径纤维(<10 μm)的接触角。如果已知纤维的尺寸,通过测量将纤维浸入已知表面自由能的液体时产生的力,可以用简单的力平衡来测定接触角。该试验通常采用的仪器是 Wilhelmy 天平(见文献 3.2.4(a))。

接触角 θ 也可以用显微 Wilhelmy 技术间接测量(见文献 3.2.4(b)~(e)),把单根纤维部分地浸入液体中,并且测量由于液体表面张力施加于纤维上的力。接触角根据关系式 $F = C\gamma_{LV}\cos\theta$ 确定,式中:F 是经浮力校正测量的力;C 是纤维的周长;γ_{LV} 是液体的表面张力。该结果可以用来测定纤维表面自由能和极性影响及色散分量对自由能的贡献(见文献 3.2.4(c)和(d))。

(13) 物理吸附和化学吸附测量法——可用惰性气体或有机分子的吸附来测量纤维表面积。为获得准确的表面积评定,重要的是表面用单层完全覆盖,已知被吸附气体占据的面积,而且在微孔里不吸收大量的气体。当用有机分子的吸附代替气体吸附时,产生另外的复杂情况,因为可能必须知道吸附的分子取向来计算表面积。

吸附也可能仅在特殊的活性部位发生,如果使用溶液,溶剂分子也可能被吸附。

通过氧的化学吸附和解吸测量可以测定纤维表面的化学反应性。通过吸附测量往往能容易地探测到由表面处理所引起形貌变化(例如气孔、裂纹和裂缝)。流动微量热法对直接测量吸附热是有用的技术(见文献 3.2.4(f))。

(14) 热解吸附测量法——通过在真空中热处理使纤维上的挥发性产物解吸附。热失重分析(TGA)法、气相色谱(GC)法、质谱(MS)法、红外光谱(IRS)法分析,或组合高温热解 GC/MS,或 TGA/IRS 法可用来识别由纤维表面解吸附的成分。依据纤维类型而定,在 303°F(150℃)以下可观察到 CO,NH,CH 和各种有机分子。

(15) 通过滴定、库仑(电量)和射线照相技术进行官能团的化学鉴别。

3.2.5　上浆剂含量和化学组分

纤维上所含上浆剂的数值用含上浆剂纤维干重量的百分数表示,一般通过加热溶剂萃取纤维来测定;然后洗涤洁化过的纤维、干燥并称重。ASTM C613(见文献 3.2.5)叙述了利用 Soxhlet 萃取设备的适用方法,但是使用实验室加热板与烧杯的类似萃取方法也是很普遍的。为了准确测定,关键是要选择一种能定量除去全部上浆剂而不溶解纤维的溶剂。

对于较难溶解的上浆剂,也采用热清除技术,该技术是最为实用的。必须预先确定时间、温度和大气环境,以确保上浆剂而不严重影响纤维。为更加准确,还必须由控制试验了解上浆剂分解残余物的精确数量和纤维由于氧化作用产生的失重。SACMA 推荐的试验方法 SRM 14 - 90"碳纤维上浆剂含量的测定"说明了用于碳纤维的热解技术。

通过对用适当溶剂萃取纤维离析出来的材料进行光谱和色谱分析,可以测定上浆剂化学成分和批与批之间的化学一致性。萃取的溶剂一般使用丙酮、四氢呋喃和二氯甲烷。用液相和气相色谱法和漫射红外光谱法来分析研究或"指纹识别"萃取液的化学成分。

3.2.6　吸湿量

纤维或纺织品的吸湿量或回潮率可以用 3.6.3 节中所示方法测定。在应用该方法时必须小心操作,因为可能去除水分之外的易挥发物质。如有可能,应使用未涂上浆剂的纤维进行试验。基于试件的干重,吸湿量可以用水分质量百分数来表示。

3.2.7　热稳定性和抗氧化能力

测量纤维和纤维表面对氧化作用的敏感性,用在给定时间、温度和氛围下的失重表示。这在评定准备用在暴露于高温下塑料中的碳纤维和有机纤维时是特别重要的,因为高温使复合材料长期性能下降。热失重分析法(TGA)可用来测定碳和有机纤维的热分解温度 T_d,并评估挥发物、有机添加剂和无机残余物的相对量。

在 ASTM D4102 中给出测定碳纤维失重的标准方法(见文献 3.2.7(a))。试验方法研究了关于纤维暴露的变化,并给出类似的结果(见文献 3.2.7(b))。为了使试验结果中变异性减至最小,在进行 TGA 分析时,关键是适当控制气体流速和流动。

3.2.8 耐化学性

此节留待以后补充。

3.3 物理技术(固有的)

应用于聚合物基复合材料中重要纤维的物理性能分成两个类别:为长丝本身所固有的(内在的),和源于长丝成为纱、纤维束或织物的结构(非本征的)而导出的。前者包括密度、直径和电阻率;后者包括支(码)数、横截面面积、捻度、织物结构和单位面积重量。密度和导出性能用于和复合材料产品结构与分析所需的计算。密度和支数是质量保证的有用度量。对于航天和飞机的非结构应用方面,长丝直径和电阻率是重要的。

3.3.1 长丝直径

纤维的平均直径可以通过使用配备有图像分解目镜的读数显微镜或镶嵌一组纤维的试样横断面显微照片测定。因为纤维并不总是理想的圆柱,有效直径可由纱或纤维束的总横截面积除以束中长丝的数目来计算。横截面积也可由单位长度质量与密度比值估算。对于无规律的、但具特性形状的纤维,在计算平均纤维直径时可能需要面积系数。

光学显微镜检查能够提供有关纤维直径和直径随长度变化方面的信息。光学显微镜的分辨率上限大约为十分之一微米,因此不能用光学显微镜很好表征小于一微米的形态。在 3.6.4 节中说明测定纤维直径的详细方法。

其他技术,如扫描电子显微镜法(SEM)在测定纤维直径和截面特性时,能提供比光学显微镜法更高的分辨率,能够观察细至 5 nm 的纤维表面形态。此外,通过 SEM 提供的大视野景深有助于定义纤维表面上的三维特性和定义纤维形貌。

3.3.2 纤维密度

3.3.2.1 概述

纤维密度不仅是纤维制造中重要的质量控制参数,对于纤维复合材料空隙含量测定也是需要的,如 ASTM D2734"增强塑料的空隙含量"中所述(见文献 3.3.2.1(a))。纤维密度还可用作识别纤维的判别参数,例如:纤维密度结果能够容易地辨别 E 和 S-2 玻璃(E-玻璃是 $2.54\,g/cm^3$($0.092\,lb/in^3$),S-2 是 $2.485\,g/cm^3$($0.090\,lb/in^3$))。

通常,通过测量纤维代表性样品的体积和称重来测定密度,然后综合这些值间接地完成密度计算。用一个质量分析天平,很容易测量重量。但是测定体积,有几种方法可使用。最普遍的方法是使用简单的 Archemedes(阿基米德)方法,该法就是已知密度液体的排量法。也可通过观测试验材料沉在按密度分级液体中的水平进行密度的直接测量(见文献 3.3.2.1(b))。

排量技术中,对于体积测定几乎总是使用专用液体。但是,使用气体介质代替液体来测定纤维体积是有利的,其一个优点是将与液体表面张力有关的误差减到最小。通常将气体法称为氦比重瓶法,当使用气体排量法时,在室温下表现为理想气体(最好为高纯度氦)的有限数量气体,测量其压力变化来确定试样体积。对于测量纤维的体积和密度,氦比重瓶法是尚未认定的试验方法,然而已证明是可行的技术(见文献 3.3.2.1(c)和(d))。将此方法用于纤维尚无试验标准或指南,但在 CMH-17 试验工作组内部已编制了试验方法(见 6.6.4.4. 节)。

ASTM D3800(见文献 3.3.2.1(e))专门用于测试纤维密度。此标准包括 3 种不同的液体排量方法:方法 A 与 D792 液体排量法极为相似(见文献 3.3.2.1(f));方法 B 是将低密度的液体与高密度液体(包含纤维)慢慢地混合,直到纤维悬浮;方法 C,简单地参考 D1505,是一种密度梯度法。

关于 D1505 和氦比重瓶法的详细指南,参见手册本卷的 6.6.4.3 节至 6.4.4.5 节。注意,6.4.4 节专门涉及复合材料,但除去 3.3.2.2 节至 3.3.2.3 节中下加的注解之外,讨论的方法完全适用于纤维测量。

3.3.2.2　ASTM D3800,高模量纤维密度的标准试验方法

ASTM D3800 中采取的方法分成三个方面。除推荐的浸液仅着眼纤维外,方法 A 和 D792 是相同的,所关注的是纤维完全湿润和避免夹裹微气泡。方法 B 依靠小心地将两种不同密度的液体混合(带有浸入的纤维),当纤维悬浮在混合液体中时,用液体比重计或液体比重瓶来测定液体的密度,悬浮纤维的密度等于液体的密度。方法 C 是 D1505,通过参考文献作为 D3800 的一部分插入的。

对液体排量方法(方法 A),仪器和方法与 D792 相同,且方法 B 和 C 与 D1505 有许多共同之处后,读者可参考 6.6.4.2 节至 6.6.4.5 节,此处,只是讨论为纤维所特有的试验问题。

试验人员需要注意避免夹裹气泡、液体吸收和与纤维上浆剂涂层有关的问题(如果有的话)。直观的感觉立即会想到很难浸润透的纤维形式——无捻粗纱,要产生有意义的数据就要求完全浸润。要密切注意长丝间区域,这在 D1505 中不是严重的问题,因为纤维在插入之前可以分割及散开。因为是直接测量,与纤维样本大小不相关,浸入的许多细纤维碎片可供直接查证纤维密度差异之用。要记住,小碎片会花费数小时才沉降到其平衡密度水平,不能十分强调必须达到完全湿透。为此目的,使用高浸润、真空除气的液体会大有帮助。还要记住,纤维是溶液之外气泡成核作用的主要几何结构,如果液体未完全除气,无气泡粗纱能够迅速地形成新的气泡。

复合材料纤维的表面积与体积之比极高。对于圆柱形的形状,$S.A./V = 2/R$,式中 R 是半径,仅为几微米。对于 $7\,\mu m(0.028\,mil)$ 的纤维,此比值为 $143\,000 : 1$。因此,确保纤维和液体之间的相容性非常重要。玻璃纤维和聚乙烯纤维在这方面完全

不受影响;然而像芳纶肯定会受影响。液体浸渍时间应保持在最低限度以避免液体扩散进入纤维中。

经常认为这类问题是由纤维独自造成的,事实上通常是因给纤维涂了界面上浆剂(为改善与基体树脂粘接)。切实可行的是研究上浆剂,因为它是一种与纤维完全不同的材料(具有不同的吸收和化学特性)。因为上浆剂用于纤维的外表面,即使很薄的涂层也会立即变得很重要。例如:具有通常1%(重量)上浆剂涂层(假定密度为 $1.2\,g/cm^3(0.043\,lb/in^3)$)的 $7\,\mu m(0.028\,mil)$ 直径碳纤维,给出的最终产品具有98.5%纤维和1.5%上浆剂(按体积)。为了精确操作,在测量纤维密度之前要除去上浆剂。

3.3.2.3　对6.6.4.4.1节的推荐方法修改(氦比重瓶法),用于测量纤维密度

通常,氦比重瓶法似乎更适用于纤维体积/密度的测量(尽管这还有待于严格试验),这主要是由于惰性气体介质回避了纤维浸润性的问题,而在使用液体浸渍法时这是受关注的问题。对6.6.4.4.1节中方法推荐的修改为:

- 制备纤维样品,将纤维切割至试样池的高度,将其竖放以获得最好的包装;
- 填充试样池到至少为其全容量的30%;
- 以与浸没试验同样的方法预处理纤维;
- 按照步骤2中说明。

3.3.2.4　CMH‐17数据提交的密度试验方法

由下列试验方法(见表3.3.2.4)产生的数据目前可被CMH‐17接受,并可考虑收入第2卷中。

表3.3.2.4　用于提交CMH‐17数据用的纤维密度试验方法

性能	符号	全部合格、临时和筛选用数据	仅供筛选用数据
密度	ρ	D3800A,D3800C,D1505,3.3.2.3[①]	D3800B[②]

注:① 当用此方法产生用于随后确定复合材料空隙体积的数据时,试样必须占据试样池容积的30%。
② 由于精度限制,不推荐来自此方法的数据用于确定复合材料空隙体积。

3.3.3　电阻率

凡在需要之处,推荐将电阻率的测定作为核对工艺温度和用以确定与特定电阻规范一致性的控制措施。电阻率是一个受碳纤维结构各向异性影响显著的性能。可对单根长丝或纱进行测量。当在欧姆表或类似仪表上读数时,测定值为每给定纤维长度的电阻。接触电阻可通过获得两种不同纤维长度的电阻并计算由于较长的长度引起的差值来消除。此差值则转换为单位长度电阻值,然后乘以用一致的单位表示的纤维或纱束的面积。电阻率表示为 $\Omega \cdot cm$,$\Omega \cdot m$ 或 $\Omega \cdot in$,并且指的是沿纤维轴方向的值,很少报道横向电阻率。测定碳纤维布或碳纤维毡电阻的方法在3.6.5节中说明。

3.3.4　热膨胀系数

尽管在实验室之间进行这些测量确实存在良好的相关性,但通常没有测量纤维热膨胀系数(CTE)的标准化方法。CTE 是与方向相关的,受纤维各向异性的强烈影响。碳纤维通常具有负的轴向 CTE 和较小的正的径向 CTE。能够直接或改进后使用商用仪器(如 DuPont 943 型热机械分析仪或等同设备)来测量轴向 CTE。

纤维的 CTE 也可由单向纤维增强复合材料测得值导出。激光干涉测量法和膨胀测量法是最常用的技术。其他技术,包括一些用于未浸渍纤维的技术也已获得满意的结果。当试验复合材料时,可以使单向纤维平行或垂直定向于测量方向,来获得轴向或径向 CTE。要进行分析,必须已知纤维的模量、基体的模量和 CTE 以及纤维载荷。为了核对结果,最好是用不同纤维载荷对复合材料进行测量。

3.3.5　导热性

纤维的导热性一般由单向纤维增强复合材料轴向导热性的测量值分析确定,但已经对纤维束和单根长丝进行了一些测量,这些测试值与根据复合材料测量确定的值很一致(见文献 3.3.5(a))。两种类型测量均要求操作者的娴熟技巧和先进设备,或许最好是交给热物理实验室进行。对各类碳纤维,已经建立了轴向导热性和轴向导电性(或电阻率)之间意义明确的关系。因为电阻率是比较容易测量的,导热性的合理估算可由电阻率测量值得到(见文献 3.3.5(b))。可用脉冲激光技术测量热扩散率来确定薄复合材料的横向导热性。如果已知纤维的比热容,则能计算导热率。

3.3.6　比热容

此性能用如 ASTM D2766 所述的量热计测量(见文献 3.3.6),这也不是一个简单的测量,而最好交给有经验的实验室处理。

3.3.7　热转变温度

可用差示扫描量热仪(DSC)、差热分析(DTA)或热机械分析(TMA)测试设备测量玻璃化转变温度 T_g,如果纤维是半晶体的,还可应用于测量晶体熔化温度 T_m。在 ASTM D3418 中给出了测量有机纤维 T_g 和 T_m 的一般方法[见文献 3.3.7]。

3.4　物理技术(非固有的)

3.4.1　纱、纤维束或无捻粗纱的支数

支数一般表示为单位重量的长度如每磅的码数,或其倒数,线密度,用单位长度的重量表示。后者通常是测定值,通过在空气中准确地称量精确长度的纱、纤维束和无捻粗纱重量测定。

3.4.2　纱或纤维束的横截面积

该性能与其说是测量值,倒不如说是计算值。但在随后预浸料和复合材料的纤维用量及其他物理和热物理性能计算中,该性能非常有用,常常用作纤维制造的质

量保证判据。横截面积通过线密度(单位长度重量)除以体密度(单位体积重量)来得到,使用统一的单位。应注意到该值仅包括纤维束内全部单丝横截面积的累计总数。横截面积不受长丝间任何间隙的影响,也与任何基于纱或纤维束"直径"的计算无关。

3.4.3　纱的捻度

捻度定义为纱或其他纺织纱束中单位长度绕轴捻回的圈数。捻度有时是为改善操作性能,而在另外的一些场合中,因为其限制纱或纤维束展开所以不需要。可按照 ASTM D1423 所述的直接方法进行测量(见文献 3.4.3)。

3.4.4　织物结构

织物的性能,如可操作性、铺覆性、物理稳定性、厚度和纤维性能转化成织物的有效度等,全部取决于织物结构。对本文件来说,按使用的纤维(按类型和长丝支数)、织物类型如"平纹"或"缎纹"、和按经纱或纬纱方向织物每英寸的纱数来定义织物结构。用于航空和航天的碳纤维织物,最普遍采用的织物类型是平纹、4 枚缎纹、5 枚缎纹和 8 枚缎纹。对给定的纱,从平纹组织到 8 枚缎纹组织,织物的物理稳定性逐步降低,铺覆性依次提高。为保持满意的稳定性水平,面向 8-枚缎纹组织织物时,每英寸必须依次增加更多的纱,因此重量最轻的织物属平纹组织类型。有许多纺织工业用与结构有关的试验,它们已超出了本文件的范围。结构测量的主要标准是测定棉纱支数(ASTM D3775)、长度(ASTM D3773)、宽度(ASTM D3774)和重量(ASTM D3776)(见文献 3.4.4(a)~(d))。第 3 卷 5.5.1 节中提供了更多关于织物的信息。

3.4.5　织物面密度

虽然此性能与前述的纱支数有关,但织物面密度本身对复合材料结构和分析的计算是有用的。织物面密度表示为单位面积织物的重量。在给定纤维体积装入量条件下,织物面密度与纤维密度控制了浸渍织物固化后的单层厚度。它要按照 ASTM D3776 中所述的方法来测量(见文献 3.4.4(d))。

3.5　纤维的力学试验

3.5.1　拉伸性能

必须注意到,纤维在试样失效时的应力是与试验相关的。表 3.5.1 表明碳纤维单丝、碳纤维浸胶纱和单向层压板试样在失效时纤维拉伸应力的差别。这些数据反映了一个事实,即复合材料拉伸强度取决于包括界面特性以及纤维与基体性能等许多因素。这些数据强调需要规定纤维试验的对象,因此对验收试验,推荐采用代表复合材料行为的材料形式测量纤维强度。对碳纤维,推荐做束丝浸胶试验;对硼纤维,推荐做单丝试验。

表 3.5.1　试验方法对所测拉伸强度的影响

试　验	测得的纤维拉伸强度名义值			
	典型的碳纤维(标准模量)		典型的碳纤维(中等模量)	
	/MPa	/ksi	/MPa	/ksi
单丝	4 100	595	5 380	780
浸胶纱	4 000	580	5 450	790
层压板	3 830	555	4 590	665

3.5.1.1　单丝拉伸试验

单丝拉伸性能可使用 ASTM C1557"纤维拉伸强度和杨氏模量的标准试验方法"进行测定(见文献 3.5.1.1),该方法概述如下:

从待测样品中随机选择单丝。长丝中心线安装于专门开缝的加强片上。在带等速移动横梁试验机的夹具中夹紧加强片,以使测试样品沿轴线方向对正,然后加载至断裂。

对于该试验方法,对用面积仪测量显示在高倍放大显微照片上代表性数量的长丝横截面,也可使用其他的面积测定方法,如光学测量仪器、图像分解显微镜、线性重量密度方法等。

拉伸强度和杨氏模量用载荷-伸长记录和截面积测量进行计算。试样如图 3.5.1.1所示。

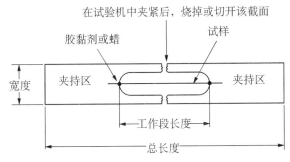

图 3.5.1.1　典型的试样安装方法(见文献 3.5.1.1)

3.5.1.2　纤维束拉伸试验

对碳和石墨纤维,推荐使用 ASTM D4018"碳和石墨纱、纱束、无捻粗纱和纤维束(见文献 3.5.1.2)的连续长丝拉伸性能"或其等效方法,该方法概述如下:

通过对树脂浸渍的纱、纱束、无捻粗纱或纤维束拉伸加载至断裂的方法测定其性能。浸渍树脂旨在固化后提供具有足够力学强度的纱、纱束、无捻粗纱或纤维束,来得到能保持试样中单丝均匀受载的刚性试样。为使浸渍树脂对拉伸性能的影响减至最低,应遵守以下要求:

- 树脂应与纤维相容;
- 固化后试样中树脂的数量(树脂含量)应是产生有用试件所需的最低量;
- 纱、纱束、无捻粗纱或纤维束的单丝应是准直的;
- 树脂的应变能力应远高于长丝的应变能力。

ASTM D4018 方法 I 中的试样需要专门的浇注树脂端加强片和夹具设计[见图 3.5.1.2(a)和(b)],以防止高载下试样在夹具中滑动。只要试样在试验机中心线上保持轴向对准,并且高载下试样在夹具中不滑动,用端部加强片安装试样的替代方法是可接受的。

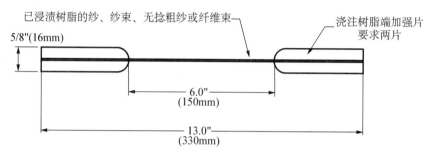

图 3.5.1.2(a)　带浇注树脂加强片的试验试样(见文献 3.5.1.2)

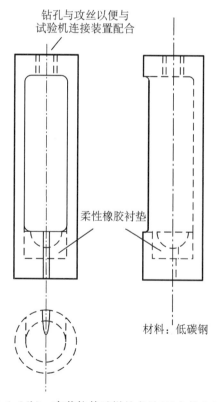

图 3.5.1.2(b)　高载拉伸试样的夹具(见文献 3.5.1.2)

方法 II 中的试样不需要特殊的夹紧机制。标准的橡胶贴面夹紧装置应满足要求。

3.5.1.3　用单向层压板试验测定的纤维性能

一般最有代表性的复合材料性能测量方法,是将纤维和树脂结合在一起,以固化的层压板方式进行试验。必须知道层压板性能与纤维和树脂两者均有关。表 3.5.1.3 表明测量的力学性能与不同改性环氧树脂的依赖关系。要考虑的另一个因素是层压板的纤维体积含量。已经发现对碳纤维层压板,55%~65% 的纤维体积含量,可以得到正则化纤维性能的一致测量结果。因为目标是确定纤维性能,数据必须正则化到 100% 纤维体积含量。这可简单地按下列公式进行:

$$性能(100\%) = \frac{性能 \times 100}{纤维体积含量} \tag{3.5.1.3}$$

层压板试验应按 ASTM D3039 实施(见文献 3.5.1.3)。层压板力学试验在 6.8 节中进一步讨论。

表 3.5.1.3　树脂对层压板性能的影响

纤维	树脂	拉伸强度		拉伸模量	
		/MPa	/ksi	/GPa	/ksi
AS4	A	3 630	527	221	32.1
AS4	B	3 450	500	225	32.7
AS4	C	3 000	435	223	32.4
AS4	D	2 980	432	220	31.9

注:拉伸强度与模量数据正则化至 100% 纤维体积含量。

3.5.2　长丝压缩试验

可以用动态回弹试验测量单丝的压缩强度。当前这试验方法正在研制中,并不普遍采用。

3.6　试验方法

3.6.1　pH 值的测定

(见参考文献 3.6.1)

3.6.1.1　范围

该方法叙述了用 pH 计测定碳和石墨纤维以及织物 pH 值的程序。应该用不含上浆剂的纤维进行测量。由于在商品纤维上有少量的表面官能度,所以这些测量需非常小心。

3.6.1.2　仪器

该方法需要的仪器如下:

(1) pH 计最好配备有玻璃及甘汞电极或单个复合电极,其准确度应为 ±0.005 pH 值,并符合 ASTM E-70"用玻璃电极测定水溶液 pH 值的方法"中的要求。

(2) 带有盖玻璃、100 mL 容量的无唇烧杯。

(3) 加热板。

(4) 剪切试样的剪切机。

(5) 煮沸蒸馏水用一至两升容积的大耐热玻璃烧瓶。在 25℃(77°F)条件下,水的 pH 值应该在 6.9~7.1 之间。如果通过煮沸不可能符合此范围,可以用极稀的 NaOH 或 HCl 调节 pH 值。

3.6.1.3 步骤

(1) 通过剪成小的正方形(12.7~19.0 mm(1/2 in~3/4 in))制成足够 3.0 g 的布样品。通过将样品切成 12.7~19.0 mm(1/2 in~3/4 in)的长度制备纱样品。

(2) 将 3 g 的样品和 30 mL 煮沸的蒸馏水放入烧杯,烧杯口覆盖一片玻璃并非常缓慢地煮沸 15 min。用 Berzelius 或无唇的烧杯防止水的过量损耗。大约过 15 min 后,应剩余 4 或 5 mL 浆液。

(3) 将带盖的烧杯置于冷水盘中并冷却至室温。烧杯一直盖盖,以防止吸收可能存在于房间内的化学烟雾。冷却后去掉盖玻璃,但不要冲洗。

(4) 当试验准备工作全部就绪时,用可靠的缓冲剂将 pH 计校准。在烧杯中放置缓冲剂,将电极浸入并精确校准 pH 计至相同值。应选择与待试样具有同样范围 pH 值的缓冲剂。缓冲剂与样品的温度应相同,差别不超过 ±1℃。

(5) 校准 pH 计后,从缓冲剂中取出电极,用蒸馏水彻底地冲洗并用清洁的吸收棉纸擦干。

(6) 将电极放在浆液中并慢慢地交替方向旋转烧杯,直至得到恒定的 pH 值。

3.6.2 碳纤维上浆剂含量的测定

3.6.2.1 范围

本方法说明测定碳纤维上浆剂含量的步骤,表示为纱的质量分数。

3.6.2.2 仪器

该方法需要的仪器如下:

(1) 分析天平——Mettler B5-H26 型。科学产品目录 No. B1253 号或相当产品;

(2) Scheibler 干燥器包括——Coors 干燥器板,内径为 250 mm,科学产品目录 No. D1450-5 号或相当产品;

(3) Coors 坩埚——40 mL 容量,外沿直径 47 mm,科学产品目录 No. C8450-8 号或相当产品;

(4) Thermolyne 马弗炉——型号 No. F-A1730,最高温度 1 093℃(2 000°F),

炉膛尺寸：241mm(宽)×216mm(高)×343mm(深)(9.5in×8.5in×13.5in)或相当产品；

（5）不锈钢烧盆——（16 规格）。尺寸：229 mm(宽) × 76 mm(高) × 254mm(深)(9in×3in×10in)，具有密配合的不锈钢盖，盖的全部边有 12.7mm (0.5in)抓边。烧盆必须具有与其相连的 3.2mm(1/8in)不锈钢管以便氮气净化。内部制造的。

3.6.2.3　材料

本方法需要的材料如下：

（1）燥石膏(无水硫酸钙)或相当产品——指明和未指明晶状的；

（2）氮气——标准纯度。

3.6.2.4　步骤

（1）将大约 1.5 g(0.003 lb)纱样品缠绕成一个小的 25～40 mm(0.98～1.57 in)直径线圈并将线圈放在干燥器中 2h。

（2）用清洁干燥的镊子，从干燥器中取出绕制线圈样品并称重量准确至 0.1mg。记录为 W_1。

（3）从干燥器中取出一个清洁干燥的坩埚，并将绕制线圈样品放进其中。称坩埚加的纱重量并记录为 W_2。注意：戴清洁干燥棉纱手套以防止坩埚吸潮。

（4）将坩埚加样品放在烧盆中并将其盖上盖。建议在距烧盆底部 19.0 mm (0.75in)处放一个有 12 个 44.4 mm(1.75 in)直径孔的不锈钢架子，以防止坩埚翻倒。

（5）以 7.5 S.C.F.H.(标准 ft^3/h)的速率，用氮气净化烧盆至少 45 min。

（6）在系统净化时，将马弗炉的温度控制设定为 450℃(842℉)并开动。

（7）当净化结束且炉的温度已达到时，把烧盆放置在炉中并加热 1h。注意：为了安全起见，当向热马弗炉中放入或取出烧盆时，戴保护的石棉手套或相当物品。此试验的整个加热和冷却阶段持续用 N$_2$ 净化。

（8）加热 1h 后，从炉中取出烧盆并放置在有保护的冷却区域中。

（9）从烧盆中取出坩埚并放于干燥器中冷却至室温。

（10）冷却后，称坩埚加样品的重量并记录为 W_3。

3.6.2.5　计算

通过测定重量损失百分率计算上浆剂的量，如下式：

$$上浆剂含量 = \frac{W_2 - W_3}{W_1} \times 100 \qquad (3.6.2.5)$$

3.6.2.6　再次使用坩埚的准备

在再次使用坩埚之前，将其放入马弗炉，在空气中 700℃(1 292℉)条件下至少 2h，烧尽所有残余物。将坩埚从炉中取出后冷却到室温，用清洁压缩空气吹净。将清洁坩埚存放在干燥器中。

3.6.3 吸湿量或回潮率测定

3.6.3.1 范围

本方法可用于测定纺织品中的水分含量。按纺织材料有关术语中的定义（ASTM D123，见文献 3.6.3.1），可在接收时，或在进行试验的标准大气环境中达到吸湿平衡时对纺织品测定。

3.6.3.2 仪器

该方法需要的仪器如下：

（1）玻璃称量瓶，容量大约 100 mL，配备磨口玻璃盖，或带一个紧配合盖的铝称重小罐，容量大约 100 mL。

（2）干燥器，含无水氯化钙($CaCl_2$)或其他适用的干燥剂。

（3）化学天平、能称重至 0.5 mg。

（4）烘箱，保持 105～110℃(221～230℉)。注意，也可以使用用于纺织品实验室的一般干燥试样至恒重的专用设备(调温箱等)。这里提到的仪器和在 3.6.3.4 节中说明的步骤是为没有这种专用设备的实验室提供的。

3.6.3.3 试样制备

切割试验用样品，大约需要 2 g。取布样品时使用 Alfred Sutler 公司切样器或相当设备，用切样器切割略大于 50 mm(2 in)直径的圆盘样品。四个圆盘样品通常重约 2 g。取纱样品时，使样品形成小的线圈，一端系紧来固定就位。

3.6.3.4 步骤

（1）在 105～110℃(221～230℉)下将玻璃称量瓶干燥至恒重。将称量瓶和盖子分别放入烘箱中。加热 1 h 后，将盖子盖上，将称量瓶移至干燥器中并冷却至室温。短暂地取走盖子以均衡压力，盖着盖子称重容器。反复加热、冷却和称重，直至空称量瓶的重量差别在±0.001 g 范围之内。

（2）将待测试样放在容器中，加盖并称重。用此重量减去空容器的重量(1)以得到试样在空气下的干重，重量 A。

（3）将揭开盖子的称量瓶和试样放在烘箱中，在 105～110℃(221～230℉)的温度下烘 1.5 h。盖上盖将容器移至干燥器中。当容器冷却至室温时，短暂地取走盖以调整压力，盖回盖子，并称重。反复加热不少于 20 min 的周期，冷却并称重直至重量差别在±0.001 g 范围之内。用此重量减去空容器的重量以得到试样的烘干重量，重量 B。当纺织品在所述条件下加热时，除水分之外还可能除去易挥发材料。如果已知该可能性或有疑问的，应报告纺织品重量损失百分数，或可以包括挥发物及水分。

3.6.3.5 计算

按下列公式计算试样的吸湿量：

$$吸湿量 \% = \frac{A-B}{A} \times 100 \qquad (3.6.3.5(a))$$

按下列公式计算试样的回潮率：

$$回潮率\% = \frac{A-B}{B} \times 100 \qquad (3.6.3.5(b))$$

式中：A 为试样的干（空气）重量；B 为试样的烘干重量。

3.6.4　纤维直径的测定

3.6.4.1　说明与应用

本方法说明用配备图像分割目镜的显微镜测定纤维平均直径的步骤。该仪器测量放在载玻片上物件的横切距离，因此，只有当纤维实质上是真实的圆柱时，这才是有效的直径测量。因为不同类型的纤维具有特征的形状，对不规则形状的纤维有可能使用这种方法，其办法是用显微照相术来测定待测特定类型纤维的面积系数。

图 3.6.4.1 为仪器中光学系统示意图。图像分解器中，在显微镜物镜和目镜之间插入棱镜系统以产生显微镜视场的双重图像。此棱镜系统通过测微螺旋可精确旋转，依据棱镜的转动在视野范围内物体的双重图像彼此横交。通过读出测微计所需的棱镜旋转的量完成测量，棱镜旋转量是按要求测量的轴向，将物体的双重图像精确地置于边到边所需的量。在物体的平面中完成测量。

表 3.6.4.1 中给出了各种常规显微镜物镜可获得的精度和尺寸限制。

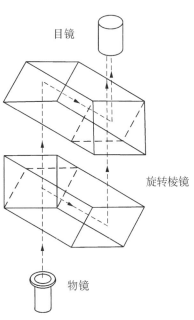

图 3.6.4.1　影像分解显微镜的光学示意图

表 3.6.4.1　精度和尺寸限制

物镜放大倍数	读数精度		可以完全剪切出的物体最大尺寸	
$5\times$(N. A. 0. 15)	$2.0\,\mu m$	0.00008 in	1.0 mm	0.04 in
$10\times$(N. A. 0. 28)	$1.0\,\mu m$	0.00004 in	0.5 mm	0.02 in
$20\times$(N. A. 0. 50)	$0.6\,\mu m$	0.000026 in	0.25 mm	0.01 in
$40\times$(N. A. 0. 65)	$0.325\,\mu m$	0.0000128 in	0.12 mm	0.005 in

3.6.4.2　仪器

该方法需要的仪器如下：

（1）Unitron 显微镜，单目的 MLU 型，配有 $5\times$，$10\times$，$20\times$ 和 $40\times$ 目镜，配备 Vickers AEI $10\times$ 图像分解目镜，或等效品。

（2）显微镜灯，A. O. Spencer，Fisher 目录 ♯-12-394 或等效物。

（3）玻璃显微镜载片（例如，Fisher 目录 No. 12 - 550）。

（4）切割样品用利刀或剃刀片。

3.6.4.3　校准

按仪器带的说明书显微镜进行组装和校准，如果由于任何原因，需使用不同的目镜或物镜，对新的零件仪器必须再校准。

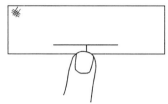

图 3.6.4.4　放置纱束于清洁载片上，使齐平端头靠近载片的一边

3.6.4.4　制备载片

从样品中选择代表性的纱束并排列成平齐的纤维束，把纤维束放在备用的玻璃载片上并用手指使其就位。用锐利工具切割纱束以保证端头平滑齐平。把纱束放在干净玻璃载片上，使得齐平端头靠近载片的一边（见图 3.6.4.4）。切割纱束，得到大约 0.5mm（0.19 in）的片段。这些片段将按均匀图样以细粉末状撒在载片表面上。

3.6.4.5　测量步骤

（1）放置载片在显微镜下，并随机地选择单根纤维。纤维将出现为平行的红和绿色线。

（2）旋转图像分解器直至纤维平行于测微计转筒的轴，并且两个图像端头是齐平的。

（3）清晰聚焦。旋转测微计直到红和绿色图像重叠形成单根黑线。继续旋转直到红和绿色线再次分离，并且在两色线之间显示光线带。反向旋转和慢慢地使得彩色图像一同后退直到它们刚好接触，应该看到的既不是细亮线也不是黑线，记录测微计读数。假如要转动测微计太远至于黑色线出现逆转并再开始。这将消除机构中间隙的影响。

（4）继续旋转测微计直至图像完全地重叠和在对边上正好要分离。非常慢转动测微计直至粗黑线完全消失，在这一点，红和绿色影像应该刚好接触，中间没有光线，记录该测微计读数。在两个读数之间差等于两倍测量物体的宽度。

（5）选择其他的纤维继续测量直至测量完 20 个片段。均匀移动载片以消除两次测量同一片段的可能性。

3.6.4.6　计算

列出在第 5 条中 20 次测量取得的测微计读数所有差值。该数除以二，然后将结果乘以显微镜校准因子来获得直径测量值，以微米表示。计算 20 次测量值的平均值。

若上述计算的直径测量值用于计算强度测定值的横截面积，则见 3.6.4.1 节。例如，Thornel 25 纤维的面积可以计算如下：用按此方法测定的平均直径计算面积，把它乘以面积系数得到实际面积（对 Thornel 25，已经测定的面积系数为 0.66。）

3.6.5 电阻率的测定

3.6.5.1 范围

此方法说明测定碳与石墨布及毡电阻的步骤。此方法用作核对工艺温度和确定材料与特定电阻率规范符合性的控制手段。

3.6.5.2 仪器

该步骤需要如下设备：

(1) 夹紧布的夹具。

(2) 真空管伏-欧计。Triplet 850 或等效仪表。

(3) 剪刀或其他切割样品的工具。

3.6.5.3 样品制备

对于布样品，从每卷待测布取出 45.7 cm(1/2 yd)长、全幅宽的片段，从中切取 5 条经向和 5 条纬向的布条，每条 3.2 cm(1.25 in)宽，27.9～30.5 cm(11～12 in)长，布条位置要分布在布样品的整个面上，拆开每个布条到最接近 25.4 mm(1 in)宽的那根线。对于毡样品，从每卷待试验毡取得 45.7 cm(1/2 yd)长、全幅宽的片。使用一个 25 mm×305 mm(1 in×12 in)金属模板，按"经向"切割 5 条并按"纬向"切割 5 条，布条位置要分布在毡样品的整个面上。

3.6.5.4 步骤

(1) 调节电阻夹具的银钳口以提供 254 mm(10 in)的试验长度；

(2) 在夹具中夹紧样品并测量电阻。

3.6.5.5 计算

观测的电阻除以 10 得到 Ω/测试正方形面积值(见 3.6.5.7 节)。测定 5 根布条的平均电阻并按每英寸宽度欧姆值记录在数据单上。

3.6.5.6 校准和维护

对织物和毡的测量用真空管伏欧计。应该用 NBS(国家标准局)标定的标准电阻箱每六个月校准一次伏欧计和夹具。在任何需要伏欧计维护的事件(更换管子等)后，都应再校准，不考虑六个月例行的校验期。

每次换挡使用伏欧计时，应核对零点与满刻度的调整。如果伏欧计未能适当地调零和满刻度，必须由电气维修部门检查。调零点是对导线和仪表电阻误差的补偿。

3.6.5.7 计量单位的定义

对布和毡的电阻测量用每正方形(单位面积)的欧姆值表示，它与块状碳测得的电阻率不同。当考虑给定的等级时，织物电阻值与电阻率成正比。例如：相同的材料在石墨化之后，碳布具有比石墨布更高的电阻。

测试正方形面积(单位面积)的尺寸不影响布或毡的电阻值。这可用在固体矩形样品的电阻和电阻率之间关系的标准方程式证明。

$$P = \frac{RTW}{L} \text{ 或 } R = \frac{PL}{TW} \qquad (3.6.5.7(\text{a}))$$

式中：P 为电阻率；R 为样品电阻；L 为样品长度；T 为样品厚度；W 为样品宽度。

对具有等同电阻率（P）的材料，如铜，给定厚度的一平方英寸的电阻将是：

$$R = \frac{PL}{TW} = \frac{P}{T}\frac{1}{1} \qquad (3.6.5.7(\text{b}))$$

因为 T 和 P 是常数，一平方英寸的电阻可写成：

$$R = K\frac{L}{W} = K\frac{1}{1} = K \qquad (3.6.5.7(\text{c}))$$

若正方形是两倍大的（2×2），正方形的电阻将保持不变。

$$R = K\frac{L}{W} = K\frac{2}{2} = K \qquad (3.6.5.7(\text{d}))$$

因此，织物的电阻报告为 $\Omega/\square$。正方形内用户可选用任何单位，英寸、厘米、英尺或码。

参 考 文 献

3.2.1(a)　ASTM Test Method C169 - 92(2005). Standard Test Method for Chemical Analysis of Soda Lime and Borosilicate Glass [S]. Annual Book of ASTM Standards, Vol. 15. 02, American Society for Testing and Materials, West Conshohocken, PA.

3.2.1(b)　ASTM Test Method D3178 - 89 (2002). Carbon and Hydrogen in the Analysis Sample of Coal and Coke [S]. Annual Book of ASTM Standards, Vol. 5. 05, American Society for Testing and Materials, West Conshohocken, PA.

3.2.1(c)　ASTM Test Method D3174 - 04. Standard Test Method for Ash in the Analysis Sample of Coal and Coke from Coal [S]. Annual Book of ASTM Standards, Vol. 5. 06, American Society for Testing and Materials, West Conshohocken, PA.

3.2.4(a)　Adamson A W. Physical Chemistry of Surfaces [M]. Wiley, New York, 1980, p. 344.

3.2.4(b)　Hammer G E and Drzal L T. Graphite Fiber Surface Analysis by X - ray Photoelectron Spectroscopy and Polar/Dispersive Free Energy Analysis [J]. Applications of Surface Science, Vol. 4, 1980, p. 340.

3.2.4(c)　Dynes P J and Kaeble D H. Surface Energy Analysis of Carbon Fibers and Films [J]. J. Adhesion, Vol. 6, 1974, p. 195.

3.2.4(d)　Kaeble D H. Surface Energy Analysis of Treated Graphite Fibers [J]. J. Adhesion, Vol. 6, 1974, p. 239.

3.2.4(e)　Drzal L T, Mescher J A and Hall D L. The Surface Composition and Energetics of Type HM Graphite Fibers [J]. Carbon, Vol. 17, 1979, p. 375.

3.2.4(f)　Rand B and Robinson R. A Preliminary Investigation of PAN Based Carbon Fiber

　　　　　　　Surfaces by Flow Microcalorimetry [J]. Carbon, Vol. 15, 1977, p. 311.

3.2.5　　　 ASTM Test Method C613/C613M – 97 (2003) e1. Resin Content of Carbon and Graphite Prepregs by Solvent Extraction [S]. Annual Book of ASTM Standards, Vol. 15.03, American Society for Testing and Materials, West Conshohocken, PA.

3.2.7(a)　 ASTM Test Method D4102 – 82 (2004). Standard Test Method for Constituent Content of Composite Prepreg by Soxhlet Extraction [S]. Annual Book of ASTM Standards, Vol. 15. 03, American Society for Testing and Materials, West Conshohocken, PA.

3.2.7(b)　 Eckstein B H. Weight Loss of Carbon Fibers in Air [C]. 18th International SAMPE Technical Conference, 1986.

3.3.2　　　 ASTM Test Method D3800 – 99(2004). Standard Test Method for Density of High-Modulus Fibers [S]. Annual Book of ASTM Standards, Vol. 15. 03, American Society for Testing and Materials, West Conshohocken, PA.

3.3.2.1(a)　ASTM Test Method D2734 – 93(2003). Standard Test Method for Void Content of Reinforced Plastics [S]. Annual Book of ASTM Standards, Vol. 8. 01, American Society for Testing and Materials, West Conshohocken, PA.

3.3.2.1(b)　ASTM Test Method D1505 – 03. Standard Test Method for Density of Plastics by the Density-Gradient Technique [S]. Annual Book of ASTM Standards, Vol. 8. 01, American Society for Testing and Materials, West Conshohocken, PA.

3.3.2.1(c)　Ghiorse S R. Data presented to mil Handbook 17 Testing Working Group, Santa Fe, NM, March 1996 [R].

3.3.2.1(d)　Ghiorse S R and Tiffany J. Evaluation of Gas Pycnometry as a Density Measurement Method [C]. Proceedings of the 34th mil-HDBK – 17 PMC Coordination Group, Schaumberg, IL, September 1996.

3.3.2.1(e)　ASTM Test Method D3800 – 99(2004). Standard Test Method for Density of High-Modulus Fibers [S]. Annual Book of ASTM Standards, Vol. 15. 03, American Society for Testing and Materials, West Conshohocken, PA.

3.3.2.1(f)　ASTM Test Method D792 – 00. Standard Test Method for Density and Specific Gravity (Relative Density) of Plastics by Displacement [S]. Annual Book of ASTM Standards, Vol. 8. 01, American Society for Testing and Materials, West Conshohocken, PA.

3.3.5(a)　 Piraux L, Nysten B, Haquenne A and Issi J P. Temperature Variation of the Thermal Conductivity of Benzene-Derived Fibers [J]. Solid State Comm., Vol. 50 (8), pp. 697 – 700, 1984.

3.3.5(b)　 Kalnin I L. Thermal Conductivity of High Modulus Carbon Fibers [S]. ASTM STP 580 Composite Reliability, 1975.

3.3.6　　　 ASTM Test Method D2766 – 95(2005). Standard Test Method for Specific Heat of Liquids and Solids [S]. Annual Book of ASTM Standards, Vol. 5. 01, American Society for Testing and Materials, West Conshohocken, PA.

3.3.7(a)　 ASTM Test Method D3418 – 03. Standard Test Method for Transition Temperatures and Enthalpies of Fusion and Crystallization of Polymers by Differential Scanning Calorimetry [S]. Annual Book of ASTM Standards, Vol. 8.02, American Society for Testing and Materials, West Conshohocken, PA.

3.4.3   ASTM Test Method D1423 – 02. Twist in Yarns by the Direct Counting Method [S]. Annual Book of ASTM Standards, Vol. 7. 01, American Society for Testing and Materials, West Conshohocken, PA.

3.4.4(a)   ASTM Test Method D3775 – 03a. Standard Test Method for Fabric Count of Woven Fabric [S]. Annual Book of ASTM Standards, Vol. 7. 01, American Society for Testing and Materials, West Conshohocken, PA.

3.4.4(b)   ASTM Test Method D3773 – 90(2002). Standard Test Method for Length of Woven Fabric [S]. Annual Book of ASTM Standards, Vol. 7. 01, American Society for Testing and Materials, West Conshohocken, PA.

3.4.4(c)   ASTM Test Method D3774 – 96(2004). Standard Test Method for Width of Woven Fabric [S]. Annual Book of ASTM Standards, Vol. 7. 01, American Society for Testing and Materials, West Conshohocken, PA.

3.4.4(d)   ASTM Test Method D3776 – 96(2002). Standard Test Method for Mass Per Unit Area (Weight) of Fabirc [S]. Annual Book of ASTM Standards, Vol. 7. 01, American Society for Testing and Materials, West Conshohocken, PA.

3.5.1.1   ASTM Test Method C1557 – 03(2008). Standard Test Method for Tensile Strength and Young's Modulus of Fibers [S]. Annual Book of ASTM Standards, Vol. 15. 01, American Society for Testing and Materials, West Conshohocken, PA.

3.5.1.2   ASTM D4018 – 99 (2004). Tensile Properties of Continuous Filament Carbon and Graphite Yarns, Strands, Rovings, and Tows [S]. 1990 Annual Book of ASTM Standards, Vol. 15. 03, American Society for Testing and Materials, West Conshohocken, PA.

3.5.1.3   ASTM D3039 – 00(2006). Tensile Properties of Fiber-Resin Composites [S]. 1990 Annual Book of ASTM Standards, Vol. 15. 03, American Society for Testing and Materials, West Conshohocken, PA.

3.6.1   Determination of pH [G]. Union Carbide Corp., Carbon Products Div., WC – 2090, 12 – 6 – 66.

3.6.3.1   ASTM D123 – 03, Standard Terminology Relating to Textiles [S]. 1987 ASTM Book of Standards, Vol. 07. 01, American Society for Testing and Materials, West Conshohocken, PA.

第4章 基体表征

4.1 引言

复合材料中基体的功能是使纤维保持在要求的位置，并提供将外部载荷导入纤维的路径。因为基体材料强度通常比纤维强度低一个数量级或更多，所以复合材料结构内部纤维需要定向排布以便于使纤维承受主要的外部载荷。虽然这种特性使复合材料大获成功，但也不能忽视基体材料的强度及其他性能。基体材料性能对复合材料实际使用特性会有很大的影响，特别对于面内压缩、面内剪切、抗冲击损伤和其他层间特性，特别是暴露于潮湿和高温条件时。

各类聚合物树脂体系用作纤维增强复合材料的基体部分。这些体系通常分成两大类：热塑性材料和热固性材料。热塑性材料是非反应性的固体，在适当的加工温度和压力条件下，能软化、熔融和直接浸润增强纤维束，并且在冷却时硬化成所要求的形状。热固性材料是反应性的材料，由有机树脂及化学"固化"所需要的其他成分组成。未固化的热固性材料可以处于不同的形式（液体、固体、薄膜、粉末、粒料等），并且在与增强体结合前可以是部分反应的。在复合材料加工期间，热固性材料不可逆地反应形成固体。除有机组分之外，热固性树脂体系也可能含添加剂，如催化剂、填料和工艺助剂，这些可能是无机的或含金属的物质，还可能包括热塑性或弹性体的填料。尽管一些多成分的体系设计成在使用之前进行成分混合，可能不需要冷冻贮存，但由于它们的反应特性，大多数未固化的热固性材料必须在冷冻条件下贮存。热塑性塑料和热固性材料均可用于浸渍增强纤维以生产预浸料，而像 RTM 工艺（树脂传递模塑）通常更适合于热固性材料。

本章重点是试验和表征基体材料及其组分的方法，考虑化学、物理、热和力学性能，以及试件制备和试件的环境处理，并阐明热固性（包括了固化和未固化的状态）和热塑性材料的试验。

本章包括的性能主要是树脂配方设计师和材料供应商感兴趣的。复合材料最终用户也会发现一些基体性能是有用的，特别对工艺循环研究、较小范围内初始筛选以及选材方面。若干基体性能以及试验也适用于质量保证，特别在如果供 RTM

或类似工艺使用的树脂与增强材料是分别购买时。

4.2 基体试件制备

4.2.1 引言

聚合物的物理和/或力学表征,需要固体(固化后的)的未增强(纯树脂)基体材料试件。可用的试件制备方法受到正研究的基体材料类型强有力的影响,主要变量包括热固性的与热塑性的比较、在不同加工阶段的黏度、加工温度、逸出挥发分的数量和处于制造状态的脆性程度。在使用未固化的聚合物时,人身安全始终是关注的事,并且应该查阅相应的材料安全使用说明书(MSDS)。

4.2.2 热固性聚合物

所感兴趣的热固性聚合物,即那些应用于复合材料的基体材料,在固化期间的某个阶段内一般有足够低的黏度以利流动。因此,它们可以浇注成平板形式以提供坯料,由此坯料可通过机械加工制备试件;或模压成更加复杂的几何形状,必要时直接制造所需尺寸试件。

当浇注力学试件用的纯(未增强的)聚合物时,关键是将空隙、夹杂物和类似缺陷等在尺寸与数量上均降低到最低程度。大多数用作基体的热固性聚合物,甚至包括增韧的,相对都比较脆,因此它们的极限强度极大程度上受关键缺陷尺寸的影响。

夹杂物可能存在于从供应者处获得的不纯树脂中,或在制造过程引入(例如,清洁不当的模具、空气污尘微粒、组分不适当混合等)。当使用脱模剂时,也必须小心避免污染聚合物。

缺陷可能以表面划痕、边缘碎片和模痕形式出现。空隙通常由夹裹固化过程初期逸出的挥发分所引起。在固化过程给聚合物加压,有可能抑制挥发分的逸出,或至少减到最少。但更常用的方法是在固化周期最初阶段(聚合物还在混合容器中或已经在模具中)施加真空,这个过程要在升温过程的一个或多个时间点,并是在黏度最低的时候进行,因此,真空烘箱是有用的。

真空可能引起挥发分强逸出,故要求容器或模具有足够的体积包容起泡的聚合物直至气泡破裂。如果是制造单个平板,一个简单的包括五块钢板的盒式模具,即用螺钉紧固件结合在一起的底部和四块足够高的侧面就可正常工作。该盒在固化后可以拆开,以便取出聚合物基体板,并且容易清理。单一的聚合物板条也可以用这种方式制造,把宽度与所需聚合物基体试件相同的薄钢条直立于一个长边上,间隔按所需聚合物试件厚度。

因为挥发分正在排出,应该用一个冷阱在蒸汽通过泵之前将其凝结,来保护真空泵本身。

如果正在用空腔模具制造单个的标准尺寸试件,一个弹性材料的漏斗适于包容大量挥发分,随气泡破裂聚合物将向下流回模具。在剩余的固化时间,漏斗能留在原地。在清除时,漏斗能够弯曲从而易于除去其上固化的残余聚合物。

单一试件空腔模具可用金属制造,由于钢的热膨胀系数较低和表面硬度较高,所以通常用钢而不是铝。这些一般是两片剖开的模具,以便固化试件的脱模。用围绕固定的模型浇注便捷制造的弹性模具,是一种有吸引力的替代品。能够沿其长度方向切开固化的模具,以把它从模型周围取走,这种切开也可使其以后被撬开,从而易于取出浇注于其中的聚合物试件。任何情况下,为提高效率,单一试件模具通常要成组使用。用模具制备的试件只需很少甚至不需进一步加工就可用于试验,最多,并且主要是为了美观起见,可能需用砂纸轻轻地把模缝打磨掉。

如果随后不用真空除去挥发分,可以从底部开始填充模具以使夹裹的空气减到最少,但这会增加复杂程度,且通常并不需要。同样的,如果聚合物的黏度太高无法用重力填充的话,可采用压力迫使其进入模具。此外,考虑使用这些聚合物作为基体材料的复合材料加工要求,上述的过程是不需要的。

作为制造平面纯基体板的盒式模另一个选择,可以在两块垂直配置平板之间浇注聚合物,用垫片保持所需浇注聚合物板厚度间隔,并环绕三个边密封,然后把聚合物注入顶部开口边,板可以是金属或玻璃。但是,该技术并不总是成功的,由于聚合物的两个表面模具的限制,且很难完全排气,所浇注的聚合物板会因从固化温度冷却过程热收缩的差异引起的应力,而产生裂纹。同时,聚合物比模具一般具有更高的热膨胀系数,可能收缩离开模具表面,产生斑纹表面。这些局部凹陷一般非常浅,并能够通过随后对浇注板表面打磨来除去。但是,热残余应变与这些表面不规则遗迹的形成有关(在偏振光下能够观察到),并且难以退火去掉。此外,夹裹的空气气泡或挥发分必须经过很长的路径才能到达自由表面,使得无空隙的聚合物板的制作更难实现。

4.2.3　热塑性聚合物

用于复合材料的热塑性聚合物一般是高加工温度($325\sim450$℃($620\sim840$℉))体系,必须使用更高温度模具材料。供制造纯试件用的基体聚合物倾向于以薄膜或颗粒形式供货。一般需要压力注射或压固,因为使其达到最低黏度所需温度往往比热固性材料高而使得实施起来更复杂。在使用热塑性塑料时,虽然热塑性塑料一般是完全聚合的,挥发分的逸出通常不是一个问题,但是夹裹空气可能仍是个问题。因此,在成型加工时抽真空可能仍是合乎需要的。

这些高温热塑性塑料往往没有热固性聚合物基体材料那么脆,因此,在模塑操作期间,由于板和模具的收缩差异而引起聚合物板的裂纹的问题较少,但裂纹仍可能发生。

4.2.4　试件机械加工

对于热固性和热塑性材料,如果纯基体试件已经制备成最终形状,均不需要另外的准备。一般用于实心棒扭转试验,有时用于拉伸与压缩试验的哑铃形圆柱试件是这种实例之一。

热固性聚合物的拉伸、压缩和 Iosipescu 剪切试件通常由平板或板条机械加工而成，而不是模压到标准尺寸。虽然商品化热塑性塑料的单个扁平哑铃形试件一般是（注射）模塑至最终尺寸，但高温热塑性基体材料通常不这样做。相反，平面矩形毛坯是模压的，哑铃状试件是由毛坯机械加工成的。

使用砂轮较容易加工不同的聚合物。如果需要，在从模压板切割成单个试件之前，其表面可以打磨。虽然有时使用金刚石砂轮，或甚至齿状带锯刀，一般用薄磨料刀将板切割成试片和试件毛坯，哑铃状试件则还需磨至最终尺寸。Iosipescu 剪切试件中切口同样能磨制，要使用异形砂轮和多次打磨。可以把试件叠在一起进行加工，以便彼此互相支持。

虽然并不要求，但大多数聚合物基体试件可能容许研磨引起的微划痕和碎裂的边，但是某些聚合物对这些表面缺陷极其敏感。必须小心地用细（例如细至 600 目）金刚砂布将全部试件测量长度范围内的表面和边缘磨平。在使用新的聚合基体时，一开始应对磨过的和表面抛光过的拉伸试件试验，以确定聚合物对表面缺陷的敏感性。因为最终抛光增加额外的人工费用，最好是仅在必要时才这样做。

4.3 吸湿浸润和环境暴露

这些相似的问题适用于基体材料本身（固化或压实后）和使用这些基体的复合材料。第 1 卷 6.3 节详细地讨论了后者。尽管如此，仍然有几个明显的差别，会对如何将 6.3 节中的信息用于未增强的基体材料产生影响。这些包括以下方面：

（1）无增强材料，大多数基体材料接近各向同性。在此情况下，基于各向异性的吸湿处理限制或考虑（如由于试件通过边缘吸湿，所以对试件形状比比较关注等）不再适用；

（2）未增强基体材料的传输特性（热和湿度）与复合材料明显不同。例如，与相同树脂体系的纤维增强复合材料相比较，未增强（"纯的"）环氧树脂兼备明显更高的扩散常数和平衡吸湿量；

（3）已有用于基体材料性能的补充试验方法，一般不适用于复合材料，如 4.5.7 节中讨论的基体材料吸湿量试验方法。

4.4 化学分析技术

化学表征技术列于表 4.4 中。元素分析和官能团分析提供关于化学成分的基本和定量信息。光谱分析提供关于分子结构、构造、形貌和聚合物物理化学特性方面的详细信息。色谱技术将样本成分相互分离，并且因此简化组成的表征，可进行更准确的分析。采用光谱技术来监控通过气相或液相色谱分离的成分，能大大提高表征法，甚至能对多数微量组分提供鉴别和定量分析研究的手段。

表 4.4　化学表征的技术

元素分析	常规分析技术
	X 射线荧光法
	原子吸收法（AA）
	ICAP
	EDAX
	中子活化分析
官能团分析	常规湿法化学技术
	电位滴定法
	恒电流库仑滴定法
	射线照相法
光谱分析	红外（片、薄膜、色散、反射）、傅里叶变换 IR（FTIR）、光声 FTIR、
	内反射 IR、IR 显微镜、分色性
	激光拉曼
	核磁共振（NMR）13C, 1H, 15N；常规（可溶样品）、固体状态（机加工或模压样品）
	荧光、化学发光、磷光
	紫外-可见光（UV - VIS）
	质谱分析（MS）、选择冲击 MS、场解吸 MS、激光解吸 MS、次级离子
	质谱分析（SIMS）、化学电离 MS
	电子自旋共振（ESR）
	ESCA（化学分析用电子能谱）
	X 射线光电子
	X 射线发射
	X 射线散射（小角- X 射线散射）
	小角中子散射（SANS）
	动态光散射
色谱分析	气相色谱（GC）或 GC/MS（低相对分子质量化合物）
	热解- GC 和 GC/MS（热解产品）
	液面上 GC/MS（挥发分）
	反向 GC（热力学交互作用参数）
	尺寸排除色谱（SEC）、SEC - IR
	液相色谱（LC 或 HPLC）、HPLC - MS、多维/正交 LC、微孔 LC
	超临界流体色谱（SFC）
	薄层色谱（TLC）、2 - DTLC

4.4.1　元素分析

元素分析技术如离子色谱法、原子吸收法（AA）、X 射线荧光法或发射光谱法可用于分析研究具体的元素，如硼或氟。必要时，也可用 X 射线衍射来鉴别晶体成分（如填料），和确定某些树脂结晶度的相对百分率。

4.4.2　官能团和湿法化学分析

在确定预聚物的摩尔质量时，反应性官能团的分析特别重要。为了表征单一环氧树脂组分,对特殊官能团滴定和湿法化学分析是有用的技术,但在分析研究复杂的树脂配方时应用却有限,并可能提供错误导向。

4.4.3　光谱分析

对鉴别聚合物和聚合物前驱体,红外光谱法(IRS)比其他吸收或振动光谱技术可提供更多有用信息,并且多数实验室通常具备这种手段。IR 提供有关聚合物样本化学性质的定性和定量两方面信息,即结构重复单位、端基和支链单位、添加剂和杂质(见文献 4.4.3(a))。目前已有用于直接比较和鉴别未知物的普通聚合物材料光谱的计算机化数据库。计算机软件可从未知光谱中减去标准聚合物的光谱,用来估计其浓度,并或许能确定样品中是否还存在另一种聚合物。

红外(IR)光谱对分子中振动基团偶极矩的变化敏感,因此提供了鉴别树脂成分的有用信息。IR 光谱由树脂成分的溶解性提供树脂化学组成的指纹,并且不限于此(见文献 4.4.3(b)~4.4.3(d))。实际上,气体、液体和固体可以通过 IR 光谱分析研究。在技术方面的进步已导致傅里叶变换红外光谱(FTIR)的研制,这是一种快速扫描和存入的计算机辅助 IR 技术。多重扫描和红外光谱的傅里叶变换提高了信噪比和改进了光谱判读。此外,FTIR 衰减全反射(ATR)和扩散反射率技术可以应用于热固性复合材料的质量保证,来评定其固化程度,即残余环氧化合物浓度(见5.5.3 节)。

虽然激光拉曼光谱不像 IR 那样通用的,但是作为一种鉴别技术可补充 IR,而且应用起来是比较简单的(见文献 4.4.3(a))。只要试件对高强度入射光是稳定的,且不含发荧光物质,几乎不需要样品制备。固体试件仅需要切割至能放入样品容器。用透明试件直接得到透光光谱,对于半透明的试件,可在试件中钻一个孔作为入射光的通道,通过分析研究垂直于入射光束的光散射得到透光光谱。通过对由其前表面反射的光进行分析,得到不透明或高度散射试件的光谱。粉末样品简单填塞进一个透明玻璃管里,纤维可以定向于入射光束路径中,来进行直接分析。

4.4.4　色谱分析

对于可溶解的树脂材料,高效液相色谱法(HPLC)是多用途和经济可行的质量保证技术(见文献 4.4.4(a)~(g)),HPLC 包括液相分离和分离树脂成分的监控。将配制的树脂样本稀释溶液注射入一个液体流动相中,该液体流动相通过填塞了固定相的管柱泵出以便于分离,然后进入检测器内。检测器监测分离成分的浓度与其信号响应,记录与注射后时间的关系,从而提供样本化学成分的“指纹”。如果样本成分已知和充分溶解,并且如果有成分的标准图谱,就可以得到定量信息。尺寸排除色谱(SEC),作为一种 HPLC 技术,对确定热塑性树脂的平均相对分子质量和相对分子质量分布特别有用(见文献 4.4.4(g))。新的技术进展使得 HPLC 测试设备得到改进和自动化,成本相对较低并便于操作与维修。

一种有效但技术上更为需要的直接分析研究聚合物的技术是热解 GC/MS(气

相色谱法/质谱法)。在这种情况下,只需使样本小到能安装到高温热解探针上,通过对得到的光谱与标准光谱进行比较,不仅能鉴别聚合物类型,而且能快速定量地鉴别挥发分和添加剂,并且有时能够测量聚合物支链和交联密度。

还进行了其他的色谱和分光技术研究(见文献 4.4.3(a),4.4.4(h),4.4.4(l))。气相色谱法(GC)、GC 液面上气体分析和 GC 质谱法,对分析研究残余溶剂和一些更易挥发的树脂成分是有用的。热分析- GC -质谱联用法可用于鉴别在固化过程易挥发的反应产物(见文献 4.4.4(m)和 4.4.4(n))。

4.4.5　相对分子质量和相对分子质量分布分析

评估聚合物相对分子质量(M_W)、相对分子质量分布(M_{WD})和链结构的技术列于表 4.4.5。对于分析研究聚合物 M_W 和 M_{WD},尺寸排除色谱法(SEC)是最通用和广泛使用的方法。一旦已知聚合物的溶解性特征,能够选择适合的溶剂用于稀溶液的表征。THF(四氢呋喃)是 SEC 最常选择的溶剂,但是也使用甲苯、氯仿、TCB、DMF(二甲基甲酰胺)(或 DMP,即邻苯二甲酸二甲酯)和间甲酚。如果溶剂中聚合物的 Mark-Houwink 常数 K 和 a 是已知的,就能用尺寸排除色谱法(SEC)确定聚合物的平均 M_W 和 M_{WD}(见文献 4.4.5(a))。如果常数是未知的或聚合物具有复杂结构(例如,支链、共聚物或聚合物的混合物),SEC 还可能用来估算 M_{WD} 及其他聚合物结构和化学组成有关的参数。尽管 SEC 表明可溶解的非聚合成分存在,但是高效液相色谱法(HPLC)是表征剩余单体、低聚物及其他可溶解的低 M_W 样品成分的更好的技术。

还使用光散射、渗透压测定法和黏度测定法来分析研究聚合物 M_W。尽管沉降法很少应用于合成物聚合物,但对于表征具有很大相对分子质量聚合物的 M_W,这是一项极好的技术。这项"特殊的"技术有些凭经验或用途有限,因此往往是较少使用。

对实现表征聚合物链结构很有可能性的新技术如表 4.4.5 所示,动态激光散射是最有可能的新技术之一。不同于 SEC,动态光散射能够用于任何可溶性聚合物,与温度或溶剂无关,并且不需要用于标定的聚合物标准。图 4.4.5 给出了通过激光散射测量聚(1,4 -苯二甲酰对苯二胺)(即 Kevlar)的 M_{WD}(见文献 4.4.5(b))。

表 4.4.5　聚合物相对分子质量、相对分子质量分布和链结构

标准技术	测量的参数	原　理
尺寸排除色谱法	平均相对分子质量和 M_{WD},也提供有关聚合物链支化、共聚物化学组成和聚合物形状方面的(SEC)信息。	液相色谱法技术。按照溶液中分子大小分离分子,并采用各种检测器监测浓度和鉴别样品组分。要求用标准聚合物标定。

（续表）

标准技术	测量的参数	原　理
光散射法（Rayleigh 散射）	重均相对分子质量 M_w（g/mol）、Virial 系数 A_2（mol·cc/g^2）。转动半径 $<R_g>z$(A)、聚合物结构、各向异性、多分散性。	由稀释溶液测定散射光强度，取决于溶液浓度和散射角度。要求溶解度、离析，并在有些情况下要求聚合物分子分级分离。
膜渗透压测定法	数均相对分子质量 M_n（g/mol）、Virial 系数 A_2（mol·cc/g^2）。对相对分子质量在 $5\,000<M_w<10^6$ 范围的聚合物结果良好，必须除去较低 M_w 的物质。	测定在聚合物溶液与通过半透膜分离的溶剂之间压力差。基于聚合物混合的热力学化学势的依数性方法。
气相渗透压测定法	除是最适合 $M_w<20000$ g/mol 的聚合物的技术外，其他与膜渗透压测定法相同。	涉及溶剂从饱和蒸汽相等温转化为聚合物溶液，并测维持热平衡需要的能量。依数性。
黏度测定法（稀释溶液）	黏均相对分子质量 M_η（(g/mol)，通过特性黏度 $[\eta]$（mL/g）关系式 $[\eta]=KM_v$ 测定，式中 K 和 a 是常数。	采用毛细管或转动黏度计来测量由于存在聚合物分子引起溶剂黏度的增加。无确定的方法，需要标准。
超离心法或沉降法	用关系式 $M_{sd}=S_w/D_w$ 定义沉降-扩散平均相对分子质量 Msd。数均和 Z 均相对分子质量 M_n 和 M_z。用关系式 $S=kM^a$ 测定 M_{WD}，式中 k 和 a 是常数。也提供有关聚合物分子大小和形状的信息。	用带光学检测的强离心力场以测量沉降速度与扩散平衡系数 S_w 和 D_w。测量经压力与扩散校正的聚合物稀溶液沉降迁移提供沉降系数 S。容许分析含溶液凝胶。

特殊技术	测量的参数	原　理
沸点升高测定法	用于 $M_n<20000$ g/mol 时的数均相对分子质量 M_n（g/mol）。	通过稀溶液中的聚合物，测量沸点的升高。依数性。
冰点降低测定法	用于 $M_n<20000$ g/mol 时的数均相对分子质量 M_n（g/mol）。	通过稀溶液中的聚合物，测量冰点的降低。依数性。
端基分析	通常用于 $M_n<10\,000$ g/mol 时的数均相对分子质量 M_n（g/mol）。上限取决于所用分析方法的灵敏度。	通过专门化学或仪器技术测定聚合物单位重量或浓度的聚合物链端基数或浓度。
比浊法	重均相对分子质量 M_w（g/mol）和 M_{WD}，基于溶解度考虑和非常稀的溶液中聚合物的分段沉淀	在等温或用不良溶剂配制的溶液缓慢冷却的条件下，用光学技术测量用非溶剂滴定时聚合物溶液的沉淀程度。

（续表）

特殊技术	测量的参数	原　理
色谱馏分	相对分子质量分布。需要绝对 M_w 技术来分析馏分。	将聚合物涂在二氧化硅颗粒上装进恒温柱中，并依照用溶剂梯度洗脱分离。随相对分子质量增大聚合物溶解度减少。
熔融流变测定法	重均相对分子质量 M_w（g/mol）和重量分数差示相对分子质量分布半经验方法。	涉及振荡形变过程中聚合物的扩散松弛时间谱测量的动态熔融流变方法。
交联聚合物凝胶溶液分析	凝胶部分，交联密度。	采用萃取、过滤和离心法将可溶性聚合物与可溶性聚合物的凝胶分离，并分别测定 M_w。
溶胀平衡	网络结构，交联密度，在交联 M_c 之间链的数均相对分子质量。	测定浸入溶胀液体中交联聚合物的摩尔体积与溶胀聚合物的密度。应用混合的部分摩尔自由能理论。

有希望的技术	测量的参数	原　理
激光散射（准弹性、线加宽或动态）法	与瑞利光散射加迁移扩散系数相同，相对分子质量分布和有关凝胶结构信息。	同上所述，但也涉及散射光的中心瑞利线的低频线加宽测量。稀溶液中和浓溶液中的聚合物均可以分析。
场流动分数法（FFF）	平均相对分子质量和 M_{WD}。要求标定。	依照聚合物在溶液中的大小与形状将其分离。应用除场/梯度（热、重力、流动、电等）以外类似色谱法的洗脱技术，垂直于流过毛细管或带形通道溶液的轴向，并采用单相。
非水反向高性能液相色谱 HPLC 与薄层色谱 TCL 法	平均相对分子质量和 M_{WD}。要求标定。	液相色谱技术，基于在非水二元溶剂流动相与非极性固定（装填的）相之间聚合物分子平衡分布。
超临界流体色谱法（SFC）	平均相对分子质量和 M_{WD}。要求标定。	在超临界（100bar，250℃）条件下，涉及使用流动相的液相色谱技术。
小角度中子散射（SANS）	重均相对分子质量 M_w（g/mol）、Virial 系数 A_2（mol·cc/g²）。转动半径 $<R_g>z$(A)	测量稀溶液中或与另一种聚合物掺和的聚合物中子散射动量矢量。散射角与聚合物浓度是变化的。使用氘化的溶剂。已研究稀固体溶液和聚合物掺和物。

　　如同指明的那样，用浓硫酸作为溶剂、使用极少的样本和单一溶液能够完全表征聚合物的 M_{WD}。

　　稀释溶液黏度测定法是一种测定可溶性聚合物的特性黏度数或固有黏度[η]的简便技术（见文献 4.4.5(a)），仪器便宜，而且便于组装与操作。聚合物的[η]取决于其在溶剂中的流体动力学体积，并与聚合物的 M_w 有关。

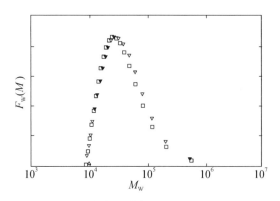

图 4.4.5　用动态激光散射得到的浓硫酸中 Kevlar
的相对分子质量分布（M_{WD}）

4.4.6　树脂材料表征的一般程序

在开发制备和表征聚合物与聚合物前驱体（热固性树脂和树脂配方）样品的方法时,应仔细考虑以下问题:

- 聚合物或预聚物的固有特性是什么?
- 某些操作会引起样本中不可逆变化吗?
- 表征技术对样本有什么样的要求?
- 有必要将聚合物或预聚物与其他的样本成分分离吗?

应该认定聚合物化合物和预聚物成分的性能与纯聚合物和聚合物前驱体的性能常常相差很大。其他成分,如填料、添加剂、工艺助剂、颜料、残余催化剂、杂质、溶剂及其他聚合物、低 M_W 低聚体和单体的存在对聚合物性能影响极大。

对于一项特定分析,必须决定试件是否需要修改还是特别处理。化学结构、热转化行为和溶解性确定了能够用试件做什么。如加热或萃取这样的操作,会变更试件的形态或改变试件的化学成分,从而会影响其性能,并损害某些试验方法的有效性。许多表征技术要求改进聚合物试件或具有特定的形状或形式。如果试件与试验标准不是准确一致,试验可能是无效的。另一方面,为了应用某些技术（例如 M_W 分析的光散射和膜渗透压测定法）,将聚合物与非聚合成分完全分离是很重要的。

在开发表征流程时,聚合物或预聚物类型的知识是重要的。如果材料是未鉴别的,可以用一系列简单试验（见图 4.4.6(a)中的水平Ⅰ）,首先回答样本实际上是否含有聚合物这个问题,然后确定它的特性并鉴别聚合物或预聚物。

水平Ⅰ的试件改进仅包括从样本上剪下或切割下小薄片,如有可能,通过研磨进一步减小试件尺寸。为了便于热和光谱分析及溶解度试验,试件应该具有大的表面积。在取出一部分作分析之前,应将液体和非均匀的试件充分混合。仅使用 10 mg 样本就能进行一次试验。

用水平Ⅰ中的试验得到的结构和组分信息,来帮助发展更先进试件制备流程和

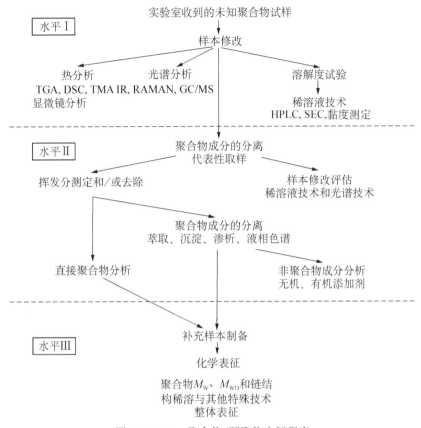

图 4.4.6(a)　聚合物/预聚物表征程序

支持使用更详细或专门化的表征技术。水平Ⅱ主要关心的是代表性取样和确保试件修改方法(切割、研磨、模塑等)不会损害待评估的聚合物特性。水平Ⅱ还阐明样本化学组成的"定量"情况(聚合物百分数、添加剂、挥发分,和无机及其他有机残余物),必要时鉴别非聚合物成分。

　　图 4.4.6(b)是一般的聚合物分析程序图。聚合物样品应是均匀的和具有大的表面积。一旦除去挥发分,能够直接分析研究聚合物,或可将各种技术(例如,萃取、沉淀、过滤、液相色谱)用于分离聚合物。如果需要,应用特殊方法制备化学表征用的聚合物样本,化学表征包括相对分子质量、相对分子质量分布和链结构评定,以及整体表征(见图 4.4.6(a)中的水平Ⅲ)。

　　只要有可能,应该用附加的技术作树脂材料的化学质量保证。如 HPLC 以及IR 光谱这样的技术基本上是相互不同的,它们对有关树脂化学组成提供了直接,但不同的信息。如果应用合适的试验方法,HPLC 和 IR 光谱通常能足够有效地检测出树脂化学成分的差别或变化。DTA(差热分析)和 DSC(差示扫描量热计)通过提供关于预浸料的操作性能(即 T_g 和树脂的反应程度)和可加工性信息对 HPLC 和IR 光谱进行补充。挥发分的 TGA(热解重量分析)和 GC 液面上气体分析是辅助的

聚合物样品(细粉末或薄膜)

挥发分除去和/或测定
干燥后重量损失
TGA(热重分析)
液面上气体分析(GC/MS)
吸湿分析

聚合物成分离析
萃取法
溶解法
过滤法
沉淀法
离心法

化学表征技术
元素分析法
官能团分析法
光谱分析法
色谱分析法

聚合物相对分子质量、相对分子质量分布和链结构
稀溶液技术
其他特殊技术

整体表征技术
热分析法
显微镜检查法
形态学法
力学试验法
杂项

图 4.4.6(b)　聚合物分析一般程序

技术,但是很重要。如果对成分浓度的认识是加工树脂的关键,或如果这些成分存在对固化的复合材料性能与耐久性有不利影响,应该使用分析研究特定成分或元素的专门技术。由力学、流变学和介电分析技术提供的信息与预浸料的化学成分有关,并因此对更直接的化学技术予以补充。

　　但是,建议在应用非化学技术方面要慎重,因为当试图建立测量的参数与化学成分的联系时,得到的信息很复杂,而且经常是不明确的(见 5.5 节)。

4.5　热/物理分析和性能试验方法

　　基体材料的物理性能将影响加工方法和确定适合于所制造复合材料的应用类型。热分析方法用于确定玻璃化转变和晶体熔融温度、热膨胀、热分解、反应热及其他在基体材料中的热特性。流变学方法提供有关与温度有关的流动行为的信息。此外,也能评估热固性树脂的与固化相关的特性。可以采用其他方法来确定基体材料的形态和密度。在以后几节里讨论的分析技术用来确定热塑性和热固性材料的物理性能。

4.5.1　引言

此节留待以后补充。

4.5.2　热分析

热分析技术,如热重分析法(TGA)、差示热分析法(DTA)、差示扫描量热计法(DSC)、热机械分析法(TMA)、动态力学分析法(DMA)和扭辫分析(TBA)提供与树脂的化学组成和可加工性有关的有用信息。

热重分析(TGA)监测与温度有关的样品重量变化。虽然 TGA 主要用来研究降解过程,但也可以用作质量保证技术,以提供有关预浸料材料中挥发分、树脂、纤维和无机残余物的信息(见文献 4.5.2(a))。因为不同材料经常在不同的温度和速率条件下降解和挥发,通过在其差示热分析图中的差别可能反映组成的差别。由 TGA 确定热氧化降解率对于估算树脂材料的寿命周期是有用的(见文献 4.5.2(b))。

差示扫描量热法(DSC)和差示热分析(DTA)技术经常地用于表征树脂和复合材料(见文献 4.4.4(g),4.4.3(b),4.5.2(c)和4.5.2(d))。DSC 和 DTA 监测材料中与温度有关的焓变化(DSC 是直接地而 DTA 是间接地),并因此提供可用于预浸料材料质量保证的类似资料。DTA 测量环氧树脂试件和参比材料之间的温差(ΔT);而 DSC 测量放热率(dH/dt)或试件相对于参比物的热焓吸附。DTA 和 DSC 测量①保持在相同温度条件下(等温的)试件和参比材料与时间有关的热变化;或②在相同加热速率(动态)下加热的试件和参比材料与温度有关的热变化。

对于质量保证方面的应用,DTA 和 DSC 通常在动态模式下运行,用在铝试件容器中称重试件和一个空的容器用作参比。动态 DTA 和 DSC 测量预浸料树脂的玻璃化转变温度 T_g 和反应热 ΔH,但不直接提供有关化学成分的信息。通过监测放出的随温度或时间而变的热部分,能够得到关于固化范围和固化动力学信息。DSC 和 DTA 还可用于评估熔融温度 T 和估算热塑性树脂和复合材料的结晶度。因为用于 DSC 的试件大小平均值仅约 10 mg(0.000 02 lb),在获得代表性材料方面的操作必须特别小心。建议多做几个试样测试。

热机械分析(TMA)用于连接 DTA 和 DSC 以研究预浸料树脂和固化层压板的热转变特性(例如 T_g)。TMA 模拟线膨胀测试仪,以测量试件在动态或等温加热条件下的热膨胀及热收缩。可调节的载荷是用一个特别设计停放在试件表面上的探针来施加的。采用灵敏的位移装置以监测材料的"名义"热响应。因为热转变特性与预浸料树脂化学成分和固化范围有关,TMA 能够用作质量保证技术。

如同以前所讨论过的,TGA 提供样本的热分解温度 T_d 的指示,并用来估算挥发分、聚合物、非聚合物添加剂和无机物残余物的相对量。DSC 或 DTA 用于评估热固性树脂的固化范围和固化特性,以确定聚合物的 T_g;如果聚合物是半结晶的,则用于确定它的晶体熔融温度 T_m。ASTM 标准 D3417 和 D3418(见文献 4.5.2(e)与 4.5.2(f))中给出了建议的测量 T_g 和 T_m 方法。TMA 还可以用来确定 T_g 和获得关于聚合物热变形温度和热膨胀系数的更多信息。对于粒化或模塑样本,可用一个刀片或切片机切割样本至接近样本容器的尺寸(厚度和直径)。如果样本已切割或已经以薄膜或片状形式并具有厚度不大于 0.04 mm(0.015 in)时,可以用冲床或打孔器切割成适当尺寸的圆盘。

或者,可用热载台显微镜来观测热变形温度和粉末状样本的流动起始。起初粉末颗粒具有锐利的尖毛边。随样本受热和趋近热变形温度,边缘首先变模糊,然后微粒开始成团块。最后,对于半晶态聚合物为 T_m,或在玻璃状聚合物的情况下为 T_g 温度,发生流动并成为清晰熔融或液态形式。配备有交叉偏振器的显微镜,对于定义晶-晶转变和半晶态聚合物熔融的开始是有用的。

4.5.3　流变分析

热塑性或热固性树脂的加工性能取决于流动特性,流动特性通过流变分析来表征。用测量恒定剪切条件下与温度有关黏度的方法来获得有关流动特性的信息。这些方法包括使用黏度计或毛细管流变仪。因为热固性材料的黏度还取决于固化程度,所以,也可用其他的方法来获得固化时流变性的信息。

动态力学分析(DMA)、扭辫分析(TBA)和各种力学频谱计可用来测量树脂与频率、温度及固化程度有关的流变响应。DMA 和 TBA 均能够提供关于聚合物的储能模量、损耗模量、复数黏度和 $\tan\delta$ 的信息。此外,能够获得关于固化热固性树脂的凝胶化、玻璃化和 T_g 方面的信息(见文献 4.3.1(c)和 4.5.3(a)～(c))。流变性技术常用于优化工艺参数,但因为流变性能与树脂化学组成和形态有关,流变性技术也可用于树脂的质量保证。

动态介电分析(DDA)技术能够提供有关基体材料流动行为和固化特性方面的信息。DDA 还要用电气测量来监测与频率、时间和温度有关的工艺过程中,树脂在介电常数、损耗因子、电容和/或导电性方面的变化。测量的电参数对树脂黏度变化有明显的响应,并经常用于研究和优化预浸料工艺参数,如树脂流动和凝胶时间/温度。因为化学成分对热固性树脂的电性能和固化特性有影响,DDA 技术也可用于质量保证(见文献 4.5.3(c)～(j))。

适用于流变分析的 ASTM 试验方法(见文献 4.5.3(k)～(n))包括:

- ASTM D3835"用毛细管流变仪测定热塑性塑料的流变性能的方法"。描述了在与工艺设备相同的温度和剪切条件下热塑性塑料流变特性的测量方法。
- ASTM D4065"测定和报告塑料的动态力学性能"。通过自由振动谐振或非谐振强迫振动技术获得流变性信息的实际操作方法。
- ASTM D4440"用动态力学方法对聚合物熔体的流变性测量方法"。在一定温度范围内通过非谐振强迫振动技术测定热塑性塑料流变性能的实际操作方法。

● ASTM D4473"使用动态力学的方法对热固性树脂固化行为的测量方法"。在一定温度范围内,通过自由振动和谐振以及非谐振强迫振动技术,用以提供测量测定有载体的与无载体的热固性树脂固化特性方法的实际操作。

在 ASTM D4092 中提供与动态力学分析相关术语的定义(见文献 4.5.3(o))。

4.5.4　形态

基体材料的形态将取决于聚合物的类型。通过固化时涉及的成分转化率以及官能度,控制热固性材料中高度交联网络的形成。依据固化度说明它们的交联程度,固化度能够通过热分析以及光谱方法确定。

在微观尺度上,半结晶热塑性塑料包含三维有序(晶体)区域以及缺乏长程有序区域(无定形)。一般来说,结晶区由球晶组成,球晶是由成核点辐射出多层结晶的聚集。材料的受热历程,以及纤维及填料的存在,将影响球晶的尺寸以及数目和结晶度(见文献 4.5.4(a)~(b))。在结晶区中的差别也会对力学性能有影响(见文献 4.5.4(c)~(d))。

结晶区的分析通过各种技术实现。结晶的尺寸和定向程度能够通过 X 射线衍射、电子显微检查法和双折射法研究,而一般用偏振光显微镜来分析球晶。通过 X 射线衍射、比容和熔化热能够确定结晶度。比容法需要测定样品以及材料完全无定形和晶体样品的比容。熔化热方法涉及定量分配样品和材料完全晶化样品的熔化热。熔化热能够用 ASTM D3417 测定(见文献 4.5.2(e))。

非结晶的热塑性塑料可以显示出不同水平的分子取向。液晶聚合物也许有一及二维有序区域,这种有序能够由热分析评估。无定形热塑性塑料一般缺乏长程有序,可能经历依赖加工技术的取向。通常,分子取向可能在材料中产生各向异性。但是,纯树脂样品的形态特征可能与制造的复合材料中获得的那种形态特征很不相同。

4.5.5　密度/比重

4.5.5.1　概述

按 ASTM D2734"增强塑料的空隙含量"中说明测定复合材料的近似空隙含量时,需要基体密度(见文献 4.5.5.1(a))。在给定种类的聚合物内,也用密度来鉴别或表征基体材料。例如:在半晶质的热塑性基体中,特定聚合物的结晶度将改变聚合物的密度。

几乎总是假定复合材料基体的密度大致相同,不论其是在复合材料或是浇注的纯树脂板中,并且实际上始终使用纯树脂值。有必要指出由于工艺历程中的差别,复合材料基体密度与浇注的纯树脂密度可能不一致。复合材料中的基体经历不同的热、压力和空间环境,包括纤维/基体界面的表面状态。理论看法已使许多人相信整块基体的密度值比复合材料中得到的值要低(见文献 4.5.5.1(a)),但是尚未得到实验验证。更进一步,如果密度确实存在差别,才会提出这一差别是否足够重要的问题。

极少例外,密度的测定是通过固化基体树脂代表性样本的体积和重量测量,然后综合这些值计算密度而间接完成的。用一个质量分析天平很容易测量重量,但是,有好几种方法可用于测定体积。最普遍的方法使用简单的 Archemedes(阿基米德)方法,该法就是已知密度液体的置换法[①]。可通过观测试验材料沉没在有密度差的液体中的位置进行密度的直接测量(见文献 4.5.5.1(b))。

置换技术中使用的液体几乎是专用的。但是,使用气体介质代替液体来测定试件体积是有利的,优点之一是将与液体表面张力有关的误差减到最小。通常将气体置换法称为氦比重法,当使用氦比重法时,通过测量有限数量氦的压力变化确定试验试件体积。氦测比重法是尚未标准化的测量固化基体树脂体积和密度的试验方法,然而已经证明其为可行的技术(见文献 4.5.5.1(c)和(d))。由于此方法用于树脂尚无试验标准或指南,在 CMH-17 试验工作组内部已建立了试验程序(见6.6.4.4.1 节)。

目前有两个专门用于获得固化基体树脂密度的 ASTM 标准,它们是涉及液体置换法的试验方法 D792(见文献 4.5.5.1(e))和涉及密度梯度法的 D1505(见文献 4.5.5.1(b))。

为详细指导如何实验获得固化基体树脂的密度,读者可参考本卷手册6.6.4.1~6.6.4.6 节。注意,6.6.4.4 节专指复合材料,但除 4.5.5.2 节下面注释的之外,讨论的方法完全适用于固化的基体树脂。

4.5.5.2　用于测量固化树脂密度的推荐方法相比 6.6.4.2 节,6.6.4.3 节和 6.6.4.4节 D792,D1505 和氦测比重法的区别

与纯树脂样品密度测量相比,复合材料密度测量方法的差别很小,并在试件制备的范围内。纯树脂试件一般更脆一些,并在机械加工过程中有可能开裂。由于树脂比较软(与复合材料相比)且各向同性,使用细砂纸更易于获得良好的边缘质量。

4.5.5.3　提交 CMH-17 数据用的密度试验方法

目前 CMH-17 正在接受通过下列试验方法产生的数据(见表 4.5.5.3),考虑包括在第 2 卷的内容中。

表 4.5.5.3　提交 CMH-17 数据用的树脂密度试验方法。

性能	符号	正式批准、临时和筛选数据	仅筛选数据
密度	ρ	D792、D1505、4.5.5.2*	D2743C

注:*当该方法用于产生复合材料空隙体积的相继测定时,试验样品必须至少占据30%的试验池体积。

[①] 对一种快速方便、但准确度较差的密度测定方法,读者参考 ASTM D2734,试验方法 C 中规定的测微计技术。该方法通过简单尺寸测量得到试件体积,并仅在有限特殊情况适用于精加工。

4.5.6　挥发分含量

树脂材料的挥发分含量是预浸料制作者、RTM 制作者和使用湿法铺贴工艺制造者所关心的。挥发分的不适当控制可能影响预浸料的操作和最终层压板的质量。材料性能与材料具有包含在配方中的溶剂部位密切相关。挥发分含量指的是在试验温度条件下挥发的溶剂、树脂成分及其他组分。剩余物一般称为树脂固体和填料，树脂固体包括能溶入有机溶剂的材料（通常是聚合物的组分），填料一般是不可溶解的无机物材料。挥发分的试验一般作为质量控制检验进行。

具体的方法与材料相关，但这些方法通常包括在规定温度条件下，将材料放入空气循环炉或真空炉中经过规定的时间。重量损失用重量分析测量。时间和温度的选择要使挥发分完全消失，而树脂固体不挥发或降解。ASTM D3530"碳纤维预浸料的挥发分含量"（见文献 4.5.6(a)）介绍了用于碳/环氧树脂预浸料的标准烘箱暴露试验方法，虽然用户要当心，该温度对其他树脂体系可能不适用，但该方法也可用作大多数热固性树脂的指南。在 ASTM 标准中，时间是固定的，但要选择代表零件加工周期的温度。

有时使用热重分析(TGA)来代替烘箱暴露方法。热重分析是一种仪表化的方法，该法将小试件放在微量天平上。在不断监测试件重量的同时，仪器会自动逐渐升高温度。用于挥发分含量的 TGA 方法应该规定用于确定挥发分含量的加热速率、气体和流量、试件尺寸以及温度范围。虽然没有已建立的测定树脂中挥发分的 TGA 方法的 ASTM 程序，ASTM E1131"用热解重量分析法进行组分分析"（见文献 4.5.6(b)）给出了一般指导。在研究或解答挥发分定性/定量测定的环境问题时，可以使用如 TGA - FTIR 以及液面上气相色谱法（见文献 4.5.6(c)）的其他技术。

4.5.7　吸湿量

在成形工艺过程中，潮湿可能延迟固化、产生挥发分或引起其他不需要的反应，这取决于树脂体系。对于受影响的树脂体系，需要控制及测量吸湿量。一般采用基于费歇尔滴定法的自动湿度计来测定多数树脂种类的吸湿量。把一个小样本，通常为 5g 的液态树脂，放进含费歇尔试剂以及溶剂（一般为甲醇）的测定池中。在两个电极之间通电流，在与水和费歇尔试剂的定量系列反应中产生碘。ASTM D4672"聚氨基甲酸乙酯原材料：多元醇中含水量的测定"中描述了反应与试验（见文献 4.5.7(a)）。

测定吸湿量的替代方法是使用加热小试件（一般用 10g 固体）的仪器。水分通过氮气载体蒸发和转运到一个电解池中。水反应形成磷酸，然后通过流过池的电流定量地测定。该试验的标准是 ASTM D4019"用五氧化二磷的电量再生测定塑料中水分的方法"（见文献 4.5.7(b)）。

4.6 静态力学性能试验方法

4.6.1 引言

当在各种用于复合材料的候选体系中进行选择时,知晓基体材料的静态力学性能会非常有用。如果必须提高一种特定的复合材料性能,合理选择替代的基体材料可能就足以满足需要了。例如,用弹性模量仅略高一点的基体取代,就有可能将纤维微屈曲问题减至可接受的程度。剪切强度或剪切破坏应变得到提高的基体也会提高相应的复合材料性能。

同样,如果是用细观力学分析从组分性能来预测复合材料性能,则必须要知道详尽的基体材料静态力学性能。即使被称为"脆性的"聚合物也经常显示非线性的拉伸和压缩应变响应,这种非线性性质是不可忽略的。更重要的是多数聚合物呈现明显的非线性剪切应力-应变响应。因此,不仅必须测定初始的刚度性能(E^m, ν^m, G^m),而且还需测定直至破坏的完整的应力-应变曲线。这会对特别的应变测试设备提出挑战,如在以后几节里所讨论的那样。

总之,用作复合材料中基体材料的聚合物不以纯料(未增强的)形式使用,因而,它们的黏度和挥发分含量可能不适于浇注成无空隙的纯树脂片材、板块,及其他力学试验试件制备需要的形式,如4.2节中讨论的那样。尽管如此,获得在以后几节里叙述的力学试验所需优质试件特别关键,并且必须给予特别注意。

4.6.2 拉伸

$$F_m^{tu}, \ F_m^{ty}, \ E_m^t, \ \nu_m^t, \ \varepsilon_m^{tu}$$

4.6.2.1 引言

纯(未增强的)基体拉伸试验一般按 ASTM D638 进行(见文献4.6.2.1(a))。虽然此标准最初(在1941年)是为商品化热塑性塑料写的,但对用作复合材料基体的高性能热固性材料和高温热塑性塑料的试验,可直接遵循。另一个标准 ASTM D882(见文献4.6.2.1(b))是为薄塑料片材设计的试验方法,也是可用的。在此标准中指出:"1.0mm(0.04in)或更厚的塑料拉伸性能应该按照试验方法 D638 测定",也就是说 ASTM D882 一般不用于纯基体试验。

4.6.2.2 试件制备

通常采用扁平哑铃试件(即哑铃形状、按 ASTM D638 术语)。如4.2节中所讨论的那样,这些试件一般是由浇注的平板材料机械加工制成,而不是模压到最终尺寸。重要的是遵守4.2节中讨论的板制造保护措施,以便保证保持合格的材料质量,同样,必须控制试件机械加工的质量。如4.2节中所讨论的那样,有些基体聚合物比较脆,对在机械加工期间偶然导致的表面划痕和边缘碎裂很敏感。事实上,通常有些基体聚合物对加工面的粗糙度很敏感,并要求进行磨光作为最后一道制备工序。纯聚合物拉伸试件通常不贴加强片,哑铃形使它成为不必要。

当对高性能复合材料基体材料进行试验时,如 ASTM D638 所建议的,优先选用Ⅰ型试件或其他类似的几何形状,并且是最常使用的。此几何形状被推荐用于通常使用的 7.0mm(0.28in)或更薄的试验件。如图 4.6.2.2 所示,165mm(6.50in)长的试件为 19mm(0.75in)宽,在 57.0mm(2.25in)长的标距长度区减到 13mm(0.50in),过渡半径为宽裕的 76mm(3.0in)。如果这些试件不在测量段破坏,建议用Ⅱ型试件。它具有相似几何形状,但测量段截面宽度仅 6.0mm(0.25in)而不是 13mm(0.50in),也就是说它比Ⅰ型试件的测量段截面降低更多。在 ASTM D638 中还规定其他 3 种试件类型,但通常不用于基体聚合物试验方法。

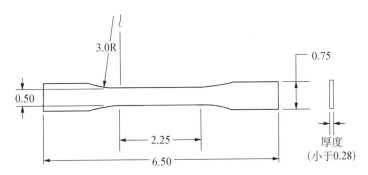

图 4.6.2.2　ASTM D638Ⅰ型扁平哑铃拉伸试件几何形状(全部尺寸以 in 表示)

如 ASTM D638 所讨论的,对拉伸试验有时候用哑铃形试件,但这样的试件势必比扁平试件更难制造和夹紧。文献 4.6.2.2(a)和(b)中详细介绍了对圆棒试件尺寸和几何形状影响的实验研究。也可以用薄壁管进行拉伸试验,但该试件几何形状比圆棒试件更难制造和夹紧,ASTM D638 中纳入了薄壁管试件几何形状和夹紧的细节。

4.6.2.3　试验仪器和测试设备

通常用楔形夹头装置对扁平哑铃试件进行试验。机械和液压夹头通常起同样作用,虽然并不经常使用,但也可以满意地使用螺旋夹紧装置,这是因为纯聚合物试件的拉伸强度不是很高,因此仅需适中的夹紧力。相应地,由于泊松收缩,固定位置螺旋致动夹紧装置中的滑动通常不是严重的问题。

螺钉致动夹紧装置经常包括平滑金属或橡胶夹紧表面,而多数楔形块有尖锐的锯齿。因此,在试件和这些楔形夹持面之间使用某些类型加垫材料,一或两层金刚砂布就行了。ASTM D638 还讨论使用磨料线网和塑料板。

虽然在 ASTM D638 标准中还没提及,但在试验室中得到越来越多应用的所谓火焰喷涂夹持板,已经证明特别有效。这些夹持面一般是在镍(或钴)基体中用碳化钨粒子喷涂。这些夹持面一般非常平滑,并是非侵蚀性的,其表面粗糙度类似于约 150 号金刚砂布。但是,它们具有极好的夹持力,相当于锯齿状的夹紧。这样的夹持面对螺钉致动夹紧装置同样会是一种良好的选择。

虽然 ASTM D638 推荐用引伸计测量应变,但是已经表明应变计至少具有同样效果(见文献 4.6.2.2(a)和(b)),甚至对比较脆的聚合物。如果要测定泊松比,必须使用双轴引伸计(或两个线性的引伸计)。相应地,用一个双轴应变计也很方便。

4.6.2.4　提交 CMH-17 数据用的拉伸试验方法

目前 CMH-17 正在接受通过下列试验方法产生的数据,考虑包括在第 2 卷内容中。

表 4.6.2.4　提交 CMH-17 数据用的树脂拉伸试验方法

拉伸性能	符号	正式批准,临时和筛选数据	仅筛选数据
极限强度	F_m^{tu}	ASTM D638	
屈服强度	F_m^{ty}	ASTM D638	
模量	E_m^t	ASTM D638	
泊松比	ν_m^t	ASTM D638	
破坏应变	ε_m^{tu}	ASTM D638	

4.6.3　压缩

$$F_m^{tu},\ F_m^{ty},\ E_m^t,\ \nu_m^t,\ E_m^{tu}$$

4.6.3.1　引言

尽管仿佛没有任何内在的理由,纯聚合物基体材料的压缩试验比拉伸和剪切试验通常少得多。压缩试验一般没有更多的困难,尽管因为"关键缺陷尺寸"对破坏的影响没那么严重,压缩极限强度一般很高,大多数聚合物基体在拉伸和压缩下的弹性响应是相似的(见文献 4.6.3.1(a)和(b))。

ASTM D695(见文献 4.6.3.1(c))指导硬质塑料的压缩试验,并是常用的试验方法。该方法确定了短柱(或管)的轴向压缩加载,或防柱屈曲横向约束的哑铃扁平试件。

通常使用短柱试件。测量压缩强度的试件横截面可能是方的或圆的,长度是横向尺寸的两倍(即试件纵横比为 2)。测定强度推荐的试件尺寸是横截面尺寸为 12.7 mm(0.50 in),长为 25.4 mm(1.0 in)。推荐同样横截面尺寸但 2 倍长的试件来测量模量和补偿屈服应力。

4.6.3.2　试件制备

一般使用圆的而不是方形截面短柱试件。浇注无空隙的 12.7 mm(0.50 in)厚板(如 4.2 节中所讨论的)很难用来切割方试件,特别是热固性聚合物。还有,在浇注这样的厚板时,由于在固化期间放热反应,过量发热可能是一个问题。作为次要的考虑,任何取自此厚浇注件的剩余材料对其他纯基体的试验,如拉伸、剪切、热或湿膨胀试验不是特别有用。

通常更常用的是浇注 12.7 mm(0.50 in)净直径圆柱,然后简单地将它们切割成要求长度。固然也能浇注正方形的试件,但一般是更容易制造具有圆形腔的模具。

因为通常用 3.2 mm(0.12 in)或更薄的纯聚合物板机械加工的试件作拉伸和 Iosipescu 剪切试验,用同样的浇注板制造压缩试件常常也很方便。在这种情况下,ASTM D695 建议使用类似于拉伸试验用的哑铃扁平试件(按照 ASTM D638),但长仅是其一半。

不论正在制备的是短柱体还是平面哑铃试件,必须对试件端头的平行度,和它们对试件纵轴(加载方向)的垂直度给予特别的注意。在 ASTM D695 中给出推荐的容限(见文献 4.6.3.1(c))。还必须评估试件表面的粗糙度对压缩强度的影响,不论其是浇注的还是机械加工的,某些聚合物对表面不完善性比对其他的缺陷敏感得多。ASTM D695 简单地说明"全部机械加工操作应该小心进行,以便产生光滑表面。"

4.6.3.3　试验仪器和测试设备

短柱试件只不过是在两个平台之间加压。如果用试验机平台,重要的是它们要平且平行,并与试验机的加载轴垂直。ASTM D695 描述了一种小压力机,这是非常方便的代用品。这种独立装置包括一个刚性构架,该刚性构架具有线性球轴套,它能对沿轴向自由移动的淬硬钢加载活塞导向,但要与淬硬钢试件支座仔细地对中。

当对平面哑铃压缩试件进行轴向压缩试验时,必须提供侧向支承以防止柱总体屈曲。为此在 ASTM D695 中规定应有支持夹具。SACMA 推荐方法 SRM 1(见文献 4.6.3.3)说明一种用于同样目的,但使用容易得多的改良夹具。

虽然在 ASTM D695 中推荐用引伸计测量应变,但已经表明,即使对比较脆的聚合物,应变计至少也有同样的效果(见文献 4.6.3.1(a)和(b))。如果测定泊松比,必须使用双轴引伸计(或两个线性的引伸计)。相应地,用一个双轴应变计也很方便。

4.6.3.4　局限性

● 短柱压缩试件——或者必须模压特殊的,要切出 12.7 mm × 12.7 mm(0.50 in ×0.50 in) 正方形截面试件的 12.7 mm(0.50 in)厚板;或者必须使用专门的 12.7 mm(0.50 in)正方形或圆形截面模具。如果遵循 ASTM D695,必须试验两种不同长度的试件,分别测量压缩强度和模量。同样的,或者必须特别仔细地将试验机对中,或者必须使用小压力机。

● 横向支持扁平哑铃试件——因为试件必须是哑铃形的,所以试件制备稍费时。此外,需要一个专门的横向支持夹具。

4.6.3.5　提交 CMH‑17 数据用的压缩试验方法

目前 CMH‑17 正在接受通过下列试验方法产生的数据,考虑包括在第 2 卷内容中。

表 4.6.3.5　提交 CMH‐17 数据用的树脂压缩试验方法

压缩性能	符号	正式批准,临时和筛选数据	仅筛选数据
极限强度	F_m^{cu}	ASTM D695[①]	
屈服强度	F_m^{cy}	ASTM D695[①]	
模量	E_m^c	ASTM D695[①]	
泊松比	ν_m^c	ASTM D695[①]	
破坏应变	ε_m^{cu}	ASTM D695[①]	

注:①SACMA SRM 1 试验夹具也是可接受的支持夹具。

4.6.4　剪切

$$F^{su}, \ F^{sy}, \ G^m$$

4.6.4.1　适用的试验方法

树脂基体材料的剪切性能一般用实心圆棒的扭转试验或在标准试验夹具中的标准 Iosipescu 试件(V‐形缺口梁)测定。ASTM E143 是适用于前一种情况(见文献 4.6.4.1(a)),ASTM D5379 适用于后一种情况(见文献 4.6.4.1(b))。动态力学分析(DMA)(见文献 4.5.3(m))也适用,但一般不用。

4.6.4.2　扭转试件制备

最初,实心棒浇注为均匀直径的棒,或者在玻璃管中浇注,固化后敲破取出;或在柱塞形内腔钢模中浇注,并在固化后从尾端推出。目前一般使用哑铃形圆柱试件。尽管也使用其他的模具材料,但这些实心棒一般浇注在钢或硅橡胶模具中。金属模具一般沿它的直径剖开,使固化的试件能脱模。硅橡胶模具一般地沿半径剖开,以便固化的试件能掰开取出(和除去其本身最初模压形成的花纹)。模具下端是封堵的,树脂由顶端注入(或有时由底部注射,对低黏度体系有必要时要加压)。带芯子的试件已不常使用,它要用一个直径不变的硅橡胶芯子,该芯子在固化后能从一端拔出,形成管状的试件。

4.6.4.3　Iosipescu 剪切试件制备

Iosipescu 试件通常由平板机械加工得到,平板或者在开模中浇注,或者在低黏度树脂的情况(如高温热塑性塑料)下注射模压得到。试件还可以模压成所需尺寸的,但迄今未知是否已经做成。

4.6.4.4　试验仪器和测试设备

用扭矩能力比较低的扭转测试装置来试验实心棒状试件,而标准 Iosipescu 剪切试验夹具和 Iosipescu 试件一起使用。把应变计(一般是±45°双轴应变花)粘贴到实心棒或 Iosipescu 试件的表面来测量剪切模量和完整的剪切应力-剪切应变曲线直至破坏。

4.6.4.5　局限性

● 实心棒扭转试验(ASTM E143)——剪切应变从扭转试件轴线为零到试件表

面处为最大值。几乎所有的树脂材料,即使那些通常认为是脆性的,在超过弹性极限后,剪切都表现出明显的非线性,因此应变变化是非线性的。应变计测量的剪切应变是表面应变。相应地,在非线性的范围里剪切应力的计算必须考虑非线性。(当试验非线性的材料时,在 Iosipescu 试件的测量段,剪切应变是均匀的,不需要特殊的考虑)。

实心(或空心的)棒状试件必须专门制备,而不是从与拉伸和压缩试件相同的平板材料上切割下来。

在许多实验室中,没有要求的扭矩范围内的扭转试验机。

● Iosipescu 剪切试验(ASTM D5379)——必须要有标准 Iosipescu 剪切试验夹具。对于非常韧的树脂,在试件破坏之前夹具可能降至最低点(非常大的剪切应变)。对于非常脆的树脂,试件会在加载点处压碎可能要用加强片。

4.6.4.6　提交 CMH - 17 数据用的剪切试验方法

目前 CMH - 17 正在接受通过下列试验方法产生的数据,考虑包括在第 2 卷内容中。

表 4.6.4.6　提交 CMH - 17 数据用的剪切试验方法

剪切性能	符号	正式批准,临时和筛选数据	仅筛选数据
极限强度	F^{su}	ASTM E143 和 D5379	
屈服强度	F^{sy}		
模量	G^{m}		

4.6.5　弯曲

$$F_m^{fu},\ F_m^{fy},\ E_m^{f}$$

4.6.5.1　引言

如前面在 4.6.3 节中指出的,由于拉伸时关键缺陷尺寸敏感性较高,所测量的纯聚合物极限拉伸强度一般远低于极限压缩强度,因此,聚合物弯曲试件倾向于在拉伸表面或附近破坏(取决于关键缺陷位置)。这样,一般更为合理的是用如 4.6.2 节所述的聚合物基体拉伸试验直接测试拉伸强度。

因此,即使复合材料做弯曲试验,但一般不做纯聚合物的弯曲试验。由于试验试件和试验仪器简单,复合材料仍然在做弯曲试验,并不是为了获得通用的数据值,这些值往往很有限。当复合材料在类似的几何构型和载荷情况下实际使用时是一个例外。

如果要进行纯聚合物的弯曲试验,ASTM 标准 D790(见文献 4.6.5.1)可用作一般指南。

4.6.5.2　试件制备

弯曲试验试件是简单的聚合物基体矩形条,具有恒定宽度和厚度。因此,它能容易地用适当厚度的模压板机械加工得到,采用 4.2 节中所述技术和预防措施。根据 ASTM D790 对聚合物建议的跨距与试件厚度之比为 16,并考虑每个尾端至少延长 10%(但不小于 6.4 mm(0.25 in)),得到试件长度。除最小宽度不应小于 12.7 mm(0.50 in)外,试件宽度不应超过支持跨距的四分之一。例如当对 2.5 mm(0.10 in)厚聚合物基体材料试验时,试验跨距应为 41 mm(1.6 in),因此试件总长约 53 mm(2.1 in),试件宽度为 12.7 mm(0.50 in)。

4.6.5.3　试验仪器和测试设备

ASTM D790 允许采用三点或四点加载,没有指明哪个优先。要注意,对三点加载,最大拉伸应力出现在与加载点相对的局部表面。对四点加载,最大拉伸应力出现在加载点之间的整个表面上,同样是在加载点相对的表面。因此,根据关键缺陷存在更高的概率,从统计学上,能够预期四点弯曲得到的测量弯曲强度较低。但是,这些差别经常小于正常的数据分散性,特别是对于较脆的聚合物基体材料。

ASTM D790 确实建议,试件要用圆柱支持和加载,圆柱直径可高达试件厚度的 3 倍,但不小于 6.4 mm(0.25 in)。因此,4.6.5.2 节中以 2.5 mm(0.10 in)厚聚合物试件作为实例,圆柱直径应在 6.4 mm(0.25 in)和 7.6 mm(0.30 in)之间。因为在目前的情况下,夹具一般带有标准尺寸的圆柱,例如,很可能是 6.4 mm(0.25 in)或 12.7 mm(0.50 in),这样 6.4 mm(0.25 in)直径圆柱会是合适的。在所有的情况下,目标是使用直径足够大的圆柱,以便最大限度地减少对试件产生的压痕或由于直接处于圆柱之下的应力集中产生的局部破坏。

ASTM D790 建议利用试验机横梁位移或试件中点挠度来测定弯曲应变及模量,还可以使用粘贴于试件中点拉伸表面的应变计。

4.6.5.4　提交 CMH - 17 数据用的弯曲试验方法

目前 CMH - 17 正在接受通过下列试验方法产生的数据,考虑包括在第 2 卷的内容中。

表 4.6.5.4　提交 CMH - 17 数据用的树脂弯曲试验方法

弯曲性能	符号	正式批准,临时和筛选数据	仅筛选数据
极限强度	F_m^{fu}	ASTM D790	
屈服强度	F_m^{fy}	ASTM D790	
模量	E_m^f	ASTM D790	

4.6.6　冲击

此节留待以后补充。

4.6.7　硬度

此节留待以后补充。

4.7 疲劳试验

用低于破坏载荷的载荷对试件的循环加载进行未增强树脂的疲劳试验验,来确定到破坏的时间或循环数。可以采用多种加载条件,包括弯曲、裂纹张开、拉伸、压缩,或拉-压交变载荷。加载经常用最小与最大载荷之比来表征,例如拉-拉疲劳,$R=0.1$。一般选用足够低的加载频率进行一系列试验,以避免试件发热,这种发热可能导致热引起的破坏。载荷或变形在选择的值之间循环,直至破坏,并且画出最大载荷或某些其他载荷强度的指示值与到破坏循环数对数的曲线。在几个载荷水平的每一级进行多个试验,这些试验结果的图称为 $S-N$ 曲线。

因为在可预测的方法中,纤维增强复合材料的疲劳阻抗不取决于未增强基体的疲劳阻抗,关于这种试验的详细建议未包括在本手册中。复合材料疲劳试验的讨论可在 6.9 节中查到。

4.8 黏弹性试验方法

与弹性相反,黏弹性性能的试验方法涉及对这些性能时间的相关性的表征。这种时间相关性是由聚合物树脂的黏弹性引起的。可通过测量在恒定载荷下随时间而变的变形(蠕变试验)或通过在恒定变形下测量随时间而变的载荷(应力松弛)来实施试验;或通过使材料经受更多复杂的载荷或变形历程来确定材料响应的弹性和黏性成分。对于黏弹性材料表征,动态力学分析是循环载荷的实例。动态力学分析讨论可以在 6.6.3 节中查到。

因为在可预测的方法中,纤维增强复合材料的黏弹性或时间相关性能不取决于未增强基体的黏弹性响应,关于这种试验的详细建议未包括在本手册中。复合材料黏弹性试验方法的讨论可在 6.11 节中查到。

参 考 文 献

4.4.3(a) Siesler H W and Holland-Moritz K. Infrared and Raman Spectroscopy of Polymers [M]. Marcel Dekker, New York, 1980.

4.4.3(b) May C A, Hadad D W and Browning C E. Physiochemical Quality Assurance Methods for Composite Matrix Resins [J]. Polymer Eng. Sci., 1979, 545 - 551.

4.4.3(c) Koenig J L. Quality Control and Nondestructive Evaluation Techniques for Composites Part II: Physiochemical Characterization Techniques. A State-of-the-Art Review. U. S. Army Aviation R&D Command, AVRADCOM TR 83 - F - 6, May 1983.

4.4.3(d) Garton A. FTIR of the Polymer-Reinforcement Interphase in Composites [J]. Polymer Preprints, 1984, 25(2):163 - 164.

4.4.4(a) Hagnauer G L. Quality Assurance of Epoxy Resin Prepregs Using Liquid Chromatography [J]. Polymer Composites, Vol.1, 1980, pp.81 - 87.

4.4.4(b) Hagnauer G L and Dunn D A. Quality Assurance of an Epoxy Resin Prepreg Using

HPLC [C]. Materials 1980 (12th National SAMPE Tech. Conf.), Vol. 12, 1980, pp. 648 – 655.

4.4.4(c) Hagnauer G L. Analysis of Commercial Epoxies by HPLC and GPC [J]. Ind. Res. Dev., Vol. 23(4), 1981, pp. 128 – 188.

4.4.4(d) Hagnauer G L and Dunn D A. High Performance Liquid Chromatography: A Reliable Technique for Epoxy Resin Prepreg Analysis [J]. Ind. Eng. Chem., Prod. Res. Dev., Vol. 21, 1982, pp. 68 – 73.

4.4.4(e) Hagnauer G L and Dunn D A. Quality Assurance of Epoxy Resin Prepregs [C]. Plastics in a World Economy, ANTEC '84, Society of Plastics Engineers 42nd Annual Technical Conference and Exhibition, 1984, pp. 330 – 333.

4.4.4(f) Mestan S A and Morris C E M. Chromatography of Epoxy Resins [J]. J. Macromol. Sci., Rev. Macromol. Chem. Phys., Vol. C24(1), 1984, pp. 117 – 172.

4.4.4(g) ASTM Test Method D5296 – 05, Molecular Weight Averages and Molecular Weight Distribution of Polystyrene by High Performance Size-Exclusion Chromatography [S]. Annual Book of ASTM Standards, Vol. 8.03, American Society for Testing and Materials, West Conshohocken, PA.

4.4.4(h) Kowalsha M and Wirsen A. Chemical Analysis of Epoxy Prepregs—Market Survey and Batch Control [C]. Natl. SAMPE Symp. Exhib. [Proc.], Vol. 25 (1980's Payoff Decade Adv. Mater.), 1980, pp. 389 – 402.

4.4.4(i) Lu C S and Koenig J L. Raman Spectra of Epoxies [J]. Am. Chem. Soc., Div. Org. Coat. Plast. Chem., Vol. 32(1), 1972, p. 112.

4.4.4(j) Poranski C F Jr, Moniz W B, Birkle D L, Kopfle J T and Sojka S A. Carbon – 13 and Proton NMR Spectra for Characterizing Thermosetting Polymer Systems I. Epoxy Resins and Curing Agents [R]. Naval Research Laboratory, NRL Report 8092, June 1977.

4.4.4(k) Happe J A, Morgan R J and Walkup C M. NMR Characterization of Boron Trifluoride- Amine Catalysts Used in the Cure of Carbon Fiber/Epoxy Prepregs [J]. Compos. Technol. Rev., Vol. 6(2), 1984, pp. 77 – 82.

4.4.4(l) Morse G A. Primary Amine Analysis in Polymers [J]. J. Polm. Sci., Chem. Ed., Vol. 22, 1984, pp. 3611 – 3615.

4.4.4(m) Hunter A B. Analysis of Reaction Products of Polyimide by High Pressure DSC with GC/MS [C]. Proc. 12th N. American Thermal Conf., Williamsburg, VA, September 1983, p. 527.

4.4.4(n) Chen J S and Hunter A B. Chemical Characterization of Composites [J]. Polymer Preprints, Vol. 22, August 1981, p. 253.

4.4.5(a) ASTM Test Method D2857 – 95 (2001), Dilute Solution Viscosity of Polymers [S]. Annual Book of ASTM Standards, Vol. 08.02, American Society for Testing and Materials, West Conshohocken, PA.

4.4.5(b) Naoki M, Park I-H, Bunder S L and Chu B. Light Scattering Characterization of Poly (ethylene terephthalate) [J]. J. Polym. Sci., Polym. Phys. Ed., Vol. 23, 1985, p. 2567.

4.5.2(a) Bellenger V, Fontaine E, Fleishmann A, Saporito J and Verdu J. Thermogravimetric Study of Amine Cross-Linked Epoxies [J]. Polym. Degrad. Stab., Vol. 9(4), 1984, pp. 195 - 208.

4.5.2(b)   Flynn J H and Wall L A. General Treatment of the Thermogravimetry of Polymers [J]. J. Res. Nat. Bur. Stds., Vol. 70A, Nov/Dec 1966, p. 487.

4.5.2(c)   Carpenter J F. Assessment of Composite Starting Materials: Physiochemical Quality Control of Prepregs [C]. AIAA/ASME Symp. on Aircraft Composites, San Diego, CA, March 1977.

4.5.2(d)   Schnieder N S, Sprouse J F, Hagnauer G L and Gillham J K. DSC and TBA Studies of the Curing Behavior of Two Dicy-Containing Epoxy Resins [J]. Polymer Eng. Sci., Vol. 19, 1979, p. 304.

4.5.2(e)   ASTM Test Method D3418 - 03, Standard Test Method for Transition Temperatures and Enthalpies of Fusion and Crystallization of Polymers by Differential Scanning Calorimetry [S]. Annual Book of ASTM Standards, Vol. 08. 02, American Society for Testing and Materials, West Conshohocken, PA.

4.5.3(a)   Gillham J K. Characterization of Thermosetting Materials by TBA [J]. Polymer Eng. Sci., Vol. 16, 1976, p. 353.

4.5.3(b)   Enns J B and Gillham J K. Time-Temperature-Transformation (TTT) Cure Diagram: Modeling the Cure Behavior of Thermosets [J]. J. Appl. Polym. Sci., Vol. 28, 1983, pp. 2567 - 2691.

4.5.3(c)   Zukas W X, MacKnight W J and Schneider N S. Dynamic Mechanical and Dielectric Properties of an Epoxy Resin During Cure [J]. Chemorheology of Thermosetting Polymers, ACS Symp. Ser., Vol. 227, Am. Chem. Soc., Washington, DC, 1983, pp. 223 - 250.

4.5.3(d)   Crozier D and Tervet F. Rheological Characterization of Epoxy Prepreg Resins [J]. SAMPE J., Nov/Dec 1982, pp. 12 - 16.

4.5.3(e)   May C A, Dusi M R, Fritzen J S, Hadad D K, Maximovich M G, Thrasher K G, and Wereta A Jr. Process Automation: A Rheological and Chemical Overview of Thermoset Curing [J]. Chemorheology of Thermosetting Polymers, ACS Symp. Ser., Vol. 227 Am. Chem. Soc., Washington, DC, 1983, pp. 1 - 24.

4.5.3(f)   Hinrichs R J. Rheological Cure Transformation Diagrams for Evaluating Polymer Cure Dynamics [J]. Chemorheology of Thermosetting Polymers, ACS Symp. Ser., Vol. 227 Am. Chem. Soc., Washington, DC, 1983, pp. 187 - 200.

4.5.3(g)   Roller M B. Rheology of Curing Thermosets: Critique and Review [C]. in Plastics in a World Economy, ANTEC '84, Society of Plastics Engineers 42nd Annual Technical Conference and Exhibition, 1984, pp. 268 - 269.

4.5.3(h)   Baumgartner W E and Ricker T. Computer Assisted Dielectric Cure Monitoring in Material Quality and Cure Process Control [J]. SAMPE J., Jul/Aug 1983, pp. 6 - 16.

4.5.3(i)   Senturia S D, Sheppard N F Jr, Lee H L and Marshall S B. Cure Monitoring and Control with Combined Dielectric/Temperature Probes [J]. SAMPE J., Jul/Aug 1983, pp. 22 - 26.

4.5.3(j)   Chowdhury B B. Significance of Thermally Stimulated Discharge Current for Epoxy Resins [R]. Am. Lab., January 1985, pp. 49 - 53.

4.5.3(k)   ASTM Test Method D3835 - 02, Standard Test Method for Determination of

Properties of Polymeric Materials by Means of a Capillary Rheometer [S]. Annual Book of ASTM Standards, Vol. 8. 02, American Society for Testing and Materials, West Conshohocken, PA.

4.5.3(l)   ASTM Practice D4065 – 06, Standard Practice for Plastics: Dynamic Mechanical Properties: Determination and Report of Procedures [S]. Annual Book of ASTM Standards, Vol. 8. 02, American Society for Testing and Materials, West Conshohocken, PA.

4.5.3(m)   ASTM Practice D4440 – 01, Standard Test Method for Plastics: Dynamic Mechanical Properties: Melt Rheology [S]. Annual Book of ASTM Standards, Vol. 8. 02, American Society for Testing and Materials, West Conshohocken, PA.

4.5.3(n)   ASTM Practice D4473 – 03, Standard Test Method for Plastics: Dynamic Mechanical Properties: Cure Behavior [S]. Annual Book of ASTM Standards, Vol. 8. 02, American Society for Testing and Materials, West Conshohocken, PA.

4.5.3(o)   ASTM Terminology D4092 – 01, Standard Terminology: Plastics: Dynamic Mechanical Properties [S]. Annual Book of ASTM Standards, Vol. 8. 02, American Society for Testing and Materials, West Conshohocken, PA.

4.5.4(a)   Cebe P and Hong S D. Crystallization Behavior of Poly(ether-ether-ketone) [J]. Polymer, Vol. 27, August 1986, p. 1183.

4.5.4(b)   Blundell D J and Osborn B N. The Morphology of Poly(ether-ether-ketone) [J]. Polymer, Vol. 24, August 1983, p. 953.

4.5.4(c)   Lee Y and Porter R S. Crystallization of Poly(etherether-ketone) (PEEK) in Carbon Fiber Composites [J]. Polymer Eng. Sci., Vol. 26, 1986, p. 633.

4.5.4(d)   Seferis J C. Polyetheretherketone (PEEK): Processing-Structure and Properties Studies for a Matrix in High Performance Composites [J]. Polymer Composites, Vol. 7, 1986, p. 158.

4.5.5.1(a)   ASTM Test Method D2734 – 94 (2003), Standard Test Method for Void Content of Reinforced Plastics [S]. Annual Book of ASTM Standards, Vol. 8. 01, American Society for Testing and Materials, West Conshohocken, PA.

4.5.5.1(b)   ASTM Test Method D1505 – 03, Standard Test Method for Density of Plastics by the Density- Gradient Technique [S]. Annual Book of ASTM Standards, Vol. 8. 01, American Society for Testing and Materials, West Conshohocken, PA.

4.5.5.1(c)   Ghiorse S R. Data Presented to Mil Handbook 17 Testing Working Group, Santa Fe, NM, March 1996.

4.5.5.1(d)   Ghiorse S R and Tiffany J. Evaluation of Gas Pycnometry as a Density Measurement Method [R]. Proceedings of the 34th mil-HDBK – 17 PMC Coordination Group, Schaumberg, IL, September 1996.

4.5.5.1(e)   ASTM Test Method D792 – 00, Standard Test Method for Density and Specific Gravity (Relative Density) of Plastics by Displacement [S]. Annual Book of ASTM Standards, Vol. 8. 01, American Society for Testing and Materials, West Conshohocken, PA.

4.5.6(a)   ASTM Test Method D3530/D3530M – 97 (2003), Volatiles Content of Carbon-Fiber Prepreg [S]. Annual Book of ASTM Standards, Vol. 15. 03, American Society for Testing and Materials, West Conshohocken, PA.

4.5.6(b)   ASTM Test Method E1131 – 03, Standard Test Method for Compositional Analysis by Thermogravimetry [S]. Annual Book of ASTM Standards, Vol.14.02, American Society for Testing and Materials, West Conshohocken, PA.

4.5.6(c)   ASTM Test Method D4526 – 96 (2001) e1. Standard Practice for Determination of Volatiles in Polymers by Static Headspace Gas Chromatography [S]. Annual Book of ASTM Standards, Vol. 8. 01, American Society for Testing and Materials, West Conshohocken, PA.

4.5.7(a)   ASTM Test Method D4672 – 00 (2006) e1. Standard Test Method for Polyurethane Raw Materials: Determination of Water Content in Polyols [S]. Annual Book of ASTM Standards, American Society for Testing and Materials, West Conshohocken, PA.

4.5.7(b)   ASTM Test Method D4019 – 94a, Moisture in Plastics by Coulometry [S]. Annual Book of ASTM Standards, Vol.8.02, American Society for Testing and Materials, West Conshohocken, PA. This method has been withdrawn by ASTM and is included here for historical reference.

4.6.2.1(a) ASTM Test Method D638 – 03, Standard Test Method for Tensile Properties of Plastics [S]. Annual Book of ASTM Standards, Vol.8.01, American Society for Testing and Materials, West Conshohocken, PA.

4.6.2.1(b) ASTM Test Method D882 – 02, Standard Test Methods for Tensile Properties of Thin Plastic Sheeting [S]. Annual Book of ASTM Standards, Vol.8.01, American Society for Testing and Materials, West Conshohocken, PA.

4.6.2.2(a) Odom E M and Adams D F. Specimen Size Effect During Tensile Testing of an Unreinforced Polymer [J]. Journal of Materials Science, Vol. 27, No. 7, 1992, pp.1767– 1771.

4.6.2.2(b) Odom E M and Adams D F. The Mechanical Response of a Thermosetting Polymer [R]. Report UW – CMRG – R – 91 – 104, Composite Materials Research Group, University of Wyoming, Laramie, Wyoming, May 1991.

4.6.3.1(a) Odom E M and Adams D F. Specimen Size Effect During Tensile Testing of an Unreinforced Polymer [J]. Journal of Materials Science, Vol.27, No.7, 1992, pp. 1767 – 1771.

4.6.3.1(b) Odom E M and Adams D F. The Mechanical Response of a Thermosetting Polymer [R]. Report UW – CMRG – R – 91 – 104, Composite Materials Research Group, University of Wyoming, Laramie, Wyoming, May 1991.

4.6.3.1(c) ASTM Test Method D695 – 02a, Standard Test Method for Compressive Properties of Rigid Plastics [S]. Annual Book of ASTM Standards, Vol. 8. 01, American Society for Testing and Materials, West Conshohocken, PA.

4.6.3.3   SACMA Recommended Method SRM 1, Compressive Properties of Oriented Fiber-Resin Composites [S]. Suppliers of Advanced Composite Materials Association, Arlington, Virginia.

4.6.5.1   ASTM Test Method D790 – 03, Standard Test Methods for Flexural Properties of Unreinforced and Reinforced Plastics and Electrical Insulating Materials [S]. Annual Book of ASTM Standards, Vol.8.01, American Society for Testing and Materials, West Conshohocken, PA.

4.6.4.1(a)   ASTM Test Method E143 - 02, Standard Test Method for Shear Modulus at Room Temperature [S]. Annual Book of ASTM Standards, Vol. 3. 01, American Society for Testing and Materials, West Conshohocken, PA.

4.6.4.1(b)   ASTM Test Method D5379/D5379M - 05, Standard Test Method for Shear Properties of Composite Materials by the V-Notched Beam Method [S]. Annual Book of ASTM Standards, Vol. 15. 03, American Society for Testing and Materials, West Conshohocken, PA.

第 5 章 预浸料材料表征

5.1 引言

本章目的是提供分析预浸料时所采用的物理和化学性能表征技术及试验方法之概要。预浸料材料的表征包含现代分析化学法和纤维性能、纤维表面处理、树脂性能、树脂配方和浸渍生产工艺的具体知识,以确保正确的预浸料的化学物理性能。表征包括对纤维和纤维表面处理,以及主要树脂成分的识别和量化,同时也应包括因生产工艺而带入的杂质和污染之信息。所测预浸料的物理和化学性能可以作为衡量复合材料固化后厚度控制和所得结构性能的一种方法。热固性树脂预浸料的表征应包括预浸料树脂反应性质和程度,树脂热流变和热力学性能的基本说明。对于热塑性树脂基预浸料,还应分析分子量分布,结晶度和随时间/温度变化的黏度曲线。

背景

聚合物基及碳纤维增强复合材料的工艺性和性能,取决于所使用的树脂浸渍纤维材料(预浸料)的成分。一般而言,"预浸料"是一类用树脂浸渍连续纤维增强的材料。预浸料是树脂,纤维和空气的混合体。根据所暴露的温度,预浸材料兼具液固两种性能。在很低的温度下,它们呈固体状,但当温度高于室温,预浸材料又具液体特征。典型的预浸材料包括用占质量分数 $28\% \sim 60\%$ 的化学结构复杂的热固性或热塑性树脂浸渍的经表面处理之玻璃、芳纶、陶瓷或碳纤维。用于预浸材料的典型热固性树脂包括环氧、聚酯、酚醛、氰酸酯,双马树脂和聚酰亚胺树脂。典型的热固性环氧树脂配方包括几种不同的环氧树脂、固化剂、稀释剂、橡胶改性物、热塑性塑料添加剂、促进剂或催化剂和无机材料,以及各种各样的杂质和合成副产物。

预浸料树脂系统是用溶剂法或热熔法浸渍工艺生产的。由于没有溶剂,热熔树脂预浸料更有利于环境健康和安全。相对于溶剂法预浸料而言,热熔法预浸料不使用溶剂,具有更好的工艺性和复合材料性能。在浸渍过程中,溶剂法的热固性预浸料通常是分阶段或部分地反应,所以在运输、操作和贮存期间可能发生组分的变化。对热塑性预浸料和复合材料,聚合物分子量(M_W),分子量分布(M_{WD})和结晶形貌对工艺性和性能有重要影响。树脂化学成分中偶然的或微小变化可能导致工艺的问题,并对复合材料性能以及结构性能产生不利影响。

5.2 预浸料抽样计划和试件制备

预浸材料的取样计划通常在预浸料最终用户的材料采购规范上规定。预浸料在这些规范上通常标注着生产商的商品牌号、产品描述、炉批/批次号、纤维类型和预浸料形式(如单向带,织物,粗纱等),通常还包括预浸料的运输和储存条件,以及推荐的工艺条件。预浸料物理和化学性能试验的取样计划通常基于采购文件中规定的炉批/批次定义制定。包括哪些内容的炉批次预浸料定义是任何预浸料抽样计划的关键因素;抽样计划与应用相关,依据预浸料最终用途来定。对用于主承力结构的预浸料,可能会依据产品使用要求而增加取样频率。

预浸料的抽样计划通常随预浸料供应商和最终用户的不同而不同。不同的抽样计划通常基于不同的意图和每个抽样计划所要解决的问题。预浸料供应商的抽样计划是为了衡量预浸材料值的批次内稳定性。采购方的抽样计划是为了验证预浸材料是否符合工程要求,和材料经运输和储存后是否仍可接受。因为目的不同,采购方的抽样频率和供应商的抽样计划相比要低很多。

如果没有采购方的预浸料抽样计划要求,预浸材料生产商通常协助最终用户按最终使用要求来制定适当的抽样计划。另外,预浸料生产商对关键生产以及产品关键属性建立统计过程控制(SPC)程序有助于减少抽样计划。对于 SPC 的其他信息参见第 3 卷第 5 章。

预浸料通常按卷的形式生产和供货,以浸渍织物卷料或单向带卷料形式提供。卷长和卷宽由最终用户按生产实际需求规定。预浸料层用可分离的聚乙烯塑料薄膜或带脱模剂的衬纸隔开,在取样和测试时,它们可以很容易地剥离。试验方法中通常规定了物理和化学性能试验样品的准备程序。

5.3 放置和环境暴露

预浸料必须用防水的袋子密封,并在适当的储存条件下放置,以防止由于环境或储存条件对预浸料性能值造成任何影响。预浸料树脂配方通常易吸湿,受潮的树脂对其反应性和预浸料性能有影响。在搬运或储存时,必须注意避免污染或以任何方式改变预浸材料。预浸料必须放置在干净、干燥和密封的包装中,并仔细标识。包装决不能与预浸材料起反应,并必须采取预防措施使预浸料不暴露于潮湿环境中,也不使其长时间处于非冷藏状态。对会起反应的热固性树脂预浸料,建议密封储存在-12℃(10℉)以下,或按生产商的建议,直到取样做试验。依据其在室温下的稳定性,热塑性预浸料可以储存在室温下。预浸料从冷库中取出后,应达到室温再打开包装,以防止水汽凝结在预浸料的测试样品上。应避免把预浸料暴露在高湿度环境下,因为吸收的水汽会对预浸料的性能造成影响。

5.4　预浸料物理和化学性能

5.4.1　预浸料物理性能

预浸料物理性能试验用于提供单层预浸材料物理特性,以支持材料的工艺和制造。预浸料物理性能要求旨在提供适当纤维含量下的稳定的材料工艺和结构性能。用于生产预浸材料的树脂含量和纤维面积重量(FAW)指标可间接计算复合材料制件固化后的单层厚度期望值。纤维面积重量和固化后单层厚度以及纤维体积含量之间的关系在 20 世纪 60 年代初就已经建立(见第 1 卷第 2 章)。其他物理性能测试,如挥发分含量、树脂流动性和凝胶时间等是预浸材料工艺过程中的重要参数。预浸料操作性要求用表面黏性和铺敷性来定义,以衡量层与层之间的黏性和材料铺贴性。

5.4.1.1　树脂含量

除了保持均匀的结构重量,测量预浸料的树脂含量和纤维含量(以纤维面积重量形式)对于保证力学性能处于稳定水平是十分必要的。根据不同的预浸料生产工艺,预浸材料的树脂含量可按树脂含量或树脂固体含量来测。热熔法树脂体系生产的预浸料测量树脂含量,而溶剂法浸渍的预浸料测量树脂固体含量。树脂固体含量法不包括溶剂浸渍时残留的挥发分。

预浸材料的树脂含量可用破坏法或非破坏法来测得。由于测试值的准确性,破坏法优于非破坏法。非破坏法要对每个评估的预浸材料建立标定曲线。非破坏法可以降低进行树脂含量测试时遇到的环境、健康和安全方面(EH&S)的问题,但最终用户对预浸材料通常更愿意选用破坏法来测量树脂含量。

5.4.1.1.1　破坏法

预浸材料的树脂含量可用溶剂将树脂从预浸料纤维中萃取出来的方法来测定,所用萃取剂可完全溶解树脂而不溶解纤维(ASTM C613)。其他用于测定预浸料树脂和纤维含量的方法是基体消融/灼烧法(ASTM D3171,方法 A－F),基体灼烧/燃烧法(ASTM D2584,ASTM D3171,方法 G,和 SACMA SRM 23,方法 B),和基体溶解法(ASTM D3529 和 SACMA SRM 23,方法 A)。ASTM D2584,ASTM D3171,方法 G,和 SACMA SRM 23,方法 B 是针对用玻璃纤维,石英或陶瓷纤维这些不受高温影响纤维制成的预浸料用得最为广泛的一种方法。ASTM D3529 和 SACMA SRM 23,方法 A 是推荐用于碳纤维和芳纶纤维预浸料的方法。ASTM D3171,方法 A－F,基体溶解法,推荐用于已固化复合材料层压板或高度交联/固化的预浸料体系(即 C－阶段预浸材料)。下面章节描述了每种试验方法和相关问题。

ASTM C613"用 Soxhlet 萃取法来测定复合预浸料中给定组分的标准试验方法"

用 Soxhlet 萃取法来测定预浸料树脂和纤维含量的步骤在 ASTM C613(见文

献 5.4.1.1.1(a))中描述。ASTM C613 测试方法测定复合材料预浸料的树脂含量、纤维含量和填料含量。这种测试方法着重于采用热固性树脂为基体的预浸料，这种预浸料的树脂基体可以被有机溶剂萃取出来。所选的萃取溶剂不会溶解纤维和填料，而且用过滤的方法可以把填料与纤维分离。使用不同填料和/或纤维的混合型预浸料则不能用这种方法区分。相对于其他溶剂萃取法测试树脂含量的方法，ASTM C613 法测定预浸料树脂含量和纤维含量最准确。当然，该测试法也要求Soxhlet 萃取设备和较长的操作时间来确定预浸料的树脂含量。这种方法不适用于预浸料生产商的在线测试，因为时间非常长，数量级以小时计而非分钟。

把预浸料试样切得小一点，使试样的暴露面积增加。然后称试样重量，再用Soxhlet 萃取法去除树脂基体。将萃取后的剩余物烘干并称重。如果在剩余物中除了增强体外还发现填料，则用过滤方式把两种残留物分离。用测定的初始试样重量，和不同阶段得到的残留物的重量，可按质量分数计算出预浸料树脂含量、纤维含量和填料含量。

ASTM D2584—"固化后的增强树脂燃烧失重标准测试方法"

ASTM D3171—"程序 G：用基体消融法测试树脂集体复合材料的纤维含量"

SACMA SRM 23 方法 B—"用树脂燃烧破坏法确定热固预浸料的树脂含量和纤维面积重量的方法"

ASTM D2584、ASTM D3171 和 SACMA SRM 23 试验方法 B（见文献5.4.1.1.1(b)～(d)）是用燃烧树脂法来确定预浸料树脂含量和纤维含量。这种试验方法适用于那些树脂基体可以被烧掉，而燃烧温度对增强体没有影响的预浸料。有些树脂会被烧结，在试样加热后残留在纤维上。这个试验方法不适合用于这些材料。含不同填料和/或纤维的混合预浸料体系无法用这种方法分别。

这些方法是对含玻璃纤维，石英或陶瓷纤维以及环氧、酰亚胺、酚醛和聚乙烯树脂的预浸料用得最为广泛的方法。将马弗炉设定到 570℃±10℃（1 050°F±50°F），就可以用燃烧树脂法轻松测得玻璃纤维/石英/陶瓷纤维增强预浸材料的树脂含量。必须注意将测试温度控制在 590℃（1 100°F）以下，以防将玻璃原丝熔化，造成树脂含量值偏低的现象。这种试验方法成本比溶剂萃取法低，而且不使用溶剂，但燃烧时可能产生有害的气体和/或烟雾的副产品。用户在采用这种方法前，必须阅读预浸料的材料安全数据单（MSDS）来了解预浸料的降解材料成分。

ASTM D3529—"复合材料预浸料基体固体含量和基体含量的标准测试方法"

SACMA SRM 23 方法 A—"用溶剂萃取破坏法确定热固性预浸料树脂含量和纤维面积重量"

ASTM D3529 和 SACMA SRM 23 方法 A（见文献 5.4.1.1.1(e)和(f)）是用溶剂萃取法来确定预浸料树脂含量和纤维含量的方法。这种试验方法着重于树脂基体可以被有机溶剂萃取的热固性基体预浸料。为了能充分溶解预浸料中的树脂，特别是如配方中含热塑性材料或大分子组分时，可能需使用特殊的混合溶剂（如丙酮/

DMF)和操作程序。有些树脂配方中含有阻止树脂基体溶解的成分。这些材料被称为不溶成分。

将试样切取到准确尺寸并称重。然后将试样浸泡在相应溶剂中洗,并且可以加热,直至基体溶解。再对纤维进行冲洗,洗去溶解的树脂,然后将纤维烘干、称重。所损失的重量即为树脂含量。为了加速基体溶解,可以使用超声能。这种方法限用于不会因为暴露在溶剂中就失重或增重的增强材料,以及不会产生某些树脂基体组分在溶剂中不溶解的情况。这种方法在确定碳纤维和芳纶纤维预浸料树脂含量中应用得最为广泛。由于成本、设备和时间的优势,这个方法比 ASTM C613 方法用得更广泛。但这方法不适用于固化后的层压板和 C-阶段预浸料。

ASTM D3171-"复合材料组分含量标准测试方法程序 A-F"

ASTM D3171(见文献 5.4.1.1.1(c))测试方法适用于基体材料无法在普通溶剂中轻易溶解的复合材料,如固化后的层压板、热塑树脂基预浸料、C-阶段预浸料以及金属基复合材料。本试验方法通过两种途径来确定组分含量。第一种途径,方法 I,在现有七种方法中选择一种将基体材料从纤维上溶解去除或燃烧去除。该七种方法针对不同基体材料用不同酸/混合溶剂或燃烧法提出了建议。方法 A-F 采用化学法去除基体,而方法 G 在炉内用燃烧法去除基体。方法 A-F 是使用化学品溶解基体,但化学品不会对增强纤维造成伤害。ASTM D3171 测试方法主要针对双组分、不含不溶物质或填料的预浸料体系。相对于其他试验方法,在绝大多数情况下本试验方法使用更多有害材料,且花费更长时间。

5.4.1.1.2 非破坏测试法

现已开发一些无损专利技术可用于测试树脂含量。虽然这些技术具备利于环境、健康和安全的优势,但是尚未被工业界采用。

表 5.4.1.1.2 提交 CMH-17 数据的树脂含量测试方法

物理性能	标识符号	所有数据类型
树脂含量	RC	C613,D3171,D2584,SRM 23 方法 B,D3529,SRM 23 方法 A

5.4.1.2 纤维含量或纤维面积重量

预浸料材料的纤维含量或纤维面积重量(FAW)通常用上述测树脂含量测定方法来测定。预浸料材料的纤维含量通常表述为"纤维面积重量",单位为:克/平方米。FAW 与增强纤维线密度(含上浆剂)直接相关,其单位为:克/米。然而,测定和报告预浸料材料的 FAW,不含纤维上浆剂。预浸料生产商采用预浸料树脂含量和纤维面积重量来间接控制预浸料材料固化后的单层厚度。

通常用于测试树脂含量的方法也同时提供预浸料纤维含量的信息。使用重量法检测预浸料树脂含量值需知道纤维面积重量。某些情况下,只要纤维不在酸剂中溶解/降解,则可用酸溶解方法 ASTM D3171(见文献 5.4.1.1(c))来去除纤维上的树脂基体。对碳纤维和芳纶纤维预浸料,不建议使用燃烧法,因为此类纤维会氧化降解。

表 5.4.1.2　提交 CMH‑17 数据的纤维含量测试方法

物理性能	标识符号	所有数据类型
纤维含量或 FAW	FAW	C613, D3171, D2584, SRM 23 方法 B, D3529, SRM 23 方法 A

5.4.1.3　挥发分含量

在材料加工过程中,预浸料材料的挥发分含量对于减小孔隙率是重要的。绝大多数情况下,预浸料材料挥发分含量的指标需在其制造过程中加以控制。溶剂法预浸料的挥发分含量比热熔法预浸料高。对环氧树脂基预浸料,绝大多数挥发分含量指标定在 2% 以下,以减少材料在成形加工过程中的挥发分释放。挥发分含量的稳定性与预浸料生产过程中溶液浸渍工艺的稳定性有关。预浸料测得的挥发分含量包括溶剂、水汽、反应副产品和树脂基体中的低分子树脂组分。

预浸料材料的挥发分含量可以按 ASTM D3530(见文献 5.4.1.3)测得。测试程序中,选择烘箱温度是关键,因某些预浸料的基体树脂(如双马树脂预浸料)在受热过程中会挥发一些组分,而这些并非是真实的挥发分。在正常的材料成形加工过程中,受环境影响,这些树脂组分不会形成挥发分。在建立试验方法过程中,应测量不同温度下的挥发分含量,以减少测试错误。预浸料材料的烘箱暴露时间应依据预浸料在该温度下的凝胶时间来确定。挥发分含量测试应在设定温度下进行直至基体凝胶。另一个挥发分含量测试方法是用热重分析法(TGA)。但通常这种方法仅用于固态树脂,因为其挥发分含量测试结果与加热速率相关。

表 5.4.1.3　提交 CMH‑17 数据的挥发分含量测试方法

物理性能	标识符号	所有数据类型
挥发分含量	VOLS	D3530

5.4.1.4　树脂流动性

预浸料材料树脂流动性反映了固化时的树脂流动情况。另外,树脂流动性的测试结果也可用于确定预浸料在储存和/或外置寿命暴露后的材料流动特性。在特定试验条件下测定的树脂流动性百分比和预浸料树脂的化学成分、反应度和/或形貌,以及树脂含量有关。树脂流动性测试反映了树脂基体融入层压板的连续铺层,以及吸胶带走挥发分和反应气体的能力。树脂流动性测试值同样反映了预浸料的老化程度或反应程度。增加树脂含量会加大该测试值,因为内部体积会影响树脂流动测试。树脂流动同样影响工艺性和零件固化后单层厚度。具体试验条件(温度、压力、时间、预浸料层数和吸胶材料层数等)应按基体树脂类型来定。预浸料的树脂流动性可按 ASTM D3531(见文献 5.4.1.4)测试。

表 5. 4. 1. 4 提交 CMH‑17 数据的树脂流动性测试方法

物理性能	标识符号	所有数据类型
树脂流动性	RF	D3531

5.4.1.5 凝胶时间

预浸料材料的凝胶时间与热固性基体树脂的反应度以及树脂配方有关。按其固化温度和工艺要求,预浸料以不同的树脂组分,以及催化剂/固化剂配比来达到其预设的凝胶时间范围。典型预浸料凝胶时间是树脂保持在给定温度下,直至树脂发生凝胶或产生高黏度的时间。凝胶时间影响预浸料的工艺性,也可用之来评定树脂反应的程度。预浸料凝胶时间和树脂流动性测试结果还用作质量控制验证和预浸料寿命延期。预浸料凝胶时间测试的温度应依据树脂基体的类型和固化温度而定。

可按 ASTM D3532(见文献 5.4.1.5(a))测定预浸料的凝胶时间。用盖玻片夹住预浸料试样,放置在加温到指定温度的改进熔点测试仪;用探棒接触试样,直到树脂流动明显降低或树脂凝胶。测试结果取决于测试者的经验和技术水平。正确的培训尤为重要。双马树脂预浸料会在凝胶时间测试过程中与氧气发生反应,因此用 Fisher-Johns 熔点测试仪常得出错误的结果。双马树脂可用有孔隔离膜,并施加一定温度和低压,从预浸料中挤出。将挤出的固态双马树脂放进一个在加热油浴及充氮保护的试管中,消除氧气影响。用玻璃棒搅动树脂,一出现"树脂牵丝"即可报告为凝胶时间。

另一预浸料凝胶时间的测试方法为动态能谱法,在 SACMA SRM 19(见文献 5.4.1.5(b))有介绍。预浸料的凝胶时间也称为动态凝胶点。动态能谱仪对热固性树脂和预浸料固化性能提供了敏感的方法,能测出随温度或时间,或两者共同变化的储能模量(G')和损耗模量(G'')。将预浸料试样放在以固定频率和应变振动的机械振荡器中,在充氮环境,经温度线性升温。储能模量、损耗模量和复数黏度(n)用剪切性能测定,剪切性能与时间、温度、频率和应变有关。损耗模量和储能模量的交叉点,即损耗角正切($\tan\delta$)等于 1,认为是热固性树脂基预浸料的凝胶点。

采用动态凝胶测量仪的动态能谱预浸料凝胶试验方法能对预浸料的反应度提供有用的信息,预浸料反应度与加热速率和保温时间有关,后者控制了热应力以支持预浸料零件制造工艺。测量值的敏感性要求对测试设备进行大量的标定,并需技术娴熟的操作员,来得到稳定和有效的数据。在同一试验室内,动态凝胶试验的重复性非常高。但是,动态凝胶试验在不同试验室之间的重现性很低。试验设备、试验操作者和环境等的改变使得很难重现动态能谱凝胶时间。

表 5. 4. 1. 5 提交 CMH‑17 数据的凝胶时间测试方法

物理性能	标识符号	所有数类型
凝胶时间	GEL	D3532,SRM 19‑94

5.4.1.6　水分含量

预浸料材料的水分含量可用改进型 Karl-Fisher 滴定设备测试。预浸料在 $-12℃(10℉)$ 条件下贮存和在室温下解冻,都会因吸收水分而影响水分含量。有关水分含量更多的信息参见第 4 章 4.5.7 节。

表 5.4.1.6　提交 CMH-17 数据的水分含量测试方法

物理性能	标识符号	所有数据类型
水分含量	*MC*	无标准试验方法

5.4.1.7　表面黏性

预浸料材料的表面黏性是测量预浸料与自身、工装和其他预浸料相粘的程度。为了方便预浸料的操作与铺叠,作为预浸料粘贴特性的表面黏性是受控的。预浸料材料的表面黏性与树脂基体表面黏度、预浸料挥发分含量、树脂基体反应度、树脂成分分子量分布以及车间的温湿度有关。增加树脂和挥发分含量,降低预浸料树脂反应度和提高铺叠间的温湿度,均可增加表面黏性。但是如要不影响树脂分布和纤维取向,表面黏性特别高的预浸料通常很难使用。同样,表面没有黏性的预浸料(如热塑预浸料)也很难操作和使用。不过,热塑预浸料的表面黏性缺乏不至于妨碍成形和压实,只要在加工过程中将聚合物加热到熔点温度以上即可。

预浸料表面黏性是操作性的一种指标。热固性树脂基预浸料应具有足够的表面黏性,来保证预浸料能贴合在工装上或已铺敷的铺层上,但是也应足够低,使背衬被撕离时不至于造成树脂转移和/或纤维变形。

在先进复合材料行业里,预浸料表面黏性是最未经标准化的测试之一。此外,表面黏性的指标完全依赖于对表面黏性的定义。例如预浸料表面黏性可以被定义为低、中、高和/或用数字来表示(如Ⅰ到Ⅵ)。表面黏度的测试方法包括:30 min 垂直试验、滚珠试验、t-剥离试验、水平试验、固定直径轴芯与自粘,以及用动态加载控制仪器。

大多数表面黏性测试方法都是测试预浸料和受控表面和/或其本身的黏性。报告的失效模式为粘接破坏或内聚破坏。操作员可按预浸料从测试基材上揭下的难易程度,对表面黏性做出评判。如果预浸料不能从测试基材上轻易揭下,可被视作表面黏性高;如果预浸料可从测试基材上轻易揭下,则可被视作表面黏性低。表面黏度等判定纯粹依赖操作员。

t-剥离试验法是用恒定的位移速率对两层预浸料加载,使之分离。试片大小通常为 $25\,mm×300\,mm(1\,in×12\,in)$,夹持在力学试验机的夹头中。测试分离两层预浸料所需要的力值,该力值与表面黏度相关。但用于制备两层试件所用的力以及预浸料浸渍的程度均对试验力值结果有重要影响。

固定直径轴芯试验是将预浸料卷在一个固定直径的轴芯上。预浸料会粘附在轴芯上,或由于黏度太低,层间没有足够黏性而从轴芯上散开。测试结果记录为通过或失败。固定直径轴芯测试方法通常用于材料质量控制。

现有的市售黏性试验机采用改型剥离黏性试验来提供预浸料表面黏性的定量数值。试验设备要采用测得的施加载荷和使预浸料与受控面产生分离所需的力。此表面可以是另一层预浸料、工装表面或蜂窝芯零件表面。测试结果受树脂对预浸料表面层浸润度及测试时环境条件的影响。预浸料材料表面黏性测试的技巧在 ASTM 标准草案 Z8014 -"聚合物复合材料预浸料和胶膜材料的表面黏性"中有描述。

表 5.4.1.7　提交 CMH - 17 数据的水分含量测试方法

物理性能	标识符号	所有数据类型
表面黏性	ST	Z 8014Z

5.4.1.8　铺敷性

预浸料材料的铺敷性是预浸料材料成形性的度量。预浸料需有足够铺敷性,以便能铺贴在深的曲面,以及在曲面周围能被压均匀。预浸料铺敷性试验通常用预浸料绕小直径轴芯的成形能力来测量。判定铺敷性通过/失败的依据是,在卷绕成形时有没有产生纤维损伤或层间分离。预浸料铺敷性试验最常用的铝轴固定直径为 $51\,mm(2\,in)$。

通常,单向带预浸料的铺敷性不如织物预浸料。单向带预浸料的铺敷性不如其相当的织物预浸料,当用于制造特定的产品形式时必须考虑这一固有的差异。预浸料的铺敷性也可用真空袋级(高铺敷性)和压机级(低铺敷性)来表示。

表 5.4.1.8　提交 CMH - 17 数据的悬垂性测试方法

物理性能	标识符号	所有数据类型
悬垂性	DRAPE	无现行标准

5.4.1.9　固化百分比

用差示扫描量热法(DSC)很容易测试预浸料材料的固化度。对 DSC 方法的讨论见第 1 卷第 4 章。首先测量和记录纯树脂的热性能,再测量和记录预浸料材料的热性能。计算出纯树脂和预浸料材料之间的焓变,就是固化百分比。必须要确定预浸料材料的树脂含量,然后调整预浸料的焓值到纯树脂的焓值。目前尚无固化度测量工业标准。

表 5.4.1.9　提交 CMH - 17 数据的固化度测试方法

物理性能	标识符号	所有数据类型
固化百分比	PC	无现行标准

5.4.1.10 不溶物含量

预浸料材料的不溶物含量是指不能在有机溶剂和酸中溶解或降解的树脂成分。预浸料树脂基体含有耐有机溶剂及强酸的树脂成分和/或无机填料。用于不溶物含量的试验方法是用于确定树脂含量的溶剂萃取法和树脂基体降解法的标准方法。

表 5.4.1.10 提交 CMH‑17 数据的不溶解成分测试方法

物理性能	标识符号	所有数据类型
不溶物含量	INSL	C613，D3529，SRM23 方法 A

5.4.1.11 差示扫描量热法

差示扫描量热法是用于测量预浸料材料热分布的方法。对热固性树脂基预浸料，可获得树脂固化温度和反应放热特性的信息；对热塑性树脂基预浸料，可测量得到结晶温度、融化吸热和结晶放热的信息，如此可知道结晶度的指标。低温 DSC 扫描通过测量玻璃化转变温度值（T_g）来表征预浸料的树脂聚合度。低温 T_g 值可以用来预测预浸料材料在室温下的可使用寿命。DSC 测量在同一试验室内和试验室之间均有高度的重复性和重现性。

将预浸料样品切成 6.3 mm × 6.3 mm（0.25 in × 0.25 in），然后密封起来进行 DSC 测试。室温以上的典型扫描升温速率为 10℃/min（50℉/min[①]），低温扫描为 20℃/min（68℉/min[②]）。热固性预浸料可显示起始温度、峰值温度和反应热流。具有高聚合度的预浸料材料，因其热流减少，导致起始和峰值温度都向左移，因此数值会较低。预浸料在室温下的暴露时间愈长，低温 T_g 值愈高。用不同温度和加热速率的等温 DSC 和动态 DSC 扫描，可以表征随温度和反应速率变化的预浸料聚合度。这些信息可以用来建立预浸料体系的固化模型（见文献 5.4.1.11(a)～(r)）。

聚合物 DSC 热分析法的 ASTM 标准是 ASTM D3418（见文献 5.4.1.11(s)）。这个方法描述了用 DSC 测熔热、结晶温度以及相变温度的方法。

表 5.4.1.11 提交 CMH‑17 数据的 DSC 测试方法

物理性能	标识符号	所有数据类型
固化百分比	PC	D3418

5.4.1.12 流变性

流变学是在固定频率和恒定剪切应变条件下对聚合物树脂的流动性和反应度的研究。预浸料材料的流动性和反应度会影响工艺性，对热固性预浸料在固化时能否正常压实有关键影响。预浸料材料处在恒定应变和线性升温的环境下，通过动态

---

① 疑为 18℉——译者注。

② 疑为 36℉——译者注。

凝胶点测试可得其反应度信息。动态凝胶时间可在各种工艺制造方法中用于预浸料材料工艺控制。

SACMA SRM 19-94"测试基体树脂黏度的推荐方法"

对测试方法作一些小改动,SACMA SRM 19-94(见文献 5.4.1.5(b))即可用于预浸料材料的测试。典型的预浸料试样用 4 层 0/90/90/0 方向的层压板来制作,并置于两块固定间隙平行放置的板中。起始温度、应变和频率设置的选择要使应变恒定不变,并避免载荷传感器超载。对预浸料样品进行线性升温,在机械振动下通过测试动态凝胶点得到反应度信息。由于纤维干扰,黏度测试并不准确,因此无法取得可靠的预浸料黏度信息。在同一实验室内动态凝胶时间具有高度的可重复性,但实验室间的重现性差,使得很难在实验室之间取得相同的凝胶时间。

表 5.4.1.12 提交 CMH-17 数据的流变性试验方法

物理性能	标识符号	所有数据类型
动态光谱凝胶时间	RDS GEL	SRM 19-94

5.4.1.13 动态力学分析

动态力学分析(DMA)可用来测定预浸料材料随频率、温度和聚合度变化下的流变响应。DMA 可以提供预浸料储能模量、损耗模量和损耗角正切(tan δ)的信息。在预浸料材料规范中,用损耗角正切(tan δ)峰值测得的 DMA 凝胶时间可作质量控制目的。但 DMA 预浸料凝胶时间在实验室之间不易重现。

5.4.1.14 重测物理性能

预浸料储存期若需延期,常会重测其物理性能,以确定未知的环境对预浸料的影响。为延期而进行的重测频率通常取决于预浸料体系或树脂体系的聚合速度。对于环氧树脂预浸料,典型的延期时间是 6 个月、3 个月和 45 天。如果测量的预浸料物理性能没有显著变化,预浸料储存时间则可以延长 6 个月。再次重测,可再获得 3 个月延期;最后一次重测,可获得 45 天延期。准确的重测周期应基于不同预浸料材料和不同用途来确定。定期测量凝胶时间和树脂流动性物理性能,可建立预浸料材料的使用寿命。预浸料的剩余储存寿命取决于凝胶时间和树脂流动性值是否符合最初工程要求。

5.4.2 预浸料的化学性能

预浸料的化学性能试验用于提供预浸料树脂体系及其树脂成分、聚合状态、树脂固化温度、反应特性和其他化学性能之信息。预浸料化学"指纹"通常用于质量控制,以确保预浸料的树脂合成度以及树脂配方未发生重大改变。这些试验表征树脂基体和相关的预浸料体系用树脂家族化学性能。预浸料化学性能对验证任何改变对材料结构性能带来多大影响至关重要。关注预浸料物理和化学性能表征,是为预浸料材料结构性能稳定性打下基础。和其他力学性能试验相比,化学性能试验有着更高的精确度来监测预浸料材料的重大变化。

高效液相色谱(HPLC)及红外光谱分析(IR)化学表征测试方法提供快速对比,和对单个树脂组分以及预浸料树脂体系(见文献 5.4.2(a)～(e))进行快速"指纹鉴定"的质量控制。在预浸料材料规范中,此两种方法被预浸料厂商及最终用户广泛采用。IR 的同一实验室内及实验室之间的重复性和重现性均很高。HPLC 在同一实验室内的重复性高,但实验室之间的重现性常较低。

5.4.2.1　高效液相色谱(HPLC)

HPLC 通过将预浸料树脂体系分离为单个树脂成分来表征预浸料树脂体系。绝大多数预浸料体系可用 HPLC 进行分析。如对环氧基预浸料,HPLC 峰面积比取决于主要环氧组分、次要环氧组分和固化剂组分。对某一给定预浸料体系,HPLC 峰面积比提供批次内及批次间的稳定性。此外,还可获取树脂聚合度信息。树脂聚合度是要检测的重要参数,因其与预浸料在室温下的操作寿命密切相关。预浸料材料操作寿命主导表面黏性、铺覆性、树脂流动性、凝胶时间和预压实性能。这些预浸料性能影响零件制造工艺性。

对于可溶于乙腈溶剂的热固性树脂体系,SACMA SRM 20R‐94 法可作为半定量 HPLC 分析指南。

SACMA SRM 20R‐94 "热固树脂的高效液相色谱"

SACMA SRM 20R‐94(见文献 5.4.2.1)测试方法提供了对可溶于乙腈溶剂的热固性树脂进行半定量分析的程序。将树脂溶解在乙腈中过滤,并注入十八烷基硅烷反相色谱柱。水和乙腈梯度淋洗将树脂成分分离。检测通过在一相应波长下,使用紫外线吸收完成。由采集的数据可推算出树脂成分面积比。通过对标准质量控制批和每组待定样品的分析可验证 HPLC 的性能。如需分析酸性或基础组分,可能需采用其他程序。

HPLC 测试结果在一个实验室内易重复,有着高重复性和精度。但是,实验室间 HPLC 的峰面积和保留时间却很难重现,因此导致 HPLC 测试结果在实验室间很难复现。采用标准分析方法有助于解决实验室之间的偏差。

近年来预浸料树脂基体配方中含有热塑性或橡胶基树脂组分,不容易用 HPLC 分辨它们,用 HPLC 无法检出热塑或橡胶组分,必须探索其他检测技术。

表 5.4.2.1　提交 CMH‐17 数据的 HPLC 测试方法

物理性能	标识符号	所有数据类型
HPLC	HPLC	SRM 20R‐94

5.4.2.2　傅里叶变换红外光谱

傅里叶变换红外光谱(FTIR)是广泛用于"指纹式"标记预浸料材料及描述树脂体系中的官能团(见文献 5.4.2.2(a)～(d))的工具。本方法对热固性和热塑性预浸料都同样适合,可提供定量和定性信息,且不受树脂体系溶解度的限制。在预浸料材料规范中,FTIR 与 HPLC 是主要的化学性能测试方法。FTIR 能为树脂组分中是否有污染,以及预浸料中树脂体系的批次稳定性提供有用信息。常用聚合物的光谱计算机化数据库用于直接比对和识别未知材料。增强版的软件可从光谱图中减去标准聚合物的光谱,以便确定未知材料的化学族类和浓度。

将预浸料样品溶于合适的溶液中,萃取出树脂。用 IR 测量时,将萃取出的树脂样品涂在两块盐块中间或 IR 的专用样品座上。在各波长下,用红外线检测器对样品进行扫描,以吸收官能团,波数区间为 $4\,000\,cm^{-1}(10\,000\,in^{-1})\sim6\,000\,cm^{-1}$ $(15\,000\,in^{-1})$。在需要半定量分析的特殊情况下,需测出关键官能团的吸收比率以提供更多的定量信息。FTIR 测量值在实验室内和实验室间的重复性及重现性都很高。对 FTIR 更多的信息参见第 4 章,4.4.3 节。

表 5.4.2.2　提交 CMH-17 数据的 FTIR 测试方法

物理性能	标识符号	所有数据类型
FTIR	FTIR	ASTM E168

5.5　测试方法

下列方法是能用于预浸料表征的分析技术的示例。

5.5.1　环氧树脂预浸料的树脂萃取步骤

本方法适用于测定玻璃纤维、碳纤维和芳纶纤维/环氧树脂预浸料的纤维和树脂含量。只要使用适当的溶液等级,可以直接将按本方法制备的溶剂用于 HPLC 分析。应遵守所推荐的取样方法、样品操作程序以及标准的实验室安全程序。

(1) 从预浸料上切取一长方形样品(约 1 g),在分析天平上称重(±0.001 g 或更高精度)。记录重量为 $W_0(g)$。

(2) 将样品置于 25 mL 的锥形烧瓶中(配有磨砂玻璃瓶盖),加入约 20 mL THF(四氢呋喃,新鲜,HPLC 级,经玻璃器皿中蒸馏,未加抑制剂)。

(3) 盖上烧瓶盖子,将样品泡在 THF 中至少 4 h。

(4) 将烧瓶置于涡流搅拌器中,搅动 1 min。

(5) 将 THF 缓缓倒入 50 mL 的烧瓶中去。纤维应成束留在 25 mL 的烧瓶中。

(6) 在 25 mL 烧瓶中加约 10 mL THF 来淋洗纤维,在涡流搅拌器中搅拌,将THF 倒入装着原溶液带刻度的 50 mL 烧瓶(步骤 5)中。

(7) 重复步骤 6;

(8) 将 THF 加到该带刻度的烧瓶中直至 50 mL。

(9) 用钳子从 25 mL 锥形烧瓶中小心取出碳纤维,用 Kimwipes™ 或类似的纸包住纤维,放进标记好的纸信封里,置于通风橱通风处,让纤维风干一夜。或也可将信封放进真空烘箱(配有相应气体疏水阀)中以去除残留 THF,真空烘箱设置到 40℃ 并保持真空至少 1h。

(10) 将纤维从 Kimwipes™ 纸中取出,在分析天平上称重。记录纤维重量 W_f (g)。

(11) 计算树脂溶液的浓度(见步骤 8),记录浓度为 C_0($\mu g/\mu L$)。此浓度在 HPLC 数据分析中是有用的;

$$C_0 = \frac{(W_0 - W_f)}{0.050} \mu g/\mu L \qquad (5.5.1(a))$$

(12) 在涡流式搅拌器中搅拌树脂溶液(来自步骤 11),立即用 0.2 μm 的 Teflon™ 隔膜过滤 4 mL 溶液到一个清洁干燥的小玻璃瓶中。立即盖上小玻璃瓶, 以防污染和溶液损失。此溶液将用于 HPLC 分析。烧瓶中的剩余(未过滤)溶液可 用于确定可溶解树脂含量和不溶物含量(步骤 16 和 17)。

(13) 可按如下公式计算可萃取树脂含量和纤维含量(未扣除挥发分和预浸料 树脂中以及纤维上的不溶物含量)

$$w_t - 可萃取树脂百分数 = 100\% \times \frac{(W_0 - W_f)}{W_0} \qquad (5.5.1(b))$$

$$w_t - 纤维百分数 = 100\% - w_t - 可萃取树脂百分数 \qquad (5.5.1(c))$$

(14) 玻璃纤维可置于马弗炉中,加热到 650~800℃(1200~1500℉),以去除不 可萃取的表面材料。温度降至室温后,重新称重,将重量记录为 W_f'。

(15) 玻璃纤维预浸料中不可萃取的纤维表面物质含量可按如下公式计算:

$$w_t - 不可萃取物百分数 = 100\% \times \frac{(W_f - W_f')}{W_0} \qquad (5.5.1(d))$$

(16) 不溶物含量。由步骤 8 用 0.2 μm 的 Teflon™ 隔膜制备的溶液可测出可萃 取或可溶于 THF 的树脂含量。用移液管移取部分(如 10 mL)过滤的液体至一预先 称重的铝盘(重量为 W_A)中,然后将铝盘置于通风橱内,让溶剂挥发。可用过滤空气 或氮气直接吹扫铝盘表面以加速溶剂挥发。待 9 mL 以上溶剂挥发掉,只剩一层油 状树脂残留物,可将盘放进加热至 50℃ 的真空烘箱中数小时,以去掉残余溶剂。在 冷却至室温后,重新称重(W_A'),计算树脂含量:

$$w_t - 可溶树脂百分数 = 100\% \times (W_A' - W_A) \times \frac{5}{W_0} \qquad (5.5.1(e))$$

用方程(5.5.1(b))和方程(5.5.1(e))算出的树脂质量分数差异是源自预浸料 中的挥发分和不溶物含量(非纤维成分)。

(17) 不溶物含量。可用下列步骤测定不溶物含量。将部分由步骤 12 得到的溶 液用离心机分离沉淀出不溶物成分。用溶剂将沉淀物至少淋洗 3 次,烘干,并称重。

5.5.2 玻璃、芳纶和碳纤维预浸料的 HPLC/HPSEC 分析程序

在涡流式搅拌器中搅拌树脂溶液（按 5.5.1 节，步骤（12）制备），立即移取约 4 mL 树脂溶液的样品，并通过 0.2 μm 的 Teflon^{TM} 隔膜过滤，置于一清洁干燥的玻璃小瓶中。

立即盖上玻璃小瓶的盖子，防止污染和溶剂损失。样品即可用于 HPLC 分析。

若不马上进行 HPLC 分析，样品溶液应保存在干燥的避光处。若保存得当，THF 溶液可保持稳定，在制备后数周再进行 HPLC 分析亦不会有明显影响。

5.5.2.1 反相 HPLC 分析

用市售的多种 HPLC 设备都可对环氧树脂预浸料进行分析。推荐采用积分仪/记录仪或最新式的 HPLC 数据分析系统来进行数据采集、绘图和给出报告。HPLC 操作条件的选择以简单，并能和大多数市售 HPLC 设备兼容为原则。

HPLC 系统：配有 M6000A 溶剂输送系统、M720 系统控制器、710B WISP 自动注射系统、M440 UV 红外探测器以及 M730 数据模块的 Waters Associates 244 型仪器。也可采用其他厂家的类似系统。

溶剂：乙腈（玻璃器皿中蒸馏过）和用 Millipore milli-Q2（Millipore Corp.，Bedford，MA）或类似净化水系统由蒸馏水制备的试剂级水。建议用氦清洗溶剂。

色谱柱：Waters Associates μBondapak C18（也可采用其他厂家的相似色谱柱）；

注入体积：10 mL；

流速：2.0 mL/min。

表 5.5.2.1 流动相（溶剂）

时间	乙腈/（%）	水/（%）	曲线
0	45	55	*
12 min	100	0	7
16 min	100	0	*
20 min	45	55	6

注：探测器为 UV254 nm；运行时间为 20 min。

5.5.2.2 体积排阻色谱（SEC）分析

可用如上所述的 HPLC 设备对预浸料进行 SEC 分析；

溶剂：THF（玻璃器皿中蒸馏过），若要取得最佳效果，需对 THF 充氦；

色谱柱：IBM SEC A 型和 C 型，5 μm（其他厂商的色谱柱，如 Water μStyragel 1000，500，100，也适用）；

注入体积：10 μL；　　流速：1 mL/min；

探测器：UV254 nm；　　运行时间：15 min；

计算：积分峰值面积转换为面积百分比（%面积）。

5.5.3 傅里叶变换红外光谱(FTIR)试验程序

在抛光的盐片(最好用溴化钾制备)表面滴上几滴树脂/THF 溶液(按 5.5.1节,步骤(12)制备)。待 THF 挥发即可进行分析。可用 Perkin Elmer 1550 或 1700红外光谱仪和 7500 型计算机或类似设备对有样品和无样品的盐片表面进行扫描,记录光谱(500～4 000 cm)。可将盐片和样品放入室温下充氮环境中进行分析。取决于样品情况,一般需 100～200 次光谱扫描以获取最佳光谱分辨率。也有可能需在盐片上增加或减少样品的量。将样品所得光谱减去盐片光谱,绘制,记录并将此光谱保存在计算机中。

5.5.4 差示扫描量热法(DSC)的程序

本试验采用的是 DuPont Instruments 9900 Thermal Analyzer/Controller 和912DSC 附件或类似设备。

样品: 装入铝制样品盘中的预浸料(10～30 mg);

参照: 空样品盘;

加热速率: 10℃/min;

升温范围: 室温到 350℃;

气体: 充氮气;

数据处理: 数据存于计算机盘中,提供热流 $dH/dt(\mu W/s)$ 和温度(℃)曲线;

反应热: 用由热分析仪提供的标定程序和积分程序来计算热固性预浸料树脂的反应热 ΔH;

玻璃化转变温度: 通常需要对 DSC 设备配一套冷却设施,才能测试热固性预浸料树脂的玻璃化转变温度 T_g,即通常需要从 -50℃或更低的温度开始扫描,因为这些树脂的玻璃化转变温度低于室温。热分析仪常带有软件来帮助确定 T_g 值。

5.5.5 动态力学性能分析(DMA)的程序

将预浸料单层切成 1.1 cm × 1.7 cm 的条形,把条形预浸料放到 DuPont 982 或983DMA 的附件中。DuPont 9900 或 1090 控制器可以用来进行试验并绘制结果。也可采用类似设备。

加热速率: 5℃/min;

升温范围: 室温到 350℃;

气体: 充氮气;

数据处理: 数据存于计算机盘中,绘出储能模量和 tan δ 随时间的变化图;

玻璃化转变温度: 阻尼最高峰温度即 T_g 值;

凝胶: 在很短温度范围内,杨氏模量迅速增加(几个数量级)即表

<table>
<tr><td>凝胶时间：</td><td>示凝胶。凝胶温度取决于加热速率以及机械频率。所以，在报告 DMA 凝胶温度时，应该同时提供升温速率和频率；在等温模式中，凝胶时间是将样品温度迅速升至预定温度，恒温，并监控杨氏模量随时间的变化。杨氏模量开始迅速增加（几个数量级）所用的时间定义为凝胶时间。</td></tr>
</table>

5.5.6 流变性能的测试步骤

本测试需使用流变动态质谱仪（RDS）或类似设备。从一层预浸料上切下 3 片 25mm 直径的圆片作为样品。叠起 3 片样品，放进流变仪的两块平行板中间。

加热速率：	2℃/min；
升温范围：	室温到凝胶起始点（对热固性树脂）；
气体：	空气或充氮气；
几何形状：	25mm 直径平行板；
间隙：	典型间隙为 0.8mm，但也可随样品特性来调整；
数据报告：	剪切模量（储能和损耗）及复数黏度随时间变化的曲线。

参 考 文 献

5.4.1.1.1(a)　ASTM Test Method C613/C613M - 97 (2003) el. Standard Test Method for Constituent Content of Composite Prepreg by Soxhlet Extraction [S]. Annual Book of ASTM Standards, Vol. 15. 03, American Society for Testing and Materials, West Conshohocken, PA.

5.4.1.1.1(b)　ASTM Test Method D2584 - 02. Standard Test Method For Ignition Loss of Cured Reinforced Resins [S]. Annual Book of ASTM Standards, Vol. 08. 02. American Society for Testing and Materials, West Conshohocken, PA.

5.4.1.1.1(c)　ASTM Test Method D3171 - 06. Standard Test Method for Constituent Content of Composite Materials [S]. Annual Book of ASTM Standards, Vol. 15. 03, American Society for Testing and Materials, West Conshohocken, PA.

5.4.1.1.1(d)　SACMA SRM 23 Method B. Determination of Resin Content and Fiber Areal Weight of Thermoset Prepreg with Resin Burn-OFF Destructive Techniques [S]. SACMA Recommended Methods, Suppliers of Advanced Composite Materials Association.

5.4.1.1.1(e)　ASTM Test Method D3529/D3529M - 97 (2003) el. Standard Test Method for Matrix Solids Content and Matrix Content of Composite Prepreg [S]. Annual book of ASTM Standards, Vol. 15. 03, American Society for Testing and Materials, West Conshohocken, PA.

5.4.1.1.1(f)　SACMA SRM 23 Method A. Determination of Resin Content and Fiber Areal Weight of Thermoset Prepreg with Solvent Extraction Destructive Techniques [S]. SACMA Recommended Methods, Suppliers of Advanced Composite Materials Association.

5.4.1.3   ASTM Test Method D3530/3530M – 97 (2003). Standard Test Method for Volatiles Content of Composite Material Prepreg [S]. Annual Book of ASTM Standards, Vol. 15. 03, American Society for Testing and Materials, West Conshohocken, PA.

5.4.1.4   ASTM Test Method D3531 – 99 (2004). Standard Test Method for Resin Flow of Carbon Fiber-Epoxy Prepreg [S]. Annual Book of ASTM Standards, Vol. 15. 03, American Society for Testing and Materials, West Conshohocken, PA.

5.4.1.5(a)   ASTM Test Method D3532 – 99 (2004). Standard Test Method for Gel Time of Carbon Fiber-Epoxy Prepreg [S]. Annual Book of ASTM Standards, Vol. 15. 03, American Society for Testing and Materials, West Conshohocken, PA.

5.4.1.5(b)   SACMA SRM 19. Recommended Test Method for Viscosity Characteristics of Matrix Resins [S]. SACMA Recommended Methods, Suppliers of Advanced Composite Materials Association.

5.4.1.5(c)   ASTM Test Method D4600 – 95 (2005). Standard Method for Determination of Benzene Soluble Particulate Matter in Workplace Atmospheres [S]. Annual Book of ASTM Standards, Vol. 11. 03, American Society for Testing and Materials, West Conshohocken, PA.

5.4.1.11(a)   Johnston A A. An Integrated Model of the Development of Process-Introduced Deformation in Autoclave Processing of Composite Structures; Doctor of Philosophy Thesis [C]. University of British Columbia Dept. of Metals and Materials Engineering, 1997.

5.4.1.11(b)   Penn L S, Chiao T T. Epoxy Resins [M]//Handbook of Composites. George Lubin, (Ed.), Van Nostrand Reinhold Company, 1982:73.

5.4.1.11(c)   van Krevelen D W. Properties of Polymers [M]. Elsevier/North-Holland Inc., 1980:264.

5.4.1.11(d)   ASTM Test Method D3518/D3518M – 94 (2001). Standard Test Method for In-Plane Shear Response of Polymer Matrix Composite Materials by Tensile Test of a ±45° Laminate [S]. Annual Book of ASTM Standards. American Society for Testing and Materials, West Conshohocken, PA. 2001, 15(03).

5.4.1.11(e)   Halpin J C. Primer on Composite Materials: Analysis [M]. Technomic Publishing Company, Inc., 1984.

5.4.1.11(f)   Caudill M. Neutral Networks Primer. Al Expert, 3, 6, 53, 1988.

5.4.1.11(g)   Rumelhart, D. E. and McClelland, J. L. [M]//Parallel Distributed Processing: Exploration in the Microstructure of Cognition: 1. Foundations. Cambridge: MIT Press, 1986.

5.4.1.11(h)   Cooper D J, Megan L, Hinde Jr R F. Comparing Two Neural Networks for Pattern Based Adaptive Control [J]. AIchE joumal, 1992, 38(1):41 – 55.

5.4.1.11(i)   Woll S L B. Quality Monitoring and Control of the Injection Molding Process Using a Pattern-Based Approach [D]. University of Connecticut, 1995.

5.4.1.11(j)   Karkkainen R L, Madhukar M S, Russell J D and Nelson K M. Empirical Modeling of In-Cure Volume Changes of 3501 – 6 Epoxy [C]. Proceedings of 45th International SAMPE Symposium, 2000: 123 – 135.

5.4.1.11(k)   Lee W I, Loos A C, Springer G S. Heat of Reaction, Degree of Cure, and

Viscosity of Hercules 3501 - 6 Resin [J]. Journal of Composite Materials, 1982, 16:510.

5.4.1.11(l)　　White S R, Hahn H T. Process Modeling of Composite Materials: Residual Stress Development during Cure. Part 1. Model Formulation [J]. Journal of Composite Materials, 1992,26(16):2423.

5.4.1.11(m)　　Bogetti T A, Gillespie J W. Process-Induced Stress and Deformation in Thick-Section Thermoset Composite Laminates [J]. Journal of Composite Materials, 1992,26(5):626.

5.4.1.11(n)　　Hubert P, Vaziri R, Poursartip A. A Two Dimensional Percolating Flow Model for the Process Simulation of Complex Shape Composite Laminates [J]. International Journal of Numerical Methods in Engineering, 1999,44:1 - 26.

5.4.1.11(o)　　Kim Y K, White S R. Stress Relaxation Behavior of 3501 - 6 Epoxy Resin During Cure [J]. Polymer Engineering and Science, 1996,36(23):2852 - 2862.

5.4.1.11(p)　　Radford D W, Rennick S. Separating Sources of Manufacturing Distortion in Laminated Composites [J]. Journals of Reinforced Plastics and Composites, 2000,19(8):621 - 641.

5.4.1.11(q)　　Kenny J M. Integration of Process Models with Control and Optimization of Polymer Composites Fabrication [C]. Processing of the Third Conference on Computer Aided Design in Composites Materials Technology, 1992:530 - 544.

5.4.1.11(r)　　Lee W I, Loos A C, Springer G S. Heat of Reaction, Degree of Cure, and Viscosity of Hercules 3501 - 6 Resin [J]. Journal of Composite Materials, 1982, 16:510 - 520.

5.4.1.11(s)　　ASTM Test Method D3418 - 03. Standard Test Method for Transition Temperatures and Enthalpies of Fusion and Crystallization of Polymers by Differential Scanning Calorimetry [S]. Annual Book of ASTM Standards, Vol. 8.02, American Society for Testing and Materials, West Conshohocken, PA

5.4.2(a)　　Kaeble D H. Quality Control and Nondestructive Evaluation Techniques for Composites-Part 1: Overview of Characterization Techniques for Composite Reliability [S]. U.S. Army Aviation R&D Command, AVRADCOM TR 82 - F - 3, 1982 - 05.

5.4.2(b)　　Hagnauer G L. Quality Assurance of Epoxy Resins Prepregs Using Liquid Chromatography [J]. Polymer Composites, 1980,1:81 - 87.

5.4.2(c)　　Hagnauer G L, Dunn D A. Quality Assurance of an Epoxy Resin Prepreg Using HPLC [C]. Materials 1980 (12th National SAMPE Tech. Conf.), 1980,12: 648 - 655.

5.4.2(d)　　Hagnauer G L, Dunn D A. High Performance Liquid Chromatography: A Reliable Technique for Epoxy Resin Prepreg Analysis [J]. Ind. Eng. Chem., Prod. Res. Dev., 1982,21:68 - 73.

5.4.2(e)　　Hagnauer G L, Dunn D A. Quality Assurance of Epoxy Resin Prepregs; Plastics in a World Economy, ANTEC '84, Society of Plastics Engineers 42nd Annual Technical Conference and Exhibition [C]. 1984:330 - 333.

5.4.2.1　　SACMA SRM 20R. High Performance Liquid Chromatography of Thermoset Resins; SACMA Recommended Methods [C]. Suppliers of Advanced Composite

Materials Association.

5.4.2.2(a)   Siesler H W, Holland-Moritz K. Infrared and Raman Spectroscopy of Polymers [M]. Marcel Dekker, New York, 1980.

5.4.2.2(b)   May C A, Haddad D W, Browning C E. Physiochemical Quality Assurance Methods for Composite Matrix Resins [J]. Polymer Eng. Sci., 1979, 19: 545 -551.

5.4.2.2(c)   Koenig J L. Quality Control, Nondestructive Evaluation Techniques for Composites Part 2: Physiochemical Characterization Techniques. A State-of-the-Art Review [S]. US Army Aviation R&D Command, AVRADCOM TR 83 - F - 6, 1983 - 05.

5.4.2.2(d)   Garton A. FTIR of the Polymer-Reinforcement Interphase in Composites [J]. Polymer Preprints, 1984, 25(2):163 - 164.

第6章　单层、层压板和特殊形式结构的表征

6.1　引言

随着新的性能、可靠性和耐久性需求的提高导致硬件设计向着结构效率的高水平方向发展,复合材料的应用不断地增加。此外,官方的要求变得更为严格以确保结构的完整性被保持在适当的水平。其中,一些设计的倡导者在不断增强的认识中得到结论:航空航天结构的认证或合格鉴定要求分析、测试和相关文件的广泛综合。

更进一步,由于复合材料结构所固有的大量设计变量,为保证硬件合格性及鉴定过程的完善性,分析建模甚至比金属结构变得更为必要。在所有结构分析模型中所固有的特性是材料的物理和力学性能的表征数据。理想情况下,这些分析模型将允许分析人员直接根据一般(单层)材料数据库来预测全尺寸结构响应(如稳定性、变形、强度、寿命)。事实上,在设计研发(元件、组合件、部件)和全尺寸结构试验阶段以及在一般(试样)层次上的评估中均要求建立试验数据。

第6章的目的是提供表征单层、层压板的物理和力学性能试验方法的指南。

层压板是一种由一种材料或多种材料的两层或多层结合在一起而制成的产品,同时一个单层是指层压板中的一个单独的铺层或一个层片。构成每层的材料一般是由在热塑性或热固性树脂基体中嵌入碳、玻璃或有机(聚合物)纤维增强材料所组成的。虽然在复合材料中仍保持它们的原有特性,但各组分的联合提供了特定的特性和性能。

很多技术被用来表征复合材料的化学、物理和力学性能。本章的目的在于提供有关可能被用于分析和评价这些性能的技术信息。在各节中所讨论的测试方法未必适合所有类型的复合材料。现在,对于增强材料和树脂的化学和形态变化如何影响复合材料的物理性能和长期行为这一问题需要更多的研究工作引导探讨。在可能的情况下,将讨论现有试验方法的限制范围。

6.2　试件的制备

6.2.1　引言

本节对本文件中详述的试验件的加工和制备给出了一般的建议。这些建议涉

及试件的可追溯性、试验件①的制作、试件部位、结构形式和机械加工。

用于结构设计的材料性能有效性依赖于所测试的试件质量。若试验目的是提供不同材料的比较性信息,则其关键是要使试件制备所产生的变异最小。若正要生成的数据是想要得到许用值,其目的是要反映基础材料和在生产中预期会发生的加工之间的相互作用。在何种情况下,都必须谨慎注意试件制备过程,以便使得在加工过程中自然发生的变异为最小。试件加工应该按照 ASTM D5687[指导试件制备的平复合材料板件制备的标准指南(*Standard Guide for Preparation of Flat Composite Panels with Processing Guideline for Specimen Preparation*]执行,即使非平直的试验件也能从 ASTM 指南中获益。

6.2.2　可追溯性

应该追溯所有试件的材料批号、组号、卷号、工艺和试验件,所要求的机构可以选择要求每个试件在试验件内部位的可追溯性。

规范或采购文件应该要求批号、组号、卷号的可追溯性,以及批次验收试验的有关信息。建议当购入未固化材料时,要求所有可追溯的信息与材料同时提供,它包括供应商资格证明、验收试验结果的材料检验数据。进行研究的机构应审阅这些资料以保证在试验件和试件加工的过程中有足够可追溯的信息。

在加工以前所贮备的预浸材料应该具有储存经历的记录,应记录诸如进出冷藏库的累积时间这样的信息。

对于试验件,应该记录其预浸料批号、组号、卷号和有关加工信息。需要在整个试件加工过程中保持的另一条信息是铺层的方向。完成这一工作的一个方法是通过使用示踪线的方法,正如在下一节中所要讨论的。

6.2.3　试板制造

以下是制造试板时应该考虑的重要项目条款:

a. 试板应该按照工程图的要求或按照草图来制造。绘图的要求或草图应该详细说明:铺层材料、试验件的基准方位、铺层方位、材料和工艺规范或者等效的工艺文件以及检验要求。

b. 关键材料和工艺的识别,如预浸生产批号、组号、卷号、热压罐运行、压力或其他压实方法以及铺贴顺序等都应该进行记录。储存这些信息是为了保持试板的可追溯性。在裁剪出试件后,在多余的材料上同样应该保存这份可追溯性材料。

c. 对于每个试板,试板的识别码和示踪线应能永久被识别。在制造模具上应该建立一个示踪线以便作为在试板上铺贴纤维方位的参考。对于手工铺层方法,在铺贴和固化过程中必须识别要保持的示踪线作为基准方位。要铺的铺层和该线之间的角度公差取决于在材料加工过程中的工艺规范。在自动化工序中,应该确定建立

---

① 试验件是从中可提取单个试件的任意结构。这种试验件可以是一个经特定加工的板件以便建立材料性能,或者可以是用于试验目的一组生产零件。

参考方位的其他方法。一旦建立,该示踪线应该转换到试板上,并且在试件裁剪过程中保持。

d. 一般推荐,对于固化试板由边缘起始至少 25 mm(1 in)的材料要被裁剪掉。可用试板的一条机加边缘作为它永久保留的基准方向。

e. 需求部门(或若有需要,适当的质量保证机构)应该检查试板。这种检查应该在试件加工之前完成,以保证它们满足控制工艺规范或适宜的等效文件中的所有要求。若试板不能满足全部要求,则需求机构以及当可应用时用户代表应该提供试板的最终去向。

6.2.4　试件制造

以下是制造试件时应该考虑的重要项目条款:

a. 试件应该从满足所有工艺、工程图和试件制图要求范围内的试板中截取。

b. 应该按照由需求机构提供的切割图来确定试件在试板上的位置。若试板不能通过检验标准,需求机构可以选择切出一些与试板缺陷相关的试件,得到该缺陷对代表全尺寸结构的试件响应的影响。

注释:在确定试件部位时,考虑使用在切割操作中取出的材料。

c. 试件的识别码应该在试验设计图中被确定,在试验说明书中作为参考,且在数据表中记录。试件的识别码应该在每个试件上做永久性标记。应该注意使识别码位于试件的破坏区域以外。

d. 对于试件太小无法完全标注识别码的情况,只需在试件上标明唯一的序列号。建议应小心地将小试件放入标有试件全部识别码的口袋中。

e. 若要知道试件在试验件中的位置,试件应在截取之前做标注,这个标注应该允许在切割后还能知道所有试件和多余材料的部位。

f. 试件的基准边应该与采用示踪线规定的方位对齐。在较小的子试板被机械加工且同时用于制成几个试件的情况,则基准线或边缘应该利用示踪线转换到这个子试板上。这个转换线应该相对于示踪线的方位在±0.25°之内。

g. 在切割前,应该由需求机构或独立的评审者确认试件的位置和方位。

h. 试件应该按规定的适当机加方法从所制造的试板中截取。试件可以用不同的机加工具进行加工。通常,最终切割刀具应该被很好地研磨、硬化加工并且在高的工具速度下无摇摆地运转。切割应该使层压板的过热最小。

i. 在选择试件类型时,应该考虑与带加强片试件相关的附加费用和机械加工。在各个试验方法中要对与试件加强相关的限制和问题加以说明。若要求粘接加强片,应该对胶黏剂固化进行评估以确定它与复合材料体系和加强片材料(若不同的话)是否相容。若在粘接工艺中产生的加强片构型不在试件构型的几何要求之内,可能要求对加强片进行进一步加工。

j. 试件应按适用的工艺规范进行钻孔。

k. 所要求的任何紧固件应按适用的工艺规范进行安装。

1. 在试验前应该对全部的试件进行检验以保证与所用标准的一致性。各个试件的厚度变化应该在适用试验方法的公差以内。当采用容差较小的试验装置时,较大的变化可能引起不适当的载荷,这些变化可能表明试件加工不当(例如丢层或树脂渗出)。

6.3 吸湿浸润和环境暴露

6.3.1 引言

吸湿浸润是在后继试验之前材料暴露于一个可能改变性能环境的过程[1]。本节关注于承受潮湿暴露(各种类型液体中的浸泡,但特别是在潮湿的空气中)的材料处理。当然还有很多其他类型的浸润环境。一个不完全的清单包括:亚大气环境(中等的低温)、低温(很低的温度)、高温(干态)、氧化、低地球轨道模拟(包括暴露于单原子氧)以及暴露于各种类型辐射之中。对于在其他环境中的处理问题,本节将不进行明确的讨论。一个相关、但更为困难的材料吸湿浸润的外延与长期老化相关(例如 10 000～80 000 或更多小时的暴露),在实际的工程应用上它要求建立加速吸湿浸润的方法。尽管在以后的小节中将讨论用于基本吸湿浸润的一些非常有限和受制约的加速指南,但长期老化过程的加速是一项前沿课题,超出了本节的范围。

不论是未增强树脂、聚合物复合材料基体或聚合物基纤维中的大多数聚合物材料都能从周围环境中吸收比较少、但可能很重要的水分[2]。假设不存在裂纹或其他通过毛细作用的途径,吸湿质量变化的物理机理通常假定遵循 Fick 定律的质量扩散(类似于热扩散问题的吸湿在 6.4.8 节中讨论)。进入或从内部吸出的 Fick 水分扩散发生得比较缓慢,比热扩散中的热流要低几个数量级。不过,在一个潮湿环境下若给予足够的暴露时间,大量的水分仍可能被吸入材料之中。被吸入的水分可能引起材料的膨胀,特别是在较高的温度情况下,可能软化和减弱基体和基体/纤维界面,这对很多力学性能是有害的,这些问题常常成为在结构应用中设计的推动力。吸收的水分有效地降低材料的最高使用温度(见 2.2.7 节和 2.2.8 节),由玻璃化转变温度的降低可证明这个影响(于是对 T_g 试验结果特别关注)。

两种主要的材料吸湿浸润是:固定时间吸湿浸润,即将材料试件暴露于吸湿环境一个规定的时间周期;平衡吸湿浸润,即直至材料与处理环境达到平衡状态时试件才停止暴露。在筛选材料时,虽然固定时间吸湿浸润仍然是普遍使用的,但这通常导致材料吸湿状态沿厚度方向在实质上是非均匀的,因此,随后的试验可被更多地认为是定性的评估,而不是定量的结果。除了某些筛选级的目的,或作为具体结

---

[1] 非大气环境的试验是另一个课题,而对于力学试验在 6.5.3 节中论述。

[2] 尽管像聚丁二烯这类聚合物不吸收水汽,使得可以不需要吸湿处理,但认为这些材料是罕见的例外。另一方面,大多数增强材料,包括碳、玻璃、金属和陶瓷等纤维系列是不吸湿的。因而,除了像芳纶等聚合物纤维外,实际上,通常假设水汽吸收仅限于聚合物基体。

构应用级试验的一部分,认为在 6.3.2 节中综述的固定时间吸湿浸润是不充分的或没有代表性;只有在 6.3.3 节中讨论的平衡吸湿浸润提供了可比较材料响应的真实评估。

当吸收的水分是可能的设计内容时,材料试验程序既应评估吸湿材料特性(扩散速率和平衡含量),又应评估平衡吸湿暴露之后吸收的水分对关键设计性能的影响。已经建立了 ASTM 吸湿浸润/材料性能试验方法,即 ASTM D5229/D5229M(见文献 6.3.1),以阐述吸湿浸润的参数和方法,这是保证在吸湿浸润期间可得到均匀的厚度方向平衡[①]。ASTM D5229/D5229M 还定义了如何确定吸湿性能,并且在 6.6.8 节中更详细地讨论为此目的的应用。

6.3.2　固定时间吸湿浸润

如上所述,固定时间吸湿浸润只有有限应用[②],通常它不可能如期望那样沿材料厚度方向均匀地吸湿浸润。固定时间方法的缺点在图 6.3.2 中予以说明,该图是模拟 IM6/3501 - 6 碳/环氧在 60℃(140℉)和 95％RH 条件下暴露 30 天的情况。利用已知的湿扩散系数和平衡吸湿量,绘制各种层压板厚度的计算平均吸湿量曲线图,呈现为光滑曲线。从该曲线可以看出,在这个温度下固定时间,尽管相当长,可能达到平衡的最大层压板厚度是 0.89 mm(0.035 in)。对于更大的厚度,由于内部

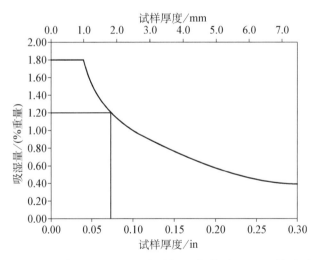

图 6.3.2　在 60℃(140℉)/95％RH 条件下经 30 天暴露后两侧边吸湿的碳/环氧层压板

---

① 讨论集中于沿厚度的吸湿;然而,面内吸湿会局部控制边缘附近,并且,在边缘区域占总暴露面积的相当大部分的情况下,甚至可以控制全部吸收过程。

② 应该特别避免固定时间浸润处理方法的例子包括:ASTM D618(见文献 6.3.2(a)),ASTM D570(见文献 6.3.2(b))和 SACMA RM 11 - 88 方法 1(见文献 6.3.2(c))。

的吸湿水平将低于平衡吸湿量,沿着厚度吸湿的分布将不再均匀,6.3.3 节中的例子对此作了进一步说明。

如 6.3.3.1 节中所讨论的,对目标相对湿度较低的情况,通常是设法把材料置于较高相对湿度的条件下用较短的时间来加速吸湿浸润,其目的是在材料中引入与较低相对湿度下进行平衡吸湿浸润后相同的平均吸湿量,虽然吸湿量分布沿厚度方向将会不太均匀。用图 6.3.2 说明的采用单一湿度水平、固定时间吸湿浸润的例子,在 78%RH 下的平衡(对于这个材料为 1.2% 平衡吸湿量)只有在 1.8 mm (0.070 in)厚度处才能近似达到。对厚度大于 1.8 mm(0.070 in)的情况,该平均吸湿量将是不够的,而对于厚度小于 1.8 mm(0.070 in)的情况,平均吸湿量将高于所要求的状态。再次说明,固定时间吸湿浸润方法是不适当的。

从以上的例子可以看到,由固定时间吸湿浸润得到的总吸湿量与厚度有关。然而,由于不同的材料中液体的扩散系数不同,即使厚度不变,固定时间吸湿浸润不能对所有的材料[①]产生均匀的材料状态。因此,不应把基于固定时间吸湿浸润的试验结果用作设计值,甚至一般不应用作两个不同材料的定性比较。然而如 2.3.1.3 节所讨论的,对航空航天流体的定性评估,可以把固定时间吸湿浸润与弯曲试验(它对表面暴露敏感)结合用于某种目的。

6.3.3 平衡吸湿浸润

为评价吸湿量对材料性能在最恶劣条件下的影响,将试件预处理至设计使用(寿命终止)的吸湿量(在下文中假定为相当于在设计使用相对湿度下的平衡)再进行试验。优选的吸湿浸润方法采用 ASTM D5229/D5229M(见文献 6.3.1),该试验方法包含吸湿浸润程序以及确定两个 Fick 吸湿材料性能:湿扩散系数和平衡吸湿量(水分质量分数)。

ASTM D5229/D5229M 是一个重量分析试验方法,该方法是将试件暴露于潮湿环境中并绘出水分质量增量与经历时间平方根间的关系曲线。质量/时间平方根关系曲线的初始部分是线性的,它的斜率与湿扩散系数相关。由于表面附近材料的吸湿量开始趋向平衡,该曲线的斜率逐渐地变小,最后,由于材料的内部趋于平衡,在随后的称重之间的差别将会变得很小,并且曲线的斜率将接近于零,在这点,可以说材料达到平衡吸湿量。这个过程在图 6.3.3(a),(b)中做了说明。图 6.3.3(a)给出了试件在潮湿暴露期间总质量增加与时间平方根的关系;不同的曲线说明由于不同的温度所引起的不同响应。对于 67℃(150°F)状态(在图 6.3.3(a)中用菱形表示),6.3.3(b)给出了几个初始时间段沿试件厚度的吸湿量分布图,说明了表面附近吸湿量急剧上升,而在试件中部吸湿量增加则比较慢。

SACMA RM 11R - 94(见文献 6.3.3(b))用文件形式给出了一个类似的、但更为局限且并非完全等效的吸湿浸润程序和平衡吸湿量(但非扩散系数),该方法首先

---

① 包含不同树脂含量生成的特定材料体系。

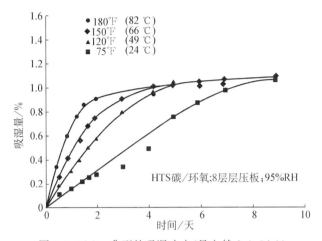

图 6.3.3(a)　典型的吸湿响应(见文献 6.3.3(a))

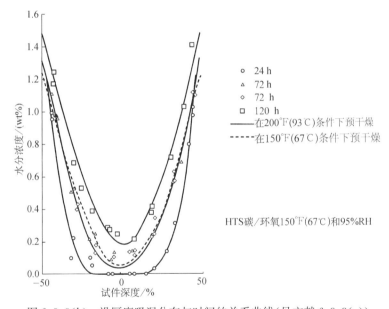

图 6.3.3(b)　沿厚度吸湿分布与时间的关系曲线(见文献 6.3.3(a))

拿三个试件在 85%RH 条件下达到吸湿平衡[①],然后对试验的试件进行真实的
SACMA 吸湿浸润,当进行吸湿浸润试件的重量增量达到平衡吸湿量的 90%时终

[①] 尽管 SACMA RM 11 的 1988 版本使用不同的平衡定义,而 1994 版本采用 ASTM 的定义,但有一点不同:
参考时间周期(对平衡的最小称重时间间隔)固定为 24 小时,扩散率足够高时是不会有差别的。例如,对于
SACMA RM 11R-94 优选的 1mm(0.040in)厚度,当水分扩散率低于 $2.3 \times 10^{-7}\ mm^2/s(3.6 \times 10^{-10}\ in^2/s)$
(数值较低)时,两种定义开始出现偏差。当扩散率低于 $2.3 \times 10^{-7}\ mm^2/s(3.6 \times 10^{-10}\ in^2/s)$ 时,由 SACMA
计算的平衡吸湿量将开始偏离 ASTM 值。这个扩散率交点是厚度的函数;对最大 SACMA 厚度 2mm
(0.080in),交点增加到 $9.3 \times 10^{-7}\ mm^2/s(1.4 \times 10^{-9}\ in^2/s)$ 的扩散率。当确定低扩散率材料的平衡吸湿量
时,应该采用对扩散率和试样厚度两者都敏感的 ASTM 定义。

止,与 ASTM D5229/D5229M 方法处理的结果相比较,在测试试件中得到的吸湿量要低一些。举例来说,具有 $1.0×10^{-6}$ mm^2/s($1.6×10^{-9}$ in^2/s)扩散系数的 2.5mm(0.1in)厚板与真实的(非常长期的)1.50%平衡吸湿量当用两种方法来评估时,会用 24 天达到 1.45%(ASTM),或用 21 天达到 1.43%(SACMA)的有效平衡。在后来的吸湿浸润中,ASTM 方法将用 24 天再得到相同的 1.45% 吸湿量,而 SACMA 吸湿浸润方法将用 13 天得到 1.29%(0.9×1.43)的吸湿量。

当采用吸湿浸润时,相对湿度与应用有关。如在 2.2.7.3 节中更为详细的讨论那样,CMH‑17 协调委员会已经同意飞机设计使用相对湿度的合理上限值是 85%,并且,对一个具体的飞机应用,当其设计使用吸湿量尚未具体确定时,可以采用该值。对其他应用情况,可被接受的设计使用吸湿量还没有建立。

6.3.3.1 加速吸湿浸润时间

由于达到平衡的吸湿处理可能需要非常长的时间,强烈希望加速这个过程。尽管认为某些含有两步骤的、加速吸湿浸润循环是可接受的,例如,使用一个初始高湿度(95+%RH)阶段以加速水分的增加,接着在较低的最终湿度水平(85%RH)下实现平衡,但我们必须十分注意不要选择会改变材料、变更扩散物理过程或两者均改变的加速环境。由于湿扩散系数是如此强烈地依赖于温度,故通过升高吸湿浸润温度来加速的想法有很大的诱惑力[1]。然而,在潮湿的高温下长期暴露可能改变材料的化学性质[2]。在 177℃(350℉)固化的环氧基材料是通常不能在高于 82℃(180℉)下进行吸湿浸润以避免该问题的发生;在较低温度下固化的材料可能需要在低于 82℃(180℉)下进行吸湿浸润。同时,虽然一个初始高的相对湿度阶段是可接受的,但暴露于增压蒸汽或沉浸在热/沸水中的这种极端情况是不可接受的加速吸湿方法,这是因为已经发现从 100%湿度[3]情况中会产生不同的结果。

6.3.3.2 程序提示

虽然 ASTM D5229/D5229M 的程序说明和要求相当全面,还要强调下述各项事宜:

(1)在开始吸湿浸润之前,强烈建议要从文献中或根据先前的试验获得有关该材料吸湿响应的知识。

(2)在吸湿性能的测量中,实际试件最初必须是干的,同时初期质量测量的精确度和计时至关重要。但对于材料吸湿浸润的需求来说,对初始吸湿量的了解未必重要,或者可以适当地同时分别用其他试件确定。因此,通常吸湿浸润不是从材料

---

① 举例来说,图 2.2.7.1(a)中所示的材料,若将温度从 67℃(150℉)升至 82℃(180℉),就会使材料的湿扩散率从 $2.9×10^{-7}$ mm^2/s($4.5×10^{-10}$ in^2/s)增至 $6.3×10^{-7}$ mm^2/s($9.8×10^{-10}in^2/s$),大大降低了浸润处理的时间。

② 当然,"高"温的定义是相对于所研究的材料体系,不能在此严格地论述。

③ 在文献中报道的差别,部分可能是由于过高的浸润处理温度,但即使沉浸在中等温度的水与水汽相比,似乎会在很多聚合物中产生不同的响应。在已知某些情况中,基体成分溶解于水。

干燥阶段开始。吸湿浸润也不要求在确定湿扩散系数的暴露过程初期进行精确、重复的称重。于是,不同时确定吸湿性能的吸湿浸润是较快的和工作强度较低的。

(3) 若要求得到吸湿性能,较快和较少工作强度的方法是建立另外两组专门的吸湿性能试件:很快达到平衡的"薄"组,和用最低的试验灵敏度可靠地获得水分增重与时间平方根关系曲线稳定斜率的"厚"组。在 6.6.8 节中对该过程有更详细的讨论。

虽然吸湿性能的确定和平衡吸湿浸润两者的过程是相似的,但吸湿浸润阶段很少要求同步测定吸湿性能还是有一些实际原因的。

进行吸湿量的测量可以采用真实试件称重,或通过在它们现场"伴随件"的称重,伴随件是从同块板上切割下来并与试件采用相同时间进行吸湿浸润的试件。当试件太小或太大或者包含其他材料时,例如试件含加强片或夹层结构试件,就要求伴随件。所使用的伴随件要始终伴随试件或相关的试件组经历全部接下来的吸湿浸润历程。

由于典型的聚合物复合材料的增重比较小(在 1% 的数量级),必须选择适当的质量测量设备。对于质量大于 50 g 的较大试件,通常精度到达 0.001 g 的天平是满足要求的。对于质量小于 5 g 的较小试件,要求读出能够到 0.000 1 g 的精密分析天平。对于重量小于 5 g 的试件,不推荐直接进行水分质量的监控,而应该使用伴随件来替代。

在接近吸湿浸润终止时,微小的称重误差或环境箱相对湿度少量的偏差,特别是在相对湿度方面略微的降低,可能人为地使材料似乎已达到平衡状态,事实上,此时材料仍然在吸湿。温度越低(较低的扩散系数),这些误差变得越重要。尽管由 ASTM D5229/D5229M 表述了平衡的文字定义,鉴于存在这些试验误差的可能性,明智的工程师应完成下列工作:

(1) 即使材料在满足平衡定义之后,要审查环境箱的记录以确保在基准时间周期(称重时间间隔)中没有出现环境箱内相对湿度的降低。若发现这种降低已经发生,要继续暴露直至环境箱达到稳定,再进行第(2)项。

(2) 即使材料在满足平衡定义之后,继续暴露,并要表明满足连续几个基准时间周期的准则。

若所要求的基准时间周期并不能与合理的人为称重的时间表相匹配,可以采用一个更有规律的时间间隔,并且 ASTM D5229/D5229M 要求(在基准时间周期内质量变化小于 0.01%)按比例地调整时间间隔。例如,若对于平衡所要求的基准时间周期被确定为 115 000 s(32 h),则试样在 24 h 间隔或是 48 h 间隔后称重,调整的质量变化要求分别为从 0.01% 到 0.007 5%(24/32 × 0.01)或 0.015%(48/32 × 0.01)。

尽管许多较新的模型有固态控制,但大量环境箱是通过监控"干球"(真实的)和"湿球"(湿度降低)温度来控制环境箱的湿度,环境箱的湿度是根据由厂家提供的表格或换算法来转换成当量相对湿度。这些环境箱控制相对湿度的能力取决于温度计读数的精度。在这些环境箱内特别重要的是定期清洁贮水槽、置换纱芯以及保持纱芯与湿球温度计之间适当的接触(见文献6.3.3.2)。控制干球温度以及干球和湿球温度差的环境箱在改善环境箱相对湿度的控制上通常优于控制干球和湿球温度。

若包含干燥步骤,不论是在吸湿浸润之前作为起始步骤或是具有烘箱干燥试验步骤的一部分,应当心避免出现可能在材料中产生热裂纹的过高的干燥温度和高热偏差。

对于一个特定材料和相对湿度,另一种形式的平衡吸湿浸润是利用平衡吸湿浸润的试验数据,来建立达到平衡所要求的最短暴露时间与层压板厚度间关系的表格或绘制的曲线图。这个方法要求进行一些前期试验和计算,但省略了许多重复称重。必须保持环境箱环境的连续记录,以证明得到合适的暴露。

6.4　测试仪器及标定

6.4.1　引言

对于复合材料的试验与表征,可重复地精确测定变形和位移是至关重要的。本节将讨论用于应变测量的各类测试仪器,并且针对各种试验类型、材料形式、试验条件和数据要求,提供有助于选定适当方法的指南。为了生成可被包含在 CMH - 17 中的数据,仅仅那些归类于 ASTM E83 类型 B - 2 或更好的引伸计是可以接受的(见文献6.4.1)。

6.4.2　测试用试件尺寸测量

6.4.2.1　引言

事实上所有力学性能试验要求进行测试试件的尺寸测量。测量的类型随具体试件的几何形状和试验要求而改变,可能包含试件长度、宽度、厚度、工作段、孔径和紧固件直径等。所要求的精度通常由试验方法或规范规定,但一般取决于是如何进行测量的。某些测量是提供简单的信息,而其他的一些测量值用于计算(例如,将载荷转换至应力),还有一些测量需要用来证明所要求的几何形状的一致性。以下5节讨论(按照精度递减的顺序)通常用于测量试件长度的各种装置,接下来的一节有关专用的孔径测量装置,最后一节是讨论尺寸测量装置的标定。

6.4.2.2　标定显微镜

在目镜中带有标定刻度的显微镜对测量小试件尺寸能提供非常精确的手段。采用放大倍数在 50～200 范围内的显微镜通常能获得小至 $2.5\ \mu\mathrm{m}(0.0001\ \mathrm{in})$ 的分辨率。虽然这个技术通常比千分尺测量更消耗时间,但还是存在一些只有光学方法可供选用的情况。例如,在试验期间工作段部分破坏以后,含加强片试件的厚度可能成为问题,用光学方法可以测量和/或证实粘接加强片下面仍然完整的层压板厚度。在标定显微镜下,能够容易观测并测量加强片胶层之间的层压板厚度(尽管在质地粗糙的试件上存在偏差)。然而,除了这样的特殊情况外,通常直接用千分尺测量更为可取。

6.4.2.3 千分尺

千分尺是测量小尺寸最普通的精密仪器。虽然有些型号的测量值可达到数英寸,或甚至数英尺,但它们一般仅能在 25 mm(1 in)的间距内连续测量,而对于不同的间距则要采用接杆。为此,对测量大于 25 mm(1 in)的尺寸,采用卡钳常常更为方便。

标准的 25.4 mm(1 in)千分尺[①]是测量试件厚度最通用的仪器。对于宽试件,测量距试件边缘几英寸或更远处的厚度有深度延伸的千分尺。读数可能是刻在管状物上的刻度(选择带有游标刻度的)、机械数字显示或电子数字显示。大多数仪器最小刻度是 0.0025 mm(0.0001 in),并且通常估计到第五位小数。

有几种类型的测量面,一般归纳为四种:平面、球面、刀形和点。在给定仪器上的两个面可能为相同或不同的类型(例如一个面平直和一个面为球面)。在复合材料的应用中不推荐点式面,因为它们可能穿透表面(点式表面一般用于测量螺纹的根部直径)。刀形面(刀刃)对测量短工作段试件上粘接加强片之间的试件厚度很方便,然而,应仔细检查这种试件在工作段上是否存在加强片的胶黏剂。若存在胶黏剂,测得的层压板厚度会错误地变厚。

平面和球形(球)面适合于大多数试件的宽度和厚度测量,当在这两种表面类型之间选择时,应该考虑层压板表面的质地。对于"玻璃样光滑"的表面,双平面、双球面或球面-平面均适宜,然而,若表面是有纹理的(例如由于粗糙的机织织物,或来自加工过程中的剥离层),一个平直表面会接触到纹理上的"小丘",测量值会错误地扩大。因此优先使用能够置入纹理"谷底"或压住"小丘"的球面。虽然误差的百分比随给定的表面条件而变化,对于厚试件这点通常并不重要。然而,对于薄(2~3 层)试件,测量可以造成重大的结果偏差,因为利用双球面和双平面的千分尺所得出的测量值之间一般可以观测到 0.038~0.076 mm(0.0015~0.0030 in)的差异。一面光滑和另一面有纹理的试件可以用球面/平面千分尺来估测。

除了独立的千分尺外,一些试验机将千分尺集成进入其体系之中,使得试件尺寸直接变为电子信号输入。该系统通常提示用户将试件置于千分尺中以便测定试件的宽度、厚度和可能的其他测量,然后利用这些测量值进行计算。因为测量面属于前面所讨论的分类,相同的考虑是适用的。

6.4.2.4 刻度卡钳

刻度卡钳是具有平行的、类似钳夹的测量面和用于读出在固定面和移动面之间距离刻度数的装置。尽管有测量直至几英尺的型号,但对于复合材料试件测量,长度 15 cm 和 30 cm(6 in 和 12 in)是最通用的。刻度可以刻在卡钳的长度方向,或可

---

① 注意到在本节中提供的 SI 相当尺寸是可变换的(Asoft = conversion),即提供了用于测量仪器和刻度的 SI 尺寸,但尺寸未必需要变换到 SI 标准尺寸。

采取刻度盘或数字电子读出器。虽然刻度盘(带有辅助的游标刻度)和数字读出器具有 2.5 μm(0.000 1 in)的分辨率,但其精确度更为通常地限定于 ±0.025 mm(±0.001 in)。

卡钳可方便地用于测量试件的长度和宽度,特别是在 2.5～30 cm(1～12 in)范围内,因为这超出了 25 mm(1 in)千分尺的能力范围。此外,一些卡钳有测量尖端(尖嘴),设计这样的测量尖端可以进行内部以及外部测量。具有这样的设计,卡钳可以用于测量孔的直径(例如,在开孔的拉伸和压缩试件中)。一般来说,设计用于内部测量的尖嘴能够适合 6.35 mm(0.25 in)或更大的孔,有些能够读出小至 3.18 mm(0.125 in)的内部尺寸。

卡钳可能特别不适于测量试件的厚度,特别是当试件表面是有纹理的情况。对于这样的测量,一般宁愿采用球面仪器(见上述 6.4.2.3 节),而不愿采用卡钳(它具有平面或刀刃测量面)。

6.4.2.5　精密刻度尺

有各种长度的精密刻度尺,最普通的是 15 cm 和 30 cm(6 in 和 12 in)。这些工具类似于尺子,通常是由钢制成并且使其更为精密和具有较细的刻度。每个仪器一般有四个刻度,沿着每条边的边缘有一个。最细的刻度通常是 0.4 mm 或 0.25 mm(1/64 in 或 0.01 in)。0.25 mm(0.01 in)的读数一般要采用放大镜去清楚地辨别刻度。尽管用精密刻度尺进行要求任何这种分辨率的测量,但通常用卡钳或其他仪器更方便。

6.4.2.6　尺子和卷尺测量

这些工具通常刻度为 1.6 mm(1/16 in),虽然有些,至少在它们总长度的一部分的最小刻度是 0.79 mm(1/32 in)。它们一般用于以描述为目的而记录的测量,但不用于更为精确的测量。例如,尺子可能被用于鉴别两组试件:一组名义工作段长度是 102 mm(4 in),另一组名义工作段长度是 152 mm(6 in)。

6.4.2.7　专用孔径测量装置

正如在前面 6.4.2.4 节中所指出的,虽然有一些卡钳可用于内径测量,但也有用于这种测量的专用仪器,这些仪器包含伸缩式计量器、小孔计量器和标定销。伸缩式计量器有两个弹簧加载的柱塞以形成"T"顶部的"T"形装置,柱塞端部的测量面是曲的,它自身的中心靠着孔的内壁。一旦进入适当的位置通过转动一个在"T"形杆上有凸边的螺杆锁定时,从孔缩回仪器。用标准的千分尺测量两个被锁定柱塞面之间的距离来确定孔的直径。伸缩式计量器的缺点是:①必须采用几个测量器构成的一组来覆盖孔尺寸的范围;②由于其尺寸,没有测量小于 8 mm(5/16 in)直径孔的测量器。

除了用一个可调整的开裂球代替柱塞以外,小孔计量器与伸缩式计量器相似。该开裂球置入孔内,并通过转动仪器筒来使其扩大直至球面正好接触到孔壁。然后从孔中取出该仪器,以伸缩式计量器同样的方式来用标准的千分尺测量。这些测量器也必须成组使用以覆盖孔的尺寸范围,与伸缩式计量器不同的是,它们可用于测量小于 3.175 mm(1/8 in)直径的孔。

数套已知直径的标定销也可以用于测量孔的直径。不同尺寸的销子插入孔内直至紧密接触但不要太紧,即获得适合的状态。于是,孔的直径就取自销子直径。事实上销子对任何尺寸都是可用的,同时一般以 0.001 27 mm(0.000 5 in)增量来分等级。需要一个非常广泛的组合以覆盖孔名义尺寸的区域。

就可用的仪器来说,对测量复合材料试验件的孔径,卡钳或小孔计量器是最有用和经济的。

6.4.2.8　尺寸测量仪器的标定

为了保持诸如千分尺和卡钳等力学测量仪器所述的精度,必须定期对其进行标定。一般而言,在高等级的(ASTM,ANSI 等)美国标准中还没有详细的标定方法可用。通常采这些仪器用计量块来标定,具体的方法包含在公司的内部规范中。某些 ISO 文件论述这方面的问题,读者可参考在 ISO 技术委员会 3 权限下制定的有关限制和配合方面的标准以及 ISO10012 - 1(见文献 6.4.2.8)。

6.4.3　载荷测量仪器

6.4.3.1　引言

可重复准确测量载荷(力)的能力是复合材料试验和表征的关键。本节将讨论各种用于载荷测量的仪器,以及提供保证这种测量精度的指南。载荷测量仪器的分类和确认将在以下文件中讨论:ASTM E4"试验机的力确认的标准操作"(见文献 6.4.3.1(a))、ASTM E74"用于检验试验机力指示的测力仪器标定的标准操作"(见文献 6.4.3.1(b))和 ASTM E467"在轴向加载疲劳试验系统中检验有关位移的常幅动态载荷的标准操作"(见文献 6.4.3.1(c))。加载装置的标定也在 ISO5893的"橡皮和塑料试验设备-拉伸、弯曲和压缩类型(常速率往返移动)-说明"(见文献 6.4.3.1(d))中进行了讨论。

注释:在试验机的情况中力定义为磅·力或牛顿,1 磅力是为 1 磅质量提供9.806 65 m/s²(32.1740 ft/s²)的加速度所需要的力,1 牛顿是为 1 千克质量提供 1m/s² 的加速度所需要的力。这个力用于确定在试件上所加的载荷,通常在力学试验说明书和 CMH - 17 中载荷与力是可以互换的。

6.4.3.2　载荷传感器

在力学性能试验室中最为通用的测力装置是应变计测量的载荷传感器。这些仪器由弹性元件组成,在载荷作用下该元件以均衡、一致和可重复的方式变形。在载荷传感器中的弹性元件配有应变计用以测量变形。用各种记录装置和数据采集系统可容易地读出应变计电路的输出。载荷传感器中的应变计形成一个精细平衡的全桥,因此用一个参考的激励电压就能标定载荷传感器,此后电桥电路的输出将只取决于外部调节电路。因此,当没有载荷作用时,则要保证电桥处于平衡条件(在热平衡条件下)。当环境可能要求对载荷传感器进行加热和/或冷却时,应该避免具有内部信号调节电路的载荷传感器。载荷传感器设计或选择中的一个重要因素是载荷传感器抵抗由于不适当但又不可避免的误操作所形成的错误输入的能力，例如在试验中偏轴加载和载荷传感器的加热/冷却。载荷传感器抵抗偏轴加载和热漂移的能力取决于弹性元件的设计及传感器中应变计的位置。（参考 6.4.2.4 节中有关应变计部分）。一个很好设计的载荷传感器可以具有 0.01%（载荷传感器的全量程输出）的可重复性，以及每华氏度 0.001%（全量程）的热稳定性。

6.4.3.2.1 设计和规范考虑

应该选择载荷传感器使其能够提供与要求的数据相一致的最高精度。在试验中的关键点（模量弦点、失效载荷）处，指示载荷精确到实际载荷的 0.1% 以内将会保证高质量的试验结果。有多种多样的载荷传感器构造形式：

- 弯曲梁载荷传感器由简单悬臂梁构成，并粘贴有测量挠度的应变计。该梁可以利用单应变计（四分之一桥）、双应变计（半桥）或四个应变计（全桥）来进行测量。当采用双应变计时，它们以这些应变计的应变相加的方式连接，有效地使电路的灵敏度提高一倍。当采用四个应变计时，可以将它们安排得使之达到四倍的灵敏度，或对在梁中应变梯度的非线性进行补偿。若成本问题是一个考虑因素，当载荷传感器存在破坏的可能性时，拟采用弯曲梁载荷传感器。正确使用时，采用这种类型的载荷传感器可以获得很高的精度。"S"形梁载荷传感器是特定形式的弯曲梁载荷传感器，它允许以低廉的载荷传感器设计来实现"同轴"加载。弯曲梁载荷传感器能抵抗梁的扭转载荷和热效应，但是在高应变处，虽仍能得到可重复的结果，但某些设计有明显的非线性。

- 剪切梁载荷传感器，具有最简单的形式，它利用工字梁元件腹板上均匀的剪切受力状态作为测量表面。精确的载荷传感器通常是利用径向对称布局的 8 或 12 件剪切梁类型的力学元件，它们与利用剪切梁中的 4 件设计良好的电桥电路组合，使得载荷传感器可以抵抗偏轴载荷。

- 环形载荷传感器，实质上是所谓的检验环，由一个环形弹性元件构成，当在径向相对的点加载时环形载荷传感器变形为椭圆形。这种类型的载荷传感器可以具有高的精度，但它对于抵抗偏轴载荷方面却很差。

6.4.3.3 其他载荷测量系统

下面对有时要使用的其他类型载荷测量装置作简要的概述。这些系统一般用于特定的用途，或基于较陈旧的技术，故不推荐用于获取 CMH-17 数据。

LVDT 装置——采用一个 LVDT（线性变量微分变换器，见 6.7.2.4.4 节）作为应变测量装置的载荷传感器有时也可见到。这种类型的载荷传感器可以像粘贴应变计类型的传感器一样精确，但稍微有点粗糙。

固态载荷传感器——为测量冲击时的载荷，此时应变变化率超出了粘贴箔式应变计的载荷传感器,精确指示载荷的能力,采用压电或压阻半导体应变测量元件(见"应变计技术"(见文献 6.4.3.3))作为专用的载荷传感器。半导体应变计对温度变化特别敏感,并会随着温度的变化迅速产生零位偏移,因此,它们只能用于热平衡状态。

Bourdon 管等——在日常应用中还有较陈旧的试验机,它们依赖于 Bourdon 管和其他设计巧妙的机械装置来指示载荷。Bourdon 管是一个按螺旋、半圆形或螺旋状形成并填充了液体的密封管。在增压后,液体使管子产生可再现的移动,机械地作用于读出仪器或指针上。应该只依赖这些试验机上的指示刻度盘作为载荷水平的相对指示。在所有的情况中,这些试验机都应重新配备电子载荷传感器和更易标定的指示器,以达到更高的精度。

标定的配重——蠕变试验机通常是不等臂的静止-配重加载类型。用于这些机器上的配重一般是铸铁并且应该按照 ASTM E617 的 6 级来标定(注意,这是在 ASTM E617 中给出的最低精度等级并有 0.01% 的公差)。臂长测量和刀口状态应该按试验机制造商的说明书来校验。

杠杆——具有集成杠杆系统和梁平衡或复式刻度盘上指示载荷刀口的试验机,应该重新配备电子载荷指示器以简化标定和数据采集。

6.4.3.4　仪器和标定

试验机的标定(更正确地,校验)和载荷传感器需要"A 级"载荷标准。那些标准一般是高精度的载荷传感器或测力环。载荷标准的不准确度不得超过被测载荷的 0.25%。因此,可能用于标定的最小载荷至少必须是该不准确度的 400 倍。ASTM E4 允许用于试验的载荷装置的不准确度达到满量程的 1%。ASTM E74 含有标定载荷测量装置的详细说明和分析,任何负责标定这些装置的人员都应该对其进行仔细研究。满足 ISO 要求机器持有一个允许误差的滑动刻度,最大允许误差对 A 级试验机为满量程的 ±1%,而对 B 级为 ±2%。按 ISO5893 标定的载荷传感器,等级 A 满足了 ASTM E4 的载荷传感器要求,尽管 ASTM E4 对试验机有一些未包含在 ISO 标准中的附加要求。ISO 和 ASTM 两个标准均包含其他细则,这样使得它们不能严格地进行相互转换。

6.4.3.5　预防措施

为保证载荷传感器读数的精度应该遵循某些预防措施。

a. 在所有的情况中,仔细阅读商用载荷传感器的说明书,或仔细分析自制载荷传感器的电桥电路。可能会进行非线性输出的曲线拟合,但应该谨慎小心以确保拟合方程的正确性而且要确保正确地应用。

b. 载荷传感器应该定期进行标定,以按 ASTM E4 和 E74 检验它的性能。标定设备应该跟踪国家标准例如 NIST,并且它的读数和精度应该超过被标定设备 4 倍。

c. 无论什么情况,只要发生非正常加载条件,例如超载、冲击或弯曲(偏轴加载),载荷传感器的标定应被重新确认。参考适用于超载公差的各个载荷传感器的说明书。

d. 对没有明确规定试验期间温度变化容差的载荷传感器,应该假定其在温度升高或降低的情况下是不精确的。因此,应注意把载荷传感器及其电缆与温度变化和/或温度梯度隔离开。

e. 必须仔细确保施加载荷的轴线与载荷传感器指出的加载轴线尽可能地接近。应该避免偏轴加载,偏轴加载可能造成读数的不精确和可能对载荷传感器或加载系列的其他零件造成损伤。

f. 一般来说,应该确定将用于给定试验的载荷传感器的最大量程,使得预估的破坏载荷在载荷传感器最大量程的 15% 和 85% 之间。若预期的载荷小于载荷传感器最大量程的 15%,用户应该确保在试验范围内已经完成了适当的标定。这种标定可能超出 ASTM E4 的常规标定范围,所以可能需要作特殊的安排。当所用的仪器允许载荷传感器的"量程修正",例如当 100 000 lbf 载荷传感器通过放大可能在 10 000 lbf 的范围内应用的情况下,该载荷传感器必须在作为 10 000 lbf 容量的载荷传感器的那些环境下单独标定。应该对所有提供的"量程"进行类似的单独标定。预期的数据大于最大量程的 85% 时,不赞成在试验中使用该载荷传感器,这是由于一个无法预料的高载荷可能超出载荷传感器的最大量程。

6.4.4　应变/位移测量设备

6.4.4.1　引言

对于复合材料的试验与性能表征,可重复地精确测定变形和位移是至关重要的。本节将讨论用于应变测量的各种类型测试仪器,并且针对各种不同的试验类型、材料形式、试验条件和数据要求,提供有助于选定适当方法的指南。在 ASTM E83 中讨论引伸计的分类和鉴别(见文献 6.4.1)。引伸计的分类取决于最大预期误差。A 级具有最小预期误差,以下依次按顺序排列为 B-1,B-2,C,D 级。对 A 级的标定非常难以完成,仅有 ASTM E83 中的 B-2 级或更好的引伸计可以用来获得包含在 CMH-17 中的数据。

6.4.4.2　LVDT(线性变量微分变换器)挠度计

LVDT 是电磁设备,该设备的设计将铁磁芯放置在一个变换器(由三个线圈构成)内部,从而产生线性交流电压和相位变化,这个信号被解调生成直流输出。LVDT 适用于线位移和角位移两种情况。可得到长度在 3 m(10 ft)以内的 LVDT,它们的输出线性度约为 0.1%,而其最大分辨率为 25 μm(1 μin)。给定的 LVDT 精度通常限制在总量程的 0.01%。将 LVDT 的铁芯与试件接触时它可直接作为挠度计来使用;它可以与一个连动装置一起使用,或可以把它插入接触式引伸计之中。高温 LVDT 可以用于铁芯达到居里温度的情况,但是,通常利用延伸段或联动装置以避免将它们暴露于恶劣的环境之中。必须对 LVDT 在使用过程中将要暴露的温度下进行标定。

6.4.4.3 接触式引伸计

接触式引伸计和压缩计用来测定试件上两点间相对位移的仪器。接触式引伸计必须与试件表面夹紧,其夹紧的方式要使接触点不产生滑移且引伸计不会对试验产生影响。引伸计是比较复杂的仪器,该仪器依赖组合应变计或 LVDT 将其接触点的相对位移转化为线性相关的输出。现有引伸计的固定标距范围为 $12\sim15\,mm$ ($0.500\sim2.00\,in$),而其输出的线性度为 0.1%,且它们可以分辨直至 $25\,\mu m$ ($1\,microinch$)的位移。此分辨率不具有精度或标定的含意。一个制造得很好的接触式引伸计能精确到满量程的 0.01%,并且可以测量应变达到 $1.00(100\%)$。接触式引伸计的可重复性取决于能否保持初始标距为常值,因此,当使引伸计与试件相接触时,在零刻度的情况下总是采用该标距。

可以获得用于液氮温度下的接触式引伸计,而对于延伸的时间周期,其他的引伸计则可安全地暴露于温度达 $260℃(500℉)$ 的试验条件下。可采用延伸段或联动装置使得可以在暴露于温度高达 $1\,600℃(3\,000℉)$ 的试件上远距离使用引伸计。ASTM E83 要求在引伸计的使用温度下对其进行标定。每当引伸计受到超出正常范围的变形,或处于恶劣的环境下,或受到野蛮地操作以及刀口边缘或触点的位置改变时,必须对引伸计标定进行校验。

6.4.4.3.1 接触式引伸计的应用

当存在以下一个或多个条件时,与粘贴式应变计相比,优先选用引伸计:

(1) 单独粘贴的应变计价格超出相当的引伸计价格。

(2) 在粘贴应变计覆盖处层压板的构型会引起非均匀应变场。

(3) 应变会超出粘贴式应变计的使用限制范围(0.03 或 3%)。

(4) 要求测量一个复杂结构或组装件的净变形(例如胶接或螺接连接)

(5) 当试件吸湿浸润或预доз湿浸润无法进行应变计适当粘贴的情况。

在下列情况下不推荐应用引伸计:

(1) 配有触点或刀口边缘的引伸计可能引起缺口敏感材料的提前破坏。

(2) 对应变的快速变化,大惯性质量引伸计的响应不可预知。

(3) 与引伸计接触的试件出现的灾难性破坏会导致引伸计损伤以致要求对其进行维修和重新标定或更换。

6.4.4.4 粘贴式电阻应变计

应变计是由精密蚀刻的金属箔或丝(通常置于聚酰亚胺薄膜基底上)所形成的结构,它们被永久性地粘贴至试件表面致使该表面的应变场立即传递至应变计。在应用中,应变计构成惠斯登(Wheatstone)电桥的一部分,它使应变作为格栅电阻变化的函数来进行精确的测定。应变计由合金(康铜、高电阻镍铬合金)制成,此类合金变形超出比例极限时,呈现出应变灵敏度(电阻对长度变化之比)的变化比较小(见文献 6.4.4.4)。

应变计具有固有无限分辨率(受到应变计系数校定精度的限制),其精确测定应变微小变化的能力仅受所采用仪器的制约。

应变计是多用途的：

（1）应变计可以直接粘贴到试件上或可以用来构成引伸计或梁弯曲挠度计。

（2）几个应变计可以粘贴到一个试件上的不同方位以便同时测定多轴性能。

（3）几个应变计可以粘贴到一个试件上的各种不同的位置而具有相同的方位以便检测应力集中。

6.4.4.4.1 应变计的选择

应变计有多种类型，若要得到精确和具有重复性的结果，选择适当的应变计是至关重要的。聚合物基复合材料是比较差的热导体，因此，相对于 $120\,\Omega$ 应变计而言，通常选择 $350\,\Omega$ 或电阻值更高的应变计，对于给定的应变，较高电阻的应变计在低电流下工作，这样可使自-加热而产生的误差较小（见文献 6.4.4.4.1(a)）。

因为在机织复合材料中应力通过较大重复单元的相互作用来传递，应变计必须足够大以使与机织有关的任何应变梯度形成一体。对于复合材料试件所选择的栅格尺寸一般将比类似金属试件的要大。鉴于试件尺寸限定了所采用的应变计尺寸，通常采用的栅格尺寸为 $3.17\,\text{mm}$，$6.35\,\text{mm}$ 和 $12.7\,\text{mm}$（$0.125\,\text{in}$，$0.250\,\text{in}$ 和 $0.500\,\text{in}$）。由于边缘效应难于预测，要避免将应变计粘贴到紧挨试件边缘之处。最后，要将应变计优化地制成在限定的温度范围内的功能元件，而且留意生产商关于不同类型应变计的最大工作温度的推荐建议是重要的（见文献 6.4.4.4.1(b)）。

6.4.4.4.2 表面准制和应变计的粘贴

若要获得可靠的数据，必须仔细评估表面制备和粘贴技术。这些技术的细节见 6.2 节和文献 6.4.4.4.2。当打磨复合材料时，要特别小心以使表面层纤维受到损伤最小。应注意，对于热塑性材料应变计的粘贴特别困难。

6.4.4.4.3 应变计的电路

一个或几个应变计在一个电阻电桥中起着可变桥臂元件的作用，如图 6.4.4.4.3 所示的具有 4 个桥臂的惠斯登电桥是最为通用的。该图表示一个 1/4 电桥，具有单一主动的测量片和 3 个丝状结构（此 3 个丝状结构消除电路中引线电阻的影响）。$P+$ 和 $P-$ 表示电桥的激励电压，$S+$ 和 $S-$ 表示输出信号，R_1 和 R_3 为等值的固定电阻。当 R_2 和 R_G（应变计的电阻）相等时，电桥处于平衡，且在 $S+$ 和 $S-$ 之间无电流通过。在相邻桥臂（如 R_2 和 R_3）上的数值相等、符号相同的电阻变化对于电桥来说为零输入。在相对桥臂（如 R_1 和 R_3）上的数值相等、符号相同的电阻变化则是在数值上被相加。这个结果在应变测量中是有用的：在

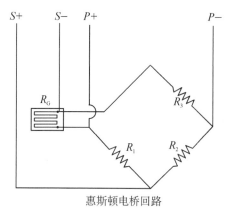

惠斯顿电桥回路

图 6.4.4.4.3 惠斯顿电桥

第一种情况中,可以将一个测量片放置在试件材料的备用件上,若第二个测量片位于回路的 R_1 处(故与 R_G 相邻),然后使之处于试验条件下,它将对试件和主动测量片的热响应进行补偿。在称为半桥的第二种情况中,一个试件具有两个都置于同一常应变场的主动测量片,第二个测量片位于 R_2 处(故与 R_G 相对),于是测量片输出将被相加,读数除以 2,给出具有两倍分辨率的平均应变。接触式引伸计通常采用四个测量片按照"全桥"形式来进行设计,通过有效相加所有桥臂的输出而能更好地利用电桥(设置相邻的桥臂使之处于等值和反号的应变场)。在被动桥臂存在的所有情况中,它们被称作为"全桥",并且成为与应变计联合使用仪器中的必要部分。

6.4.4.4.4　应变测量仪器

应变计所采用的仪器(以及采用应变计作为其主动测量元件的引伸计)通常是恒定电压类型。给电桥电路提供在 $2\sim10\,\mathrm{V}$ 间的稳态直流激励电压,而输出电压在微伏量级。采用具有低漂移和优良稳定性的高增益的仪表放大器来使输出达到伏特量级。

在仪器中激励和放大器的组合称为调节器。现有的调节器具有固定的或可变的激励电压。可采用可变激励调节器在高激励电压(高信号噪声比)下达到高分辨率,或在低电压下扩展应变范围。对用在不能有效进行散热的聚合物基复合材料上的 $350\,\Omega$ 应变计,避免采用高于 $10\,\mathrm{V}$ 的激励电压从而避免应变计的自-加热,这是一个好的建议(见文献 6.4.4.4.4)。具有固定激励电压的调节器通常提供可变的放大器增益来改变输出比例。利用一个固定电压调节器使得应变计出现过热的可能性较少。

6.4.4.4.5　应变测量仪器标定

应变调节器的线性度通过采用应变模拟来进行校验。当采用 $350\,\Omega$ 取为平衡点或零点时,可以通过采用一个具有从 $0.01\sim100\,\Omega$ 范围的高精度十进制电阻箱替代主动测量片并采用下列方程来模拟应变值:

$$\Omega = 0.0007\varepsilon_{\mathrm{sim}} + 350 \qquad\qquad (6.4.4.4.5)$$

式中: Ω 为模拟目标应变的十进制电阻箱设置(Ω); ε 为被模拟的目标应变($\mu\varepsilon$)。

当固定激励调节器按此方法已被校验且认定可接受时,试验前没有必要进一步标定。将调节器的输出简单地乘以 $2/K$,其中,K 为应变计厂商提供的应变计系数。

当调节器提供可变激励时,要求进行分级标定。

6.4.4.4.5.1　分级标定(对于 1/4 电桥)

当采用一个可变激励调节器时,通常选择激励电压来使调节器输出(带宽)达到试验预期的最大应变水平,这就提供在试验范围内的最大分辨率。利用电路中一个主动测量片(通常为一个不受载的真实试件),使调节器输出为零。在电路中放置一个与电桥电阻器并联的精密电阻,选取该电阻的值使得当它的布线与测量片并联时,合成电阻正好模拟已知应变即所谓分流值时所需要的。于是,调节激励电压值,使调节器读数显示一个等于 $2/K$ 乘以分流值之值。经仪器换算后,在标定应变值下所指示的应变将是正确的,但是在其他应变水平上稍有误差。在任何不同的应变水平上经修正的应变可以根据文献 6.4.4.4.1(b)来进行计算:

$$\varepsilon = 2\varepsilon_i/(2 + K(\varepsilon_s - \varepsilon_i)) \qquad (6.4.4.4.5.1)$$

式中:ε 为修正的应变($\mu\varepsilon$);ε_i 为指示的应变($\mu\varepsilon$);ε_s 为分流的应变($\mu\varepsilon$);K 为应变计的灵敏系数。

这里简要地提及惠斯登电桥的分级标定,但实际上它是一个很复杂的问题,建议严谨的科研人员要细心研究文献 6.4.4.4.5.1。

6.4.4.5 其他方法

现存一些测量变形的方法,但由于其不可靠或难于应用,它们看来在聚合物基复合材料性能的测定中仅得到有限的应用。然而,在适当的环境下,这些技术能得出用其他方法不能获得的有价值的数据,因此,这里将对它们进行简单描述。

6.4.4.5.1 变形测定的光学方法

存在着几种基于光学现象的应变测量方法:光弹、莫尔(Moire)干涉图、激光变形测定等。光弹法和莫尔法可用于校验有限元计算结果,并且可用于研究试验件或结构上的应力分布。对于测试试件的设计和固定,这些技术的应用在试验几何形状优化方面是一个重要的阶段。

在高温、小半径和粗糙表面使得应变计的使用会不可靠的情况下,激光引伸计的非接触特性特别值得关注。

6.4.4.5.2 电容式引伸计

现有接触式引伸计利用固定在试件表面两个探头间空气间隙的电容来测定应变。这些探头仅对于非常小的工作段才是精确的,由于它们易被损坏而不能记录破坏应变。可以利用它们测定在非常高的温度(>500℃或1 000°F)下材料的模量。电容式引伸计很难标定和要求复杂的调节装置。它们不可能被标定得比 ASTM E83 B-2 级更好。

6.4.4.6 对纺织复合材料的特殊考虑

纺织复合材料的非均匀性要求在足够的工作段上测量应变和位移,以便能代表整体(平均)试件的响应。为确定在应变测量中应变计尺寸的影响,文献6.4.4.6(a)中给出有关由 2-D 三轴编织,3-D 机织和缝合单向机织层压板所构成复合材料的研究成果。

一般来说,应变计长度应该比纺织物单胞的长度要大,并且宽度应该不小于长度的一半。选择应变计的具体标准采用文献 6.4.4.6(b)。引伸计的工作段也应大于单胞尺寸,以便获得平均的或宏观的位移。对最小工作段的这些建议适用于热载荷以及机械载荷的情况。

尽管在文献 6.4.4.6(a)和 6.4.4.6(b)中并没有提到,对于单胞长度大于 12.7 mm(0.5 in)情况,可以将几个片首尾相连地排列,以避免采用更为昂贵的特别定制的应变计。

6.4.5　温度测量设备

6.4.5.1　引言

表征复合材料单层或层压板的许多性能都与温度有关。于是,温度是为完全表征材料所必须测量的变量之一。现有许多手段和技术可用于测量温度,但不是所有的方法都能提供所期望的结果,或在试验持续期间达到要求的环境中应具备的功能。温度测量设备可分为两类:接触式的和非接触式的。通常遇到的 5 种接触式温度测量仪器为:热电偶、电阻测温仪(金属的电阻测温仪(RTD)和热敏电阻)、双金属仪、玻璃温度计和状态改变仪。通用的非接触式温度测量设备是红外线探测仪。

6.4.5.2　热电偶

热电偶由不同金属合金的两个片或丝组成并在一端连接。参考图 6.4.5.2,在该交汇点温度 T_1 的改变将导致在另一端之间电动势 V_{ab} 的变化。当温度升高时,热电偶的电动势输出增高,虽然不一定是线性变化。开口端的电动势不仅是交汇端温度 T_1(即在测量点处的温度)的函数,也是开口端温度 T_2 的函数。只有在标准温度下保持 T_2 才能认为所测量的电动势是随温度 T_1 变化的直接函数。工业上可接受的 T_2 标准是 0℃(32℉);因此,大多数表格和图表都假设 T_2 是该水平。在工业仪表中对 T_2 的实际温度与 0℃(32℉)的差异通常在仪器内进行修正。该电动势的调整称之为冷端(CJ)修正。倘若补偿导线由热电偶合金或热电等同的材料所制成,在输入和输出端之间补偿导线温度的变化不影响输出电压。举例来说,若热电偶是在炉子里测量温度并且显示读数的仪表离它有一段距离,两者之间的连线可以通过附近另一个炉子且不受其温度的影响,除非它变得太热以至于融化金属丝或永久地改变了它的电热性能。

图 6.4.5.2　热电偶交汇点

热电偶具有超出其他接触式传感器的优点,这是因为它们简单、牢固、不昂贵、不要求外部电源,可以用于广泛多样的形式中,并可在很大的温度范围内应用。热电偶的缺点是非线性、产生的电压很低和要求一个外部基准温度。

必须选择热电偶来满足使用条件的要求。一般仅推荐可给出的尺寸和类型。一些要考虑因素包括服役长度、温度、周围环境和要求的响应时间。较小的测量计在高温下以牺牲使用寿命为代价来提供较快响应。较大尺寸的测量计以牺牲响应时间为代价来提供较长的工作寿命。通常,明智的做法是通过一个合适的保护管或钻孔来保护热电偶元件。

已有由不同金属组合或"标定器"的热电偶。4 种最通用的热电偶标定器是 J，K，T 和 E。尽管最高温度随着热电偶所采用的金属丝直径而变化，每种标定器都有不同的温度范围和环境要求。

- 类型 J：[铁(＋) 铜镍合金(－)]；
  推荐的最高工作温度是 760℃(1 400℉)。
- 类型 K：[镍铬合金(＋) 镍基热电偶合金(－)]；
  推荐的最高工作温度是 1 260℃(2 300℉)。
- 类型 T：[铜(＋) 铜镍合金(－)]；
  推荐的最高工作温度是 －200 ～ 350℃(－328 ～ 662℉)。
- 类型 E：[镍铬合金(＋) 铜镍合金(－)]；
  推荐的最高工作温度是 900℃(1 652℉)。

6.4.5.3 金属电阻测温计

电阻测温计(RTD)依赖于材料电阻的温度相关性。它们通常由具有小而精确正温度系数的纯金属制成。一个典型的金属电阻测温计由缠绕在心轴上的纯铂丝并装入保护套内所构成。通常心轴和套子是玻璃或陶瓷的，铂丝的电阻随着温度而线性地升高或降低，测量金属丝的电阻，就可确定它的温度。由铂丝制成的电阻测温计具有很好的性能，且从 －259～600℃(－434～1112℉)均呈线性。

虽然电阻测温计的响应比热电偶更为稳定和线性，但电阻测温计不能如热电偶一样用于那样广泛的温度范围。较大的热质量和较差的热耦合使得对温度变化的响应缓慢。除了对温度之外，电阻测温计对机械应变以及热应变的响应使它对载荷及振动敏感。与热电偶不同，电阻测温计不是自身提供动力。由于电流必须通过设备以提供可测量的电压，设备会自加热。若使用一个大电流、使用一个小的电阻测温计或若电阻测温计没有很好的热耦合，则加热是特别实际的问题。

6.4.5.4 热敏电阻

热敏电阻由随着温度改变呈现大的电阻变化的陶瓷半导体材料组成。市场上，存在正温度系数(PTC)和负温度系数(NTC)两种仪器。随着温度的增加电阻亦增加被称为 PTC 热敏电阻。随着温度的增加而电阻减少被称为 NTC 热敏电阻。然而，多数热敏电阻是 NTC 型的。

根据电极连接到陶瓷体的方法，热敏电阻一般分为两个主要的类别。第一类由珠形热敏电阻组成，第二类由镀金属表面接触热敏电阻组成。所有的珠形热敏电阻带有烧结到陶瓷体内的铂合金导线。作为一个类别，珠形热敏电阻比镀金属表面接触热敏电阻更为稳定。珠形热敏电阻通常尺寸较小并有较快的热时间常数值，在很多温度测量应用中这是个优点；然而，珠形热敏电阻有较低的耗散值，在大多数应用中该值导致较大的自加热效应。镀金属表面接触热敏电阻更易于加工，因此，较珠形热敏电阻便宜。然而，镀金属表面接触热敏电阻通常在 150℃(300℉)下检测并在 105℃(221℉)或更低温度下具有最好的连续操作稳定性。

热敏电阻对温度变化非常敏感,同时它可以探测到其他仪器不可能发现的温度变化。虽然热敏电阻非常精确,但与热电偶和电阻测温计相比它的测量范围较小。由于电流必须通过仪器以提供可测量的电压,该仪器趋向于自加热。热敏电阻比其他温度测量仪器也更易碎。

6.4.5.5　双金属仪

双金属温度指示仪利用不同金属热膨胀率的差别。两个不同的金属片条粘接在一起,当加热时,复合物的一边相对另一边将膨胀,所导致的弯曲通过机械联动转换为温度读数。该仪器轻便且不要求动力,然而,它们不像其他温度测量仪器那样准确,不能用于点测量,并且不能生成容易记录的数据形式。若一支笔连接到指示器上,它们可用于获得周围环境温度的定性记录,并在移动的纸上划出迹线。

6.4.5.6　玻璃温度计

由液柱球形温度计为代表的玻璃温度计不需要动力,并且即使在重复热循环后仍然稳定。另一方面,它们不能生成容易记录的数据,同时对瞬态温度变化它们不能及时响应。由于测量时温度计必须沉浸在被测温度的介质中,故不能用于点测量。它们的主要用途是测定试验环境的温度。

6.4.5.7　状态变化仪

状态变化温度传感器由各种标签、小球、蜡笔、漆或液晶所组成,一旦到达某个温度时它们的外观会出现变化。响应时间一般以分钟来计算,因此对于瞬态温度变化它们不能及时响应,精度较其他类型传感器要差,除了液晶显示的情况以外,状态的变化不能还原。状态变化传感器能方便地定性确认材料是否达到或超过某一温度。

6.4.5.8　红外探测仪

红外(IR)探测仪是用于测量表面发射辐射量的非接触式仪器。在绝对零度以上的温度下,所有物质都发射电磁能,发射能量的水平和频率与温度成正比。在很多工程情况中,多数辐射在红外范围内。若表面的发射特性已知,它的温度可由特定波长的红外线能量水平来推断。最简单的红外探测仪设计由将红外能量聚焦至探测仪上的透镜所组成,探测仪将能量转换为电信号,在对周围环境温度变化校准后,将该电信号显示为温度的单位。

红外温度计(IRT)具有适合于光学、电子学、工艺、浆料和保护围栏等广泛的多种多样结构形式。基本的 IRT 设计包含收集目标物辐射能量的透镜,将能量转换成电信号的探测仪,使 IRT 标定与被测物体发射率特性相匹配的发射率调节器,以及周围环境温度补偿电路以保证不会把由周围环境引起的 IRT 温度变化转换为最终输出。

单波长的温度测定法设计是测量在指定波长下从表面辐射的总能量。这些设备测量和评估被截取的热射线的强度或亮度。强度,或更一般来说,辐射率是在一个热谱的窄波长带中测量的,根据温度范围和被测材料类型来规定带宽的选择。结构形式可以在很大的范围内变化,从具有简单遥控计量表的手提式探头,到具有同步观察目标物和温度,并带有记忆和/或输出打印功能的复杂的便携式仪器。

双重和多重波长温度测定法应用于苛求绝对精确的地方以及产品正在经受物理或化学变化之处。双重波长温度测定法包括在两个不同的波长下测定光谱的能量,若发射率在两个波长下具有相同的数值,目标物的温度可从仪器直接读出。比率测量的优点是温度读数与发射率波动和/或视觉途径的昏暗度完全无关。该技术一般用于高于炽热[700℃(1300℉)]温度,而低至200℃(400℉)的测量也是可能的。

红外探测仪的优点在于它们为非接触式的,倘若可以获得视觉通路,它们可用于测量非常高的温度和恶劣环境下的温度。其缺点为必须已知在关注温度下的表面发射率(这个信息不总是已知的)。此外,仪器将对视场的所有温度值取平均。若目标物没有完全充满视场,则它的背景温度将对读数起作用,若目标物不是理想的发射器,它会反映仪器能探测到的其他来源反射的红外能量。

6.4.5.9　温度测量设备的标定

任何温度测量仪器的有效性取决于它的精度和重复性。如同其他的测量仪器,温度设备必须标定和进行定期检验以维持可信度,即它们显示的输出相对于真实值是在某个已知的偏差之内。温度设备的标定和确认在概念上是简单的,并且仅仅涉及把所关心的设备与基准设备暴露在相同的温度下。在标定情况下,输出的任何偏差都可校正;在检验情况下注明在容差内或容差外。对这个文件的实际应用来说,标定和检验将一并考虑并称为"标定"。关于温度测量的一般性信息在文献6.4.5.9(a)和(b)中可查到。

温度测量设备几乎总与某些类型的读数或控制仪器相连接,它们也必须标定。通常可把仪器与探头包括在一起,该组装件作为一个系统进行标定。优先选择这种形式是因为系统的所有元件是在一起考虑的,这样导致更高的精度并可节省相当多的时间。有关它的标定要求和方法,用户应参考具体的仪器操作手册。此外,有关温度设备标定更为完善的资料可从下列ASTM标准中获得:

- ASTM E220"采用对比技术的热电偶标定"(见文献6.4.5.9(c));
- ASTM E77"温度计检验和认定的标准试验方法"(见文献6.4.5.9(d));
- ASTM E1502"对基准温度的冰点元件使用"(见文献6.4.5.9(e))。

注意,虽然这些标准一般针对特定的传感器,很多实际情况也可将其用于其他的传感器类型,特别是用于与给定温度传感器或系统手册中提供的说明一致的情况。

对于探头的一般标定方法是按参照标准将它们真正地置于已知温度环境中,该标准应追溯至国家标准和技术研究院(NIST)标准。探测器标定装备的关键元件如图6.4.5.9中所示,包括:

- "标定器"(此设备用于产生已知温度)。
- 基准的标准探头——通常与被标定的探头同一类型。

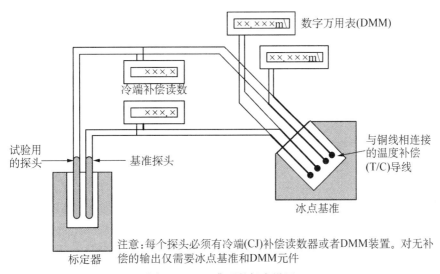

图 6.4.5.9　典型的标定设置

- 读数设备(一般为 5½位分辨率的高分辨率数字万用表或对于探头提供缩放比例和冷端补偿的指示器)。
- 冰点基准(用于定位热电偶的开口端,T_2 为在 6.4.5.2 节中讨论的适当基准温度)。它仅在标定热电偶类型的探头时才需要,同时提供热电偶探头的冷端基准,否则要对冷端作补偿。

标定器

标定器是一个加热或冷却源,用以提供所标定仪器放置处的热环境。标定器必须具有优异的温度控制能力,热稳定性非常高且没有温度梯度。空气流通的炉子通常不够稳定,表明有比较高的热梯度。最常用的标定器是为探头标定专门设计的,为如下三种类型之一:块状标定器、流动液体浴室、液化粉末浴室。

块状标定器由一个电源单元组成,它对探头插入的固体材料块(通常为铜)均匀地加热或冷却。块状标定器清洁并易于维护,但温度改变比较慢。重要的是,要使探头很贴近地放进块内,因此当标定不同的探头时常常需要许多不同尺寸的热"井"。块状标定器通常的温度范围是 −40～648℃(−40～1200℉)。

流动液体浴室只是在放入探头的浴室中流动着温度受控的液体。这种形式的标定器是三种形式中最为低廉的,但温度范围受限,一般为 −20～130℃(−5～266℉),特殊且昂贵的浴室能扩展至 −160～630℃(−250～1170℉)。

液化粉末浴室标定器采用气体,通常是低压空气或氮气,来液化干燥的粉末颗粒,一般为氧化铝。这种浴室具有极好的热传导特性,并且是清洁的,比流动液体浴室更易维护。其温度范围特别大,然而通常在低温下其功能会降低,通用温度范围是 50～600℃(122～1 112℉),也有温度范围更大,达到 −70～980℃(−100～1800℉)的粉末浴室。

基准标准探头

基准标准探头只是经标定并可追溯至美国国家标准技术研究所(NIST)的温度探头。显然,待标定探头的最终容差中必须计入基准探头的标定容差。当标定未连接读数仪的热电偶探头时,基准标准与待标定探头是同类型的热电偶这很重要,它保证了两个探头在 T_2 冰点基准处有相同的特性;当对系统进行标定时,则并不重要,因为连接到探头的仪器会提供独立的冷端补偿。类似地,若基准标准不是单机状态探头,而是一个由可进行冷端补偿的基准探头和读数器所组成的标定系统,则不要求是同类型的探头。

所有温度测量设备已限定了具有良好响应特性的温度范围,因此,本质上,是要确认基准标准探头在其使用的整个范围内具有良好的特性并能被很好地标定。

读数装置

取决于所选用的基准标准类型和待标定的探头,读数装置可以大不相同。若采用基准标准或标定的温度探头,而其读数装置量程范围不可变和/或无冷端补偿,则推荐的读数装置为 $5\frac{1}{2}$ 位的数字万用表(DMM)。这个精确的仪器允许将热电偶输出读数精度达到 $0.001\,\mathrm{mV}$ 以内,这是已颁布的 NIST 热电偶参照表所达到的精度。

若采用量程范围可变的输出装置,它的精度(和校验的精度)必须足以提供至少四倍于标定要求的精度。

冰点基准

冰点基准用于在标定探头时使开端温度 T_2 达到 0℃(32℉)标准值。同样,只有当标定标准或待标定探头没有其他形式的冷端补偿时,冰点基准才是必需的。冰点基准箱通常只是良好控制和受监控的冰室,还有可大大简化设置的电子冰点。值得注意的是从热电偶 T_2 端(在冰点基准中处于 0℃(32℉))至读数设备的连线应该只用铜,这保证了组件的电动势响应如热电偶参照表所设定的。

6.4.6　数据采集系统

此节留待以后补充。

6.5　试验环境

此节留待以后补充。

6.5.1　引言

此节留待以后补充。

6.5.2　实验室大气试验环境

此节留待以后补充。

6.5.3　非大气环境的试验环境

6.5.3.1　引言

复合材料会受到非实验室大气环境暴露的影响,因此必须对其进行试验以确定这些影响。在试验矩阵中必须包含实验室低温环境条件以及实验室高温环境条件以确定各自的影响。下面内容涉及对实验室高温和低温环境条件的指南。许多不同的试验规范的适宜性可能取决于材料的使用条件。对于地面应用的正常环境条件范围低到 $-55\,℃(-67\,℉)$ 和高至 $180\,℃(350\,℉)$。在空间条件下将扩展到感兴趣的 $-160\sim230\,℃(-250\sim450\,℉)$ 范围的性能。低温条件(低于 $-160\,℃(-250\,℉)$)对储存罐的使用可能是有意义的。特定情况规定在前缘或发动机部件附近使用的复合材料可短时达到及超过 $315\,℃(600\,℉)$ 的极限。用户必须确定对于材料的特殊应用所限定的内容,该限定可能使得要对应用中所使用的材料完成适当的非实验室大气环境试验。

本节的目的是提供给用户在不同于标准实验室条件下材料试验的指南,下面讨论低于和高于室温的试验条件。与非实验室大气环境试验相关的更进一步的指南可从 SACMA SRM 11R‐94"复合材料层压板环境调节的推荐方法"中得知。

6.5.3.2　低温环境试验

在低于实验室环境试验温度下进行试验可能是少有的挑战。可能需要特殊夹具或润滑剂以保证所测量的性能是与材料相关的性能,而不是由于滑移面的结冰或黏连形成的性能。材料可能变得更脆并改变其失效模式。可能需要专门的仪器来记录在较低温度下的材料性能。用于加强片或应变计的胶黏剂应在低温下仍保持它们的延伸率。

低至 $-55\,℃(-67\,℉)$ 的试验温度是常见的并在此讨论。在试验箱内的试验装置必须预冷直至在试验温度下达到稳定状态,在试验前应使夹具稳定。冷却介质可以是液氮(LN_2)、液态二氧化碳(LCO_2)或冷冻室,温度测量通常采用 J, K 或 T 型热电偶。更多的温度测量信息参见 6.4.5 节。在实际试验之前,应采用模拟试件以确定冷透时间,应该使用与试验件相同的材料和铺层来制备模拟试件。为了确定冷透时间,应在模拟试件的中心线处钻一个孔以插入热电偶,记录达到所要求试验温度的时间,在进行正式试验时要利用该时间,使得试验件处于适合的试验温度之下。应控制冷却速率使热冲击和出现损伤和/或微裂纹的可能性最小。

试验夹具的结冰可能是产生异常试验结果的原因。必须检查夹具的清理状况以保证表面无滑移。在低温下应使用合适的润滑剂或不用润滑剂以防止任何夹具对试验结果的影响。

在试验时应将热电偶与试验件表面接触。在达到试验温度后应采用通常为 $5\sim10\,\min$ 或由实际试验情况所确定的时间作为冷透时间。应经常注意,要具有合适的安全设备以预防冷灼伤。若使用液氮或液态二氧化碳来冷却环境箱时,必须谨慎小心,以确保不要耗尽室内氧气。

6.5.3.3　高温环境试验

高温环境下进行的试验必须考虑试验试样的温度和吸湿量。可能需要特殊的夹具以适应高温。在着手进行试验程序前应评估胶黏剂失效和试验件烘干的可能性。可能需要特殊的润滑剂以防止黏滞或粘接引起的夹持。必须使用根据所要求的温度而特制的仪器以保证所记录的数据是有效的。必须鉴别和使用具有正确温度变化率的应变计、引伸计和胶黏剂。在试验期间可能要求特定的应变计箔或背衬材料以便能经受住试验期间的高温。可能要求对仪器在试验温度下进行附加的标定。

这里讨论的是直至 180℃(350℉)的高温环境试验温度。必须加热在环境箱中的试验装置直至稳定在试验温度下。应该使得夹具在试验前达到稳定。带有试件的试验夹具的加热或仅是试件的加热通常是在电加热箱内完成。通常用 J, K 或 T 型的热电偶来进行温度测量。在实际试验之前应该采用模拟试件以确定热透时间。应该用与试验件相同的材料及铺层来制作模拟试件。为了确定热透时间,应把热电偶插入模拟试件中心线处所钻的孔中,记录达到所要求试验温度的时间。在进行正式试验时要利用该时间,使试验件处于适合的试验温度下。应控制加热速率使热冲击和出现损伤和/或微裂纹的可能性最小。

过快的加热速率可能引起试验件或胶黏剂的炭化或熔融。滑动表面应该使用合适的润滑剂,例如二硫化钼,以保证试验夹具运动自由。

在试验时应将热电偶与试验件表面接触。若试验状态是干态,在到达试验温度后标准热透时间是 5～10 min。若试验状态是湿态,在到达试验温度后,标准浸透时间可能是 2 min,以防止试验件过分干燥。

若吸湿量是试验变量,除非在试验中控制湿度,否则在试件浸透时间前后和试验前后应采用称重的方式来评估试验件的干燥情况。有关吸湿浸润的指南见 6.3 节。应该经常注意,要有合适的安全设备以防止灼伤。

对中等的试验条件,即低于 93℃(200℉),持续时间短的试验可选择控制湿度的环境箱。当进行高于 93℃(200℉)的试验时,精确的湿度控制是不切实际的,试件的干燥情况要受到关注,特别是在疲劳试验情况下。试验前的热透时间要短(小于 3 min)以便使干燥最少。

在高于 180℃(350℉)温度下进行的试验,必须使用为高温而设计的专用的应变计和应变计胶黏剂、引伸计和夹具。需要用能承受特殊高温的加强片材料和加强片胶黏剂以预防加强片的失效。在其他温度下,这些材料可能不适用。

热电偶是最通用的温度测量传感器。可以使各种类型的热电偶,但是最通用的是 J, K 和 T。某些特定的情况可以规定使用热敏电阻(RTD)。关于温度测量的更多信息参见 6.4.5 节。

6.6 热/物理性能试验

单层和层压板的物理分析方法提供有关所制复合材料整体性的信息。采用热分析方法来确定玻璃化转变和晶体熔融温度、热膨胀系数和反应的残余热。下面各节所讨论的补充分析方法用于确定纤维的体积含量、空隙体积、密度、尺寸稳定性和湿增重。

6.6.1　引言

在第 4 章 4.5.2 节中描述的热分析技术也可用于评估复合材料。从热分析中获得的信息包括玻璃化转变温度、晶体熔融温度、膨胀/收缩性能、热稳定性和热固性材料的固化程度。

6.6.2　固化度

由于实现复杂或粗厚零件的受控分段制造已成了先进工艺方法的一部分，复合材料固化程度的表征变得越来越重要。以采用非热压罐工艺为最终目的，可用加筋件或其他结构细节的压实和分段来使大型复杂零件的装配更容易实现。压实和分段也是制造粗厚零件的至关重要的方面，以防止树脂的迁徙和纤维的弯曲。

通常用几种不同的热分析技术测量纤维增强有机基复合材料的固化度，它们包括测量残余固化放热程度曲线的差示扫描量热法（DSC）或动态热分析（DTA），和测量玻璃化转变温度的动态热力学分析（DMA）或热力学分析（TMA）。在以下 6.6.3 节中讨论 T_g 测量中的一些细节。

6.6.3　玻璃化转变温度

6.6.3.1　概述

聚合物基复合材料的玻璃化转变是指基体材料在加热期间由玻璃态至橡胶态或在冷却期间从橡胶态至玻璃态的一种由温度所导致的变化。在玻璃化转变期间，由于聚合物链的长距离分子流动性的起始或冻结，导致基体刚度的改变达到二至三个数量级。出现玻璃化转变的温度与聚合物链的分子结构和交联密度相关，但是该温度也同样取决于用于测量的加热或冷却速率，若使用动态力学技术，也取决于试验频率。除刚度变化外，在材料的热容量和热膨胀系数方面的变化也标志了玻璃化转变，从而，至少存在某些二阶热力学转变的表征（见文献 6.6.3.1）。

玻璃化转变经常用玻璃化转变温度（T_g）来表征，但由于这种转变常常出现在很宽的温度范围内，采用单一温度来对它进行表征可能会引起一些混淆，必须详细说明用以获得 T_g 的试验技术，尤其是所用的温度扫描速率和频率。还必须清楚地阐明依据数据来计算 T_g 值的方法。报告的 T_g 值可以是反映玻璃化转变开始或中点温度，这取决于数值处理的方法。

暴露在高湿度环境下，聚合物基体会吸收环境中的水分并被其塑化。这种增塑的效应之一通常是 T_g 值显著降低。一个高度交联的树脂（例如基于四官能团的环氧化合物如 TGMDA）可能初始 T_g 值很高，但它可能会比那些交联度不太高的体系降低更为剧烈。测量由吸湿而增塑的复合材料的 T_g 值有一些实验上的困难。按照测量要求加热测试试件将至少驱除一些吸收的水分，从而影响被测定的性能。

由于在玻璃化转变发生处基体刚度的降低和这些聚合物基体在橡胶态中的低强度，在高于玻璃化转变情况下，基体不再具有有效传递载荷至纤维的功能或遏止纤维屈曲的作用。虽然在玻璃化转变范围内，与时间有关的材料性能如蠕变柔度可能比准静态的力学性能对温度更敏感,因此 T_g 值经常用于定义复合材料的上限使用温度。对环氧基复合材料,已建议在 T_g 值和材料使用极限(MOL)之间有 28℃(50°F)的安全裕度(见 2.2.8 节)。对最初估算 MOL 或为校验以前选择的 MOL,该方法是有用的。然而,因为玻璃化转变经常出现在一个温度范围内,并且 T_g 的测量值高度地依赖于所采用的方法,应该考虑补充的力学性能试验,尤其是对新材料体系(见 2.2.8 节)。

6.6.3.2 T_g 的测量

已经用几种不同的方法来表征聚合物材料中的玻璃化转变,并且其中多数也适用于纤维增强材料。

6.6.3.2.1 差示扫描量热法(DSC)

由于复合材料的热容量在玻璃化转变时发生变化,差示扫描量热法(DSC)可用于确定 T_g。玻璃化转变是按热流量与温度关系曲线出现偏移时进行测定的(见图 6.6.3.2.1)。许多热量计配备了可用于计算 T_g 值的软件。用 DSC 探测纯净树脂试件的 T_g 值比较容易,但在复合材料试件中树脂含量比较少,并且树脂交联越高,在热容量方面的变化越小。因此,有时很难探测高度交联固化的复合材料的 T_g 值(见文献 6.6.3.2.1)。

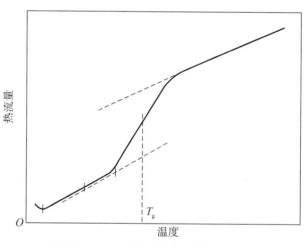

图 6.6.3.2.1 差示扫描量热法(DSC)

6.6.3.2.2 热力学分析(TMA)

也可用热力学技术(TMA),例如膨胀、弯曲或渗透热力学分析来确定 T_g 值。在膨胀 TMA 中,测量的热膨胀系数 α 随温度而变化。如上所述,在玻璃化转变期间 α 经历着变化,由拟合高于和低于玻璃化转变范围的热膨胀数据所得曲线的交点来确定 T_g 值。图 6.6.3.2.2 说明了用于各种 TMA 技术的试件几何形状与数据处理方法。

在弯曲 TMA 方面,对矩形试件施加弯曲载荷,并且测量尺寸随温度的变化。在图 6.6.3.2.2 中阐明了一种用于计算 T_g 值的曲线拟合技术。T_g 值的弯曲 TMA

测量与热变形温度（HDT）的测量类似，这是由于在两种情况中试件都按弯曲方式加载。HDT 试件可能是全尺寸的弯曲测试试件，并且是以三点弯曲或悬臂梁方式加载。测量位移随温度的变化，并且 HDT 是在位移达到某些预定值处的温度。在 HDT 试验期间，采用全尺寸试件使水分损失最小，但弯曲的 TMA 和 HDT 测量技术有着相同的缺点，即所获得的 T_g 或 HDT 值会对复合材料试样中增强纤维的模量敏感以及将视纤维的性质而给出不同的结果。

如图 6.6.3.2.2 所示，穿透模式 TMA 技术测量材料的硬度，该技术的缺点之一是，若探针接触到增强纤维，就无法精确测量基体 T_g 值。

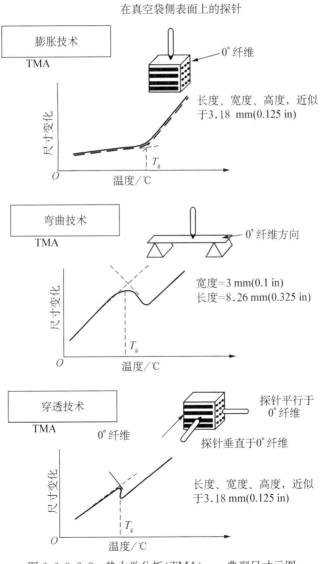

图 6.6.3.2.2　热力学分析（TMA）——典型尺寸示图

6.6.3.2.3　动态力学分析(DMA)

动态力学分析(DMA)是表征有机基复合材料玻璃化转变最通用和优先选择的方法。已经用于复合材料 DMA 的类型有几种,包括扭摆分析(TPA)和其他引起共振的技术,以及在承受拉伸、扭转和剪切时的强迫振动测量。进行这些强迫性测量使用若干 DMA 仪器,这些仪器是由杜邦(Du Pont)、佩金埃尔默(Perkin Elmer)、聚合物实验室(polymer laboratory)、流变计(rheometrics)、TA 仪器和其他公司制造的。

所有这些 DMA 技术得出随温度而变的动态储能、衰减模量、衰减正切($\tan\delta$)或对数衰减率(Λ)的曲线图(见图 6.6.3.2.3(a))。$\tan\delta$ 和 Λ 正比于衰减模量(E'' 或 G'')和储能模量(E' 或 G')之比,它们反映了在每一加载周期中的损耗能量,并在玻璃化转变期间出现峰值。可以按几种不同的方式由 DMA 数据来确定 T_g 值,这可能是在 T_g 值报道上存在差别的原因。如图 6.6.3.2.3(a)所示,T_g 值的确定可以基于储能模量曲线转变的起点或中点,或是 $\tan\delta$ 最大,或损耗模量最大处的温度。显而易见,对于同一组 DMA 数据,这些用于计算 T_g 值的方法可能得出有明显差异的数值。正如上面所讨论的,所用的温度扫描速率和频率也将影响其结果。

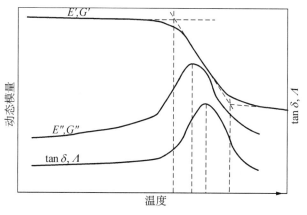

图 6.6.3.2.3(a)　热力学分析(DMA)

对塑料的 DMA 有 ASTM 标准(D4065),该标准覆盖了强迫和共振两方面的技术(见文献 6.6.3.2.3(a)),这个标准描述的试验技术与用于纤维增强塑料中的技术是相同的。此外,SACMA 方法(SRM 18R-94)对定向的纤维-树脂复合材料的 T_g 值测量推荐使用 DMA 技术(见文献 6.6.3.2.3(b))。SACMA SRM 18R-94 规定在 1 Hz 以每分钟 5℃(9°F)加热速率进行强迫振动的测量,以及根据动态储能模量曲线图计算起始的 T_g 值。若要从 T_g 值计算可靠的材料使用极限(MOL),应该规定有关试验变量的标准以及温度安全裕度,否则,由于增加或降低加热速率或频率可能改变所测量的 T_g 值。

正如上面所讨论的,由于试件被加热而变得干燥使湿态复合材料 T_g 的测量更为困难。用某种方式密封试件设法防止烘干的技术在减缓重量损失方面可能是有

益的,但却不能完全将其阻止。若试
件足够厚,干燥现象主要就会发生在
外表面处,结果形成一种变宽或甚至
是双峰的玻璃化转变(见图 6.6.3.2.3
(b))。较低的温度区域将反映仍然处
于湿态的试件内部的 T_g,较高的温度
区域将反映干态材料的 T_g。衰减正切
或对数衰减率曲线会变宽,或展现双
峰或一个峰值和一个台肩,可借助相
对峰值高度来指明在试件中潮湿和干
燥的材料量。在潮湿试件的 T_g 测量
中,转变的低温部分可能是更感兴趣

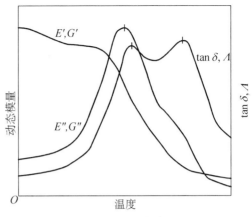

图 6.6.3.2.3(b)　潮湿复合材料的 DMA

的区域,建议计算起始的 T_g 可能是一个合适的保守方法。

6.6.3.3　适用于 CMH‒17 数据提交的玻璃化转变试验方法

由如上所述的 DMA 生成的数据目前正在被 CMH‒17 考虑作为包含在第 2 卷
中的内容而予以接受。此外,除用于测量的专用设备之外,还必须包括加热速率和
频率,并必须规定由数据计算 T_g 所用的方法。若采用诸如扭转摆锤的共振方法,则
还应与数据一道包含玻璃化区域的频率。

6.6.3.4　晶体熔融温度

半晶质热塑性复合材料的晶体熔融温度(T_m)可由 DSC 或 DTA 试验获得。此
外,可以进行结晶度的估算。由于半晶质热塑性复合材料的性能可能取决于基体树
脂的结晶度,结晶度就成为重要的参数。预浸料加工成复合材料结构所需的加热可
能对结晶度以及晶体结构产生影响。

6.6.4　密度

6.6.4.1　概述

复合材料的密度对估算体积重量或进行热与动力学分析是直接有用的,并对基
于其他测量的各量,如热传导性(利用比热容和扩散系数)和空隙体积(利用纤维和
树脂密度)的推算也间接有用。这些应用将决定最佳的试验方法,而每个方法都有
不同的精度和偏差(见 2.2.4 节),使用难易程度也不同。上面最后提到的应用,确
定复合材料空隙体积,可能对确定密度的要求最迫切。为了确定空隙体积精度在
0.5% 以内或更高,必须知道复合材料和组分的密度精度大约在 $0.005\,\mathrm{g/cm^3}$($1.8 \times
10^{-4}\,\mathrm{lb/in^3}$)以内或更高。

密度能直接测量或根据分别测量的体积和质量来进行计算。按这两个途径,分
析焦点将集中在目前使用的三种主要的密度试验方法上,它们是:①用按 ASTM
D792 标准化(见文献 6.6.4.1(a)),由液体(最常用的是水)排液量得出的阿基米德
体积确定法;②用按 ASTM D1505 标准化(见文献 6.6.4.1(b)),由观测悬挂在密度

梯度柱中的测试材料的水平直接测量密度;③按用于非复合材料,但经 CMH‑17 修正的 ASTM D4892 标准化(见文献 6.6.4.1(c)),由已知数量惰性理想气体的压力变化(氦测比重法)来测量测试试件体积,如 6.6.4.4.1① 节所述。

虽然所有三个试验方法一般都能提供精确的密度值,但并没有表明氦测比重法用于确定空隙体积具有足够的精度(见 6.6.4.6 节的评估结果),尽管今后随着操作方法和仪器的改进可能会有所变化。对复合材料的典型应用,在 ASTM D792 所述并经如下修改的阿基米德方法因其低成本、相对简单和高精度(当适当地使用时)更为受到青睐。尽管同样精确,但较少采用密度梯度技术,这是由于人工成本高和生产率低(因可能要花费几小时来确定柱体达到稳定时的一个测量结果)。同时,试件在柱状的液体中的长时间暴露对后续的过程如基体的溶解可能是不期望的。每一种试验方法在下面诸节中作详细描述。

在位移技术中几乎只用液体。然而,用气体介质取代液体的方法来确定试件体积有某些优点,一个优点是使与液体表面张力相关的误差最小。气体位移法常常称为氦测比重法。当采用氦测比重法时,由测量有限量气体的压力变化来确定试验件的体积。对于测量复合材料的体积和密度,氦测比重法还不是标准试验方法,然而已经显示它是一个可行的技术(见文献 6.6.4.1(e)、(f))。由于还没有该方法用于复合材料的试验标准或指南,在 CMH‑17 试验工作组内已制订了一个试验程序,该方法已包含在 6.6.4.4.1 节之中。在由 ASTM 或另一个标准认证组织采用一个适用于复合材料的标准方法之前,这个方法将一直有效。

6.6.4.2 ASTM D792,由排液量法测量塑料密度和比重(比密度)的标准试验方法

通常用 ASTM D792 来测量复合材料的密度,这是关于塑料的 ASTM D‑20 委员会制订的标准。这个标准实际上描述测量试件体积的方法,并把该值与重量的测量值一起计算密度。获得精确的体积测量是获得可靠复合材料密度值的关键。

这个方法是基于将试件在空气中的重量与完全沉浸入一个已知密度的液体(多数为水)中的重量相比较。当用水作为介质时,为高精度加工必须除气,或是除离子或是蒸馏。必须注意成核的气泡,该气泡多半会出现在粗糙的表面例如机械加工边缘。同时,机械加工表面通常更是多孔渗水的且或许不能完全浸湿。建议要对于这些表面进行精密的详查以验明在表面空穴内没有可视的微气泡。若出现微气泡,要变换至更高级的浸润液或加入表面活性剂(例如,在每 200 mL 水中加入四滴 Cole-Palmer8790 微实验清洁溶液)以优化所得结果。

通常,试件越大,结果越好。当试件的尺寸和重量接近于零时,体积以及重量的测量限制开始影响密度值。推荐的最小测试试件是 1 g(对碳/环氧大约是 0.6 cm³(0.037 in³),对玻璃/环氧大约是 0.4 cm³(0.0024 in³))。在该尺寸试件的精加工要

---

① 作为快速、简便但精度较低的密度确定方法,读者可查阅在 ASTM D2734 试验方法 C 中所规定的千分尺技术(见文献 6.6.4.1(d))。这方法利用简单尺寸的测量而获得试件的体积,但仅在有限的特定情况中才适用于精确要求。

求天平精度为 $0.0001\,\mathrm{g}(2.2\times10^{-7}\,\mathrm{lb})$。

D792 试验方法规定试件应该放置在 (23 ± 2)℃（(73.4 ± 3.6)℉）以及 (50 ± 5)%RH 的标准实验室大气环境中至少 40h 后再实施室温试验。若正在进行的是判断差异的试验，容差是 ±1℃（±1.8℉）和 ±2%RH。对用于浸润的液体并非水的情况，温度的容差是 ±0.5℃（±0.9℉）。为了提高精度，ASTM D-30 委员会推荐将材料放入烤箱干燥至平衡以确定初始重量（见文献 6.6.4.2(a)，(b)）。

提供了两种技术：试验方法 A，利用水作为浸润液体；试验方法 B，用非水的其他液体，例如煤油。当试件比水轻，或在水中将引起试件出现物理变化，如膨胀时，常常采用试验方法 B。

ASTM 试验方法 D792 的优点和限制

选择这个方法的主要优点是实用性和精确性（当谨慎操作时），并且它是到目前为止最经常使用的方法。除了质量分析天平外，所需要的设备简单且廉价。采用审慎的技术，一般可以获得在 $\pm0.005\,\mathrm{g/cm^3}$（$\pm1.8\times10^{-4}\,\mathrm{lb/in^3}$）范围内的精度。仪器包括天平、横越天平盘子的梁、导线或单丝、烧杯、钳子、温度计、水或其他液体，以及若试件的密度小于液体可能要一些使之下沉的重量。

在花费大约一天的时间来实施该技术以能获得可重复性结果后，试验方能开始进行。采用 D792，一般每小时可以测试 4 至 6 个试件，然而，伴随着采用这个技术还存在一些冗长乏味的工作且实际的生产率是较低的。

如同这里提到的所有密度方法，要小心地进行试件制备，特别是边缘质量。在切割试件时必须小心以避免密度变化。要留心的其他问题是试件尺寸、表面浸润（某些实验人员加入微量表面活性剂到水中）、在测量期间的液体吸收和水温（真空除气将使水变冷，会稍微改变它的密度）。D792 取决于液体介质，同时要关注捕获和/或附着的气泡问题。为了优化结果，要求高浸润和脱气的液体。

6.6.4.3　ASTM D1505，利用密度—梯度法测量塑料密度的标准试验方法

ASTM D1505 明显不同于 D792，在这个方法中试件密度是直接测量的，不用计算，它通过把试件飘浮在一个装有已知变密度液体混合物的玻璃柱内的方法来确定密度。采用这个技术，只要所选液体介质对试件是惰性的，就可很好地用于复合材料试件的测试。这个试验对跟踪随时间发生物理变化的材料、检查一致性和鉴别材料是有用的。报告指出该方法较为精确，且可能比 D792 方法更为精确（见文献 6.6.4.3）。

该方法采用两个途径：一个密度逐渐增加的液柱（试验方法 A），和两个密度连续变化的液柱，其中，试验方法 B 采用密度逐渐减小的液体，而试验方法 C 采用密度逐渐增加的液体。当正确充填柱体时，梯度相当稳定和呈线性。用标定过的测定体积的量筒（液体比重瓶）来第一次近似起始液体的密度，用标定的沉入漂浮物来确定液体密度随着柱体高度的线性变化。通过记录试件漂浮位置的水平，试件的密度可能与在该高度液柱的已知密度相比较而获得。这个试验的正确性和精确度是由沉入漂浮物随着柱状液体与高度的密度线性变化来确立的。

ASTM D1505 的优点和限制

市场上购买用于这个方法的设备要几千美元。这里包括各色俱全的柱状液体和漂浮物。因此为了节约,可以利用标准实验室的玻璃器皿和元器件来组装设备,但是在能进行试验之前,预期要在机械加工和装配上花费时间。

充填柱体以达到线性梯度的方法最好用"巧妙"来描述,预计要投入几天至一周时间来学习该方法。柱体的灵敏度由试验人员控制,一个熟练试验人员能调整柱体精度在 $0.001(\mathrm{g/cm^3})/\mathrm{cm}(9.2\times10^{-5}(\mathrm{lb/in^3})/\mathrm{in})$ 范围之内。能够调高或调低柱体的灵敏度以便与试验的需求相匹配,灵敏度依据起始液体的密度差来确立。

一旦柱体准备完毕,应该用镊子在顶部仔细地将试件放入。为了防止气泡附着试件,在旁边放置少量的液体混合物有助于预先浸润试件。如同 D792,若出现气泡,通过玻璃和透明的液体通常能够看到它们,尽管在 D1505 方法中要矫正这种情况没有很多能做的工作,一旦试件被浸入,很难重新得到不遭受破坏的梯度。

D1505 试验本身就是要花费时间的。填充柱体必须缓慢和谨慎地进行以保持梯度,且一般要花费几个小时。一旦试件被浸入,使试件停留于柱体中的平衡高度要花费时间。若需要测量许多试件,一个柱体不可能处理所有试件,于是将不得不设置几个梯度柱体,还要考虑破碎和重新充填的需要。

当采用这里提到的所有密度方法时,在切割试件时必须仔细操作以避免密度变化。与采用液体介质相关的问题与上面 6.6.4.2 节最后一段对于 D792 所提到的内容相同。

6.6.4.4 采用氦测比重法测定复合材料的密度

在电子和自动控制方面技术的发展,已经有可能用气体取代液体来精确和可靠地确定复合材料(以及纤维和基体树脂)体积。氦测比重法是一种用于测量所有类型固体体积的方法,它包括粉末及开孔和闭孔材料。使这种适应性成为可能是因为所用的介质是一种理想的惰性气体,通常是能渗透到极小孔洞中的氦气。最常推荐的气体是高纯度氦气,因为它是完全惰性的。高纯度的氮气是氦气的好替代品。

氦测比重法不是一个新技术。在 ASTM 的试验标准中采用液体和气体的比重瓶已有多年,然而,最近,氦比重瓶已复杂得足以用于精确确定体积。1989 年,ASTM 采纳了 D4892 标准(参见 6.6.4.4 节),该标准用氦比重瓶确定非复合材料的体积/密度精确到三位数。

对采用氦测比重法测定复合材料密度产生兴趣来自于它在准确性和精度两方面均可能与 D1505 相当,而且与 D792 相比在相同的时间内具有更高的效率和更易于使用。使用气体介质的另一个明显的优点是它确保渗入表面小孔的重现性。用液体介质时,实验者没法知道有多少百分比的表面孔未被充填。

氦测比重法利用波义耳(Boyle)定律测量固态物体的体积,该定律指出密闭气体体积的降低与压力增加成正比。氦气和双原子的氮气两者均可使用,这是因为在室温下它们具有理想气体的特性。氦测比重法通过对两个经标定的已知体积进行两次精密的压力测量来利用这一特性。它们是容器体积和容器体积加上通常称为"附加体积"的较小的膨胀体积。测量第一个压力是利用密闭在放置了试验材料的主测量容器的所有气体。在这个压力值确定后,打开阀门将主容器和膨胀容器连接在一起,从而记录了第二个较低的压力。采用理想气体定律,利用下面 6.6.4.4.1 节中的方程即可确定主容器中所测试材料的体积。

氦测比重方法的优点和限制

使用气体介质的明显优点是它保证渗入表面小孔的重现性,用液体介质时实验者没法知道有多少百分比的表面孔未被充填。

当试样体积与试验容器体积之比(V_s/V_c)较低时,这个方法的精度开始降低。试验表明,若这个比值接近 30% 或更高,比重瓶将接近它的最佳性能(见文献 6.6.4.1(e),(f)),这并不是说,当比值低于 30% 时不能获得有用数据。对于低于 1% 的低比值精度和偏差仍然是相当有用的(见文献 6.6.4.1(e),(f))。由所需的精度来确定具体试验所需的比值,例如,要一位有效数字,则对 V_s/V_c 就没有限制;然而,若需要三位有效数字,则比值 V_s/V_c 变得十分重要且该值应等于或大于 0.3。

气体的压力对温度很敏感。要进行试验来检测测量容器内的温度波动。已经发现,不论采用何种容器体积,不论新鲜氦气是如何以常值流入和膨胀,测量容器的内部温度都是极为稳定的(见文献 6.6.4.1(f))。

在插入测量容器时,试验件的形状可能会引起某些问题。现在市场上销售的比重器通常是圆柱形的,若测试试件被限为某些矩形形状,由于几何不相容性,充填的体积可能很难大于容器体积的 30%。市场上可提供的比重器就是如此,这是因为尽管可以用任何固体物体工作,但它们是为最常见的粉末应用而设计的。这个问题可通过切割复合材料试件以适应容器几何形状来矫正,例如叠层盘形试件。

如在这项工作中所用的高质量氦比重器,是基本费用在 10 000 美元量级的复杂分析仪器。类似于实验室分析天秤,一旦购买该仪器,除了要花几天时间来熟悉设备和操作过程以外,试验时不需要太多的花费。

因为比重器是自动化的,不需要花费很多体力。除了试样制备和吸湿浸润,实验者仅需要在每次运行后换一下试件。一旦运行,比重瓶以每小时 20~30 个测量值的速度来搜集数据。自动化的一个重要方面是它极大地降低了由于操作者之间的技术和"技艺"所引入的试验结果的差异。

当采用这里提到的所有密度方法时,必须小心切割试件以避免引起密度改变。

6.6.4.4.1　用于确定复合材料密度的氦测比重试验方法

氦测比重法还不是正式承认的测量复合材料密度的方法。由于尚不存在这个方法的试验标准或指南,这里给出了方法的指南。在采用标准试验方法以前,这个方法一直有效。

背景

固体物体的体积和密度利用波义耳定律来测定,该定律指出密闭气体体积的降低与压力增加成正比。氦气和双原子的氮气两者在室温下都具有理想气体的性能。正如上面注意到的,氦测比重法通过对两个已知体积进行两个压力的精密测量来利用这一特点,它们是容器体积和容器体积加上通常称为"附加体积"的较小的膨胀体积。用于计算测试试件体积的方程是

$$V_s = V_c + \frac{V_a}{1-(P_1/P_2)} \qquad (6.6.4.4.1)$$

式中:V_s 为试件体积;V_c 为事先标定的空试件容器体积;V_a 为事先标定的附加体积;P_1 为当所有气体被密闭在主容器时的压力;P_2 为当气体充填到两个容器时的第二压力。

在比重器运行前,利用体积标定标准对 V_c 和 V_a 进行标定。所做的假设为容器的温度是常值、两个容器的体积是常值以及所用气体的摩尔质量是常数。利用分析天平测得测试材料的重量并提供给比重器以获得试件的密度。

试验表明,当 V_s/V_c 比值接近 30% 或更高时,比重器将接近于它的最佳性能。这并不是说当比值低于 30% 时不能获得可靠的数据,但性能开始有所降低。

重要的是,注意到气体介质保证能充填最细小的表面小孔,而由于表面张力,其他液体沉浸方法也可能做到,也可能做不到,在进行比较时,要记住这一点。当表面小孔未被充填时,密度数据会偏低。因此,与氦测比重法所得的数据相比,液体沉浸方法可能获得稍微偏低的密度值。该密度偏差会不会引起关注,则取决于表面孔的数量以及液体与复合材料之间浸湿情况。

设备

氦比重器(在 ASTM D4892 的脚注 4 中规定的比重器,在这里是可接受的);体积标定标准;带有调压阀的高纯度氦气或氮气瓶;分析天平;干燥器;一次性的塑料手套或镊子(用于移动试件)。

试件制备

由试件的切割过程所产生的热和压力能局部改变试件密度。复合材料试件应该用细砂纸磨光,并且擦去任何残存松散的灰尘。试件形状与试验无关,但为了保证有足够的材料进入测量容器,要求考虑试件的几何形状。对于圆柱形容器,推荐的形状是比容器直径小 2.0 mm(0.080 in)的圆形试件。试件的直径可以更大些,但不能太大以至存在挤压容器壁的危险。这些盘状试件应摞起放置以便尽可能多地填入容器。若可以接受较低的精度,就不需要考虑容器体积被充填的百分比(除非试件体积特别小),即使当 V_s/V_c 接近 1% 时也会得到有用的结果(见文献 6.6.4.1(e),(f))。

程序

(1) 按 ASTM D618"吸湿浸润用于试验的塑料和电子绝缘材料"对测试试件进行预吸湿浸润(见文献 6.6.4.4.1(a)),或为了提高精度,按文献 6.6.4.2(a)的建议和文献 6.6.4.2(b)所述内容,将试件放入干燥平衡箱。将试件储存在 23℃

(73.4°F)下的干燥器中直至将它们准备好以进行试验。

（2）通常，按制造商的使用说明书确定复合材料的密度。这里给出有关试验步骤的列表和评述意见。

- 将氦气（或氮气）气源经减压阀连接到比重器的气体入口。

- 用电缆把打印机和计算机（若已装备）连到比重器的输出接口。

- 比重器电源打开后，将它加热至平衡工作温度，该温度一般高于大气环境温度 2～3℃（3.6～5.4°F）。

- 若比重器还未标定，按用户手册规定的标定程序操作。比重器应该一次次重复标定，特别是，若大气环境温度有明显改变或有波动的情况。比重器可达到与标定它用的标定标准一样的精度。要确认所用的标准满足适当的规范。若对标准的精确性存在怀疑，利用一个试验，如 D792 进行现场验查。可以通过国家标准和技术研究院获得经认证的标准（见文献 6.6.4.4.1(b)）。

- 一旦标定，比重器就可以运行。移去密封盖，打开主容器至大气环境空气之中。将预先称重的测试试件放入容器，把盖子放回原处并开始运行。在测量开始前，比重器一般用氦气来自身净化几分钟。这用于两个目的：确保仅有氦气在容器内和从试件表面带走剩余水汽。此时，实际测量开始运行。

- 若比重器是自动控制的，它将对相同试件进行重复运行达到预先选定的次数，完成后，将打印包括相关标准差的平均体积和密度的测试汇总表。若需要，自动化设备将把原始数据输到个人电脑上。一旦输送完毕，比重器便可重复进行测量循环。

- 更换试件，重新密封测量容器并开始新的运行。若环境温度稳定，可以连续使用而不需重新标定。

6.6.4.5　氦测比重法实验结果的概述

测试了一个高质量的氦比重器（Quantachrome Ultrapycnometer 1000）以确定其作为测量复合材料体积/密度设备的能力。作为这个试验的结果，可得出以下结论（对所有的结论，可参见文献 6.6.4.1(e)、(f)）：

- 对所用试件体积值，D792 方法更为精确，与鉴定值的最大偏差为 $0.003\,\text{g/cm}^3$（$1.1\times10^{-4}\,\text{lb/in}^3$）。大多数情况，数据在 NIST 标准的 $0.001\,\text{g/cm}^3$（$3.6\times10^{-5}\,\text{lb/in}^3$）范围内变化。

- 在测量容器充填 30% 以上的情况下，比重器数据最大偏差为 $0.003\,\text{g/cm}^3$（$1.1\times10^{-4}\,\text{lb/in}^3$）。大多数情况，数据在标准的 $0.002\,\text{g/cm}^3$（$7.2\times10^{-5}\,\text{lb/in}^3$）范围内变化。在充填 30% 以下的情况下，最大偏差为 $0.015\,\text{g/cm}^3$（$5.4\times10^{-4}\,\text{lb/in}^3$）并且随着 V_s/V_c 的下降精度明显降低。

- 两种技术的标准差是相当的，并与比重器的数据紧密相关，显示出对所有数据点更为严密或具有相等的值。氦比重器的标准差一般为 0.000 2～

$0.0008\,g/cm^3$ $(7 \times 10^{-7} \sim 2.9 \times 10^{-6}\,lb/in^3)$ 时，D792 方法的标准偏差为 $0.001\,g/cm^3$ $(3.6 \times 10^{-5}\,lb/in^3)$。由比重器记录的最大标准偏差为 $0.003\,g/cm^3$ $(1.1 \times 10^{-4}\,lb/in^3)$，在两个实例中记录的 D792 方法的最大标准偏差为 $0.004\,g/cm^3$ $(1.4 \times 10^{-4}\,lb/in^3)$。

气体和液体介质的一个差别是气体对温度变化更敏感。由于这种情况会引起错误的低压记录，最初要关注冷氦气的周期流入和氦气膨胀引起的进一步冷却。试验表明，在试样容器中的热环境极为稳定，其最恶劣的氦气温度情况复原时间是 9s。能达到的最恶劣情况最大偏差值是 $-2.1\,°C$ $(-3.8\,°F)$，它发生在膨胀后的 $50\,ms$ 之内。从该数据所得到的结论是，气体膨胀不是一个问题，因为试样容器的热质量使得氦气很快被重新加热。更进一步，气体膨胀情况的 200 次重复显示温度恢复曲线没有改变或容器温度对于时间的曲线没有任何下降，这就表明，试样容器具有充足的热容量以维持无限期的稳定温度环境。

6.6.4.6　提交 CMH‐17 数据适用的密度试验方法

由下述试验方法生成的数据目前正在被 CMH‐17 考虑作为包含在第 2 卷中的内容而予以接受。

表 6.6.4.6　提交 CMH‐17 数据适用的密度试验方法

性能	符号	正式批准、临时和筛选数据	仅为筛选数据
密度	ρ	D792，D1505，6.4.4.4.1*	D2734C

注：* 当该方法用于生成随后要确定复合材料空隙体积的数据时，测试试件必须至少占有试验容器体积的 30%。

6.6.5　固化后单层厚度

注意：在这里的所有讨论中，术语"固化后"指的是充分加工后的状态。对热固性材料，它表示化学固化的意思。对热塑性材料，它表示充分压固后的状态。

6.6.5.1　概述

在硬件使用中，从重量和尺寸一致性（相适应）观点，复合材料零件的厚度是一个重要的性能。零件的厚度由铺层的层数、现存的基体树脂数量（树脂含量）、增强纤维的数量（纤维体积）和孔洞的数量（空隙体积）所控制。在树脂转移模塑（RTM）情况，模具的尺寸规定了厚度（通过控制树脂含量）。若假设在结构内各层的树脂、纤维和空隙的量不改变，则每层的厚度乘以层数代表了零件的厚度。实际上，树脂、纤维和空隙的比例从一层到另一层可能有些变化，这个变化的数值很大程度上随工艺参数而改变。例如，在固化期间的表面渗出可能使外层比内层树脂含量要低，这取决于树脂在零件厚度方向的流动性。然而，一般而言，固化后单层平均厚度乘以层数能合理地估算零件厚度。

由于试验板用层压板一般是按模拟生产零件工艺的方式进行加工，也可用板件固化后的单层厚度估算零件的厚度。此外，在计算纤维体积和随后的力学试验数据的正则化时也可用试验板件固化后的单层厚度(关于正则化见 2.4.2 节)。

确定固化后单层厚度一般包括在几个部位测量层压板(板件或零件)厚度、取厚度的平均值并除以铺层中的层数。层压板厚度可用直接(采用仪器,例如千分尺)或间接(用超声波仪器)方法进行测量。以下的 6.6.5.2 节和 6.6.5.3 节将简要地讨论测量层压板厚度的直接和间接方法的应用。6.6.5.4 节讨论 SRM 10R‑94,它是目前仅有的测量固化后单层厚度的标准。

6.6.5.2 利用直接方法测量厚度

一般用深喉千分尺测量层压板表面不同部位的厚度,虽然这是一个相当直接的方法,但还是有几个问题要考虑。

首先是有关板或零件尺寸和形状的问题。若要测量的层压板很长很宽,千分尺可能无法深入至内部。这个问题可以用悬挂在刚性构架上的刻度盘指示器或类似装置来克服,但通常要牺牲精度。同时,若层压板有曲率,千分尺的测爪可能妨碍测量头使其无法达到层压板表面。另一个重要的问题是层压板表面的纹理。关于这个问题的详细讨论读者可参考 6.4.2 节。若层压板的尺寸和形状不存在问题,球形面的千分尺提供了一个直接测量厚度的低成本精确方法。

6.6.5.3 利用间接方法测量厚度

可用脉冲反射式超声设备测量层压板的厚度。这个技术利用了这样一个事实,即声波可以直接穿透层压板而从其背面反射且传播的时间可被测量。若由已知厚度的测试试件来确定通过层压板材料的声速,于是可以计算未知的层压板厚度。ASTM E797(见文献 6.6.5.3(a))描述了这个方法的实施过程,但并不包括有关复合材料层压板测量的详细信息或细节。

应用超声方法的一个优点是仅要求接近一个表面。这点对测量封闭结构蒙皮厚度,或不可能用千分尺测量的大层压板厚度很重要。然而,其缺点也很显然。第一,相对其他选择,所需设备可能很昂贵。第二,必须在已知厚度的试件中进行标定。由于声速对每个材料都不同,对每个要试验的特定材料都必须进行标定。进一步的复杂问题是速度受层压板内纤维与基体树脂比例的影响,事实上,SACMA 方法 SRM 24R‑94(见文献 6.6.5.3(b))利用这个特性来估计预浸料的树脂含量。第三,如前面在 6.6.5.2 节中所讨论的,表面纹理也是一个问题。

因为存在明显的不足,能用千分尺和类似设备可直接测量之处就不推荐这个测量方法。

6.6.5.4 SRM 10R‑94,对铺层层压板的纤维体积、树脂体积百分比和计算的平均固化后单层厚度的 SACMA 推荐方法

这方法有关固化后单层厚度部分(见文献 6.6.5.4)规定要用球面千分尺在层压板表面上至少 10 处取出厚度读数,建议不要从接近边缘 25mm(1in)处取读数,计算层压板的平均厚度再除以层数以获得固化后单层平均厚度。该方法建议,若层压板厚度变化超过 0.2mm(0.008in),可再细分层压板以进行纤维体积的计算。这间接

地认为,不应在这种情况下计算得到单个固化后的单层厚度。

6.6.5.5 提交 CMH‑17 数据适用的固化后单层厚度的试验方法

当提交数据到 CMH‑17 考虑作为包含在第二卷中的内容时,满足 SRM10R‑94 要求的方法是可接受的。此外,可以用从板件得到的测试试件的测量厚度来计算固化后单层厚度,只要至少有 10 个分布在整个板件上的试件(使得与 SRM 10R‑94 相当)。

6.6.6 纤维体积(V_f)含量

6.6.6.1 引言

固化聚合物基复合材料纤维体积(用分数或百分数表示)通常由基体溶解、烧蚀、面积重量和图像分析方法获得。通常这些方法用于由多数材料形式和工艺所制造的层压板,但对于长丝缠绕材料或其他不能构成离散层形式的材料不能使用面积重量方法。每个方法有各自的长处和缺点。其他较少使用的方法将不作讨论。

6.6.6.2 基体溶解

基体溶解方法包含在 ASTM D3171"由基体溶解获得树脂基复合材料的纤维含量"(见文献 6.6.6.2)之中。这个技术基于用不伤害增强纤维的适当液体进行基体的溶解。取决于树脂,可采用三种不同的方法:方法 A,浓缩硝酸;方法 B,硫酸和过氧化氢的混合物;方法 C,乙烯乙二醇和氢氧化钾的混合物。例如,一般来说,所有三个方法对环氧都适用。尽管方法 B 对韧性体系更适用,但方法 B 比方法 A 对一些纤维类型的伤害更为严重。方法 B 对双马、聚酰亚胺和热塑性材料通常都适用。方法 A 和 B 两者对于芳纶纤维均会产生伤害,因此,对于芳纶纤维复合材料最好选用方法 C。

可能的误差原因:

- 若纤维被溶解液体严重伤害,试验结果将有误差。建议测试仅有纤维的受控试样以确定在试验期间纤维的质量变化,从而来验证该方法。
- 一些韧性树脂体系具有添加剂,例如弹性体或热塑性材料。若这些添加剂不被溶解液体溶解,它们可能附着到纤维上引起错误的结果。
- 树脂的不完全溶解。
- 试样的尺寸必须足够大以便被精确地表征和称重。
- 精确度依赖于密度测量的精确性。

6.6.6.3 烧蚀

烧蚀方法在标准试验方法 ASTM D2584"固化增强树脂的烧蚀"(见文献 6.6.6.3)中描述。该技术确定了固化聚合物基体复合材料的烧蚀,该烧蚀可认为是树脂质量。对已称重的试件加热至树脂基体被氧化和转变为挥发物质。在除去残留灰烬后,再称残留物(增强纤维)重量并计算损失百分比。需要纤维密度和复合材料密度(至三位有效数字)来计算纤维体积。

可能的误差原因：

- 在这样的试验条件下,若纤维重量增加或减少,结果将是有误的(为此,这方法不适用于芳纶纤维而对于碳纤维则要求进行专门的温度控制)。
- 若存在填充物,必须与树脂一起被氧化。
- 在试验期间树脂(及填充物,若存在的话)分解不完全。
- 任何挥发物如水分、残余溶剂等将引起误差,除非它们少到可以忽略。
- 若试样加热太快,可能出现不燃残留物(纤维)的机械损耗,从而引起错误的结果。

6.6.6.4　面积重量/厚度

在 6.6.6.2 节和 6.6.6.3 节中讨论了确定纤维体积的方法,该方法是通过化学或热的方法破坏性地把纤维从基体中分离,测量在试样中纤维的质量,从而来确定纤维体积。正如 2.4.3 节中有关正则化的讨论,对纤维面积重量和纤维密度的给定值,存在着层压板(或试件)厚度和纤维体积两者间的关系。这个事实提供了另一个无损确定纤维体积方法的基础。

一般来说,该方法包括测量层压板或试件的厚度,并利用测量的厚度、层压板的层数和先前确定的纤维面积重量和纤维密度来计算纤维体积。采用方程(6.6.6.4(a))或等效的形式。

$$V_{\mathrm{f}} = \frac{FAW \times n}{t \times \rho_{\mathrm{f}}} \times k \qquad (6.6.6.4(\mathrm{a}))$$

式中：V_{f} 为纤维体积含量；FAW 为纤维面积重量(每层单位面积的质量)；n 为在层压板中的层数；ρ_{f} 为增强纤维的密度；k 为单位变换系数(若需要的话)。

计算的纤维体积是增强纤维对总体积的贡献。尽管空隙含量确实对层压板厚度(因而纤维体积)有影响,但它却不是在计算中的一个系数,这是由于它对总体积的贡献与树脂或任何其他非增强组分的贡献方式是相同的。由于计算需要层数,这方法仅适用于能确定纤维面积重量、有明显层的材料形式。

这个一般性的方法以文件形式记录在 SRM 10R - 94(见文献 6.6.6.4(a))中,它参考了 SACMA 推荐的其他确定纤维面积重量和纤维密度的方法。由这个方法所定义的试件是层压板件,但其概念可扩展到单个的测试试件或使用的零件。这方法注意到,用于纤维体积计算的纤维面积重量和纤维密度必须能代表所评估的试样(板件、试件或零件)。这是重要的一点。虽然树脂含量一般可能是影响纤维体积的主要因素,但纤维面积重量和纤维密度也对这个方法的精确性有重要影响。在计算中不应使用这些参数的"典型"或"数据页"值。SRM 10R - 94 推荐,至少要用各个预浸料卷的纤维面积重量和批次平均纤维密度。若精心测量了厚度(见文献 6.6.5)和采用了适当的纤维面积重量和纤维密度值,这个方法能达到相当的精确度,该方法可能比严重依赖于实验室技术的破坏性方法更为可靠。

对某些类型的试件,厚度测量的精确性可能不足以得出精确的纤维体积。特别是,非常薄的试件无法取得三位有效数字的精度。此外,对于具有不规则表面的试件,不可能可靠地测量厚度。作为直接测量试件厚度方法的替代,可利用方程(6.6.6.4(b))来计算:

$$t_c = \frac{M}{A \times \rho_c} \qquad (6.6.6.4(b))$$

式中:t_c 为计算的层压板(或试件)的平均厚度;M 为试件的质量;A 为试件的表面面积;ρ_c 为测得的复合材料试件密度。

联立方程(6.6.6.4(a))和方程(6.6.6.4(b))则给出下述借助于层压板试件质量、密度和面积表示的纤维体积含量表达式:

$$V_f = \frac{FAW \times A \times \rho_c \times n}{M \times \rho_f} \times k \qquad (6.6.6.4(c))$$

当质量以 g,FAW 以 g/m² ,密度以 g/cm³ 和面积以 in² 为单位时,$k = 1/1550$。

由于这个方法的变异性,试件必须从层压板或零件中截取,要使得它的边缘被干净地切割而没有任何碎屑。理想的试件应该是矩形,使得可从试件的长和宽来计算面积。若可能的话,试件应在至少离开任何层压板(零件)的边缘 25.4 mm(1 in)处被切割,以使得由于纤维损伤所引起的边缘效应最小。由具有适当精度的天平来称重以获得试件质量,并用阿基米德或其他适当的方法来测量密度(见本卷 6.6.4 节)。在文献 6.6.6.4(b)中可得到更详尽的细节。

可能的误差原因:

- 采用不适当的测量设备引起在测量厚度上的不精确,特别是有纹理的表面(见 6.4.2 节)。
- 在切割试件时引起的边缘损伤或由于测量设备或技术的不适当产生的表面积计算(这方法中的面积变化)不精确,特别是对于形状不规则的试件。
- 试件上所测量的厚度变化太大(在该情况中计算的平均纤维体积不代表试件的所有区域)。
- 在固化期间纤维严重受损(展开)(与预浸料的测量值相比,它使试件中的纤维面积重量明显降低)。
- 采用不能代表试件中纤维的纤维面积重量和/或纤维密度值。

6.6.6.5　用图像分析法确定纤维体积

6.6.6.5.1　背景

图像分析方法提供了一个测量纤维体积的技术,该技术不产生废弃的化学物,并同时提供了关于空隙体积在层压板的方位和沿厚度方向纤维分布的信息。这个技术的基本假设是,对纤维在随机横截面上的二维分布的评估代表了体积纤维分布。这个假设对于常截面纤维有效,例如在单向带层压板中可以发现这种情况,但对于机织层压板无效。这个技术对聚合物基体中的碳纤维,以及对具有适当反差的其他纤维/基体组合很适用。对于诸如玻璃纤维等情况,它不能被很好地使用,这是由于在玻璃纤维和周围基体间的低反差使得很难精确测量。这种评估还没有工业界的标准试验方法。因此,本节将概括地叙述该方法。图像分析法的计算机软件有商业供货。

6.6.6.5.2　设备

该技术需要使用金相学试件制备设备、至少 400 倍放大倍数并具有将图像转化为数字照相机功能的反射光显微镜、带有图像采集卡和图像分析软件的计算机。虽然具有自动图像采集系统,这个分析工作也可由手动的试件平移和聚焦来完成。使用软件宏能减少纤维体积测量过程所要求的时间,宏允许使用者自动操作重复的软件指令。

6.6.6.5.3　试件制备

用标准的金相技术来制备一小段层压板。典型的试样边长为 2 cm(3/4 in)。横截面沿层压板的厚度方向截取。横截面相对于层压板的方位取决于所要评估的层压板内纤维的方向。能用图像分析技术评估铺层方位从 0°到约 60°的层压板的纤维体积。在铺设角大于 60°以上的情况下,纤维边缘的清晰度由于表面下的纤维而变得扭曲。若要评估的是 0/90 铺设的层压板,可以将层压板在 45°方向截取,以便能评估所有层的纤维体积。若要测量 0/±60 层压板的纤维体积,横截面可沿 0°方位,以便能够评估所有的层。

抛光试件的表面应该展现纤维和基体之间清晰的轮廓。应该在尽可能高的放大倍数下进行纤维体积测量,这在某种程度上取决于被检测的纤维,但对于大多数纤维应使用的放大倍数至少在 400～1 000 倍,以便在观察的视场中能得到 30～100 根纤维。当进行面积测量时,在分析中可包含部分纤维。若要确定各个纤维的面积,这是不现实的。一个典型的图像如图 6.6.6.5.3所示。

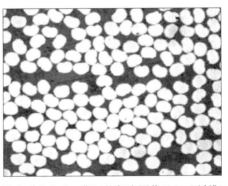

图 6.6.6.5.3　典型的灰度图像(M55J 纤维)

6.6.6.5.4　图像分析

纤维体积图像分析技术的目的是区别纤维和基体。将图像采集为亮度色标,用亮度门槛值来选择纤维和基体之间的轮廓点,通过评定如图 6.6.6.5.4(a)所示图像的直方图的值来确定门槛值水平。一般来说,一旦对给定的横截面选定了门槛值,当采集了该试件另外的图像时,该门槛值不必再改变。在采集图像以确认门槛值水平准确性时,显示直方图是一个好的作法。用门槛值水平来将灰度图像转变成双色图像[见图 6.6.6.5.4(b)],在该图中纤维不是黑色就是白色而基体则是相反(白色或黑色)。计算机将计算黑色和白色像素的数目,纤维像素与图像中像素总数之比就是纤维体积。

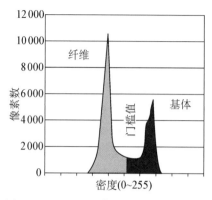

图 6.6.6.5.4(a)　典型的亮度色标纤维
和基体分布的直方图

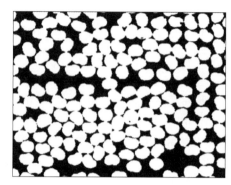

图 6.6.6.5.4(b)　双色纤维图像

当自动控制的图像系统可被程序化以分析整个横截面时,这可能需要多达1000幅图像。利用20~50试样由手工操作系统即能获得精确的结果。试验显示,在纤维/树脂均匀分布处,只需 20 个试样,平均纤维体积值就可收敛至常值。手工采样应分布遍及整个横截面。

单个画面分析的典型步骤为:

(1) 放置试件。(人工/自动移动放置试件的台面)

(2) 显微镜聚焦。(在较老的计算机上人工聚焦要使用实时监控器,而较新的计算机具有足够快的采集速率而不必使用监控器。)

(3) 采集图像。(用于测量纤维体积的图像可以是单个画面或是多个画面的平均。集成几个图像能弥补一个图像的低发光度。考察直方图将指出图像是否适于评定。)

(4) 鉴别对应于纤维的像素。(应该检查直方图以保证所选择的门槛值是正确的。)

(5) 生成双色图。(高于门槛值的像素将是黑的,而小于门槛值的像素将是白的。)

(6) 计算白色和黑色像素的数量。(一般来说,只需得到一种颜色的数量。在画面中像素的总数保持常值,这样对于给定的图像,纤维像素的数目就是全部所需记录的。)

进行纤维体积测量所要求的时间可以通过采用在图像分析程序内的宏而加快速度。在显微镜聚焦后(步骤2),通过对于启动采集序列的一次键击可以将宏启动(步骤 3 至步骤 6)。可以显示直方图,使操作者能够检验所选的门槛值是否合适。某些图像软件程序具有自动控制的门槛值运算。

6.6.6.5.5　误差源

● 聚焦不好或不清洁的透镜可能扭曲图像,从而将给出不准确的结果。

● 低劣横截面的金相制备技术使得难于得到精确的门槛值。

● 放大倍数不够将导致纤维糟糕的清晰度。

● 显微镜光线不足或空白场图像的不正确使用将使亮度分布发生畸变。照亮表面的白炽灯泡中的灯丝可能不均匀,使试件表面光亮度分布不均匀,从而得到发生畸变的直方图。这个问题可以通过创建一个从获得的图像中减去的空白场图像而得到修正。空白场可以将显微镜聚焦稍差或聚焦于抛光的放置材料表面清洁区域来得到。图 6.6.6.5.5(a)和(b)阐明了这个修正。

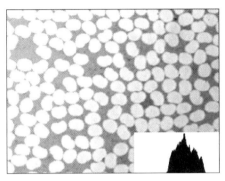 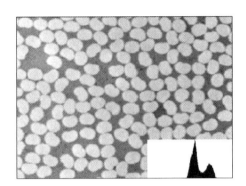

图 6.6.6.5.5(a)　具有照明度变化的横截面　　图 6.6.6.5.5(b)　用空白场补偿的照明度变的亮度色标图像和直方图　　　　　　　　　　　　　　　化的亮度色标图像

6.6.7　空隙体积(V_v)含量

6.6.7.1　引言

增加复合材料的空隙体积(以分数或百分数来表示)可能对其力学性能起着负面的作用。固化聚合物基复合材料的空隙体积可以通过溶解和图像分析评定来获得。溶解评估法采用组分含量和密度数据来计算体积空隙含量。图像分析估算由显微图的方法而获得。

6.6.7.2　溶解评估法

确定空隙含量最普通的试验方法在 ASTM D2734"用于增强塑料空隙含量的试验方法"中描述(见文献 6.6.7.2)。利用层压板内树脂和纤维质量分数(见6.6.6 节),连同层压板(见 6.6.4 节)、纤维(见 3.3.2 节)和树脂(见 4.5.5 节)的密度来计算空隙体积含量。(纤维和树脂密度通常从材料供应商获得)。

这个方法对于密度和组分质量分数的变化很敏感,因此重要的是,要使用代表被测试样内组分密度的纤维和树脂密度,且精确到三位有效数字。偶然情况下,可能计算出负的空隙含量,试验的精度在±0.5％的量级,因此,在−0.5％～0 之间的计算值一般可认为是零。对较大的负值,应对在技术上和方法上可能的错误进行研究。应注意到,试样的位置和尺寸要能代表材料,并且要足够大以使试验误差最小。

可能的误差原因:
- 若试样未经精确切割,体积测量可能不准确。
- 若试样在密度确定前未经干燥,层压板密度可能不准确。
- 若确定的密度值少于三位有效数字,空隙体积可能不准确。

6.6.7.3 利用图像分析确定空隙体积

6.6.7.3.1 背景

在 6.6.6.5 节中所述的图像分析技术也能用于确定空隙体积百分数。这个技术假设,孔隙率在整个层压板内基本上是相同的,因此,随机的横截面就能成为一个精确的代表。若出现明显的线性(沿纤维长度)孔隙率,这个假设是不正确的。一个典型的亮度色标图像如图 6.6.7.3.1(a)所示。

空隙体积测量包括采用三个峰值来代替两个峰值的直方图如图 6.6.7.3.1(b)所示。第一个峰值代表纤维,第二个峰值代表基体(树脂),而第三个峰值代表空隙。然后利用三种颜色来表示直方图的区域(白色、灰色和黑色,或由使用者选择的其他颜色)。然后按 6.6.6.5 节中所述,用所测每个颜色的面积对总测量面积之比,来进行面积百分比的测定。这里假设在三个面积之间存在着适当的对比度。

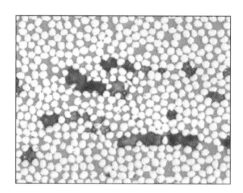

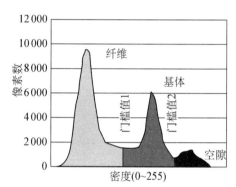

图 6.6.7.3.1(a) 取自 400 倍下含空隙层压板的典型亮度色标图像

图 6.6.7.3.1(b) 图 6.6.7.3.1(a)所示图像的亮度分布直方图

设备和试件制备与 6.6.6.5 节中所述相同。当仅测量空隙体积或当空隙分布不均匀时,可以用较低的 100~200 倍的放大倍数。图像分析也与 6.6.6.5 节中所述相同。

6.6.7.3.2 误差源

● 在空隙体积测量中非均匀空隙分布可能导致重大误差。图 6.6.7.3.2(a)和图 6.6.7.3.2(c)表示在图 6.6.7.3.1(a)中所示的空隙周围的面积。图 6.6.7.3.2(b)和图 6.6.7.3.2(d)分别是反映图 6.6.7.3.2(a)和图 6.6.7.3.2(c)的直方图。在横截面上空隙分布是不均匀的,因此测得的空隙体积随放大倍数降低而减少。利用 400,200,100 倍放大倍数所获得的单个图像,得出的空隙体积分别是 7.71%,2.17% 和 0.78%。当 100× 图像几乎包含了层压板的整个厚度时,从这个图像所测得的空隙体积是最精确的。对于更厚的层压板,100 倍的放大倍数仅为层压板厚度的一部分。纤维体积测量精度也随着放大倍数的下降而降低。在较低放大倍数下进行的空隙体积测量比用其进行纤维体积测量具有更高的精度。

● 在离散相中的基体变体(热塑性韧化粒子)可能会与空隙混淆。

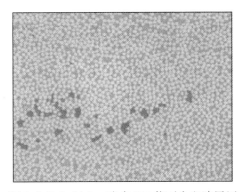

图 6.6.7.3.2(a)　取自 200 倍下含空隙层压板的典型亮度色标图像

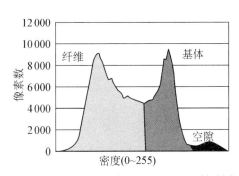

图 6.6.7.3.2(b)　图 6.6.7.3.2(a)所示图像的亮度分布直方图

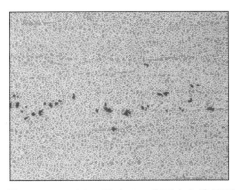

图 6.6.7.3.2(c)　取自 100 倍下含空隙层压板的典型亮度色标图像

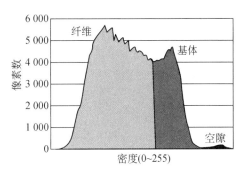

图 6.6.7.3.2(d)　图 6.6.7.3.2(c)所示图像的亮度分布直方图

● 便用的放大倍数越低,有效像素尺寸越小。

6.6.8　湿扩散系数

沿厚度方向的湿气/液体扩散系数:D_3 或 D_z

湿气/液体平衡含量:M_m

面内湿气/液体扩散系数:D_1, D_2 或 D_x, D_y

许多聚合物材料吸收湿气,虽然以不同的数量和不同的速度。在潮湿空气中最为广泛地遇到湿气,但吸湿也在水(和盐水)的沉浸中明显地见到。液体暴露的其他形式,例如液压油或发动机燃油或甚至(如在生物医学应用中)体液,在某些应用的使用期中也可能遇到,它们都被认为是潮湿问题而适用于这个讨论[①]的目的。

---

① 存在着术语"湿气"的几个可能定义。它已被用于表示液体蒸气,它的冷凝物,甚至大量的大多数液体本身。在这些形式的一种或更多种中,它已经被限于水本身,或应用于其他液体。尽管术语"液体"对本节涉及的内容是有值得商榷的更为精确的术语,但术语"湿气"被保留作为一般性用法,这主要是由于在讨论这些问题中历史上强调和术语的用法。例如用于描述吸收液体平衡含量的字母"M"是取自"Moisture"的字头。所以,为达到便于该讨论的目的,扩展湿气定义到所有吸收的液体。

最通常采用的湿扩散模型,并为许多材料证明遵循得相当好的模型,是 Fick 扩散。这个模型的一维例子(与湿气浓度无关的扩散系数)如下所示;它直接地类似于更为普遍研究的热扩散方程:

$$\frac{\mathrm{d}c}{\mathrm{d}t} = D \frac{\mathrm{d}^2 c}{\mathrm{d}z^2} \qquad\qquad (6.6.8(a))$$

式中:C 为湿气浓度($\mathrm{g/mm}^3$);T 为时间(s);D 为湿扩散系数(mm^2/s);z 为扩散的坐标方向(mm)。

湿扩散系数仅有的标准试验方法(将在下一节讨论的 ASTM 试验方法 D5229)假设,测试材料具有像单相 Fick 材料一样的性能。用于计算湿扩散系数的这个试验方法中的程序对其他性能材料将不是准确的。非 Fick 材料的主要例子是含有提供湿气迁移直接路径的连通微裂纹的材料。为确定材料是否为 Fick 材料,需要进行试验、检验性能和计算扩散系数,然后将预估性能与试验结果相比较。若试验性能不符合 ASTM 标准中的指南,或试验/分析相互吻合不好,扩散可能不符合单相 Fick 模型。然而,采用在标准中没有包含的方法,若多相 Fick 性能模型与试验结果符合较好,能够用试验期间采集的数据计算多相 Fick 性能的扩散系数。并且,即使对不符合单相 Fick 性能的材料,也能由这些试验确定平衡吸湿量。

还有确定吸湿量的其他方法,但由于昂贵、缺乏标准化和/或其他限制而不被广泛使用,且不作进一步讨论。较新的方法之一是核磁共振(NMR),在核磁共振图像机中将该方法用于非导电材料(这里把碳纤维排除在外)无损地确定湿气浓度的空间分布。

聚合物复合材料的两个与湿气相关的主要特性是沿厚度方向湿扩散系数常数 D_3 或 D_z,(湿扩散速度)和平衡吸湿量 M_m。M_m 是平衡时确定的总吸收湿气,表示为全部材料重量的百分数。对于给定材料,湿扩散系数实际上仅对给定环境和扩散方向是一个常数,这是因为它通常随温度而发生剧烈改变。在另一方面,平衡吸湿量并不明显地随温度变化,但在潮湿空气情况下确实随相对湿度水平而改变(关于这些性能的使用和应用的重要背景材料描述于第 1 卷 2.2.6~8 节和 6.3 节之中。)

一般来说,聚合物复合材料的湿扩散系数不是各向同性的。面内湿扩散系数(D_1,D_2 或 D_x,D_y)比 D_3 或 D_z 高一个数量级不是不正常的。像热扩散系数和热传导率一样,一般的扩散模型认为湿扩散系数是二阶张量,数学上,它的变化(变换)按张量变换法则是方向的函数。尽管可能试图忽略边缘的表面积,该表面积仅构成全部表面积的一个小的部分,但在有限尺寸的测试试件中沿着边缘的湿扩散可能是至关重要的。了解到这点,通常的方法是限制沿边缘的扩散,使得可以忽略它的影响。面内湿扩散系数很少被精确地量化,目前还没有用于确定面内扩散系数的标准试验方法。

倘若潮湿暴露没有使材料开裂或化学上没有变化,解湿性能是与吸湿性能相反的。事实上,好的去湿性能是 Fick 性能定量指示之一。

6.6.8.1　标准试验方法

- ASTM D5229/D5229M。
- SACMA RM 11R。

严格适用于确定两个主要性能仅有的标准试验方法是 ASTM D5229/D5229M（见文献 6.6.8.1(a)）。另一个只适用于确定平衡吸湿量的试验方法是 SACMA RM 11R（见文献 6.6.8.1(b)）。SACMA RM 11R 基于 ASTM 标准中所用的相似方法，它适用于不太严格的性能确定，并且限于 85％RH 潮湿空气的单一的固定环境。这两个试验方法都是测定重量的实验。一块材料最初进行称重，并在暴露于所研究的液体环境期间周期性地称量。从这些数据中能够确定沿厚度方向湿扩散系数（仅 ASTM）和平衡吸湿量（ASTM 和 SACMA 两者）。

两个试验方法，特别是 ASTM D5229，很适用于在试验方法文件中的这个课题。任何感兴趣的、要想更好地了解此课题的人员应该由阅读试验方法以及本手册中供参考的上述相关章节开始。这些标准的主要文献是 6.6.8.1(c)。此外，进一步的阅读将包括在 ASTM D5229 中所指定的其他文献。

由试验方法本身当前尚未涉及的值得注意的试验事项：

- 对单个测试试件，ASTM D5229 规定了必须严格遵守的要求，即要以在相同试件上的相同试验来确定湿扩散系数和平衡吸湿量。然而，更为实际的做法是，测试两个不同几何形状的试件以获得这些性能：一个为薄试件，利用该试件可以比较快地确定最大的吸湿量，另一个为厚试件，由该试件可以获得一个极为稳定的湿气质量增益对于时间平方根曲线的初始线性斜率。两个试件的方法提供了比在 1992 年该标准初始版本描述的方法更为精确和划算的结果。期望尽可能快地修订 ASTM D5229，以便包含这个概念。
- 尽管 ASTM 试验方法采用基于扩散系数的指南来评估平衡是否满足（例如对较高扩散系数的试件，最后两次称重之间允许的最大质量变化（用于确定何时达到有效平衡）是较低的），SACMA 试验方法采用固定的 24h 参考时间周期。尽管 SACMA 试验方法固定了试验参数和得到可变的误差，但 ASTM 试验方法所采用的途径本质上是调整试验参数以得出固定的最大误差。

重要的是要注意到，聚合物的湿响应变化很大。存在着一些类别的聚合物及其复合材料，由于它们的分子结构，对于任何评估程度，它们本质上不吸水。这些试验方法对于这种材料不可能产生有意义的结果。一种这样的聚合物为聚丁二烯。

经粗略的调查，还存在看来没有明显的湿度重量变化响应的其他聚合物，但实际上它们具有低的扩散常数。然而，给予充足的暴露时间，这些聚合物将最终会吸收相当的湿气重量。某些高性能的热塑性材料和热固性材料属于这类型。

这个问题的另一极端是快速吸收（和释放）湿气的聚合物，使得为避免大的测量误差，必须对重量测量、标定和环境箱控制特别小心。用于减少这些材料试验敏感性的最方便的解决方案是简单地增加测试试件的厚度。聚醚酰亚胺就是这类材料。

尽管并未严格地归入本节的范围,但值得注意的是,目前大多数聚合物基夹芯结构芯子材料吸收湿气并受到湿气的影响。特别是当蜂窝芯子对于其本身的吸湿响应进行评估或在受控的吸湿量条件下作对裸露的芯子进行力学试验时,表面面积相对于芯子壁的厚度(通常小至 $0.076\,mm$($0.003\,in$))是如此的大,以致使材料能快速吸收/释放湿气。因此,对于环境试验或吸湿浸润,裸露的芯子对试验方法非常敏感。

6.6.8.2　提交 CMH-17 数据适用的湿扩散性能试验方法

在表 6.6.8.2 中的试验方法所生成的数据目前正在被 CMH-17 考虑作为包含在第 2 卷中的内容而予以接受。

表 6.6.8.2

性　能	符号	正式批准、临时和筛选数据	仅为筛选的数据
面内湿扩散系数	D_1, D_2(单层)　D_x, D_y(层压板)	—	—
厚度方向湿扩散系数	D_3(单层)　D_z(层压板)	D5229	—
平衡吸湿量	M_m	D5229　SRM 11R(仅为 85% 潮湿空气)	

6.6.9　尺寸稳定性(热和湿气)

在复合材料中尺寸的变化一般是温度和/或湿气的函数。利用机械、光或电的传感器可以检测试样在长度或体积上的变化,并将其作为温度或时间的函数而记录下来。也已使用了测量线膨胀的几种技术,例如刻度盘量规、千分尺、望远镜、直线位移差动变压器式传感器(LVDT)、干涉仪和 X 射线衍射图。

6.6.9.1　尺寸稳定性(热)

α, α_{11}, α_{22}。

6.6.9.1.1　引言

众所周知,随着温度的变化大多数材料会改变其尺寸。事实上,大多数材料随温度增加而膨胀。各向同性材料一般包括块状金属、聚合物和陶瓷材料,按照定义,它们沿所有方向相等地膨胀。用于增强这些块状材料的增强纤维可以是也可以不是各向同性的。例如,无机的纤维如玻璃、硼和其他陶瓷是各向同性的,而有机纤维例如碳、芳纶(如 DuPont 的 Kevlar)、聚乙烯(如 Honeywell 的 Spectra)和其他材料不是各向同性的。

即使采用各向同性纤维与各向同性基体的组合,所形成的复合材料也不会是各向同性的。可能比基体更刚硬的定向排列的纤维使得所产生的复合材料沿排列方向的刚度高于其横向的刚度。相应地,各向同性的增强纤维的热膨胀一般不同于基体的热膨胀。在纤维方向纤维和基体平行膨胀,而在横向它们依次膨胀。于是,沿轴向复合材料热膨胀强烈地受控制于(刚硬)纤维的热变形。在横向,热膨胀与该方向纤维和基体的相对量以及它们各自的热膨胀成比例。也就是,即使对于各向同性纤维在各向同性基体内的情况,复合材料的热膨胀也是各向异性的,它受到由各组分的力学和热性能、纤维排列方向和存在的纤维和基体的相对量所构成的复杂形式的控制。

对各向异性纤维,尽管可以预计或可测量,但所形成的复合材料的热各向异性甚至更为复杂。如碳、芳纶和聚乙烯这样的各向异性纤维,在纤维轴向具有负热膨胀系数,而在横向(直径方向)具有比较高的正热膨胀系数,从而有着特定的应用。由于纤维轴向刚度比基体刚度高许多,所形成的复合材料很可能具有负的轴向热膨胀系数(尽管横向膨胀系数是正的)。事实上,由一个具有适当轴向刚度和负热膨胀系数的纤维与一个给定刚度和(正的)热膨胀系数的基体的组合,可以实现零轴向热膨胀的复合材料(尽管将再次获得一个正的横向膨胀)。于是,复合材料的热膨胀性能可被裁剪以适应特定的应用,就像力学性能一样。

通常热稳定性是用热膨胀系数(CTE)来定义,以符号 α 表示。典型的单位是 10^{-6}/K(每一度绝对温度的微应变)。由于热膨胀系数是按照膨胀与温度曲线的斜率来计算的,这里假设在感兴趣的温度范围上为线性膨胀。然而,膨胀未必是线性的,这取决于材料和温度范围。当在感兴趣的温度范围上膨胀为非线性时,通常的做法是,分割为近似于线性的子区域来计算各自的热膨胀系数。于是,一般来说,热膨胀系数为温度的函数,对于给定材料热膨胀系数不是一个唯一的数值。

用于基体材料的聚合物种类,如环氧、双马来酰亚胺、聚酰亚胺和高温热塑性材料,与金属和陶瓷相比具有较高的热膨胀系数值。在高于它们的玻璃化转变的温度情况下,比低于它们的转变温度情况具有更大的热膨胀系数值,这个特性可用于确定玻璃化转变温度(见 6.6.3 节)。具有几个聚合物组分的材料可能有多重玻璃化转变,使得膨胀对温度的曲线更为复杂。

6.6.9.1.2 现有的试验方法

有 4 个 ASTM 标准,它们控制了非增强(净)聚合物及其复合材料的热膨胀的试验测定。ASTM D696(见文献 6.6.9.1.2(a))是这些标准中最为简单的一个,它仅适用于 $-30\sim30$℃($-20\sim90$℉)的比较窄的温度范围。关于这个狭窄范围的原因是,标准主要打算用于测试塑料(日用品塑料),它们的特性限定了使用温度的范围。设备本身,玻璃质的硅膨胀计(经常称为熔融石英或石英管膨胀计,尽管不在此 ASTM 标准之中)能够用于更大的温度范围。实际上,ASTM E228(见文献 6.6.9.1.2(b))利用类似的设备并且规定了 $-180\sim900$℃($-290\sim1650$℉)的使用温度范围,尽管对超过 500℃(900℉)的使用给出一些小的告诫。这个标准打算用于较为广泛的测试材料,包括金属、塑料、陶瓷、耐火材料、复合材料和其他材料。

ASTM E831(见文献 6.6.9.1.2(c))利用热力学分析（TMA）来测量热膨胀。TMA 的工作原理就像玻璃质硅膨胀计的原理，这样使用的温度范围是相当的。ASTM E831 指出使用温度范围为 $-120 \sim 600℃（-180 \sim 1100°F）$，并建议，根据具体的仪器和所用的标定材料，这个范围可以扩大。

按 ASTM D696，玻璃质硅膨胀计被限定用于大于 $1\mu\varepsilon/K$ 热膨胀系数的测量。ASTM E831 对 TMA 建议了 $5\mu\varepsilon/K$ 的下限，这个较低的分辨率是由于 TMA 设备中使用较小的试件。在任一情况下，这个分辨率水平对大多数块状材料是适宜的，无疑适用于大多数金属材料和聚合物，虽然对于某些陶瓷是在边缘状态。显然，它对于上面提到的设计具有热膨胀系数接近零的那些复合材料不合适。

ASTM E289(见文献 6.6.9.1.2(d))利用干涉测量法，它允许热膨胀系数的测量可低达 $0.01\mu\varepsilon/K$。ASTM E289 指出的使用温度范围为 $-150 \sim 700℃（-240 \sim 1300°F）$，同样还建议，根据所用的仪器和标定的材料，这个范围可以扩大。比起膨胀计来说，干涉测量法要求操作者需要更高技艺和更为谨慎，并需要较复杂的仪器。

除了使用膨胀计或干涉测量法的 ASTM 标准方法外，也可用粘贴的箔式应变计来确定热膨胀系数。通常把测试材料测量的热膨胀与同一环境箱内准确地已知热膨胀系数的参考材料相比较。尽管不是 ASTM 或其他标准方法，文献 6.6.9.1.2 (e)给出了用应变计测量热膨胀的全部细节。使用温度范围取决于要测量的材料和所用的应变计类型。按文献 6.6.9.1.2(e)，最精确的应变计能够用于 $-45 \sim 65℃$ $（-50 \sim 150°F）$的温度范围，尽管采用其他类型应变计这个范围还可能稍微扩大。然而，一个同等重要的限定是，在与应变计材料刚度有关的温度下测试材料的刚度，刚硬的应变计可能局部地增强测试材料，导致错误的低热膨胀系数结果。

6.6.9.1.3 测试试件

不论是纯聚合物或复合材料，热膨胀试件一般都为柱状的，并且在测量的方向具有与提供的材料及试验设备所允许的长度。试件越长，长度变化越大，于是，对于给定的仪器分辨率，热膨胀系数的测量更为精确。尽管试件的横截面形状是无关紧要的，但试件横截面一般为圆形、正方形或矩形。在试验期间通常要对试件施加一点小的轴向压力，以使标定设备与试件的端部保持接触，这能导致高温时低刚度材料，如某些未增强聚合物的柱屈曲。事实上，即使在重力作用下试件下垂也能导致在该材料内的不正确的变形。于是，试件的横截面形状与实际情况越接近越好，即方形或圆形。

按 ASTM D696 的通用指南，用于膨胀计测试试件的一般长度为 $50 \sim 130$ mm $（2 \sim 5$ in），横向尺寸为 $6 \sim 13$ mm（$0.25 \sim 0.50$ in）。按 ASTM E831 规定，TMA 试件长度应为 $2 \sim 10$ mm（$0.08 \sim 0.40$ in），而横向尺寸不超过 10 mm（0.39 in），若在报告中注明的话，也允许采用其他长度。通常 TMA 设备构型本身限制了试件尺寸。对干涉测量法，ASTM E289 规定最理想的长度是 $10 \sim 20$ mm（$0.4 \sim 0.8$ in），而横向尺寸为 $5 \sim 12$ mm（$0.2 \sim 0.5$ in）。

推荐这些小尺寸主要是由于 Fizeau 干涉计的几何形状和在参考物和测试试件中使内部温度梯度最小的可行性。Michelson 方法更通用,除了激光本身经由的连贯性长度外,它对任何试样的尺寸或形状都不限制,这也同样取决于所使用具体激光的频率稳定性。多数情况中,不用试样的端部是明智的,这是因为很多材料,特别是复合材料、层压板或夹芯结构,在靠近边缘或端部出现应力状态的变化,这些区域与内部或大部分区域相比将呈现不同的热膨胀系数值。

因此,修改 ASTM D289 的工作正在进行。

6.6.9.1.4　试验设备和使用仪器

三种所用的通用设备是膨胀计、热力学分析仪和干涉计,如已在 6.6.9.1.2 节中所介绍的,在相应的 ASTM 标准中充分地描述了这些设备。

6.6.9.1.5　提交 CMH‑17 数据适用的热膨胀系数试验方法

由下列试验方法(见表 6.6.9.1.5)所生成的数据目前正在被 CMH‑17 考虑作为包含在第 2 卷中的内容而予以接受。

表 6.6.9.1.5　提供 CMH‑17 数据适用的热膨胀系数试验方法

材料类型	性能(符号)	正式批准、临时和筛选数据	仅为筛选的数据
聚合物基体(未增强的)	α_m	ASTM E228 ASTM E831 ASTM E289[①]	ASTM D696
纤维轴向膨胀高的复合材料	α_{11},α_{22}	ASTM E228 ASTM E831 ASTM E289[②]	ASTM D696 (仅 α_{22})
纤维轴向膨胀低的复合材料	α_{11} α_{22}	ASTM E289 ASTM E228 ASTM E831 ASTM E289[①]	ASTM D696 ASTM D696

注:①不要求分辨率水平。
　　②对 α_{22} 不要求分辨率水平。

6.6.9.2　尺寸稳定性(湿气)

β,β_{11},β_{22}。

6.6.9.2.1　引言

由于吸湿引起的尺寸稳定性习惯上用湿膨胀系数(CME)来定义,它用符号 β (是在希腊字母中紧随着 α 的第二个字母,α 一般用于表示热膨胀系数(CTE),是适用于热尺寸稳定性的类似量)。复合材料在不同的方向有不同的 CME 值,而一般未增强(纯)聚合物在所有方向膨胀相同。

未增强聚合物的 CME 方便地以单位 10^{-3}/质量分数%M 来表示,而增强聚合物的 CME 值方便地由单位 10^{-6}/质量分数%M 或 ppm/ΔM 来表示。热膨胀系数

一般用 $10^{-6}/℃(\mu\varepsilon/℃)$ 来表示。由于温度变化和吸湿变化所导致的应变分别正比于 $\alpha\Delta T$ 和 $\beta\Delta M$,可认为湿膨胀对于尺寸稳定性的作用大于热膨胀的作用。

在聚合物和聚合物基复合材料中的吸湿通常引起体积的膨胀(胀大)。大多数天然纤维和芬芳聚酰胺纤维,例如芳纶(见文献 6.6.9.2.1(a)),吸收湿气。有一个迹象,即许多碳纤维例如 AS4、IM6 和 IM7(见文献 6.6.9.2.1(b),(c))也吸收湿气。此外,许多人造纤维显示出具有负的湿膨胀系数。聚乙烯纤维(如 Honeywell 的 Spectra)也吸收湿气,但它们的尺寸保持相对稳定,特别是在纤维轴向,这是因为刚硬的分子结构。一般来说,聚合物基体由于吸收湿气而必须要有一定的膨胀量。对于单向排列的碳纤维聚合物基复合材料,CME 数值一般在纤维方向每百分重量变化为百万分之 50~60(ppm/ΔM),在横向(垂直于纤维方向)以及厚度方向为 3000~8000 ppm/ΔM。对于层压板,例如准各向同性铺层,其面内 CME 值一般是在 200~500 ppm/ΔM 范围内。

目前还没有关于吸湿尺寸稳定性试验的 ASTM 或其他标准。对于未增强(纯)聚合物和它们的复合材料,试验方法的详细表述、使用设备的类型,以及典型的试验结果等被包含于文献 6.6.9.2.1(d)中,文献 6.6.9.2.1(e)综述了这些信息。对于实心层压板的湿膨胀系数(CME)测量在文献 6.6.9.2.1(f)中进行了描述,同时有关复合材料夹芯板的描述包含在文献 6.6.9.2.1(g),(h)之中。ASTM C481(见文献 6.6.9.2.1(i)),ASTM D5229(见文献 6.6.9.2.1(j)),ASTM E104(见文献 6.6.9.2.1(k))提供了包括建立相对湿度条件的一般试验技术支持。在文献 6.6.9.2.1(l)中讨论了测量吸湿导致的应变时,在层压板厚度方向保持均匀吸湿量的重要性。

用作基体材料的各种聚合物,例如环氧、聚酰胺、双马来酰亚胺、聚酰亚胺和高温热塑性材料(PEEK,PEKK,PPS,PAS,聚酰亚胺-酰亚胺等),呈现不同的湿膨胀系数。然而,认识到在给定聚合物类型内不同种聚合物在湿膨胀系数上的重大差别也同样是重要的。

正如在 6.6.8 节中所讨论的,各种聚合物基体以明显不同的速率(湿扩散系数)吸收湿气,同时在饱和状态下具有非常不同的吸湿量。就是说,认识到吸湿对尺寸稳定性总的影响为 CME 和吸湿质量分数的乘积这一点是重要的;以及出现该影响的速率取决于湿扩散系数。这也同样随着温度、应力水平和诸如微裂纹等损伤状态而发生重大变化。温度突变(热峰值)或应力(机械-吸收效应)对性能都有重要影响,例如湿气吸收、蠕变率和力学的刚度特性。

6.6.9.2.2　试件制备

不论是纯聚合物或是复合材料,湿膨胀试件一般都是很薄的,以减少使其吸湿平衡水平达到相当大的百分数所要求的时间。湿扩散系数可以由重量变化相对于时间关系曲线的初始部分来确定,但是湿膨胀系数还要求对平衡或总重量变化的了解。典型的试件厚度是在 1.27 mm(0.050 in)的量级。试件的其他尺寸要做得足够大(例如 76～254mm(3～10in)长及 25～76mm(1～3in)宽),以使得重量和尺寸变化两者都能精确地测定。在两个相对表面上具有的大面积与最小的边缘面积相组合的这种试件的几何特性也展示了第二个优点,即当减少试验数据时满足一维扩散的假设。

湿膨胀试件可以被制造成所要求的厚度或从较厚的材料经机加工而成,为此,要仔细地进行表面研磨。

6.6.9.2.3　试验设备和仪器

为获得湿膨胀系数必须测量两个量,即总尺寸的变化和总重量变化。类似于热膨胀系数,CME 是热力学特性,因此必须建立这样两个量的可重复和平衡的数值。这同样要求用于外推直至无限时间的局部应变和重量变化的方法,无限时间指在试样内不存在应变和质量梯度。

一种测量技术是在相同环境箱中用两个同样的试件,一个试件在分析天平上称重,而用某种类型的膨胀计监控另一个试件的长度。称重精确到 0.1mg 的分析天平和可以测量 μin 的膨胀计(干涉仪)一般是适用的。可能要求将分析天平和膨胀计的电子部分设置在环境箱之外。例如,可以把重量增益的试件悬挂在箱内而通过一条细金属丝连接到分析天平上,石英管膨胀计可以伸进箱内,而其电子元件留在箱外,这就使得在相同试样上同时测量重量和长度成为可能。为避免读数失误,重要的是不允许水汽凝结到试件或悬挂的金属丝上。可以把小型加热元件按要求放在这些关键部位,以保持局部温度稍微高于周围环境温度,避免在这些关键部位出现凝结。

按照第 6 章的通用指南,试件应该完全干燥,使得随后的测量以零吸湿状态为基准。由于吸湿速率随温度升高而迅速增加,为减少试验时间,通常的做法是,在加热箱内进行试验,同时保持规定的相对湿度,这可以高达 98%RH(足以停留在低于 100%RH 的水平,使得试件或支持金属丝上的水汽凝结不会成为无法克服的问题)。规定可接受的环境箱温度达到某个对这种测试材料允许的范围。然而,由于湿扩散速率强烈地依赖于温度,以及大多数聚合物随着吸湿而显著膨胀,可能在试件的厚度方向引起大的吸湿(因此,还有应变)梯度,即使在比较薄的情况。这些应变梯度会引起表面微裂纹,导致错误的尺寸变化测量(也导致非真实的吸湿重量增益)。例如,对于碳/环氧复合材料,作为一般规定,环境箱温度不得超过约 77℃(170℉),并具有大约为 66℃(150℉)的安全上限。

尽管可采用高温来加速吸湿试验,但这不保证所测的 CME 与温度无关。于是,在一个温度下所进行的测量可能不代表在其他温度下的 CME。这只能由多个温度下的试验确定。

对在规定温度下进行的给定试验,湿膨胀与吸湿量的曲线图可能不是线性的,尽管它们大抵是线性的。因为 CME 是所绘曲线的斜率,于是它将不是常数。

6.6.9.2.4　提交 CMH-17 数据适用的 CME 试验方法

当前尚没有关于湿膨胀系数试验的 ASTM 或其他标准。提交考虑的数据必须包括试验方法的详细描述。

6.6.10 热传导性

6.6.10.1 引言

聚合物基复合材料的热传导性是适用于所有热流情况所需的热响应性能。对稳态和瞬态的热流情况均有可用的测量方法。在本节描述了稳态方法。

达到稳态时,试件厚度方向的热传导率 λ 是根据傅里叶(Fourier)关系式来确定的

$$\lambda = Q/(A \times \Delta T/L) \tag{6.6.10.1}$$

式中:Q 为计量段热流率;A 为垂直于热流的计量段面积;ΔT 为横过试件的温差;L 为试件厚度。

在方程 6.6.10.1 中各个参数的单位为:

Q ——W

A ——m^2

ΔT ——K

L ——m

λ ——$W/(m \cdot K)$

瞬态方法实际上为热扩散系数的确定方法,热传导率可以根据热扩散系数来导出,在 6.6.12 节中进行了描述。

6.6.10.2 可用的方法

对于稳态热传输特性,有几种 ASTM 试验方法,可将它们分为两种类型之一:作为无条件(或主要的)测量法(C177),除非为了确认精度或建立对认可标准的跟踪能力,该方法不需要热流基准标准;或作为比较(或二次的)法(E1225,C518),在该方法中其结果直接取决于热流基准标准。下面概括地描述了这些方法。

聚合物基层压板测试方法的选择通常取决于测量方向。可以采用 C177 来完成面外的测量,但是偶尔也采用 E1225 的比较法。在薄层压板上完成的面内测量,要求通过层叠若干层压板在一起而构成试件直径。通常优先选用 C177 方法,有时候也有采用 E1225 方法试件所得结果的报道。对于具有任一方位的层压板,闪光扩散法(flash diffusivity method)(E1461)也是一种可行的选择(见 6.6.12 节)。其优点包括测试时间较短和试件尺寸较小。

6.6.10.2.1 ASTM C177

被称之为防护热板法的 ASTM C177(见文献 6.6.10.2.1(a))是一个绝对测定方法,它覆盖了热流的测量以及当平板试件表面与处于常温下的固态的、平行的边界相接触时适于该试件的相关试验条件。此试验方法对低热传导材料是理想的,且它可应用于各种试件以及很宽的环境条件。

图 6.6.10.2.1 给出了理想化系统的主要部件:两个等温的冷表面单元和一个

防护热板。防护热板由计量的面积中心件和一个同心的防护环组成。某些设备具有共面的二级防护。在这三个部件之间的夹心部分为被测量的材料。图 6.6.10.2.1呈现了测量的双边模式，即试件实际上是由两件构成。在这种情况下，测量所得出的结果为两件的平均值，因此，要使两块试件尽可能地相同是重要的。在单边操作模式中试件是由放置在加热表面组件的一侧的单件构成，为了指导该模式的应用，可参见描述 ASTM C1044 的文献 6.6.10.2.1(b)。

　　图 6.6.10.2.1 的布局图要求，要谨慎处理关于热流损耗和正确使用热防护环，以及关于温度差精确测量和温度传感器分离的问题。防护热板提供了用于测量的动力并决定了实际的测试体积，即实际被测量的试件部分。主防护环的功能是减少在仪器内的横向热流。图 6.6.10.2.1 以图示说明通过采用等温表面和在试件内的常热流线的构型来达到正确的(理想的)状态。

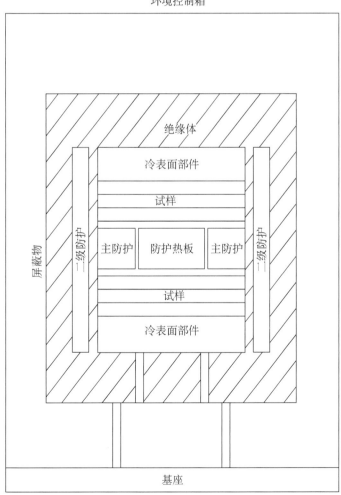

图 6.6.10.2.1　防护热板设备部件的机械元件的总布局图

必须采取措施来保证热均衡地流过试件。在真空条件下,板和试件间的非常微小的空间是除辐射热传递外的无穷大的热阻。冷热部件和试件表面之间良好的热接触可通过施加可复现的恒定夹持力至防护热板设备上来改善,例如可使用常值力弹簧来产生压力。另一个有效的解决办法是在板和试件之间放置一个可压缩的导热软材料薄片或含纤维的衬垫来改善热接触的均匀性。

为符合这个试验方法的要求则要建立稳态条件和测定在计量段中单向热流 Q,计量段面积 A,热和冷表面温度 T_h 和 T_c[在式(6.6.10.1)中 $\Delta T = T_h - T_c$],试件的厚度 L 以及任何可能影响计量段热流的其他参数。

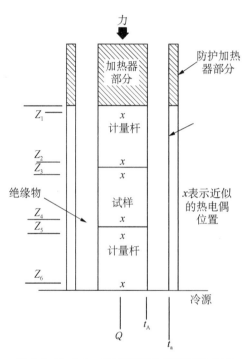

图 6.6.10.2.2　标明温度传感器可能位置的比较-防护-纵向热流体系示意图

6.6.10.2.2　ASTM E1225

ASTM E1225 或防护纵向热流技术(见文献 6.6.10.2.2)是一种比较试验方法。因此,必须采用具有已知热传导率的基准材料或转换标准。这个试验方法适用于大约在 90 K 和 1300 K 之间的温度范围具有有效传导率约在 $0.2 < \lambda < 200\ W/(m \cdot K)$ 的材料。通过降低精度要求,它的应用可以超出这一范围。

该技术的一般特性如图6.6.10.2.2所示。将一个测试试件在载荷下嵌入到两个已知热性能材料的类似试件(计量杆)之间。在试验过程中通过顶部保持在高温之下而将底部坐落在冷源之上以形成温度梯度。利用具有近似相同温度梯度的纵向防护加热器使得热损耗最小。在稳态平衡条件下,根据所测量的各个试件中的温度梯度以及基准材料的热传导率来导出热传导率。

基准材料的热导率(热传导率与长度的比值)应该与试件的热导率尽可能地匹配,以保证温度梯度的近似性和较好的精度。当计量杆和试件为等直径的正圆柱时,该技术被描述为截杆法(cut-bar method)。当横截面尺寸比厚度大时,它被描述为平板比较法(flat slab comparative method)。实际上,只要计量杆和试件具有相同的传导面积,任何形状都可以采用。

此试验方法要求在计量杆到试件界面有均匀的热传递,通常是利用施加轴向载荷连同在界面处的导热介质来获得的。该组件是由绝缘体包围并封闭在防护壳内。稳态情况下,根据顺着两个计量杆和试件所测量的温度来计算各截面的温度梯度。

于是,可以利用式(6.6.10.2.2)来确定热传导率的值 λ_s,式中 Z_i 为从柱体的上端面进行测量时热电偶的位置[见图 6.6.10.2.2],T_i 为在位置 Z_i 处的温度,λ_m^1 为顶部计量杆热传导率和 λ_m^2 为底部计量杆热传导率。

$$\lambda_s = [(Z_4 - Z_3)\lambda_m^1(T_2 - T_1)]/[(T_4 - T_3)2(Z_2 - Z_1)] + [\lambda_m^2(T_6 - T_5)]/[2(Z_6 - Z_5)] \tag{6.6.10.2.2}$$

该结果是高度理想化的情况,因为它假设在柱体和绝缘体之间无热交换且在每个计量杆至试件界面处进行均匀的热传递。在文献 6.6.10.2.2 中进行了有关这些假设所引起误差的讨论。

6.6.10.2.3　ASTM C518

ASTM C518(见文献 6.6.10.2.3(a))描述了采用热流计测量通过平板试件的稳态热传递。这是一个比较的或二次的测量方法,因为要求对已知热传导性能的试件进行仪器标定。此试验适用于低导热材料。为满足这个试验的要求,测试试件在热流方向的热阻应该大于 $0.10\mathrm{m}^2 \cdot \mathrm{K/W}$,而边缘热损耗应该通过采用边缘绝缘和/或防护加热器来加以控制。

热流计的重要部件为两个等温板的装配件、一个或多个热流传感器和测量温度的设备以及热流传感器的输出部分。采用一个或者两个试件。三个通用的实验构型如图 6.6.10.2.3 所示,必要时要使用控制环境条件的设备。

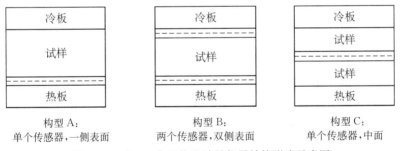

图 6.6.10.2.3　典型热流计量仪器结构形式示意图

热流传感器是一个产生电压输出的装置,该输出随通过传感器的热流而改变。在试验方法 C1046(见文献 6.6.10.2.3(b))中描述了各种各样类型的热流传感器。一般用于试验 C518 中的梯度类型通常由具有一个温差电堆的芯子所构成,测量芯子两端的电压。要求利用标定标准来进行热流传感器的正确标定以及精确测定板的温度和板之间隔。该方法在 C518 中进行了细致的描述。

此试验方法要建立通过测试试件的稳态单向热流,试件支持在两块等温平行板之间,一块是热板和一块是冷板。热流率 Q 由热流传感器上所测量的电压输出获得。于是,通过对 Q、热板和冷板之间隔 L、横截面面积 A 以及越过试件的温差 ΔT 的测定,用式(6.6.10.1)来计算热传导率。

C518 方法已被用于试件厚度达到约 $25\,\mathrm{cm}$ 并在 $2.5\,\mathrm{cm}$ 厚度情况下板的温度从

−195～540℃ 的 10～40℃ 的大气环境条件中。试验方法 E1530 - 06（见文献 6.6.10.2.3(c)）类似于 C518 - 04 方法的原理，但是所进行的修改是为了适应具有较高热导率的较小的测试试件。与此方法相应的试件具有厚度小于 1.2 cm 且热传导率在 $0.1 < \lambda < 5\,W/(m \cdot K)$ 范围内。

6.6.10.2.4　适用于平板的傅里叶（Fourier）热传导试验方法

这里将给出应用于热传导板件材料的一个附加的方法，此方法不是 ASTM 标准。该试验方法特别适合于确定某些材料的热传导率，这些材料的厚度比横向尺寸小很多，且热传导率至少为 $30\,W/(m \cdot K)$。根据传感器的位置和几何特征，上限可能高达 $1500\,W/(m \cdot K)$。尽管此方法记为绝对方法，但是强力推荐，其结果可与用相同实验装置测试的相当尺寸的已知标准建立联系。

这个试验方法用与距离有关的微分温度来估计稳态一维热传递特性，通过采集热流从加热板件的一端到由冷源吸热的另一端时来自板件表面的必要数据来完成。此方法适用于热流横截面积保持不变的板件，热传导率用式（6.6.10.1）来计算。

此方法的目的是满足确定元件总的热性能，而不是仅仅估计局部值的非破坏性热传导率测量的需要。多点同时测量使得可以在一个大的区域上获得数据。这对于诸如复合材料这样的材料特别重要，这些材料中导热增强体在部件上的分布可能随位置而变。这个方法的非破坏特性通过使用可移动的加热器和温度传感器来实现，而且，液态沉浸吸热设备还使得各种尺寸的元件无需任何机械加工或依一定尺寸制造试件便可进行沉浸，在进行评估昂贵的或最终用途部件的情况时特别重要。

由于自身的特点，使得这个方法在评估具有各向异性能的材料中是有用的。利用单向热传导的这个方法使其容易进行单向性能的测定而无需完成复杂的数据处理。

仪器的组成包括液态的沉浸吸热设备、液态的冷却器（5～30℃范围）、Kapton 层合热-箔制加热器、铂电阻测温计（RTD）、压敏膜胶黏剂、含涂层的玻璃纤维绝缘体（5 cm 厚且热传导率低于 $0.1\,W/(m \cdot K)$）、一个经良好校准的直流电源（即在至少为 2 A 的电流上有不低于 60 V 的直流电压）、精确测量电压和电流的仪器以及用于温度传感器的信号处理器。可选择但希望使用计算机数据采集系统。

液态沉浸吸热设备必须是一个依附于冷却器的封闭的循环系统，该冷却器使得能够几乎无限地从测试试件中吸热，图 6.6.10.2.4(a)表明了该系统的示意图。这个系统的作用像一个热交换装置，而将试件夹在其中。应使用像等量乙二醇和水的混合物这样的液体作为循环的冷却液。

热源应使用含有致密配置各种元件的箔式加热器，这些加热器应能够至少承受 200℃（390°F）。对热传导很差的各向异性材料，可能需要铝衬垫，这将确保沿试件表面的均匀热流。

测量电压的仪器设备应具有 1 mV 分辨率；电流测量具有 1 mA 分辨率；温度测

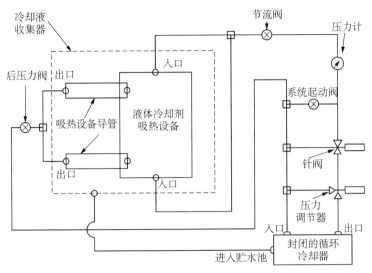

图 6.6.10.2.4(a) MⅡ 液态沉浸吸热设备管路

量具有 0.01℃分辨率;若采用数据采集系统还应具有将数据传递至该系统的能力。

测试试件应具有各个边相互成 90°的矩形或正方形的构型。在任何部位的横截面面积偏离平均横截面面积不应超过 5%。应将所有表面清除灰尘和油污。推荐:最小宽度至少为 25 mm(1 in),最小厚度至少为 0.075 cm(0.03 in),以及在热流方向的最小长度至少为 10 cm(4 in)。较大的表面尺寸一般在测量中将得到附加的温度分辨率。对较小的表面面积,要在试验之前应就有关足够分辨率的问题进行分析。

用导热压敏胶黏剂将热箔式加热器和电阻测温计贴在表面上。在试件厚度超出 0.50 cm(0.20 in)的情况下,则要求在端点加热。为避免在温度测量范围内存在沿测试试件厚度的温度梯度,要求采用这个方法。一个典型的布局图如图6.6.10.2.4(b)所示。

利用安放在测试试件两个表面的加热器,加热的部位应在板件的顶部边缘。电阻测温计按两行放置。从加热器至顶部行需要有一个测量距离以便使得电阻测温计监测到均匀的热流,电阻测温计太接近加热器可能受到热输入效应的影响。从顶部行至底部行需要有一个测量距离以便使得在试验过程中温度梯度超过 1.50℃。应该将两行电阻测温计作为一套放置在热源和冷源之间一半的部位。重要的是要确保在胶黏剂胶层中不存在气泡或分层。

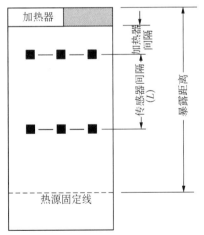

■ RTD(电阻检温仪)
1997.材料创新研究所(Material Innovations, Inc.)

图 6.6.10.2.4(b) 热传导试件传感器部位

　　所有配线应该水平离开试件表面,以便使得接近试件的沿金属丝的温度梯度为最小,这将使热短路最小化。

　　试验程序首先是测量所有必需的尺寸数据。该测量应该包括对厚度和宽度至少测量 5 次、电阻测温计相对加热元件间距的测量以及诸如测试距离、电阻测温计水平间距和整个板件长度等基准数据。

　　将测试试件浸入液态冷却吸热装置中,并将其在冷源复式接头之间夹住。应使至少 25 mm(1 in)的板件材料与液态冷却剂冷源相接触以保证适当的吸热。

　　通过纤维绝缘体来充分绝缘测试试件暴露的距离,要求这一步是为了确保绝热系统处于平衡状态。

　　要使得试验能够在冷源温度下维持平衡。记录在冷源温度下所有电阻测温计的初始温度,用这些数据将传感器调零。

　　对测试试件通电达到约 100 kW/m^2 的热流。可以根据测试试件的热传导率和想达到的目标试验温度采用其他热流。确定热流的唯一要求是必须存在足够的能量以达到适当的温度梯度分辨率,以及热损耗相对总热输入可忽略不计。

　　记录在加热状态达到平衡的最终温度和功率参数。应将平衡定义为测试时每 10 min 所有温度传感器的温度变化小于一度。

　　试验数据的记录应包括描述材料的所有信息;所有的尺寸数据;在稳态条件下所采集的初始和最终温度以及所有电阻测温计最终温度的平均值。

　　热传导率根据式(6.6.10.1)来计算。量 Q 由加热器的电压和电流乘积来得到;用厚度与宽度的乘积计算横截面面积 A;直接测量两行电阻测温计在热流方向的间距 L。首先将各个电阻测温计所记录的每个数据点值转换为正则化值来分析温度数据。通过获得冷源温度的初始(稳态)测量值和加热后试验温度的最终(稳态)测量值之间的温差来完成正则化。此正则化值是对两行电阻测温计中的每一行所取的平均值,取两行电阻测温计平均正则化值的温度差得到式(6.6.10.1)中所用的温度改变量 ΔT。

　　最终的报告应包括以 SI 单位制(W/(m·K))表示的热传导率、平均试验温度和大气环境温度。

　　必须使结果与一个具有相同实验布局、条件和电源参数而测试的当量尺寸的已知"标准"建立关系,该标准应该为已被适当表征的普遍接受的材料,并且应具有与测试试件尽可能接近的热传导率。(通常"标准"为铝或铜板)。该传导率结果值要用下式给出的修正因子(CF)来进行正则化。

$$CF = [(可接受的"标准"值)/("标准"测量值)] \times [未知测量值]$$

　　通常试验结果的正则化要求 3% 至 5% 的修正,这是为了计及在配线中或通过绝缘体所引起的热耗损。应该认为超出 10% 的热耗损是有问题的,在接收数据之前应进行较为细致的分析。

6.6.10.3　提交 CMH‑17 数据适用的热传导率试验方法

　　由下面试验方法(见表 6.6.10.3)所得到的数据目前正在被 CMH‑17 考虑作

为包含在第 2 卷中的内容而予以接受。

表 6.6.10.3　提交 CMH - 17 数据适用的热传导率试验方法

性质	符号	正式批准、临时和筛选数据
热传导率	λ	C177 E1225 C518 傅里叶试验 方法

6.6.11　比热容

6.6.11.1　引言

比热容的定义为单位质量材料在单位温度变化时材料内能的改变量。实际上，在常压或常熔下的比热容，c_p 是被测定的量，在国际单位制中以 J/(kg·K)表示。

6.6.11.2　现有的方法

用于测定聚合物基复合材料比热容的标准试验方法是 ASTM E1269（见文献 6.6.11.2），基于差动扫描热量计(DSC)。该试验一般应用于热稳定固体，且正常工作范围为－100～600℃，可以覆盖的温度范围取决于所采用的仪表及试件托架。

6.6.11.2.1　ASTM E1269

DSC 试验方法简要综述如下。把空铝盘放入试件和标准托架，一般用像氮气和氩气这样的惰性气体作为包围的气层。在较低的温度下记录一条等温基线，然后在关注的范围按程序通过加热，$Q(W)$，来使温度增加。在较高的温度下记录另一条等温基线，如图 6.6.11.2.1 下部所示（见文献 6.6.11.2.1）。于是对应于每一个给定的试件盒的试件质量 M，此试验方法被重复地进行着，并且记录吸收能量与时间的变化轨迹。

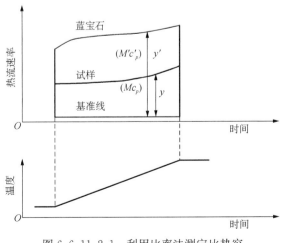

图 6.6.11.2.1　利用比率法测定比热容

在理论上,这样得出的数据足以用来计算试件的比热容,但实际上标定方法很重要,将在下面进行讨论。推荐使用在 $5\sim20℃/min(40\sim70℉)$ 范围内的热速率,通常采用 $10℃/min$ 的速率。

为确定比热容,必须定量测量施加到测试试件的能量与温度的关系,因此,必须在热流和温度模式两方面标定用于这些测量的仪表。

由于比热容不是急剧变化的温度函数,通常按常规标定仪表的温度模式,仅偶尔进行校验。温度标定通过观测基准材料的熔融变换来实现,该标定应在未知的试件比热容测定中所覆盖的温度范围上来完成。表 6.6.11.2.1 中列出了适于用作DSC温度标定标准的材料(见文献 6.6.11.2)。

表 6.6.11.2.1 标定材料的熔融温度

标定材料	熔融温度		
	/℃	/℉	/K
苯甲酸	122.4	252.3	395.5
铟	156.6	313.9	429.8
锡	232.0	449.6	505.1
铅	327.5	621.5	600.7
锌	419.6	787.3	692.7

热流信息是至关重要的,通过采用比热容已充分确定的基准材料来进行在这种模式中的标定。已知的标定方法为速率法(ratio method)。推荐的基准材料为合成蓝宝石(α-铝氧化物),在文献 6.6.11.2 中给出了人造蓝宝石的比热容 c_p'。

用一个给定的蓝宝石质量 M',现在重复进行上述热扫描方法,且记录下一条新的曲线。利用图 6.6.11.2.1 中在相同温度处的两个纵坐标之差及质量比,按照下式计算试件比热容:

$$c_p = c_p'(y/y')(M'/M) \qquad (6.6.11.2.1)$$

式中:y 是在给定温度处试件托架和试件热曲线之间的垂直位移;y' 是在给定温度处试件托架和蓝宝石热曲线之间的垂直位移。

DSC方法的显著特点为相当短的测试时间及毫克级试件尺寸。由于采用如此小量的试件材料,试件必须均匀且有代表性。若试件取自于大尺寸的聚合物基复合材料板时,第二个条件可能很难满足,这是由于板不同区域制造的变异性。可以通过测量若干取自板不同部位的试件并且将所得结果取平均值,来着手解决此问题。

由于湿度演化或材料分解所引起的试件质量损耗,对于聚合物基复合材料,DSC试验方法的应用可能也会遇到困难,但这个问题可以通过采取适当的预防措施来解决。

6.6.11.3　提交 CMH‑17 数据适用的比热容测试方法

由 DSC，ASTM E1269，所得到的数据，目前正在被 CMH‑17 考虑作为包含在第 2 卷中的内容而予以接受。

性质	符号	正式批准、临时和筛选数据
比热容	c_p	E1269

6.6.12　热扩散

6.6.12.1　引言

热扩散是由瞬态热流状态导出的材料热响应性能。若给定密度和比热容，可以利用热扩散系数，α，由以下关系式确定材料的导热系数

$$\lambda = \rho c_p \alpha \qquad\qquad (6.6.12.1)$$

式中：λ 为导热系数；ρ 为密度；c_p 为比热容。

式(6.4.12.1)中参数的单位为

$\lambda = W/m \cdot K$；

$\rho = kg/m^3$；

$c_p = J/kg \cdot K$；

$\alpha = m^2/s$。

6.6.12.2　现有试验方法

标准试验方法，闪光法，ASTM E1461，用于确定均匀不透明的固体材料的热扩散（见文献 6.6.12.2(a)）。采用特殊的预防措施，此方法也可用于某些透明材料及复合材料。已经用这个技术，测定了 $0.1 \sim 1\,000\ mm^2/s$ 范围内的热扩散系数值，并且通常能够在真空或惰性气体环境下进行 $100 \sim 2\,500\ K$ 的测量。闪光法是在文献中所报道的用于聚合物基复合材料热扩散系数测定的最通用的方法。

试验方法 E1461 是来自试验方法 C714 的更为详尽的形式（见文献 6.6.12.2(b)），但通过提高测量精度它适用于更广的材料、应用和温度范围。C714 方法仅用于碳和石墨。

6.6.12.2.1　ASTM E1461

这个试验方法被认为是绝对测量方法，这是由于不需要热流动基准标准。图 6.6.12.2.1(a)所示为闪光法中所用仪器设备的基本特性，它们是闪光源、试样托架及环境控制箱、温度响应检测仪和数据采集与分析系统。闪光源可以是激光、闪光灯或电子束。通用的试件为前表面面积比闪光束小的薄圆盘。通过炉子或低温恒温器来控制试件的初始温度。检测仪可以是附在试件背面标定过的热电偶，或红外传感器，或聚焦于背面的光学高温计和对闪光束进行防护的过滤器。

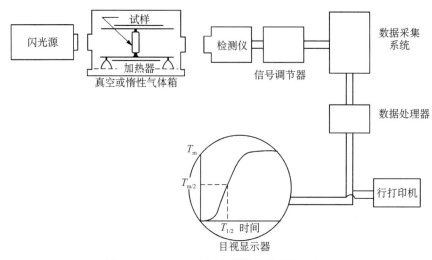

图 6.6.12.2.1(a)　闪光扩散仪器设备(图示)

为了实施闪光试验,在试件正面启动脉冲光源,能量则被试件吸收。记录所引起的背面温升。由考察所测得的温升曲线来确定基线温度、最大温升(ΔT_{max})和热脉冲的起始时间。

根据试件厚度和背面温度达到其最大值的某个百分数所要求的时间来计算热扩散系数值。该方程为

$$\alpha = k_x L^2 / t_x \qquad (6.6.12.2.1(a))$$

式中:k_x 为一个相应于 $x\%$ 温升的常数;t_x 为温度达到 ΔT_{max} 的 $x\%$ 时所要求的时间。k_x 的值由文献 6.6.12.2(a)的表 6.6.12.2.1(a)给出。背面温升一般为 1～2K。

表 6.6.12.2.1(a)　对应于不同温升百分数的常数 k_x 值

$x/(\%)$	k_x	$x/(\%)$	k_x
10	0.066108	60	0.162236
20	0.084261	66.67	0.181067
25	0.092725	70	0.191874
30	0.101213	75	0.210493
33.33	0.106976	80	0.233200
40	0.118960	90	0.303520
50	0.13879	…	…

通常,采用半温升时间(达到 ΔT_{max} 时间的一半),此时式(6.6.12.2.1(a))变为

$$\alpha = 0.13879 L^2 / t \qquad (6.6.12.2.1(b))$$

可以对在温升和半温升时间内的试验数据正则化,并与理论模型进行对比以检验有限脉冲时间、辐射热损耗或非均匀加热的影响,这可通过将温升除以最大温升

来实现，即使坐标无量纲化，时间被半温升时间除而得到无量纲横坐标。表 6.6.12.2.1(b) 给出了对理论模型的正则化温度-时间的值。图 6.6.12.2.1(b) 所示为接近理想情况实验的正则化曲线实例。存在有限脉冲时间影响和辐射热损耗的试验结果分别由图 6.6.12.2.1(c) 和图 6.6.12.2.1(d) 来表示。在完成对测试试件温度响应数据的检测后，遵循文献 6.6.12.2(a) 中所述方法，再进行任何必要的修正。

表 6.6.12.2.1(b)　理论模型的正则化温度-时间值

$\Delta T/\Delta T_{max}$	$t/t_{1/2}$	$\Delta T/\Delta T_{max}$	$t/t_{1/2}$
0	0	0.7555	1.5331
0.0117	0.2920	0.7787	1.6061
0.1248	0.5110	0.7997	1.6791
0.1814	0.5840	0.8187	1.7521
0.2409	0.6570	0.8359	1.8251
0.3006	0.7300	0.8515	1.8981
0.3587	0.8030	0.8656	1.9711
0.4140	0.8760	0.8900	2.1171
0.4660	0.9490	0.9099	2.2631
0.5000	1.0000	0.9262	2.4091
0.5587	1.0951	0.9454	2.6281
0.5995	1.1681	0.9669	2.9931
0.6369	1.2411	0.9865	3.6502
0.6709	1.3141	0.9950	4.3802
0.7019	1.3871	0.9982	5.1102
0.7300	1.4601	…	…

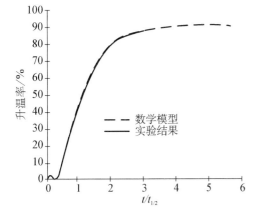

图 6.6.11.2.1(b)　无量纲温度响应曲线与数学模型的对比

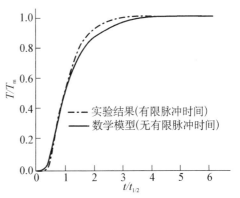

图 6.6.12.2.1(c)　正则化背面温升：数学模型（无有限脉冲时间影响）与具有有限脉冲时间的实验值的对比

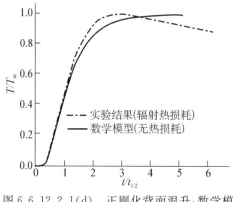

图 6.6.12.2.1(d)　正则化背面温升:数学模型(无热损耗)与具有辐射热损耗的实验值的对比

一般而言,试件直径为 0.6～1.8 cm(0.2～0.7 in),而厚度为 0.15～0.4 cm(0.06～0.16 in)。为使热损耗修正达到最低程度,要求在较高温度下采用较薄的试件。优化的试件厚度取决于预估的扩散系数值,且应被如此选定使得背面达到其最大值一半的时间落在 40～200 ms 范围内。能量闪现的持续时间应少于背面达到其最大值一半的时间的 0.02。若不满足该条件,必须进行有关有限脉冲时间效应的数据修正。

正在不同试验室间进行验证(round robin)的试验方案已指出,对于各种材料的热扩散系数,能够达到高于 5% 的测量精度。存在两个造成试验不确定性的主要原因。一个在于 L 的测定,该不确定性很重要,这是由于测试试件比较薄且厚度是以二次方项出现。第二个原因在于检测仪及与其相连的放大器的响应时间,它必须不大于半时间值的 0.1。一般来说,光学仪器具有可以接受的响应时间,而热电偶比较慢,且应该对标定源或间歇电子束的响应时间进行细心的校核。

闪光法的优点是试件几何形状简单、试件尺寸小、测量迅速、易于利用单一仪器来测量热扩散值范围很大的材料。而且,测量时间短减少了污染的机会和暴露于高温引起的试件性能变化。闪光法已被推广用于二维热流的情况,因而可以测量大的试样以及沿轴向和径向两个方向的扩散性。

应用闪光扩散法出现的问题是:①试件材料所呈现的对于光束的部分透明度,以及②多相试件材料的各组分,例如复合材料的增强纤维和基体,所呈现的热传导性的不同。第一个问题通常是将吸光材料(例如石墨)薄层涂在试件的前表面来解决。若存在第二个问题,热脉冲倾向于优先通过具有高热扩散性的组分相,因此在试件背面的温度分布图可以是非平面的,而且显著偏离理论模型。实际上,有时对具有比例较高的高热传导系数纤维沿热流方向铺设的复合材料,能观察到这种效应。倘若如此,闪光法无法应用。

6.6.12.2.2　ASTM C714

这个试验方法覆盖温度直至 500℃的碳和石墨热扩散系数的测定,测量精度在 ±5% 内。它要求采用一个厘米级直径和半厘米级厚度的圆盘试件。此方法对于分析用于小试件的石墨中的低的硫含量很灵敏,因此,它适合用于核反应堆,即使很低浓度的硫也会引起关注。

将此方法概括如下。在试件的前表面吸收来自闪光灯的高强度、短持续时间的热脉冲,并且记录后表面温度随时间的变化。根据试件厚度及后表面温度升至其最大值一半所需要的时间,由式(6.6.12.2.1(a))来计算热扩散系数。试验 E1461 的理论考虑和实验警告直接用于试验 C714,此处它们用作参考(见文献 6.6.12.2(a))。

6.6.12.3　提交 CMH‑17 数据适用的热扩散试验方法

由闪光法(方法 E1461)所得到的数据目前正在被 CMH‑17 考虑作为包含在第 2 卷中的内容而予以接受。

性质	符号	正式批准、临时和筛选数据
热扩散	α	E1461

6.6.13　出气

空间用的光学设备和部件暴露于各种各样的粒子和分子污染源。许多这样的污染源不被包含在此手册的范围之内,但是,当选择或规定材料时,必须分析材料出气引起的分子污染。分子污染会降低太阳电池的功率输出,并且可能显著降低光学元件的流通量,特别是紫外线(UV)。例如,完成第一次飞行使命的 Hubble 太空望远镜的 WF/PC‑1 传感器反射镜暴露于地球的大气,受到了光聚合作用而产生了浓厚的分子污染。因此,紫外线的波长 1216Å 的反射率从 0.72 降至 0.005。虽然反射镜上的任何分子污染都会降低 UV 反射率,但试验和飞行数据已表明,当被污染的反射镜暴露于足够强的紫外线辐射下,反射率降低得特别厉害(见文献 6.6.13(a))。

污染控制工程是 NASA 持续支持的一个项目,文献 6.6.13(a)中给出了较充分的说明。现有两个 ASTM 试验方法,它们用于测量由测试材料可能出气所产生的分子污染量。采用 ASTM E1559 来获得在设计光学系统中模拟放气和污染的有用数据。ASTM E595 主要是一个筛选技术,它被 NASA 用于制成有助于材料选择的可能的污染分类的表格(见文献 6.6.13(b))。

ASTM E595,“在真空环境中出气引起的总体质量损耗和聚集的挥发性凝聚材料的标准试验方法”

在该试验中,首先将材料研磨成粉末并达到标准的吸湿量。然后,将材料放置到仪器之中。试样存放在 $125℃(257℉)$ 低于 $7×10^{-3}$ Pa$(5×10^{-5}$torr)的真空中达 24h,此后再测量两个参数:总的质量损耗(TML)及聚集的挥发性凝聚材料(CVCM)。CVCM 为凝聚存放于 $25℃(77℉)$ 板上的质量。在完成 TML 和 CVCM 所要求的曝光和测量之后,也可以得到另一个参数,即回收的水蒸气量(WVR)。这个试验方法主要是材料的甄别技术,对计算系统或元件上的实际污染它不是有效的,是由构型和温度上的差别所造成的。在 NASA RP 1124(见文献6.6.13(b))中,在节 C(Section C)中仅列出 TML 的最大值等于或低于 1.0% 和 CVCM 最大值为

0.10％的那些材料以示区别。在可能情况下,通常推荐和可以根据方案要求来选择具有低于这些限定的材料。

ASTM E1559,"航天材料污染出气特性的标准试验方法"

此 ASTM 试验方法可以用来测定出气速率的数值,为建立预估宇宙飞船表面分子污染演化和该污染的迁移及沉积模型所用的动力学表达式,该值是必需的,文献 6.6.13(a)描述了这个数学模型。

测量通过将材料试样放置于泻流室进行,由泻流室小孔逸出的出气流将冲击三个为观测小孔而设置的石英晶体微量天平(quartz crystal microbalances,QCM)。第四个 QCM 为可选的。泻流室存放在处于常温的高真空箱之中,且有一个小孔对准 QCM。控制 QCM 使其达到选定的温度,依据低温 QCM 上的聚集测定总的出气率。在等温试验终结时,按照某种控制方式加热 QCM 以便测定沉积的蒸发特性。

E595 对于 TML 和 CVCM 中的每一个进行总的测定,而 E1559 则测定在时间进程中试样的质量损耗、在各个不同的温度下在时间进程中 QCM 凝聚的质量以及当升温时在时间进程中从这些 QCM 蒸发的质量。随 QCM 的共振频率而变的质量损耗和凝聚材料被间接测定。

试验方法 A 是采用规定构型和温度的标准试验方法。包含适用于多种材料的该数据的在线数据库(见文献 6.6.13(c))由 Marshall 航天飞行中心(Marshall Space Flight Center)来维护。试验方法 B 考虑了宇宙飞船系统的具体温度、构型和 QCM 凝聚器表面光洁度的使用。

6.6.14　吸收率和发射率

因为认为空间是绝对零度,宇宙飞船外表面通过辐射与空间连接在一起。由于这些表面也暴露于像太阳这样的外部能源下,必须选择它们的辐射性能来使内部耗散、外部能源和向空间的排热达到平衡,同时要保持所需的工作温度。外表面最重要的两个性能是发射率和太阳能吸收率。通常,发射度是温度的函数,但对很多材料可以用27℃(80°F)时的发射率来覆盖宇宙飞船预期的温度范围,并具有可接受的精度。宇宙飞船的散热器用热控制涂层来涂覆,以尽可能减少所吸收的热流,且尽可能增加向空间的热辐射。宇宙飞船的散热器要求低太阳能吸收率,以使吸收的太阳能和反照率加热尽量减少,并要求高红外发射率,以便在排热率及散热器温度不变时减小散热器。自 1958 年轨道飞行首次成功以来,一直使用光学涂层来控制人造卫星的温度。从那以后,涂层材料一直在发展,目前已有相当稳定的涂层,其半球形发射率 ε 在0.1～0.9这一相当宽的范围内,所选的太阳能吸收率 α 在 0.1～0.9 范围内。

为测量宇宙飞船涂层的吸收率和发射率,可以使用下面的 ASTM 试验方法。

ASTM E434"用太阳能模拟方法量热确定半球形发射率和太阳能吸收率与半球形发射率比值的试验方法"(见文献 6.6.14(a))。该试验方法涉及用稳态法量热确定太阳能吸收率与半球形发射率比值,和用瞬态技术量热确定半球形发射率总量的测量技术。可以用这种试验方法对任何种类的涂层进行试验,只要在真空中所有感兴趣的温度范围内其结构保持稳定。这个方法相当复杂,因此,并不广泛使用。

ASTM E903"用积分球方法测量材料太阳能吸收率、反射率和透射率的标准试验方法"(见文献 6.6.14(b))。该试验方法涉及用带有积分球同时暴露于标准太阳能光谱辐照度下的分光光度计测量材料光谱吸收率、反射率和透射率的技术,规定了由测得的光谱值计算太阳能加权性能的方法。该试验方法适用于同时具有镜面反射和漫射光学性能的材料。

ASTM E408"用检测表(Inspection-Meter)技术测量表面法向发射率总量的标准试验方法"(见文献 6.6.14(c))。这些试验方法涉及用手提式检测表确定表面发射率总量的技术。这些试验方法用于必须快速和希望进行无损检测时的大面积测量,它们特别适用于生产控制试验。有一种用于测量由试验件反射的辐射能,而第二种则用于测量由试验件发射的辐射能。

6.6.15　热循环

空间结构用复合材料常常会遇到热循环,例如低地面轨道宇宙飞船复合材料结构会周期性受到 90 min 日照接着又处于地球阴影。飞机前缘,特别是超声速飞机在飞行时会受到气动加热,并随后冷却到大气低温,如在北极地区。热循环对复合材料有很多影响,主要影响是复合材料组分不同的热膨胀引起的内部过度热应力释放而产生的内部损伤,虽然这种损伤可包括纤维断裂、微屈曲、拉出和皱损,但主要的后果是基体的微裂纹,6.6.16 节中对此分别进行了讨论。对复合材料整体,热循环会导致弹性模量、微观力学性能(微观屈服强度和微观蠕变)、热物理性能(热膨胀和湿膨胀系数)、黏弹性常数、扩散率、渗透率的变化、物理老化(体积变化)和化学老化,例如,单向层压板的热循环会降低 0°方向的热膨胀系数,并增加 90°方向的热膨胀系数(由于微裂纹)。准各向同性铺层的趋势是变化的,取决于厚度、树脂类型和其他变量。

热循环的影响与下列因素有关:最高与最低温度、加热与冷却速率、复合材料性能(如铺层方向和顺序),基体、纤维与界面强度,以及结构几何形状,特别是最小厚度。当涉及低模量材料,如夹层结构中的胶黏剂时,在几千次循环以前其影响可能不显著,较高的温度和湿度会产生黏弹性恢复效应,它会降低微裂纹的影响,并延缓尺寸变化与其他性能稳态变化所需的时间。

热循环条件一定与最终应用有关,例如瞬态的快速加热(热冲击)对复合材料战术导弹机体和超声速飞机很重要,由于超声速时的气动摩擦作用和暴露于喷气或火箭排气尾流,它们可能会受到高达 100 ℃/s(200 ℉/s)加热速率,温度会从 300 ℃(600 ℉)增加到 800 ℃(1500 ℉)。吸收的水汽对确定复合材料中热冲击引起的退化程度是重要的因素。这里热冲击定义为,当外部湿度环境没有重大变化时接近玻璃化转变温度的短时偏移,因此湿度环境是非平衡的状态,会出现吸湿特性和基体控制性能(如层间剪切强度和蠕变速率)的重大变化(见文献 6.6.15(a)~(b))。

理论上这些影响用多余的自由体积、更多的吸湿点、水分对树脂氢键的能力、耦合的热与质量传递,和额外考虑烧蚀的应力松弛来描述。某些材料体系对热冲击似乎特别敏感,而其他体系则影响很小。

快速冷却的"反向热效应"与热冲击有关,并可在吸湿接近饱和的某些环氧树脂体系中发现。与吸湿随温度增加而增加的"正常"行为相反,它表现为当浸润温度降低时,其吸湿速率立即增加(见文献 6.6.15(d))。其机理涉及水分引起的弹性空穴和/或连同极性分子吸引力的自由体积,涉及的多余体积部分代表了对复合材料的永久损伤。这样,除非热循环在持续干燥或真空环境中进行,就会出现与添加水分有关的现象。但若是干燥环境,则不再有吸收水分的塑化效应,复合材料对微裂纹更加敏感。

航宇的聚合物基复合材料试样、部件和结构的热循环通常发生在包括加热与冷却的温度范围内(如±222℃(±400°F)),因为在这一过程中会从材料中除去水分,因此必须知道初始的水分含量,同时也应知道初始固化条件、缺陷状态、纤维体积含量和空隙含量。

通常要调节加热和冷却速率来模拟工作条件,如在人造卫星中的太阳加热或在机场存放后飞机中的热偏移。热冲击和反向热效应也可在受控的湿度下发生。

6.6.16 微裂纹

6.6.16.1 引言

聚合物基复合材料中的微裂纹是内应力或外部应力引起的空隙。内应力最初是由于有差别的固化时间与从制造高温下冷却引起的,后者是增强体与基体间热收缩差引起的,这些应力随温度降低而进一步增加。当他们超过了初始强度,如基体或纤维/基体胶接强度,就出现了裂纹。大多数微裂纹并不穿越增强纤维,所以在由织物预浸料制成的正交层或层压板中的微裂纹只局限于单层厚度范围内(见文献 6.6.16.1(a))。除湿和机械静力或循环载荷产生的应力也会引起微裂纹。龟裂(表面或层内)是树脂结构中形成的微观裂纹,它们是机械加载、太阳辐射、化学暴露和其他情况下引起的外载荷施加(见文献 6.6.16(b))的结果。

微裂纹的后果包括大多数微观力学与微观物理性能的变化。微裂纹会由于多出的裂纹体积引起净尺寸的变化,即使几千次热循环就能观察到表面的变形,对微裂纹最敏感的指示之一是微屈曲强度(MYS)试验,迄今为止对此尚无标准,但在文献 6.6.16.1(c)和(d)中进行了广泛的讨论,此时试样受到逐步增加的短时载荷水平。对应于一个永久或塑性微应变的应力水平是 MYS,对未开裂碳纤维增强复合材料伪各向同性层压板,MYS 通常超过 138MPa(20000psi),而带有微裂纹时,该值则低达 6.90MPa(1000psi)。另一个敏感指标是热膨胀系数,它取决于铺层。在开始进行热循环时测量得到的热应变与温度的关系给出了有关微裂纹进展的良好指示。声发射对跟踪微裂纹范围也很有用。常规的损伤敏感试验,如冲击后压缩

(CAI)能检出热损伤,并是内部损伤的表征,微观的边缘裂纹数通常不是可靠的内部损伤表征量,在文献 6.6.16(1)中提出了基于裂纹构型和试样自由边影响的两个理由。两层以上层组中的裂纹呈现预期的样式,但单个的层会表现出不同裂纹密度的短裂纹。边缘附近的角铺设层比中间的层表现出较低的开裂水平,这是由于这些层在自由边附近横向应力较低。受载时边缘的准确状态可能也有影响。

对微裂纹的研究要求能控制温度、吸湿和其他环境条件,这对芳纶纤维增强树脂和芳纶纤维增强(Nomex 或 Korex)蜂窝夹层结构更是如此。这里壁板组分以不同的速率吸湿/放湿会导致与时间有关的复杂应力状态。水分也会对界面胶接有影响,从而可用于确定微裂纹的起始和扩展速率。

6.6.16.2 制造工艺引起的微裂纹

低于树脂固化温度的冷却会产生主要取决于铺层方向的内应力,单层热膨胀系数(CTE)的(正交异性)属性是产生微裂纹开裂的主要原因。例如,面内带有连续单向石墨或芳纶纤维的层,在纤维方向表现为低热膨胀系数,通常为 0 ± 0.1 ppm/℃(0 ± 0.003 ppm/℉);而横向(穿越纤维)热膨胀系数通常为 $15 \sim 30$ ppm/℃($0.4 \sim 0.9$ ppm/℉),这意味着从无应力时的温度开始冷却,会在纤维处于不同方向的层内产生内应力的累积。温度偏离足够大时,这些内应力有可能超过基体强度而形成微裂纹。层压板分析表明,铺层角变化较小的相邻层产生的内应力水平较低;而正交铺层$(0/90)_n$ 的内应力最高,因此后者对微裂纹最敏感。

制造方法会改变内应力,例如若用卷筒铺覆,而不是用纤维缠绕,则同样的铺层就可能开裂。为尽可能降低对微裂纹敏感性的制造指南包括对固化化学和后固化回火的控制,后固化回火是将材料在后固化温度下保持数小时,后固化回火将释放应力和/或增加基体强度。必须要避免侵蚀性的液体环境,如有机溶剂。采用机织织物、加筋条、玻璃纤维隔层和缝合可提供止裂表面,从而有助于保持结构完整性。较高的固化温度可强化基体,但另一方面较低的固化温度可增加破坏应变——这两种效应都会减少微裂纹。应尽量减少纱/丝束加捻来减少纤维之间的接触。微粒添加剂,通过降低基体热膨胀系数同时增加其刚度来减少残余应力,从而减少冷却时的微裂纹开裂趋势。纤维浸润的缺失和空隙含量会增加微裂纹开裂的趋势。

6.6.16.3 热循环所引起的微裂纹

层压复合材料的热循环会引起很多现象,包括微裂纹物理与化学老化、后固化、水分流失、质量损耗和热损伤(见 6.6.15 节)。微裂纹又会引起尺寸、模量、面内剪切强度、黏弹性参数、扩散率和渗透性的变化。聚合物基复合材料(PMC)中热引起的微裂纹通常厚 $1 \sim 100 \mu m$,长度与相邻等同方向层的厚度一样。在报告中给出,一个循环后,从室温到固化温度并冷却到液氮温度,Celion 6000/PMR - 15 的线性裂纹饱和密度为每厘米 8 个(每英寸 20 个)(见文献 6.6.16.3(a)),在 -156℃(-249℉)和 316℃(601℉)之间循环 150 次后,报告给出的密度是 35/cm(90/in);总共 500 个循环后,其密度保持不变,但裂纹进一步扩展到相邻层中。

由单个裂纹形成传递给结构的尺寸变化取决于铺层方式,已对$[0/60/-60/0]_T$的 GY70/934 玻璃纤维增强塑料管用基于光纤的声技术(opto-acoustics)进行了测量,在 0°方向每个裂纹引起的尺寸变化为 2～3 纳应变(见文献 6.6.16.3(c))。

热疲劳引起平行于纤维方向裂纹的产生和扩展,同时穿透每层的厚度。热膨胀系数会随裂纹密度变化,这取决于组分的力学与热性能,以及铺层方式。对首次冷却到低于无应力温度时热应变的测量可给出微裂纹开裂及其随后扩展所需的起始温度(从而应力状态)的精确指示,相邻层差 90°的铺层方式其起始温度最高。由于面外层间边缘应力不同(与铺层有关),薄壁管允许的温度偏移值会与板件层压板的不同。

热引起的微裂纹开裂范围将取决于固化化学、精确的铺层方式、温度变化、基体刚度与强度,以及边缘或端部影响(会产生分层的部位)。改进韧性和破坏应变会降低热循环引起的微裂纹,由航天鉴定过的层压板数据(见文献 6.6.16.3(d))表明,对氰酸酯基体大约 500 次循环后微裂纹密度基本稳定,而对某些环氧树脂基复合材料大约 2000 次循环后才能稳定。

使微裂纹尽量减少的方法包括:降低树脂模量、降低纤维刚度、将粒子添加剂加入基体来降低它的热膨胀系数,这包括将橡胶这样的增韧添加剂加入基体,和允许塑化基体中的水分;铺层修改有助于:例如尽量减少相邻层的纤维夹角;预浸润涉及超出预期使用范围的预加载和/或热循环。这会降低裂纹进一步扩展的趋势,并能使某些微物理和微力学性能稳定,但它会使得由于基体刚度的降低、水分进入的增加以及疲劳强度的降低而产生永久性弱化。

6.6.16.4　机械/循环(疲劳)所引起的微裂纹

疲劳是用于机械或应力循环引起强度退化的常用术语,并可能包括不同于微裂纹的损伤机理。例如力学性能可能会由于(层内)龟裂后增加吸水而退化,后者通过应力应变曲线的不连续很容易识别,并能够与外载荷叠加得到的临界应变联系在一起(见文献 6.6.16.1(b))。在文献 6.6.16.4(a)和(b)中给出了更多有关龟裂的信息。用较薄的铺层代替较厚的铺层有助于减少微裂纹的扩散,较薄的铺层受约束更多,并产生较小的层间自由边应力。虽然很多 PMC 层压板的强度和刚度在它们冷却时会增加(它会增加疲劳寿命),但其破坏应变也会由于微裂纹密度的增加而增加。通常刚度降与横向层中的裂纹密度成正比。

6.6.17　热氧化稳定性

此节留待以后补充。

6.6.18　阻燃性和烟雾生成

6.6.18.1　引言

对于有机基复合材料在封闭空间中应用,特别关注的一个问题是偶然的(或有意的)失火可能导致结构损坏的可能性。这里潜在的问题出自于两方面的原因。首先,热导致聚合物黏结剂被削弱。热塑性黏结剂开始蠕变,当产生的火焰使其局部温度升高超过玻璃化温度时将出现流动;而热固性黏结剂降解为碳或气化(或两者）。于是，黏结剂的作用降低，复合材料失去强度。若在结构中复合材料仅仅起到次要的或修补的作用，局部热导致的复合材料破坏或许是不严重的，还有时间来修复损伤的材料。然而，若受影响的复合材料部件为像飞机机翼那样主要的关键结构的一部分，结构可能破坏。

问题的第二个方面可能使第一个方面的问题显著扩大。黏结剂可能起火并支持火焰在复合材料表面的蔓延，而且还要释放热量及产生可能有毒的烟雾。于是，局部的、外部的起火可能引起涉及复合材料的较大结构范围的燃烧，而复合材料则成为助燃的燃料。在诸如船舶、飞机那样的有限的、封闭的空间中，不断蔓延的火焰可能导致烧穿状态，在该状态下封闭体内所有易燃的材料开始燃烧。在诸如桥梁那样的开放的空间下，渐渐增大的火焰显然增加结构损坏的概率。同样，当复合材料不作为主要结构仅仅起次要作用时，将会降低出现有危险性后果的可能性。对于地震加固，问题变得有点复杂。火灾伴随着地震，但它们具有延缓初始震动的倾向。若地震引起的火灾没有损坏结构上的复合材料加固件，结构可能容易经受住初震的考验，仅只成为火灾后出现的余震的牺牲品。

与许多易燃材料相比，复合材料具有固有的优点，它有助于阻止最坏的后果（大火的牵连）发生。这是由于在某些情况下其惰性纤维重量含量（通常）高达 70% 的缘故。纤维置于聚合物树脂之中使得向火焰提供的燃料减少。当由于加热引起的气化使复合材料最外层失去其树脂时，它们的作用变为绝缘层，降低热渗透进入复合材料内部及来自其深处的气体演化（见文献 6.6.18.1(a)～(c)）。

6.6.18.2　火焰蔓延试验方法

有关许多复合材料的应用，对可居住环境，火焰蔓延的可能性应该是首要被提出和克服的问题。有些令人意外的是，除了有限的隔舱火焰蔓延的研究外，这个问题只受到很少的关注。在为数不多的复合材料表面火焰蔓延的研究中，大多采用火焰沿横向和向下蔓延的试验，这些是相对较慢的火焰蔓延模式，它们在机械学上不同于蔓延速度快得多的火焰向上扩展。横向/向下模式的性能好未必意味着向上蔓延的性能好。然而，相反的情况可能是成立的，即对于向上蔓延的阻力应有助于产生对于横向和向下蔓延的阻力。

需要测定遏止火灾蔓延的可能性，包括阻碍热从外火达到复合材料的表面或抑制树脂对于该火的固有响应。一个极端的情况是复合材料总体对火焰的绝缘。这已被作为解决火卷入的危害和结构崩溃威胁的建议。足够厚（例如 5 cm（1.97 in））的纤维绝缘层可以使复合材料的温度低于它的起燃温度（减少与火连带的危害）而且也可在 30 min 或更多时间内低于它的玻璃化转变温度（减少结构崩溃的威胁）。

阻燃树脂为一个解决火焰蔓延问题的可能方法，但是它们仅仅是减少复合材料的可燃性，这就是在火焰蔓延发生前转化为对较大外部火源的抗力。在未发表的 NIST 试验中，用溴处理的乙烯基酯/玻璃复合材料本质上呈现出改变起燃特性，但要求较强的表面热通量来支撑十分高的火焰蔓延（1.2 m，即 3.94 ft）；其增加量从

$3\sim5\,kW/m^2$ 至大约 $10\,kW/m^2$。这是否充分与否,取决于所采用的复合材料和起燃源,看来它还是来自于经验。若其他性质与应用相兼容,选择诸如酚醛树脂那样的强碳化树脂可以提供较大的益处。

正如前面所指出的,对于非复合材料的应用,发泡型防火涂料是已制定的防火技术。关于它们对于防护复合材料的能力,已经进行了有限的研究,这些研究关注包括某些发泡型防火涂料在内的各种涂料的性能来延迟起燃,降低热释放率,抑制横向火焰蔓延以及在标准温度-时间暴露中延长复合材料抗火能力的程度和持续时间。这些研究表明,仅有限的少数商用涂料才具有在大火的、剧烈的特定热暴露期间具有逗留在适当位置的能力(见文献 6.6.18.2(a)~(c))。

在联邦航空条例 25.853 中规定了对于运输机的阻燃要求。试验方法、附加的要求以及实现该方法所需要的其他资料包含于"航空材料火灾试验手册"(*Aircraft Materials Fire Test Handbook*)DOT/FAA/AR-00/12 之中(见文献 6.6.18.2(d))。

6.6.18.2.1　ASTM E84——建筑材料表面燃烧特性(见文献 6.6.18.2.1)

在地面结构中复合材料的内部应用很可能归入现有建筑物或结构规范要求,这经常意味着在 ASTM E84 风洞试验中对于某些指定性能等级的要求。

E84 风洞试验测量在并流空气流动中的火焰蔓延。风洞没有采用辐射加热器来预热试件,但取而代之的是,流过系统的空气是被燃烧器和沿试件长度向下推进的火焰来加热,通过试件表面的热空气提供使未燃烧材料达到其起燃温度所需要的能量。

用于仪器设备的起燃源是两个位于试件下方 $305\,mm(12\,in)$ 位置处的燃烧器。该燃烧器发射沿试件长度从 $305\,mm(12\,in)$ 位置处向下大约 $0.9\sim1.2\,m(2.95\sim3.93\,ft)$ 的甲烷弥漫的火焰来冲击试件。试验箱和元件的布局图如图 6.6.18.2.1 所示。

试件为 $7.3\,m\times0.51\,m(23.95\,ft\times1.67\,ft)$ 的矩形。试件和托架安放到位成为风洞顶棚。剩余的壁由耐火砖排列而成。热电偶放在 $4.0\,m$ 和 $7.2\,m(13.12\,ft$ 和 $23.62\,ft)$ 处。利用在风洞进气道端部的节气闸来调节新鲜空气流。控制流动速率使得在风洞中的速度为 $121\,cm/s(47.64\,in/s)$。

钢排气系统连在风洞的排气端,通过排气系统的气流是通过试验箱的连续气流。在排气烟道中测定烟昏暗度,采用光度计系统测量光透射率的降低,光路通过垂直于排出气流的烟道。

测量值包括火焰在一个测量的距离内蔓延所经历的时间、排气温度和光传输的百分数。通常计算值包括火焰蔓延和烟扩展指数。

试验已表明,按在全尺寸箱体中所测量的火焰特性相同的序列对"性能良好"的材料进行排列。这里,"性能良好"一词,在本质上,意谓材料行为像在火中的木头(即把材料烧焦并在多数测试期间位于风洞的顶部)。在一个给定类型全尺寸试验中正确地排列材料火焰特性是对于一个试验方法的最低要求。

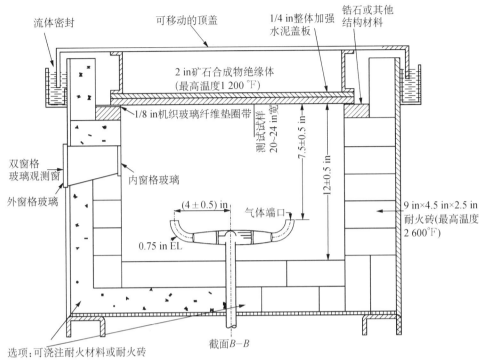

图 6.6.18.2.1 用于 ASTM E84 试验方法的试验加热炉横截面

英制单位/in	国际单位/mm	英制单位	国际单位
1/4	6.3	20 in	508 mm
2	51	9 in × 4.5 in × 2.5 in	230 mm × 115 mm × 65 mm
4 ± 0.5	102 ± 13	1 200°F	649℃
7.5 ± 0.5	191 ± 13	2 600°F	1 427℃
12 ± 0.5	305 ± 13		

6.6.18.2.2 ASTM E162——采用辐射热能源的材料表面燃烧特性(见文献 6.6.18.2.2)

另一个实验室规模的火焰蔓延测试为 ASTM E162。ASTM E162 的方法包括火焰蔓延指数的测定,它是能量释放率和平均火焰向下方蔓延速度的乘积。尽管当材料燃烧时这些量随时间而改变,公式中表示该指数为一常数以便为分类不同材料提供通用的度量。

固定试件在测试设备中使其与辐射热源成某个角度,这迫使在试件上边缘点燃,并且若火焰蔓延,它将向下扩展。

152.4 mm(6 in)宽、457.2 mm(18 in)长以及不大于 25.4 mm(1.0 in)厚的试件被放置在试件托架中,它坐落在用空气和气体作为燃料供应的 304.8 mm × 457.2 mm(12 in × 18 in)辐射板的前面。辐射板是由耐火的多孔材料构成并应可以在高达 815℃(1 500°F)下工作。在试验开始时一个小的引燃火焰被施加于试件的顶部中心,当火焰前沿前进 381 mm(15 in)或暴露时间达 15 分钟后便完成了试验。

记录暴露时间和试件是否毁坏,以及诸如流动、滴下物等观察到的任何燃烧特性。记录平均火焰蔓延指数。

6.6.18.2.3　ISO9705 火灾试验——关于表面产物的全尺寸房间试验(见文献 6.6.18.2.3)

目前还没有用于火焰向上蔓延可能性的小尺寸试验。最接近的相关试验为全尺寸的,它包括横向和同时发生的火焰蔓延(类似火焰向上蔓延),这就是 ISO9705,它已被推荐适用于高速航空器的内表面材料(包括复合材料)。这是一整个房间的试验,并且对于评定复合材料可能十分昂贵。作为一个封闭的试验,对用于诸如桥梁或码头等开放空间中的复合材料,可能过于严厉;然而,对于诸如轮船的舱面船室那样的封闭空间,该试验是十分适宜的。封闭空间提供了增强的热反馈效应,这是由于热熏累积的结果,而在开放的火焰暴露情况下这是不存在的。

全尺寸房间墙角火焰试验方法被发展用来评价关于火焰在实际的房内和越出房外蔓延的材料潜能。尽管此方法主要为内衬材料编制,该试验也可用于测试整个建筑组件。此试验提供从材料开始点燃至烧穿时的数据。

"标准"构型是由 3.6 m×2.4 m(11.81 ft×7.87 ft) 面积和 2.4 m(7.87 ft)高的箱体构成,该箱体具有一个位于 2.4 m(7.87 ft)侧壁中间的门道。ISO9705"标准方法"采用丙烷气体炉,它在前 10 min 为 100 kW 而在接着的 10 min 变为 300 kW。在一个类似的建议的 ASTM 标准中规定采用 176 kW 丙烷炉。两个方法均要求把气体炉放在一个角落以便使火焰接触到墙壁和天花板。

"标准"构型要求候选材料覆盖墙壁(除去门道墙壁)和天花板。将试件安放在与预定现场应用相当的构架或支持系统上,采用适用于预期应用的背衬材料、绝缘体或空气间隙。

试验测定墙壁和天花板或部件可能对火焰增长产生影响的程度。因此,要规定在室内和排气系统的仪器以便测量:①室内热流量;②由火灾产生的总的热释放;③若出现烧穿,火焰通过门口涌出的时间。对于烟雾和有毒气体危害的测量也给出了规定。

6.6.18.2.4　ASTM E1321——确定材料起燃及火焰蔓延性能(见文献 6.6.18.2.4)

LIFT 方法,ASTM E1321,结合了两个各不相同的试验方法:一个是测定起燃,而另一个是测定横向火焰蔓延。

试件托架使试件固定于垂直方位。放置一个从垂线方向起始为 75°角的平行于试件的辐射面板,该布局图如图 6.6.18.2.4 所示。起燃试验要求采用 150 mm×150 mm(5.90 in×5.90 in) 的试件,它们暴露于接近均匀的热流中。采用在不同热通量水平下的一系列试验来得出起燃时间和辐射热通量的关系图。根据该分布图,来测定适于起燃的最小热通量。

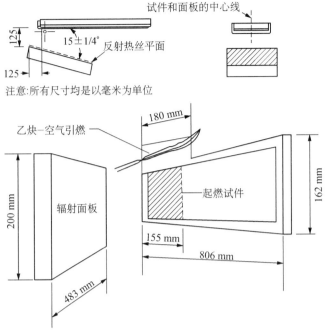

图 6.6.18.2.4　ASTM E1321 试验方法示意图

　　火焰蔓延试验采用 150 mm × 800 mm(5.90 in × 31.49 in) 试件。将这些试件暴露于在空间上分段的热流中,该热流比在热端上面计算的最小热通量高 10 kW/m²,此流通量明显地在试件另一端衰减至低的水平。在基于起燃试验所确定的时间内预热该试件。在预热时间结束后,起燃使得水平方向引燃。于是,记录在试件上的火焰蔓延速率与热通量的关系。

　　记录的数据包括起燃的最小热通量、起燃所需的表面温度、热惯性值、火焰热参数和火焰前沿速度与热通量的关系。

6.6.18.3　烟雾和毒性试验方法

　　燃烧气体生成定义为在燃烧过程期间从材料中析出的气体。在燃烧期间析出的最常见的气体是一氧化碳和二氧化碳,连同 HCL,HCN,以及取决于给定复合材料基体树脂化学成分的其他物质。历史上,人们遭受燃烧产物的伤害和死亡比由于直接热/火焰暴露还要多。已经制定了不同的试验方法来评估燃烧材料所产生烟雾的潜在毒性,这些试验方法对火焰暴露(无火焰与有火焰比较)很敏感。试验方法采用生物测定(动物试验)或分析技术来确定燃烧材料毒效(见文献 6.6.18.3(a)和(b))。

　　6.6.18.3.1　ASTM E662——固体材料生成烟雾的光密度率(见文献 6.6.18.3.1)

　　由 ASTM E662 确定的 NBS 烟雾室是用于检验材料在无火焰与火焰模式下所产生的烟雾。将试件单独暴露于辐射热源(无火焰模式)或带有引燃火焰(火焰模式)。辐射热由电辐射加热器提供,加热器为 76 mm(2.99 in) 直径的圆形,它被安放在平行于试件的垂直方位。加热器施加 25 kW/m² 的热通量至试件表面。

试件的引燃点火利用多重火焰的预混合丙烷/空气燃烧器来完成,燃烧器位于试件的底部。燃烧器设计得使某些火焰直接冲击试件表面,而某些则平行于试件表面向上投射。仪器设备如图 6.6.18.3.1 所示。

图 6.6.18.3.1　ASTM E662 烟雾室的照片

试件为 76 mm×76 mm(2.99 in×2.99 in) 的方形,厚度可以改变直至 25 mm。将试件沿垂直方位支持。试件、托架、燃烧器和加热器放置于具有长宽高等于 914 mm×610 mm×914 mm(2.99 ft×2.00 ft×2.99 ft) 的试验箱中。除了在底部和顶部的通风口外,将该试验箱密封。仅当室内的压力变为负值时,才打开通风口。

利用从底部至顶部的垂直路径变换的照相系统测量烟雾昏暗度,采用白炽灯作为光源,用光电倍增管作为接收器。

被测量的值包括外部施加的热通量及传输的光,计算的值则包括光密度率。

6.6.18.3.2　NFPA 269——开发用于火灾灾害建模的毒效数据(见文献 6.6.18.3.2)

国家消防协会(The National Fire Protection Association,NFPA)已将 NFPA 269 用于火灾灾害建模。这是采用解析和生物鉴定技术的小尺寸试验方法。在该试验中,试件在暴露于 50 kW/m² 辐射通量达 15 min 期间用电火花起燃。在密封箱中用 30 min 聚集所产生的烟雾。在测试期间内,测量 CO, CO_2, O_2 的浓度,并且对浓度-时间曲线下面积积分来计算浓度-时间乘积(Ct)的值。根据材料组分来选择测定 HCN, HCL 和 HBr。用测试试件的 Ct 乘积和质量损耗来计算试验的有效剂量百分数(FED),在计算中利用该值来预测试件的 30 min LC_{50}。LC_{50} 是致命毒效的度量。它是由在规定的暴露和暴露后时间内预计产生测试动物 50% 死亡率的浓度-响应数据,统计计算得到的气体或烟雾的浓度。然后,用比较试验来确认这个预测的 LC_{50};该试验在暴露箱中,由产生预测值 LC_{50} 那样尺寸的试件产生的烟雾,将六只老鼠暴露于其中。根据在 30 min 暴露和暴露后的 14 天内死亡的老鼠数目确定 LC_{50} 预测值的有效性。用这种方式可能确认,所监测的有毒物质是造成所观测到结果的实际原因。所得出的 LC_{50} 值适用于烧穿前,还要提供另外的计算以便算出适用于烧穿后的 LC_{50}。此修正系数是根据受控通风的烧穿后出现的所增 CO 浓度。

6.6.18.4 热释放试验方法

最近几年来,有关火灾的研究及火灾动力学认识的发展已使得热释放率(HRR)作为主要的火灾危害指标凸现出来。可以用热释放率来描述一组给定的燃料负荷、几何构型和通风条件情况下的火灾灾害,而且火灾灾害分析应该包括由小尺寸热释放率试验所得出的材料相应的火灾响应参数。基于热释放率测量的可能的火灾灾害评估也推广用于复合材料。热释放率,特别是其峰值,为确定火灾环境的范围、蔓延和抑制要求的主要特性(见文献 6.6.18.4(a)和(b))。

6.6.18.4.1 ASTM E-1354——利用氧消耗热量计所得的材料和产品的热和可见烟雾释放率(见文献 6.6.18.4.1)

ASTM E-1354 测量暴露于受控的辐射热水平下的材料的小试件响应,并被用于测定热释放率、可燃性、质量损耗率、燃烧的有效热和可见烟雾生成。实验室规模的火灾试验方法通常称为锥形热量器,涉及应用氧消耗原理并由图 6.6.18.4.1 表示。氧消耗原理陈述如下:对于多数易燃物,存在一个唯一的常数,13.1MJ/kg O₂,它与在燃烧反应期间的热释放量和从空气中消耗的氧气量相关。采用这个原理,仅仅需要测定燃烧系统中的氧气浓度以及流动速率。通过试件的空气流一般规定为 24 升/秒(24L/s),这得到了在高燃料依赖性的燃烧条件。

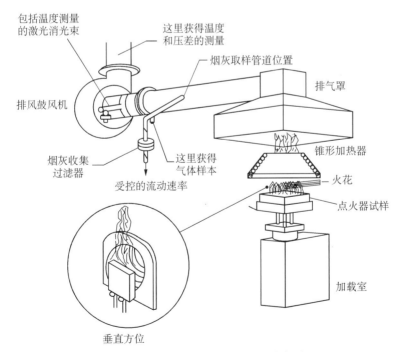

图 6.6.18.4.1 ASTM E-1354 示意图

将被测试的材料或产品的试件切成 $100\,mm \times 100\,mm(3.94\,in \times 3.94\,in)$ 大小，厚度则取决于被测试的产品的类型，其范围从 $6 \sim 50\,mm(0.24 \sim 1.96\,in)$。要保护试件边缘免受燃烧，试件可以位于水平方向也可以位于垂直方向。试件是由称之为锥形热量器的截锥形电加热器来加热。对于试件的辐射度可指定为从零全 $110\,kW/m^2$ 中的任何所希望的值，但是要求 $25\,kW/m^2$，$50\,kW/m^2$，$75\,kW/m^2$ 和 $100\,kW/m^2$ 的特定的热伤害，这些热伤害相当于小的 A 级火灾、大的垃圾桶火灾、相当大的火灾和油田的火灾。试件引燃点火山电火花来提供，山于提供了均匀、受控的辐射度，起燃时间自身，当测量时，构成了一个适当的起燃试验。将试件装在一个加载室上，记录它的质量并连同其他仪器数据来得出质量耗损率的数据。烟雾测量系统由横过排气管发射的 He-Ne 激光束构成，单色光由固态检测器监控。第二个检测器用作提防漂移和激光功率波动影响的参考。将光学系统设计为自清洗的并且不采用光学窗户。试验条件的详尽的规范要求规定辐射度、试件方位、采用火花起燃、试验辐射度和任何特定的试件制备技术。

在锥形热量器中得出的数据构成非常大的数据集并可以用多种方法来进行分析。记录的数据如下：

（a）热释放峰值速率（kW/m^2）。

（b）在从起燃时间起始的各种不同时间期限上的平均热释放速率（kW/m^2）。

（c）有效的燃烧热（MJ/kg）。由于燃烧是不完全的（如同在真实的火灾中），它将低于氧气瓶的燃烧热值。

（d）试件质量损耗百分数（%）。

（e）起燃时间（s）。

（f）平均烟雾昏暗度（m^2/kg）。来自材料的烟雾量的有理单位 m^2，表示烟雾消失截面。这是用试件质量损耗总量（kg）来进行的正则化。

（g）每一个被测试气体种类的平均产量（kg/kg）。

6.6.18.4.2　ASTM E906——材料和产品的热和可见烟雾释放率（见文献 6.6.18.4.2）

ASTM E906 基于热电堆法，这里采用温升来确定材料的热释放率。热电堆法测量在 $35\,kW/m^2$ 辐射热通量下材料的热释放。仪器设备是由置于被绝缘的金属盒内的燃烧室构成。辐射源包含四个标称电阻为 $1.4\,\Omega$ 的碳化硅加热元件。将试件暴露于室内辐射度为 $35\,kW/m^2$ 的辐射加热源之下。

试件的尺寸为 $150\,cm \times 150\,cm(59\,in \times 59\,in)$，对于每一种材料至少测量三个试件。起燃由来自试件托架上方的甲烷炉的引燃火焰引起。通过仪器的总的空气流动速率为 $40\,L/s$，而以 $10\,L/s$ 速率的空气流动经过燃烧室，剩余的 $30\,L/s$ 流量则通过凹形壁段。利用由 5 个 K 形热电偶组成的热电堆来测量流入空气和流出气体的温度。热电偶热接点沿隔板上方烟道的对角线分布。相对于进入燃烧区的空气温度，离开烟道的气体的温升给出了该材料热释放率的度量。

6.6.18.5　抗火灾试验方法

火灾的强度和持续时间变化很大,为给定的舱室选择与潜在火灾威胁更匹配的那些组件,了解某些建筑物的组件对于各种火灾威胁的抵抗力的知识是重要的。这里,对火灾的抵抗力是指在火灾期间材料继续发挥其结构作用的能力。

6.6.18.5.1　ASTM E-119——建筑结构和材料的火灾试验(见文献 6.6.18.5.1)

有关对火灾抵抗力的试验方法为 ASTM E-119,它采用通常称为标准时间-温度曲线的方法。保险业试验室(underwriters laboratory)利用此试验方法来提供用于建筑结构中的所有组件的火灾等级。

在此试验中,将结构部件置于加热炉的环境并达到所要求的期限。若在试验结束之前没有达到规范的边界点,该部件被认为对于诸如 30 min 或 60 min 那样的试验期限是可以接受的。要以这样的方式加热炉子使得炉内的温度遵循一条标准的时间-温度曲线。试图把如图 6.6.18.5.1 所示的曲线与在完全燃烧房间的火灾条件联系起来。部件可以在有载荷或无载荷的情况下进行试验。若部件是在有载荷的情况下进行试验,将该部件加载至产生理论计算得到的最大设计应力水平。地板和屋顶件及承重壁总是在载荷下进行试验。另外,必须将第二个试件暴露于水龙带管流之中来模拟人工救火和快速冷却。

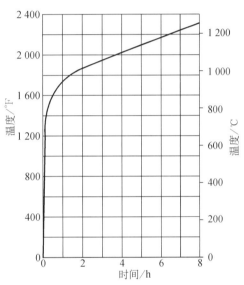

图 6.6.18.5.1　ASTM E-119 时间温度曲线

规定试验件尺寸为:承重墙和隔断 9.3 m^2;非承重墙和隔断 9.3 m^2;支柱组 2.7 m^2;地板和屋顶 16.7 m^2。

6.6.18.5.2　ASTM E-1529——确定大的油气田火灾对结构元件和组件影响以及 UL 709——结构钢防护材料的快速起火试验(见文献 6.6.18.5.2(a)和(b))

烧穿后火灾的显著特点之一为迅速产生高温和高热通量,暴露于其中的结构元件受到的热冲击比在 ASTM E-119 中所观察到的快得多。ASTM E-1529 的火灾曲线就是用于处理这个问题。暴露于由自由燃烧的油气田特大火灾所引起火灾状态的结构元件和组件是这个试验关注的焦点。由这个试验模拟的场景为自由燃烧油气田特大火灾的明亮的火焰现场中结构元件和组件被整个连续吞没的情况。

试验装置向测试试件的所有暴露表面提供的平均表面热通量为 158±8 kW/m^2。该热通量在试验起始的前 5 min 内达到并在测试期间一直保持。在试验开始 3 min 后,试验环境至少达到 815℃(1500°F),而在试验经过 5 min 后的所有时间内保持在

1010℃和1176℃(1850°F和2150°F)之间。由于油气田火灾通常出现在室外环境,提出了加速风化和老化试验的方法以便模拟在室外环境中的风化和老化。按组件经得起不会使棉废弃物起燃的火焰或热气通过火灾情景的时间段,来给出了火灾持久性的级别。

在 UL 1709(结构钢防护材料的快速起火试验标准)中叙述的温度条件类似于前面 ASTM E1529 所提到的条件。然而在 UL 1709 中记述的热通量(($(204 \pm 16)kW/m^2$)比 ASTM E1529 提到的(($(158\pm8)kW/m^2$)要高。UL 1709 火灾曲线在试验开始3 min 后,至少升到815℃(1500°F),而在试验开始5 min 后的所有时间内处于1010℃(1850°F)和1180℃(2150°F)之间。与 ASTM E 1529 和 UL 1709 相对比,在开始5 min 结束时,ASTM E 119 火灾曲线仅上升538℃(1000°F),而在60 min 结束时达到927℃(1700°F)。

6.7 电性能试验

6.7.1 引言

在某些应用中,复合材料的电性能很重要。引起关注的性能包括电介质常数、电介质强度、体积电阻系数、表面电阻系数以及电阻、散逸和耗损因子。这些值可能受到温度和环境的影响,也可能受到固化剂类型、填料和在复合材料中采用的纤维的影响。下面的 ASTM 试验方法可以用来确定聚合物基复合材料单层和层压板的电性能。

ASTM D149"工业用动力电频率下固体电绝缘材料的电介质击穿电压和电介质强度的标准试验方法"。确定固体绝缘材料电介质强度的方法。

ASTM D150"固体电绝缘材料 A - C 损耗特性和电容率(介电常数)的标准试验方法"。当标准是集总阻抗时,用于确定固体绝缘材料的相对介电常数、逸散因子、损耗指数、功率因子、相位角和耗损角的方法。

ASTM D495"固体电绝缘体高电压、低电流、干弧阻的标准试验方法"。此试验方法用于材料的初步甄别,而不应在材料规范中采用。

ASTM D2303"绝缘材料的液态污染、斜面跟迹和腐蚀的标准试验方法"。用于定量评估绝缘材料经受表面放电作用相对能力的试验方法,这种放电作用类似于在污垢和大气凝结而成的水汽影响在使用中可能出现的现象。

6.7.2 电介电常数

此节留待以后补充。

6.7.3 电介质强度

此节留待以后补充。

6.7.4 磁介电常数

此节留待以后补充。

6.7.5　电性能试验——电磁干扰(EMI)屏蔽效能

某些复合材料应用要求材料隔断电磁辐射,来防护舱内的敏感电子器件不受外部辐射,或防止受到来自舱外辐射的泄漏或传送。材料或结构隔断电磁干涉的能力称为屏蔽效能。某些基于碳纤维的复合材料由于碳的导电性具有一定的固有屏蔽效能,虽然在很多情况中使用导电层或表面层来实现屏蔽效能的最大化。

各种 EMI 屏蔽,效能试验结果的报告用相对不用试样所测参照信号的信号衰减 dB 值与频率的关系给出,动态范围是无试样的信号水平与已知有极高屏蔽(通常是铝块)试样的信号之间的差别。不管使用什么试验方法,只要超出试验装置的动态范围,就无法测出屏蔽水平。

6.7.5.1　试样试验

通常有几种用于试样 EMI 屏蔽效能的方法来评估材料或材料组合的屏蔽效能。最有效的方法是修正的双箱方法(见文献 6.7.5.1(a)),它由无线电频率(RF)源构成,它放在屏蔽室内,通过室内一个侧壁上的窗口发射信号到相邻屏蔽室另一侧壁上的接收天线。试样放在窗口上,并把得到的插入损耗认为是屏蔽效能。若在两个空穴内用搅动方法,则会是更有效的方法。

除相邻的外壳是两个 6 in 的方盒子外,另一种双箱法(见文献 6.7.1(b))是类似的,还有另一种选择是共轴法(见文献 6.7.5.1(c))。所有这些方法没有一种能代表实际的应用,因此它们只应用于材料的筛选或比较。应该指出,共轴法对用户操作的不一致(如螺栓扭矩、装置方位、试样位置、试验设置和标定等)非常敏感。应清晰地描述使用这种装置的操作方法,且每个试验人员均应严格执行。

对所有各种试样试验,试验样品的边缘制备对测量结果有重大影响。通常不进行处置得到的屏蔽效能最低,而对试样边缘进行金属化得到的屏蔽效能则最高。

6.7.5.2　外壳试验

为评估设计细节,特别是连接和穿孔,很重要的是对完整结构,通常是对外壳进行 EMI 屏蔽试验。

为对整个外壳进行试验,有时采用一种双箱方法,但因必须要有一个天线在外壳内部,使它成为一个箱体,这种方法就有局限性。多数情况下,小到可以放在一个外壳内的天线,在该试验设置中具有的性能不会大到能得到合适的动态范围内所需所有频率。同样,为确定入射角的影响,外壳必须能沿所有的轴线旋转。另一个可能的问题是在产生人工峰谷值结果的屏蔽室中设置驻波或共振。

采用搅动型箱体方法(见文献 6.7.5.2)可消除这些问题。可在试验箱体,有时在外壳中旋转反射板,以便在所有的角度和极性下使试样"搅动"或投射 RF 能量。搅动型也利于消除共振来得到更精确的测量结果。

按 MIL - STD - 461E 进行的完整系统试验总是最好的总体试验方法,因为用试样试验,不管用哪个试验方法,无法测得超出试验设置动态范围的屏蔽级别。

6.7.6 静电放电

此节留待以后补充。

6.8 单轴静态力学性能试验

6.8.1 引言

6.8 节讨论测定层压复合材料单轴静态力学性能的试验方法。本节的目的是对最通用的方法提供简要的评述,提醒读者注意各种方法的局限性,并鼓励采用标准试验方法最终使得由多种途径获得的试验数据组合达到一致性的结果。有关 CMH-17 数据报告的统计学数据分析要求,读者参见第 8 章。

本节将反映复合材料试验方法发展的当今动态,许多方法最初的产生是源于增强塑料试验,但是已经完成(或正在进行)某些修改以便适用于先进复合材料。近年来,在使用者当中,存在未经正规标准化程序片面修改现行规范的倾向,导致有所失控的试验结果。一般地说,在 6.8 节中不讨论这些被修改的标准,除非是特定的修改变为共同所采用的或认为方法的讨论是有建设性的。所包括的试验方法是复合材料工业界中所采用有代表性的方法,应在审阅标准化文件和用户材料规范之后,再进行方法的选定。具体的试验方法可覆盖单层级试验、层压板级试验或两者兼有之,视试验方法而定。在适当的节中,讨论每个试验方法涉及的范围。

重要的是了解 6.8 节所提到的各方法的区别,以及向 CMH-17 提交数据的方法。

- 合同承包商所采用的试验方法要与用户和/或验证机构一致。为使读者对通用的方法有一个广泛的了解,在 6.8 节中对诸多方法进行了评述。某些方法已经被正式列为标准(ASTM 和其他标准),而某些方法则为"普遍惯用"的方法。某些方法具有各不相同的限制条件,将根据有关文件资料来指出这些条件。提及或略去一个特定的方法并不是自行要求或限制其使用。涉及的具体方法是让使用者能够完成符合工业实际的试验;然而,并不认为这些标准的内容是被 CMH-17 的任何标准或机构所认可的。
- 当向 CMH-17 提交数据以收入手册第 2 卷为目的时,必须采用特定的方法。在 6.8 节中许多小节末尾的表格指出为提交数据哪些方法是可以接受的,这些方法是按 2.5 节给出的准则选择的。鼓励读者在合同中和内部工作中也采用这些方法以提高标准化水平。

当选择和采用一个特定的力学强度试验方法时,不能过分强调获得适当的失效模式的重要性。对于很多的试验类型,还没有建立"适当"和"有效"的通用定义,当观察或推测到并非所期望的或有疑问的模式时,有必要进行进一步的分析。若由试验所得的失效模式不同于预期的情况,数据可能并不代表所要测定的性能。此外,若在一组试件中失效模式不一样,所得数据的统计分析变得毫无意义,这是由于引入与所要测定的性能无关的附加变化因素。因而,报告失效模式,且当分析指出失效模式不可接受时而取消和废弃相关数据是至关重要的。

应注意到,失效模式的分析不一定仅限于对破坏的测试试件的物理检测。其他证据可以从考察另外的一些因素来获得,诸如:

- 由背对背应变计数据得到的弯曲曲线;
- 校验试验机和/或试验夹头的对中性;
- 考察用于将试件安装和正确地与夹头对中所采用的严格程序;
- 校验试验夹具可能出现的损伤或误操作。

ASTM 已开始将失效模式的实例和编码引入它的标准试验方法中。例如,ASTM D3039 的 1993 年修订版(聚合物基复合材料拉伸性能的标准试验方法)记述了试件破坏的九种类型并定义了描述各种形式破坏的三个字符的代码系统。该代码的第一个字母用来识别破坏形式(成斜角、夹头、分层等),第二个字母指出破坏的区域(测量段、夹头处等),第三个字母表示破坏的部位(顶部、底部、中部等)。在拉伸试验的特定情况中,加强片或加强片胶黏剂破坏是不可接受的失效模式,这是由于没有测定层压板的拉伸强度极限。

在 6.8 节各小节中,并不是重复介绍失效模式的例子,而是建议读者认真研究失效模式的文件并参考存在这些例子的特定的试验方法中所提供的实例。

6.8.2　拉伸性能

面内拉伸性能:

单向板:E_1^t, F_1^{tu}, ε_1^{tu}, ν_{12}^{tu}　　　E_2^t, F_2^{tu}, ε_2^{tu}, ν_{21}^{tu}

层压板:E_x^t, F_x^{tu}, ε_x^{tu}, ν_{xy}^{tu}　　　E_y^t, F_y^{tu}, ε_y^{tu}, ν_{yx}^{tu}

面外拉伸性能:

单向板:E_3^t, F_3^{tu}, ε_3^{tu}, ν_{31}^{tu}, ν_{32}^{tu}

层压板:E_z^t, F_z^{tu}, ε_z^{tu}, ν_{zr}^{tu}, ν_{zy}^{tu}

6.8.2.1　概述

许多拉伸试验方法的基本物理特性非常类似:将具有直边工作段的柱状试件在端部夹持并承受单轴拉伸载荷。这些拉伸测试试件的主要差别是试件的横截面和载荷引入的方式。试件横截面可以是矩形的、圆形的或管状的;它可以在整个长度上是直边的("直边"试件)或从端部(大的面积)到工作段(小的面积)成锥形的[①]。在某些情况下,直边试件可以利用加强片式的载荷作用点。

对于承受单轴拉伸载荷的柱状试件,存在三个值得注意的例外情况:①夹层梁试验,该试验通过夹层梁的整体弯曲来产生面板内的平面应力状态,使拉伸面板成为有效的试件;②环试验,该试验是借助夹紧装置将径向扩展(或一个这样的近似)施加于一个细的、高半径厚度比的环,以产生在环内薄膜(面内)拉伸应力;以及③实心层压曲梁试验,该试验是借助夹紧装置施加一个张开的弯曲力矩,以产生受弯区

---

① 尽管已经存在许多不同类型的含锥度试件,通常将它们视为一类,称为"狗骨"试件。

域内厚度方向的拉伸应力。

对于层压板材料的面内拉伸性能有若干现存的和正在编制的标准,而对于面外性能却并非如此。对于层压板厚度方向的拉伸性能,只是最近才开始受到关注并有可能成为适用于标准的试验方法,因此相对来说是不成熟的。

通过改变试件的构型,很多拉伸试验方法能够用来评估不同的材料形式,包括单向层压板、机织材料和一般层压板。然而,某些试件/材料构型的组合相对于其他组合是比较鲁棒的(对试件制备和试验条件的变化不太敏感)。鲁棒性最差(对使用者最敏感)的构型为单向试件。例如,由于试件制备或试验条件的改变或两者皆有而可能出现,在0°单向试件中纤维/载荷的不平行度,它可以导致强度降低,对于初始的1°不平行度其强度降高达30%。该试件对载荷引入的方式也非常敏感,并要求在试件制备以及试验条件两方面高度完善的试验室条件才能取得令人满意的结果。粘接的端部加强片,是在20世纪60年代末期为使最大限度地减少高强度单向材料中载荷引入的问题而采用的方法,但实际上,若没有恰当地应用和具有高超的技艺,它们可能引起试件提前破坏(甚至出现在非单向试件中)。因为多数0°单向试件是呈现突发性的破碎而破坏,它使真实的失效模式变得不清晰,通常不能依靠低劣的试验/试件制备条件来提供物理数据。

单向材料的试验所带来的困难已导致更多地采用鲁棒性高得多的$[90/0]_{ns}$类型层压板试件(也称为"正交"铺层试件)。可以通过采用在2.4.2节中所讨论的方法,根据正交铺层试件的层压板强度(当已知单层的弹性性能时),来得出当量的单向层强度F_1^{tu}。当上述未经文件确认的试验技术改进连同采用正交铺层测试试件时,简单得多的无斜削加强片或甚至无加强片试件现在变得是可行的,它使得具有一般资质但却没有单向试验经验的实验室,同样能获得等效于达到最佳单向数据结果。虽然仍在进行并且在某些情况下可能最好选择或要求单向试验时,对于单向材料的单层拉伸试验,目前一般认为直边、无加强片的$[90/0]_{ns}$类型试件是最低廉、最可靠的构型。对于非单向材料形式和对于其他一般层压板,这类直边、无加强片构型也同样被很好地采纳。另一个优点是,与0°单向试件不同,$[90/0]_{ns}$类型试件的破坏通常不会掩盖由于试验/试件制备条件不当所引起的踪迹。

6.8.2.2 面内拉伸试验方法

6.8.2.2.1 直边试件拉伸试验

● ASTM D3039/D3039M,聚合物基复合材料拉伸性能的标准试验方法。

● ISO527,塑料——拉伸性能的确定。

● SACMA RM 4,定向纤维-树脂复合材料的拉伸性能。

● SACMA RM 9,定向正交铺层纤维-树脂复合材料的拉伸性能。

● ASTM D5083,采用直边试件的增强热固性塑料拉伸性能的标准试验方法。

早在1971年发布的ASTM D3039/D3039M(见文献6.8.2.2.1(a))是用于直边矩形试件的最初的标准试验方法。作为对D3039进行重大的改写并于1993年批

准的结果,使得随意制作加强片、大量原来含糊、未写入文件、和/或随意试验和报告
参数的状况被澄清、写入文件和/或做出强制性指令。ISO527(见文献 6.8.2.2.1
(b))的第 4 和第 5 部分(目前处在草拟国际标准阶段)和两个 SACMA(先进复合材
料供应商协会)的拉伸试验方法、SRM 4(见文献 6.8.2.2.1(c))和 SRM 9(见文
献 6.8.2.2.1(d))基本上是依据 ASTM D3039,因此相当近似。

　　尽管在 ASTM D3039 和 ISO527 之间还有一些细小的差别,但在努力协调
ASTM D3039 和 ISO527,以便使它们在技术上是等效的。最初想要将 SRM 4 和
SRM 9 作为 ASTM D3039 具有限定条件的子集,但由于其偏离 ASTM D3039 过大
而使得它们不能成为严格等效的试验方法;一个使 ASTM/SACMA 协调一致的成
果正在进行讨论但还没有开始[①]。最后一个直边试验方法,ASTM D5083(见文
献 6.8.2.2.1(e)),是与用于塑料的 ASTM D638 狗骨拉伸试验的直边等效标准(在
6.8.2.2.3节中讨论)。尽管 ASTM D5083 在概念上类似于 ASTM D3039,但
ASTM D5083 还没有发展到用于先进复合材料,不能被推荐。

　　在所有这些试验方法中,通常利用楔形或液压夹头通过试件端部的机械剪切界
面把拉伸应力施加到试件上,采用应变计或引伸计来测量试件测量段的材料响应,
随后确定材料弹性性能。

　　若采用端部加强片,引用加强片的目的是试图以最小的应力集中将来自夹头的
载荷分布到试件上。采用含加强片拉伸试件的多向层压板其适当失效模式的图例
如图 6.8.2.2.1(a)所示。然而,加强片的设计仍然存在一些技术问题,而且设计不
当的加强片界面,将使破坏发生在邻近加强片部位的比例达到一个不可接受的程
度,导致非常低的试件强度。由于这个原因,ASTM 尚未颁布单纯的标准加强片设
计方法,当必须使用加强片时,若要使结果可以接受,仍优先选择易于应用、价格便
宜、无斜面的 90°加强片。最新的对比工作进一步证实,一个成功设计的加强片更多
地取决于采用足够韧的胶黏剂而不是加强片的角度。应用具有韧性胶黏剂的无斜
削加强片将优于已应用的胶黏剂韧性不足的斜削加强片。因此,对于粘接加强片的
采用,胶黏剂的选择是最为至关重要的。

图 6.8.2.2.1(a)　采用含加强片试件的多向层压板典型拉伸破坏

　　避免粘接加强片问题的最简单方法是不使用它们。在不含加强片或采用摩擦
加强片的情况下,可成功地进行许多层压板(大部分为非单向)的试验。在精细锯齿

[①] ASTM D3039 包含 SRM 4 和 SRM 9 中未涉及的弯曲和破坏模式限制,而且在其他方面,诸如厚度测量、浸
　润调节和数据报告,也是不同的。ASTM D3039 比 SRM 4 和 SRM 9 也要详尽得多。这些差别加起来可能
　产生不同的试验结果。

图 6.8.2.2.1(b) 采用金刚砂布夹紧界面的无加强片试件的拉伸试验

状的楔形夹头中,采用金刚砂布界面的高强度的碳/树脂材料以无加强片、$[90/0]_{ns}$ 类型层压板构型进行测试的实例如图 6.8.2.2.1(b)所示。火焰喷涂无锯齿夹紧装置也已经成功地用于无加强片的拉伸试验。

其他影响拉伸试验结果的重要因素包括试件制备的控制、试件设计公差、浸润调节控制和吸湿量变化、试验机引起的不对中和弯曲的控制、厚度测量的一致性、传感器的适当选择和仪器标定、失效模式的文件编制和描述、弹性性能计算细节的定义和数据报告指南。这些因素由ASTM D3039/D3039M 在适当处进行详细的描述和控制。虽然 ISO527 的第 4 和第 5 部分和SRM 的第 4 和第 9 部分在很多方面类似于ASTM D3039/D3039M,但它们不能提供与ASTM D3039 同等程度的指南或指导。由于这个原因,最好选择 ASTM D3039。

总之,通过对细节特有的注意和适当的关照,直边试件试验通常是简明的并且能给出好的结果。然而,针对所测试材料和结构构型,必须适当选择试验参数,这就要求培训和经验。

直边试件拉伸试验的局限性:

粘接的加强片——接近粘接加强片终端处的应力场为显著三维的,在这个部位临界应力趋于峰值。对于以降低峰值应力为目的而进行的粘接加强片的设计还不是十分清楚,它与材料和构型有关;设计不当的加强片可能使结果大大降低。因此,当所得出的失效模式是合理的情况下,通常采用无加强片或无粘接加强片构型。

试件设计——尤其是在 ASTM D3039 中,有大量包括在标准中的试件设计方案,它们需要用来覆盖在试验方法范围内的各种材料体系和铺层构型。这些可供选择的方案可能使新手非常为难,并且可能选择对试验结果产生负面影响的不适当的试件设计。

试件制备——试件制备对试验结果非常重要。尽管或许可以说这对于几乎所有复合材料力学试验都是正确的,但对于单向试验它显得尤为重要,单向拉伸试验也不例外。纤维排列、试件锥度控制和试件机械加工(当保持对中时)是至关重要的步骤。对于破坏应变很低的材料体系或试验构型,如 90°单向试验,平面度也特别重要。边缘机加工艺(避免机械加工引起的损伤)和边缘表面光洁度对于由 90°单向试验得出的强度结果也特别关键。

6.8.2.2.2　长丝缠绕管

ASTM 标准试验方法 D5450/D5450M，环向缠绕聚合物基复合材料圆筒的横向拉伸性能

ASTM D5450 叙述 90°拉伸性能的试验，特别用于环向缠绕单向圆筒的试验。这个试验方法在有关长丝缠绕材料试验方法的 6.12.1 节中进行比较详尽的讨论。

6.8.2.2.3　宽向斜削试件

(1) ASTM 标准试验方法 D638，塑料拉伸性能。

(2) SAE AMS "蝴蝶领结(Bowtie)"拉伸试件。

ASTM 试验方法 D638(见文献 6.8.2.2.3(a))是为塑料制定且仅限用于塑料，该方法采用平直、具有直边测量段的宽向带锥度的拉伸试件。不管传统作法如何，该试件也已被评价和用于复合材料。试件的锥度是在两端宽的夹紧区和窄的测量段之间通过大的圆弧连接来实现的，从而得出的形状使得采用"狗骨试件"的试件绰号是有道理的。锥度使得该试件特别不适宜于 0°单向材料的试验，这是因为大约一半的夹持端纤维在未达到测量段处即被中断，由于基体无力承受从中断的纤维至测量段处的载荷的剪切作用，而造成在圆弧处由于劈裂而破坏。

虽然，在某些时候 ASTM D638 试件构型已经被成功地用于织物增强复合材料和一般非单向层压板，但某些材料体系仍然对圆弧处的应力集中敏感。由于其意图是用于塑料，试件是模压成形，而对于层压材料，试件必须被机械加工、研磨和按程序加工来成形。该试件还存在测量段比较小的缺点，对于表征重复单元大于 6.4～13 mm(0.25～0.50 in)的测量段宽度的粗机织，它是相当不适宜的。由于该意图的局限性，标准化的方法不足以覆盖先进复合材料所要求的试验参数。

所谓蝴蝶领结(Bowtie)拉伸试件是由于其含有缩小横截面的平面形状，尽管它从未被列为标准试验方法，但在很多方面它类似于 ASTM D638 试件。通过在若干 SAE AMS 复合材料(基于织物)规范中的应用，蝴蝶领结试件已经达到间接的标准化[①]。虽然在新材料规范中很少采用它，但它还是被包含在若干现存的公司内部基于织物材料的材料规范之中。由于具有类似于 ASTM D638 试件的几何特征，而存在类似的一些不足和制约。该形状基本上限用于织物增强材料和/或非单向层压板。由于制备缩小的截面需要通过机械加工、靠模铣切和研磨，并且边缘的表面抛光和在面积缩小的过渡段切线的机械加工均要求苛刻，故试件制备特别重要。由于测量段仅 13 mm(0.5 in)宽，故在粗织物的情况下，该试件也不能很好地

---

① 在此次编写时，含有蝴蝶领结拉伸试件的四个已知 SAE 规范为：AMS 3844A(见文献 6.8.2.2.3 (b))，AMS 3845A，AMS 3847B 和 AMS 3849A。作为例子，仅第一个被完全提及。

工作。

值得肯定的是,据报道,蝴蝶领结试件在过渡段对破坏的敏感性比 D638 试件稍微低一些,并也已被用作为一个最后求助的手段,特别是非大气环境的试验环境严酷性使得直边试件存在很难夹住问题的情况。

业已提出了其他的宽向锥度试件构型,但到目前为止,研究已表明其中每一种方法都存在至少一个使其不适于一般应用的缺点,因此将不作进一步的讨论。

对先进复合材料宽向锥度拉伸试验的局限性:

标准化——虽然将 ASTM D638 试验列入标准,但它还没有发展到用于先进复合材料,而主要应用于模量较低的无增强材料或采用随机定向纤维的低增强体积含量材料。将蝴蝶领结试验列入标准仅仅是在延续利用有限个数的 SAE AMS 材料规范的意义上。对于一般应用,还没有将其规范化。

试件制备——对于机械加工层压试样的锥度,要求特别精心。

价格——试件制作比无加强片的直边试件昂贵。

应力状态——圆弧过渡区可能对失效模式起支配作用并导致强度结果降低。宽向锥度试件不适宜于单向层压板,而且仅限用于织物或非单向层压板以能使破坏出现在工作段。

有限的工作段——有限的工作段宽度使其不适宜于粗织物。

6.8.2.2.4　劈裂圆盘环向拉伸试验

ASTM 标准试验方法 D2290,利用劈裂圆盘法测定环或管状塑料及增强塑料的表观拉伸强度

ASTM D2290 的方法 A(方法 B 和 C 仅适用于塑料)(见文献 6.8.2.2.4)用一个将环向拉应力加至试验环上的劈裂圆盘加载夹具,对环向缠绕的窄环加载。这个试验方法产生于复合材料早期,主要是用于长丝缠绕材料的拉伸性能,它被更为可靠和更有代表性的试验方法所取代已有很长的时间了。虽然没有对其不足之处进行评论,但这些不足包括材料形式/工艺的局限性、在夹具开口处存在无法计及的弯曲力矩、特别小的测量段以及无法监控应变响应。对于提交 CMH-17 数据,不推荐该试验方法,但是在长丝缠绕工业中,看来它还是作为质量控制的试验而得到某些有限的应用。

6.8.2.2.5　夹层梁试验

ASTM 标准试验方法 C393,平直夹层结构的弯曲性能

如图 6.8.2.2.5 所示的夹层梁试验已得到标准化,即 ASTM C393(见文献 6.8.2.2.5)。虽然其主要意图是作为夹层芯子剪切性能评估的弯曲试验,然而也允许将其应用范围扩展至面板拉伸强度的确定。虽然该应用没有被同样列入试验方法的文件范围内,但它已被用于复合材料拉伸试验,特别是用于测定单向材料的 90°特性,或用于在极端非大气环境下纤维控制的性能试验。

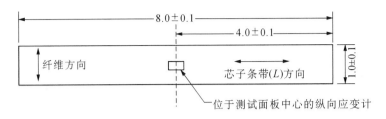

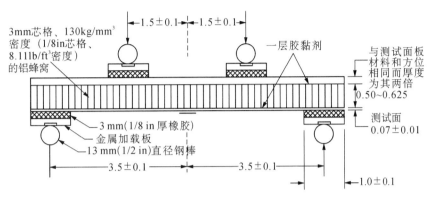

图 6.8.2.2.5　适用于层压材料 90°单向拉伸试验的夹层梁试验件及夹具示意图

这个试验方法对 90°单向带性能的一个实际应用例子如下。用适当的胶黏剂将一片 13 mm 厚,3 mm 芯格,130 kg/mm^3(0.5 in 厚、1/8 in 芯格、8.1 lb/ft^3)的铝蜂窝芯子胶接到测试层压板上。通常在此胶接步骤进行期间,一个受压面板也被胶接至芯子的另一侧。为了减少由于不同材料所引起的热膨胀问题,通常选择压缩面板与拉伸面板具有相同的材料和方位但厚度是其两倍,以确保破坏发生在拉伸面板处。然后,用湿金刚石锯从夹层层压板中切割测试试件。试件的尺寸为 25 mm(1 in)宽和 200 mm(8 in)长,芯子条带沿试件长度方向。试验装置采用支持跨度 180 mm(7 in)和加载跨度为 76 mm(3 in)的四点加载方式。在所有支点处都采用 25 mm(1 in)正方形、3 mm(1/8 in)厚的橡胶垫来施加作用和反作用载荷,通过相同面积的 6 mm(1/4 in)厚的钢加载板来依次分别加载。至每块加载板上的载荷是经过架在加载板横槽上的 13 mm(1/2 in)直径的钢棒来实施。该加载机构将载荷分布到梁上并防止芯子的面外压损。试件与加载装置的示意图如图 6.8.2.2.5 所示。

有人认为该测试试件对于搬运和试件制备损伤的敏感性比 D3039 类型 90°试件要低,从而得到较高的强度和试验引起的变异要小。然而,该试件一侧的吸湿浸润是个问题,这是因为所要求的浸润时间要长 4 倍或更多,且这样的浸润可能产生胶黏剂的胶接破坏。因此胶黏剂的选择是重要的并且可能要求胶黏剂对吸湿浸润的保护。在这样的情况下,要求吸湿浸润的伴随件,为了模拟试件本身的单边暴露,它必须是试验面板厚度的两倍。

夹层梁拉伸性能试验方法的局限性:

价格——试件制造比较昂贵。

应力状态——在拉伸情况下对于夹层芯子应力状态的影响还未被研究，可能是一个要关注的问题。

标准化——尽管在技术上该试验已被标准化，但它的实际应用以及其局限性还没有被充分地研究和成文。

吸湿浸润——如上所述，比较难。

6.8.2.3　面外拉伸试验方法

6.8.2.3.1　引言

有两种目前被航宇工业应用，测量面外拉伸强度的基本试验技术，图 6.8.2.3.1 中给出了每种技术的例子。第一种称为平拉试验（FWT），直接对胶接在两个夹具块之间的层压试验件施加厚度方向载荷；第二种方法是对受弯曲梁间接施加面外载荷，它在曲线段产生了分布的厚度方向拉伸应力。ASTM 国际组织已将 FWT 和曲梁试验方法进行了标准化。通常所有的面外试验数据分散性很大，从而对许用载荷的平均值有很大的降低系数，常常用 90°单向试件的面内拉伸强度来近似得到厚度方向的强度。但面外强度常常不同于面内拉伸强度；此外还不能对织物和其他基于纺织的结构进行这种替代。

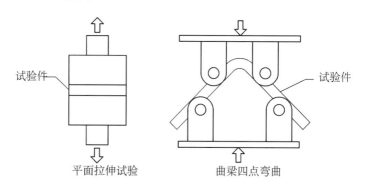

图 6.8.2.3.1　面外拉伸试验方法

6.8.2.3.2　直接面外加载

6.8.2.3.2.1　引言

通常有两种用于直接面外拉伸试验的基本试件形状[见图 6.8.2.3.2.1(a)]：直边圆柱形试验件（也称为"纽扣"试验件）和缩颈的"线轴"试验件。这些试验件胶接到圆柱形金属端部加强块上，并通过垂直于复合材料层压板的力施加"平面"拉伸载荷，直至出现层压板破坏。强度可简单地通过将破坏前的最大载荷除试验件工作段面积来确定，还可对足够厚的试验件粘贴应变计来测量厚度方向拉伸模量。在 ASTM 标准 D7291/D7291M 中推荐直边圆柱形纽扣试验件与缩颈的圆柱形线轴试验件来进行直接面外拉伸试验。

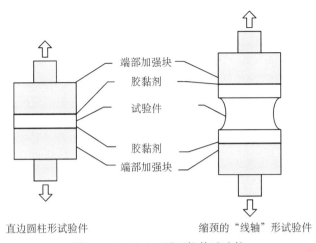

直边圆柱形试验件　　　　　　　　缩颈的"线轴"形试验件

图 6.8.2.3.2.1　平面拉伸试验件

6.8.2.3.2.2　平拉强度试验方法

ASTM 标准 D7291/D7291M"用于测量纤维增强聚合物基复合材料厚度方向"平面"拉伸强度和弹性模量的试验方法"(见文献 6.8.2.3.2.1)是用于这种试验形式的主要参考文献,它对直边与缩颈试验件推荐的名义直径是 25 mm(1.0 in),试验件被胶接到金属端部加强块上。对缩颈试验件推荐的工作段截面直径是 19 mm(0.75 in),工作段截面(常直径段)长度是 6.4 mm(0.25 in),试验件最小厚度是 25 mm(1.0 in)。为测量厚度方向破坏应力,"纽扣"试件的最小厚度是 2.5 mm(0.1 in);为测量厚度方向应变和弹性模量,要求试件最小厚度(或常直径工作段截面长度)是 6 mm(0.25 in)。这种试验方法仅限于二维织物,或对称均衡且具有正交铺层或准各向同性铺层层压板中单向纤维层。

金属端部加强块用钛或钢制成,可以使用能使端部加强块和试验件之间的胶膜在复合材料破坏前保持完整的任何高延伸率(韧性)胶黏剂。需要专门的胶接夹具在整个胶接过程中提供对试件与端部加强块装配的支持与对中。胶接后必须对复合材料试验件和端部加强块进行机加来获得规定的同心度。另外要考虑层压板面内热膨胀系数和金属端部加强块热膨胀系数之间显著差异引起的热应力出现的热膨胀系数失配,在端部加强块胶接和非大气环境试验时,这一点特别重要。由于这种试验方法要求很精确的公差,试验件的制备会比较昂贵。要采用自对中夹具或固定的夹头来对试件与端部加强块组件进行加载。厚度方向弹性模量的计算为规定的应变值范围内应力-应变响应初始线性段的弦线模量。

通常平拉强度数据的分散性很大,按这种试验方法得到的结果对胶接时端部加强块的对中,以及机加质量和层压板边缘的表面光洁度极其敏感;试件表面平行度差引起的试件弯曲、试件与端部加强块的胶接质量差或试验机/加载路径不对中会导致不正确的失效模式。用这种试验方法测得的层间拉伸强度对增强体体积和空隙含量极其敏感,因此试验结果可能比材料性能反映更多的是制造质量。

用这种试验方法可接受的失效模式是试件内,至少离胶缝一层厚度的破坏。通常有四种可能的失效模式,包括:沿试件工作段截面内的单个平面(SG)、沿试件工作段截面内的多个平面(MG)、部分穿过试件的表面层(一个或多个)且部分穿过胶层(SA)和沿胶层的胶黏剂失效(AB)。(SA)和(AB)失效模式是不可接受的,取自这种试件的试验数据应报告为无效。对减小工作段截面的"线轴"试件,有可能在圆弧区(SGR)和工作段以外(OGR)处破坏,只要OGR失效至少离胶层有一层厚度,就可认为是可接受的。

6.8.2.3.3　曲梁试验方法

6.8.2.3.3.1　引言

已设计出了很多不同的方法来对曲梁进行试验,如图6.8.2.3.3.1(a)所示,但有3种常用的基本试验件形状:90°角形试件、"C"形试件和"C"形试件的椭圆形变形。这些试件能用不同的方式加载,包括施加弯矩、施加端头力或它们的组合。对所有这些情况,当加载使曲线段开始变直时,在曲线段就产生了面外拉伸应力。90°角形试件是最常用的曲梁试件,已研制了多种装置来施加载荷,此外90°角形曲梁最接近很多结构细节的形状,因此这种试件既可用作结构细节试验,也可用作面外强度试验。

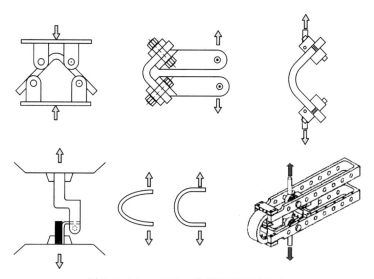

图 6.8.2.3.3.1(a)　曲梁强度试验方法

采用曲梁试件的一个基本问题是它产生了复杂的多轴应力状态。图6.8.2.3.3.1(b)所示为受纯弯90°角形试件归一化应力分布的例子,较大的周向拉应力位于内半径,r_i附近,大的压应力位于外半径处($(r-r_i)/t=1$处),在出现面外失效前大的周向应力会引起压缩或拉伸应力。很多情况中最大的周向应力会比最大层间拉伸应力高一个数量级,因此,若采用多向试件,也许不能确定失效是纯粹由面外应力引起的。例如周向拉伸基体裂纹会引起穿透厚度的分层。从而对结构试验推荐使用多向试件,而为确定面外强度只使用单向试件。

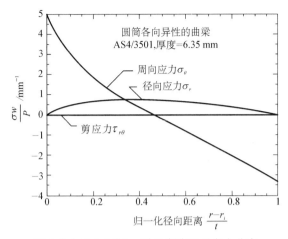

图 6.8.2.3.3.1(b)　受纯弯曲梁的应力分布

同样,对单向和多向试件,曲梁强度数据通常分散性非常大,分散性可追溯到几何形状的变化,如圆弧变薄、表面光洁度、厚度方向纤维体积含量的变化。而且面外强度似乎对缺陷,如孔隙率非常敏感。为真实反映结构细节,试件的制造方法应与结构一致(如阳模、阴模或全封闭模具)。

6.8.2.3.3.2　ASTM D6415 的曲梁强度试验方法

曲梁试验方法已由 ASTM 进行了标准化,命名为"D6415/D6415M,测量纤维增强聚合物基复合材料曲梁强度的标准试验方法"(见文献 6.8.2.3.3.2(a))。该试验方法如图 6.8.2.3.3.2(a)所示,采用在四点弯曲装置上的均匀厚度 90°角形试件,试件由两个与弯角相连的直臂组成,弯角内径 6.4 mm(0.25 in),宽度 25 mm(1.0 in),厚度范围 2~12 mm(0.08~0.5 in),通过夹具的滚棒对两个直臂施加弯矩(力偶);对所有的铺层形式计算破坏时对应于单位宽度所加力矩的"曲梁强度";对沿直臂和绕弯角连续铺设纤维单向(全部 0°铺层)试件的特殊情况,标准允许计算层间(面外)强度。该试验方法仅适用于由织物层或单向纤维层组成的连续纤维增强复合材料,其优点是夹具与试件不需连接并不需每次都要进行对中,当施加载荷时试件在夹具中自动对中;此外,因试件受纯弯,简化了用于计算层间应力的弹性方程;因为在对试件加载时采用力偶,剪切应力为零。

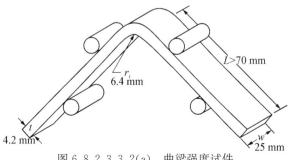

图 6.8.2.3.3.2(a)　曲梁强度试件

图 6.8.2.3.3.2(b)所示为两个力-位移曲线的例子。试验采用位移控制来监控载荷降。在第一条曲线中损伤起始时出现一个大的载荷降,因为分层在多个层间产生并扩展,引起大的弯曲刚度降低,载荷降很大。在第二条曲线中,因为只有单个分层和扩展,损伤起始相应于较小的载荷降,它把曲线段分离成两个子层;随载荷增加,这些弯曲的子层继续分层,并相应于载荷降形成更多的子层,从而这个过程产生了由几个尖锐的载荷降随后又对弯曲的子层再次加载的力-位移曲线;这种特性在含多向层的曲梁中更为常见。试验方法陈述了要继续加载直至曲线的降低低于最大载荷的 50%。

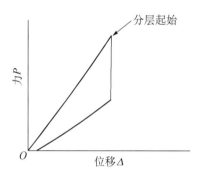
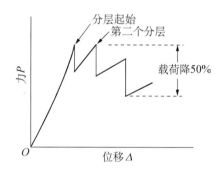

图 6.8.2.3.3.2(b)　曲梁试验得到的载荷位移曲线

"曲梁强度"(力矩/宽度)计算基于试件和夹具几何尺寸与对应于初始分层的载荷,若要计算层间强度,则用 Lechnitskii(见文献 6.8.2.3.3.2(b))推导出的圆柱各向异性曲梁段弹性方程,对层间强度采用破坏时的最大径向应力。当试验段受纯剪时,一般的弹性解可大大简化,此时曲线段的应力与角度位置无关。所有的情况中,对可能由于拉伸环向应力而扩展的偏轴层中的基体裂纹这样的异常失效模式,都应仔细检查破坏后的试件,若观察到这种现象,层间强度可能会不准确。

6.8.2.4　提交 CMH-17 数据的拉伸试验方法

由下列试验方法所得到的数据(见表 6.8.2.4)目前正在被 CMH-17 考虑作为包含在第二卷中的内容而予以接受。

表 6.8.2.4　提交 CMH-17 数据的拉伸试验方法

	符号	正式批准、临时和筛选数据	仅筛选数据
		单层性能	
0°面内强度	F_1^{tu}, ε_1^{tu}	D3039, SRM 4, SRM 9(仅正交铺层)	—
0°面内模量、泊松比	E_1^t, ν_{12}	D3039, SRM 4	
9°面内强度	F_2^{tu}, ε_2^{tu}	D3039, SRM 4, D5450	—
90°面内模量	E_2^t	D3039, SRM 4, D5450	—
面外强度	F_3^{tu}, ε_3^{tu}	(不推荐)	—
面外模量、泊松比	E_3^t, ν_{31}, ν_{32}	(不推荐)	

（续表）

	符号	正式批准、临时和筛选数据	仅筛选数据
	层压板性能		
x 面内强度	F_x^{tu}，ε_x^{tu}	D3039	—
x 面内模量、泊松比	E_x^t，ν_{xy}^t	D3039	—
y 面内强度	F_y^{tu}，ε_y^{tu}	D3039	—
y 面内模量	E_y^t	D3039	—
面外强度	F_z^{tu}，ε_z^{tu}	（不推荐）	—
面外模量、泊松比	E_z^t，ν_{zx}^t，ν_{zy}^t	（不推荐）	—

6.8.3　压缩性能

面内压缩性能

单向板：E_1^c，ν_{12}^c，F_1^{cu}，ε_1^{cu}　　　　E_2^c，ν_{21}^c，F_2^{cu}，ε_2^{cu}　　　　E_3^c，ν_{31}^c，F_3^{cu}，ε_{32}^{cu}，ν_{32}^c

层压板：E_x^c，ν_{xy}^c，F_x^{cu}，ε_x^{cu}　　　　E_y^c，ν_{yx}^c，F_y^{cu}，ε_y^{cu}　　　　E_z^c，ν_{zx}^c，F_z^{cu}，ε_z^{cu}，ν_{zy}^c

6.8.3.1　概述

自 20 世纪 70 年代初期以来，复合材料的压缩响应一直是致力研究的项目和试验课题。研究至今，现已存在许多测试受压复合材料的方法，但还没有意见一致值得推荐采用的方法。

对复合材料进行压缩试验，要采用适当仪器测定压缩模量、泊松比、极限压缩强度和/或破坏应变。测定这些性能是通过采用专门设计的试验夹具：①在试件工作段引入均匀的单轴应力状态；②应力集中最低；③使用和加工尽可能简单；④试件体积最小。压缩数据用于不同的用途，包括研究、质量控制和产生设计许用值。

对于特定的压缩试验方法，其品质的度量包括关于强度和模量的低离散系数，以及所获得的模量值相对于由其他压缩试验方法所得出的相应值的关系。尽管相对的压缩强度通常也用作为压缩试验品质的另一个度量，在不同压缩试验之间压缩响应固有的差别意味着必须把试验夹具、导致的失效模式以及应用情况与所得到的强度一起考虑。由某些试验方法所得出的压缩强度可能被认为是"人为高"的值，这是由于夹具/试件的约束可能遏制了某些"实际"失效模式。一般来说，设计夹具要使得破坏发生在工作段之中，而要有意地抑制诸如端部开花和压杆屈曲等一些失效模式，若允许发生，它们将导致"人为低"的强度。在适度约束和过度约束、人为低和人为高的压缩强度之间的比较研究，是造成出现种种可能的试验方法和无法对一个可接受的方法达成一致的原因。如何权衡这些折中办法的问题在观念上存在差别，压缩试验方法的最终选定取决于试验计划的目的。

业已表明，为测量单一材料体系的压缩强度，当采用不同的试验方法测定时其结果是不相同的。查明对于结果的变异性有着显著影响的其他参数包括制造方法、纤维排列的控制、不适当的和/或不精确的试件加工、若采用加强片时不适当的加强方法、试验夹具的低劣质量、试件在试验夹具中的放置不当、夹具在试验机中的放置不当以及试验程序不当。

回顾许多现有的压缩试验方法发现,可以将它们概括地分为 3 类:①通过剪切将载荷引入试件工作段;②通过直接压缩(端部加载)将载荷引入试件工作段;③通过端部加载与剪切联合将载荷引入试件工作段。现已被 ASTM 委员会 D‑30(ASTM Committee D‑30)在 D3410(见文献 6.8.3.1(a))和 D5467(见文献 6.8.3.1(b))中发布的关于纤维增强复合材料的两个压缩试验方法主要通过剪切将载荷引入至试件工作段;ASTM D695(见文献 6.8.3.1(c))、SACMA SRM‑1R‑94(见文献6.8.3.1(d))和 SRM‑6‑94(见文献 6.8.3.1(e))采用端部加载;ASTM D6641(见文献6.8.3.1(f))是一个联合加载试验方法。

可以将压缩试验方法进一步分类为对工作段有支持或无支持两种。无支持工作段定义为在整个压缩试验过程中没有物体与工作段中的试件表面接触。有支持的工作段是在工作段中的试件表面和/或边缘具有由试验夹具或辅助装置所提供的支持。除去 ASTM D5467(夹层梁方法)之外,在本节中讨论的所有试验方法均采用具有无支持工作段的试件。对于压缩试验方法的更为完善的讨论和这里未涉及的试验方法的描述可参见文献 6.8.3.1(g)～(l)。

6.8.3.2　面内压缩试验

下面描述的面内压缩试验方法一般用来得出轴向或横向加载单向复合材料试件的极限压缩强度、破坏应变、模量和泊松比,典型厚度范围为 1～10 mm(0.040～0.400 in)。除 ASTM D5467(夹层梁方法)外,下面讨论的所有试验方法也适用于特定的正交各向异性层压板,包括$[0/90]_{ns}$型层压板。$[0/90]_{ns}$层压板试验已成为用于消除与单向试件相关的试件和夹具敏感性而普遍采用的方法。若所要求的单层压缩数据来自于$[0/90]_{ns}$层压板,则需要有数据处理程序。在 2.4.2 节和 SACMA SRM 6 可以找到有关采用$[0/90]_{ns}$层压板测定单层性能的讨论,和相应的数据处理方法。

通常可以将这里讨论的试验方法用于试件厚度大于上面指出的厚度的情况。有关厚度大于 10 mm(0.400 in)层压板测试的附加说明可以从第三卷第 10 章中获得。

面内压缩试验的一般局限性:

试验方法敏感性——业已表明,当通过不同的试验方法进行测量时,单个材料体系所测得的压缩强度是不同的。这种差别的存在可以归结为是由于试件的对中性、试件几何特性和夹具的影响,即使已做出许多努力来力图消除这些影响。ASTM D3410 中两个试验方法和 ASTM D5467‑97 中一个试验方法之间试验结果差别的例子可以从文献 6.8.3.2(a)和(b)中得知。

材料和试件制备——压缩模量,特别是压缩强度,对拙劣的材料制造方法、由不适当的试件加工引起的损伤和缺乏纤维对准控制很敏感。尽管还不存在保证纤维排列对准的标准方法,应尽可能小心地保持纤维相对试件坐标轴的排列。令人满意的处理方法包括:在接近平行于纤维方向的一个边缘切断固化的单向层压板来确定 0°方向,或在平行于 0°方向铺设少量颜色鲜明的长丝束纤维(在碳层压板中的芳纶和芳纶或玻璃层压板中的碳)作为预浸料产品的一部分或作为板制造的一部分。

6.8.3.2.1　ASTM D3410/D3410M——利用剪切加载具有无支持测量段的聚合物基复合材料压缩性能

在试验方法 D3410 中 ASTM 发布了两个压缩试验方法(见文献 6.8.3.1(a)),历史上称其为 Celanese(D3410,方法 A)和 IITRI(伊利诺伊州学院技术研究院,Illinois Institute Technology Research Institute D3410,方法 B)。Celanese 和 IITRI 方法与许多其他已发表的方法一样带有最初研发该方法所在组织的名字。Celanese 和 IITRI 方法建议采用含加强片或无加强片的矩形试件并用楔形夹头来传递载荷。

ASTM D3410 的局限性:

材料形式——限于连续纤维或不连续纤维的增强复合材料,对于该复合材料,其弹性性能为相对于试验方向的特殊正交各向异性。

试件夹具特性——尽管方法 A 和方法 B 两者均通过斜削的楔形夹具来传递载荷至试件,但在方法 A 中的楔形面为圆锥形的,而在方法 B 中的楔形物为平直的。已经得知,方法 A 中的圆锥形楔形物存在锥体的安放问题(见文献 6.8.3.2(a))。在方法 B 中采用的平直楔形夹具设计用来消除此楔形安放问题(见文献 6.8.3.2(a))。可能对试验结果产生显著影响的夹具特性为楔形夹具配合面的表面光洁度。由于这些表面经受滑动接触,它们必须被抛光、润滑和无刻痕及其他的表面损伤。

应变测量仪器——尽管不排除使用压缩计,出于对可用空间的考虑使得采用应变计成为基本的要求。对于方法 A 和方法 B,为尽量减少试件数,要求采用背对背的应变计。

ASTM D3410,方法 A

方法 A 没有广泛采用,并正在考虑从 ASTM D3410 中删除。于是不在这里作进一步的讨论。有关细节在 ASTM D3410 - 03 中提供。

ASTM D3410,方法 B

设计用于此试验方法的夹具主要目的是消除在方法 A 中涉及的圆锥形楔形夹具的安放问题(见文献6.8.3.2(a))。替代圆锥形楔形夹具,这个试验方法的夹具是由坐落在矩形箱体内的平直楔形夹块组成(见图6.8.3.2.1)。此方法的夹具比方法 A 的夹具要大和重很多,因此能适应较大的试件。在该夹具中采用的测试试件一般为含加强片的矩形截面试件,推荐的尺寸为 140~155 mm(5.5~6.0 in) 长、10~25 mm(0.50~1.0 in)宽,工作段

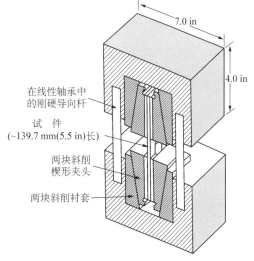

7.0 in

4.0 in

在线性轴承中的刚硬导向杆

试 件
(~139.7 mm(5.5 in)长)

两块斜削楔形夹头

两块斜削衬套

图 6.8.3.2.1　ASTM D3410 - 95 方法 B 试验夹具和试件简图

长度 10～25 mm (0.50～1.0 in)。采用此试验方法的测试试件具有其所要求的最小厚度，它是工作段长度、材料模量及材料预期强度的函数。与方法 A 相同，作用至夹具上的载荷通过剪切从楔形夹头传递到试件加强片，并且通过剪切从加强片传递至测试试件。试件加强片区域的复杂应力状态被转化为试件工作段中的单向压缩。压缩强度根据破坏载荷来确定而采用应变计或压缩计来测定模量和破坏应变。

ASTM D3410 方法 B 的局限性：

加强片和公差——由此试验方法所得到的数据表明它们对加强片的平直度和平行度很敏感，因此应注意确保满足试件公差要求。这就要求在加强片粘接到试件上以后，对加强片表面进行精细研磨。此试验方法所用的夹具必须经精密机械加工和精确装配，并精确地安装到试验机上。

6.8.3.2.2　ASTM D6641——利用联合加载压缩(CLC)试验夹具的聚合物基复合材料层压板的压缩性能

正如标题所意味的，这个试验方法是向试件施加端部载荷和剪切载荷的组合。典型的试验夹具如图 6.8.3.2.2 所示，它由四个成对夹住测试试件端部的块体组成。与试件接触的夹持块体的表面是粗糙的，以便增加有效摩擦系数而有助于传递剪切载荷。通过调整每一对块体上四个螺钉的扭矩，可以控制剪切载荷与端部载荷之比。目的是要施加足够的扭矩，使得试件的端部不被端部载荷压碎或别的方式破裂，但该扭矩仅比所需量略高一点。加大试件端部的夹紧力会增加引起的厚度方向

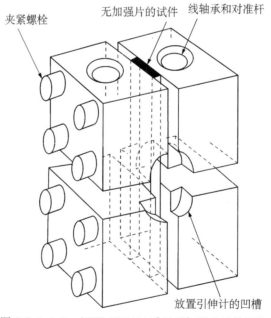

图 6.8.3.2.2　ASTM D6484 采用无加强片试件组装
好的试验夹具

应力以及夹持块工作段端部的轴向应力集中。尽管这是一个目标,但是,业已表明(见文献 6.8.3.2.2(a)),螺钉扭矩(夹紧力)的上端值有相当大的容许值。

由于采用有利的联合加载载荷引入方式,有可能测试多种复合材料和层压板而不必采用加强片。加强片总会在试件工作段的端部产生额外的应力集中(见文献 6.8.3.2.2(b)~(d)),不用加强片还会大大降低试件制备费用,并消除各种潜在误差来源和造成数据分散性的因素,这些因素包括加强片材料厚度和胶黏剂胶层厚度的变化。作为一个例子,用端头加载方式,无法可靠地对无加强片 $[0/90]_{ns}$ 正交铺层层压板进行试验,试件端部可能被压碎,对这样的层压板用联合加载,试验比较容易进行。

标准的 CLC 试件为 140 mm(5.5 in)长,工作段长度(无支持长度)为 12.7 mm (0.50 in)。简单地改变试件的总长,就可以获得较长或较短的工作段。对于大多数应用情况,推荐试件宽度为 12.7 mm(0.50 in),但标准夹具能适应直至 30.5 mm(1.2 in)的任意宽度试件。通常采用的试件厚度为 2.0~2.5 mm(0.080~0.100 in)的量级。然而,夹具将适应任意实际厚度的试件。太薄的试件会出现屈曲。若试验材料的正交各向异性率过高(不能得到足够高的组合加载剪切分量),厚试件将会出现端部压碎。

至于 ASTM D3410,它可以对含加强片试件,甚至单向复合材料进行试验。而组合加载比带加强片试件的剪切加载要稍好一些,组合加载时的夹持力不那样高,从而原先注意到的应力集中将不会那样显著。

材料形式——多数特殊正交各向异性层压板构型可以用无加强片试件来进行试验。例外的情况是 0°层比例高的层压板。对 0°层比例高于 50%的层压板进行试验可能产生端部压碎。也能对无加强片的织物和编织复合材料进行试验。高度正交各向异性的单向复合材料试件必须带加强片进行试验。

试验夹具特性——此试验方法依赖于在试件-夹具界面的高有效摩擦系数,以便传递大的剪切力而保持夹紧力为最小。热-喷射碳化钨粒子的夹紧表面工作性能良好。必须对每一对夹具端部块体进行适当的机械加工,并且,在它们的外端必须很好地匹配以便当夹紧试件端部时,它们形成垂直于测试试件轴线的平直平面。还必须将试件制备成具有垂直于试件轴线的平直的端部。安装试件到夹具中要使得试件的每一端与一对夹具块体的外端相齐平。于是,当通过平直的压盘来施加压力时,该力通过夹具端部块体和试件端部两者同时进行传递。

应变测量仪器——一般组合加载压缩试验夹具一侧带有凹槽,使压缩计可以连到试件工作段的边缘(见图 6.8.3.2.2)。然而,与 ASTM D3410 中的情况一样,一般无支持段只有约 12.7 mm(0.50 in)长,限制了可用的连接空间。在建议监控受载时试件弯曲和屈曲的情况下,由于要达到所要求那样长的长度,更难将引伸计连到测试试件的每一表面,于是,通常改为采用应变计。它们的有效工作段长度很短,因而适合于有限的空间。为了减少试件的数目,要求采用背对背应变计,来核验试件的弯曲和屈曲。

ASTM D6641 的局限性：

试件尺寸——将标准夹具设计得可在 63.5 mm(2.5 in)范围上夹持无加强片试件的每一端。于是，为了设置工作段，试件必须长于 127 mm(5.0 in)。标准夹具将适应的最大试件宽度为 30.5 mm(1.2 in)。当试件厚度增加时，轴向压缩应力沿厚度的分布将变得更不均匀。即使该夹具能用于更厚的试件，但要规定一个实际的上限。

材料形式——不能用无加强片试件来测试高正交各向异性复合材料。为防止端部压碎要求非常高的夹紧力，它会导致夹紧块的工作段端部出现不可接受的应力集中。

6.8.3.2.3　ASTM D5467——采用夹层梁的单向聚合物基复合材料的压缩性能

夹层梁方法(见文献 6.8.3.1(b))由蜂窝芯夹层梁构成，该梁承受四点弯曲载荷使得上面板处于受压状态(见图 6.8.3.2.3)。受压面板(上面板)为 6 层单向层压板，而下面板则为同样材料但其厚度为上面板的两倍。将两块面板胶接至一个厚的铝蜂窝芯上而使其分隔开。当梁承受四点弯曲时，设计为上面板受压破坏。梁被加载直至弯曲破坏，若采用应变计和压缩计便可得到压缩强度、压缩模量和破坏应变的测量值。

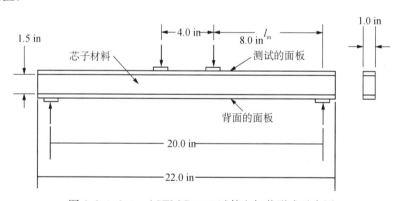

图 6.8.3.2.3　ASTM D5467 试件和加载形式示意图

ASTM D5467 的局限性：

材料形式——此试验方法限于单向材料。

试件复杂性——夹层梁试件相当大，试件制备比 ASTM D3410 和 ASTM D6641 所用试件复杂和昂贵。

泊松比——由于鞍形面的弯曲，由此方法所获泊松比的有效性已被置疑。

6.8.3.2.4　ASTM C393——平直夹层结构的弯曲性能

这个试验方法(见文献 6.8.3.2.4)为一系列设计用于对夹层结构进行测试方法中的一个，该试验方法适用于承受与 ASTM D5467 同样方式的面内弯曲的平直、夹层结构性能测定。设计 ASTM D5467 仅是为了提供受压面板的数据,而 ASTM C393 用来测定整个夹层板的弯曲和剪切刚度、芯子的剪切模量和剪切强度或面板的压缩或拉伸强度。这个试验方法对芯子和面板材料没有限制,试件为矩形截面,而芯子、面板及跨距的几何尺寸是材料性能的函数,按达到所期望的失效模式来确定。尽管还没有广泛用于复合材料性能的测定,但此试验方法确实考虑了 ASTM D5467 未涉及的测试试件的设计。因为确定材料性能的公式可能不适用于某些试件几何特性或芯子/面板组合,在将这个试验用于复合材料性能测试时应该很谨慎。

在第 1 卷 6.8.2.2.5 节之中覆盖了这个试验方法在确定[90°]层压板拉伸性能的应用。

ASTM C393 的局限性:

材料形式——此试验方法对于芯子材料或面板材料的形式没有限制。确定材料性能的公式可能不适用于某些试件几何特性或芯子/面板组合。

试件几何特性——此试验方法限于矩形夹层结构,芯子、面板及跨度的几何尺寸是材料性能的函数,按达到所期望的失效模式来确定。确定材料性能的公式可能不适用于某些试件几何特性或芯子/面板组合。

6.8.3.2.5　ASTM D695——刚性塑料的压缩性能

这个方法是由 ASTM D-20 委员会制订,用于无增强和增强刚性塑料的压缩试验。此方法可以采用两种试件。第一种一般用于无增强塑料,它具有正圆柱或棱柱的形式,其长度是它的主要直径或宽度的两倍。对于棱柱形试件优先选用的试件尺寸为 12.7 mm × 12.7 mm × 25.4 mm(0.50 in × 0.50 in × 1 in),而对于圆柱形试件则为直径 12.7 mm × 25.4 mm(直径 0.50 in × 1 in)。较小直径的杆或管也可以用于试验,只要它们足够长使得试件长细比达 11:1 至 16:1。将试件放置在压缩机的刚硬钢表面之间进行测试,并加载直至破坏。

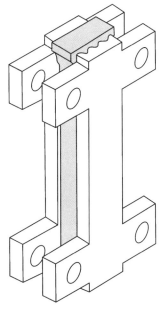

文件确认的标准中的第二种测试试件适用于"增强塑料,包括高强度复合材料和厚度小于 3.18 mm (0.125 in)的高正交各向异性层压板"。它采用平直无加强片的狗骨形试件,79.5 mm(3.13 in)长并具有 12.7 mm(0.50 in)递减宽度工作段。两个具有纵向槽、比试件稍微短些的工字形(防屈曲)支承板轻轻地夹住试件表面,通过支承板传递的力与施加载荷相比可以忽略不计(冗余载荷路径)。将试件放置在支承板之间,直接施加压缩载荷至试件的端部直到破坏,来确定压缩强度。

图 6.8.3.2.5　ASTM D695 试件和试验夹具简图

在 D30 的不同试验室间的比较试验研究(round

robin)中,对于[0]AS/3501和[0]E-Glass/1002层压板,采用具有夹具支持的平直狗骨形试件进行了评估(见文献6.8.3.2(b))。根据这项研究得出的结论认为:此试验方法不适用于测定所研究的这种形式高模量复合材料的压缩强度(可以用此试验方法对其他类型,如E-Glass织物增强复合材料进行成功的测试)。为试图修正ASTM D695试验方法的这一部分以便适用于高模量复合材料,已经制订了带加强片的直边试样。此外,还对此试验方法增加了用于支持夹具-试件装配的L形基座。ASTM未进行这些修正,也未编入ASTM D695。涉及这些修正的讨论包含在下面有关SACMA SRM 1R试验方法的节中。

ASTM D695压缩试验方法的局限性:

材料形式——这个文件所发布的内容规定,它限于未增强和增强刚性塑料,包括高模量复合材料。由ASTM D-30委员会所实施的不同试验室间比较试验研究(round robin)发现,这个方法用于高模量复合材料强度的测量是无法接受的(见文献6.8.3.2(b))。然而,应该注意到,对于该系列试验尚存在某些置疑(见文献6.8.3.2(b))。

6.8.3.2.6　SACMA SRM 1R,定向纤维-树脂复合材料压缩性能

已经制订了ASTM D695"刚性塑料压缩性能的标准试验方法"用于高模量连续纤维复合材料的修订稿,并已由SACMA编制成文件SRM 1R(见文献6.8.3.1(d))。尽管基本保留了D695方法的简单夹具,但其修订稿是利用带加强片直边试件来测定压缩强度而且采用L-形基座来支持夹具-试件装配。必须用无加强片的单独试件来测定模量。两种试件均比D3410试件短些,为80mm(3.18in)长、13mm(0.5in)宽和1~3mm(0.040~0.120in)厚。虽然工作段不受支持,但它非常短(4.8mm(0.188in))。

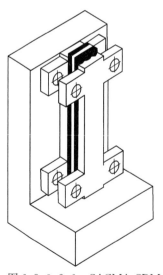

这个试验方法得出的压缩强度值比由D3410 Procedures A和B得到的稍微高一些(5%~10%)。一个可能的原因是端部加载产生的工作段应力状态更为均匀。然而,对于ASTM D695,若夹紧力过高,夹具引起的横向支持的冗余载荷路径可能相当大。SRM 1R规定,夹紧螺栓所受的扭矩为0.7~1.0J(6~10in·lbf),有关这个问题的进一步的讨论见文献6.8.3.1(l)。连同压缩强度试件的试验方法示意图如图6.8.3.2.6所示。

图6.8.3.2.6　SACMA SRM 1-88试验夹具和试件示意图

SACMA SRM 1R压缩试验方法的局限性:

概述——此试验方法要求分别采用强度和模量试件。短的试件工作段使得用于强度的试件试验段容量小。

材料形式——由手册协调组说明的此试验方法

的特定范围是仅适用于单向试件 0°方向性能及织物试件 0°与 90°方向性能。仅当试件机织/编织的单胞小于试件工作段(4.8mm(0.188in))时,此试验方法才适用于基于织物的材料。

压缩强度——如同前面所讨论的,用此试验方法获得的压缩强度测量值一般比 ASTM D3410 方法所得的值要高。重要的是要避免由于螺栓夹紧扭矩过高而导致的冗余载荷路径。

破坏应变——由于强度试件的测量区域对于应变计来说不够大,而且(无加强片的)模量试件的几何特性不适于加载至破坏,故由这个试验方法不能得出破坏应变。因此,不可能在多数真实的应力-应变响应曲线上,观测到包括监控试件弯曲应变以评定工作段载荷是否正常的应力-应变响应。

6.8.3.2.7　SACMA SRM 6——定向正交铺层纤维-树脂复合材料的压缩性能

除了仅限用于正交铺层层压板的材料形式外,这个试验方法(见文献 6.8.3.1 (e))与 SACMA SRM 1R 是相同的。采用这个限制是由于此方法是由正交铺层层压板测定强度并应用折算系数来确定单向复合材料压缩强度。

如这个方法(与 SACMA SRM 1R 相同)的概述,其程序为对$[90/0]_{ns}$(例如,$n=3$ 或6)层压板[1]压缩加载直至破坏,然后将这个层压板的压缩强度乘以一个系数来确定构成$[90/0]_{ns}$层压板的单向层有效强度如下:

$$\sigma_{c,\,uni} = F \times \sigma_{c,\,lam}$$

式中:

$$F = \frac{2E_{11}}{E_{11} + E_{22}}$$

单向复合材料的模量(E_{11} 和 E_{22})必须由单向复合材料试验分别来测定。在 2.4.2节中提供了有关用正交铺层层压板数据来折算单向复合材料数据的局限性及假设的更为完整的讨论。

SACMA SRM 6 压缩试验方法的局限性:

概述——此试验方法要求分别采用的强度和模量试件。对于测量强度试件,试件工作段短使得试件体积小。在这个试验方法中折算系数的使用是假设将其用于线弹性的材料响应。

材料形式——限于定向连续纤维增强且主要由预浸料或类似产品形式制成的正交铺层聚合物基复合材料。当试件机织/编织的单胞尺寸大于试件工作段(4.8mm(0.188in))时,短的工作段使得它不能用于基于织物和编织的材料。

压缩强度——与 ASTM D695 和 SACMA SRM 1R 一样,若夹紧力过高,由夹

---

① 例如,对于碳/树脂复合材料,$n=3$ 一般用于当预浸料单位面积重量大于或等于 $100\,g/m^2$ 时的层压板铺层,而 $n=6$ 适用于预浸料单位面积重量小于 $100\,g/m^2$ 的情况。

具引起、通过横向支持的冗余载荷路径可能是个大的问题。与 SRM 1R 一样,SRM 6 规定夹紧螺栓所受的扭矩达 $0.7 \sim 1.0 \, J(6 \sim 10 \, in \cdot lbf)$。在文献 6.8.3.1(l)中对此做了进一步的讨论。

破坏应变——由于强度试件的测量区域对于应变计来说不够大,而且(无加强片的)模量试件的几何特性不适于加载至破坏,故由这个试验方法不能得出破坏应变。因此,不可能在最为实际的应力-应变响应曲线上观测到包括通常用作评定适当工作段载荷的试件弯曲应变监控的应力-应变响应。

6.8.3.2.8 厚度方向压缩试验

由于对沿厚度方向压缩数据缺乏需求的历史原因,还不存在经标准化的或广泛被接受的试验方法来测定复合材料层压板厚度方向(z 方向)的压缩强度、模量或泊松比。已在有限的文献中报道了这些数据(见文献 6.8.3.2.8(a)和(b)),并且已采用从厚截面层压板切出的直线叶栅形试件来获得这些性能。

6.8.3.3 产生提交 CMH-17 数据的压缩试验方法

由下列试验方法(见表 6.8.3.3)所提交的数据现在正被 CMH-17 考虑接受作为包含在第 2 卷中的内容。

表 6.8.3.3　提交 CMH-17 数据适用的压缩试验方法

性　能	符　号	正式批准、临时和筛选数据	仅筛选数据
		单层性能	
0°面内强度	F_1^{cu}, ε_1^{cu}	D3410, D6641, D5467 SRM 1R[1,2], SRM 6[1,2]	—
0°面内模量、泊松比	E_1^c, ν_{12}^c	D3410, D5467[3], SRM 1R[2]	—
90°面内强度	F_2^{cu}, ε_2^{cu}	D3410, D6641, SRM 1R[1,2,4]	—
90°面内模量、泊松比	E_2^c, ν_{21}^c	D3410, D6641, D5467[3] SRM 1R[2,4]	—
面外强度	F_3^{cu}, ε_3^{cu}	不推荐	—
面外模量、泊松比	E_3^c, ν_{31}^c, ν_{32}^c	不推荐	—
		层压板性能	
x 面内强度	F_x^{cu}, ε_x^{cu}	D3410, D6641	—
y 面内强度	F_y^{cu}, ε_y^{cu}	D3410, D6641	—
x 面内模量、泊松比	E_x^c, ν_{xy}^c	D3410, D6641	—
y 面内模量、泊松比	E_y^c, ν_{yx}^c	D3410, D6641	—
面外强度	F_z^{cu}, ε_z^{cu}	不推荐	—
面外模量、泊松比	E_z^c, ν_{zx}^c, ν_{zy}^c	不推荐	—

注:(1) 对于 ε_1^{cu} 和 ε_2^{cu},还未经批准。

(2) 当试件机织/编织的单胞尺寸大于 4.8 mm(0.188 in)的工作段时,对于基于织物的材料,还未经批准。

(3) 对于 ν_{12}^c 和 ν_{21}^c,还未经批准。

(4) 仅批准适用于正交铺层基于织物试件的纬向性能。

6.8.4 剪切性能

6.8.4.1 概述

面内剪切性能[1],[2]:G_{12}, F_{12}^{so}, F_{12}^{su}, γ_{12}^{su} ⠀⠀⠀⠀ G_{xy}, F_{xy}^{so}, F_{xy}^{su}, γ_{xy}^{su}

面外剪切性能:G_{23}, F_{23}^{so}, F_{23}^{su}, γ_{23}^{su} ⠀⠀⠀⠀ G_{yz}, F_{yz}^{so}, F_{yz}^{su}, γ_{yz}^{su}

⠀⠀⠀⠀⠀⠀⠀G_{31}, F_{31}^{so}, F_{31}^{su}, γ_{31}^{su} ⠀⠀⠀⠀ G_{zr}, F_{zr}^{so}, F_{zr}^{su}, γ_{zr}^{su}

短梁强度性能:F_{31}^{sbs}, F_{zr}^{sbs}

已证明复合材料的剪切试验,是要定义一个严格正确试验方法的力学性能试验中难度最大的领域之一,特别是在面外方向。已经得到了若干试验方法,下面仅叙述其中的某些方法。这些方法中的大多数最初制订时并非用于连续纤维增强复合材料,而是像金属、塑料、木材或胶黏剂那样的材料。对于复合材料,很多方法还没有完全标准化,但没有一个方法是没有缺陷或局限性的,虽然某些方法比另一些方法显然更合乎需要。

尽管关于剪切模量测量精度一般是认同的(对正确进行的试验),但复合材料剪切试验所面临的最大困难为剪切强度的测定。边缘效应、材料耦合效应、基体或纤维/基体界面的非线性特性、不理想的应力分布或正应力的存在的综合效应使得根据现有剪切试验方法来进行剪切强度测定变得相当值得怀疑。由于这个不确定性,对每一个给定的应用情况,用于结构应用的剪切强度数据应该按照情况来逐一进行评估。

随着对复合材料剪切试验经验逐渐增加,包括公布的和未公布的,已使得对于每一个试验方法的长处和不足有着更多的了解。在 1991 年秋季,ASTM D30 委员会会议上,对剪切试验方法的 D30.04.03 节进行了讨论并得出了以下结论中的前面两个。在 1993 年春季会议期间,该委员会又附加了第三个结论。这些结论正包含于现有的和未来的 ASTM 标准剪切试验方法之中:

(1)尽管某些试验方法对于给定的工程目的可被最终用户认定为可以达到适用于特定材料体系所能接受的程度,但对于各种材料体系还不存在能够得出在理想纯剪切应力状态下直至破坏已知的标准(或非标准)试验方法。

(2)若试验方法不能始终如一地得出纯剪切的合理近似或按非剪切破坏模式引起破坏,则由该试验方法获得的强度不应被称为"剪切强度"。

(3)鉴于从现有剪切试验所得出的极限强度值不足以确信能够提供关于材料体系比较的适当判据,故目前建议附加一个 0.2% 的偏离强度(0.2% 偏离量,除非另有规定)。

---

[1] 注意,这里剪切性能一般采取独立的下标,例如,$F_{23}^{su}=F_{32}^{su}$ 等。对于常用的工程材料,在主材料坐标系中,这是通常所接受和一般来说是精确的假定。然而,在非均衡多向层压板中,剪切刚度、剪切强度或两者均可能与方向有关。在这样的层压板中,该情况的出现主要来自于在相对于载荷方向为偏轴方向纤维的拉伸和压缩特性上的差别。

[2] 横观各向同性是对于许多材料体系的一个通常的假定,它意味着 $G_{12}=G_{13}$。

对于很多长丝复合材料所具有的高度非线性应力-应变特性，特别是具有高伸长率的材料体系，通常在实际试件破坏前就终止了剪切试验。遵循 CMH-17 的引导，若破坏没有预先出现，ASTM D30 目前推荐在 5% 剪应变时结束剪切试验。其理由包含在下面的讨论中。

结构层压板的实际用法——设计典型的结构层压板要使纤维置于主要承载方向。在剪切情况下，剪切载荷通常通过适当角度铺层纤维的拉伸和压缩来承受。根据基本材料力学，由于在给定层基体中的剪应变，不可能比相对第一层呈 45° 角的其他层纤维轴向应变大两倍，于是我们可以认为，剪应变的工程应用值的上限为拉伸或压缩纤维应变的两倍。由于多数韧性结构纤维破坏通常不超过 2.5%，在结构层压板中的剪应变的实际上限则可为 5%。在此剪应变下终止剪切测试数据是一个切合实际的建议，这样节省了时间并得到在更多结构上可达到的、因而更有意义的极限剪切强度下限的估计值。

常规剪切试验方法的局限性——由于纤维的过分剪切，在 ±45° 拉伸剪切试验和 V 形缺口梁(Iosipescu)剪切试验中均存在着运动学上的制约。Kellas 等人的研究(见文献 6.8.4.1)表明，在高应变下 ±45° 层几何特征的初始状况发生了重大改变。基于他们对于纤维剪切和剪应变间关系的估计，对于这些试验，超出 5% 剪应变的试验结果是值得怀疑的，于是该剪应变成为适用于这些试验方法的实际的应变上限。

导致类似限制条件的另外一个问题则涉及一般应变计的使用。若采用应变计来进行应变测量，当其用于某些试验是可行的并被其他人所要求的情况下，约 3% 拉伸应变的典型的应变计限制大致等于 6% 剪应变，使此值成为实际剪应变测量的限制，它类似于运动学在数值上的制约。

层压板试验——诸如 ±45° 拉伸剪切那样的一些剪切试验方法，由于其固有的特性仅能用于测试某些类型的层压板。并且，对于现有的剪切试验方法，由于存在像测定材料极限剪切强度那样的困难，多向层压板剪切强度的测试更是问题。尽管这里讨论的几个剪切试验方法可以用来测定层压板应力-应变曲线的主要部分，并利用它得出剪切模量，但只有 V 形缺口剪切试验(ASTM D7078)已表明可适当确定多向层压板的极限剪切强度。

6.8.4.2　面内剪切试验

6.8.4.2.1　±45° 拉伸剪切试验

(1) ASTM D3518/D3518M-94(2001)，利用 ±45° 层压板拉伸试验得到聚合物基复合材料面内剪切响应的试验方法。

(2) SACMA SRM 7R-94，定向纤维-树脂复合材料面内剪应力-应变性能。

用于面内剪切性能的这个试验(见文献 6.8.4.2.1(a)和(b))是由具有 $[\pm 45]_{ns}$ 系列铺层的试件的修正 ASTM 试验方法 D3039 拉伸试验所构成。可证明在该试件中远离夹持区的面内剪切应力为所施加的平均拉应力的简单函数，于是使得材料剪切响应的直接计算变得可能。此试验方法具有测试试件简单、不需要夹具，以及能用引伸计或应变计进行应变测量的优点。

最初仅将其应用于单向材料，后来颁布的标准包括许多机织织物材料，但此试验方法在本质上限定用于在 1 - 2 材料平面内的性能测定。在历史上，SACMA 版本一直是 ASTM 标准一个受限定的子集；尽管在过去两个方法的现行的版本间只存在着微小的差别。然而，这里列出的版本具有几个明显的不同。1994 SACMA 试验方法没有包括 1994 年对于 D3518 所进行的若干重要的改变，尽管试验的基本物理特性保持相同，但数据折算的细节现已明显的不同，因此两个版本不是完全等效的。目前，D3518 定义弦向模量是从 2000～6000 剪切微应变（对应于 SRM 7R - 94 中的 500～3000）并且在 5％剪应变（或破坏，取决于哪一种情况首先出现）下终止试验，而 SRM 7R - 94 仅按照极限载荷来定义强度。D3518 也已加进了偏离强度，而 SRM 7R - 94 没有将此包含在内。

虽业已表明，当剪切应变水平超出 1.3％时，应力-应变响应被低估了（见文献 6.8.4.2.1(f)），但已证明±45°试验和其他剪切试验方法之间的模量测定有良好的一致性（见文献 6.8.4.2.1(c)～(e)）。在航宇复合材料结构界中很多人认为尽管该试件的应力状态可能不"纯"，但它的响应确实模拟了结构层压板中的实际应力状态和铺层相互作用。所得的响应引出一个"有效"剪切模量，对于设计者来说它可能是比较实用的。

ASTM 标准原先的版本缺少对于几个试验参数的充分定义，已经发现它们对于该试件的极限强度有着重要的影响。业已表明（见文献 6.8.4.1），试件破坏不是由于面内剪切，而更多是由于复杂的交互作用所引起，此交互作用对于材料韧性、铺层顺序、层数、层厚、边缘效应及表面层约束很敏感。D3518 的 1994 版本提供了改善此状况的附加控制：

- 已经利用"5％剪应变下的剪应力"来替代"极限剪切强度"，这是由于目前一致认同该试验不能测定真实的极限材料强度。这个新的量类似于老的极限强度值，但由于它难以计算，所以对许多材料体系，它们不会严格等效，甚至可能有显著差别。
- 加进了偏离剪切强度（对材料比较，是比原有"极限"剪切强度更有意义的量）。
- 若试件在 5％剪切应变时还没有破断，则终止试验。
- 把弦向剪切模量改为用一个应变范围（2000～6000 剪切微应变），它与拉伸弦向模量应变范围（1000～3000 剪切微应变）一致。
- 规定了关于层铺设的要求，以保证避免最脆的失效模式，并增加使数据对比变得更为有意义的可能性。

查阅文献或在 ASTM 标准本身中的讨论，以便了解更多的细节。

±45°拉伸剪切试验局限性：

材料和层压板形式——限于可得到完全均衡和对称的±45°试件的材料。如上所述，铺层顺序、层数和层厚对于试件强度有直接影响。低层数层压板和重复（或非常厚)层对强度具有有害的影响,在新标准中是有限制的。

非均质材料——假设材料相对于试验段的尺寸是均质的。对于试验段宽度具有比较粗的特征的材料形式,如具有粗的重复图案形式的机织和编织纺织物,则要求较大的、目前尚无标准的试件宽度。

应力状态的不纯性——在工作段中的材料不是处于纯面内剪切状态,因为在整个工作段存在面内正应力分量,且在接近自由边界处存在着复杂的应力场。尽管认为这个试验方法能提供可靠的初始的材料响应,并且能很好地建立进入非线性区域的剪应力-应变响应,但所计算的破坏剪应力值并不代表材料强度,这就是为什么目前 ASTM 标准规定在 5% 剪应变下终止试验的原因。

大变形的影响——可能出现在韧性材料试件中纤维极端剪切的情况,随应变增加会引起纤维方位的逐渐变化,造成与结果计算中所采用的纤维方位假设相抵触,这就是为什么目前在 5% 剪应变下终止试验的第二个原因。

6.8.4.2.2　Iosipescu 剪切试验

ASTM D5379/D5379M,利用 V 形缺口梁法测定复合材料剪切性能的试验方法适用于复合材料的 V 形缺口梁剪切试验(通常在文献中称为 Iosipescu 试验)已经由 ASTM D - 30 委员会在 ASTM D5379/D5379M 进行了标准化(见文献 6.8.4.2.2(a))。早在 20 世纪 50 年代末期和 60 年代初期,用于强度和模量的 V 形缺口梁剪切试验的概念已被 Arcan(见文献 6.8.4.2.2(b)~(d))和 Iosipescu(见文献 6.8.4.2.2(e)~(g))认同在金属上是适用的。随后其使用受到了限制,直到 20 世纪 80 年代初 Wyoming 大学在 NASA 资助下开始就试件和夹具的改进方法进行详尽研究(见文献 6.8.4.2.2(h)和(i)),接着又修改了夹具(见文献 6.8.4.2.2(j)和(k)),并且后来的 Wyoming 构型形成了 ASTM 标准的基础。现已对此方法进行了广泛的研究,有关另外的研究工作见文献 6.8.4.2.2(l)~(r)。历史上早期的观点在文献 6.8.4.2.2(h)和(s)中给出,然而,讨论的其余部分集中于已被标准化的构型。

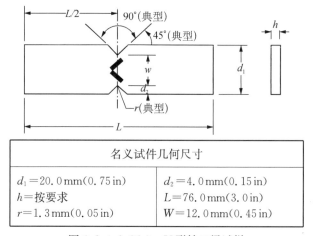

名义试件几何尺寸	
$d_1 = 20.0\,\text{mm}(0.75\,\text{in})$	$d_2 = 4.0\,\text{mm}(0.15\,\text{in})$
$h =$ 按要求	$L = 76.0\,\text{mm}(3.0\,\text{in})$
$r = 1.3\,\text{mm}(0.05\,\text{in})$	$W = 12.0\,\text{mm}(0.45\,\text{in})$

图 6.8.4.2.2(a)　V 形缺口梁试样

在此方法中，如图 6.8.4.2.2(a)所示，具有中央对称 V 形缺口矩形平直片条形式的材料试件在机械式试验机中，由如图 6.8.4.2.2(b)所示的专用夹具来进行加载。根据相对于加载轴线的材料坐标系统方位，可以评估面内或面外剪切性能。

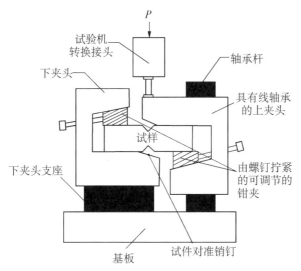

图 6.8.4.2.2(b)　V 形缺口梁试验夹具

尽管该标准仅致力于在材料坐标系统中性能的测定，但也可以用于测定一般多向层压板初始应力-应变响应。然而，载荷引入试件的方法一般不能承受多向层压板所能抵抗的高得多的载荷，因此，对大多数材料体系，这个试验方法用于多向层压板时限于表征弹性模量和应力-应变曲线的初始部分。已成功地测试了一些多向材料，例如通常称为片状模塑料(SMC)的不连续增强、多向模塑材料，但是这样的材料仍然是例外而不是通例。

试件插入至夹具之中是利用位于沿载荷作用线的缺口，经由使试件处于夹具中央的对中工具来实现。当监控载荷时，通过试验机的横梁来连接和向下驱动夹具的上半部。夹具两个半部之间的相对位移使缺口试件受载。通过在试件的中部(远离缺口处)沿加载轴线放置并与加载轴线成±45°的两个应变计元件，便可测定材料的剪切响应。

可以看出，V 形缺口梁(VNB)概念其目的在于达到如图 6.8.4.2.2(c)所示剪力和弯矩图的非对称弯曲加载的理想情况。试件工作区处于常值剪力而弯矩为零的区域。试件缺口影响沿

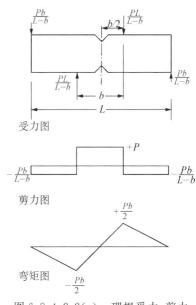

图 6.8.4.2.2(c)　理想受力、剪力和弯矩

加载方向的剪应变,使得比没有缺口情况所见的剪切分布更为均匀[①]。剪切分布的均匀度为材料正交各向异性的函数;在$[0/90]_{ns}$类型层压板上已经获得最佳的所有面内剪切结果。然而,尽管点-加载的理想情况显示在试件的工作段内处于常剪力和零弯矩,但实际上夹具对试件施加的是分布载荷,它会对剪应变分布的非对称性及对正应力分量产生影响,该影响对于$[90]_n$试件特别不利。

V形缺口梁切试验的局限性:

非均匀材料——相对于工作段尺寸的大小,假设材料是均匀的。相对于工作段的尺寸具有比较粗的特征的材料,例如采用大支数的长丝束(如含12 000或更多的长丝的丝束)的织物或某些编织结构,不应采用这样的试件尺寸来进行试验。

应变场的均匀性——计算中假定在缺口之间存在一个均匀的剪应变状态。实际均匀度随着材料正交各向异性的程度和加载方向而改变。最近研发出来的新型应变计栅片专门用于此试验方法。在该应变计上的主动应变计分布在缺口之间,并给出改善了的平均应变响应的估计量。当采用常规应变计时,已经表明,对于单向材料面内剪切模量的最精确的测量结果来自于$[0/90]_{ns}$试件。

载荷偏心——在加载过程中可能发生试件的扭转,该扭转影响强度的试验结果,特别是影响弹性模量的测定。建议每次试验取样至少有一个试件要利用背对背应变花来进行测试以估计扭转的影响程度。

破坏测定——在某些材料和构型中,破坏并不总是显而易见的。参见标准试验方法(见文献6.8.4.2.2(a)),以便获得更多的信息。

仪器——要求采用应变计。

6.8.4.2.3 轨道剪切试验

ASTM D4255,复合材料层压板面内剪切性能的测试指南。

1983年ASTM D-30委员会发布了D4255(见文献6.8.4.2.3(a)),它是用两种轨道剪切方法中的任一种测定复合材料层压板面内剪切性能的标准。为了解这些方法的精度和偏差,由D-30进行的不同实验室间的比较(round robin)试验表明,当时各实验室之间的试验结果存在着太多的变异性。尽管在那个时候对于这种差异的原因还不是十分了解,由于轨道剪切试验已被广泛采用,强烈希望建立用于该试验的标准。尽管同时附有防止出现误解的说明,但仍完成和发布了标准,以便为想要采用轨道剪切试件的人员提供一个共同的平台。

自从D4255最初发布以来,对初始round robin数据的分散性可能产生影响的若干试验因素已变得更为了解了,并已产生了本标准的修订版。

尽管标准限于面内试验,但它能够用于测试材料剪切或多向层压板剪切性能。然而,由于施加载荷至试件的标准装置一般不能适应多向层压板的较高的强度要求,如同表征模量或初始剪切应力-应变响应的D5379 Iosipescu剪切试验,该标准

---

① 受剪各向同性梁具有抛物线的剪应力分布。

的现行版本还是有限制的。

由于在整个试件上剪应力状态不是均匀的,并且通常观测到破坏起始于工作段中心区之外(例如在板受约束的角处),故现已标准化的这个试验不是总能得出可靠的剪切强度数据(见文献 6.8.4.2.3(b))。尽管三轨试验要求大约 150 mm ×150 mm(6 in × 6 in) 的较大的试件尺寸,但它具有比较纯的应力状态(见文献6.8.4.2.3(c))。

D4255 - 83 轨道剪切试验的局限性:

试件尺寸——两个方案要求的试件尺寸均比其他剪切试验大。

仪器——要求采用应变计。

应力状态——已知应力状态是非均匀的,且失效模式一般受到起始于工作段之外的非剪切破坏的影响。

数据分散性——从 round robin 试验所得的高的数据分散性,至少就其目前的形式,令人对这些方法得出重复性数据的能力产生怀疑。

6.8.4.2.4　V 形缺口轨道剪切试验

ASTM D7078/7078M - 05,用 V 形缺口轨道剪切方法测试复合材料剪切性能的试验方法

ASTM D30 委员会已在 ASTM D7078/7078M - 05(见文献 6.8.4.2.4(a))中对 V 形轨道剪切试验进行了标准化,该剪切试验方法兼具 Iosipescu(ASTM D5379)和双轨剪切(ASTM D4255)两种方法诱人的特性,可进行多向复合材料层压板和纺织复合材料的剪切试验。取自 Iosipescu 剪切试验方法所包括的主要特征,是缺口间工作段产生较均匀剪切应力状态的 V 形缺口试验构型;但为在试件中产生较高的剪应力,也引入了双轨剪切试验(ASTM D4255)的面加载方法。因此该试验方法可用于表征多向层压板的弹性模量和剪切强度。为允许对具有较大单胞尺寸较粗的纺织复合材料进行剪切试验,V 形缺口轨道剪切试件的试验段要比 Iosipescu 试件放大 3 倍,在放大试件尺寸时,要保持 Iosipescu 试件(ASTM D5379)的缺口深度与工作段宽度之比,或缺口深度比,图 6.8.4.2.4(a)所示为得到的 V 形缺口轨道剪切试件的形状。可以用它评估面内或面外剪切性能,这取决于相对加载轴的材料坐标体系方向。

V 形缺口轨道剪切试件的面加载通过如图 6.8.4.2.4(b)试验夹具来施加,该夹具基于 Hussain 和 Adams(见文献 6.8.4.2.4(b)和(c))的改型双轨道剪切夹具,用 C 夹紧装置,从而不需要在试件上开孔;这样,与 ASTM D4255 中描述的双轨道剪切试验相比,简化了试件制备程序,并降低了成本。该试验夹具由两个 L 形外部夹块和一对内夹持板组成,每个 L 夹块包含可容纳两个夹持板的空穴;每个夹具夹块的侧面机加出 3 个带螺纹的孔,来安装夹紧螺栓;这些螺栓给出对夹持板的夹紧力,夹持板夹持试件的表面。与试件厚度无关,矩形空穴两侧用相对两组螺栓来对试件对中;每个夹持板的夹持面是热喷涂的碳化钨粒子表面,以产生大约相当于

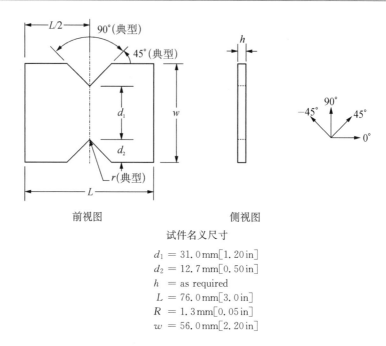

前视图　　　　　　　　　　　　　侧视图

试件名义尺寸

$d_1 = 31.0\,\text{mm}[1.20\,\text{in}]$
$d_2 = 12.7\,\text{mm}[0.50\,\text{in}]$
$h\ = \text{as required}$
$L\ = 76.0\,\text{mm}[3.0\,\text{in}]$
$R\ = 1.3\,\text{mm}[0.05\,\text{in}]$
$w\ = 56.0\,\text{mm}[2.20\,\text{in}]$

图 6.8.4.2.4(a)　V 形缺口轨道剪切试样

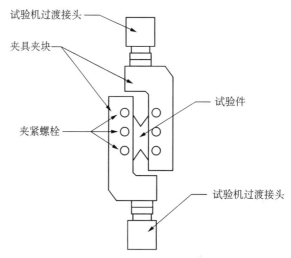

图 6.8.4.2.4(b)　V 形缺口轨道剪切试样夹具

60 粒度砂布的粗糙度。

　　试件夹持到两个夹具夹块上,试件缺口位于加载线上,在将试件装进两个夹具夹块时必须特别当心避免损伤试件,并保证对中。为便于试件安装,可以采用 ASTM 标准试验方法(见文献 6.8.4.2.4(a))中所示的垫块。为避免损伤试件,推荐将垫块留在夹具中,直至保证试件处于加载链中。所需的螺栓扭矩取决于材料种类、层压板方位和待试试件的厚度。若对给定的构型扭矩太小,则试件有可能相对夹持板打滑；若扭矩过大，则高夹紧力会在试件工作段两侧的试件中产生有害的应力集中。然而，V 形缺口产生的横截面积减少会降低与夹头相邻处出现试件提前失效的概率，通常应使用可防止试件打滑所需的最小螺栓扭矩值，虽然对不熟悉的材料进行试验时可能需要经过多次探索，已经证实扭矩可接受的范围很宽，对常见厚度的多数复合材料试件，发现 $45 \sim 55$ N·m 是足够的（见文献 6.8.4.2.4(d)）。

采用销接连接将组装好的试验夹具装到试验机的加载链中，当用力学试验机施加拉伸载荷时，在试件中产生引起穿过缺口试件破坏的剪力。若需要测量剪切模量，则要粘贴电阻应变计，通常使用双片应变计，与加载轴成 $\pm 45°$ 方向，并与试件工作段缺口根部连线对齐。与 Iosipescu 试件一样，缺口对试件中心区的剪应力分布有影响，产生比无缺口时更均匀的分布；由于缺口减少了试件宽度，平均剪应力比无缺口宽度处要高。

基于迄今为止所得到的剪切强度数据、观察到的试件失效和预计的剪应力分布，为表征剪切性能，对 V 形轨道剪切试验不推荐采用单向$[0]_n$ 试件，而推荐使用正交铺层的$[0/90]_{ns}$ 层压板。已发现 V 形缺口轨道剪切试验夹具提供了合适的夹持性能，并在各种多向复合材料层压板中产生了可接受的工作段失效。在文献 6.8.4.2.4(e) 中有更多有关使用 V 形缺口轨道剪切试验的信息。

V 形缺口轨道剪切试验的局限性：

应变场的均匀性——计算假设在缺口之间是均匀剪应力状态，实际的均匀度随材料各向异性水平和加载方向理想程度而变，用于该试验的应变计实际栅线应按从缺口到缺口方向布置，并改进对平均应变响应的估计。当使用常规应变计时，已经证实对单向材料面内剪切模量最精确的测量是由$[0/$
$90]_{ns}$ 试件得到的。

载荷偏心——加载时试件会出现扭转，它会影响强度结果，特别是会影响模量的测量，推荐每个待试样本中至少有一个试件要粘贴背对背的应变花，来评估扭转程度。

失效的确定——某些材料或某些结构构型中失效并不总是明显的，更多信息见标准试验方法（见文献 6.8.4.2.4(a)）。

仪器——需要应变计。

6.8.4.2.5　10°偏轴剪切试验

由 Chamis 和 Sinclair 首先报道的这个方法（见文献 6.7.6.2.5），采用纤维方位与加载方向成 10°角的直边矩形单向拉伸试件（见图 6.8.4.2.5）。注意到，试件材料仅限于单向长丝层压板。如同上述 ASTM D3518 试件，该试件也不处于纯剪状态下而受到来自复合应力状态的影响。这个试验所得出的结果与其他剪切试验方法，如 ASTM 试验方法 D3518 或 D5379 相比较，一般模量较

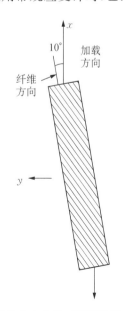

图 6.8.4.2.5　10°偏轴拉伸剪切试验

高,强度明显低。在本质上,此试验方法限于用来评价在 1－2 面内的剪切响应,因此不能应用于层压板的剪切评估。

10°偏轴剪切试验的局限性:

材料形式——限于单向层压板。

应力状态——已得知存在显著偏倚的应力状态,引起过于刚硬的初始响应和提前破坏。

缺乏标准化——还从未被标准化。

6.8.4.2.6　管扭转试验

(1) ASTM E143,室温下的剪切模量试验方法。

(2) MIL－STD－375,环向缠绕聚合物基复合材料圆筒面内剪切性能的试验方法。

(3) ASTM D5448/D5448M,环向缠绕聚合物基复合材料圆筒面内剪切性能的试验方法。

自从 1959 年以来,管的扭转试验已经由 ASTM 通过试验方法 E143 进行了标准化(见文献 6.8.4.2.6(a))。尽管使用范围宽广,且在技术上不排除用于复合材料,但试验方法 E143 的编制主要是用于金属。然而,其理念也已经应用于复合材料,这里存在的挑战性问题即为施加载荷至试件而不引起夹持所导致的破坏,典型的夹持安装图如图 6.8.4.2.6 所示。一个特别适用于缠绕复合材料管的扭转试验方法已被编制并已发布作为军用标准,MIL－STD－375(见文献 6.8.4.2.6(b))。MIL－STD－375 已提交至 ASTM 作为非军用标准,并经过少量的修改后已被批准为 ASTM D5448/D5448M。试验方法 D5448(见文献 6.8.4.2.6(c))由一个 100 mm(4 in)名义直径的环向缠绕管构成,该管两端夹持且通过夹具使其扭转至破坏。业已表明,由该试验能够得出良好的试验结果,并且在理论上对于测定面内剪切强度和模量均为理想的。注意到,由于该 MIL－STD 试验方法已被美国国防部撤销,因此它应该不再被提及;它已由 ASTM 试验方法所取代。

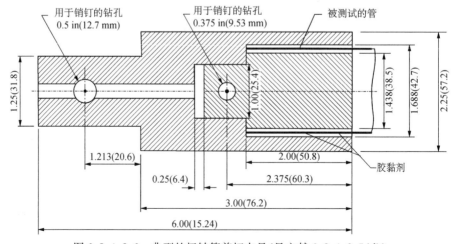

图 6.8.4.2.6　典型的扭转管剪切夹具(见文献 6.8.4.2.5(d))

尽管不在现行试验标准的范围内,在本质上限于面内应用的这些试验可以应用于层压板试验以及单层试验。然而,在多向层压板中,可能难于达到试件在工作段内破坏,这是由于当偏轴纤维存在时所产生的较高的载荷。对于层压板试验,通常会要求进行加载点修正。

扭转管方法的局限性:

材料形式——若没有采用长丝缠绕材料,管制作所要求的工艺过程可能与结构中所采用的过程明显不同。

试件制作费用——试件的制备所要求的异乎寻常的费用可能造成显著负担。

应力集中——如 Guess 和 Haizlip 所指出的,端部夹持处存在应力集中(见文献 6.8.4.2.6(d)),除非采取特殊的预防措施,容易造成在夹持区内的破坏。

仪器——要求采用应变计。

6.8.4.3　面外剪切试验

6.8.4.3.1　短梁强度试验

(1) ASTM D2344,采用短梁法测定平行纤维复合材料表观层间强度的试验方法。

(2) SACMA SRM 8R-94,采用短梁法测定定向纤维-树脂复合材料表观层间剪切强度。

ASTM 试验方法 D2344(见文献 6.8.4.3.1(a)),通常称为短梁强度(SBS)试验,该方法试图量化平行纤维增强复合材料的层间(面外)剪切强度[①]。用于该试验的试件为由平直层压板切出的比较厚的短梁。该试件所受的支持使其成为一个简支梁且载荷作用于试件跨度的中点。通过采用短厚"梁",力图减小弯曲应力而加大面外剪应力。

然而,在加载点处引起的接触应力大大地影响了沿梁的厚度和沿梁的轴向长度两个方向的应变分布。若存在的话,所导致的破坏很少是真正的纯剪切破坏,而变为由试件中出现的复杂应力状态所导致的结果,正如由 Berg 等人(见文献 6.8.4.3.1(b))和其他人士所指出的那样。

遗憾的是,过去通常应用此试验(且某些人仍在应用)来建立用于结构设计准则的设计许用值。在缺少任何其他选择的情况下,尽管不好,但是可以理解。然而,在 6.8.4.3.2 节中所讨论的 V 形缺口梁方法的可利用性,使得对于性能测定利用短梁强度试验成为过时的方法。

短梁强度试验应仅用于定性测试,例如材料工艺的研发和控制。尽管没有现行标准,作为定性控制试验,采用层压板构型比采用单向材料更为普遍。

目前正在修订和更新 ASTM 标准,使得 SBS 标准能用于均衡对称层压板测试。

---

① 目前完全等效,但更受限制的 ASTM D2344 的子集已作为 SRM 8R-94(见文献 6.8.4.3.1(c))由复合材料供应商发布,然而,可以预计,除非 SRM 8R-94 也被同时进行修订,否则两个文件会因对 ASTM D2344 正在进行的修订而产生分歧。

有关的方法是 SACMA SRM SR‐94(见文献 6.8.4.3.1(c))。

短梁强度试验的局限性包括：

应力状态——已知应力状态具有明显的破坏性且是三维的。所得到的强度是面外剪切强度的拙劣的估测值。

失效模式——失效模式常常具有多种模式。

无模量/材料响应——该试件的测试设备是不实用的,因此不能获得模量和应力‐应变数据。

6.8.4.3.2　Iosipescu 剪切试验

在6.8.4.2.2节中,已描述了用于面内剪切试验的这个试验方法和试件的几何特征。当进行面外剪切性能的测试时,改变在层压板中纤维的方位以便引起在所要求的横向平面内的剪切作用。该试验方法为仅有可以接受的面外剪切试验。具有纤维与测试方向成偏轴的层压板,例如三维织物的面外剪切试验,受到有关面内 Iosipescu 试验一节中讨论的相同限制和局限性(见6.8.4.2.2节)。

6.8.4.3.3　V 形缺口轨道剪切试验

在6.8.4.2.4节中对面内剪切试验描述了该试验方法和试件的几何形状。与 Iosipescu 剪切试验一样,面外剪切试验需要改变层压板中的纤维方向来引起所需横向平面的剪切作用。带有与试验方向偏轴(如3向织物)纤维层压板的面外试验受到在面内 Iosipescu 试验(见6.8.4.2.2节)中讨论过的相同限制和局限性。

6.8.4.3.4　ASTM D3846——增强塑料面内剪切强度的试验方法

尽管标题如此,ASTM 试验方法 D3846(见文献6.8.4.3.4)通常并不用作为面内剪切强度试验(采用先进复合材料术语中最通用的面内定义),但事实上它是一个面外剪切强度试验,因而同样被包含于有关面外剪切试验这一节中。

这个试验主要试图用于随机‐弥散纤维‐增强热固性片状塑料,作为6.8.4.3.1节中所述的短梁强度试验,即试验方法 D2344(见文献6.8.4.3.1(a))的替代。该试验是由双缺口试件构成,该试件受到来自支持夹具(与在试验方法 D695 压缩试验中所采用的夹具相同)的压缩载荷,在位于两个中心反向配置方形缺口之间的试件平面发生面外剪切破坏。虽然此试件能够(或已经)用于测试连续纤维层压增强塑料,但并不建议用于先进复合材料层压板。Herakovich 等人(见文献6.8.4.2.2(n))发现试件通过机械加工形成强迫层压板出现剪切破坏的缺口对试件中应力分布造成了负面影响。为此,在工作段存在非均匀、多轴应力状态情况下,引起对于强度计算准确性的怀疑。

D3846 缺口压缩试验的局限性：

应力状态——在工作段内的高度三维、非均匀应力状态引起由该试验得出的强度值为真实面外剪切强度的异乎寻常拙劣的估测值。

无模量/材料响应——该试件的测试设备是不实用的,因此不能获得模量和应力‐应变数据。

6.8.4.4　提交 CMH‑17 数据适用的剪切试验方法

由表 6.8.4.4 中的试验方法所提交的数据现在正被 CMH‑17 考虑接受作为包含在第 2 卷中的内容。

表 6.8.4.4　提交 CMH‑17 数据适用的剪切试验方法

性能	符号	正式批准、临时和筛选数据	仅筛选数据
面内剪切强度 （单层）	F_{12}^{so}，F_{12}^{su}	D7078[①] D3518 SRM 7 D5379 D5448	—
面内剪切强度 （层压板）	F_{xy}^{so}，F_{xy}^{su}	D7078	—
面内剪切模量 （单层）	G_{12}	D3518 SRM 7 D5379 D4255 D5448 D7078	—
面内剪切模量 （层压板）	G_{xy}	D5379 D4255 D7078	—
面外剪切强度	F_{23}^{so}，F_{23}^{su} F_{31}^{so}，F_{31}^{su}	D5379 D7078	—
面外剪切模量	G_{13}，G_{23} G_{xz}，G_{yz}	D5379 D7078	—
短梁强度	F_{31}^{SBS} F_{zr}^{SBS}	—	D2344 SRM 8

注：①这是按表 2.2.4 推荐的方法。

6.8.5　弯曲性能

还没有推荐用于测定复合材料层压板弯曲性能的试验方法。即使存在经批准的弯曲试验方法，但对于结果的有效性仍存在着某些争议。

在航宇工业中，弯曲试验主要是用于质量控制。ASTM D790，"未增强和增强塑料及电绝缘材料的弯曲性能"最初是为塑料编制的，但后来它经修改并批准用于复合材料（见文献 6.8.5）。在某些情况下，ASTM C393，"平直夹层结构的弯曲试验"，已被修订用于复合材料层压板（见文献 6.8.2.2.5）。

6.8.6　断裂韧性

6.8.6.1　概述

在诸如复合材料这样的结构固体中，断裂通常起始于某些裂纹、类缺口的缺陷或应力弹性分析得到奇异性的不连续处,常常用断裂力学来表征和预计这些缺陷的起始和扩展(见第 3 卷 8.7.4 节至在 5.4.5 节完成的新分层分析节)。在复合材料中裂纹扩展的趋势通常用应变能释放率,G 来表征,它是驱动裂纹扩展无穷小量需要的能量,G 与金属中通常用于表征裂纹扩展的应力强度因子(K)有关,在线性二维系统中,G 可以用下列方程来描述:

$$G = \frac{dW}{b\,da} - \frac{dU}{b\,da} = \frac{P^2}{2b}\frac{dC}{da} \qquad (6.8.6.1)$$

式中:W 为外部做功;a 为裂纹长度;C 为试件柔度(δ/P);U 为势能;b 为试件宽度;δ 为施加的位移;P 为施加的力。

注意,在下节的公式推导中 δ/C 项可用一个 P 项替代,G 的单位在线性系统中是能量除以面积,并用施加载荷的平方来放大。裂纹扩展时 G 的临界值是材料的断裂韧性。在复合材料中可以用 G 来表征几种损伤的扩展:分层、穿透裂纹(穿层韧性)和基体裂纹(层间韧性)。上述这些,对分层断裂力学的研究进展最大。

G 表征裂纹尖端"加载"的严重性,但 G 的临界值,G_c 受到对裂纹尖端加载方式的影响。在裂纹尖端处加载性质通常通过把 G 分为互相垂直的三个分量来表征,称为断裂模式,这些断裂模式分别为 Ⅰ 型(张开型)、Ⅱ 型(滑移剪切型)和 Ⅲ 型(撕裂剪切型),若只施加一种模式,G 的临界值表示为 Ⅰ 型、Ⅱ 型或 Ⅲ 型断裂韧性(分别为 G_{Ic},G_{IIc} 或 G_{IIIc}),通常加载是这三个分量的复合,产生混合型加载状态,因此需要把断裂韧性与相关 Ⅰ 型、Ⅱ 型和 Ⅲ 型分量联系在一起的混合型失效准则。本节讨论了在单一加载状态下的断裂韧性测试,但已经用断裂力学成功地表征了在循环载荷下分层的起始和扩展(见 6.9 节)。

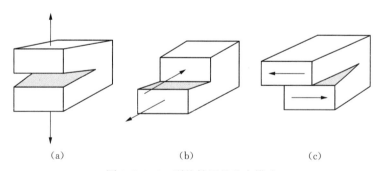

图 6.8.6.1　裂纹扩展的基本模式

(a)Ⅰ型,张开型;(b)Ⅱ型,滑移剪切型;(c)Ⅲ型,撕裂剪切型

6.8.6.2　分层断裂韧性

由于下列原因会出现分层(复合材料层间富脂区的脱胶):①制造缺陷;②界面处小空隙的合并;③外来物冲击或④在像自由边、孔、丢层、横向层裂纹或胶接接头这样的不连续处附近的高应力引起的失效,分层常常是复合材料中关键的损伤形

式,因为复合材料在垂直于纤维的平面比在纤维必须断裂的平面要弱得多。

已经发现断裂力学在表征分层扩展时特别有用,可预期分层断裂韧性,与扩展时纤维要断裂,如穿透裂纹这种裂纹的断裂韧性完全不同。预期基体裂纹与分层的断裂韧性非常相似,但对分层来说,裂纹尖端周围的树脂量通常要多一些,会得到不同的断裂韧性,因此仍然有区别。为采用断裂力学预计分层起始和扩展,必须测量分层断裂韧性。已经发现分层断裂韧性随加载模式而变,故必须对感兴趣的加载模式来确定其断裂韧性。

6.8.6.2.1 分层试验的共同点

已经制订了各种试验方法来测量不同加载状态下的分层断裂韧性,但它们很相似,因此是确认有效断裂韧性时的面相似问题。多数分层断裂韧性试件包含有无黏着力嵌入物、引起分层扩展起始的分层,这些试件通常是纤维沿分层扩展方向排列的单向板。采用将嵌入分层置于同一方向两个偏轴层之间或不同方向两层之间的非单向板试件,会使分层偏离穿层裂纹的路径,使得试验结果无效。对韧性测试通过分层在偏轴方向两层之间扩展得到的结果,其测量值会高于用单向板试件得到的结果(见文献6.8.6.2.1(a))。

材料组分和/或织构会带来其他的困难。例如断裂韧性会随着分层穿过多相基体材料的不同相扩展而变;同样含韧性胶黏夹层的脆性基体复合材料会随着分层扩展通过的不同区域,即夹层、脆性基体或界面而得到不同的性能。机织织物复合材料与单向层压板相比,由于机织构型产生的无规性呈现更大的分散性(见文献6.8.6.2.1(b))。

分层断裂韧性测量值常常随着分层扩展而变化,断裂韧性与裂纹扩展图称为裂纹扩展阻抗曲线(或R-曲线)。当分层开始扩展时R-曲线常常会显示出急剧的增加,I型分量为主的试件观察到的断裂韧性增加的原因是穿越分层平面的纤维桥接现象。试验件通常是单向复合材料,所以相邻层的纤维会有一些混合。当分层沿层界面扩展时,纤维依然保持完整,并将裂纹桥接,这些桥接的纤维(见图6.8.6.2.1)使得断裂韧性急剧增加,这一韧性的增加是人为的,因为结构部件中常见的不同方向层间分层不会出现这种现象,因此,通常测得是始于嵌入物分层起始时的分层断裂韧性值,假定该起始值代表了结构中分层所预期的断裂韧性。虽然分层起始后测量的增加的韧性值通常不用作分层断裂韧性,但它们已用作为定性评定纤维基体胶

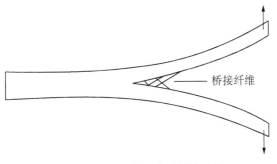

图6.8.6.2.1 跨越分层纤维桥接

接质量的手段。拙劣的胶接通常产生较多的纤维桥接,因此随分层扩展 G_c 有较大的增加。在脆性基体复合材料和、如前面已指出的,Ⅰ型分量控制的加载状态中,纤维桥接特别明显。

在纤维桥接影响不大的材料中有多种机理可能起主导作用,当分层扩展始于嵌入物时,由于嵌入物端头处的树脂包,韧性被人为提高了。高起始韧性会降低 R-曲线或起初不稳定称为迸发(pop-in)的裂纹扩展。当分层稳定扩展的Ⅰ型试验或其他试验期间出现这种现象时,在分层小量扩展然后重新加载后,试件会卸载(见文献 6.8.2.1(c)和(d))。然后用对试件重新加载得到的初始韧性测量值,并标识为预开裂韧性值。当在Ⅰ型试验中发现 R-曲线降低时,可以在进行后续试验前用Ⅰ型加载、插入楔形块或其他方法对Ⅱ型或混合型试验进行预开裂试验(分层超出嵌入物的扩展)。

多数分层断裂试验采用含单个分层尖端的梁型试件。通常试验采用位移控制,使得能出现稳定的分层扩展。载荷-位移曲线应保持线性,直至超出分层扩展和出现载荷降的点。试验时测量加载点的挠度,并用目视观察或其他方法测量分层扩展。有些试验产生不稳定的分层扩展,所以无法测量分层扩展。

有几种不同的计算断裂韧性方式。在很多情况中,用确定柔度随裂纹长度变化的近似闭合形式表达式导出用载荷、挠度、分层长度和/或材料(或梁)刚度表示的 G 表达式。从 G 表达式计算断裂韧性的一个关键输入是确定临界点,分层扩展时的载荷(和有时是位移),常用载荷-位移曲线偏离线性响应的点作为临界点。已经发现这一非线性的起点会产生可重复且保守的结果。加载曲线的非线性,可能是由于在边缘处能观察到,扩展前试件中央出现了分层扩展;非线性也可能是由于材料的非线性响应或尖端前面亚临界损伤扩展,在这些情况中非线性点可能不是适当的临界点。万一发现非线性点不是适当的选择,则观察到分层沿试件边缘扩展的点或最大载荷点就是可能的选择。

计算断裂韧性的另一个关键输入是试件的柔度。有时柔度可以由试件尺寸和发布的材料模量值计算出,但试验方法常常要求测量试件柔度与裂纹长度的关系,这些柔度标定方法可以得到更一致的结果,这是因为不同的试件刚度是不同的。当试验时无法测量柔度,或预计裂纹扩展不稳定使得不能在几个分层长度测量柔度时,可在试验前对试件进行柔度标定,对某些试验,测量不同分层长度时的柔度可能像在加载装置中移动试件一样方便。

6.8.6.2.2   Ⅰ型试验方法

6.8.6.2.2.1   双悬臂梁(DCB)试验,ASTM D5528 和 ISO15024

DCB 试验已由 ASTM(见文献 6.8.6.2.1(c))和 ISO(见文献 6.8.6.2.1(d))用两个标准进行了标准化,除 ISO 标准限制更多外,两个标准是等效的。试验装置的示意图如图 6.8.6.2.2.1 的(a)所示。试件大约为 125 mm(5 in)长、20~25 mm(0.8~1 in)宽和 3~5 mm(0.12~0.20 in)厚,试件含制造时嵌入在单向层压板中面的人工分层,嵌入物从试件的一端起始,产生一个约 50 mm(2 in)的初始分层长度。研究表明该无黏着力嵌入物的厚度应小于 $13\,\mu m(0.0005\,in)$，来产生有代表性的初始韧性值（见文献 6.8.6.2.2.1）。图 6.8.6.2.2.1 的（b）给出了由这种试验观察到的典型载荷-位移曲线。在这些曲线上的数字表示试验时记录的分层扩展数量。NL 表示非线性的起始点，它通常产生一致且保守的断裂韧性值。常常利用分层扩展时记录的载荷-位移数据来进行试件的柔度标定。在文献 6.8.6.2.1(c) 和 6.8.6.2.2.1 中规定了为避免几何非线性对试件尺寸的各种限定。已经发现，由该试验得到的断裂韧性测量值对单向试件是合适的。当把它用于其他铺层或材料形式时，应该谨慎。对纯 I 型试验，要求满足对中面的对称性。

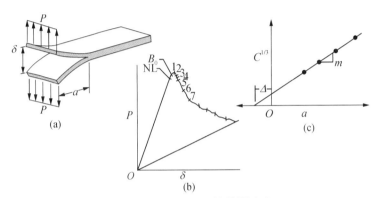

图 6.8.6.2.2.1　双悬臂梁试验

(a)DCB 试验件；(b)由 CDB 试验得到的载荷曲线；(c)柔度标定图

ASTM D5528 描述了 3 种数据处理图，它们是修正的梁理论、柔度标定和修正的柔度标定方法。在 ISO15024 标准中仅给出了修正的梁理论方法。修正的梁理论计算采用了取自载荷-位移曲线的临界点，用简单梁弯曲方程得到的方程来计算 G，但用方程 6.8.6.2.2.1(a) 中所示用长度 $|\Delta|$ 修正的分层长度。对裂纹长度的 Δ 修正假设，由于围绕裂纹尖端的局部旋转，仿佛试件的分层长度比测量到的更长一些，Δ 值由分层扩展数据确定。因为 DCB 试件的简单模型预计柔度是裂纹长度 3 次方的函数，柔度（$C^{1/3}$）的 3 次方根与裂纹长度的关系图应为通过该曲线原点的直线，当拟合线穿越 DCB 试验期间随分层扩展记录的数据时，该直线通常落在 y 轴的左边，相距 Δ，如图 6.8.6.2.2.1 所示，它给出了修正梁理论方程中的裂纹长度修正量。

$$G_{\mathrm{I}c} = \frac{3P\delta}{2b(a+|\Delta|)} \qquad (6.8.6.2.2.1(a))$$

在修正的梁理论方程中，假定柔度随分层长度的 3 次方变化，替代 3 次方关系式的假设，柔度标定方法确定了穿越取自柔度与裂纹长度对数图拟合线的斜率由实验数据获得的指数（n）。

$$G_{\mathrm{I}c} = \frac{nP\delta}{2ba} \qquad (6.8.6.2.2.1(b))$$

如方程 6.8.6.2.2.1(b)所示,用这种方法不用对裂纹长度的 Δ 修正。

修正的柔度标定法(见方程 6.8.6.2.2.1(c))与修正的梁理论法很相似,但代替裂纹长度的修正,采用由实验测量得到的柔度与裂纹长度曲线的斜率。

$$G_{IC} = \frac{3P^2 C^{\frac{2}{3}}}{2A_1 b/h} \qquad (6.8.6.2.2.1(c))$$

这里 A_1 参数取为按 a/h 与 $C^{1/3}$ 关系画出数据拟合线的斜率,然后在方程 6.8.6.2.2.1(c)中用 A_1 参数计算断裂韧性。

已经表明用这 3 种数据处理方案给出了类似的结果,用修正的梁理论得出最保守的结果,从而是最广泛被接受的方法。

6.8.6.2.2.2　其他的 I 型试验

双悬臂梁试验是测定 I 型断裂韧性使用最为广泛的方法。万一连接加载装置存在问题,建议在两个梁间采取楔形嵌入物。已经采用的另一个方法是对粘接到基底的薄膜之间的圆形分层进行液压加载。

6.8.6.2.3　II 型试验方法

6.8.6.2.3.1　端部缺口 4 点弯曲(4ENF)试验

4ENF 试件的示意图如图 6.8.6.2.3.1 所示。一般来说,试件为 150 mm(6 in)长、25 mm(1 in)宽和 3~5 mm(0.12~0.20 in)厚。制造时应将厚度小于等于 13 μm(0.0005 in)的无黏着力嵌入物置于层压板中,嵌入物大约为 75 mm(3 in)长,使得分层长度大约为 50 mm(2 in)。4 点弯曲装置的跨度通常为 100 mm(4 in),留出大约25 mm(1 in)超出端部支持的外伸段。4ENF 试验构型使得分层在 4 点弯曲载荷下扩展通过层压试件的中面,层压板应相对中面对称,在 4ENF 试验中嵌入和预开裂的分层通常以稳定的方式扩展,这是相比下节(见图 6.8.6.2.3.1)中讨论的 3ENF试验(原称为 ENF 试验),首选该试验的原因。稳定的裂纹扩展使得可用分层扩展时所取数据,从而可确定 R-曲线来使用柔度标定处理方法。

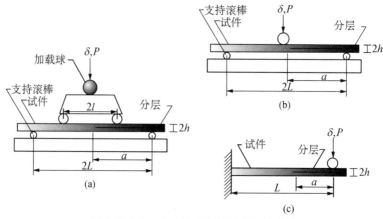

图 6.8.6.2.3.1　II 型分层断裂韧性试验

(a)端部缺口 4 点弯曲(ENF)试验;(b)端部缺口 3 点弯曲(3ENF)试验;(c)端部搭接剪切(ELS)试验

正在考虑用于 4ENF 试验的几种数据处理方法,但某种形式的柔度标定方法可能最可靠,有一种类似 DCB 试验用的柔度标定法,这里,画出 C 与 a 的关系图,在下列方程 6.8.6.2.3.1(见文献 6.8.6.2.3.1(b))中采用了斜率 m。

$$G_{\text{II}c} = \frac{mP^2}{2b} \qquad (6.8.6.2.3.1)$$

在方程中还使用了宽度 b,和与分层扩展相关的外加载荷。注意,在该试验中画出的是柔度 C 而不是 DCB 试验方法中用的 $C^{1/3}$,因为在 4ENF 试验中柔度应为裂纹长度的线性函数,而不是 DCB 试验中的 a^3 的函数。

剪切断裂韧性对嵌入物端部的树脂包似乎比张开型断裂韧性更敏感,这会使初始韧性值比后续值要高一些。反之,纤维桥接问题对剪切韧性试验的影响比张开型断裂韧性要小。因为这两个因素,预开裂值可能比 DCB 试验所推荐(见文献6.8.6.2.3.1(c))、由分层扩展时加载曲线呈现非线性起点所计算得到的韧性值更可靠。已研究了摩擦对韧性测量值的影响,通常认为对 $G_{\text{II}c}$ 测量值的影响可忽略不计(见文献 6.8.6.2.3.1(d))。ASTM 分会 D30.06 正在对 4ENF 试验进行标准化的工作[①]。

6.8.6.2.3.2　端部缺口 3 点弯曲(3ENF)试验

图 6.8.6.2.3.1 中所示为 3ENF 试件的简图,在引入 4ENF 试验前 3ENF 试验也简称为 ENF 试验(见文献 6.8.6.2.3.2(a))。通常该试件长 150 mm(6 in)、25 mm(1 in)宽和 3~5 mm(0.12~0.20 in)厚。制造时应将厚度小于等于 13 μm(0.0005 in)的无黏着力嵌入物置于层压板中,嵌入物大约为 50 mm(2 in)长,使得分层长度大约为 25 mm(1 in)。3 点加载梁的跨距 2L 为 100 mm(4 in)量级,留出大约 25 mm(1 in)超出端部支持的外伸段。设计要使得 3ENF 试验在 3 点弯曲加载情况下分层将沿层压板试件的中面扩展。层压板通常是单向板,然而已建议采用这样的层压板,其上下两半不能受到弯-扭与剪切-拉伸耦合,但可有弯-拉耦合(见文献 6.8.6.2.3.2(b))。在 3ENF 试验中嵌入和预开裂的分层以非稳定的方式扩展,因此只能测量 II 型断裂起始时的韧性。已提出了稳定扩展的 3ENF 试验改型(见文献 6.8.6.2.3.2(c)),此时要控制试验使得在分层前端保持剪切位移不变,但在该试验中控制剪切位移很难实现。

可以用几种方法来计算由 3ENF 试验得到的断裂韧性,但通常仍喜欢采用柔度标定法。因为 3ENF 试验的分层扩展不稳定,必须在进行断裂韧性试验前确定柔度与裂纹长度的函数关系。柔度标定程序要求对试件分几次加载使其偏离加载夹具,以产生范围在 0 到 L 范围内的分层长度,a。柔度标定程序期间加载不得超过分层扩展的临界值。把这些柔度值画成 $C^{1/3}$ 与 a 的关系图(类似于图 6.8.6.2.2.1 的(c)中 DCB 数据的处理方式),测量出这些数据拟合线的斜率为 m。

[①] 译者注:2016 年已颁布标准编号为 ASTM D7905-16"单向纤维增强聚合物基复合材料 II 型层间断裂韧性标准试验方法"。

一旦完成了柔度标定程序,就可以进行断裂韧性试验,用临界点来确定方程 6.8.6.2.3.2(a)中所用的载荷,P。

$$G_{\text{IIC}} = \frac{3ma^2P^2}{2b} \qquad (6.8.6.2.3.2(a))$$

直接梁理论是不需进行柔度标定程序的替代方法,此时在方程中使用取自临界点的载荷与位移。

$$G_{\text{IIC}} = \frac{9a^2P\delta}{2b(2L^3 + 3a^3)} \qquad (6.8.6.2.3.2(b))$$

该方法可能没有柔度标定法那么精确,因为它依赖于简单的弯曲分析来确定柔度与分层长度之间的关系。

已对 3ENF 试验实施了 ASTM 的 round-ribin(实验室间的对比)试验程序(见文献 6.8.6.2.3.2(d)),结果表明,初始值高度依赖于分层起始薄膜的厚度,较薄的厚度产生的韧性值较低。不像 I 型试验,没有找到产生韧性稳定值时嵌入物厚度的下限;预制裂纹可能是解决嵌入物问题的途径,但也引入了新的问题。若用 II 型试验预制裂纹,则裂纹前缘通常不是稳态扩展,不稳定扩展的特性常常使得裂纹前缘横穿试件时不是直线,从而使后续试验无效。若采用 I 型试验预制裂纹,纤维桥接就会影响结果。round-ribin 试验没能制订出一致同意,最好可用的数据处理方法。还研究了材料非线性和韧性胶黏剂界面对 II 型断裂的影响(见文献 6.8.6.2.3.2(b))。

6.8.6.2.3.3　其他 II 型试验

还提出了这样的建议,即对 II 型断裂韧性试验采用端部加载劈裂(ELS)试件(见文献 6.8.6.2.3.2(d))。ELS 试件有 II 型 ESIS 草案(见文献 6.8.6.2.3.2(b)),通过加载块以不变的速率位移控制方式施加剪切载荷,同时夹住无分层端,必须采用适当的滑块来避免水平载荷分量,在 ESIS 草案中给出了几种设计方案。推荐的试件长度与宽度分别是 20 mm(0.75 in)和 170 mm(6.75 in),试件厚度在 3～5 mm(0.12～0.20 in)之间,加载点和夹紧装置之间的长度一般是 100 mm(4 in)。压制试件时在层压板厚度中央处放置厚度小于 15 μm 的起裂薄膜,其长度从加载线起至少 100 mm(2 in),也可以采用 I 型和 II 型试验预制裂纹,嵌入和以稳定的方式扩展来预制裂纹,裂纹长度与自由长度之比大于 0.55,这样以 R 曲线(与分层长度,a 的关系)的形式得到和表示起始和扩展的临界应变能释放率 G_{IIC}。

数据分析所需数据是分层长度,a、相应的载荷,P 和位移,δ,ESIS 草案(见文献 6.8.6.2.3.3(b))中描述了两种数据处理方法。

第一种方法是修正的梁理论(CBT),它采用简单梁弯曲方程,修正考虑裂纹尖端处的旋转,这样,用长度 Δ_{II} 来修正分层长度,近似为用 0.42 乘以由 I 型试验得到的 Δ_{I},方程(6.8.6.2.3.3(a))给出了临界能量释放率。

$$G_{\text{IIC}} = \frac{9P^2(a + \Delta_{\text{II}})^2}{4b^2Eh^3} \qquad (6.8.6.2.3.3(a))$$

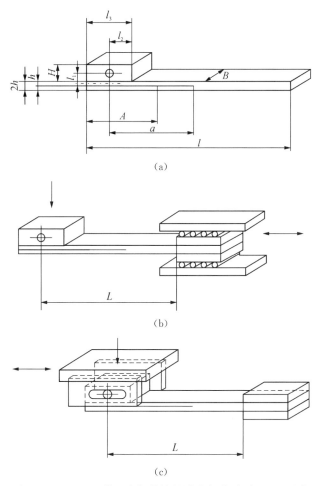

图 6.8.6.2.3.3　带一个加载块的端头加载劈裂(ELS)试件

取自文献 6.8.6.2.3.3(b))的(a)带加载块的试件;(b)带固定加载点的自由滑动
夹紧装置;(c)带自由滑动加载点的固定夹紧装置

式中:P 是载荷;a 是分层长度;b 是宽度;h 是厚度的一半;E 是由 3 点弯曲试验得到的纤维方向模量。

可选用的数据处理方法是实验柔度法(ECM),然后在方程(6.8.6.2.3.3(b))中使用柔度 C 与分层长度 3 次方 a^3 曲线的斜率 m:

$$G_{\text{II}c} = \frac{3P^2 m a^2}{2b} \qquad (6.8.6.2.3.3(b))$$

式中:P 是载荷;a 是分层长度;b 是宽度。

已经发现 CBT 的 $G_{\text{II}c}$ 值比 ECM 得到的稍高一些(平均值约高 10%)(见文献 6.8.6.2.3.3(b)),但 CBT 方法种所用的弯曲模量,E 对计算的 $G_{\text{II}c}$ 影响很大。

6.8.6.2.4　Ⅲ型试验方法

Ⅲ型韧性比在Ⅱ型中的韧性值要高(见文献 6.8.6.2.4),传统上Ⅲ型断裂韧性是很难测试的性能,但边缘裂纹扭转(ECT)试验看来是一种有希望的Ⅲ型测试方法,因为缺乏Ⅲ型韧性数据,且认为Ⅲ型断裂韧性较大,当没有Ⅲ型断裂韧性值时复合材料界常用的方法是采用Ⅱ型韧性值来估计Ⅲ型断裂的临界值。

6.8.6.2.4.1　边缘裂纹扭转(ECT)试验

如图6.8.6.2.4.1所示,边缘裂纹扭转试验(见文献6.8.6.2.4.1(a))把非单向层压板置于扭转载荷中,以在裂纹尖端产生Ⅲ型加载。对ECT试件的分析表明应变能起主导作用,且在试件中央是均匀的,在该区域的载荷是纯Ⅲ型(见文献6.8.6.2.4.1(b))。

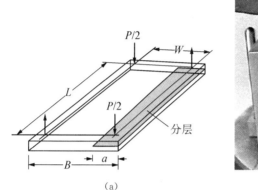

(a)　　　　　　　　　　　　　　　　　(b)

图6.8.6.2.4.1　边缘裂纹扭转试验

(a)简图;(b)实际试验

虽然这种试验的数据处理方法仍在研发中,已建议采用如方程(6.8.6.2.4.1)给出的方法直接计算断裂韧性。

$$G_{\mathrm{ⅢC}} = \frac{mCP^2}{2LB\left[1 - m\dfrac{a}{B}\right]} \qquad (6.8.6.2.4.1)$$

式中:C是韧性试验得到的柔度,柔度标定通过参数,m引入,m由柔度与分层长度函数的最小二次回归分析来确定,但因为该试验中的柔度与分层长度长反比,斜率m来自于$1/C$与a/B的曲线。因为在该试验中分层扩展通常不稳定,柔度标定技术要求对含不同分层长度的试件进行测量和试验来得到Ⅲ型断裂韧性值,这是该数据处理技术很重要的缺点。柔度标定法的替代方法可以使用包含材料模量的柔度模型,但无法适当考虑试件刚度的变异性,会带来误差。对ECT试验的精细化导致要求在两个对角处用可移动的加载销,来实现对试件的对称加载。研究还表明通过加长试件使得有更多的材料超出加载区,试验段应变能释放率的Ⅲ型分量可更均匀。若由试验机的冲程来测量柔度,测得的柔度必须要进行试验机的柔度修正。ASTM D30.06分会正在对该试验方法进行标准化。

6.8.6.2.4.2　其他Ⅲ型试验

劈裂悬臂梁(SCB)试验(见文献6.8.6.2.4.2(a))沿裂纹前缘的Ⅱ型分量很大

（见文献 6.8.6.2.4.2(b)），因此不予推荐。已用圆锥形扭转试验来表征胶黏剂胶接（见文献 6.8.6.2.4.2(c)）。

6.8.6.2.5　混合型试验方法

除专门设计的情况外，纯Ⅰ、Ⅱ或Ⅲ型下分层并不扩展，结构中的分层一般在混合型状态下受载。因为断裂韧性随混合型载荷的分量变化而变，很重要的是将计算的 G 与用同样组合模式测得的临界断裂韧性，G_C 进行比较。因为不可能测量每一种加载模式组合下的 G_C，理想情况是要建立如图 6.8.6.2.5 所示，作为断裂韧性与Ⅰ型、Ⅱ型和Ⅲ型载荷分量函数关系的失效准则，该准则要由实验数据拟合得到，并用于确定并非实际试验所用载荷状态下的 G_C。可惜，尚未进行测量覆盖所有混合模式范围的试验，如图 6.8.6.2.5 的(b)所示，通常的获得的数据只覆盖Ⅰ型/Ⅱ型混合型范围。值得注意的是，不同材料混合型范围的响应相差很大，所以重要的是对给定的材料测量其特性。可以用曲线来拟合一种材料的数据，来得到其失效准则，为把该失效准则用于存在Ⅲ型分量的实际问题，通常把Ⅲ型分量与Ⅱ型分量组合（见第 3 卷 8.7.4 节）。目前还没有可以推荐用于测量 3 种断裂模式任意组合下 G_C 的试验方法。很多情况下Ⅰ型和Ⅱ型分量起主导作用，已有几种以Ⅰ型与Ⅱ型不同比例组合的试验方法被推荐。已证明在多数情况下Ⅲ型断裂韧性比Ⅱ型断裂韧性高（见文献 6.8.6.2.4），假设把这种趋势带进混合型区域，把Ⅱ型和Ⅲ型载荷联合在一起来定义 $(G_Ⅱ+G_Ⅲ)/G_T$ 的混合比，并把 G 值与同样混合比的断裂韧性进行比较，是一种保守的近似。混合型断裂韧性的试验方法应有下列性能：

（1）可用类似的试件在整个范围内的混合比进行试验。

（2）允许由闭合性分析来确定韧性值和混合比，以避免复杂的应力分析（有限元或其他方法）。

（3）分层扩展时能保持混合比不变。

（4）实施比较简单，只需很少的专用设备。

虽然还没有可推荐的试验能满足这些准则，混合型弯曲（MMB）试验是最接近

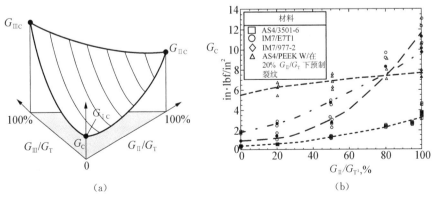

图 6.8.6.2.5　分层韧性失效准则

(a)全混合型准则；(b)Ⅰ型～Ⅱ型混合型准则

的,因此通常最可接受。最近 MMB 试验已经由 ASTM D6671(见文献 6.8.6.2.5)实现了标准化。下列各节对它及其他一些混合型试验进行了讨论。

6.8.6.2.5.1　混合型弯曲(MMB)试验,ASTM D6671

MMB 试验(见文献 6.8.6.2.5.1(a)和(b))使用了与 DCB 和 3ENF 试验相同的单向试件,并综合了在这些单种模式试验所用的加载方案,MMB 试验装置采用同时施加Ⅰ型和Ⅱ型载荷的杠杆,通过改变如图 6.8.6.2.5.1 所示的该装置的杠杆臂控制加载模式比值,除了极端的Ⅰ型主导的情况($G_{\text{Ⅱ}}/G_{\text{T}}<20\%$),可以得到覆盖很大范围的混合型,能用闭合型解来确定总的 G 和各单个 G 分量。当分层扩展时,混合比合理地保持不变。该试验的另一优点是可以用从同一块复合材料试板上获得的试件来得到Ⅰ型、Ⅱ型和混合型韧性值。

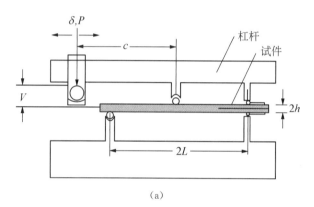

(a)　　　　　　　　　　　　　　(b)

图 6.8.6.2.5.1　混合型弯曲试验装置

(a)简图;(b)实际试验

因为分层扩展并不总是稳定的,且为得到不同的分层长度,在加载夹具中无法简便地对试件进行调整,很难对这种试验采用柔度标定技术。因为柔度标定技术很难进行,要用描述柔度如何随裂纹长度而变的闭合形式方程,来推导出 G 的方程。

$$G_{\text{I}} = \frac{12P^2(3c-L)^2}{16b^2h^3L^2E_{\text{1f}}}(a+\chi h)^2$$

$$G_{\text{Ⅱ}} = \frac{9P^2(c+L)^2}{16b^2h^3L^2E_{\text{1f}}}(a+0.42\chi h)^2$$

$$G_{\text{C}} = G_{\text{I}} + G_{\text{Ⅱ}} \tag{6.8.6.2.5.1}$$

式中:

$$\chi = \sqrt{\frac{E_{11}}{11G_{13}}\left\{3-2\left(\frac{\Gamma}{1+\Gamma}\right)^2\right\}}$$

$$\Gamma = 1.18\frac{\sqrt{E_{11}E_{22}}}{G_{13}}$$

$$E_{1f} = \frac{8(a_0 + \chi h)^3 (3c - L)^2 + [6(a_0 + 0.43\chi h)^3 + 4L^3](c+L)^2}{16L^2 bh^3 C}$$

这些方程要通过包括χ项的闭合形式修正对分层长度的表观增量进行调整,χ项与材料各向异性模量有关。通过由每个试验反向计算刚度(E_{1f})来考虑试件之间的不一致。

这个试验方法的建立表明试验装置的对中是关键,还表明若由试验机的冲程来测量柔度,则测得的柔度必须考虑试验机柔度的修正。

6.8.6.2.5.2　其他混合型试验

有若干种试件和夹具建议用于混合型断裂韧性,这些方法包括:①裂纹搭接剪切试验(CLS);②边缘分层拉伸(EDT)试验;③Arcan 试验;④非对称双悬臂梁(ADCB)试验;⑤单搭接弯曲(SLB)试验和⑥可变比例混合型试验。这些试验如图 6.8.6.2.5.2 所示。

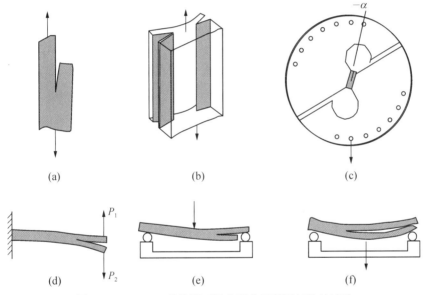

图 6.8.6.2.5.2　其他用于混合型分层断裂韧性的试验

(a)裂纹搭接剪切(CLS)试验;(b)边缘分层拉伸(EDT)试验;(c)Arcane 试验;
(d)非对称 DCB 试验;(e)单搭接弯曲(SLB)试验;(f)可变比例混合型试验

在将类似的试件用于胶接接头后推荐使用裂纹搭接剪切(CLS)试验(见文献 6.8.6.2.5.2(a)),这种试件是带有嵌入物的拉伸试样,有些层在试样长度中央嵌入位置中止,不对它们胶接。因为不存在闭合形式的解,必须基于有限元应力分析来计算 I 型和 II 型分量,已经证明几何非线性对该试验方法影响很大(见文献 6.8.6.2.5.2(b))。

边缘分层拉伸(EDT)试样采用 $[\pm\theta_2/90_2]_s$ 拉伸试样,自由边效应使分层从边缘处扩展(见文献 6.8.6.2.5.2(c)),然而,由于无法始终处于中面,分层扩展既非均匀,也非对称,但在 $90/-\theta$ 界面间垂直振荡,已提出了带有分层起裂器的试件改型(见文献 6.8.6.2.5.2(d)),并包括几种数据处理程序(见文献 6.8.6.2.5.2(c)～

(e)),该试验尚未得到广泛的认可,主要是因为不知道残余热与湿应力对所测断裂韧性值的影响。

Arcan 试验方法(见文献 6.8.6.2.5.2(f))把一小片复合材料粘贴到能以不同角度施加拉伸载荷的加载装置上,因为不存在闭合形式解,必须用有限元应力分析来确定总的 G 及 I 型与 II 型分量,这种试验方法的分层扩展是不稳定的。

非对称双悬臂梁(ADCB)试验(见文献 6.8.6.2.5.2(g))对 DCB 型试件的两个臂独立施加载荷,该试验能得到覆盖全部范围的混合型断裂韧性值,但需要复杂的试验系统来施加两个独立的载荷。

单搭接弯曲(SLB)试验(见文献 6.8.6.2.5.2(h)和(i))采用三点弯曲夹具对 ENF 型试件施加载荷,然而在该试验中,试件的一个臂被切短,使得只对试件剩下的臂加载。对分层嵌入物在层压板中间的标准试件,只有混合比近似的 40% 的情况才有可能,其他混合比必须要用分层嵌入物另行放置,以产生不同厚度臂的试件才能得到,但其缺点是必须对不同的混合比制造不同类型的试件。

可变混合比的试验(见文献 6.8.6.2.5.2(j))产生这样的状态,即混合比随分层扩展穿过试验区而变,这能很方便地获得某一混合比的断裂韧性值,但改变混合比会影响断裂韧性值,降低了数据可靠性。

6.8.6.3　穿透厚度断裂试验

用断裂力学来表征层压板穿透厚度裂纹的努力只取得有限的成功(见文献 6.8.6.3(a)),这种方法的主要问题之一是裂纹尖端附近的损伤区相当大,且包括基体裂纹、分层和纤维断裂,不同方向层内的损伤很不一样。如图 6.8.6.3 所示。已用几种试验来表征复合材料的穿透厚度断裂,延伸的紧凑拉伸(ECT)试验(见文

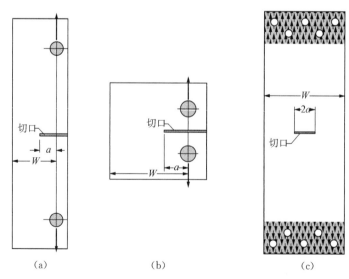

图 6.8.6.3　穿透厚度断裂试件

(a)ECT 试件;(b)CT 试件;(c)CNT 试件

献 6.8.6.3(b))是表征复合材料最常用的试验。用其他的试验来测量模拟金属断裂试件的断裂韧性,它们包括紧凑拉伸(CT)试验(见文献 6.8.6.3(c))和中心缺口拉伸(CNT)试验(见文献 6.8.6.3(d))。

不像金属,在复合材料断裂中还用断裂力学来表征压缩下的损伤扩展(见文献 6.8.6.3(e)),在微观尺度上,常常把损伤看作是纤维扭曲区的扩展,但在宏观尺度上它的特性类似于裂纹在拉伸下的扩展。还没有建立标准化的试验来测量这种性能。

6.8.6.4　复合材料的层内断裂

已经证实层内断裂(即基体裂纹)是很难表征的参数。试件的基体裂纹常常起始于试件的边缘,此处自由边和机加引起的损伤会产生大量引起断裂的起始源,在对试件加载前,这些基体裂纹可能并不会扩展到试件内部。基体裂纹的起始通常用强度参数来表征,但用断裂韧性来表征基体裂纹的扩展更加成功。还没有用于层内断裂韧性性能的标准试验,在纤维方向穿过基体扩展的裂纹构型看起来类似于分层断裂韧性构型,但分层断裂韧性通常远高于层内韧性,因为分层是在可吸收更多树脂变形能量的富脂区扩展,因此必须确定层内断裂韧性,这可通过直接测量或由基体开裂数据反推韧性值来实现(见文献 6.8.6.4(a))。已经试图用若干包括6.8.6.3节中讨论的穿透厚度断裂试验这样的断裂试验,来进行直接测量,但用单向层压板来替代这些试验中规定的试件(见文献 6.8.6.4(b)和(c))。

6.8.6.5　提交 CMH‑17 数据适用的断裂韧性试验

由下列试验方法得到的数据(见表 6.8.6.5)目前正在被 CMH‑17 考虑作为包含在第 2 卷中的内容而予以接受。有可能采用 6.8.6 节中所述的韧性试验来对很多不同的材料形式进行试验,除常规的单向层压板复合材料外,可以用同样的试验对含 Z‑pin 增强,由混杂材料制成、通过二次胶接连接在一起的机织试件进行试验。由于对这些更复杂的材料形式中影响断裂韧性测量的细节还没有适当的认识,故只有用单向复合材料试件得到的材料性能可进入第 2 卷。

表 6.8.6.5　提交 CMH‑17 数据适用的断裂韧性试验方法

性能	符号	正式批准、临时和筛选数据	仅筛选数据
Ⅰ型分层韧性	G_{IC}	ASTM D5528	—
Ⅱ型分层韧性	G_{IIC}		4ENF，3ENF
Ⅲ型分层韧性	G_{IIIC}	—	ECT
Ⅰ，Ⅱ混合型分层韧性	$G_C = f(G_{II}/G_T)$	ASTM D6671	

6.9　单轴疲劳试验

6.9.1　概述

常常用层压板理论由静态单层试验数据来预估结构用层压板材料的性能。然而,在疲劳领域,还没有成熟的方法对疲劳性能进行同样的预估。因此,对给定结构用的疲劳设计性能通常必须用代表该结构的层压板来获得,并要采用"积木块"方法中的元件和结构部件来把试样数据进一步推广应用,从而,只有很少的标准化疲劳试验方法(第 3 卷,第 4 章)。

疲劳试验时通常施加相对某个平均水平的常幅正弦波形应力、应变或位移,图 6.9.1 给出了这种曲线的简图。这种方法的常见变量包括波形和变幅。可以采用几乎每一种形状的波形,包括正方形、三角形和修正的正弦波。为反映结构在典型的使用周期内(如对飞机结构从起飞到着陆)可能遭遇的所有载荷,通常采用变幅疲劳试验——通常称为"谱载荷"疲劳。

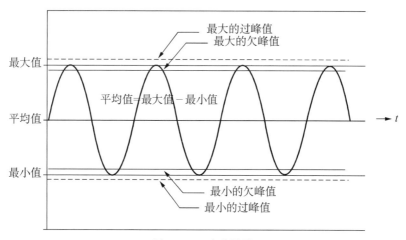

图 6.9.1 疲劳波形

为建立最大外加振荡应力(S)或应变(ε)与失效循环数(N)关系的特征曲线,最常用的是试样级疲劳试验,这些曲线分别称为"应力-寿命"($S-N$)或"应变-寿命"($\varepsilon-N$)曲线,ASTM E739(见文献 6.9.1)给出了用于其中某些曲线数据分析的指南(同样见第 1 卷 2.5.14 节)。

6.9.2 疲劳试验的关键参数

在策划系列疲劳试验时,必须考虑几个变量,确定所有这些参数时必须考虑所评估结构的预期用途,下面给出了概述。注意 ASTM E1823(见文献 6.9.2)包括了下述很多问题的定义和讨论。

6.9.2.1 控制参数

疲劳试验期间引入的振荡力通常用指令信号控制,该信号用应力、应变或位移作为反馈通道。虽然系统限制值一般用一个或两个其他参数来设置,它们通常只用于感知试样响应的变化,而不控制试验系统响应。循环试验时,对试验加载装置发出指令来满足适当参数的最大和最小水平,而不考虑其他两个参数。最稳当的控制参数是载荷和试验加载装置的位移,应变控制需要用应变计或引伸计这样的应变装置,在疲劳,特别是高循环数时,它们可能并不可靠。用应变控制有很大的风险,因为来自失效传感器的错误应变反馈很容易造成试件的超载,有关应变控制疲劳试验的指南可见 ASTM E606(见文献 6.9.2.1)。

6.9.2.2　R-比(仅对常幅疲劳)

R-比是常幅试验施加的最大与最小循环参数之比,例如振荡应力 $10\sim100\,\text{kN}$ $(2\,250\sim22\,500\,\text{lbf})$ 的拉-拉疲劳试验,其 R-比为 0.1;类似地,振荡应力 $50\sim-5\,\text{kN}$ $(11\,240\sim-1\,124\,\text{lbf})$ 的交变加载(拉-压)试验的 R-比为 -0.1。注意,虽然拉-拉和压-压试验的 R-比均为正值,拉伸的比值在 0 和 1 之间,而压缩的比值则大于 1;同样交变加载的试验,在 -1 和 0 之间。图 6.9.2.2 对最大与最小加载参数的符号,给出了 R-比的数量与符号之间的关系。

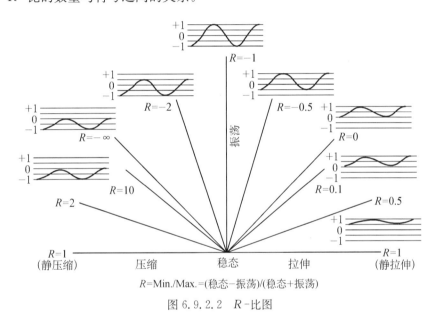

$$R=\text{Min./Max.}=(\text{稳态}-\text{振荡})/(\text{稳态}+\text{振荡})$$

图 6.9.2.2　R-比图

6.9.2.3　频率

多数复合材料对频率比较敏感,特别是由于黏弹性机理,在高温下的影响更大。对多数聚合物基复合材料,选择的频率应尽可能反映实际结构的应用状态,同时要牢记试验设备的限制。对要求小位移的应用情况,多数液压-伺服试验框架的试验频率要小于 $40\,\text{Hz}$;对位移更大的应用情况更低一些。试验时监控试件温度特别重要,以提防由于频率过高使试件加热,最大允许高于大气环境的温度是 $10\,\text{℃}\,(18\,\text{℉})$。

6.9.2.4　波形

虽然为模拟待试材料的最终应用可以使用其他波形,但多数疲劳试验施加正弦波形。

6.9.2.5　循环计数法则

对非常幅试验,规定计算循环数的方法非常重要,ASTM E1049(见文献 6.9.2.5)概述了循环数的分析方法。

6.9.2.6 截止数——施加循环数的限制值

因为所设置的最大和最小振荡参数,可能会低到使试件一直受载也不破坏,应确定一个截止循环数停止试验,以免试件的循环数长到超出结构应用所需,而造成不必要的时间与金钱花费。值得指出的是达到截止值而未破坏的试件,在数据分析时不应计为"破坏"。ASTM E739(见文献 6.9.1)包括了对终止试验试件适用分析处理的讨论。

6.9.2.7 失效判据

因为复合材料在材料灾难性破坏前,会显示出损伤起始和性能退化,为避免给出引起误导的破坏循环数,建议确定二次(超过力学失效)判据,通常的方法包括:

- 无承载能力。通常用过峰值和欠峰值来监控(见图 6.9.1)。目前多数试验机都能检出,无法使控制参数保持在最大和/或最小控制值的目标范围内的情况(最大值的±2%是常见的起动位置,但常常需要更大的值来避免虚假指示)。当试件的响应退化使得试验机不再能对它正常加载时,常常就认为已"失效"。必须仔细确认,试验机无法满足加载要求是由于试件的力学变化而不是某些其他因素,如试验机设置不当、夹具打滑或其他与试件无关的变化引起的。检查试件完整性比较容易的方法是采用定期的迟滞回线来监控刚度的变化,如下所述。
- 刚度变化过大。通常用应变计或引伸计这样的应变测量装置定期测量迟滞回线来进行监控,当测得的试件刚度变化达到预先确定的量值时停止试验。虽然某些先进的控制系统能在疲劳期间监控刚度变化,但常常在试件的疲劳寿命期间定期进行准静态试验来得到迟滞数据(见 6.6.16.4 节)。
- 分层或损伤扩展:某些层压板在证实有明显的性能变化前会产生不可接受的损伤扩展,可以通过定期的 NDI 和/或各种使用仪器的损伤检测技术,来确定出现可测材料性能退化前的失效。

6.9.2.8 试验环境

试验环境应考虑工作条件,其变量包括试验温度、试验前的状态调节如吸湿暴露、氧化或腐蚀环境。应指出,疲劳试验期间可能很难保持非大气环境,且花费很大,特别是像湿度和化学环境这样的参数(见 6.3 节)。

6.9.2.9 数据采集

因为疲劳试验常常要进行到很高的循环数,在整个试验期间连续采集数据可能不实际也不可能,并且常常也没有更多的价值。先进的试验机控制装置通常能自始至终监控施加的载荷,一旦出现异常就应停止试验,对一般计数通常是足够的。然而,若一直对特征值,如试件的力学性能退化进行监控,则需要实时或对疲劳试验进行准静态的中断来给出周期的数据设置。ASTM E1942(见文献 6.9.2.9)给出了用于规定数据采集参数和处理疲劳数据的指南,数据采集的关键要素包括:

- 要采集的参数(载荷、应变、位移等)。

- 采集的周期(如每一第 n 次或第 10^n 次等)。
- 采集速率(通常比疲劳速率快 100 倍,但对不同的波形使用不同的速率——见文献 6.9.2.9)。

6.9.2.10　试件数量

与静力试验程序一样,适当的统计取样对得到有代表性的数据是关键。适当的取样大小取决于数据预期的用途(筛选还是许用值等),文献 6.9.1 提供了关于适当取样大小的指南。

6.9.3　疲劳强度试验方法

只有很少几个获得认可的聚合物基复合材料疲劳试验标准,疲劳标准的制订一般遵从静力试验方法,由于疲劳试验常常针对结构应用的参数,故很难对试验进行标准化。事实上一直用最常见的静力试验方法作为疲劳试验的指南,并能得到满意的结果。然而,多数对静力试验棘手的问题在疲劳领域变得更加困难。例如对拉伸试件粘贴加强片和压缩试验的防屈曲支持——均是静力试验中的关键——在疲劳中常常更加困难,又如试件的磨损和夹具的擦伤会很严重。因此可能需要花费大量精力来验证疲劳试件设计与试验方法。

注:这里只简单讨论下列试验方法,更多的信息请读者参阅标准正文。

6.9.3.1　拉-拉疲劳

ASTM D3479 用于聚合物基复合材料拉-拉疲劳的标准试验方法

ASTM D3479(见文献 6.9.3.1(a))试验方法采用 ASTM D3039(见文献 6.9.3.1(b))中定义的试件几何尺寸,并提供了建立 S-N 曲线,以及表征疲劳循环引起的微裂纹、分层或纤维损伤这样的损伤扩展方法,文献 6.9.1 有助于分析产生的数据。因为疲劳试验通常出现的是损伤逐渐扩展,特别重要的是影响直边拉伸试验结果的关键问题,包括粘贴加强片、试件机械加工和夹持对中。

6.9.3.2　挤压疲劳

本节留待今后补充。

6.9.3.3　剪切疲劳

本节留待今后补充。

6.9.3.4　弯曲疲劳

本节留待今后补充。

6.9.4　疲劳断裂韧性

6.9.4.1　概述

断裂力学也已用于表征分层在受到疲劳载荷时的扩展。分层 a 随疲劳循环数 N 的扩展速率可表征为施加的最大循环应变能释放率 G_{max} 的函数,通常描述为 da/dN 与 G_{max} 的曲线,如图 6.9.4.1(a)所示。这些数据也可画成 da/dN 与 ΔG 的曲线,其中 $\Delta G = G_{max} - G_{min}$。已经表明在某些情况中要用 da/dN 与 G_{max} 曲线的幂指数型扩展,它在双对数坐标上看起来是线性的,与金属类似,从而可以把分层扩展速

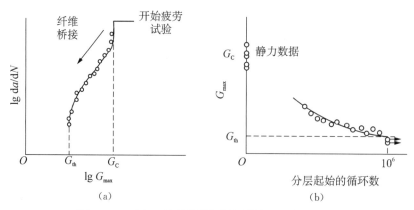

(a)

(b)

图 6.9.4.1(a)　得到分层起始门槛值 G 的实验技术

(a)扩展;(b)起始

率表示为幂指数函数:

$$\frac{\mathrm{d}a}{\mathrm{d}N} = A(G_{\max})^n \tag{6.9.4.1}$$

然而,复合材料在Ⅰ型下的指数 n 通常比金属高,指数可在 $6\sim10$ 之间变化,而对金属通常约为 $1\sim2$,从而 $G_{\max}$ 很小的变化会引起分层扩展速率很大的变化,使得为执行金属所用的经典损伤容限,缓慢裂纹扩展方法时很难确定合理的检测间隔。

考虑到与分层扩展速率高指数有关的不确定性,建议设计水平要低于应变能释放率门槛值,G_{th},来保证无分层扩展(见文献 6.9.4.1(a)至(d))。得到该门槛值的经典方法是让分层扩展速率降低直至分层停止扩展,如图 6.9.4.1(a)的(a)部分所示。然而,对Ⅰ型疲劳,纤维桥接使得对分层的阻抗随分层扩展而增加(见图 6.9.4.1(b)和文献 6.9.4.1(b))。纤维桥接会使正在扩展的分层过早止裂,而得到偏于危险的门槛值。替代的方法是监控分层扩展的起始,该方法是要在低于静态断裂韧性,G_{C} 的不同最大循环载荷水平,$G_{\max}$ 下进行试验直至分层起始,并画出 $G_{\max}$ 与分层起始循环数的函数关系(见图 6.9.4.1(a)的(b)部分),由完整的 $G\text{-}N$ 曲线确定任何预定循环数时分层起始的门槛值,例如图 6.9.4.1(a)的(b)部分给出了 10^6 次时的 G_{th}。

图 6.9.4.1(b)　显示有纤维桥接的 DCB 试件照片

6.9.4.2　基体韧性的影响

分层起始和扩展受到很多因素的影响(见文献 6.9.4.1(a)),图 6.9.4.2 图示了基体韧性对分层疲劳响应的影响。基体韧性对静态断裂韧性,G_{C} 有重要影响,但在高周疲劳($N=10^6$)时,这一影响大大降低,如图 6.9.4.2 的(a)部分所示(见文献6.9.4.1(c)和文献6.9.4.2(a)~(c))。脆性基体复合材料分层起始G-N曲线的斜率低于韧性基体复合材料(见图6.9.4.2的(a)部分),因此韧性材料分层扩展幂定律的指数要低一些(见图6.9.4.2的(b)部分和文献6.9.4.1(d))。

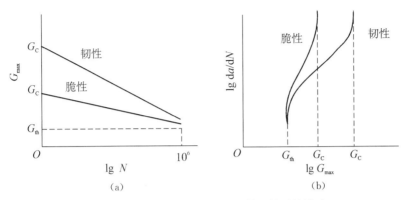

图6.9.4.2　基体韧性对分层起始和扩展的影响

(a)起始;(b)扩展

6.9.4.3　混合比的影响

对混合比的影响也进行了研究。通常张开型断裂韧性,G_{IC}比滑移剪切型断裂韧性,G_{IIC}要小,这样对准静态加载下的混合型分层,Ⅱ型分量大的其总的G_C通常要高一些(见图6.9.4.3的(a)部分),但混合比对高循环数(10^6)时的总G_{th}几乎没有影响,如图6.9.4.3的(a)部分所示[见文献6.9.4.1(b)和(c),和文献6.9.4.2(a)和(b)]。这使得Ⅱ型分量较高的分层起始曲线的斜率也较高,因此纯Ⅱ型情况分层扩展幂定律的指数最小(见图6.9.4.3的(b)部分及文献6.9.4.2(d),文献6.9.4.3(a)和(b))。此外,由于Ⅱ型通常没有纤维桥联现象,受剪分层扩展的幂定律表达式比Ⅰ型更容易接受。

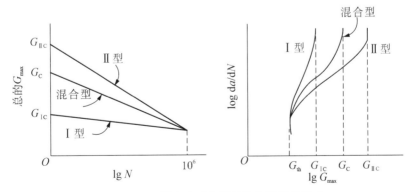

图6.9.4.3　混合比对分层起始和扩展的影响

6.9.4.4　R比影响

循环加载时用的R比,$\sigma_{min}/\sigma_{max}$对应于最小与最大循环应变能释放率之比(见

6.9.2.2节)。较小的 R 比,幅度较大,因此 G 的循环分量也较大。较小的 R 比,G_{th} 也低一些,从而对具有同样 G_c 的给定材料,其 G-N 曲线的斜率比较大的 R 比要大一些(见图6.9.4.4的(a)部分及文献6.9.4.1(b)和文献6.9.4.2(c))。因此比较大的 R 比,其分层扩展幂定律的指数要低一些。

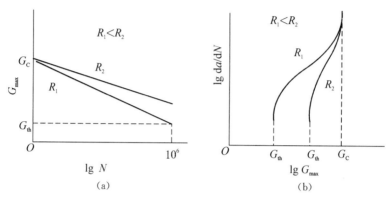

图6.9.4.4　R-比对分层起始和扩展的影响

(a)起始;(b)扩展

6.9.4.5　Ⅰ型试验方法

6.9.4.5.1　Ⅰ型疲劳分层扩展起始,ASTM D6115

ASTM已对Ⅰ型疲劳分层扩展的起始进行了标准化(见文献6.9.4.5.1),其装置和试件尺寸与静态DCB试验,ASTM D5528(见文献6.8.6.2.2.1)一样。采用标准D5528必须首先进行准静态试验,来得到初始的断裂韧性 G_{IC} 和用于柔度标定的系数,然后在不同的 G_{Imax} 水平下对DCB试件进行试验,来得到完整的 G-N 曲线。因为试验采用位移控制,故对试件施加相应的最大循环位移水平,δ_{Imax},通过监控柔度的增加来确定分层扩展的起始,在柔度增加1%和5%时记录分层起始的循环数。

6.9.4.5.2　Ⅰ型分层扩展

DCB试件在位移控制下的 dG/da 总是负的,因此稳定的分层出现在准静态加载下;在循环载荷下应变能释放率,从而分层扩展速率,da/dN 会随分层扩展而降低。因此若 G_{Imax} 低于 G_{IC},且试验持续到出现分层止裂,就可得到完整的 da/dN 曲线。

在试验期间,可以中断试验,并用可移动的光学显微镜来直接测量柔度和分层长度。作为一种选择,可以对该间隔测量柔度增量 C_i,并用准静态试验的柔度计算得到的系数计算分层长度增量:

$$a_i = \left(\frac{C_i}{m_{avg}} - \mid \Delta \mid_{avg} \right)^{1/3} \qquad (6.9.4.5.2(a))$$

式中:$\mid \Delta \mid_{avg}$ 是有效分层长度平均值;m_{avg} 是用DCB标准ASTM D5528中描述的修正梁理论技术,由准静态柔度标定得到的斜率平均值,然后由下式计算分层扩展速率:

$$\frac{\mathrm{d}a}{\mathrm{d}N} = \frac{a_{i+1} - a_i}{N_{i+1} - N_i} \qquad (6.9.4.5.2(\mathrm{b}))$$

用下式计算循环应变能释放率 G_{Imax}：

$$G_{\mathrm{Imax}} = \frac{3P_{\mathrm{Imax}}\delta_{\max}}{2b(a + |\Delta|_{\mathrm{avg}})} \qquad (6.9.4.5.2(\mathrm{c}))$$

　　分层扩展时，由于纤维桥接单向带层压板的Ⅰ型断裂韧性会增加[见图 6.9.4.1 (a)]，因此表观韧性，G_{IC} 随分层长度增加而增加[见图 6.9.4.5.2(a)]，得到的 $G_{\mathrm{IC}} \sim a$ 曲线称为分层扩展阻力曲线，或 R 曲线。

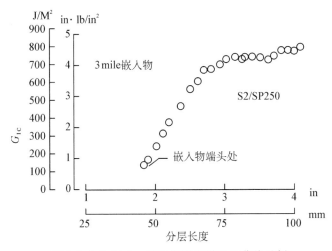

图 6.9.4.5.2(a)　纤维桥接得到的 R 曲线示例

　　然而，结构应用中通常使用的多向带层压板中不会出现纤维桥接，因此这种Ⅰ型 R-曲线是人为的 DCB 试验，并不代表复合材料的一般响应。疲劳时在单向 DCB 试件中发现的随裂纹扩展分层阻抗的增加，会比复合材料结构中遇到的门槛应变能释放率要高，解决这个问题的一个方法，是用准静态试验时得到的 R-曲线值来对幂定律中的最大循环应变能释放率进行正则化。该方法已用于边缘分层扩展（见文献 6.9.4.5.2(a)），这时由于基体开裂对分层扩展的阻抗会增加。对 DCB 试件的一项研究（见文献 6.9.4.5.2(b)）中，用静态 R-曲线进行的正则化大大降低了 $\mathrm{d}a/\mathrm{d}N$ 曲线的斜率。

　　可以提出一个修正的幂定律方程来把分层扩展需要的能量与所需的能量进行比较：

$$\frac{\mathrm{d}a}{\mathrm{d}N} = A\left(\frac{G_{\mathrm{Imax}}}{G_{\mathrm{R}}}\right)^n \qquad (6.9.4.5.2(\mathrm{d}))$$

　　对 DCB 试件，$G_{\mathrm{Imax}} \sim a$ 曲线随 $G_{\mathrm{R}} \sim a$ 曲线的增加而减小，该方程可进一步修正来充分表征整个 G_{Imax} 范围，由 G_{Ith} 到 G_{IC} 的疲劳特性，如 Martin 和 Murri 所提出的（见文献 6.9.4.1(b)）：

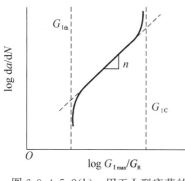

图 6.9.4.5.2(b) 用于 I 型疲劳的修正幂定律

$$\frac{da}{dN} = A\left(\frac{G_{\mathrm{Imax}}}{G_R}\right)^n \frac{\left[1 - \left(\dfrac{G_{\mathrm{Ith}}}{G_{\mathrm{Imax}}}\right)^{D_1}\right]}{\left[1 - \left(\dfrac{G_{\mathrm{Imax}}}{G_{\mathrm{IC}}}\right)^{D_2}\right]}$$

$$(6.9.4.5.2(e))$$

式中：当 G_{Imax} 趋近于 G_{Ith}，附加项可导致 da/dN 趋近于 0；当 G_{Imax} 趋近于 G_{IC}，则 da/dN 变为无穷[见图 6.9.4.5.2(b)]。Shivakumar 等人（见文献 6.9.4.5.2(c)）用机织粗纱玻璃纤维/乙烯基酯树脂的 I 型试件测量了分层扩展速率，并采用了正则化方法，发现他们的数据拟合方程 6.9.4.5.2(e) 非常好。

ASTM 分会 D30.06 目前正在评估对疲劳分层扩展表征的这些修正方法。

6.9.4.6 II 型试验方法

6.9.4.6.1 II 型疲劳分层扩展起始，3ENF 试件

用于 II 型分层疲劳扩展表征用的装置和试件与准静态 3ENF 试验一样（见 6.8.6.2.3.2 节），图 6.9.4.6.1 中示出了 3ENF 构型的简图（见文献 6.9.4.6.1(a)）。ASTM 国际组织对单向纤维层压复合材料的 II 型静态分层韧性测量标准选择了 3ENF 构型（见文献 6.9.4.6.1(b)）。

对疲劳分层起始，必须首先进行准静态试验，来得到初始断裂韧性 G_{IIC} 和取自柔度标定的系数，把所有试件的 $C \sim a^3$ 曲线的斜率进行平均，用得到的值，m_{avg} 来计算循环应变能释放率 G_{IImax}：

$$G_{\mathrm{IImax}} = \frac{3m_{\mathrm{avg}}a^2 P_{\max}^2}{2b} \qquad (6.9.4.6.1)$$

式中：b 是宽度，在图 6.9.4.6.1 的(b)部分中定义了裂纹长度 a 和载荷 P。

然后在不同的 G_{IImax} 水平下对 3ENF 试件进行试验，来得到完整的 $G \sim N$ 曲线。因为试验采用位移控制，对试件施加相应的最大循环位移 δ_{IImax}，通过监控柔度的减少来确定分层扩展的起始。在过去对 3ENF 试件的研究中（见文献 6.9.4.1(b) 和(c)）已经发现，柔度变化 2% 相应于在端部可用目视观察到分层扩展的那个点。在另一项研究（见文献 6.9.4.6.1(c)）中，Vinciquerra 等人用超声无损检测得出结论，在 3ENF 试验中 2% 的柔度变化代表分层前缘已推进超过了大部分试件宽度的值，因此在柔度变化 2% 时记录分层扩展起始的循环数，并产生了 G_{IImax} 与分层扩展起始循环数的图。

ASTM 分会 D30.06 目前正在对用于产生 II 型分层扩展起始的 3ENF 试验进行评估。

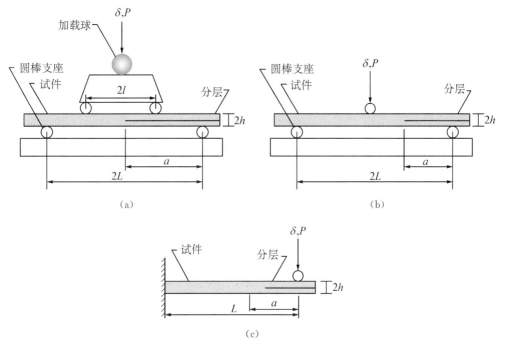

图 6.9.4.6.1　Ⅱ型分层断裂韧性试验(见文献 6.9.4.6.1(a))

(a)端部缺口 4 点弯曲(ENF)试验;(b)端部缺口 3 点弯曲(3ENF)试验;(c)端部搭接剪切(ELS)试验

6.9.4.6.2　Ⅱ型疲劳分层扩展,3ENF 试件

对位移控制的 3ENF 试件,dG/da 是正的,这样 G 随裂纹长度增加而增加,直至裂纹长度与半跨比,a/L,大约为 0.7 时出现最大值。循环载荷下应变能释放率,从而分层扩展速率,da/dN 随分层扩展而增加,因此试验在较低的循环应变能释放率下开始。

在试验间隔期间,记录一个周期的载荷与位移,计算柔度,然后对该间隔的分层长度可用准静态试验时柔度计算得到的系数进行计算:

$$a_i = \left(\frac{C_i - (C_0)_{avg}}{m_{avg}} \right)^{1/3} \qquad (6.9.4.6.2(a))$$

式中:$(C_0)_{avg}$ 和 m_{avg} 是由所有准静态柔度标定得到的平均值,同样地可以在试验的间隔期间停止循环载荷,用移动式光学显微镜直接测量裂纹长度:

$$\frac{da}{dN} = \frac{a_{i+1} - a_i}{N_{i+1} - N_i} \qquad (6.9.4.6.2(b))$$

循环应变能释放率 $G_{\mathrm{II\,max}}$ 用下式计算:

$$G_{\mathrm{II\,max}} = \frac{3 m_{avg} a^2 P_{max}^2}{2b} \qquad (6.9.4.6.2(c))$$

式中:b 是宽度,裂纹长度 a 和载荷 P 由图 6.9.4.6.1 的(b)部分定义。

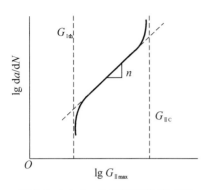

图 6.9.4.6.2　Ⅱ型疲劳的修正幂定律

Martin 和 Murri 提出（见文献 6.9.4.6.2(d)），可以用下列方程来充分表征由 $G_{\text{Ⅱth}}$ 到 $G_{\text{ⅡC}}$ 的整个 $G_{\text{Ⅱmax}}$ 范围内的疲劳特性：

$$\frac{\mathrm{d}a}{\mathrm{d}N} = A\left(G_{\text{Ⅱmax}}\right)^n \frac{\left[1 - \left(\dfrac{G_{\text{Ⅱth}}}{G_{\text{Ⅱmax}}}\right)^{D_1}\right]}{\left[1 - \left(\dfrac{G_{\text{Ⅱmax}}}{G_{\text{ⅡC}}}\right)^{D_2}\right]}$$

$$(6.9.4.6.2(d))$$

ASTM D30.06 分委员会正在评估表征Ⅱ型疲劳分层扩展的上述及其他一些试验方法。

6.9.4.6.3　Ⅱ型疲劳分层扩展起始，4ENF 试件

用于Ⅱ型分层疲劳表征用的装置和试件与准静态 4ENF 试验一样（见 6.8.6.2.3.1 节），为得到初始断裂韧性 $G_{\text{ⅡC}}$ 和取自柔度标定的系数，必须首先进行准静态试验；把所有试件柔度与分层长度曲线的斜率，m，进行平均，用得到的值，m_{avg} 来计算最大循环应变能释放率 $G_{\text{Ⅱmax}}$：

$$G_{\text{Ⅱmax}} = \frac{m_{\text{avg}} P_{\text{max}}^2}{2b} \qquad (6.9.4.6.3)$$

式中：b 是宽度，在图 6.9.4.6.1 的(a)部分中定义了载荷 P。

然后在不同的 $G_{\text{Ⅱmax}}$ 水平下对 4ENF 试件进行试验，得到完整的 G - N 曲线。因为试验采用位移控制，对试件施加相应的最大循环位移水平 $\delta_{\text{Ⅱmax}}$。与 3ENF 试件一样，通过监控柔度减少 2% 来确定分层扩展的起点。在柔度变化 2% 时，记录分层扩展起始点的循环数。并得到 $G_{\text{Ⅱmax}}$ 与分层扩展起始点循环数的曲线。

6.9.4.6.4　Ⅱ型疲劳分层扩展，4ENF 试件

必须首先进行准静态试验来得到初始断裂韧性，$G_{\text{ⅡC}}$ 和用于柔度标定的系数（见 6.8.6.2.3.1 节）。

对位移控制的 4ENF 试件，$\mathrm{d}G/\mathrm{d}a$ 总是负的，因此只有在准静态加载时才出现稳定的分层扩展。循环载荷下应变能释放率，从而分层扩展速率，随分层扩展而降低，因此若刚刚低于 $G_{\text{ⅡC}}$，试验持续到出现分层止裂，就可以得到完整的 $\mathrm{d}a/\mathrm{d}N$ 曲线。但 Martin 等人（见文献 6.9.4.6.4）发现 4ENF 试验中分层扩展速率的变化并不足以覆盖所有的分层扩展范围，它们必须使用不同 $G_{\text{Ⅱmax}}$ 值下试验的 3 个试件来产生完整的 $\mathrm{d}a/\mathrm{d}N$ 曲线。

在试验间隔期间，记录一个周期的载荷与位移，计算柔度，然后对该间隔的分层长度用准静态试验时柔度计算得到的系数进行计算：

$$a_i = \frac{C_i - (C_0)_{\text{avg}}}{m_{\text{avg}}} \qquad (6.9.4.6.4(a))$$

式中：$(C_0)_{avg}$ 和 m_{avg} 是由所有准静态柔度标定得到的平均值，同样地可以在试验的间隔期间停止循环载荷，用移动式光学显微镜直接测量裂纹长度。

然后按 3ENF 试件相同的方法计算两个柔度测量值之间的分层扩展速率。

循环应变能释放率 $G_{II\,max}$ 用下式计算：

$$G_{II\,max} = \frac{m_{avg}P_{max}^2}{2b} \tag{6.9.4.6.4(b)}$$

式中：b 是宽度，载荷 P 由图 6.9.4.6.1 的(a)部分定义。

6.9.4.6.5　Ⅱ型疲劳分层扩展起始，ELS 试件

广泛用于Ⅱ型疲劳表征的另一种试件是端部加载劈裂(ELS)试件，其装置和试件尺寸与准静态 ELS 试验(见 6.9.6.2.3.3 节)相同，后者已有草案(见文献 6.9.4.6.5)。采用该草案，必须首先进行准静态试验来得到初始断裂韧性 G_{IIC} 和用于柔度标定的系数，取柔度 C 与分层长度 3 次方曲线斜率的平均值得到 m_{avg}，最大循环应变能释放率为：

$$G_{II\,max} = \frac{3m_{avg}a^2P_{max}^2}{2b} \tag{6.9.4.6.5}$$

式中：b 是宽度，裂纹长度 a 和载荷 P 由图 6.9.4.6.1 的(c)部分定义。

在不同的水平下对试件进行试验，来得到完整的 $G-N$ 曲线，4ENF 试验(见 6.8.7.1.2.1节)用位移控制，因此对试件施加相应的 δ_{max}，通过监控柔度降低来确定分层扩展的起始。

在循环载荷下，试件的安装和摩擦疲劳会引起初始的载荷降，很难把它与裂纹扩展区分开：若施加的位移很小，它的影响会很大，对长周期疲劳(载荷与位移较小)是很不利的，但与 4ENF 试件相比，ELS 试件的一个优点是对类似的试件尺寸，施加的位移要大得多。

6.9.4.6.6　Ⅱ型疲劳分层扩展，ELS 试件

与 3ENF 试件中所述一样，也可以用 ELS 试件进行疲劳分层扩展试验。若 $a/L > 0.55$，ELS 试件在位移控制时 dG/da 是负的，因此循环载荷下分层扩展速率，da/dN，会随分层扩展而降低，从而，若 $G_{II\,max}$ 低于 G_{IIC}，且试验持续到分层止裂，则可以得到完整的 da/dN 曲线。

6.9.4.7　混合型试验方法

6.9.4.7.1　混合型弯曲分层扩展起始

用于混合型弯曲(MMB)分层疲劳表征的装置和试件尺寸与准静态 MMB 试验用的一样(见 6.9.6.2.5.1 节)。通常首先进行所需混合比的静力试验来得到载荷-位移曲线，可由该曲线推导出疲劳加载的冲程位移。

用下列闭合形方程来计算应变能释放率：

$$G_I = \frac{12P_{max}^2(3c-L)^2}{16b^2h^3L^2E_{1f}}(a+\chi h)^2 \tag{6.9.4.7.1(a)}$$

$$G_{\mathrm{II}} = 9\,\frac{12P_{\max}^2(3c-L)^2}{16b^2h^3L^2E_{1\mathrm{f}}}(a+0.42\chi h)^2 \qquad (6.9.4.7.1(\mathrm{b}))$$

式中:

$$\chi = \sqrt{\frac{E_{11}}{11G_{13}}\left\{3-2\left(\frac{\Gamma}{1+\Gamma}\right)^2\right\}} \qquad (6.9.4.7.1(\mathrm{c}))$$

和

$$\Gamma = 1.18\,\frac{\sqrt{E_{11}E_{22}}}{G_{13}} \qquad (6.9.4.7.1(\mathrm{d}))$$

MMB 试件在不同 $P_{\max}$ 水平下进行试验,来得到完整的 G-N 曲线。因为试验是位移控制的,对试件施加相应的最大循环位移,$\delta_{\max}$,通过监控柔度的降低来确定分层扩展的起始。一些作者(见文献 6.9.4.7.1(a)和(b))假设,与 Ⅰ 型疲劳扩展起始试验的做法一样(见 6.9.4.7.1 节),当与第一个循环相比峰值载荷降低 1％和5％时,分层扩展就发生了。由于峰值载荷测量的分散性,要用最小二乘拟合法对峰值载荷降与循环数曲线进行拟合;但这些作者(见文献 6.9.4.7.1(c))还假设对不同的混合比,1％的载荷降会得到不同的裂纹扩展量(对 DCB 是 0.3％分层扩展,对ENF 是 2％)。因此对所有的混合比适用的方法应是确定采用什么百分数的分层扩展(如 0.5％或 1％),或用什么分层扩展量(如 0.5 mm 或 1 mm)来定义起始。然后应确定对所有混合比要计算相应分层起始的载荷降,来得到用于所有混合比的类似分层扩展。

6.9.4.8 载荷历程的影响

使用中,复合材料结构并不仅限于受到常幅载荷,它们通常承受各种疲劳谱,因此需要考虑周期之间的相互作用和顺序与高低载荷大小的影响。超载和载荷顺序对分层扩展的影响刚刚开始成为研究的重点,但只有一篇公开发表有关该主题的报告(见文献 6.9.4.5.2(a)),该项研究主要关注 Ⅰ 型试验,使用的材料是 S2/E773 玻璃环氧树脂。

一开始,用双悬臂梁(DCB)试件来研究超载后分层扩展速率的变化。用静力的 R-曲线对疲劳数据正则化以考虑纤维桥接,超载等于所施加的静力临界能量释放率(见图 6.9.4.8(a)的(a)部分)。超载对分层扩展速率没有显著影响,若还要施加疲劳超载(见图 6.9.4.8(a)的(b)部分),分层扩展速率会降低,但相比静力试验而言,这可能是由于疲劳试验时纤维桥接的减少。

对依次施加各种高、中、低载的载荷顺序试验,用开裂搭接剪切(CLS)试验保持 G 值不随分层长度变化。但由于混合比与总的 G 值随分层长度会发生变化,CLS 并不是很理想。此外要用静态 R 曲线对疲劳数据进行正则化。将高-低-高载荷顺序及低-高-低载荷顺序与常幅试验进行了比较,顺序影响较小表明对低-高-低顺序,其分层扩展速率会减小。

　　最后对 DCB 试件施加地-空-地循环（GAG），其高载荷循环产生分层扩展，其低载荷循环低于门槛值。第一种情况中高载荷出现很密集（见图 6.9.4.8(c) 的 (a) 部分），第二种情况高载荷出现相距较远（见图 6.9.4.8(c) 的 (b) 部分），其结果与常幅试验相比是相同的。研究工作还在进行中，以确定可以忽略无分层扩展的门槛载荷值的情况。当高载分布相距更远时，分层扩展速率显著变慢。

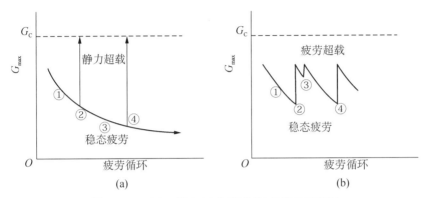

图 6.9.4.8(a)　静力 (a) 和疲劳 (b) 超载的示意图

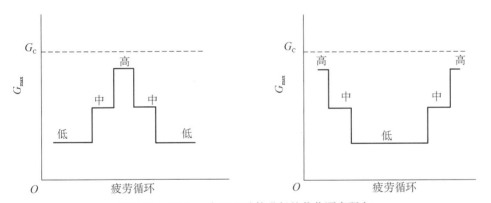

图 6.9.4.8(b)　对 CLS 试件进行的载荷顺序研究

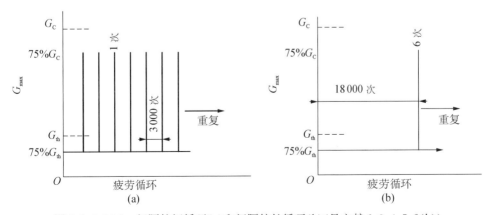

图 6.9.4.8(c)　间隔较短循环 (a) 和间隔较长循环 (b)（见文献 6.9.4.5.2(b)）

6.10　多轴力学性能试验

可以进行包括双轴和三轴加载的多轴试验,以便用实验方法来评估复合应力状态对复合材料响应的影响。尚不存在标准的试验方法用以指导多轴试验,并且仅有少许数据。有关多轴试验的讨论可以从第 3 卷第 10.2.3.2 节中得知。

6.11　黏弹性性能试验

6.11.1　引言

有机基体复合材料性能的时间相依性主要来自于这些材料所包含的聚合物基体树脂的黏弹性特性。尽管这些性能随基体而定,但它们不能简单地根据未增强基体的黏弹性特性来进行预估。蠕变柔度、松弛模量,甚至测量的玻璃化转变温度都可能作为增强纤维的含量和方位的函数在很宽的范围上发生变化。

6.11.2　蠕变和应力松弛

蠕变是在常应力作用下材料所呈现随时间而变的应变。通过由时间相依应变除以常应力水平所确定的蠕变柔度的测量,将蠕变表征为时间的函数。类似地,应力松弛是在常应变作用下材料所呈现的随时间而变的应力。松弛模量是由时间相依应力除以作用的常应变而确定。蠕变和应力松弛是相同的分子活动性潜在机理的不同表现形式。在低作用应力和应变水平下,当除去施加的作用时,这些时间相依的效应可以完全恢复,但是在较高的水平受载时可能出现不可恢复的变形。不能复原的应变,有时称为永久变形,可能伴随时间相依的损伤发生,诸如横向基体裂纹的形成和扩展。

若最终的使用涉及在基体起支配作用方向的高应力、高温度或暴露于严酷的化学环境,应该考虑黏弹性的影响。若工作载荷包含显著的剪切载荷,应对可能与时间有关的效应,评估复合材料结构设计。由于结构不连续处附近可能产生高的剪切载荷,因此这些部位是值得关注的区域。应注意到,黏弹性影响对于这些情况中的一些可能是有益的,因为高应力区域的应力松弛可能有助于防止灾难性的破坏。当使用热塑性基体时,时间相依特性可能是个值得关注的问题,特别是在工作温度达到或接近玻璃化转变温度(T_g)的情况。由于交联作用,在热固性复合材料中,蠕变程度应比较小。

在纤维增强塑料(复合材料)中,可以设想,当复合材料以基体控制的方式承载时,比起以纤维控制的方式,蠕变问题更为重要。例如,可以预期,纤维方向承受拉伸载荷的单向试件蠕变是小的,因而只是次要的。然而,试件以基体控制的方式承载时就不是如同所预期的那样简单。对单向试件进行横向拉伸试验,人们可能认定载荷基本上由基体承受,而其实并非如此。这里有几种解释。一种解释是,由于纤维阻止基体横向收缩(即泊松效应),施加载荷于横向试件是赋予基体以双向应力状态(拉伸),从而限制蠕变响应量。对于在横向试件中低蠕变响应的另一种论点认为,试件弱且应变小,故应变的改变量也小。另外一个施加载荷于基体的方法是以剪切方式,而蠕变响应则会大些。以剪切方式对基体施加载荷最便利的方法是对[±45]试件施加拉伸载荷。尽管存在认为此试验不能产生纯层内剪切的争论,但它至少产生某些剪切并可视为与单向层压板承受剪切载荷相比拟。

经验已证明,所导致的蠕变效果是显著的。有关蠕变响应试验有意义的其他加载方式包括单向试件在纤维方向的压缩和单向试件的三点弯曲加载(在这两种方法中剪切均起着作用)。

常见的试验方法是对[±45]试件施加 35 MPa, 70 MPa 或 105 MPa(5 ksi, 10 ksi 或 15 ksi)的静拉伸载荷并监控作应变随时间的变化。在第一次施加全载荷时的应变读数被指定为零时间的应变。随后的测量是从那个零时间读数开始定时记录,在 1 min, 2 min, 3 min, 10 min, 20 min, 30 min, 60 min, 100 min 和 200 min 时刻获取读数,而后成为合适的指令。应变作为时间的函数被描绘在半对数坐标上,并且试验连续进行至少 30 000 min(或 3 个星期)。试验应在受控(不变)的湿度和温度条件下完成(见文献 6.11.2(a)和(b))。一般来说,试件为 25 mm 宽、150 mm 长和约 1～1.5 mm 厚(1.0 in 宽、6 in 长和约 0.04～0.06 in 厚)。对于这些尺寸还存在争议;某些迹象表明,较宽的试件比较窄的试件蠕变较少。

6.12　特殊材料形式的力学性能试验

6.12.1　专门用于长丝缠绕的试验

6.12.1.1　概述

长丝缠绕结构的力学特性一般不同于平板层压结构。某些显著的差别源于固化类型、树脂空隙含量、微裂纹和自由边构型。然而,对于设计和分析,长丝缠绕结构要求采用与一般层压结构相同的力学性能数据。多数长丝缠绕结构用于火箭发动机壳体组合部件,因而,多数测试试件采用圆筒状或瓶状形式,以便更为接近模拟所要设计和分析结构的几何特征。

6.12.1.2　历史状况

在 1983 年 11 月,经国防部特批,由陆军、海军、国家航空和宇宙航行局和空军联合(JANNAF)组成的跨部门推进器委员会建立了复合材料发动机壳体分会(composite motorcase subcommittee, CMCS)(见文献 6.12.1.2(a))。CMCS 关注在战略和战术导弹的火箭发动机、航天推进器系统和枪炮动力装置的管壳中复合材料的应用。CMCS 由四个专门工作小组构成,其中两个为试验和检验(test and inspection,T&I)专门小组和设计和分析(design and analysis,D&A)专门小组。

针对试验方法,T&I 专门小组在工业界进行了调研并已得出了 17 个不同的拉伸试验、17 个不同的压缩试验和 16 个不同的剪切试验,这些试验方法已被用于获得力学性能数据。经由 JANNAF 专题讨论,T&I 和 D&A 专门小组联合评估这些试验方法(见文献 6.12.1.2(b))。在纤维缠绕复合材料领域,选定了由专家组成的专门小组,其任务是进行试验方法的推荐工作。T&I 和 D&A 于 1986 年 4 月联合举行的专题讨论会讨论了专家小组的推荐意见,做出了用于测定单轴材料性能的 JANNAF 暂定试验标准的行业选择。

CMCS 对 3 个暂定的试验推出了设计 Round Robin(DRR)和试验 Round Robin(TRR):①横向拉伸,②横向压缩和③90°长丝缠绕圆筒试件的面内剪切。DRR 和 TRR 参与者的酬劳和选拔是通过竞标而获得的。90°长丝缠绕圆筒和应变计也通过竞标来确定。对任何异常情况,每个测试试件要进行超声 C 扫描。TRR 依照 ASTM E691 来实施(见文献 6.12.1.2(c))。DRR 和 TRR 是成功的,并于 1992 年秋季得出了 3 个军用标准。将这 3 个军用规范放进了 ASTM 格式,并通过无记名投票于 1993 年秋季批准成为 ASTM 试验方法。JANNAF 的成果与 CMH-17、ASTM D-30 委员会,SACMA 以及国防部关于复合材料技术的标准化计划相协调。

6.12.1.3　单轴材料性能拉伸试验

6.12.1.3.1　0°拉伸

关于 0°拉伸试验所选定的试验方法为 ASTM D3039,该方法名为"纤维-树脂复合材料拉伸性能的标准试验方法"(见文献 6.8.2.2.1(a))。所推荐的测试试件是由长丝缠绕的层压板来获得。JANNAF CMCS 最初对受压的诺尔环(NOL ring)或受压的 90°长丝缠绕管进行了表决。业已进行了若干努力来试图由每一种技术来得出有效的数据,但是仅取得少许可复验的好结果。

6.12.1.3.2　横向拉伸

测定适合于横向拉伸的单轴材料性能所选择的试验方法是 ASTM D5450,该方法名为"环向缠绕聚合物基复合材料圆筒横向拉伸性能的试验方法"(见文献 6.12.1.3.2)。1992 年秋季,此试验方法被批准成为 MIL-STD-373,标题为"单向纤维/树脂复合材料圆筒的横向拉伸性能",1993 年秋季该方法被批准为 ASTM 试验方法。

6.12.1.4　关于单轴材料性能的压缩试验

6.12.1.4.1　0°压缩

测定 0°单轴材料性能所选择的试验方法是 ASTM D3410,该方法名为"单向或正交铺层纤维-树脂复合材料压缩性能的试验方法"(见文献 6.8.3.1(a))。推荐使用方法 B,也称为 IITRI 方法。进一步还推荐,由长丝缠绕层压板来获得测试试件。

6.12.1.4.2　横向压缩

关于测定横向压缩的单轴材料性能所选择的试验方法是 ASTM D5449,该方法名为"环向缠绕聚合物基复合材料圆筒横向压缩性能的试验方法"(见文献 6.12.1.4.2)。1992 年秋季,此试验方法被批准成为 MIL-STD-374,名为"单向纤维/树脂复合材料圆筒的横向压缩性能",1993 年秋季该方法被批准为 ASTM 试验方法。

6.12.1.5 关于单轴材料性能的剪切试验

6.12.1.5.1 面内剪切

测定面内剪切性能所选择的试验方法为在 ASTM D5448 中所描述的 $90°$、4 in 直径长丝缠绕扭转管,该方法名为"环向缠绕聚合物基复合材料圆筒面内剪切性能的试验方法"(见文献 6.12.1.5.1)。1992 年秋季,此试验方法被批准成为 MIL‐STD‐375,名为"单向纤维/树脂复合材料圆筒的面内剪切性能",1993 年秋季该方法被批准为 ASTM 试验方法。

6.12.1.5.2 横向剪切

选择用于测定横向剪切材料性能的试验方法是 ASTM D5379,名为"利用 V 形梁法测定复合材料剪切性能的试验方法"(见文献 6.8.4.2.2(a))。

6.12.1.6 提交 CMH‐17 数据适用的试验方法

由下列试验方法得到的数据(见表 6.12.1.6)目前正在被 CMH‐17 考虑作为包含在第 2 卷中的内容而予以接受(为清楚起见,定方位的单元如图所示)。

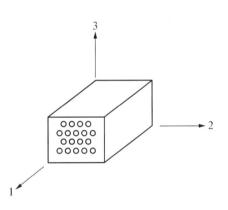

表 6.12.1.6 适用于 CMH‐17 数据提交的长丝缠绕试验方法

性　能	符　号	正式批准、临时和筛选数据	仅筛选数据
0°拉伸[1]	F_1^{tu}, E_1^t, ν_{12}^t, ε_1^{tu}	ASTM D3039	—
90°拉伸[1]	F_2^{tu}, E_2^t, ν_{21}^t, ε_2^{tu}	ASTM D5450	—
0°压缩[1]	F_1^{cu}, E_1^c, ν_{12}^c, ε_1^{cu}	ASTM D3410B	—
90°压缩[1]	F_2^{cu}, E_2^c, ν_{21}^c, ε_2^{cu}	ASTM D5449	—
面内剪切[2]	F_{12}^{su}, G_{12}, γ_{12}	ASTM D5448	—
横向剪切[2]	F_{23}^{su}, G_{23}, γ_{23}	ASTM D5379	—
	F_{31}^{su}, G_{31}, γ_{31}		

注:①强度、模量、泊松比和应变
　②强度、模量和应变

6.12.2 专门用于纺织复合材料的试验

6.12.2.1 概述

普通纺织复合材料的物理和力学性能在许多方面类似于单向材料的性能。许多相同的试验方法在纺织复合材料性能测定中是适用的,但仅适用于在一个小的重复性的长度和宽度上具有均匀性质的织物。设计师必须分析用于特定情况下的非常大的粗的织物,这里对一个单基的重复达几个英寸的量级。

在二维织物中,一般试验所关心的是与定义代表性结构的试件尺寸有关。在许多市场可得到的织物中,重复是在一个小的正方形上。非常粗的或零散的织物图案使得采用单向层压板试验所允许的简化变得复杂。在大的或不规则的图案中,进行试件尺寸的选择则要考虑重复顺序。在适当试验方法限定的范围内,要协调这些关系有时很困难。

在纺织复合材料试验中,要考虑的主要因数为 z 轴方向的增强。二维纺织复合材料的交叉缝合或在三维织物中所有轴向的互相联络实现了这样的增强。交叉缝合和机织的应用导致了 z 轴方向的增强,从而在面外方向给出较好的性能。在这些纺织产品中,试验必须处理第三个方向的表征。尽管许多的研究项目正在进行有关 z 轴方向的表征,但还没有面内方法所具有的取得统一意见的标准。

对于纺织工艺,最可能的制造缺陷是与由树脂流动不充分所造成的孔隙率和"干"区相关联。大面积的弱胶接是不太可能的。常规的超声技术可以探测大面积孔隙率。由于三维织物不均匀结构而掩盖的小面积是可能的。干态区域往往在表面且是目视可检的。

即使韧性体系,在接近丝束交叉点附近的富脂区也可能存在微裂纹。材料的三维特性不允许如二维情况那样沿 z 方向的收缩,于是迫使在富脂区处出现一个显著的三维应力状态,因此存在裂纹形成的可能性。

6.12.2.2 背景

纺织复合材料的试验不是一个新课题。事实上,最初大多数复合材料是用机织材料来加强的。现有许多关于单向材料试验方法的评述,但是,一般来说,机织材料与单向材料一样常常是设计的一部分。正如前面所讨论的,纺织复合材料的试验方法必须考虑代表机织结构特征的机纺织品有关的图案。

在一般机织材料中,重复的图案小于十分之一英寸。在这些情况下,由每个标准单向方法测试所得出的值代表织物整体性能。在许多场合下,由于重复的图案是小的,标准的测试试件要与机织相适应。当采用为单向层压板所制订的标准试验方法时,要把重复尺寸与按标准试验方法给出的最大的和典型的试件尺寸相比较。若重复图案小于试件测试长度的 10 倍,则不应出现问题。

对于机织织物,图案为机织类型标号的一部分。在玻璃纤维织物中,机织编号也指定了纱的性能,对于玻璃纤维织物类型号码的定义可查阅文献 6.12.2.2(a)。

在二维和三轴编织中,这也是确实的,但是机织来源于短袜的形式。短袜的增强性能是由所采用的丝束、芯模给进速度以及芯模的直径和形状所造成的。由编织操作所得到的试件要仔细确保的是,在测试试样制作的铺贴和预浸阶段机织图案不得改变。

评估用于干纺织预成形件和 RTM 工艺制备复合材料的测试试件的试验在文献 6.12.2.2(a)和(b)中给出。6.12.2.4 节提供了有关复杂编织特性的讨论。

6.12.2.3 织物和二维机织

6.12.2.3.1 物理性能试验

为了测量干态复合材料的密度和纤维体积含量,试样应比单胞尺寸大一个量级以便获得平均密度。对平均纤维体积含量为 0.50～0.55 的纺织复合材料,在纱内的纤维体积含量能高达 0.7。于是,在离散地模拟纱和树脂的分析中采用实际的纤维体积含量,而不是纺织复合材料的平均纤维体积含量。

以在 RTM 工艺中采用的干态二维纺织预成形件所制作的复合材料在性质上是准层状的。于是,可以计算固化后单层厚度,并且能按厚度对强度进行正则化处理。对于模压零件,模具体积控制着厚度。对于干态预成形件,体积系数(不受限定的厚度与受限定的厚度之比)应该要稍稍大于 1∶1,以便获得所希望的纤维体积含量。对于明显高于 1 的体积系数,可能要求利用热压罐或压机压力来合拢模具,导致预成形件出现不可接受的扭曲。对体积系数小于 1,纤维体积含量会明显低于最佳值。

6.12.2.3.2　力学试验

对于由二维机织预浸料制成的纺织复合材料,利用在静态单轴力学试验一节(见 6.8 节)中所述的标准试验方法给出了良好的结果。然而,任何试验必须考虑与所用纺织增强体有关的尺度效应。若测试试件尺寸小得足以使之失去均衡,结果将不能代表所要表征的零件。

当重复图案的复杂性增加时,确实需要较大的测试试件,对此没有可用的专门的经验方法,研究人员应将此作为确定力学性能值纲要的一部分来进行鉴定。作为特定机织物的表征部分,现有许多鼓励读者进行查阅的研究工作。

6.12.2.3.3　冲击考虑

现有测量冲击损伤容限的试验方法刚好适用于由干态纺织预成形件和 RTM 工艺所制备的复合材料试件,这与由预浸料层压板所制造的复合材料相同。人们必须了解冲击响应以便使用数据。在文献 6.12.2.3.3 中给出了有关冲击响应的讨论。

6.12.2.4　复杂编织的考虑

试验编织试件的目的是得出能以有代表性的方式模拟编织结构那部分特性的力学性能数据。由于不能按照局部的外形或细节精确地来制备测试试件,通常很难实现。所以,在试验开始之前,有必要就试件对于最后构件的适用性做出某些假设。

多数试件采取了制备试件时所用的原用制造技术,而且这代表最后的零件特性。初始的试件可不可以模拟最后的产品取决于在零件设计中的细心程度和再现性。用于拉伸、压缩、剪切、销钉挤压、层间剪切和层间拉伸的测试试件将在此手册的其他章节进行描述。在某些情况中,该部位的实际形状可以比较精确地描绘试件的几何特征,即具有锥度试件(最好是对称的)包含实际的锥形编织物的基本几何特征。

一般来说,感兴趣的具体力学性能是扭转刚度和强度、剪切刚度和强度、拉伸、压缩和弯曲模量和强度、螺栓装配件的挤压强度以及在所需部位的胶接强度。倘若编织结构可能受到损伤或暴露于环境而造成退化,必须对编织材料引入提供损伤容限量和环境影响的一系列试验。损伤准则必须包含无损检测无法检出的制造缺陷。

NASA CR 1092(见文献 6.12.2.4)列出了这些试验类型的几种可供选择的构型,并应考虑作为基于预期使用和环境条件的设计许用值大纲的一部分。

当零部件为动态的构件时,编织复合材料的疲劳和蠕变试验是重要的考虑内容。编织纱穿过基体材料所导致的高度复杂的线路会引起难于预测强度和刚度的纤维载荷路径。基体承受超出层压板设计所预期水平的载荷的概率很高,因而,由于对编织零件特性了解的置信度很低,则要求进行严格的疲劳和蠕变试验计划,以便表征在零件中编织纱线复杂的交织情况。用于测定疲劳和蠕变影响所设计的试验为专门的部分,并且应该以与成品相同的编织试件来进行试验。只要可能,在测试试件的设计中应避免比例效应和相似性的采用,否则,该结果不能模拟在预估值之前引起零件破坏的关键缺陷。

对于二维和三维编织复合材料,缺陷在零件设计和相应的许用值应用中是一个最为重要的因素,通常认为,这是一个正确的说法。其原因是编织预成形件的固有特性以及纱线覆盖轮廓急剧变化区域能力的物理局限性。好的消息是,无余量编织零件确实提供了一种手段:能制备这些零件而无需高强度手工操作。这就使得编织适应于生产环境并有充分能力完成预期的工作。当设计师和分析师正确选择了用于测定编织物许用值的试件类型时,就变成了现实。

6.12.2.4.1　三维机织和编织物

三维纺织复合材料一般是非常复杂应用驱动的机织。与它们有关的试验是要确定由二维机织的专门织造或交叉缝合所产生的特定性能。对于代表性织物段进行的一些常规试验测定和表征了这些工艺的能力。目前许多研究工作正在进行之中,以便对 z 向试验进行标准化,但尚无已确立的工业标准。

6.12.2.4.2　厚度方向性能的试验方法

已经制订了许多方法来表征厚度方向的性能。层间试验方法用于优化纺织复合材料中厚度方向增强的类型与数量,表 6.12.2.4.2 给出了通常使用的方法。在推荐将这些试验方法进行标准化之前,还必须完成另外的一些工作。尚没有一种面内剪切试验方法是完全可接受的。有关这些研究工作的评述见文献 6.12.2.3.3。

表 6.12.2.4.2　对于 3－D 增强复合材料建议的面内剪切试验方法

试验方法类型	试验方法规范	试验方法名称	注　释
剪切	ASTM E143	室温下剪切模量的标准试验方法	文献 6.12.2.4.2
	ASTM D4255	测试复合材料层压板面内剪切性能的标准指南	
	无	紧凑剪切(compact shear)	
层间拉伸	ASTM D6415	测试纤维增强聚合物基复合材料曲梁强度的标准试验方法	
层间断裂韧性	ASTM D5528	单向纤维增强聚合物基复合材料I型层间断裂韧性的标准试验方法	对二维编织和缝合经编织物是合理的

试验方法类型	试验方法规范	试验方法名称	注　释
层间断裂韧性	见 6.8.6.4.1 节	端部缺口弯曲（Ⅱ型）	对二维编织是合理的
层间拉伸	ASTM C297	夹层结构平面拉伸强度的标准试验方法	对弹性常数是合理的
层间压缩	ASTM D3410 Procedure B	承受剪切载荷具有无支持工作段的聚合物基复合材料压缩性能的标准试验方法	对弹性常数和强度是合理的
层间剪切	无 ASTM D3846	紧凑 对于增强塑料面内剪切强度的标准试验方法	文献 6.12.2.4.2 厚复合材料 薄复合材料
层间剪切 - 横向	ASTM D2344	聚合物基复合材料及其层压板短梁强度的标准试验方法	对二维编织和三维织物是合理的

6.12.2.5　提交 CMH - 17 数据适用的试验方法

一般而言，应利用前面各节中描述的有关单向材料的方法来表征纺织复合材料。这些方法仅适用于在小的重复长度和宽度上性能均匀的织物。至于特定情况下得到的非常大的粗机织重复单元则超出了本节和本手册的范围。应就各自的基本情况分析用于测试的这些织物。

有关在各自试验条件下适用的试验方法见以下各节：

拉伸试验方法	6.8.2
压缩试验方法	6.8.3
剪切试验方法	6.8.4
断裂韧性试验	6.8.6

6.12.3　专门用于厚截面复合材料的试验

还没有标准试验方法来指导厚截面试验，仅有少量的数据。可以进行包括单轴、双轴和三轴加载的力学试验来从实验上评估组合应力状态对复合材料响应的影响。

目前用于二维复合材料失效分析最常用的方法，是由简单的单轴试验实验确定的单向单层板强度和刚度值，并用失效准则来考虑不同载荷方向相互作用，以便计算安全裕度。对二维和三维复合材料，在 6.12.3.1 节中定义了这些单轴试验。另一种方法是进行多轴试验提供合适比例的加载，以模拟实际施加的载荷，12.3.2 节中对多轴试验和方法进行了讨论。

有相当多有挑战性的问题与厚截面复合材料的单轴和多轴力学试验相关，下面列举了部分实验性试验考虑：

● 试验系统和加载装置；

- 夹紧系统和夹具；
- 计算机控制和接口；
- 对试件质心位置适当的位移控制；
- 试件设计与优化；
- 厚复合材料内部的应力未知状态；
- 多轴的应变测量和其他测量装置与技术；
- 环境影响的内涵与处理；
- 数据采集与分析；
- 多轴屈服与失效准则；
- 尺寸效应和比例放大法则；
- 边界效应的处理；
- 静力与动态试验，包括疲劳和冲击载荷；
- 对应力集中的敏感性；
- 对损伤的无损评估。

6.12.3.1 单轴试验

图 6.12.3.1(a)～6.12.3.1(c)中汇总了对单向层压板进行试验来得到常规二维面内拉伸、压缩和剪切刚度，以及失效强度与应变的常用试验类型，6.8 节也详细讨论了这些试验。图 6.12.3.1(d)汇总了要进行三维(厚截面)分析所需的更多单向层压板设计性能试验，在图 6.12.3.1(e)和 6.12.3.1(f)中进行了详细的描述，表 6.12.3.1(a)汇总了已有得到这些性能的试验方法。对 3 向或厚度方向的拉伸与压缩试验需要进一步发展试验方法。

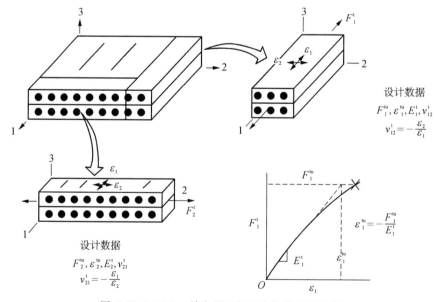

图 6.12.3.1(a)　单向层压板面内拉伸设计性能

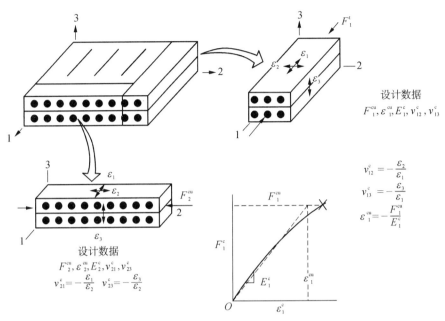

图 6.12.3.1(b)　单向层压板面内压缩设计性能

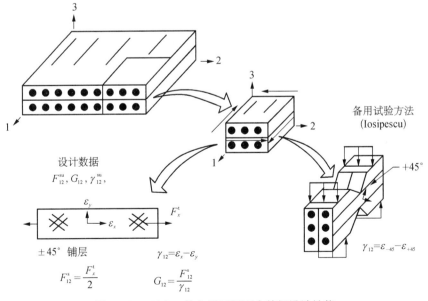

图 6.12.3.1(c)　单向层压板面内剪切设计性能

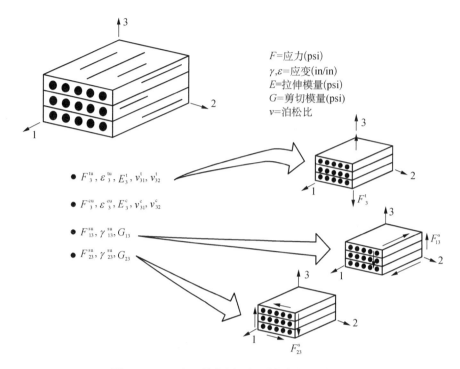

图 6.12.3.1(d) 单向层压板厚度方向设计性能

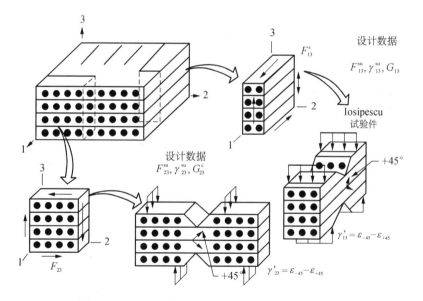

图 6.12.3.1(e) 单向层压板厚度方向剪切设计性能

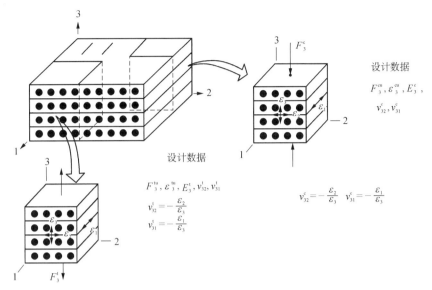

图 6.12.3.1(f)　单向层压板厚度方向拉伸和压缩设计性能

对定向层压板,图 6.12.3.1(g)汇总了用于三维分析,除二维试验外的更多设计性能试验。三维厚度方向的刚度也能用第 3 卷 15.2.3 节(理论性能确定)中讨论的方法,通过单向单层性能来预计。表 6.12.3.1(b)汇总了用于确定定向层压板三维性能已有的试验方法,此外需要研发类似于单向层压板试验 z 厚度方向拉伸与压缩试验的试验方法。

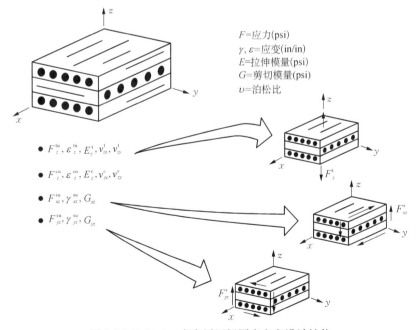

图 6.12.3.1(g)　定向层压板厚度方向设计性能

表 6.12.3.1(c)和(d)给出了用于中模碳纤维/环氧树脂材料体系单向单层和 [0/90]定向层压板,典型厚度方向复合材料性能的例子。单层性能取自文献 6.12.3.1(a),[0/90]的数据是按 Hercules 试验程序由 80 层($t = 15\,mm(0.59\,in)$)纤维铺放热压罐固化的层压板获得(见文献 6.12.3.1(b))。

表 6.12.3.1(a)和(b)鉴别了三种用于厚度大于 $6.35\,mm(0.25\,in)$ 复合材料试

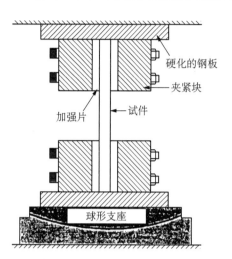

图 6.12.3.1(h) 单轴厚截面压缩试验夹具——David Taylor 研究中心(DTRC)

验的单轴压缩试验方法。如图 6.12.3.1 (h)和图 6.12.3.1(i)所示,David Taylor 研究中心(DTRC)和 Alliant Techsystems 公司(ATI)试验夹具(分别见文献 6.12.3.1 (a)和文献 6.12.3.1(c))是分别为厚棱柱形复合材料试件的单轴压缩试验开发的。美国空军材料实验室(ARL)(见文献 6.12.3.1(d))试验方法采用立方体试件,在两个夹具不相连接的钢平台之间直接加载,表 6.12.3.1(a)和(b)中相对不同材料方向的压缩数据,是通过单独相继施加单轴载荷来完成的。按材料方向施加一个方向载荷构成的相继单轴压缩试验,可以用传统的中—高加载能力的试验机来进行,只要足够仔细和适当夹持试件,这些试验也可用于确定单向压缩材料强度和失效特性。

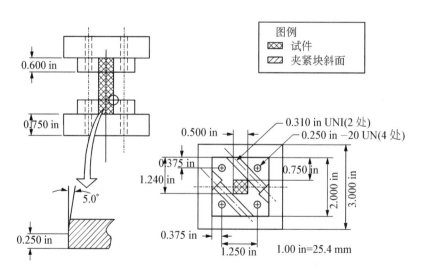

图 6.12.3.1(i) 单轴厚截面压缩试验夹具——Alliant Techsystems 公司

表 6.12.3.1(a)　确定三维层压板性能已有的试验方法

载荷	面内性能	试验方法	载荷	面内性能	试验方法
1-拉伸	F_1^{tu}　E_1^t　ε_1^{tu}　ν_{12}^t	ASTM D3039 SACMA SRM-4	3-拉伸	F_3^{tu}　E_3^t　ε_3^{tu}　ν_{32}^t　ν_{31}^t	待制订
1-压缩	F_1^{cu}　E_1^c　ε_1^{cu}　ν_{12}^c　ν_{13}^c	ASTM D3410 SACMA SRM-1 ATI DTRC ARL	3-压缩	F_3^{cu}　E_3^c　ε_3^{cu}　ν_{31}^c　ν_{32}^c	待制订
2-拉伸	F_2^{tu}　E_2^t　ε_2^{tu}　ν_{21}^t	ASTM D3039 SACMA SRM-4	13-剪切	F_{13}^{su}　G_{13}^t　γ_{13}^{su}	ASTM D2344 SACMA SRM-8 Iosipescu
2-压缩	F_2^{cu}　E_2^c　ε_2^{cu}　ν_{21}^c　γ_{23}^c	ASTM D3410 SACMA SRM-1 ATI DTRC ARL	23-剪切	F_{23}^{su}　G_{23}　γ_{23}^{su}	Iosipescu
12-剪切	F_{12}^{su}　G_{12}　γ_{12}^{su}	ASTM D3518 SACMA SRM-7			

表 6.12.3.1(b)　确定三维单层性能已有的试验方法

载荷	面内性能	试验方法	载荷	面内性能	试验方法
x-拉伸	F_x^{tu}　E_x^t　ε_x^{tu}　ν_{xy}^t	ASTM D3039? SACMA SRM-4?	z-拉伸	F_z^{tu}　E_z^t　ε_z^{tu}　ν_{zy}^t　ν_{zx}^t	待制订
x-压缩	F_x^{cu}　E_x^c　ε_x^{cu}　ν_{xy}^c　ν_{xz}^c	ASTM D3410? SACMA SRM-1? ATI DTRC ARL	z-压缩	F_z^{cu}　E_z^c　ε_z^{cu}　ν_{zx}^c　ν_{zy}^c	待制订

（续表）

载荷	面内性能	试验方法	载荷	面内性能	试验方法
y-拉伸	F_y^{tu} E_y^t ε_y^{tu} ν_{yx}^t	ASTM D3039? SACMA SRM-1?	xz-剪切	F_{xz}^{su} G_{xz} γ_{xz}^{su}	ASTM D2344? SACMA SRM-8? Iosipescu
y-压缩	F_y^{cu} E_y^c ν_{yz}^c ε_y^{cu} ν_{yx}^c	ASTM D3410? SACMA SRM-1? ATI DTRC ARL	yz-剪切	F_{yz}^{su} G_{yz} γ_{yz}^{su}	Iosipescu
xy-剪切	F_{xy}^{su} G_{xy} γ_{xy}^{su}	ASTM D4255? Iosipescu			

注:? 适用性取决于层压板铺层构型。

表 6.12.3.1(c) 典型的中模碳/环氧树脂单层三维性能

载荷	面内性能	室温干态	载荷	面内性能	室温干态
1-拉伸	F_1^{tu} E_1^t ε_1^{tu} ν_{12}^t	1 720 MPa(250 ksi) 15 200 $\mu\varepsilon$ 114 GPa(16.5 Msi) 0.33	3-拉伸	F_3^{tu} E_3^t ε_3^{tu} ν_{32}^t ν_{31}^t	55.2 MPa(8.00 ksi) 5 700 $\mu\varepsilon$ 1.40 Msi(9.65 GPa)
1-压缩	F_1^{cu} E_1^c ν_{13}^c ε_1^{cu} ν_{12}^c	1 170 MPa(170. ksi) 10 300 $\mu\varepsilon$ 114 GPa(16.5 Msi)	3-压缩	F_3^{cu} E_3^c ν_{32}^c ε_3^{cu} ν_{31}^c	207 MPa(30.0 ksi) 21 500 $\mu\varepsilon$ 9.65 GPa(1.40 Msi)
2-拉伸	F_2^{tu} E_2^t ε_2^{tu} ν_{21}^t	55.2 MPa(8.00 ksi) 5 700 $\mu\varepsilon$ 9.65 GPa(1.40 Msi)	13-剪切	F_{13}^{su} G_{13}^t γ_{13}^{su}	82.7 MPa(12.0 ksi) 4 000 $\mu\varepsilon$ 6.0 GPa(0.87 Msi)
2-压缩	F_2^{cu} E_2^c ν_{23}^c ε_2^{cu} ν_{21}^c	207 MPa(30.0 ksi) 21 500 $\mu\varepsilon$ 9.65 GPa(1.40 Msi)	23-剪切	F_{23}^{su} G_{23} γ_{23}^{su}	82.7 MPa(12.0 ksi) 22 000 $\mu\varepsilon$ 3.8 GPa(0.55 Msi)

（续表）

载荷	面内性能		室温干态	载荷	面内性能	室温干态
12-剪切 	F_{12}^{su} G_{12}	γ_{12}^{su}	103 MPa（15.0 ksi） 17 000 $\mu\varepsilon$ 6.0 GPa（0.87 Msi）			

注:(1) 对 2-3 平面刚度、墙上和应变假设是横向各向同性;
　(2) 破坏应变＝强度/模量;
　(3) 60%纤维体积含量。

表 6.12.3.1(d)　典型的中模碳/环氧树脂[0_3，90]三维性能

载荷	面内性能		室温干态	载荷	面内性能		室温干态
x-拉伸 	F_x^{tu} E_x^t	ε_x^{tu} ν_{xy}^t	965 MPa（140. ksi） 9 330 $\mu\varepsilon$ 103 GPa（15.0 Msi） 0.10	z-拉伸 	F_z^{tu} E_z^t	ε_z^{tu} ν_{zx}^t ν_{zy}^t	23.4 MPa（3.40 ksi） 3 040 $\mu\varepsilon$ 7.72 GPa（1.12 Msi）
x-压缩 	F_x^{cu} E_x^c ν_{xz}^c	ε_x^{cu} ν_{xy}^c	765 MPa（111 ksi） 8 600 $\mu\varepsilon$ 88.9 GPa（12.9 Msi） 0.12	z-压缩 	F_z^{cu} E_z^c	ε_z^{cu} ν_{zx}^c	414 MPa（60.0 ksi） 3 660 $\mu\varepsilon$ 11.3 GPa（1.64 Msi）
x-拉伸 	F_y^{tu} E_y^t	ε_y^{tu} ν_{yx}^t	241 MPa（35.0 ksi） 6 210 $\mu\varepsilon$ 38.9 GPa（5.64 Msi） 0.03	xz-剪切 	F_{xz}^{su} G_{xz}	γ_{xz}^{su}	28.0 MPa（4.06 ksi） 7 700 $\mu\varepsilon$ 3.7 GPa（0.53 Msi）
y-压缩 	F_y^{cu} E_y^c ν_{yz}^c	ε_y^{cu} ν_{yx}^c	503 MPa（72.9 ksi） 12 900 $\mu\varepsilon$ 39.0 GPa（5.66 Msi） 0.029	yz-剪切 	F_{yz}^{su} G_{yz}	γ_{yz}^{su}	42.4 MPa（6.15 ksi） 9 300 $\mu\varepsilon$ 4.6 GPa（0.66 Msi）
xy-剪切 	F_{xy}^{su} G_{xy}	γ_{xy}^{su}	105 MPa（15.3 ksi） 22 000 $\mu\varepsilon$ 4.8 GPa（0.70 Msi）				

注:(1) 对 2-3 平面刚度、墙上和应变假设是横向各向同性;
　(2) 破坏应变＝强度/模量;
　(3) 60%纤维体积含量。

DTRC 和 Alliant Techsystems 试验夹具提供的主要特性是，对试件提供适当的夹紧和对中，同时为使试件端头在压缩载荷下尽可能不出现开花（试件劈裂）提供约束。可能出现的试件端头表观劈裂和夹持引起的试件材料开裂，会使得材料强度明显降低。对某些厚复合材料的单轴压缩试验，可能要求粘贴专门的加强片，以及与试件-加强片粘贴有关的细节。

6.12.3.2　多轴试验

本节的目的是提供有关多轴材料试验方法的信息，其中有些技术，如二维方法（双轴加载）既可以用于厚截面也可以用于薄截面复合材料，**但三维试验主要目的是评估厚截面复合材料试件的材料性能。** 当需要考虑评估单层和层压板对来自使用条件的复杂三向受载响应时，多轴试验的重要性就不言而喻了。多轴试验有助于识别模拟实际使用条件比例加载下真实的材料强度和失效机理，由于预估复合材料对多轴加载响应的能力尚未得到证实，从而推荐使用多轴试验。

目前，能够完成多向材料响应数据库中所有必要的测试工作的试验测试设施还非常有限。复合材料厚板的测试程序也还没有得到充分验证，比较难以实施。这也正是该领域目前和未来需要开展的主要研究工作。然而，多轴测试技术的最新研究成果已经表明，该技术在确定复合材料厚板基本性能参数和材料实际响应方面是非常必要的。这些试验在支持基于试验数据的通用三维数值建模方法研究，设计和分析能力建立（如有限元、边界元等），以及复合材料厚截面在结构中的应用研究等方面也非常重要。

目前应用中有两种与力学试验加载装置有关的独特多轴复合材料试验技术和试件安装夹具。一种方法采用试验机来实现，该试验机对直线试件沿其互相垂直的主轴施加载荷/位移，这类试验机包括平面双向试验机（见图 6.12.3.2(a)）和真正的三轴试验装置（见图 6.12.3.2(b)）；第二种方法使用对管状试件施加载荷/位移的试验机。双轴试验机由基本的单轴万能试验机构成，还要能对圆筒状试件主轴施加扭矩。相应的三轴试验机（见图 6.12.3.2(c)）类似于双向试验装置，但还能对圆筒试件壁施加内压或外压。

图 6.12.3.2(a)　MTX 双轴拉伸/压缩试验系统

图 6.12.3.2(b)　Alliant Techsystems-Wyoming 大学的三轴拉伸/压缩试验系统

图 6.12.3.2(c)　三维轴向/扭转加压力的试验系统

6.12.3.2.1　直线试验件/技术

该材料试验方法使用如图 6.12.3.2.1 所示的直线试验件,例如用于双轴试验的十字形或平板配置的试验件,用于三向载荷试验的是立方体或平行六面体。

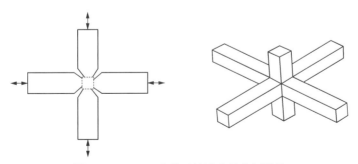

图 6.12.3.2.1　直线双轴试验件几何形状

可以沿对二维和三维试件的十字正交主轴施加载荷来同时进行多轴的拉伸/压缩试验,多轴试验对确定真正的材料强度/失效包线,以及鉴别失效机理是必需的,在建立多向材料本构方程和适用的失效判据时需要这些数据。

已有用于对十字形或平板配置的材料试验件进行试验,商业制造的真正的双轴试验机,这些试验机通常是伺服液压驱动类型,也有一些专用,非商业制造螺旋驱动的双轴加载装置。这两种双轴试验机均能同时沿两个正交轴引入拉伸和/或压缩载荷,这样,就能用这些加载装置在材料试件的试验段产生任何一般的双轴正应力场。已研发了专用的试件夹持,如画笔/梳状柔性加强形式,可能要允许不受限的面内运动和横向约束,使得在双向拉伸/压缩试验中尽可能减少面外弯曲。这种柔性试件加强,以与通常在混凝土压缩试验中所用的画笔/梳状平台类似的方式工作。

真实的三轴试验机也已变成现实,这些加载装置能对正方体各向异性材料试件进行试验,这些多向材料试验机或是伺服液压驱动,或是螺旋驱动,可以用这两种三轴试验机对带加强片的立方体试验件施加任何组合的三向正应力状态。据我们所知,由于用于这些试验机的专用试件夹持装置正在研发中,加载装置的标定也正在进行,还没有用这种装置来进行全面的三向复合材料试验。

双轴和三轴试验机都需要有控制系统,来使试件的质心基本上处于稳定位置,该计算机软件-加载装置控制,是使试件不会受到不想要的偏心载荷状态所需推荐的必要功能。没有适当的试验装置位移或载荷值,可能会得到错误的试验测量数据、不正确的材料失效机理,以及失效出现在测量区域之外。总之,这些单轴、双轴和三轴加载装置的正确使用需要专门的试件夹持装置,设计精良的试件几何形状,有效的加强片粘贴和/或试件端头的约束方法。为避免产生不想要的边缘或端头效应以及应力集中,在设计试件、夹具、加强片和载荷引入时必须特别仔细。除上述内容外,常常把三向试验方法称为真实的三轴方法,因为相对加载轴的纤维铺贴方向,立方体试件形状允许完全的自由。

6.12.3.2.2 圆筒试验件/技术

迄今为止,使用最多的多轴两向和三向复合材料试验方法采用如图6.12.3.2.2所示的圆筒形试验件,这些试验件主要是薄壁管,超过上百种商业制造的双轴试验机,它们都能施加单轴载荷(拉伸或压缩),同时在圆筒形试验件的纵轴施加扭转载荷。

三轴试验机在其轴向和扭力施加装置方面与双向试验装置类似,但这些加载装置还能在空心圆筒壁厚方向从内部或外部施加液压,按照复合材料圆筒的环状结构铺层性质,看来该试验技术非常适用于研究纤维缠绕试验件的材料参数和失效机理。由于圆筒试件的环向几何连续性,通常这些圆筒形试验件在工作段没有边缘效应,但像开花和剪切这样的端部效应可能是个问题,需要对连接细节和试件构型进行仔细的结构设计和分析。可能出现结构失稳,如承受单独的周向、扭转和加压或

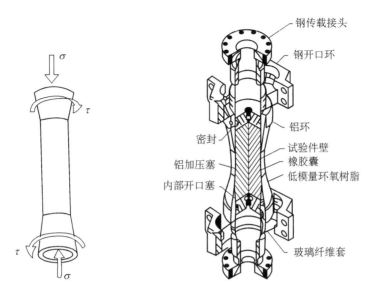

　　图 6.12.3.2.2　双轴和三轴薄壁管试验件几何形状，Utah 大学的三轴
　　　　　　　　　试验件夹持装置

它们的组合载荷时圆筒试验件的屈曲，是这种试验方法的主要考虑。试验筒形件产生的任何结构屈曲都会对材料强度测量值带来假象，还应指出这种多轴试验技术主要只用于研究薄壁管形试件。

参 考 文 献

6.3.1　　　　ASTM Test Method D5229/D5229M-92（2004）. Standard Test Method for Moisture Absorption Properties and Equilibrium Conditioning of Polymer Matrix Composite Materials [S]. Annual Book of ASTM Standards, Vol.15.03, American Society for Testing and Materials, West Conshohocken, PA.

6.3.2(a)　　ASTM Practice D618 - 05. Standard Practice for Conditioning of Plastics for Testing [S]. AnnualBook of ASTM Standards, Vol.08.01, American Society for Testing and Materials, West Conshohocken, PA.

6.3.2(b)　　ASTM Test Method D570 - 98 (2005). Standard Test Method Water Absorption of Plastics [S]. Annual Book of ASTM Standards, Vol.08.01, American Society for Testing and Materials, West Conshohocken, PA.

6.3.2(c)　　SACMA Recommended Method（SRM）11 - 88. Recommended Procedure for Conditioning of Composite Test Laminates [S]. Suppliers of Advanced Composite Materials Association, Arlington, VA.

6.3.3(a)　　Ryder J T. Effect of Load History on Fatigue Life [J]. AFWAL - TR - 80 - 4044, July, 1980.

6.3.3(b)　　SACMA Recommended Method（SRM）11R - 94. Recommended Method for Environmental Conditioning of Composite Test Laminates [S]. Suppliers of

Advanced Composite Materials Association, Arlington, VA.

6.3.3.2　Weisman S. Relative Humidity Measurement Errors in Environmental Test Chambers [J]. Test Engineering & Management, October/November 1990, pg. 16 -17.

6.4.1　ASTM Practice E83 - 06. Standard Practice for Verification and Classification of Extensometers Systems [S]. Annual Book of ASTM Standards, Vol. 3. 01, American Society for Testing and Materials, West Conshohocken, PA.

6.4.2.8　ISO10012 - 1:1992. Quality Assurance Requirements for Measuring Equipment — Part 1: Metrological Confirmation System for Measuring Equipment [S].

6.4.3.1(a)　ASTM Practice E4 - 07. Standard Practices for Force Verification of Testing Machines [S] Annual Book of ASTM Standards, Vol.03.01, American Society for Testing and Materials, West Conshohocken, PA.

6.4.3.1(b)　ASTM Practice E74 - 06. Standard Practice of Calibration of Force-Measuring Instruments for Verifying the Force Indication of Testing Machines [S]. Annual Book of ASTM Standards, Vol.03.01, American Society for Testing and Materials, West Conshohocken, PA.

6.4.3.1(c)　ASTM Practice E467 - 98a (2004). Standard Practice for Verification of Constant Amplitude Dynamic Loads on Displacements in an Axial Load Fatigue Testing System [S]. Annual Book of ASTM Standards, Vol.03.01, American Society for Testing and Materials, West Conshohocken, PA.

6.4.3.1(d)　ISO 5893. Rubber and Plastics Test Equipment — Tensile, Flexural and Compressive Types (Constant Rate of Traverse) — Description [S]. International Organization for Standardization, Geneva, Switzerland.

6.4.3.3　Window and Hollister. Strain Gage Technology [M]. Applied Science Publishers, Essex, England, ISBN 0 - 85334 - 118 - 4, p.267.

6.4.4.4　Sines G. Elasticity and Strength, Allyn & Bacon Inc. 470 Atlantic Ave, Boston MA LCCN:69 - 14637.

6.4.4.4.1(a)　Temperature Induced Apparent Strain and Gage Factor Variation in Strain Gages [S]. Tech Note TN - 504 - 1. Available free of charge from: Measurements Group Inc. P. O. Box 27777, Raleigh, NC 27611. Measurements Group makes available an extensive collection of tech notes and tips relating to strain measurement, all are available at no charge.

6.4.4.4.1(b)　Strain Gage Selection Criteria, Procedures, Recommendations [S]. Tech Note TN - 505 - 2. Available free of charge from: Measurements Group Inc. P. O. Box 27777, Raleigh, NC 27611.

6.4.4.4.2　Surface Preparation for Strain Gage Bonding [S]. M - LINE ACCESSORIES Instruction BulletinvB - 129 - 6, Micro-Measurements Division, Measurements Group Inc. P. O. Box 27777, Raleigh, NC 27611, USA.

6.4.4.4.4　Optimizing Strain Gage Excitation Levels [S]. Tech Note TN - 502. Available free of charge from: Measurements Group Inc. P. O. Box 27777, Raleigh, NC 27611.

6.4.4.4.5.1　Shunt Calibration of Strain Gage Instrumentation [S]. Tech Note TN - 514. Available free of charge from: Measurements Group Inc. P. O. Box 27777, Raleigh, NC 27611.

6.4.4.6(a)　Mechanics of Textile Composites Conference [C]. NASA CP 3311, Parts 1 & 2, Oct. 1995.

6.4.4.6(b)　Masters, John E and Portanova, Marc A. Standard Test Methods for Textile Composites [R]. NASA CR - 4751, Sept. 1996 (URL http://techreports. larc. nasa. gov/ltrs).

6.4.5.9(a)　The Temperature Handbook. Volume 29, Omega Engineering, Inc. 1995.

6.4.5.9(b)　Guidelines for Realizing the International Temperature Scale of 1990 (ITS‑90), B. W. Magnum and G. T. Furukawa, National Institute of Standards and Technology.

6.4.5.9(c)　ASTM Test Method E220 - 02. Standard Test Method for Calibration of Thermo-couples by Comparison Techniques [S]. Annual Book of ASTM Standards, Vol. 14.03, American Society for Testing and Materials, West Conshohocken, PA.

6.4.5.9(d)　ASTM Test Method E77 - 98 (2003). Standard Test Method for Inspection and Verification of Thermometers [S]. Annual Book of ASTM Standards, Vol. 14.03, American Society for Testing and Materials, West Conshohocken, PA.

6.4.5.9(e)　ASTM Guide E1502 - 98 (2003) e1. Standard Guide for Use of Freezing-Point Cells for Reference Temperatures [S]. Annual Book of ASTM Standards, Vol. 14.03, American Society for Testing and Materials, West Conshohocken, PA.

6.6.3.1　Young R J. Introduction to Polymers [M]. Section 4.4.2, Chapman and Hall, 1981, pp. 199 - 202.

6.6.3.2.1　ASTM Test Method E1356 - 03. Standard Test Method for Assignment of the Glass Transition Temperatures by Differential Scanning Calorimetry [S]. Annual Book of ASTM Standards, Vol. 14.02, American Society for Testing and Materials, West Conshohocken, PA.

6.6.3.2.3(a)　ASTM Practice D4065 - 06. Standard Practice for Plastics: Dynamic Mechanical Properties: Determining and Report of Procedures [S]. Annual Book of ASTM Standards, Vol. 08.02, American Society for Testing and Materials, West Conshohocken, PA.

6.6.3.2.3(b)　SACMA Recommended Method (SRM) 18R - 94. Recommended Method for Glass Transition Temperature (T_g) Determination by DMA of Oriented Fiber-Resin Composites [R]. Suppliers of Advanced Composite Materials Association, Arlington, VA.

6.6.4.1(a)　ASTM Test Method D792 - 00. Standard Test Method for Density and Specific Gravity (Relative Density) of Plastics by Displacement [S]. Annual Book of ASTM Standards, Vol. 08.01, American Society for Testing and Materials, West Conshohocken, PA.

6.6.4.1(b)　ASTM Test Method D1505 - 03. Standard Test Method for Density of Plastics by the Density-Gradient Technique [S]. Annual Book of ASTM Standards, Vol. 08.01, American Society for Testing and Materials, West Conshohocken, PA.

6.6.4.1(c)　ASTM Test Method D4892 - 89 (2004). Standard Test Method for Density of Solid Pitch(Helium Pycnometer Method) [S]. Annual Book of ASTM Standards, Vol. 05.02, American Society for Testing and Materials, West Conshohocken, PA.

6.6.4.1(d)　ASTM Test Method D2734 - 94 (2003). Standard Test Method for Void Content of Reinforced Plastics [S]. Annual Book of ASTM Standards, Vol. 08.01, American

　　　　　　　　　Society for Testing and Materials, West Conshohocken, PA.

6.6.4.1(e)　　Ghiorse S R. data presented to MIL‑HDBK‑17 PMC Testing Working Group, Santa Fe, NM, March 1996.

6.6.4.1(f)　　Ghiorse S R and Tiffany J. Evaluation of Gas Pycnometry as a Density Measurement Method [S]. Proceedings of the 34th MIL‑HDBK‑17 PMC Coordination Group, Schaumberg, IL, September 1996.

6.6.4.2(a)　　In-progress revision of ASTM D3171, currently titled. Standard Test Method for Fiber Content of Resin-Matrix Composites by Matrix Digestion [S]. D‑30 Committee, Spring 1997 D30.03 subcommittee ballot.

6.6.4.2(b)　　ASTM Test Method D5229/D5229M‑92 (2004). Standard Test Method for Moisture Absorption Properties and Equilibrium Conditioning of Polymer Matrix Composite Materials [S]. Annual Book of ASTM Standards, Vol.15.03, American Society for Testing and Materials, West Conshohocken, PA.

6.6.4.3　　　Ghiorse S R. A Comparison of Void Measurement Methods for Carbon/Epoxy Composites [R]. U.S. Army Materials Technology Laboratory, TR 91‑13, April 1991.

6.6.4.4　　　ASTM Test Method D4892‑89 (2004). Standard Test Method for Density of Solid Pitch(Helium Pycnometer Method) [S]. Annual Book of ASTM Standards, Vol. 05.02, American Society for Testing and Materials, West Conshohocken, PA.

6.6.4.4.1(a)　ASTM Practice D618‑05. Standard Practice for Conditioning Plastics and Electrical Insulating Materials for Testing[S]. Annual Book of ASTM Standards, Vol.08.01, American Society for Testing and Materials, West Conshohocken, PA.

6.6.4.4.1(b)　Standard Reference Materials Program National Institute of Standards and Technology, Gaithersburg, MD 20899‑0001.

6.6.5.3(a)　　ASTM Practice E797‑05. Standard Practice for Measuring Thickness by Manual Ultrasonic Pulse-Echo Contact Method [S]. Annual Book of ASTM Standards, Vol.03.03, American Society for Testing and Materials, West Conshohocken, PA.

6.6.5.3(b)　　SACMA Recommended Method (SRM) 24R‑94. Recommended Method for Determination of Resin Content, Fiber Areal Weight and Flow of Thermoset Prepreg by Combined Mechanical and Ultrasonic Methods [S]. Suppliers of Advanced Composite Materials Association, Arlington, VA.

6.6.5.4　　　SACMA Recommended Method (SRM) 10R‑94. Recommended Method for Fiber Volume, Percent Resin Volume and Calculated Average Cured Ply Thickness of Plied Laminates [S]. Suppliers of Advanced Composite Materials Association, Arlington, VA.

6.6.6.2(a)　　ASTM Test Method D3171‑06. Standard Test Methods for Constituent Content of Composite Materials [S]. Annual Book of ASTM Standards, Vol.15.03, American Society for Testing and Materials, West Conshohocken, PA.

6.6.6.3　　　ASTM Test Method D2584‑02. Standard Test Method for Ignition Loss of Cured Reinforced Resins [S]. Annual Book of ASTM Standards, Vol.08.01, American Society for Testing and Materials, West Conshohocken, PA.

6.6.6.4(a)　　SACMA Recommended Method (SRM) 10R‑94. Recommended Method for Fiber Volume, Percent Resin Volume and Calculated Average Cured Ply Thickness of

Plied Laminates [S]. Suppliers of Advanced Composite Materials Association, Arlington, VA.

6.6.6.4(b)　Kelly K M and Ciriscioli P R. A Nondestructive Test Method for the Determination of Percent Resin Content, Fiber Areal Weight and Percent Fiber Volume of Composite Materials [C]. Proceedings of the 43rd SAMPE Symposium and Exhibition, Anaheim, CA, June 1998.

6.6.7.2　ASTM Test Method D2734 - 94 (2003). Standard test Method for Void Content of Reinforced Plastics [S]. Annual Book of ASTM Standards, Vol. 08. 01, American Society for Testing and Materials, West Conshohocken, PA.

6.6.8.1(a)　ASTM Test Method D5229/D5229M - 92 (2004). Standard Test Method for Moisture Absorption Properties and Equilibrium Conditioning of Polymer Matrix Composite Materials [S]. Annual Book of ASTM Standards, Vol. 15. 03, American Society for Testing and Materials, West Conshohocken, PA.

6.6.8.1(b)　SACMA SRM 11R - 94. Environmental Conditioning of Composite Test Laminates [S].

6.6.8.1(c)　Environmental Effects on Composite Materials [M]. George S. Springer, Ed., Technomic Publishing Co., 1981.

6.6.9.1.2(a)　ASTM Test Method D696 - 03. Standard Test Method for Coefficient of Linear Thermal Expansion of Plastics Between $-30℃$ and $30℃$ With a Vitreous Silica Dilatometer [S]. Annual Book of ASTM Standards, Vol. 8. 01, American Society for Testing and Materials, West Conshohocken, PA.

6.6.9.1.2(b)　ASTM Test Method E228 - 06. Standard Test Method for Linear Thermal Expansion of Solid Materials With a Push-Rod Dilatometer [S]. Annual Book of ASTM Standards, Vol. 14. 02, American Society for Testing and Materials, West Conshohocken, PA.

6.6.9.1.2(c)　ASTM Test Method E831 - 06. Standard Test Method for Linear Thermal Expansion of Solid Materials by Thermomechanical Analysis [S]. Annual Book of ASTM Standards, Vol. 14. 02, American Society for Testing and Materials, West Conshohocken, PA.

6.6.9.1.2(d)　ASTM Test Method E289 - 04 Standard Test Method for Linear Thermal Expansion of Rigid Solids with Interferometry [S]. Annual Book of ASTM Standards, Vol. 14. 02, American Society for Testing and Materials, West Conshohocken, PA.

6.6.9.1.2(e)　Yaniv G, Peimanidis G and Daniel IM. Method for Hygromechanical Characterization of Graphite/Epoxy Composite [J]. Journal of Composites Technology & Research, Vol. 9, 1987, pp. 21 - 25.

6.6.9.2.1(a)　Fukuda M, Ochi M, Miyagawa M and Kawai H. Moisture Sorption Mechanism of Aromatic Polyamide Fibers: Stoichiometry of the Water Sorbed in Poly (para-phenylene Terephthalamide) Fibers [J]. Textile Research Journal, Vol. 61, No. 11, 1991, pp. 668 - 680.

6.6.9.2.1(b)　Piggott M R. Water Absorption in Carbon and Glass Fibre Composites [J]. Paper No. 4. 180, Proceedings of ICCM/Ⅵ and ECCM/Ⅱ, Elsevier Applied Science, Publishers, London, 1987.

6.6.9.2.1(c)　Tsai C L and Chiang C H. Characterization of the Hygric Behavior of Single Fibers

[J]. Composites Science and Technology, Vol. 60, 2000, pp. 2725 – 2729.

6.6.9.2.1(d) Cairns D S and Adams D F. Moisture and Thermal Expansion of Composite Materials [R]. Report UWME – DR – 101 – 104 – 1, Department of Mechanical Engineering, University of Wyoming, Laramie, WY, November 1981.

6.6.9.2.1(e) Cairns D S and Adams D F. Moisture and Thermal Expansion Properties of Unidirectional Composite Materials and the Epoxy Matrix [J]. Journal of Reinforced Plastics and Composites, Vol. 2, No. 4, October 1983, pp. 239 – 255.

6.6.9.2.1(f) Norris M A and Wolff E G. Moisture Expansion Measurement and Data Analysis Techniques for Composite Structures [J]. Materials Challenge, Diversification and the Future, D. Hamston, R. Carson, G. D. Bailey, and F. J. Riel, Editors, 40th International SAMPE Symposium, Anaheim, CA, May 8 – 11, 1995, pp. 1867 – 1878.

6.6.9.2.1(g) Wolff E G, Chen H and Oakes D W. Hygrothermal Deformation of Composite Sandwich Panels [J]. Advanced Composite Letters, Vol. 9, No. 1, 2000, pp. 35 – 43.

6.6.9.2.1(h) Wolff E G, Chen H and Oakes D W. Hygrothermal Deformation of Composite Sandwich Panels [C]. Proceedings of the 12th International Conference on Composite Materials (ICCM/XII), 1999; also, Society of Manufacturing Engineers Technical Paper No. EM00 – 246, Dearborn, MI, 2000.

6.6.9.2.1(i) ASTM Test Method C481 – 99. Standard Test Method for Laboratory Aging of Sandwich Constructions [S]. Annual Book of ASTM Standards, Vol. 15. 03, American Society for Testing and Materials, West Conshohocken, PA.

6.6.9.2.1(j) ASTM Test Method D5229/D5229M – 92 (2004). Standard Test Method for Moisture Absorption Properties and Equilibrium Conditioning of Polymer Matrix Composite Materials [S]. Annual Book of ASTM Standards, Vol. 15. 03, American Society for Testing and Materials, West Conshohocken, PA.

6.6.9.2.1(k) ASTM Practice E104 – 02. Standard Practice for Maintaining Constant Relative Humidity by Means of Aqueous Solutions [S]. Annual Book of ASTM Standards, Vol. 11. 07, American Society for Testing and Materials, West Conshohocken, PA.

6.6.9.2.1(l) Wolff E G. Prediction of Non-Mechanical Transient Strains in Polymer Matrix Composites [C]. Paper No. 32 – S, Composites, Design, Manufacture and Applications, Proceedings of the 8th International Conference on Composite Materials (ICCM/VIII), S. W. Tsai and G. S. Springer, Editors, 1991.

6.6.10.2.1(a) ASTM Test Method C177 – 04. Standard Test Method for Steady-State Heat Flux Measurements and Thermal Transmission Properties by Means of the Guarded-Hot-Plate Apparatus [S]. Annual Book of ASTM Standards, Vol. 04. 06, American Society for Testing and Materials, West Conshohocken, PA.

6.6.10.2.1(b) ASTM Practice C1044 – 98 (2003). Standard Practice for Using a Guarded-Hot-Plate Apparatus or Thin-Heater Apparatus in the Single-Sided Mode [S]. Annual Book of ASTM Standards, Vol. 04. 06, American Society for Testing and Materials, West Conshohocken, PA.

6.6.10.2.2 ASTM Test Method E1225 – 04. Standard Test Method for Thermal Conductivity of Solids by Means of the Guarded-Comparative-Longitudinal Heat Flow Technique [S]. Annual Book of ASTM Standards, Vol. 14. 02, American Society for Testing and Materials, West Conshohocken, PA.

6.6.10.2.3(a) ASTM Test Method C518 – 04. Standard Test Method for Steady-State Thermal Transmission Properties by Means of the Heat Flow Meter Apparatus [S]. Annual Book of ASTM Standards, Vol. 04. 06, American Society for Testing and Materials, West Conshohocken, PA.

6.6.10.2.3(b) ASTM Practice C1046 – 95 (2001). Standard Practice for In-Situ Measurement of Heat Flux and Temperature of Building Envelope Components [S]. Annual Book of ASTM Standards, Vol.04. 06, American Society for Testing and Materials, West Conshohocken, PA.

6.6.10.2.3(c) ASTM Test Method E1530 – 06. Standard Test Method for Evaluating the Resistance to Thermal Transmission of Materials by the Guarded Heat Flow Meter Technique [S]. Annual Book of ASTM Standards, Vol.14. 02, American Society for Testing and Materials, West Conshohocken, PA.

6.6.11.2 ASTM Test Method E1269 – 05. Standard Test Method for Determining Specific Heat Capacity by Differential Scanning Calorimetry [S]. Annual Book of ASTM Standards, Vol. 14. 02, American Society for Testing and Materials, West Conshohocken, PA.

6.6.11.2.1 Differential Scanning Calorimetry, McNaughton J L and Mortimer C T, Perkin Elmer Order Number L – 604, reprinted from "IRS; Physical Chemistry Series 2, 1975, Volume 10," which was taken with permission of the publisher Butterworths, London, p.12.

6.6.12.2(a) ASTM Test Method E1461 – 01. Standard Test Method for Thermal Diffusivity of Solids by the Flash Method [S]. Annual Book of ASTM Standards, Vol.14. 02, American Society for Testing and Materials, West Conshohocken, PA.

6.6.12.2(b) ASTM Test Method C714 – 05e1. Standard Test Method for Thermal Diffusivity of Carbon and Graphite By a Thermal Pulse Method [S]. Annual Book of ASTM Standards, Vol. 05. 05, American Society for Testing and Materials, West Conshohocken, PA.

6.6.13(a) NASA CR – 4740. Contamination Control Engineering Design Guidelines for the Aerospace Community [C]. AC Tribble, et al., eds., NASA CASI, Linthicum Heights, MD, 1996.

6.6.13(b) NASA RP – 1124, Revision 3. Outgassing Data for Selecting Spacecraft Materials, W. A. Campbell, J. J. Scialdone, eds., NASA CASI, Linthicum Heights, MD, 1993, maintained online by the Goddard Space Flight Center at http://epims.gsfc. nasa. gov/og/.

6.6.14(a) Standard Test Method ASTM E434 – 71 (2002). Standard Test Method for Calorimetric Determination of Hemispherical Emittance and the Ratio of Solar Absorptance to Hemispherical Emittance Using Solar Simulation [S]. Annual Book of ASTM Standards, Vol.15. 03, American Society for Testing and Materials, West Conshohocken, PA.

6.6.14(b) Standard Test Method ASTM E903 – 96 (1996). Standard Test Method for Solar Absorptance, Reflectance, and Transmittance of Materials Using Integrating Spheres [S]. Annual Book of ASTM Standards, American Society for Testing and Materials, West Conshohocken, PA. This method has been withdrawn by ASTM and is included here for historical reference.

6.6.14(c) Standard Test Method ASTM E408 – 71 (2008). Standard Test Methods for Total Normal Emittance of Surfaces Using Inspection-Meter Techniques. Annual Book of ASTM Standards, Vol. 15.03, American Society for Testing and Materials, West Conshohocken, PA.

6.6.15(a) Karad S K and Jones F R. Mechanism of Thermal Spiking Enhanced Moisture Absorption by Cyanate Ester Cured Epoxy Resin Matrices [J]. Paper ♯1058, ICCM – 12, Paris, 1999.

6.6.15(b) Lee S, Plamondon M and Gaudert P C. The Effect of Elevated Temperature Spikes on the Mechanical Properties of Carbon Fiber Epoxy Composites [C]. 38th Intl. SAMPE Symposium, pp. 1582 – 1593, May 1993.

6.6.15(c) Powell J H and Zigrang D J. SAMPE Journal, 1977.

6.6.15(d) Verghese K N E, et al. Influence of Matrix Chemistry on the Short Term, Hydrothermal Aging of Vinyl Ester Matrix and Composites under both Isothermal and Thermal Spiking Conditions [J]. J. Comp. Mat., Vol. 33, No. 20, pp. 1018 – 1938, 1999.

6.6.16.1(a) Miracle D B and Donaldson S L. ASM Handbook, Volume 21: Composites [M]. ASM International, 2001.

6.6.16.1(b) Epstein G and Bandaruk W. Crazing of Filament-Wound Composites [C]. Plastics Technology, April 1963; also 5th National SAMPE Symposium, June 1963.

6.6.16.1(c) Marschall C W and Maringer R E. Dimensional Instability — An Introduction [M]. Pergamon Press, Oxford, 1977.

6.6.16.1(d) Wolff E G. An Introduction to the Dimensional Stability of Composite Materials [M]. DEStech Publications Inc., Lancaster PA 17601, 2004.

6.6.16.1(e) Park C H and McManus H L. Composites Science and Technology, Vol. 56, pp, 1209 – 1219, 1996.

6.6.16.3(a) Herakovich C T, Davis Jr J G and Mills J S. The rmal Microcracking of Celion 6000/PMR – 15 Graphite Polyimide [M]. Thermal Stresses in Severe Environments, Plenum Press, New York, pp. 649 – 664, 1980.

6.6.16.3(b) Tompkins S S and Williams S L. J. Spacecraft and Rockets, Vol. 21, No. 3, pp. 274 –279, 1984.

6.6.16.3(c) Wolff E G, Dittrich W H, Savedra R C and Sve R C. Composites, pp. 323 – 328, July 1982.

6.6.16.3(d) Robitaille S. p. 128 in Reference 6.6.16.1(a).

6.6.16.4(a) Menges G. Environmental Stress Cracking (ESC) and Environmental Stress Failure (ESF) [M]. Vol. Ⅱ, pp. 67 – 77, International Encyclopedia of Composites, S. M. Lee, Editor, VCH Publishers, New York, 1990.

6.6.16.4(b) Morgan R J. Aging of Polymer Matrix Composites: pp. 15 – 26//Vol. Ⅰ, International Encyclopedia of Composites, Lee, S M Editor. VCH Publishers, New York, 1990.

6.6.18.1(a) Sorathia U, Lyon, Richard, Ohlemiller, Thomas, and Grenier, Lt. Andrew. A Review of Fire Test Methods and Criteria for Composites [J]. SAMPE Journal, Vol. 33, No. 4, July/August 1997.

6.6.18.1(b) Ohlemiller T and Cleary T. Upward Flame Spread on Composite Materials [M]. Chapter 28 in Fire and Polymers Ⅱ-Materials And Tests for Hazard Prevention, (G. L. Nelson, ed.) American Chemical Society, Washington, DC, 1995, pp. 422-434.

6.6.18.1(c) Ohlemiller T, Cleary T and Shields J. Effect of Ignition Conditions on Upward Flame Spread on a Composite Material in a Corner Configuration [C]. Proceedings of the 41st International SAMPE Symposium, Society for the Advancement of Material and Process Engineering, Covina, CA, 1996, p.734.

6.6.18.2(a) Grand A. Fire Evaluation of Coatings for Glass-Reinforced Polymeric Composites [C]. Proceedings of Fire and Materials, 2nd International Conference, Interscience Communications Ltd., London, 1993, p.144.

6.6.18.2(b) Sorathia U and Beck C. Fire Protection of Glass/vinyl Ester Composites for Structural Applications [C]. Proceedings of the 41st International SAMPE Symposium, Society for the Advancement of Material and Process Engineering, Covina, CA, 1996.

6.6.18.2(c) Ohlemiller T and Shields J. The Effect of Surface Coatings on Fire Growth over Composite material [S]. National Institute of Standards and Technology NISTIR 5940, December 1996.

6.6.18.2(d) DOT/FAA/AR-00/12. Aircraft Material Fire Test Handbook [M]. U. S. Department of Transportation, Federal Aviation Administration Technical Center, Atlantic City, NJ 08405.

6.6.18.2.1 ASTM Test Method E84 - 06a. Standard Test Method for Surface Burning Characteristics of Building Materials [S]. Annual Book of ASTM Standards, Vol. 04.07, American Society for Testing and Materials, West Conshohocken, PA.

6.6.18.2.2 ASTM Test Method E162 - 06. Standard Test Method for Surface Flammability of Materials Using a Radiant Heat Energy Source [S]. Annual Book of ASTM Standards, Vol. 04.07, American Society for Testing and Materials, West Conshohocken, PA.

6.6.18.2.3 ISO9705, Fire tests-Full-scale room test for surface products [S]. International Organization for Standardization, Geneva, Switzerland.

6.6.18.2.4 ASTM Test Method E1321 - 97a (2002) e1. Standard Test Method for Determining Material Ignition and Flame Spread Properties [S]. Annual Book of ASTM Standards, Vol.04.07, American Society for Testing and Materials, West Conshohocken, PA.

6.6.18.3(a) Babrauskas V, Levin B, Gann R, et al. Toxic Potency Measurement for Fire Hazard Analysis [S]. National Institute of Standards and Technology Special Publication 827, December 1991.

6.6.18.3(b) Sorathia U, Lyon R, Gann R G, et al. Materials and Fire Threat [M]. Fire Technology, Vol.33, Number 3, Sept/Oct 1997.

6.6.18.3.1 ASTM Test Method E662 - 06. Standard Test Method for Specific Optical Density of Smoke Generated by Solid Materials [S]. Annual Book of ASTM Standards, Vol.04.07, American Society for Testing and Materials, West Conshohocken, PA.

6.6.18.3.2 NFPA 269, Standard Test Method for Developing Toxic Potency Data for Use in

　　　　　　　Fire Hazard Modeling [S]. National Fire Protection Association, 1 Batterymarch Park, Quincy, MA 02269 – 9101.

6.6.18.4(a)　IMO Resolution MSC.40(64). Standard for Qualifying Marine Materials for High Speed Craft as Fire-Restricting Materials [S]. International Maritime Organization, London, December, 1994.

6.6.18.4(b)　MIL– STD – 2031 (SH). Fire and Toxicity Test Methods and Qualification Procedure for Composite Material Systems Used in Hull, Machinery, and Structural Applications Inside Naval Submarines [S]. February 1991.

6.6.18.4.1　ASTM Test Method E1354 – 04a. Standard Test Method for Heat and Visible Smoke Release Rates for Materials and Products Using an Oxygen Consumption Calorimeter [S]. Annual Book of ASTM Standards, Vol.04.07, American Society for Testing and Materials, West Conshohocken, PA.

6.6.18.4.2　ASTM Test Method E906 – 06. Standard Test Method for Heat and Visible Smoke Release Rates for Materials and Products Using a Thermopile Method [S]. Annual Book of ASTM Standards, Vol. 04. 07, American Society for Testing and Materials, West Conshohocken, PA.

6.6.18.5(a)　Sarkos C P and Hill R G. Heat Exposure and Burning Behavior of Cabin Materials During an Aircraft Post-Crash Fuel Fire [R]. National Materials Advisory Board, National Research Council, NMAB Report 477 – 2, National Academy Press, 25,1995.

6.6.18.5(b)　Petrie, George L, Sorathia, Usman, Warren, Will L. Testing and Analysis of Marine Composite Structures in Elevated Temperature Conditions [C]. Proceedings of the 44th International SAMPE Symposium, Vol.44, May 23 – 27, 1999.

6.6.18.5.1　ASTM Test Method E119 – 05a. Standard Test Method for Fire Tests of Building Construction and Materials [S]. Annual Book of ASTM Standards, Vol. 04. 07, American Society for Testing and Materials, West Conshohocken, PA.

6.6.18.5.2(a) ASTM Test Method E1529 – 06. Standard Test Method for Determining Effects of Large Hydrocarbon Pool Fires on Structural Members and Assemblies [S]. Annual Book of ASTM Standards, Vol. 04. 07, American Society for Testing and Materials, West Conshohocken, PA.

6.6.18.5.2(b) UL 1709, Rapid Rise Fire Tests of Protection Materials for Structural Steel [C]. Underwriters Laboratories Inc. , 333 Pfingsten Road, Northbrook, IL 60062 –2096.

6.7.1(a)　　ASTM Test Method D149 – 97a (2004). Standard Test Method for Dielectric Breakdown Voltage and Dielectric Strength of Solid Electrical Insulating Materials at Commercial Power Frequencies [S]. Annual Book of ASTM Standards, Vol. 10.01, American Society for Testing and Materials, West Conshohocken, PA.

6.7.1(b)　　ASTM Test Method D150 – 98 (2004). Standard Test Methods for AC Loss Characteristics and Permittivity (Dielectric Constant) of Solid Electrical Insulating Materials [S]. Annual Book of ASTM Standards, Vol. 10. 01, American Society for Testing and Materials, West Conshohocken, PA.

6.7.1(c)　　ASTM Test Method D495 – 95 (2004). Standard Test Method for High-Voltage, Low-Current, Dry Arc Resistance of Solid Electrical Insulation [S]. Annual Book of ASTM Standards, Vol. 10. 01, American Society for Testing and Materials,

West Conshohocken, PA.

6.7.1(d)　　ASTM Test Method D2303 – 97 (2004). Standard Test Methods for Liquid-Contaminant, Inclined-Plane Tracking and Erosion of Insulating Materials [S]. Annual Book of ASTM Standards, Vol. 10. 01, American Society for Testing and Materials, West Conshohocken, PA.

6.7.5.1(a)　　IEEE 299, Standard Method for Measuring the Effectiveness of Electromagnetic Shielding Enclosures, and MIL – G – 83528 (Historical 29 Aug 1986), Military Specification: Gaskets, Shielding, Elastomer Electrical, EMI/RFI, General Specification For [S].

6.7.5.1(b)　　ASTM ES7 – 83. Emergency Standard Test Method for Electromagnetic Shielding Effectiveness of Planar Materials [S]. (Discontinued 1988, replaced by ASTM D – 4935 –99).

6.7.5.1(c)　　ASTM D4935 – 99. Standard Test Method for Measuring the Electromagnetic Shielding Effectiveness of Planar Materials [S]. This method has been withdrawn by ASTM and is included here for historical reference.

6.7.5.2　　Porter R. Technique for Measurement of Shielding Effectiveness of Large Enclosures [S]. NSWCDD/TR – 95/157.

6.8.2.2.1(a)　　ASTM Test Method D3039/D3039M – 00 (2006). Standard Test Method for Tensile Properties of Polymer Matrix Composites [S]. Annual Book of ASTM Standards, Vol. 15. 03, American Society for Testing and Materials, West Conshohocken, PA.

6.8.2.2.1(b)　　ISO527. Plastics — Determination of Tensile Properties [S]. American National Standards Institute, available from ANSI, 11 W. 42nd Street, New York, NY, 10036.

6.8.2.2.1(c)　　SACMA Recommended Method (SRM) 4. Tensile Properties of Oriented Resin-Matrix Composites Suppliers of Advanced Composites Materials Association, Arlington, VA.

6.8.2.2.1(d)　　SACMA Recommended Method (SRM) 9. Tensile Properties of Oriented Resin-Matrix Crossply Laminates, Suppliers of Advanced Composite Materials Association, Arlington, VA.

6.8.2.2.1(e)　　ASTM Test Method D5083 – 02. Standard Test Method for Tensile Properties of Reinforced Thermosetting Plastics Using Straight-Sided Specimens [S]. Annual Book of ASTM Standards, Vol. 08. 02, American Society for Testing and Materials, West Conshohocken, PA.

6.8.2.2.3(a)　　ASTM Test Method D638 – 03. Standard Test Method for Tensile Properties of Plastics [S]. Annual Book of ASTM Standards, Vol. 08. 01, American Society for Testing and Materials, West Conshohocken, PA.

6.8.2.2.3(b)　　SAE AMS 3844A. Cloth, Type "E" Glass, Style 7781 Fabric, Hot-Melt, Addition-Type, Polyimide Resin Impregnated [S]. Society of Automotive Engineers, Warrendale, PA.

6.8.2.2.4　　ASTM Test Method D2290 – 04. Standard Test Method for Apparent Tensile Strength of Ring or Tubular Plastics and Reinforced Plastics by Split Disk Method [S]. Annual Book of ASTM Standards, Vol. 08. 04, American Society for Testing and Materials, West Conshohocken, PA.

6.8.2.2.5 ASTM Test Method C393/C393M - 06. Standard Test Method for Core Shear Properties of Sandwich Constructions by Beam Flexure [S]. Annual Book of ASTM Standards, Vol. 15. 03, American Society for Testing and Materials, West Conshohocken, PA.

6.8.2.3.2.1 ASTM Test Method D7291/D7291M - 07. Standard Test Method for Through-Thickness Flatwise Tensile Strength and Elastic Modulus of a Fiber-Reinforced Polymer Matrix Composite Material [S]. Annual Book of ASTM Standards, Vol. 15.03, American Society for Testing and Materials, West Conshohocken, PA.

6.8.2.3.3.2(a) ASTM Test Method D6415/D6415M - 06ae1. Standard Test Method for Measuring the Curved Beam Strength of a Fiber-Reinforced Polymer-Matrix Composite [S]. Annual Book of ASTM Standards, Vol. 15.03, American Society for Testing and Materials, West Conshohocken, PA.

6.8.2.3.3.2(b) Lekhnitskii S G. Anisotropic Plates [G]. Gordon and Breach Science Publishers, New York, 1968, pp.95 - 101.

6.8.3.1(a) ASTM Test Method D3410 - 903. Standard Test Method for Compressive Properties of Polymer Matrix Composite Materials with Unsupported Gage Section by Shear Loading [S]. Annual Book of ASTM Standards, Vol.15.03, American Society for Testing and Materials, West Conshohocken, PA.

6.8.3.1(b) ASTM Test Method D5467/D5467M - 97 (2004). Standard Test Method for Compressive Properties of Unidirectional Polymer Matrix Composites Using a Sandwich Beam [S]. Annual Book of ASTM Standards, Vol. 15. 03, American Society for Testing and Materials, West Conshohocken, PA.

6.8.3.1(c) ASTM Test Method D695 - 02a. Standard Test Method for Compressive Properties of Rigid Plastics [S]. Annual Book of ASTM Standards, Vol. 8. 01, American Society for Testing and Materials, West Conshohocken, PA.

6.8.3.1(d) SACMA Recommended Method (SRM) 1R - 94. Compressive Properties of Oriented Fiber-Resin Composites [G]. Suppliers of Advanced Composite Materials Association, Arlington, VA.

6.8.3.1(e) SACMA Recommended Method (SRM) 6 - 94. Compressive Properties of Oriented Cross-Plied Fiber-Resin Composites [G]. Suppliers of Advanced Composite Materials Association, Arlington, VA.

6.8.3.1(f) ASTM Test Method D6641/D7741M - 01e1. Standard Test Method for Determining the Compressive Properties of Polymer Matrix Composite Laminates Using a Combined Loading Compression (CLC) Test Fixture [S]. Annual Book of ASTM Standards, Vol.15.03, American Society for Testing and Materials, West Conshohocken, PA.

6.8.3.1(g) Berg J S and Adams D F. An Evaluation of Composite Material Compression Test Methods [J]. Journal of Composites Technology and Research, Vol. 11, No. 2, Summer 1989, pp.41 - 46.

6.8.3.1(h) Schoeppner G A and Sierakowski R L. A Review of Compression Test Methods for Organic Matrix Composites [J]. Journal of Composites Technology and Research, Vol.12(1), 1990, pp.3 - 12.

6.8.3.1(i) Camponeschi E T Jr. Compression of Composite Materials: A Review [C]. Fatigue and Fracture of Composite Materials (Third Conference), ASTM STP 1110, ed., T. K O'Brien, ASTM, 1991, pp. 550 - 580.

6.8.3.1(j) Chatterjee S N, Adams D F and Oplinger D W. Test Methods for Composites, a Status Report, Vol. Ⅱ, Compression Test Methods [R]. Report No. DOT/FAA/ CT - 93/17, Ⅱ, Federal Aviation Administration Technical Center, Atlantic City, NJ, June 1993.

6.8.3.1(k) Adams D F. Current Status of Compression Testing of Composite Materials [C]. Proceedings of the 49th International SAMPE Symposium, May 1995, pp. 1831 -1843.

6.8.3.1(l) Welsh J S and Adams D F. Current Status of Compression Test Methods for Composite Materials [J]. SAMPE Journal, Vol. 33, No. 1, January 1997, pp. 35 - 43.

6.8.3.2(a) Hofer K E and Rao P N. A New Static Compression Fixture for Advanced Composite Materials [J]. Journal of Testing and Evaluation, Vol. 5(4)1977.

6.8.3.2(b) Adsit N R. Compression Testing of Graphite/Epoxy [S]. Compression Testing of Homogeneous Materials and Composites, ASTM STP 808, ed., Chait and Papirno, American Society for Testing and Materials, 1983, pp. 175 - 186.

6.8.3.2.2(a) Wegner P M and Adams D F. Verification of the Combined Load Compression (CLC) Test Method [R]. Report No. DOT/FAA/AR - 00/26, Federal Aviation Administration Technical Center, Atlantic City, NJ, August 2000.

6.8.3.2.2(b) Tan S C. Stress Analysis and the Testing of Celanese and IITRI Compression Specimens [J]. Composites Science and Technology, Vol. 44, 1992, pp. 57 - 70.

6.8.3.2.2(c) Tan S C and Knight M. An Extrapolation Method for the Evaluation of Compression Strength of Laminated Composites [S]. Compression Response of Composite Structures, ASTM STP 1185, S. E. Groves and A. L. Highsmith, Eds., American Society for Testing and Materials, West Conshohocken, PA, 1994, pp. 323 - 337.

6.8.3.2.2(d) Adams D F. Tabbed Versus Untabbed Compression Specimens [S]. Composite Materials: Testing, Design, and Acceptance Criteria, ASTM STP 1416, A. T. Nettles and A. Zureick, Eds., American Society for Testing and Materials, West Conshohocken, PA, 2002.

6.8.3.2.4 ASTM Test Method C393/C393M - 06. Standard Test Method for Core Shear Properties of Sandwich Constructions by Beam Flexure [S]. Annual Book of ASTM Standards, Vol. 15. 03, American Society for Testing and Materials, West Conshohocken, PA.

6.8.3.2.8(a) Knight M. Three-Dimensional Elastic Moduli of Graphite/Epoxy Composites [J]. Journal of Composite Materials, Vol. 16, 1982, pp. 153 - 159.

6.8.3.2.8(b) Peros V. Thick-Walled Composite Material Pressure Hulls: Three Dimensional Laminate Analysis Considerations [D]. Masters Thesis, University of Delaware, Newark, D E, December 1987.

6.8.4.1 Kellas S, Morton J and Jackson K. Damage and Failure Mechanisms in Scaled Angle-Ply Laminates [C]. Presented at the ASTM Symposium on Fatigue and

Fracture, Indianapolis, May 1991.

6.8.4.2.1(a) ASTM Test Method D3518/D3518M‐94 (2001). Standard Test Method for In-Plane Shear Response of Polymer Matrix Composites by Tensile Test of a ±45° Laminate [S]. Annual Book of ASTM Standards, Vol. 15.03, American Society for Testing and Materials, West Conshohocken, PA.

6.8.4.2.1(b) SRM 7R‐94, In-plane Shear Stress-Strain Properties of Oriented Fiber-Resin Composites [G]. Suppliers of Advanced Composite Materials Associate.

6.8.4.2.1(c) Terry G. A Comparative Investigation of Some Methods of Unidirectional, In-Plane Shear Characterization of Composite Materials [J]. Composites, Vol. 10, October 1979, p. 233.

6.8.4.2.1(d) Petit P H. A Simplified Method of Determining the In-plane Shear Stress-Strain Response of Unidirectional Composites. Composite Materials: Testing and Design, ASTM STP 460, American Society for Testing and Materials, Philadelphia, PA, 1969, p. 83.

6.8.4.2.1(e) Sims D F. In-Plane Shear Stress-Strain Response of Unidirectional Composite Materials [J]. Journal of Composite Materials, Vol. 7, January 1973, p. 124.

6.8.4.2.1(f) Yeow Y T and Brinson H F. A Comparison of Simple Shear Characterization Methods for Composite Laminates [J]. Composites, Vol. 9, January 1978, p. 161.

6.8.4.2.2(a) ASTM Test Method D5379/D5379M‐M‐05. Standard Test Method for Shear Properties of Composite Materials by the V‐Notched Beam Method [S]. Annual Book of ASTM Standards, Vol. 15.03, American Society for Testing and Materials, West Conshohocken, PA.

6.8.4.2.2(b) Arcan M and Goldenberg N. On a Basic Criterion for Selecting a Shear Testing Standard for Plastic Materials [S]. (in French), ISO/TC 61‐WG 2 S. P. 171, Burgenstock, Switzerland, 1957.

6.8.4.2.2(c) Goldenberg N, Arcan M and Nicolau E. On the Most Suitable Specimen Shape for Testing Shear Strength of Plastics [C]. Proceedings of the International Symposium on Plastics Testing and Standardization, ASTM STP 247, American Society for Testing and Materials, Philadelphia, PA, 1959, pp. 115‐121.

6.8.4.2.2(d) Arcan M, Hashin Z and Voloshin A. A Method to Produce Uniform Plane-stress States with Applications to Fiber-reinforced Materials [J]. Experimental Mechanics, Vol. 18, No. 4, April 1978, pp. 141‐146.

6.8.4.2.2(e) Iosipescu N. Photoelastic Investigations on an Accurate Procedure for the Pure Shear Testing of Materials [J]. (in Romanian), Studii si Cercetari de Mecanica Aplicata, Vol. 13, No. 3, 1962.

6.8.4.2.2(f) Iosipescu N. Photoelastic Investigations on an Accurate Procedure for the Pure Shear Testing of Materials [J]. Revue de Mecanique Appliquée, Vol. 8, No. 1, 1963.

6.8.4.2.2(g) Iosipescu N. New Accurate Procedure for Single Shear Testing of Metals [J]. Journal of Materials, Vol. 2, No. 3, September 1967, pp. 537‐566.

6.8.4.2.2(h) Walrath D E and Adams D F. The Iosipescu Shear Test as Applied to Composite Materials [J]. Experimental Mechanics, Vol. 23, No. 1, March 1983, pp. 105‐110.

6.8.4.2.2(i)　Walrath D E and Adams D F. Analysis of the Stress State in an Iosipescu Test Specimen [R]. University of Wyoming Department Report UWME – DR – 301 – 102 – 1, June 1983.

6.8.4.2.2(j)　Walrath D E and Adams D F. Verification and Application of the Iosipescu Shear Test Method [R]. University of Wyoming Department Report UWME – DR – 401 – 103 – 1, June 1984.

6.8.4.2.2(k)　Adams D F and Walrath D E. Further Development of the Iosipescu Test Method [J]. Experimental Mechanics, Vol. 27, No. 2, June 1987, pp. 113 – 119.

6.8.4.2.2(l)　Bergner H W, Davis J G and Herakovich C T. Analysis of Shear Test Methods for Composite Laminates [R]. VPI – E – 77 – 14, Virginia Polytechnic Institute and State University, Blacksburg, VA, April 1977; also NASA CR – 152704.

6.8.4.2.2(m)　Sleptez J M, Zagaeksi T F and Novello R F. In-Plane Shear Test for Composite Materials [R]. AMMRC TR 78 – 30, Army Materials and Mechanics Research Center Watertown MA, July 1978.

6.8.4.2.2(n)　Herakovich C T, Bergner H W and Bowles D E. A Comparative Study of Composite Shear Specimens Using the Finite-Element Method Test Methods and Design Allowables for Fibrous Composites, ASTM STP 734, American Society for Testing and Materials, Philadelphia, PA, 1981, pp. 129 – 151.

6.8.4.2.2(o)　Sullivan J L, Kao B G and Van Oene H. Shear Properties and a Stress Analysis Obtained from Vinyl-ester Iosipescu Specimens [J]. Experimental Mechanics, Vol. 24, No. 3, 1984, pp. 223 – 232.

6.8.4.2.2(p)　Wilson D W. Evaluation of the V Notched Beam Shear Test Through an Interlaboratory Study [J]. Journal of Composite Technology and Research, Vol. 12, No. 3, Fall 1990, pp. 131 – 138.

6.8.4.2.2(q)　Ho H, Tsai M Y, Morton J and Farley G L. An Experimental Investigation of Iosipescu Specimen for Composite Materials [J]. Experimental Mechanics, Vol. 31, No. 4, December 1991, pp. 328 – 336.

6.8.4.2.2(r)　Morton J, Ho H, Tsai M Y and Farley G L. An Evaluation of the Iosipescu Specimen for Composite Materials Shear Property Measurement [J]. Journal of Composite Materials, Vol. 26, No. 5, 1992, p. 708.

6.8.4.2.2(s)　Arcan M. The Iosipescu Shear Test as Applied to Composite Materials – Discussion [J]. Experimental Mechanics, Vol. 24, No. 1, March 1984, pp. 66 – 67.

6.8.4.2.3(a)　ASTM Test Method D4255/D4255M – 01. Standard Test Method for In-Plane Shear Properties of Polymer Matrix Composite Materials by the Rail Shear Method [S]. Annual Book of ASTM Standards, Vol. 15.03, American Society for Testing and Materials, West Conshohocken, PA.

6.8.4.2.3(b)　Garcia R, Weisshaar T A and McWithey R R. An Experimental and Analytical Investigation of the Rail Shear-Test Method as Applied to Composite Materials [J]. Experimental Mechanics, August 1980.

6.8.4.2.3(c)　Tarnopol'skii Y M and Kincis T. Static Test Methods for Composites [M]. Van Nostrand Reinhold Company, New York, 1985.

6.8.4.2.4(a)　ASTM Test Method D7078/D7078M – 05. Shear Properties of Composite Materials by V – Notched Rail Shear Method [S]. Annual Book of ASTM Standards, Vol.

15.03, American Society for Testing and Materials, West Conshohocken, PA.

6.8.4.2.4(b) Hussain A K and Adams D F. Development of a New Two-Rail Shear Test Fixture for Composite Materials [J]. Journal of Composites Technology and Research, Vol.21, No.4, 1999, pp.215 - 223.

6.8.4.2.4(c) Hussain A K and Adams D F. Experimental Evaluation of the Wyoming-Modified Two-Rail Shear Test Method for Composite Materials [J]. Experimental Mechanics, Vol.44, No.4, 2004, pp.354 - 364.

6.8.4.2.4(d) Adams D O, Moriarty J M, Gallegos A M and Adams D F. Development and Evaluation of the V - Notched Rail Shear Test for Composite Laminates [R]. Federal Aviation Administration Report DOT/FAA/AR - 03/63, FAA Office of Aviation Research, Washington, D.C., September, 2003.

6.8.4.2.4(e) Adams D O, Moriarty J M, Gallegos A M and Adams D F. The V - Notched Rail Shear Test [J]. Journal of Composite Materials, Vol. 41, No. 3, 2007, pp. 281 - 297.

6.8.4.2.5 Chamis C C and Sinclair J H. Ten-deg Off-Axis Test for Shear Properties in Fiber Composites [J]. Experimental Mechanics, September 1977.

6.8.4.2.6(a) ASTM Test Method E143 - 02. Standard Test Method for Shear Modulus at Room Temperature [S]. Annual Book of ASTM Standards, Vol. 03. 01, American Society for Testing and Materials, West Conshohocken, PA.

6.8.4.2.6(b) MIL- STD - 375, Test Method for In-Plane Shear Properties of Hoop Wound Polymer Matrix Composite Cylinders.

6.8.4.2.6(c) ASTM Test Method D5448/D5448M - 93 (2006). Standard Test Method for In-Plane Shear Properties of Hoop Wound Polymer Matrix Composite Cylinders [S]. Annual Book of ASTM Standards, Vol.15.03, American Society for Testing and Materials, West Conshohocken, PA.

6.8.4.2.6(d) Guess T R and Haizlip C B Jr. End-Grip Configurations for Axial Loading of Composite Tubes [J]. Experimental Mechanics, January 1980.

6.8.4.3.1(a) ASTM Test Method D2344/D2344M - 00. Standard Test Method for Short-Beam Strength of Polymer Matrix Composite Materials and Their Laminates [S]. Annual Book of ASTM Standards, Vol. 15. 03, American Society for Testing and Materials, West Conshohocken, PA.

6.8.4.3.1(b) Berg C A, Tirosh J and Israeli M. Analysis of Short Beam Bending of Fiber Reinforced Composites [C]. Composite Materials: Testing and Design, Second Conference ASTM STP 497, American Society for Testing and Materials, Philadelphia, PA, 1972, p.206.

6.8.4.3.1(c) SRM 8R - 94. Short Beam Shear Strength of Oriented Fiber-Resin Composites [R]. Suppliers of Advanced Composite Materials Association.

6.8.4.3.4 ASTM Test Method D3846 - 02. Standard Test Method for In-Plane Shear Strength of Reinforced Plastics [S]. Annual Book of ASTM Standards, Vol.8.02, American Society for Testing and Materials, West Conshohocken, PA.

6.8.5 ASTM Test Method D790 - 03. Standard Test Method for Flexural Properties of Unreinforced and Reinforced Plastics and Electrical Insulating Materials [S]. Annual Book of ASTM Standards, Vol.08.01, American Society for Testing and

　　　　　　　　Materials, West Conshohocken, PA.

6.8.6.2.1(a)　Davidson B D, R Krüger and M. König. Effect of Stacking Sequence on Energy Release Rate Distributions in Multidirectional DCB and ENF Specimens [J]. Engineering Fracture Mechanics, Vol.55, No.4, November, 1996, p.557 – 569.

6.8.6.2.1(b)　Martin R H. Delamination Characterization of Woven Glass/Polyester Composites [J]. Journal of Composite Technology & Research, Vol.19, 1997, pp.20 – 28.

6.8.6.2.1(c)　ASTM Test Method D5528 – 01. Standard Test Method for Mode I Interlaminar Fracture Toughness of Unidirectional Fiber Reinforced Polymer Matrix Composites [S]. Annual Book of ASTM Standards, Vol.15.03, American Society for Testing and Materials, West Conshohocken, PA.

6.8.6.2.1(d)　ISO15024. Standard Test Method for Mode I Interlaminar Fracture Toughness GIc of Unidirectional Fibre Reinforced Polymer Matrix Composites [S]. International Standards Organization 1999.

6.8.6.2.2.1　O'Brien T K and Martin R H. Round Robin Testing for Mode I Interlaminar Fracture Toughness of Composite Materials [J]. ASTM Journal of Composite Technology and Research, Vol.15, 1994, pp.269 – 281.

6.8.6.2.3.1(a)　Martin R H and Davidson B D. Mode II Fracture Toughness Evaluation Using a Four Point Bend End Notched Flexure Test [J]. Plastics, Rubber and Composites, Vol.28, 1999, pp.401 – 406.

6.8.6.2.3.1(b)　Davies P, Sims G D, Blackman B R K, Brunner A J, Kageyama K, Hojo M, Tanaka M K, Rousseau G C, Gieske B and Martin R H. Comparison of Test Configurations for Determination of Mode II Interlaminar Fracture Toughness Results from International Collaborative Test Programme [J]. Plastics, Rubber and Composites, Vol.28, 1999, pp.432 – 437.

6.8.6.2.3.1(c)　O'Brien T K. Composite Interlaminar Shear Fracture Toughness, G_{IIc}: Shear Measurement or Sheer Myth [S]. in Composite Materials: Fatigue and Fracture, Seventh Volume, ASTM STP 1330, R. B. Bucinell, Ed., American Society for Testing and Materials, 1998, pp.3 – 18.

6.8.6.2.3.1(d)　Schuecker C and Davidson B D. Effect of Friction on the Perceived Mode II Delamination Toughness from Three- and Four-Point Bend End-Notched Flexure Tests [S]. in Composite Structures: Theory and Practice, ASTM STP 1383, P. E. Grant, et al., Eds., West Conshohocken, PA, American Society for Testing and Materials, 1999.

6.8.6.2.3.2(a)　Russell A J. On the Measurement of Mode II Interlaminar Fracture Energies [R]. DREP Material Report 82 – O, 1982.

6.8.6.2.3.2(b)　Chatterjee S N. Analysis of Test Specimens for Interlaminar Mode II Fracture Toughness, Parts 1 and 2 [J]. Journal of Composite Materials, Vol.25, 1991, pp. 470 – 493 and 494 – 511.

6.8.6.2.3.2(c)　Kageyama K, Kikuchi M and Yanagisawa N. Stabilized End Notched Flexure Test - Characterization of Mode II Interlaminar Crack Growth [J]. in Composite Materials: Fatigue and Fracture, Vol.3, ASTM STP 1110, T. K. O'Brien, Ed., Philadelphia, PA, American Society for Testing and Materials, 1991, pp. 210 – 225.

6.8.6.2.3.2(d) Davies P and Moulin C. Measurement of GIc and GIIc in Carbon/Epoxy Composites [J]. Composite Science Technology, Vol. 39, 1990, pp. 193 – 205.

6.8.6.2.3.3(a) Vanderkley P S. Mode I – Mode II Delamination Fracture Toughness of a Unidirectional Graphite/Epoxy Composite [D]. Texas A&M University, College Station, TX, Master of Science Thesis, 1981.

6.8.6.2.3.3(b) Moore D R, Pavan A, Williams J G. Fracture Mechanics Testing Methods for Polymers Adhesives and Composites, ESIS publication 28, Elsevier, Oxford, UK, 2001.

6.8.6.2.4 Li J, O'Brien T K and Lee S M. Comparison of Mode II and Mode III Monotonic and Fatigue Delamination Onset Behavior for Carbon/Toughened Epoxy Composites [J]. Journal of Composites Technology & Research, Vol. 19, 1997, pp. 174 – 183.

6.8.6.2.4.1(a) Lee S M. An Edge Crack Torsion Method for Mode III Delamination Fracture Testing [J]. Journal of Composites Technology & Research, Vol. 15, 1993, pp. 193 – 201.

6.8.6.2.4.1(b) Li J, Lee S M, Lee E W and O'Brien T K. Evaluation of the Edge Crack Torsion (ECT) Test for Mode III Interlaminar Fracture Toughness of Laminated Composites [J]. Journal of Composites Technology & Research, Vol. 19, 1997, pp. 174 – 183.

6.8.6.2.4.2(a) Donaldson S L. Mode III Interlaminar Fracture Characterization of Composite Materials [J]. Composite Science & Technology, Vol. 32, 1988, pp. 225 – 249.

6.8.6.2.4.2(b) Martin R H. Evaluation of the Split Cantilever Beam for Mode III Delamination Testing. Langley Research Center N89 – 22132, 1989.

6.8.6.2.4.2(c) Anderson G P, Bennet S J and Devries K L. Analysis and Testing of Adhesive Bonds [M]. New York, Academic, 1977.

6.8.6.2.5 ASTM Test Method D6671/D6671M – 06. Standard Test Method for Mixed Mode I-Mode II Interlaminar Fracture Toughness of Unidirectional Fiber Reinforced Polymer Matrix Composites [S]. Annual Book of ASTM Standards, Vol. 15.03, American Society for Testing and Materials, West Conshohocken, PA.

6.8.6.2.5.1(a) Reeder J R and Crews J H. Mixed-Mode Bending Method for Delamination Testing [J]. AIAA Journal, Vol. 28, 1990, pp. 1270 – 1276.

6.8.6.2.5.1(b) Reeder J R. An Evaluation of Mixed-Mode Delamination Failure Criteria. NASA – TM – 104210, Langley Research Center, 1992.

6.8.6.2.5.2(a) Wilkins D J and Eisenmann JR. Characterizing Delamination Growth In Graphite-Epoxy. in ASTM STP 775, Damage in Composite Materials, K. L. Reifsnider, Ed., Philadelphia, American Society of Testing and Materials, 1982, pp. 168 –183.

6.8.6.2.5.2(b) Johnson W S. Stress Analysis of the Cracked-Lap Shear Specimen: an ASTM Round-Robin [J]. Journal of Testing and Evaluation, Vol. 15, 1987, pp. 303 – 324.

6.8.6.2.5.2(c) O'Brien T K. Characterization of Delamination Onset and Growth in a Composite Laminate. in ASTM STP 775, Damage in Composite Materials, K. L. Reifsnider, Ed., Philadelphia, American Society of Testing and Materials, 1982, pp. 140 –167.

6.8.6.2.5.2(d)　Whitney J M and Knight M. A Modified Free-Edge Delamination Specimen. in ASTM STP 876, Delamination and Debonding of Materials, W. S. Johnson, Ed., Philadelphia, American Society for Testing and Materials, 1985, pp. 298 – 314.

6.8.6.2.5.2(e)　O'Brien T K and Johnson N J. Comparisons of Various Configurations of the Edge Delamination Test for Interlaminar Fracture Toughness in Toughened Composites [S]. ASTM STP 937, N. J. Johnston, Ed., Philadelphia, American Society for Testing and Materials, 1987, pp. 199 – 221.

6.8.6.2.5.2(f)　Arcan M, Hashin Z and Voloshin A. A Method To Produce Uniform Plane-Stress States With Applications To Fiber-Reinforced Materials [J]. Experimental Mechanics, 1978, pp. 141 – 146.

6.8.6.2.5.2(g)　Bradley W L and Cohen R N. Matrix Deformation And Fracture In Graphite-Reinforced Epoxies in ASTM STP 876, Delamination and Debonding of Materials, W. S. Johnson, Ed., Philadelphia, American Society for Testing and Materials, 1985, pp. 389 – 410.

6.8.6.2.5.2(h)　Davidson B D, Krüger R and König M. Three Dimensional Analysis of Center Delaminated Unidirectional and Multidirectional Single Leg Bending Specimens [J]. Composite Science & Technology, Vol. 54, 1995, pp. 385 – 394.

6.8.6.2.5.2(i)　Russell A J and Street K N. Moisture and Temperature Effects On The Mixed-Mode Delamination Fracture of Unidirectional Graphite/Epoxy [] in ASTM STP 876, Delamination and Debonding of Materials, W. S. Johnson, Ed., Philadelphia, American Society for Testing and Materials, 1985, pp. 349 – 370.

6.8.6.2.5.2(j)　Hashemi S and Kinloch A J. Interlaminar Fracture of Composite Materials [] in 6th ICCM & 2nd ECCM, Vol. 3, F. L. Matthews, et al., Eds., New York, Elsevier Applied Science, 1987, pp. 254 – 264.

6.8.6.3(a)　Poe C C P, Jr., Reeder J R and Yuan F G. Fracture Behavior of a Stitched Warp-Knit Carbon Fabric Composite [JNASA TM – 2001 – 210868, Langley Research Center, May 2001.

6.8.6.3(b)　ASTM Test Method E1922 – 04. Standard Test Method for Translaminar Fracture Toughness of Laminated and Pultruded Polymer Matrix Composite Materials [S]. Annual Book of ASTM Standards, Vol. 03. 01, American Society for Testing and Materials, West Conshohocken, PA.

6.8.6.3(c)　ASTM Test Method E399 – 05. Standard Test Method for Linear-Elastic Plane-Strain Fracture Toughness KIC of Metallic Materials [S]. Annual Book of ASTM Standards, Vol. 03. 01, American Society for Testing and Materials, West Conshohocken, PA.

6.8.6.3(d)　Poe C C Jr., Harris C E, Coats T W and Walker T H. Tension Strength with Discrete Source Damage, Fifth NASA/DoD Advanced Composites Technology Conference Proceedings [C]. NASA CP – 3294, Part 1, Langley Research Center, May 1995.

6.8.6.3(e)　Fleck N A, Jelf P M and Curtis P T. Compressive Failure of Laminated and Woven Composites [J]. Journal of Composites Technology & Research, Vol. 17, 1995, pp. 212 – 220.

6.8.6.4(a)　Gudmundson P and Alpman J. Initiation and Growth Criteria for Transverse Matrix

Cracks in Composite Laminates [J]. Composites Science &. Technology, Vol. 60, 2000, pp. 185 - 195.

6.8.6.4(b) Garg A C. Intralaminar and Interlaminar Fracture in Graphite/Epoxy Laminates [J]. Engineering Fracture Mechanics, Vol. 23, 1986, pp. 719 - 733.

6.8.6.4(c) Jose S, Kumar R R, Jana M K and Rao G V. Intralaminar Fracture Toughness of a Cross-Ply Laminate and Its Constituent Sub-Laminates [J]. Composites Science &. Technology, Vol. 61, 2001, pp. 1115 - 1122.

6.9.1 ASTM Practice E739 - 91(2004) e1. Standard Practice for Statistical Analysis of Linear or Linearized Stress-Life (S - N) and Strain-Life (e - N) Fatigue Data [S]. Annual Book of ASTM Standards, Vol. 03. 01, American Society for Testing and Materials, West Conshohocken, PA.

6.9.2 ASTM E1823 - 07a. Standard Terminology Relating to Fatigue and Fracture Testing [S]. Annual Book of ASTM Standards, Vol. 03. 01, American Society for Testing and Materials, West Conshohocken, PA.

6.9.2.1 ASTM Practice E606 - 04e1. Standard Practice for Strain-Controlled Fatigue Testing [S]. Annual Book of ASTM Standards, Vol. 03. 01, American Society for Testing and Materials, West Conshohocken, PA.

6.9.2.5 ASTM Practice E1049 - 85 (2005). Standard Practices for Cycle Counting in Fatigue Analysis [S]. Annual Book of ASTM Standards, Vol. 03. 01, American Society for Testing and Materials, West Conshohocken, PA.

6.9.2.9 ASTM Guide E1942 - 98 (2004). Standard Guide for Evaluating Data Acquisition Systems Used in Cyclic Fatigue and Fracture Mechanics Testing [S]. Annual Book of ASTM Standards, Vol. 03. 01, American Society for Testing and Materials, West Conshohocken, PA.

6.9.3.1(a) ASTM Test Method D3479/D3479M - 96 (2007). Standard Test Method for Tension-Tension Fatigue of Polymer Matrix Composite Materials [S]. Annual Book of ASTM Standards, Vol. 15. 03, American Society for Testing and Materials, West Conshohocken, PA.

6.9.3.1(b) ASTM Test Method D3039/D3039M - 07. Standard Test Method for Tensile Properties of Polymer Matrix Composite Materials [S]. Annual Book of ASTM Standards, Vol. 15. 03, American Society for Testing and Materials, West Conshohocken, PA.

6.9.4.1(a) O'Brien T K. Towards a Damage Tolerance Philosophy for Composite Materials and Structures, in Composite Materials: Testing and Design (Ninth Volume), ASTM STP 1059, S. P. Garbo, Editor, 1990, American Society for Testing and Materials: Philadelphia, p. 7 - 33.

6.9.4.1(b) Martin R H and Murri G B. Characterization of Mode I and Mode II Delamination Growth and Thresholds in AS4/PEEK Composites, in Composite Materials: Testing and Design (Ninth Volume), ASTM STP 1059, 1990, p. 251 - 270.

6.9.4.1(c) O'Brien T K, Murri G B and Salpekar S A. Interlaminar Shear Fracture Toughness and Fatigue Thresholds for Composite Materials, in Composite Materials: Fatigue and Fracture(Second Volume), ASTM STP 1012, 1989, Philadelphia, p. 222 -250.

6.9.4.1(d) Murri G B and Martin R H. Effect of initial delamination on mode I and mode II interlaminar fracture toughness and fatigue fracture threshold, in Composite Materials: Fatigue and Fracture (Fourth Volume) [S]. ASTM STP 1156, W. W. Stinchcomb and Ashbaugh N E, Editors, 1993, Philadelphia, p. 239 - 256.

6.9.4.1(e)　O'Brien T K. Interlaminar Fracture Toughness: the Long and Winding Road to Standardization [S]. Composites Part B, 1998, 29(1), p. 57 - 62.

6.9.4.2(a)　O'Brien T K. Mixed-Mode Strain-Energy-Release Rate Effects on Edge Delamination of Composites, in Effects of Defects in Composite Materials, ASTM STP 836, 1984, American Society for Testing and Materials, Philadelphia, p. 125 - 142.

6.9.4.2(b)　O'Brien T K. Fatigue Delamination Behavior of PEEK Thermoplastic Composite Laminates [J]. Journal of reinforced Plastics, 1988, 7(4), p. 341 - 359.

6.9.4.2(c)　Adams D F, Zimmermann R S and Odem E M. Frequency and Load Ratio Effects on Critical Strain Energy Release Rate Gc Thresholds of Graphite Epoxy Composites, in Toughened Composites, ASTM STP 937, 1987, American Society for Testing and Materials: Philadelphia, p. 242.

6.9.4.2(d)　Mall S, Yun K and Kochnar N K. Characterization of Matrix Toughness Effects on Cyclic Delamination Growth in Graphite Fiber Composites, in Composite Materials: Fatigue and Fracture, 1987, American Society for Testing and Materials, Philadelphia.

6.9.4.3(a)　Wilkins D J, et al. Characterizing Delamination Growth in Graphite-Epoxy, in Damage in Composite Materials, ASTM STP 775, K. L. Reifsnider, Editor, 1982, p. 168 - 183.

6.9.4.3(b)　Russell A J and Street K N. Predicting Interlaminar Fatigue Crack Growth Rate in Compressively Loaded Laminates, in Composite Materials: Fatigue and Fracture (2nd Volume), 1987, American Society for Testing and Materials: Philadelphia.

6.9.4.5.1　ASTM Test Method D6115 - 97 (2004). Standard Test Method for Mode I Fatigue Delamination Growth Onset of Unidirectional Fiber-Reinforced Polymer Matrix Composites. Annual Book of ASTM Standards, Vol. 15. 03, American Society for Testing and Materials, West Conshohocken, PA.

6.9.4.5.2(a)　Poursartip A. The Characterization of Edge Delamination Growth in Laminates Under Fatigue Loading, in Toughened Composites [S]. ASTM STP 937, Johnston N J, Editor, 1987: Philadelphia, p. 222 - 241.

6.9.4.5.2(b)　Martin R H. Load History Effects on Delamination in Composite Materials [R]. MERL report, October 2003, p. 1 - 36.

6.9.4.5.2(c)　Shivakumar K, Chen H, Abali F, Le D, Davis C. A Total Fatigue Life Model for Mode I Delaminated Composite Laminates [J]. International Journal of Fatigue, Volume 28, Issue 1, January 2006, p. 33 - 42.

6.9.4.6.1(a)　Martin R H and Davidson B D. Mode II Fracture Toughness Evaluation Using a Four Point Bend End Notched Flexure Test, Plastics, Rubber and Composites, Vol. 28, 1999, pp. 401 - 406.

6.9.4.6.1(b)　Davidson B D, Sun X. Geometry and Data Reduction Recommendations for a Standardized End Notched Flexure Test for Unidirectional Composites [J]. Journal of ASTM International, Vol. 3, No. 9, 2006, pp. 1 - 19.

6.9.4.6.1(c)　Vinciquerra A J, Davidson B D, Schaff J R, et al. Determination of the Mode Ⅱ Fatigue Delamination Toughness of Laminated Composites [J]. Journal of Reinforced Plastics and Composites, May 2002, vol.21, no.7, pp.663 - 677.

6.9.4.6.4　Martin, Elms and Bowron. Characterisation of Mode Ⅱ Delamination using the 4ENF [C]. Proceedings of the 4th European Conference on Composite Materials: Testing and Standardization, Institute of Materials, London, 1998, p.161 - 70.

6.9.4.6.5　Moore D R, Pavan A, Williams J G. Fracture Mechanics Testing Methods for Polymers Adhesives and Composites [M]. ESIS publication 28, Elsevier, Oxford, UK, 2001.

6.9.4.7.1(a)　Sriram P, Khourchid Y and Hooper S J. The Effect of Mixed-Mode Loading on Delamination Fracture Toughness, in Composite Materials: Testing and Design (Eleventh Volume), ASTM STP 1206, E. T. Camponeschi, Editor 1993, Philadelphia, p.291 - 302.

6.9.4.7.1(b)　Sriram P, Khourchid Y, Hooper S J and Martin R H. Experimental Development of a Mixed-Mode Fatigue Delamination Criterion, in Composite Materials: Fatigue and Fracture(Fifth Volume) [S]. ASTM STP 1230, R. H. Martin, Editor 1995, Philadelphia, p.3 - 18.

6.9.4.7.1(c)　Martin R H, Sriram P and Hooper S J. Using a Mixed-Mode Fatigue Delamination Criterion, in Composite Materials: Testing and Design (Twelfth Volume) [S]. ASTM STP 1274, R.B. Deo and C.R. Saff, Editors 1996, Philadelphia, p.371 - 392.

6.11.2(a)　ASTM Test Method D2990 - 01. Standard Test Method for Tensile, Compressive, and Flexural Creep and Creep-Rupture of Plastics [S]. Annual Book of ASTM Standards, Vol. 08. 01, American Society for Testing and Materials, West Conshohocken, PA.

6.11.2(b)　ASTM Test Method E139 - 06. Standard Test Method for Conducting Creep, Creep-Rupture, and Stress-Rupture Tests of Metallic Materials [S]. Annual Book of ASTM Standards, Vol. 03. 01, American Society for Testing and Materials, West Conshohocken, PA.

6.12.1.2(a)　JANNAF (Joint Army, Navy, NASA, Air Force) Interagency Propulsion Committee Annual Report: January-December 1984 [R]. CPIA Publication 419, Chemical Propulsion Information Agency, Johns Hopkins University, Laurel, MD.

6.12.1.2(b)　Test Methods for the Mechanical Characterization of Filament Wound Composites [J] CPIA Publication 488, Chemical Propulsion Information Agency, Johns Hopkins University, Laurel, MD, February 1986.

6.12.1.2(c)　ASTM Practice E691 - 05. Standard Practice for Conducting an Interlaboratory Study to Determine the Precision of a Test Method [S]. Annual Book of ASTM Standards, Vol. 14. 02, American Society for Testing and Materials, West Conshohocken, PA.

6.12.1.3.2　ASTM Test Method D5450/D5450M - 93 (2006). Standard Test Method for Transverse Tensile Properties of Hoop Wound Polymer Matrix Composite Cylinders [S]. Annual Book of ASTM Standards, Vol.15.03, American Society for Testing and Materials, West Conshohocken, PA.

6.12.1.4.2　ASTM Test Method D5449/D5449M - 93 (2006). Standard Test Method for

Transverse Compressive Properties of Hoop Wound Polymer Matrix Composite Cylinders [S]. Annual Book of ASTM Standards, Vol. 15. 03, American Society for Testing and Materials, West Conshohocken, PA.

6.12.1.5.1　ASTM Test Method D5448/D5448M - 93 (2006). Standard Test Method for Inplane Shear Properties of Hoop Wound Polymer Matrix Composite Cylinders [S]. Annual Book of ASTM Standards, Vol. 15. 03, American Society for Testing and Materials, West Conshohocken, PA.

6.12.2.2(a)　MIL -G - 9084. Cloth, Glass, Finished, for Resin Laminates 6. 12. 2. 2 (b) Minguet, Pierre J., Fedro, Mark J., and Gunther, Christian K., "Test Methods for Textile Composites", NASA CR - 4609, July 1994, p. 228.

6.12.2.2(b)　Jackson, Wade C and Portanova, Marc A. Mechanics of Textile Composites Conference [C]. NASA CP 3311, Part 2, October 1995, pp. 315 - 348.

6.12.2.3.3　Poe C C Jr. Mechanics Methodology for Textile Preform Composite Materials [C]. Proceedings of the 28th International SAMPE Technical Conference, Nov. 1996, pp. 324 - 338.

6.12.3.1(a)　Camponeschi E T Jr. Compression Response of Thick-Section Composite Materials DTRC - SME - 90/90, August 1990.

6.12.3.1(b)　Abdallah M G, et al. A New Test Method for External Hydrostatic Compressive Loading of Composites in Ring Specimens, Fourth Annual Thick Composites in Compression Workshop, Knoxville, TN, June 27 - 28, 1990.

6.12.3.1(c)　Bode J H. A Uniaxial Compression Test Fixture for Testing Thick-Section Composites, Fourth Annual Thick Composites in Compression Workshop, Knoxville, TN, June 27 - 28, 1990.

6.12.3.1(d)　Goeke E C. Comparison of Compression Test Methods for "Thick" Composites [J] Composite Materials; Testing and Design (Eleventh Volume), ASTM STP 1206, ed. E. T. Camponeschi, American Society for Testing and Materials, 1993.

6.12.2.4　NASA RP - 1092. Standard Test for Toughened Resin Composites [S]. 1982.

6.12.2.4.2　Morton, John and Ho, Henjen. NASA - CR - 193808, "A Comparative Evaluation of In-Plane Shear Test Methods for Laminated Graphite-Epoxy Composites [R]. 1992.

第7章 结构元件表征

7.1 概述

本章集中讨论第3卷第4章所述复合材料结构积木式方法中层压板/元件级试验表征的试验方法和试验矩阵。这里所述的试验元件提供了带缺口层压板、螺栓连接和胶接连接、损伤容限特性的数据,这些都是复合材料结构分析所必需的。关于螺栓连接和胶接连接的分析和设计,其一般讨论见第3卷第10章和第11章,损伤容限则见第3卷第12章。

复合材料结构中任何一处连接都是潜在的破坏源,如果设计不正确,连接就可能成为损伤起始点,从而可能导致结构强度的损失和最终的构件破坏。通常采用两种形式的连接,即①机械紧固连接和②胶接连接。本指南规定了进行合理结构连接设计所需的试验类型、层压板、环境条件和重复试验件数。

对于机械螺栓连接,介绍了表征连接各种失效模式的试验:缺口拉伸/压缩、挤压、挤压/旁路、剪脱和紧固件拉脱等。只要有ASTM的标准就应采用,否则就推荐常用的试验方法。

介绍了两种类型的胶接连接试验。一种试验确定设计所需要的胶黏剂的性能,这些试验提供第3卷10.3节分析和设计方法所需的胶黏剂刚度和强度性能;另一类试验用于验证具体的设计。本章给出了这些试验的例子。

这节中有两种损伤容限类型的试验。一类试验表征给定层压板的损伤阻抗,另一类试验则表征层压板的损伤容限。冲击后压缩(CAI)试验是后一种类型的代表,被广泛用于航空航天工业中,以便度量复合材料中潜在的损伤容限。

7.2 试件制备

7.2.1 引言

本卷6.2节和ASTM D5687已经充分描述了一般标准平板试件的试件制备事项,本节则对代表机械紧固连接和胶接连接的元件提供具体的指导。另外,对于已有ASTM标准的试验,已包含了具体的试件制备指南。对于平板的损伤容限试件,不需要除 6.2 节所述以外的特殊试件制备工艺。

7.2.2 机械紧固连接试验

对机械紧固连接试件主要关心的是钻孔和紧固件装配。应当欠尺寸钻孔,然后铰孔到最终尺寸。钻孔时应加垫板,以防止出口面发生分层。应核对孔径是否与试样图纸相符。应当记录试件孔的制备方法。

正确的紧固件安装方法对于机械连接性能的测定很重要。对于所试验的各种类型螺栓都有特殊的技术要求,由螺栓制造商或者由零件制造商提供。除非规定的扭矩是采用手指拧紧螺栓外,试验件所含的紧固件必须按公司的技术要求安装,以得到对给定应用情况有意义的数据。还必须根据所连接零件的厚度正确选择夹持尺寸。必须检查所有的螺栓安装有正确的密封和配合。

7.2.3 胶接连接试验

必须按照胶接表面制备和固化工艺标准来制造胶接连接表征所用的试验件。本章(7.6 节)引述了 ASTM 标准中关于胶接连接试验的要求。为了使胶接连接数据有实用价值,对试件制造必须同实际零件的制造一样进行严格的工艺控制。

7.3 吸湿浸润和环境暴露

7.3.1 引言

对含环境条件的试件进行试验的目的,是对在可控(或者至少是规定的)条件下,暴露在湿度、液态水或其他流体(汽油或液体)中所引起的性能变化进行定量评价。一般来说,本卷 6.3 节介绍的考虑和方法适用于结构元件以及较简单的层压板试件,然而,结构元件的环境暴露还有一些相关的附加问题。下面各节将讨论这些特殊的考虑,包括一般的试件制备(应变测量、缺口层压板和机械紧固连接)、胶接连接、损伤表征和夹层结构等方面。对于这些讨论,术语"吸湿"是指任何所吸收的介质(水蒸气、液态水或其他流体)。

7.3.2 一般试件制备

7.3.2.1 应变计粘贴

结构元件试验可能要比小试件使用更多的应变计。通常是在浸润介质中暴露后进行应变计粘贴,以防止应变计在浸润过程中受到影响,或者预防应变计胶黏剂的环境退化导致应变计过早破坏。当粘贴许多应变计时,在粘贴期间试验件多半会在大气环境下放置相当长的时间,这就增加了吸湿量明显降低的危险。为了把这种危险降到最低,应尽快粘贴应变计,并应在应变计粘贴完毕后尽快把试件放回到浸润环境或者适当的储存容器中。如果不能在一个短作业时间内粘贴完所有的应变计,应在各粘贴作业之间将试件放回浸润环境中或加以储存。也可以把整个或部分试件连同湿毛巾一起装入袋中,只暴露一小部分区域粘贴应变计,而把整个试件的吸湿量损失降到最小。

应变计胶黏剂需要高温固化的情况,也许可以把试件放回到高温浸润环境完成固化,而不是在干燥的空气中冒吸湿量降低的危险进行固化,然而,必须确定浸润环境是否对固化作用有不利的影响。

在某些情况下,必须在浸润之前粘贴应变计(例如,如果像油一样的浸润流体使试件表面不适于进行粘接)。必须进行判断,以确定是在应变计粘贴之前或在之后进行环境浸润。应变计和/或应变计胶黏剂制造商通常可以对这种决策提供有价值的建议。

7.3.2.2 带缺口层压板和机械紧固连接试样

含有钻孔的试件,例如用于开孔、充填孔和机械紧固连接试验的试件,都应该在钻孔以后浸润,以避免由于钻孔过程中的加热而使孔周围局部变干。

7.3.3 胶接连接

考虑环境浸润的胶接连接形式可分为三类:薄复合材料胶接件、厚复合材料胶接件和金属胶接件(不吸湿)。薄胶接件限定为在合理的时间周期内能达到吸湿平衡条件者。一般来说,因为胶黏剂比纤维-树脂复合材料有更快的吸湿速率,当复合材料被胶接件达到平衡时,胶黏剂通常已处于平衡状态,在这种情况下无需对6.3节的指南做任何修改。

使用厚复合材料被胶接件的胶接连接,定义为其在试验计划的时间周期内达不到吸湿平衡条件的连接几何状态。事实上,某些几何状态可需要几年或数十年才能在全体范围内达到平衡,在这种情况下,试验件必须要按带金属被胶接件接头同样的方式处理(不吸湿)。

对于金属被胶接件的连接(和对于实际目的,厚复合材料被胶接件),只能通过边缘区域出现湿度扩散。在许多情况下,由于胶接连接的长度和宽度尺寸限制,可能在一个合理的时间周期内无法达到胶黏剂的吸湿平衡。如果以前从纯胶黏剂试件已经确定了胶黏剂的扩散率(见6.6.8节的湿度扩散),就可以估算所需的扩散时间。即使估计在试验计划的时间框架内可以达到吸湿平衡,追踪湿度的吸收历程则又是另外一个问题。因为不能吸湿的金属被胶接件,其质量可能比胶黏剂的质量大几个数量级,所以用周期称重的办法来确定平衡,其精度充其量也是不高的。为了试图降低被胶接件相对于胶黏剂的质量,同时仍然将吸湿局限于边缘处,已经采用了将铝箔黏在一起所构成的伴随件,其胶黏剂与试验件所用者相同,且与试验件有一样的胶层厚度、长度和宽度。理论上,当把这些伴随件和试验件一起放入浸润的环境,就能够以更高的精度确定何时达到吸湿平衡。然而,这必须精确地知道箔和胶黏剂的质量,此外箔的腐蚀带来另一个潜在的干扰,因此实际上未被广泛采用。虽然还未见资料证明,采用不锈钢或者耐腐蚀的箔有可能避免腐蚀问题。

因为要浸润到平衡常常不是不现实就是不精确,在许多情况下,按固定的时间进行浸润就成了唯一的现实办法。虽然,一般来说整个胶层达不到某个相同的吸湿量,但是靠近胶层边缘的区域将达到或接近于平衡的吸湿水平,这里正是受载情况下胶接连接剪应力和剥离应力最大的典型区域,试件的破坏常常起始于该区域。因此可以说明,虽然整个胶层没有处在所希望的吸湿水平,但胶接连接破坏起始的区域已经达到所需的水平。对于比较短的搭接情况,某些试验室已经采用 85%～95% 相对湿度和高温(对 177℃(350℉)固化的环氧树脂可高到 85℃(180℉))下暴露 1000h 的办法,进行加速的固定时间浸润。然而,不能把这种方法和基本原理作为缩短暴露时间的一般理由。因为胶接连接的结构试验是把连接作为一个系统,而不仅是孤立的胶黏剂来评价的,其他的浸润影响,比如金属被胶接件表面制备的退化,也可能对胶接的破坏起作用。在选择固定时间环境浸润时应当考虑这种影响。

7.3.4　损伤特性试件

对于损伤后的试验(例如冲击后压缩),依据浸润是在损伤前或者损伤后进行,可以得到不同的结果。这可能是由于以下几种因素的影响:

(1)与未浸润的同样板相比较,吸湿浸润过的板具有不同的柔度和/或基体硬度。对于同样的试验参数和能量,这种柔度和/或基体硬度的差别可以导致不同类型和程度的损伤。例如,由于柔度增加,浸润后的板其分层区域可能较小,而由于基体变软,前表面凹坑的深度可能较大。

(2)损伤事件后浸润的板可能以非 Fick 方式吸湿。这就是说,除了在分子水平上的 Fick 吸湿外,液态水(或其他流体)可能在裂纹和分层部位开始累积。这种现象可影响对重量增益的测量,因为这种测量可能并不精确代表聚酯基体的吸湿情况,因此,这将影响吸湿平衡的精确度和吸湿量的测定。在这种情况下推荐使用无损的伴随件。

虽然在设计研制或者验证计划中对于在冲击前或在冲击后进行浸润有其正确的理由,但重要的是牢记这种影响,并在文件中规定进行冲击、浸润和试验的顺序。

7.3.5　夹层结构

对夹层结构的浸润需要考虑几种情况,取决于所试验结构的材料和破坏的模式。表 7.3.5 列出了常用的 12 种材料和失效模式的组合情况。

表 7.3.5　夹层材料和失效模式

失效模式	无孔金属面板		复合材料面板	
	金属芯	有机芯	金属芯	有机芯
面板破坏(拉伸/压缩)	1	2	3	4
芯破坏(拉/压/剪)	5	6	7	8
胶接破坏(拉伸/剪切)	9	10	11	12

注:表内数字指以下注解的编号。

如果芯子是金属的(例如铝蜂窝)(如表 7.3.5 中的情况 1,3,5,7,9,11),则只有面板和胶黏剂进行环境浸润。如果芯子包括有机基组分(例如聚酯/酚醛、玻璃/酚醛或泡沫芯,例如在 2,4,6,8,10,12 组合中),则可能会关心芯子材料的浸润,除非芯子破坏不是预期的模式。下面针对表 7.3.5 中的所有 12 种情况,逐一建议环境浸润的具体考虑和方法。

(1) 此时面板和芯子都是金属的(胶黏剂除外),并预期面板破坏。因为面板强度通常不受吸湿浸润的影响(腐蚀影响除外,它不在 CMH-17 的考虑范围内),这种情况不需要进行浸润。即使是胶黏剂发生未预期的破坏,由于胶黏剂被蒙皮遮挡而与浸润介质隔开(边缘除外),浸润对于结果的影响很小。

(2) 像情况(1)一样,金属面板将胶黏剂和芯子与浸润介质隔开。因此,即使芯子是有机物的,也没有必要对这种情况浸润,假设边缘吸收可以忽略不计。

(3) 这种情况的面板是复合材料的,并预计面板破坏。因此关心蒙皮的吸湿状态,并希望浸润到吸湿平衡。对于这种结构,由于浸润期间在金属芯内可能积累液体(假设芯子是蜂窝状的材料),跟踪试件本身是困难的。在这种情况下(假定有一侧面板暴露),用(与面板同样材料和铺层顺序但厚度加倍的)实体层压板作伴随件就很方便。把这些伴随件与试件一起放在浸润环境中。厚度加倍的伴随件双面浸润相当于试件蒙皮的单面浸润。当伴随件达到平衡时,试件的面板也达到平衡。

(4) 当预期面板破坏且芯子和面板都是有机物时,并不特别关心芯子的吸湿量。因此,可采用 2 倍面板厚度的实层压板伴随件技术(如上面(3)所述)。还有一附加的优点是排除了芯子格中水的积累。因为在有机芯格中液体的积累似乎少于金属芯格,通常可采用试验件的吸湿量跟踪或夹层的吸湿量跟踪作为替换的方法。

(5) 这种情况预期芯子破坏。因为芯子是金属的,就不需要试验经过浸润的试件。

(6) 见情况(2)。

(7) 这种情况面板是复合材料(允许湿气达到夹层内部),但是(预期破坏的)芯子是金属。假设吸湿对金属芯子的性能影响不大,这种情况不需要浸润。

(8) 这种情况面板和芯子都是可吸湿的,而更关心芯子(预期破坏)的吸湿量。这种结构形式对评价其与吸湿浸润的关系是困难的。蒙皮的质量通常大于芯子的质量;然而,某些芯材的平衡吸湿量可能大于复合材料蒙皮。此外,通过小夹层伴随件边缘的吸湿量可能代表了总吸湿量的大部分(对于表面与边缘比值较大的试件情况可能不一样)。不管采用试件或者模拟试验件几何特性的伴随件进行跟踪,如果面板吸湿占主要地位,将影响对芯子平衡的精确测定。以下是一种可能的方法:

- 只对所关心的环境采用 6.4.8 节讨论的方法(按需要修改)确定芯材的平衡吸湿量。
- 准备许多模拟试验件几何特性的夹层伴随件。
- 如果试验件表面积与侧面积之比要比伴随件大许多,用箔带或其他合适的隔离材料掩盖住伴随件的侧面。
- 把试验件和伴随件放入浸润环境中。

- 周期性地取出一个伴随件,将其破坏,快速、干净且不产生热量地取下面板和胶黏剂。对芯子部分称重,然后去湿确定芯子的吸湿量。
- 将伴随件芯子的吸湿量水平与以前确定的平衡水平相比较。
- 当伴随件芯子在所确定的容差内达到平衡水平,则试验件也就处在平衡状态。

(9) 与情况(1)和(5)一样,金属面板阻止胶黏剂与浸润介质接触,因此,即使预期胶黏剂破坏,也没有必要对这种试件浸润(假设边缘吸湿进入胶层的量不大)。

(10) 与情况(2)和(6)一样,金属面板阻止胶黏剂和芯子接触浸润介质。因此,即使预期胶黏剂破坏,也没有必要对这种试件浸润(假设边缘吸湿进入胶层和有机芯的量不大)。

(11) 这种情况的面板是复合材料,允许吸湿到胶黏剂(期待破坏)。由于胶层相对较薄且与面板接触,可以合理地假设,当复合材料蒙皮达到平衡时胶黏剂也接近平衡状态。因此,可利用两倍面板厚度实层压板伴随件的方法(如上面情况(3)所述)。

(12) 见情况(11)。

7.4 缺口层压板试验

7.4.1 概述

缺口层压板试验通常是机械紧固连接分析和损伤容限分析所需的,并用以提供覆盖制造异常和小损伤影响的设计值。本节推荐的试验方法针对含有小的圆形缺口(孔),包括有或没有紧固件填充的层压板试件。含有较大和/或非圆孔层压板的试验方法见 7.7 节。

7.4.2 缺口层压板拉伸

对含有直径为 6.35 mm(0.250 in)中心圆孔的对称均衡层压板进行单轴拉伸试验,以确定缺口层压板的拉伸强度。对 3.6 cm(1.5 in)宽 30 cm(12 in)长的直边无端部加强片试件,在拉伸载荷作用下直到发生破坏分成两部分。记录试验期间加载头的位移量和试件的载荷,通过试件两端的机械剪切界面,通常用楔形或液压夹块,将拉伸载荷施加到试件上。试验机的夹持楔块必须至少与试件一样宽,每端至少夹持试件 5 cm(2.0 in)。推荐的试件几何形状如图 7.4.2 所示。对开孔试件和紧固件充填孔试件都可进行试验。除非所用的锯齿形夹块齿距很大或者压力过大,没有必要用加强片或作特殊的夹持处理。通常,孔的较大应力集中将消除夹持部位破坏的问题。试验一般不用仪器设备,只记录最大载荷、试件尺寸以及失效模式与位置。试验方法也适用于具有不同紧固件类型、宽度/直径比和孔尺寸的试件。开孔和充填孔的拉伸强度按毛面积给出,不做任何有限宽修正。采用下列公式计算缺口拉伸强度:

$$F^{\text{oht}} = \frac{P_{\max}}{Wt} \text{ 和 } F^{\text{fht}} = \frac{P_{\max}}{Wt}$$

式中：$P_{\max}$ 为最大拉伸载荷；W 为中间位置测得的宽度；t 为计算的名义层压板厚度。计算的名义厚度由层压板中各层的名义单层厚度相加得到。

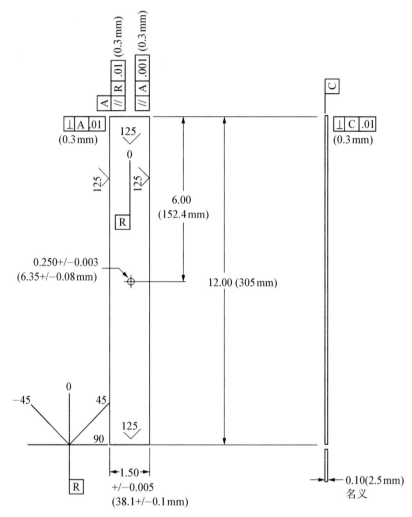

注：(1) 除非另有说明，全部容差是 ±0.100，端面粗糙度符合 ANSI B46.1；

(2) 孔边不可有分层或其他损伤；

(3) 所有尺寸以 in 计（括号内是 mm）；

(4) 示出的结构形式相对于 0.25 in 的孔直径，对于所有其他的孔尺寸要改变宽度，以保持 $W/D = 6$。

图 7.4.2　缺口拉伸/压缩强度试件（基于文献 7.4.1）

7.4.2.1　开孔拉伸试验方法

ASTM D5766"聚合物基复合材料层压板开孔拉伸强度标准试验方法",该标准用来测定高模量纤维增强聚合物基复合材料层压板的开孔拉伸强度。限定的复合材料形式为连续或不连续纤维增强的复合材料,其中,层压板相对于试验方向是均衡和对称的。标准的试验层压板是 $[45/90/-45/0]_{ns}$ 铺层顺序族,调整子铺层的重复下标使层压板厚度在 $2.03\sim4.06\,mm(0.080\sim0.160\,in)$ 之间。标准的试件宽度是 $3.6\,cm(1.5\,in)$,长度为 $20\sim30\,cm(8.0\sim12.0\,in)$,直径 $6.0\,mm(0.25\,in)$ 的圆孔位于板的正中。可以试验其他的层压板,只需把层压板的构型和结果一起报告。但是本试验方法不满足只包含一个铺层方向的单向带层压板。

7.4.2.2　充填孔拉伸试验方法

ASTM D6742"聚合物基复合材料层压板充填孔拉伸和压缩强度标准实施方法"。本方法提供补充说明允许用 D5766 开孔拉伸试验方法测定聚合物基复合材料层压板含紧容差的紧固件或者销充填孔的拉伸强度。本方法没有规定几个重要的试件参数(例如:紧固件的选择、紧固件的安装方法、紧固孔容差)。然而,为了保证试验结果的重复性,实际试验中需要规定和报告这些参数。

标准试件的宽度是 $3.6\,cm(1.5\,in)$,长度为 $20\sim30\,cm(8.0\sim12.0\,in)$,直径 $6.0\,mm(0.25\,in)$ 的圆孔位于板的正中。本试验方法也适用于具有不同紧固件类型、宽度/直径比和紧固件/孔尺寸的试件。

紧固件或销的类型以及安装力矩(如果施加)要作为初始试验参数予以规定并在报告中给出。安装的力矩值可以是测量的值或者是带有锁紧特点的紧固件规定的值。凸头和沉头(齐平)销都可以试验。几何参数可以影响结果,包括钉头直径、钉头深度、沉头角度、钉头-钉身半径,以及沉头深度与层压板厚度的比值(优先选取的比值范围是 $0.0\sim0.7$)等。

充填孔拉伸强度与紧固件的预载(夹持压力)程度有关,它取决于紧固件的类型、螺母或者锁环的类型和安装力矩。临界预载条件(夹持压力高或者低)随载荷的类型、材料体系、层压板铺层顺序和试验环境而变化。与开孔拉伸(OHT)强度相比较,充填孔的拉伸强度可以高于或低于相应 OHT 的值,这与材料体系、铺层顺序、试验环境和紧固件力矩的值有关。缺口拉伸强度对于一些铺层可以由高力矩值达到临界值,对另外一些铺层可以是低力矩值(或开孔)达到临界值,这与材料体系(树脂的脆性、纤维的破坏应变等等)、试验环境和破坏模式有关。

充填孔拉伸强度还与孔与紧固件的容差大小有关,但比对充填孔压缩强度的影响要小。

7.4.3　缺口层压板压缩

对含有中心圆孔直径为 $6.0\,mm(0.250\,in)$ 的对称均衡层压板进行单轴压缩试验,以确定缺口层压板的压缩强度。试验中对3.6 cm(1.5 in)宽30 cm(12 in)长的直边无端部加强试件施加压缩载荷,直到发生破坏分成两部分。记录下试验期间的加载头位移量和试件载荷。推荐的试件如图7.4.2所示,推荐的厚度大于3.0 mm(0.125 in),但是小于5.0 mm(0.20 in)。

使用图7.4.3所示的多片螺接的压缩支持夹具,以稳定试件避免纵向的柱屈曲破坏。典型做法是把试件/夹具组件夹持在液压夹头中,以剪切方式将载荷引入试件。夹头必须能施加足够的侧向压力以防止滑移又不将试件局部压损。另外方法是把试件/夹具装配件可以放在试验机两平板夹头间进行端部加载,起初传递到支撑夹具的载荷通过剪切传给试件。

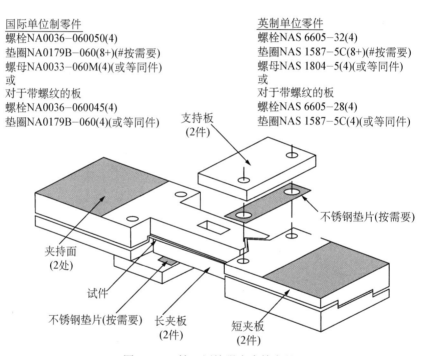

图7.4.3　缺口压缩强度支持夹具

开孔和和充填孔强度压缩按毛面积提供,不做任何有限宽修正。用下式计算缺口压缩强度

$$F^{\text{ohc}} = \frac{P_{\max}}{Wt} \text{ 和 } F^{\text{fhc}} = \frac{P_{\max}}{Wt}$$

式中:$P_{\max}$为最大压缩载荷;W为中间位置测得的宽度;t为计算的名义层压板厚度。

计算的名义厚度是由层压板中各层的名义单层厚度相加得到。

7.4.3.1　开孔压缩试验方法

SACMA SRM 3"定向纤维-树脂复合材料开孔压缩性能"。该方法包含的层压板压缩性能测定程序,适用于由连续、高模量纤维($>$20 GPa($>$3 Msi))增强的含圆孔定向纤维-树脂复合材料。单向带复合材料试验的标准层压板铺层顺序是[45/90/$-$45/0]$_{2s}$。标准试件宽度为 3.6 cm(1.5 in),长度为 30 cm(12 in),直径 6.0 mm(0.25 in)的圆孔位于板的正中央。采用通常的压缩支持夹具来稳定试件避免一般的纵向柱屈曲破坏。优先采用的试验方法是用液压夹持试件/夹具组件;但这种试验方法允许选择对试件端头进行加载。这种选择是需要的,因为许多试验室并不具备很大的液压夹头,来应对这 8 cm(3 in)宽的支持夹具。新的侧向载荷液压夹头能够轻易地对付这种支持夹具。端部加载试件方案对试件两端容差的要求要严格得多,也需要修改夹具。

　　ASTM D6484"聚合物基复合材料层压板开孔压缩强度标准试验方法"。该方法测定由高模量纤维增强的多向聚合物基复合材料层压板的开孔压缩强度。所用的复合材料形式限为连续或不连续纤维(单向带和/或织物)增强的复合材料,其层压板相对于试验方向是均衡和对称的。标准的试验层压板是[45/90/$-$45/0]$_{ns}$的铺层顺序族,调整子铺层的重复下标使其厚度在 3.0$\sim$5 mm(0.125$\sim$0.200 in)之间。标准的试件宽度是 3.6 cm(1.5 in),长度为 30 cm(12.0 in),直径 6 mm(0.25 in)的圆孔位于板的正中。

　　采用图 7.4.3 所示的压缩支持夹具,以稳定试件避免纵向的柱屈曲破坏。提供两种可以接受的方法。方法 A,试件/夹具装配件被液压楔形夹头夹持。载荷通过剪切传递到支撑夹具,而后通过剪切传递给试件;方法 B,试件/夹具装配件放在两个平板之间,通过试件端部加载,起初通过支撑夹具传递的那部分载荷通过剪切传递给试件。支撑夹具不需要做任何修改就可进行端部加载试验,然而,试件表面的平直度、平行度和垂直度的要求对于端部加载更为严格。

　　只要和结果一起报告层压板的构型,可以试验其他的层压板;然而,对于只包括一个铺层方向的单向层压板,这个试验方法是不满意的。

7.4.3.2　充填孔压缩试验方法

　　ASTM D6742"聚合物基复合材料层压板充填孔拉伸和压缩强度标准实施方法"。本方法提供了补充说明,允许 D6484 开孔压缩试验方法测定聚合物基复合材料层压板的充填孔压缩强度,包含紧容差的紧固件或者销安装在孔中的情况。本方法没有规定几个重要的试件参数(例如:紧固件的选择、紧固件的安装方法、紧固孔容差)。然而,为了保证试验结果的重复性,本方法要求规定和报告这些参数。

　　标准试件的宽度是 3.6 cm(1.5 in),长度为 30 cm(12.0 in),直径 6.0 mm(0.25 in)的圆孔位于板的正中。紧固件的名义直径 6.0 mm(0.25 in)。这个试验方法也适用于具有不同紧固件类型、宽度/直径比和紧固件/孔尺寸的试件。

　　紧固件或销的类型以及安装力矩(如果施加)要作为初始试验参数给予规定并且报告。安装的力矩值可以是测量的值或者是带有锁紧特点的紧固件规定的值。

凸头和沉头(齐平)销都可以试验。几何参数可以影响结果,包括钉头直径、钉头深度、沉头角度、钉头-钉身半径,以及沉头深度与层压板厚度的比值(优先选取的比值范围是 0.0~0.7)等。

充填孔压缩强度与紧固件的预载荷(夹持压力)程度有关,它取决于紧固件的类型、螺母或者锁环的类型和安装力矩。充填孔压缩强度几乎总是大于相应开孔的压缩强度,虽然临界预载条件(夹持压力高或者低)随材料体系、层压板铺层顺序和试验环境而变化。

充填孔的压缩强度还和孔与紧固件之间的间隙有关。容差变化 $25\,\mu m[0.001\,in]$ 就可以改变破坏模式,影响强度高达 25%(见文献 7.4.3.2)。因此,孔和紧固件的尺寸都要精确地测量。航空航天结构紧固件孔的典型的紧固件-孔的间隙是 $+75/-0\,\mu m(+0.003/-0.000\,in)$。

7.4.4　用于向 CMH-17 提交数据的缺口层压板试验方法

按照下列试验方法(见表 7.4.4)提供的数据,现已被 CMH-17 接受,考虑包括在第 2 卷中。

表 7.4.4　用于 CMH-17 数据提交的缺口层压板试验方法

性　能	符　号	所有的数据级别	只用于筛选数据
开孔拉伸强度	F_x^{oht}	D5766	
充填孔拉伸强度	F_x^{fht}	7.4.2.2 节修改的 D5766	
开孔压缩强度	F_x^{ohc}	D6484	
充填孔压缩强度	F_x^{fhc}	7.4.3.2 节修改的 D6484	

7.5　机械紧固连接试验

7.5.1　定义

下列定义与本节有关。

- 挤压面积——孔直径乘以试件厚度。
- 挤压载荷——界面上的压缩载荷。
- 挤压应变——在作用力方向的挤压孔变形与钉直径之比。
- 挤压强度——试件总体破坏时相应的挤压应力。
- 挤压应力——作用载荷除以挤压面积。
- 旁路强度——绕过钉孔传递的载荷除以层压板毛面积。
- 端距比——载荷作用方向上从挤压孔中心到试件端头的距离除以孔直径。
- 初始挤压强度——挤压载荷变形曲线与预选偏移点所引切线模量相交点的挤压应力。偏移量可取为名义孔直径的 1%,2% 或 4%。
- 比例极限挤压强度——挤压应力与孔伸长曲线上偏离线性点所相应的挤压

应力。
- 极限挤压强度——能够承受的最大挤压应力。

7.5.2　挤压试验

7.5.2.1　概述

由挤压试验确定复合材料的挤压响应。从试验的载荷-位移曲线,按下式计算在最大载荷和在某些中间值(定义为屈服或偏移值)的挤压强度:

$$F^{\mathrm{br}} = P/tD \qquad\qquad (7.5.2.1)$$

式中:F^{br}为挤压强度,Pa(psi);P为挤压载荷,N(lbf);D为挤压孔直径,m(in);t为试件厚度,m(in)。

上标 bry 和 bru 通常用于区分屈服挤压强度和极限挤压强度,也可以定义一个偏移挤压强度代表屈服值,在这种情况下应采用下标 bro。

可以用双剪形式或者单剪形式来进行挤压试验,包括单一的销钉到两个螺栓的单剪加载方式,后者更接近于实际的连接情况。如果应用中使用双剪连接,则采用 ASTM D5961 方法 A 进行挤压试验;如果是单剪连接情况,则采用 ASTM D5961 方法 B 中两个螺栓的试件。

7.5.2.2　双剪挤压试验

本节介绍在双剪构型中引入挤压载荷的两种方法。在实际应用中,以单剪形式传递载荷是较普遍的情况,导致了在厚度方向较大的应力集中,降低了可以实现的挤压强度,在 7.5.2.3 节讨论了这些单剪试验。换言之,用双剪试验确定的挤压强度值不能用于单剪连接。

下面介绍的两种试验标准其主要差别是怎样施加挤压载荷,ASTM D953 是通过一个销钉,而 ASTM D5961 方法 A 则采用施加了扭矩的螺栓。因为夹持力是提高挤压强度的明显因素,ASTM D953 对于双剪连接形式提供了挤压强度的下限。此外,由于销钉不能代表螺栓连接,这个试验的结果通常并不用于设计,而是用于比较不同材料的性能。

7.5.2.2.1　ASTM D953 塑料挤压强度

这个试验方法(见文献 7.5.2.2.1)是最早用于测量复合材料挤压响应的方法,它是唯一可用于测量材料纯挤压强度而没有螺栓影响(比如夹持和垫圈)的方法,正因如此,可用以比较不同材料的挤压性能。这个试验可以得到拉伸和压缩载荷下的挤压强度,本试验的限制是:

- 销加载——通过销钉引入挤压载荷,不代表大多数实际结构连接。
- 夹具——试验夹具过分复杂,ASTM D5961 的装置要简单得多。
- 试件几何形状——对于两种规定的试件厚度,试件的几何形状在 e/D 和 W/D 比方面不协调。由于这两种比值对挤压强度有显著影响,用户可能发现两种厚度的挤压强度有差别,而对材料不存在这种差别。

- 试件构型——没有规定试件的铺层,可能导致使用者去试验单向材料,带来灾难性的结果。
- 数据处理——这个标准规定的数据处理专门针对抛物线形状,这并不反映实际的载荷-位移曲线。在计算机时代再采用模板方式太过时了。ASTM D5961 的数据整理方法更为普遍和有用。

总之,这个试验方法对区别材料之间的挤压强度是有用的,但是其挤压性能、极限强度、屈服强度和载荷-位移响应并不代表实际的双剪连接。由本节的试验方法所测量的挤压强度认为是相对评估和设计中的材料性能。此外,D5961 允许采用销钉,因而可用以代替 D953,从而利用其夹具较简单的优点。在现实的结构连接中,像几何形状、紧固件类型和载荷偏心等因素,将显著影响上述建议的试验中测得的挤压强度与实际的差异。对连接设计更合适的挤压强度试验方法,在 7.5.2.2.2 节和 7.5.2.3 节介绍。

7.5.2.2.2 ASTM D5961 方法 A

这个最近建立的标准已经对 ASTM D953 存在的所有缺点进行了处理,但仍然允许采用紧密配合的销钉引入载荷进行试验。ASTM 是对 CMH‐17 以前工作的一个标准化的改写,并大部分取自其中。ASTM D5961 所具有的灵活性允许对标准的形式进行试验,或者对其加以改变以反映具体使用者的应用情况。其加载夹具制造简单,并清楚说明了试验方法和数据要求。对挤压破坏评价只建议了一种拉伸加载情况;在压缩情况下,除非可能发生剪脱破坏(例如,层压板所含 $0°$ 层的比例较大),其较大的端距($e \gg 3D$)应当只对挤压破坏应力略有影响。可以接受用这个标准得到的数据使其包括在 CMH‐17 中。挤压和连接强度值被列入 CMH‐17 中作为典型值或平均值。因此,应当分析每个具体情况所可能的挤压和连接强度值,以便得出第 8 章所述的典型值。试验数据必须包括表2.5.6所需的数据文件,并将按照第 2 卷 1.4.2 节的性能表公布。按照特定纤维体积所建立的挤压数据可能不适用于纤维体积差别很大的情况,因为失效模式有变化。

图 7.5.2.2.2(a)和(b)中转载了 ASTM D5961 的标准试件和夹具组合。对于这种标准试验,用稍微拧紧的螺栓来施加挤压载荷。在试验中,要求测量跨受载孔的平均位移作为载荷的函数。图 7.5.2.2.2(c)示出了挤压应力/应变曲线的一个例子,挤压应变是按照螺栓直径归一化得出的。于是,2%的偏移值(本标准的缺省值)实际上就是螺栓直径的 2%。关于偏移值应该取多大还没有一致的意见,航宇工业中采用的值从 $1\%D$(刚硬双剪连接)到 $4\%D$(单剪连接),后者是 MMPDS(原为MIL‐HDBK‐5)对于金属挤压试验的标准值。对于宇航和非宇航应用,使用者在选择偏移值以前应当判定其可能的用法。如果目的是用于表示挤压屈服强度,偏移值应当接近 $0.67F^{bru}$,与飞机工业的安全系数 1.5 相适应。偏移值的另外一种尺度可能是对给定设计所限定的变形总量。

应当指出,在实验室的实践中,挤压响应通常按照螺栓载荷与平均位移进行记录,而不是如图 7.5.2.2.2(c)所示那样。

ASTM D5961/D5961M

图注:(1) 图纸标注与 ANSI Y14.5M-1982 一致;
　　　(2) 以 in 为单位的所有带小数的公差如下:

　　　　.x　　 .xx　　 .xxx
　　　　±0.1　±0.03　±0.01

　　　(3) 所有角度的公差为±0.5°;
　　　(4) 铺层方向公差为:相对于 -A- 推荐在±0.5°内(见 6.1 节);
　　　(5) 机加侧面的光洁度不超过 64√(符号符合 ASA B46.1,粗糙度的高度以 μin 计);
　　　(6) 下面提供的值,针对视图区的任何范围:材料铺层,铺层取向整个长度上相对于 -A- ,
　　　　　孔径和试样厚度。

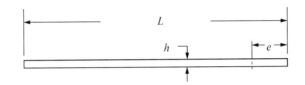

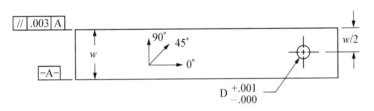

参数	标准尺寸/in
紧固件或销钉直径,d	0.250+0.000/-0.001
孔直径,D	0.250+0.001/-0.000
厚度范围,h	0.125~0.208
长度,L	5.5
宽度,W	1.5±0.03
端距,e	0.75±0.03
沉头	无

图 7.5.2.2.2(a)　双剪试件图(in·lbf)

ASTM D5961/D5961M

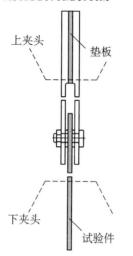

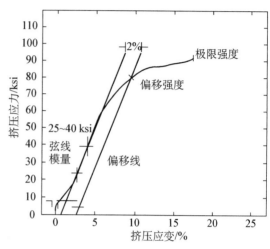

图 7.5.2.2.2(b)　方法 A 夹具组合　　图 7.5.2.2.2(c)　挤压应力/挤压应变曲线例子

7.5.2.3　单剪挤压试验

7.5.2.3.1　概述

单剪挤压试验构型要比 7.5.2.2 节所介绍的双剪试验更能代表大多数飞机螺栓连接的实际应用情况。单搭接连接既对紧固件引入弯曲又产生剪切载荷,而双搭接连接主要产生剪切载荷。采用的单剪试件有两种形式,一种只有一个螺栓,而另一种有两个螺栓,后者更接近多钉连接。两种试件都需要在试件两端加垫板,以保证两个连接板的贴合面通过载荷的轴线。因此这种试件比双剪形式更复杂些,另一方面,可以不必制造夹具。

7.5.2.3.2　ASTM D5961,方法 B

通过建立 ASTM D5961 的方法 B,ASTM 认识到了对挤压试验的需求,它代表了实际结构中出现的单搭接连接;标准中允许单螺栓和双螺栓连接的形式。

图 7.5.2.3.2(a)示出了推荐的单钉连接形式。这与 MIL-STD-1312-X(见文献 7.5.2.3.2)标准中规定的试件形式一样。应当认识到,由于通过螺栓偏心地传递载荷,这种连接形式承受大的弯曲。可以通过增大两个垫板的刚度,或者增加其厚度和/或材料的刚度,来减少这种弯曲。还应该注意到,单钉连接时因接合点有过大的旋转和变形,所以一般并不代表多钉连接的应用情况。所以多半用于研制紧固件的筛选。

图 7.5.2.3.2(b)示出的双螺栓搭接形式,既可用于得到设计数据,也可用于进行紧固件的筛选。当进行试验时,图 7.5.2.3.2(b)所示的试件几何形状趋于发生复合材料的挤压破坏(相对于拉伸和劈裂破坏)。应该指出这种试件形式不是纯挤压,而且还有旁路载荷,于是在两个搭接板中有拉伸应变。对于标准中规定的构型,拉伸旁路应变水平将是小量;然而,应当检验构型的任何变化,确保旁路应变不大于

0.2%,以防两个搭接板的拉伸破坏。虽然没有认可把紧固件拉脱和紧固件破坏作为衡量复合材料挤压强度的尺度,但这确实对特定紧固件类型连接强度提供了测量值。

图 7.5.2.3.2(a)的单钉和图 7.5.2.3.2(b)的双钉试件,都可用于金属与复合材料的连接试验。可以为单搭接情况机械加工出一个单片的金属舌形件,或者可以把加强板按照尺寸粘贴到一个金属片条上,以便使载荷路径对准两个加强板之间的界面。

ASTM D5961/D5961M

图注:(1) 图纸标注与 ANSI Y14.5M - 1982 一致;

(2) 以 in 为单位的所有带小数的公差如下:

.x .xx .xxx
±0.1 ±0.03 ±0.01

(3) 所有角度的公差为±0.5°;

(4) 铺层方向公差为:相对于 -A- 推荐在±0.0.5°内(见 6.1 节);

(5) 机加侧面的光洁度不超过 6.4√(符号符合 ASA B46.1,粗糙度的高度以 μin 计);

(6) 下面提供的值,针对视图区的任何范围:材料铺层,铺层取向整个长度上相对于 -A-,
孔径、沉头细节、试样厚度、加强片材料、加强片的胶。

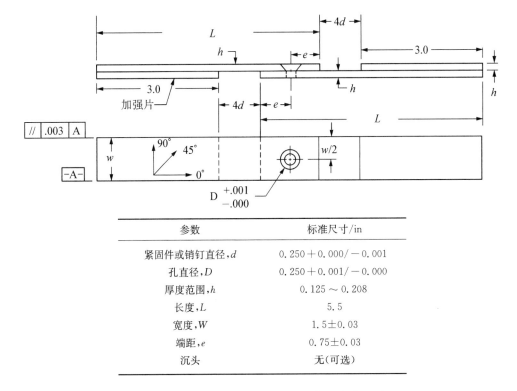

参数	标准尺寸/in
紧固件或销钉直径,d	0.250＋0.000/－0.001
孔直径,D	0.250＋0.001/－0.000
厚度范围,h	0.125～0.208
长度,L	5.5
宽度,W	1.5±0.03
端距,e	0.75±0.03
沉头	无(可选)

图 7.5.2.3.2(a) 单剪试件图样(in·lbf)(双钉试件的细节见图 7.5.2.3.2(b))

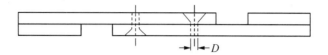

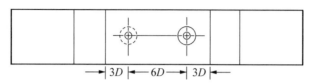

图 7.5.2.3.2(b) 单剪双钉试件略图

本试验方法的限制是：

垫圈许用值——本标准没有讨论在复合材料搭接板之间垫圈的使用以模拟匹配实际连接中产生的间隙。垫圈厚度对挤压强度有大的影响，参见 7.5.2.5 节的讨论。航空航天界通常的做法是放置一个不粘接的铝垫圈，厚度等于许用液态垫圈的尺寸，飞机结构是 0.08 cm(0.03 in)。

7.5.2.4 失效模式

图 7.5.2.4(a)～(d)示出了各种失效模式的说明。

层压板破坏	L‑NT	层压板净截面拉伸破坏
	L‑NC	层压板净截面压缩破坏
	L‑OC	层压板偏移压缩破坏
	L‑BR	层压板挤压破坏
	L‑SO	层压板剪脱破坏
	L‑MM	组合破坏
	L‑PT	（层压板允许的）紧固件拉脱破坏
钉头/套环破坏	F‑HD	钉头凹陷
	F‑FS	钉凸缘剪切破坏
	F‑HS	钉头、盲头或成形头剪切破坏
	F‑BH	钉盲头变形
	F‑NF	钉套环断裂破坏
	F‑NS	钉套环脱扣
钉杆破坏	F‑STH	在钉杆/钉头或成形头结合处拉伸破坏
	F‑STT	钉杆在螺纹处拉伸破坏
	F‑ST	钉杆拉伸破坏
	F‑SST	钉套或芯杆拉伸破坏
	F‑SSH	在钉杆/钉头结合处的钉杆剪切破坏
	F‑SS	钉杆剪切破坏

图 7.5.2.4(a) 机械紧固连接失效模式描述

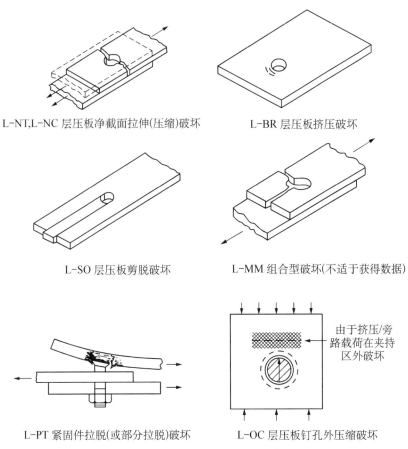

L-NT,L-NC 层压板净截面拉伸(压缩)破坏　　　　　　L-BR 层压板挤压破坏

L-SO 层压板剪脱破坏　　　　　　L-MM 组合型破坏(不适于获得数据)

由于挤压/旁路载荷在夹持区外破坏

L-PT 紧固件拉脱(或部分拉脱)破坏　　　　　　L-OC 层压板钉孔外压缩破坏

图 7.5.2.4(b)　机械紧固连接失效模式描述

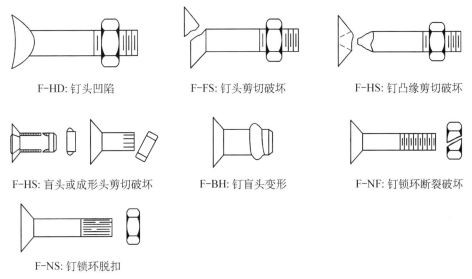

F-HD: 钉头凹陷　　　　　F-FS: 钉头剪切破坏　　　　　F-HS: 钉凸缘剪切破坏

F-HS: 盲头或成形头剪切破坏　　　　　F-BH: 钉盲头变形　　　　　F-NF: 钉锁环断裂破坏

F-NS: 钉锁环脱扣

图 7.5.2.4(c)　机械紧固连接失效模式描述

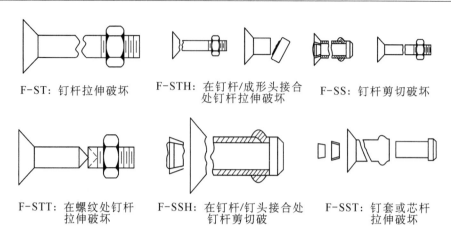

F-ST：钉杆拉伸破坏　　F-STH：在钉杆/成形头接合　　F-SS：钉杆剪切破坏
　　　　　　　　　　　　　　　处钉杆拉伸破坏

F-STT：在螺纹处钉杆　　F-SSH：在钉杆/钉头接合处　　F-SST：钉套或芯杆
　　　　拉伸破坏　　　　　　　　钉杆剪切破　　　　　　　　拉伸破坏

图 7.5.2.4(d)　机械紧固连接失效模式描述

7.5.3　挤压-旁路评估

7.5.3.1　概述

对于含有螺栓连接的复合材料结构设计,如果连接的某个螺栓传递的载荷大于总载荷的20%,可能需要进行试验验证。本节的目的是对怎样得到这些数据提供指南。特别地,本节描述了试件几何形状、试验方法和试验矩阵,用以试验确定图2.3.5.5.2中的试验曲线 AC 和 EC',并按事先已知材料的变异和环境依赖性,确定B基准值的显著度。推荐的挤压-旁路评估试验矩阵见2.3.5.6.3节。

7.5.3.2　试件设计和试验

航空工业界已经利用各种试件和方法来得到挤压/旁路强度。所有这些可以分为四大类:①被动的,②独立的螺栓加载,③耦合的螺栓载荷/旁路载荷和多列试件。在被动方法中,载荷通过螺栓传递到一个附加板中,如图 7.5.3.2(a)所示。这样,所传递载荷的大小,从而该挤压/旁路比,是金属板刚度和螺栓安装细节的函数,如果没有大量的应变计测量,很难确定将传递多大的挤压载荷。没有对载荷传递参数试验验证时,不推荐使用这种方法/试件。因为几何上的限制,这种方法非常适用于通常不超过40%的低载荷传递情况,此时不会发生显著的干涉作用效应。被动方法的

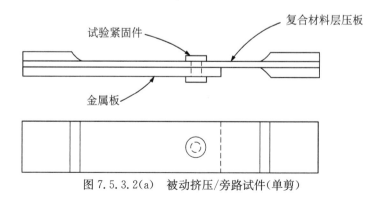

复合材料层压板
试验紧固件
金属板

图 7.5.3.2(a)　被动挤压/旁路试件(单剪)

主要优点是,它不需要特殊的夹具,试验本身相当于一个标准的拉伸或面内防失稳的压缩试验。

　　在耦合的螺栓载荷/旁路载荷方法中,通过连接到试验机上的连杆装置进行加载(见图 7.5.3.2(b))。通过在不同位置安装垂直连杆,试验不同的挤压/旁路比。在每个具体试验中这个比值都保持常数,直到破坏。由于这个限制和试验夹具的复杂性,也不推荐这种方法作为得到挤压/旁路强度的主要方法。

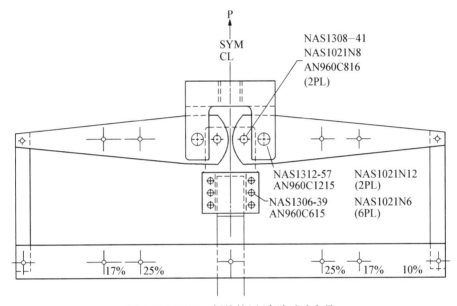

图 7.5.3.2(b)　螺栓挤压/旁路试验夹具

　　推荐的双剪连接挤压/旁路试验方法应当对螺栓独立加载并直接测量螺栓载荷,以便能直接计算挤压应力,而无须求助所连接元件上的应变计读数值进行反推。为实现这个要求,试验夹具需要有与试验机分开的单独载荷传感器,于是使试验设备复杂化。工业界已经发展了专用的试验夹具,在螺栓和试件之间实现同步加载。NASA 的兰利研究中心已建立了一个经认可的试验系统(见文献 7.5.3.2)。图 7.5.3.2(c)取自该文献,可以看出该夹具的复杂性。图 7.5.3.2(d)示出了取自文献 7.5.3.2 的一个试件,改进的试件有一个附加孔,如果发生了剪脱破坏就会提醒试验者。这是工业界中所有独立加载试验系统的典型情况。应当指出,对于压缩载荷,要对试件采取稳定措施防止屈曲。本试验方法有明显的局限性,只适用于双剪连接。

　　对于单剪连接推荐的挤压/旁路强度的试验方法是采用 2 钉和 3 钉(单引多排)的试件,这与 7.5.2.3 节的试件类似。精确地确定每个紧固件传递的载荷可能有些困难,然而在连接同一侧相对放置的匹配搭接板的单剪双钉试件,在破坏点的载荷传递很接近 50∶50。大多数航空航天挤压/旁路数据库的建立采用单剪双钉试件确定的拉伸旁路干涉线。

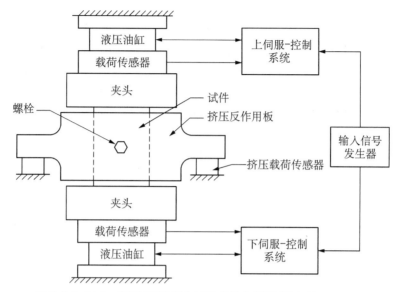

图 7.5.3.2(c) 挤压/旁路复合试验系统方框图(见文献 7.5.3.2)

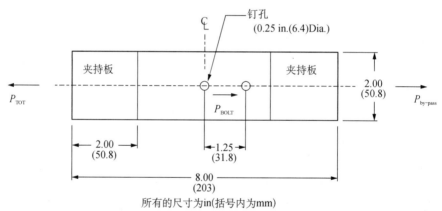

所有的尺寸为in(括号内为mm)

图 7.5.3.2(d) 挤压旁路试件

7.5.3.3 挤压/旁路试验方法

ASTM D7248"聚合物基复合材料层压板采用 2-钉试件的挤压/旁路响应试验方法"。本方法用来确定聚合物基复合材料多向层压板的单轴挤压/旁路响应。复合材料形式限于连续纤维或非连续纤维(预浸带和/或织物)增强的复合材料,且层压板相对于试验方向是均衡和对称的。标准试验层压板是$[45/90/-45/0]_{ns}$铺层顺序家族,下标表示重复的次数,以便对于指定的试验方法和构型得到合适的层压板厚度。

本方法适用范围限于净剖面(旁路)破坏模式。对每一个方法描述标准的试件构型,采用固定的试验参数值。一些试验参数(如紧固件类型、直径、孔间距)可以在标准范围内变化,但这些参数需在试验报告中充分说明。

　　提供了三种试验方法和构型(见图 7.5.3.3(a))以获得每一钉孔处各种挤压和旁路载荷组合情况的数据。图 7.5.3.3(b)示出了典型的复合材料层压板挤压/旁路干涉图,以及各种试验类型的示例数据。操作规程 D6472/D6472M 和试验方法 D5961/D5961M 得到干涉图上的 100%旁路和 100%挤压两个端点数据。方法 A 和 B 提供旁路/高挤压区的数据,方法 C 提供旁路/低挤压区的数据。本试验方法限于挤压载荷和旁路载荷方向一致且对准的情况。

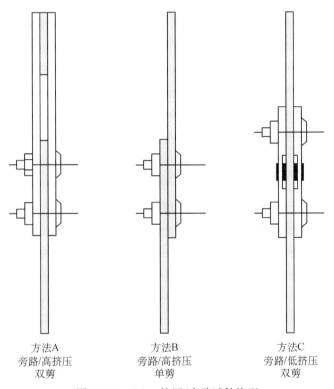

方法A
旁路/高挤压
双剪

方法B
旁路/高挤压
单剪

方法C
旁路/低挤压
双剪

图 7.5.3.3(a)　挤压/旁路试件构型

　　方法 A,旁路/高挤压双剪,采用等截面矩形试件,在试件端部的中央位置有两个圆孔。挤压载荷一般通过承受双剪的、紧容差和低力矩的紧固件(或销)施加。靠拉伸装配件产生挤压载荷。推荐本构型用于得到包含双剪连接接头的具体结构的数据。

　　方法 B,旁路/高挤压单剪,平直等截面矩形试件由两个一样的半个试件组成,每半个试件一端的中线位置都有两个钉孔,用紧固件将两部分装配在一起。此外,在试件每一个夹持端粘贴一块搭接板,使载荷作用线沿试件两部分之间的界面,并通过孔的中心线,从而使施加载荷的偏心度降到最小。受拉伸载荷的试件试验可以采用无支持或者有支持夹具的构型,受压缩载荷的试件试验必须采用有稳定性夹具的构型。推荐本构型用于得到包含单剪连接接头的具体结构的数据。

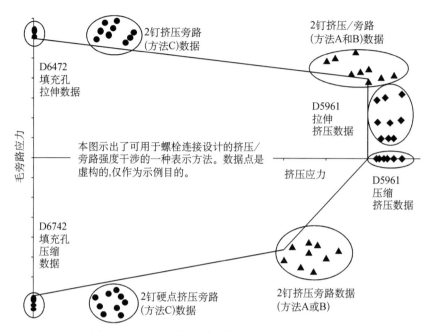

图 7.5.3.3(b) 挤压/旁路螺栓连接数据和干涉图

方法 C,旁路/低挤压双剪:平直等矩形截面试件,靠近试件中部的中线位置含有两个孔。两个重接板连到试件上,起"硬点"作用,将挤压载荷引入试件和重接板。试件的两端用试验机的夹头加紧,施加拉伸或者压缩载荷。受压缩载荷的试件试验必须采用稳定性夹具。推荐本构型用于得到低挤压应力水平对旁路强度的影响。

对方法 C,由重接板和试件的应变测量确定通过重接板传递的载荷大小。在挤压/旁路试验之前必须采用标定的试验设备测量重接板和试件的载荷-应变响应。

方法 A 和 B 试验构型与试验方法 D5961 的类似,是为了研究螺栓连接挤压/旁路干涉响应的挤压部分,试件可以发生挤压或者旁路破坏模式。如果试件产生挤压破坏模式,而不是所希望的旁路破坏模式,那么试验就被认为是挤压控制的挤压/旁路试验,此时数据的处理和报告步骤应采用试验方法 D5961 规定的内容以取代 D7248 的内容。

两个紧固件中的每一个钉传递的载荷比例(方法 A 和 B),或者重接板的载荷相对于总载荷的比例(方法 C),在试验期间可以随作用力的水平而变化。载荷传递的变化来源于挤压损伤的发生、紧固件的弯曲和摩擦的影响。

对于所有三种方法,试验结果都受装配的紧固件预载荷(夹持压力)的影响。临界的预载荷条件可以依加载类型、层压板的铺层顺序和所希望的破坏模式而变化。对于压缩载荷的挤压/旁路,名义试件构型采用相当低的紧固件安装力矩,以便得到保守的结果。对于拉伸载荷的挤压/旁路,名义试件构型采用高的紧固件安装力矩(充分的紧固件安装力矩),通常得到保守的结果。挤压/旁路试件所用的紧固件力矩值应当与同样材料和铺层相应的充填孔拉伸和压缩试验所用的一致,给出最保守的结果(见 D6742 规定)。

7.5.3.4　数据处理

缺口拉伸和挤压试验的数据处理方法可用于挤压/旁路试验情况。像挤压试验一样,应当得出钉载-位移曲线。此外,必须记录总的旁路载荷,也必须说明失效模式。

7.5.4　紧固件拉脱强度

7.5.4.1　概述

本节介绍确定复合材料机械紧固连接的板拉脱特性的试验方法。紧固件拉脱阻抗用机械紧固件从复合材料板上拉脱时得到的载荷-位移响应来表征,此时作用力垂直于板的平面。

聚合物基复合材料在贯穿厚度方向一般是最薄弱的,因此,通过试验获得其拉脱性能要比金属机械连接更为紧要。早期的复合材料拉脱试验通常采用用于金属结构的紧固件,导致连接提前破坏,于是就研发出复合材料专用的紧固件。这些紧固件具有大的头部和尾部,以减小复合材料层压板厚度方向上的压应力。确定具体复合材料/紧固件连接设计的拉脱阻抗已经成为复合材料结构设计和验证的一般要求。

除了测定具体复合材料板/紧固件组合情况的拉脱阻抗之外,这些实验还用来评价不同类型的紧固元件,如螺栓/螺母、销/锁环,或者垫圈,以便满足拉脱阻抗的要求。

本节描述的试件可能不代表实际的连接,实际的连接可能包含一个或多个自由边,或包含多个紧固件,这些情况可以改变实际的边界条件。

7.5.4.2　试验方法综述

ASTM D7332"测量纤维增强聚合物基复合材料紧固件拉脱阻抗的试验方法"。本试验方法确定多向聚合物基复合材料的紧固件拉脱阻抗。复合材料形式限于连续纤维或非连续纤维增强的复合材料,且层压板相对于试验方向是均衡和对称的。本试验方法与先前 CMH-17 手册 F 版中所述的紧固件拉脱阻抗方法是一致的。

提供了两种试验方法和构型。第一种,方法 A 适用于筛选和研制紧固件;第二种,方法 B 与构型有关,适用于确定设计值。两种方法都可用于候选的紧固件/紧固件系统设计的比较评定。

试验夹具的构型可能对试验结果有显著影响。对于方法 A,复合材料板和加载杆之间的摩擦(来自板夹具或者孔的不对中)可能引起载荷的测量误差并影响试验结果。对于方法 B,耳叉的构型和它把传递给试样的力矩降低到最低限度的能力影响试验结果。此外,对于方法 B,间隙孔的直径影响复合材料板的弯曲程度。

7.5.4.2.1　方法 A,压缩加载夹具

采用两个常矩形截面的复合材料方形平板试件(见图 7.5.4.2.1(a)),在中央位置都包含钉孔,放置在多片式的夹具中(见图 7.5.4.2.1(b))。试验夹具由两个对称的构件组成,每一个都包含一个基座和围绕基座圆周均匀布置的四个圆柱形支柱。这两块板由紧固件连接在一起,其中一块板相对另一块旋转 45°(见图7.5.4.2.1(c))。压缩载荷通过夹具传递,形成板上的压缩载荷和紧固件上的拉伸载荷。

由于大多数试验室拥有图 7.5.4.2.1(b)所示的夹具,故方法 A 的试验较容易

进行。唯一要注意是正确安装试验的紧固件。此外,复合材料板必须有足够的厚度、弯曲刚度和弯曲强度,以便能传递夹具的压缩载荷,且不会有过分的板弯曲、弯曲破坏或挤压损伤。

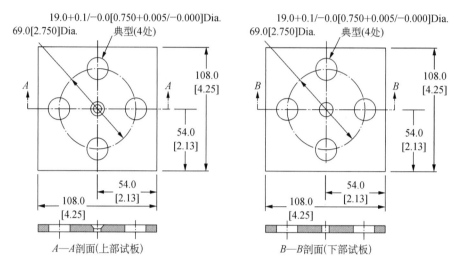

注:(1) 所有的尺寸单位除另有规定,均为 mm[in];
　　(2) 尺寸容差。对线度为±0.5mm[±0.02in],对角度为±0.5°;
　　(3) 对于 100°和 130°沉头紧固件拉伸试验,"T"是推荐的最小试件厚度。
　　　　厚度尺寸代表标准设计准则,允许沉头的最大深度等于板厚度的 70%。

图 7.5.4.2.1(a)　方法 A 的紧固件拉脱试验平板试件

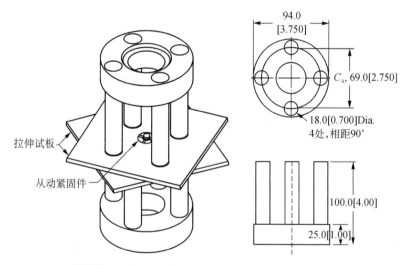

注:(1) 除特别说明外,所有尺寸均为毫米(英寸);
　　(2) 尺寸容差线度±0.5mm(±0.02in),角度±0.5°;
　　(3) 所有边界倒角。

图 7.5.4.2.1(b)　方法 A 的紧固件拉脱试验夹具

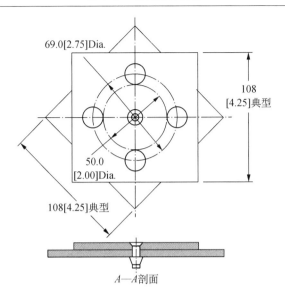

注:(1) 除特别说明外,所有尺寸均为毫米(英寸);
　　(2) 尺寸容差线性度±0.5mm(±0.02in),角度±0.5°。

图 7.5.4.2.1(c)　方法 A 的试验件组合

7.5.4.2.2　方法 B,拉伸载荷夹具

将一块中央有一紧固孔的等矩形截面正方形复合材料平板(见图 7.5.4.2.2
(a))放置在多片组合夹具中(见图 7.5.4.2.2(b))。试验夹具由刚性基座、含有间隙

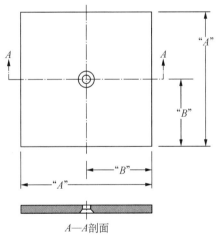

注:(表 1 和表 2 参见标准正文)
　　(1) 除另有规定,所有的尺寸均为毫米(英寸);
　　(2) 尺寸容差,对线度为±0.5mm,对角度为±0.5°;
　　(3) 表 1 给出的厚度是对于 100°和 130°沉头紧固件推荐的试件最小厚度。
　　　　厚度尺寸代表标准设计准则,允许沉头深度最大达到半厚度的 70%。
　　　　全部尺以 in(mm)计。
　　(4) 表 2 给出推荐的最小长度/宽度(尺寸"A")和紧固件位置(尺寸"B")。

图 7.5.4.2.2(a)　方法 B 的紧固件拉脱试验板

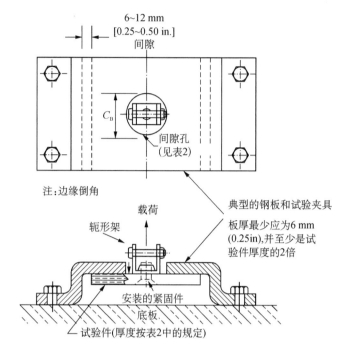

图 7.5.4.2.2(b)　方法 B 的紧固件拉脱试验夹具

孔的帽形件和紧固件组成,紧固件牢固地将帽形件固定在基座上和加载耳叉上。板用紧固件连接到双耳叉上,耳叉设计得可以旋转,以避免将力矩传递给紧固件。对耳叉施加拉伸载荷,试件上受压缩载荷,紧固件受拉伸载荷。

　　进行试验最重要的步骤是正确安装试验的紧固件。此外,复合材料板必须有足够的厚度、弯曲刚度和弯曲强度,以便能传递夹具的载荷,且不会有过分的板弯曲、弯曲破坏或挤压损伤。

7.5.4.2.3　试件

　　标准试验层压板是 $[45/90/-45/0]_{ns}$ 铺层顺序系列,下标表示重复的次数,以便对于指定的试验方法和构型得到合适的层压板厚度。标准的预浸带和织物层压板应当具有多个纤维方向(对于预浸带层压板至少有 3 个方向的纤维,对于织物层压板至少有 2 个方向的纤维),且具有对称均衡的铺层顺序。

　　方法 A 和方法 B 的试件构型应分别遵照图 7.5.4.2.1(a)和图 7.5.4.2.2(a)。表 7.5.4.2.3(a)和表 7.5.4.2.3(b)给出推荐的几何参数。表 7.5.4.2.3(a)确定了碳纤维增强复合材料方法 A 和方法 B 的最小厚度;对于低模量纤维(即玻璃纤维或芳纶纤维)增强的复合材料需要较厚的试件,以便防止层压板弯曲破坏。优先选取的孔径与厚度的比值范围是 1.5~3.0。

表 7.5.4.2.3(a)　碳纤维增强复合材料拉脱试验推荐的最小板厚,方法 A 和 B

钉杆直径 /mm[in]	试样最小厚度/mm[in]			
	凸头紧固件	100°沉头 拉伸头紧固件	100°沉头 剪切头紧固件	100°沉头剪切 130°沉头紧固件
4.0[0.156]	1.4[0.055]	2.5[0.100]	2.0[0.080]	1.4[0.055]
5.0[0.190]	1.5[0.060]	3.0[0.120]	2.5[0.100]	1.5[0.060]
6.0[0.250]	2.0[0.080]	3.8[0.150]	3.5[0.140]	2.0[0.080]
8.0[0.313]	2.8[0.110]	4.9[0.195]	3.9[0.155]	2.8[0.110]
10.0[0.375]	3.3[0.130]	5.8[0.230]	4.9[0.195]	3.3[0.130]

表 7.5.4.2.3(b)　拉脱试验推荐的试样最小长度/宽度和方法 B 的 夹具尺寸,碳纤维增强复合材料

钉杆直径 (尺寸"A")/mm[in]	最小长度/宽度 (尺寸"A")/mm[in]	紧固件位置 (尺寸"B")/mm[in]	间隙孔直径 (尺寸"CB")/mm[in]
4.0[0.156]	68[2.56]	34[1.28]	34.0[1.31]
5.0[0.190]	72[2.75]	36[1.38]	38.0[1.50]
6.0[0.250]	84[3.25]	42[1.63]	50.0[2.00]
8.0[0.375]	96[3.75]	48[1.88]	63.0[2.50]
10.0[0.375]	108[4.25]	54[2.13]	75.0[3.00]

　　凸头和沉头(齐平)紧固件都可以试验。几何参数可以影响结果,包括钉头直径、钉头深度、沉头角度、钉头-钉身半径,以及沉头深度与层压板厚度的比值(优先选取的比值范围是 0.0~0.7)等。一般来说,凸头紧固件试件的抗拉脱阻抗力是最高的,接着依次(按照抗拉脱阻抗力减小的顺序)是 100°拉伸头、100°剪切头和 130°剪切头紧固件。

　　沉头的平齐度(紧固件端头在沉头孔内的深度和突起)会影响强度结果,也可影响观测到的破坏模式。沉头紧固件的安装与复合材料表面的误差在 ±0.01 mm[±0.005 in]以内,除非另有规定。

　　紧固件安装的扭矩或预载荷(夹持压力)将对结果产生影响,因为在施加载荷到紧固件之前必须首先克服这个力。

　　由于孔和紧固件直径之间的差别而产生的间隙将影响强度结果。过大的间隙由于加速亚临界破坏的发生可改变所观察到的试样行为,这是由于减少了复合材料抵抗拉脱载荷的有效面积。

　　应选择紧固件夹持长度来保证销钉安装后螺纹不与层压板接触。应记录安装力矩,对于有锁紧特性的紧固件,拧紧力矩值可以是规定的力矩值。紧固件须按照制造商推荐值或适当的工艺规范预先安装。

7.5.4.2.4　试验方法

方法 A,采用平板将压缩载荷施加到试件/夹具装配件;方法 B,拉伸载荷加到耳叉上并保持基础板和试验夹具的位置。对这两种方法,将试样一直加载到最大载荷并使载荷从最大载荷下降 30% 为止。在作用载荷第一次明显下降(大于10%)以前,载荷-位移曲线上观察到的第一个峰值载荷定义为结构的失效载荷(见图7.5.4.2.4)。除非专门想要试件断裂,否则,应停止试验,以防止因孔的大变形而掩盖真实的破坏模式,其目的是提供更具代表性的破坏模式和防止损坏支持夹具。

两种方法都要监控作用载荷和相关的变形。图 7.5.4.2.4 示出典型的载荷-变形曲线。变形可以用相关的加载头位移或者 LVDT 测量。

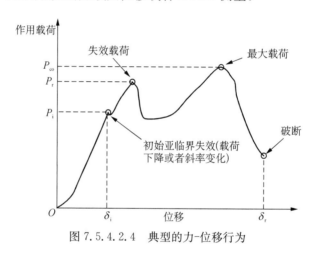

图 7.5.4.2.4　典型的力-位移行为

最佳的破坏模式是紧固孔处的复合材料破坏。不可接受的破坏模式是紧固件(如钉头、钉杆或螺纹破坏)或者远离紧固孔处的复合材料破坏。

7.5.4.3　重要性

聚合物基复合材料在横向上是很弱的,因此,通过试验获得其拉脱性能要比金属机械连接更为紧要。早期的试验采用金属结构常用的紧固件,致使连接过早破坏,由此研制了复合材料专用的紧固件。这些紧固件具有较大的钉头和钉尾,以便减小对复合材料层压板的横向压缩应力。在复合材料结构设计和验证中,确定一个具体复合材料/紧固件连接设计的拉脱强度已成为常规的要求。

除了确定一个具体复合材料/紧固件组合的拉脱强度外,还能用这些方法来评价不同的紧固件零件,比如螺栓/螺母、销/套环或者垫圈,使之满足拉脱强度要求。

7.5.4.4　设备

● 试验机——应当采用能按照 ASTM E8(见文献 7.5.4.4(a)指南要求的可

控加载速率、能施加拉伸和压缩载荷的万能试验机。试验机的标定系统应当符合 ASTM E4;每 12 个月按照 ASTM E4(见文献 7.5.4.4(b))的方法进行其精度校准。紧固件/连接的最大破坏载荷应当在 ASTM E4 定义的试验机载荷范围内。

- 位移测量——应当自动记录载荷-位移响应曲线图。应当安装可移动传感器以测量可动加载横梁和不动的横梁之间的相对位移。如果采用测量装置,应当是一种平均、差动传感引伸计或等同物。这个装置应当与自动图形记录仪一起使用,其精度能在预期连接强度的 70% 载荷水平时达到所指示连接变形的 0.5%,并按照 ASTM E83(见文献 7.5.4.4(c))进行标定。应当采用的载荷和变形范围是,其载荷-拉伸曲线的初始部分具有的斜率在 45°~60°之间。对于每个试验组(试验组定义为有同样的结构形式、紧固件类型和尺寸及其基准对应物),载荷和变形量程以及比例应当保持不变。

7.5.4.5 试件

对于方法 A,试件构型应当符合图 7.5.4.2.1(a),或者对于方法 B,试件构型应当符合图 7.5.4.2.1(b)。铺层的取向提供了(25%,50%,25%)分布的准各向同性均衡层压板。对方法 B 的铺层未作规定,应当尽量模拟实际应用的情况。

7.5.4.6 试件装配

- 紧固件装配——紧固件的安装应当按照制造商的建议,或按照适当的工艺规范。
- 夹持长度——选择的紧固件夹持长度,应当保证整个钉杆在试件的整个厚度上受到挤压。应当在最小和最大夹持条件下,试验钉尾受载的紧固件,钉尾在装配中和并挤压复合材料的试验表面时产生变形,这是因为各个夹持情况的有效的挤压面积可能不同。

   对于(具有已制成钉头的)紧固件与(其形状不会改变而影响试验挤压面的)螺母或套环联合使用的情况,应当在标称的夹持条件下进行试验。
- 沉头——除非另有规定,沉头紧固件的安装距离复合材料表面应当不超过 ±0.1mm(±0.005 in)。

7.5.4.7 报告

试验结果应当说明破坏载荷,载荷-变形曲线和所观察到的失效模式。

7.5.5 提交 CMH-17 数据的挤压/机械连接试验方法

由 ASTM D5961 得到的挤压强度试验数据公布在 CMH-17 中,或者是方法 A 的双剪值,或者是方法 B 的单剪值。对设计值而言,两个螺栓的试件更能代表实际连接。

没有推荐的挤压/旁路方法,然而,用直接测量旁路载荷的试验方法所得到的数据是CMH-17可以接受的。

如果用ASTM D5961挤压试验得到剪脱强度,是CMH-17可接受的。必须清楚地观察到这些试验的失效模式是剪脱而非挤压破坏。

由7.5.4.2.1节的方法A所得到的拉脱强度数据是可以接受并纳入CMH-17中的。采用方法B得到的数据,虽然可以接受用来建立设计值,但可能非常局限于该结构形式而不可用于其他场合。

7.6　胶接连接试验

7.6.1　概述

原则上胶接连接在结构上比机械紧固连接更为有效。胶接连接消除了安装紧固件所需的钻孔,消除了结构中钻孔引起的应力集中。可以用3种不同的工艺制造复合材料结构的胶接连接:二次胶接、共胶接和共固化。二次胶接采用一层胶黏剂来粘接两个预固化的复合材料零件,因此,这种形式在结构行为和制造方法上都与金属胶接连接最为相似。共固化是两个零件同时进行固化的工艺方法,两个零件之间的界面可以有胶层,也可以没有胶层。在共胶接工艺中,一个预固化的零件用胶黏剂与匹配的零件同时固化。对于任何胶接连接来讲,表面制备都是很重要的环节,在进行胶接之前必须予以明确规定,这一点对于二次胶接和共胶接工艺显得特别重要。第3卷的5.7.8节给出了胶接连接制造的更多细节。

本节讨论的胶接连接类型是二次胶接和共胶接。对于这两种连接,胶黏剂的力学性能,特别是刚度性能是设计中不可缺少的。在飞机结构中,设计良好的胶接连接处于危险状态的不是胶层,而是被胶接件(不管是金属或复合材料的),但这依然需要知道胶黏剂的剪切和拉伸强度。在许多情况下,复合材料被胶接件是结构合理的层压板,沿主要载荷方向布置了足够数量的铺层,保证其失效模式是纤维控制的。由于无须对纤维提供支持(特别是在压缩载荷下),适当选择的胶黏剂配方使其比复合材料基体的树脂具有更大的韧性,这样,就把连接破坏引向被胶接件。纤维也约束基体,所以基体的行为比树脂本身更具脆性。这可以把复合材料胶接连接破坏改变为到复合材料层压板厚度方向的横向拉伸破坏。

需要两种不同类型的试验来表征胶接连接行为,并得到所需的足够的力学数据以进行结构分析。假设已知复合材料被胶接件的力学性能,为了简单和标准化起见,采用金属被胶接件进行确定胶黏剂性能的试验。这些试验结果对设计和分析、比较数据和表面制备影响提供了胶黏剂性能,但是决不能代表复合材料结构胶接连接的强度。这种强度是通过更能代表应用情况的复合材料和/或蜂窝被胶接件构型的试验件得到的。下面各节将讨论这两种胶接的试验方法。

7.6.2　胶黏剂性能试验

如果要设计成功的胶接连接,就需要胶黏剂的强度和刚度性能。由于胶黏剂的行为是弹塑性的,用极限强度和初始切线模量还不足以表征胶黏剂的特性。所需的数据包括在使用温度和吸湿环境下的剪切和拉伸应力-应变曲线。

为了得到这些数据,目前工业界所偏爱的试验方法包括:对剪切性能,用Krieger率先提出的(见文献 7.6.2(a)和(b))厚板被胶接件试验方法,最后形成ASTM D5656;以及对拉伸强度,采用 ASTM D2095(见文献 7.6.2(c))的杆和棒试件试验。由于各种原因,还没有任何一种试验方法是完全满意的。然而,由于它们已经获得广泛的应用,在本章中援引它们相信还是有益的。

在进行湿态试验以前,使胶接试件的吸湿达到平衡(整个胶层吸湿量均匀)的湿浸润过程需要持续很长的时间——达到几年。这是因为通常胶黏剂的湿扩散率较低,而采用不渗透水的金属被胶接件为试件时,水分只能通过暴露的胶层边缘进入胶黏剂。幸好,胶黏剂的破坏通常起始于胶层边缘,或者由于峰值剪应力,或者由于剥离(拉伸)应力。于是,只要在胶黏剂边缘某个合理的深度内接近于所希望达到的吸湿平衡水平,试验结果就代表了整个胶层达到平衡时的结果。通常的实际做法是,在适当的高温(对于环氧树脂 71～82℃(160～180°F)下,把试验件在需要的相对湿度下暴露 1000 h(42 d)以达到这个目的。另外一个确定吸湿对胶黏剂影响的方法是,采用模塑的胶黏剂纯树脂试件进行拉伸和压缩试验。在这种情况下由于整个试件均被暴露在环境条件下,达到平衡的时间显著减少。

7.6.2.1　剪切试验

7.6.2.1.1　ASTM D5656(厚板被胶接件试件)

本试验方法采用KGR-1引伸计,引伸计安装在如图 7.6.2.1.1(a)所示几何形状的试件上。图 7.6.2.1.1(b)显示了用这种试验在不同温度下对某种胶黏剂所得到的典型数据。因为KGR-1设计并采用铝合金被胶接件,故试验方法被限为最高150℃(300°F)。对于温度更高的应用情况,可采用钛合金被胶接件以提高这方法的可用温度。

如何用胶黏剂的剪切模量来解释图 7.6.2.1.1(b)的剪应力-应变曲线,一直是众多论文的议题。Krieger 在文献 7.6.2(a)中提到,只要对被胶接件的变形进行小的修正,就可得到胶黏剂的性能,并且只要采用三个点来表征应力-应变曲线,就确定了用特定胶黏剂设计胶接连接时所需的全部信息。这三个点如图 7.6.2.1.1(c)所示。Kassapoglou 和 Adelmann 在文献 7.6.2.1.1(a)中,对试验方法和相关的测量装置进行了更深入的分析。他们发现,这种方法对于软的胶黏剂具有合理的精度,但建议对其他情况要做一些修正。然而,他们的结论仅限于弹性范围,同时认为这个方法较好适合于塑性区(大变形)的应力-应变响应测量。文献 7.6.2.1.1(b)采用莫尔云纹干涉技术证实了 Krieger 的测量,但是发现这个方法对于加载偏心敏感,引起提前破坏和模量测量出现较大分散性。如果所关心的数据是初始切线模量,文献 7.6.2.1.1(b)还建议在胶层几何中心处采用应变计代替 KGR 引伸计。

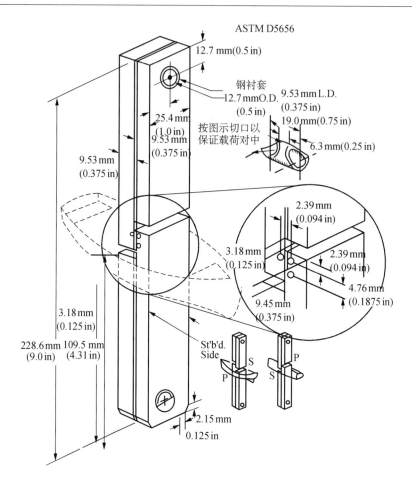

注:不对称以避免"左-右"约定 2.15 mm 多以便当试件旋转或颠倒时识别出试验区

图 7.6.2.1.1(a)　厚板胶接试件(取自 D5656 的图 2)

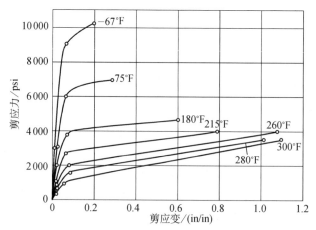

图 7.6.2.1.1(b)　FM 300K 胶黏剂在不同温度(℉)下的剪
应力-应变响应

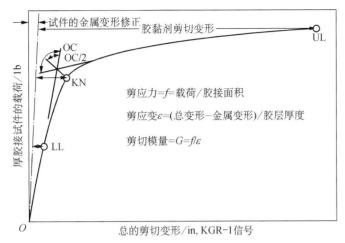

图 7.6.2.1.1(c)　具有确定弹-塑性响应临界点的载荷变形曲线

　　对于胶接连接应力分析,有时把图 7.6.2.1.1(b)示出的剪应力-应变曲线简化为完全弹-塑性材料响应,如文献 7.6.2.1.1(c)所介绍那样。于是,由厚板被胶接件试件得到的应力-应变数据虽然不是百分之百正确,但对于目前的设计和分析方法仍具有足够的精度。

　　7.6.2.1.2　ASTM E229(管状试件)

　　另外一个获得剪切强度和刚度的方法是,采用承受扭矩载荷的圆管试件。试验的基础是一个沿周向承受均匀剪切载荷的窄胶黏剂环。因为圆管的厚度与它的直径相比很小,可认为整个厚度上的剪应力是常数。虽然试验提供了纯剪切分布,但是试验设备复杂,需要专门的试验技能,所以这种方法不为人们采用。利用圆管试件的一种方法是 ASTM E229 标准试验方法(见文献 7.6.2.1.2),该方法采用了大直径的窄胶接圆管,并用 Amsler 镜式引伸计来测量扭转的角度,在该标准中描述了试验细节。

　　7.6.2.1.3　ASTM D1002(薄板单搭接试件——只用于质量保证(QA)检验)

　　ASTM D1002 中介绍的单搭接剪切试验,被广泛用于胶黏剂的比较评价、鉴定和来料检查。由于该试验采用金属被胶接件,也用于表面制备的评价。这个试验方法的主要特点是容易制造和试验。

　　这种试验的限定:

● 剪切强度——由这个试验方法得到的最大剪应力(最大载荷除以胶接面面积)与胶黏剂的剪切强度没有任何关系。胶黏剂的应力场中有较大的剥离应力分量,导致试件破坏。表观的剪切强度是被胶接件模量和其厚度的函数,因为表观强度随被胶接件的模量和厚度变化,为了进行比较,应当使试件的结构构型保持不变。试验结果的解释应当参照 ASTM D4896。

● 剪切刚度——因为试件中有大的固有弯曲,这个试验不能测量胶黏剂的刚度。

● 连接真实性——因为被胶接件是金属的,这个试验不可能模拟复合材料-复合材料胶接连接的失效模式。其表面制备和黏合力根本不能代表复合材料-复合材料的胶接连接。况且,复合材料胶接连接的制造过程也完全不同于金属-金属搭接连接的制造过程,不可将这类试件用于工艺过程控制。

为了解决连接真实性问题,已经对 ASTM D1002 进行修改,以允许采用复合材料被胶接件,ASTM D3163 是所得到的标准。然而,这个标准同样存在 ASTM D1002 的其他所有限制。因为表观剪切强度将随铺层变化,当采用这个标准时,除了厚度之外,复合材料的铺层也必须与连接中所用的层压板近似。对于复合材料的应用情况,如果对胶黏剂/被胶接件的界面特征感兴趣,则这个标准是最可取的。如果主要目的是胶黏剂特性,则应当采用 ASTM D5656。

7.6.2.2 拉伸试验

7.6.2.2.1 ASTM D2095

可用 ASTM D2095 方法得到胶黏剂的拉伸强度,见图 7.6.2.2.1(见文献 7.6.2(c)),这个试验方法可以采用杆或棒式的试件。ASTM D2094(见文献 7.6.2.2.1(a))中介绍了试件的设计和制备。因为试件易于受到试件边缘处

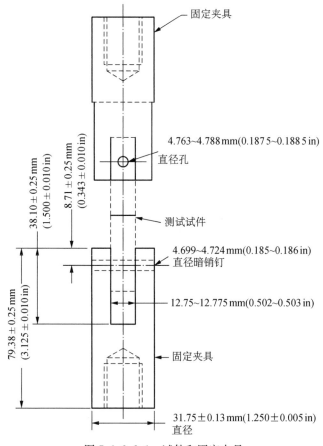

图 7.6.2.2.1 试件和固定夹具

剥离诱发的破坏,使用这种试验方法得到拉伸强度时要谨慎。可以按照文献 7.6.2.2.1(b)的建议,把胶黏剂的破坏强度用于近似的剥离应力分析。由于良好的胶接连接设计能把剥离应力降低到最小,所以精确知道拉伸强度能力并不那么重要。由于胶黏剂不遵从各向同性材料定律,因而不能从剪切模量的测量得到杨氏模量,即不能从公式 $G = E/2(1 + \nu)$ 得到。需要独立地测量胶黏剂的杨氏模量。

7.6.2.3　断裂力学性能

断裂力学是估算复合材料胶接连接失效的有用方法,这一方法避免了采用应力处理时在几何形状突变处出现奇异性使应力不确定的问题。断裂力学中使用的失效准则基础是临界应变能释放速率,可采取发展用于确定层压复合材料层间特性的同样试验方法来测量应变能释放速率。在 6.8.6 节中概括的试验包括:纯Ⅰ型的双悬臂梁试验(DCB)、纯Ⅱ型的端部带缺口的弯曲试验(ENF)以及对Ⅰ/Ⅱ组合型的混合型弯曲试验(MMB)。面内承载的搭接连接通常在裂纹前端呈现混合型应变能释放速率,其混合比大小主要依赖于每个被胶接件的相对刚度。

已经发现用于连接中的韧性环氧黏结剂断裂特性强烈依赖于胶层厚度,例如图 7.6.2.3(a)和(b)指出纯Ⅰ型和纯Ⅱ型临界应变能释放速率呈现出随厚度变化的非单调关系(见文献 7.6.2.3(a)和(b))。另一些研究者(即文献 7.6.2.3(c)和(d))测量的胶层厚度和断裂特性关系的数据也有类似的趋势。图 7.6.2.3(a)和(b)显示的行为可以用较高刚度的被胶接件在胶层内发展的塑性区域受到限制来解释。结构环氧黏结剂能呈现延展的行为并可在先期裂纹前端发展出很大尺寸的塑性区。对胶接连接的终端用户而言,支配被胶接件特性的胶层厚度影响数据一般讲已超出在制造层面生产的胶层厚度的真实范围。必须考虑环境条件变化的影响,需要进一步做一些组合型试验。如果沿被胶接件和胶黏剂的界面有脱胶扩展(称为胶黏剂失

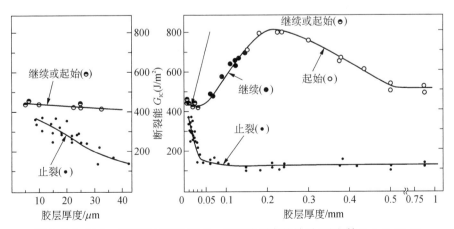

图 7.6.2.3(a)　环氧黏结剂Ⅰ型 G_{IC} 与胶接厚度的关系(见文献 7.6.2.3(a))

效),就可解释为什么临界应变能释放速率测量值呈现大范围的变化,这是由于经常发生与工艺过程有关的事件例如表面污染、不适当的表面准备以及在复合材料被胶接件胶接前存在湿气。在胶黏剂内的失效扩展(称为胶接失效)数据倾向于较小的分散性。

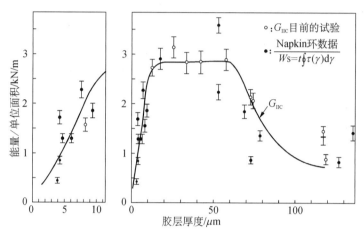

图 7.6.2.3(b)　环氧黏结剂 II 型 G_{IIC} 与胶接厚度的关系(见文献 7.6.2.3(b))

7.6.2.4　推荐的胶黏剂性能表征试验矩阵

胶黏剂的性能试验应当按照 2.2.8 节的讨论,在室温、大气环境以及在最低及最高使用温度极值条件下进行,每种试验条件最少应当重复 5 次试验。

7.6.3　胶接连接性能表征试验

必须对代表实际连接形式的胶接连接进行试验,以验证连接的结构完整性。由于这些试件迅速成为针对具体问题的设计,很难予以标准化,因此,仅限于讨论一些最简单的试件,其中包含如下复合材料胶接连接最重要的参数:几何特性、复合材料层压板和/或金属被胶接件、胶黏剂、制造工艺和质量控制方法等。

7.6.3.1　蜂窝与面板的平拉试验(ASTM C297)

对于蜂窝结构,有必要测定夹层板的芯子和面板之间的胶接强度。ASTM C297(见文献 7.6.3.1)是工业界最常采用的试验方法,试件和试验的组合情况见图 7.6.3.1。试件尺寸通常是 $50\,mm \times 50\,mm$($2\,in \times 2\,in$),但也可以是圆的。为了得到有意义的结果,试件和真实构件的制造采用同样制造工艺是很重要的。这种试验不能测定胶黏剂的拉伸强度,但确实对于胶黏剂浸润蜂窝壁的程度给出了一种指示。应当记录失效模式,因为在某些结构形式下,胶接处要比蜂窝自身具有更高的拉伸强度。在大多数应用中,蜂窝与面板间胶接强度高于芯子的强度;但是对于这个试验,为了使胶层发生破坏,应当采用较高强度的芯子。这种试件遇到的主要困难是夹具与面板的粘接(特别是在高温、潮湿条件下),以及保持夹具和试件之间的平行度。

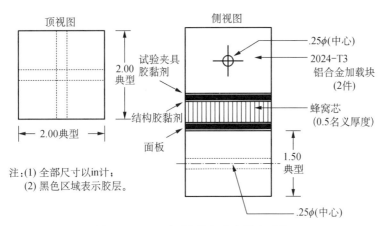

图 7.6.3.1　平面拉伸加载夹具和试件

7.6.3.2　蒙皮与加强筋的胶接试验

工业界正在采用十分简单的试验,评价存在有面外载荷(如燃油压力、后屈曲)情况下蒙皮与加强筋之间胶接连接的强度。虽然这些试验不能完全代表实际结构的行为,但它们在进行大部件验证性试验之前提供了设计数据,并对所选择材料和几何特征的适当性进行了早期的评价。当试件尽可能真实地代表了所模拟部件的几何特征和制造过程时,这些试验会得到最大的益处,这里介绍两种这类试验的方案。图 7.6.3.2(a)所示的"T"形拉脱试验,除了只需要一块加载板外,皆与 ASTM C‑297 相似。因为刚性加载块抑制了蒙皮和加筋突缘的弯曲,脱胶破坏一般将发生在筋条的尾部,而不在凸缘的端头,这是试件的严重不足,如果在构件试验情况下,破坏是在凸缘的端头。破坏位置主要取决于筋条/蒙皮的刚度比,刚度比越低,试验就越有用。

如果蒙皮更柔软的话,采用图 7.6.3.2(b)所示的滚轮代替刚性块是阻止拉脱的较好方法。问题是要在多远处布置滚轮才与蒙皮的位移匹配。可用图 7.6.3.2(b)的试件对胶接接头施加力矩,这可用图 7.6.3.2(b)中的作用力 P_1 和反作用力 R_1 来表示。剪切板的后屈曲会在界面产生显著的扭转力矩,必须作为结构分析的一部分确定连接对其的阻抗。

7.6.3.3　双搭接的连接试验

双搭接试件的范围包括单阶梯形式到多阶梯形式,通常承受拉伸载荷,其复杂性取决于想要得到的数据类型或者结构应用的类型。图 7.6.3.3(a)给出了从 ASTM D3528‑92(见文献 7.6.3.3)得到的一个试件例子。双剪连接的试件降低了剥离应力,所以这种试件对测定胶黏剂的剪切强度是有用的。在设计中一般不用这种构型,因为通过使外被胶接件斜削可以显著增加传载的能力。

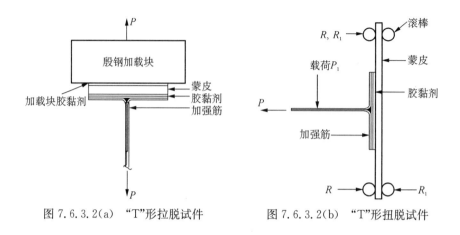

图 7.6.3.2(a)　"T"形拉脱试件　　　　图 7.6.3.2(b)　"T"形扭脱试件

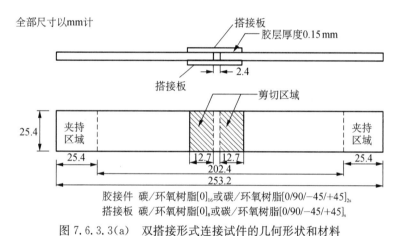

胶接件 碳/环氧树脂[0]₁₆或碳/环氧树脂[0/90/-45/+45]₂ₛ
搭接板 碳/环氧树脂[0]₈或碳/环氧树脂[0/90/-45/+45]ₛ

图 7.6.3.3(a)　双搭接形式连接试件的几何形状和材料

　　为了传递更大的载荷,双搭接的连接将包括多个阶梯。为了验证这类连接,使用了图 7.6.3.3(b)所示类型的试件。这种类型试件的制造很昂贵,因此不能进行大量重复试验。由于这些试件用于代表某个具体的设计,必须注意使试件的

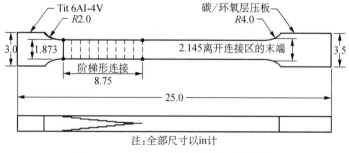

注:全部尺寸以in计

图 7.6.3.3(b)　阶梯形连接试件例子

制造工艺与实际连接一样。另外一个连接验证试件的例子如图 7.6.3.3(c)和(d)所示,它代表了复合材料蒙皮和钛合金梁之间的弦向连接,是一个两级的双搭接形式连接。

如果实际设计是这样,可以把多阶梯的连接更换为斜面嵌接连接。

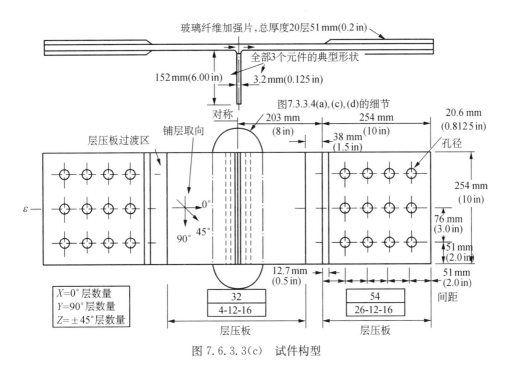

图 7.6.3.3(c)　试件构型

图 7.6.3.3(d)　两侧阶梯形连接方案 A 细节

7.6.3.4　单搭接的连接试验

单搭接的连接试件与上节介绍的试件类似,然而,由于单搭接的连接试件有弯曲产生的附加剥离应力,连接的长度必须足够长,使其影响降低到最小。这就实际上排除了用单搭接试件测定连接强度性能的可用性。然而,单阶单搭接的连接可用于比较不同的胶黏剂和进行质量控制。本节介绍两种不同的方法,来降低单搭接连接试件的剥离应力。ASTM D3165 采用与 ASTM D5961 单剪挤压试验方法 B 相类似的方式,保持胶层中的载荷路线。第二种是欧洲飞机工业标准 prEN 6066 所举例说明的方法,该方法依靠斜面嵌接或者多个小台阶将载荷缓慢地传递到连接之中以降低剥离应力。

7.6.3.4.1　ASTM D3165

采用图 7.6.3.4.1 单搭接试件进行试验的方法可测量胶接连接的比较剪切强度,因为它能在保持复合材料胶接连接中界面真实性的同时,降低了搭接中的剥离应力,这种试件被工业界广泛应用,以替代 ASTM D1002 和 ASTM D3163。7.6.2.1.3节关于 ASTM D1002 的所有限制都适用这方法。对于复合材料,在制造这类试件时还有另外一个困难,机械加工缺口可用在缺口区域放置一个垫片或铺设分离的层压板的办法来取代,这两种加工方法都需要训练有素的复合材料工程师和技术工人制定出获得有用试件的制造工艺。

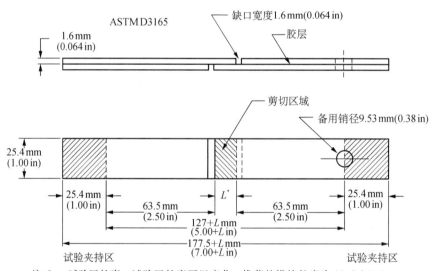

注:L = 试验区长度。试验区长度可以变化。推荐的搭接长度为 12.7±0.3 mm (0.50±0.01 in)

图 7.6.3.4.1　试件的形状和尺寸

7.6.3.4.2　欧洲飞机工业标准 EN6066

已经为胶接连接的特性表征建立一种 25 mm(1 in)宽的多台阶或斜面连接的试件。图 7.6.3.4.2(a)示出的试件参照了初始的欧洲飞机工业标准 EN6066(见文献 7.6.3.4.2)。这个标准还确定了这种试件可能发生的破坏类型,见图 7.6.3.4.2(b)。这个标准已被采用,用于获取一种湿铺贴修理材料的验证性数据。

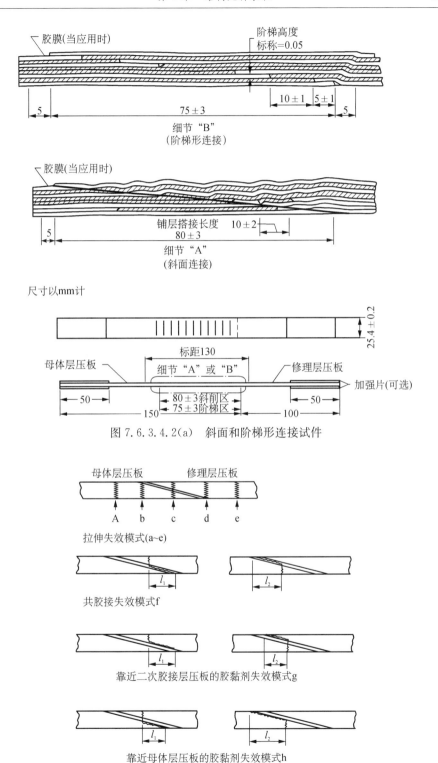

图 7.6.3.4.2(a)　斜面和阶梯形连接试件

图 7.6.3.4.2(b)　连接试件的失效模式确定和尺寸(见文献 7.6.3.4.2)

7.6.3.4.3　其他例子

对于图 7.6.3.3.3(b)所示的同一梁-蒙皮连接,图 7.6.3.4.3(a)和(b)示出其两台阶和斜面嵌接的验证试件。应当研发这种试件使之用于验证任何主要的连接设计。

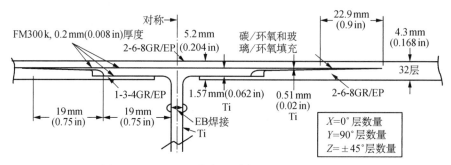

图 7.6.3.4.3(a)　方案 B 单侧阶梯形连接的细节

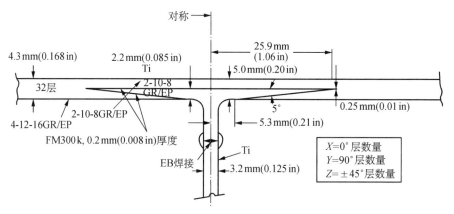

图 7.6.3.4.3(b)　方案 C 斜面嵌接连接的细节

7.7　损伤特性

7.7.1　概述

在复合材料的航宇应用中,损伤特性是一个重要参数。与传统的金属材料不同,复合材料的强度与其取向和铺层有关;它们还比较脆;与各向同性的金属相比,其层间拉伸和剪切强度特别低;诸如内部分层的损伤甚至是目视不可见的。由于这些特点的组合,使得关于损伤特性的考虑成为应用复合材料时的一个关键因素。在第 3 卷的 5.0 节中给出了在设计和验证中考虑损伤的各种途径。

损伤特性可分为两个方面,即材料对冲击损伤的阻抗(损伤阻抗)和材料或结构在损伤后的安全运行的能力(损伤容限)。损伤可能发生在加工过程中,也可能出现在使用和维护过程中。损伤可能是由于制造缺陷、外来物冲击(如石头、冰雹或工具坠落)的后果。本节将概述在评价备选材料的损伤阻抗和损伤容限时通常采用的冲击和压痕试验。关于裂纹扩展、微裂纹和疲劳试验,则在本手册的其他地方进行讨论。

7.7.2　损伤阻抗

在航宇应用中,通常认为材料的损伤阻抗是材料对于冲击损伤的阻抗。冲击可能因工具坠落、外来物体(如跑道上的石头)、冰雹和冰块以及弹丸等引起的。冲击试验通常用于对材料的损伤阻抗和容限进行筛选,并作为验证较大次元件和元件试验的一部分。有关损伤阻抗更详细的讨论可见第 3 卷 12.5 节。

可能需要以不同能量水平、速度、冲击物几何特征和支持条件进行试验,以模拟所有这些条件。

7.7.2.1　落锤冲击

研究冲击阻抗的一个通用方法是落锤试验。这类试验是 7.7.3 节所讨论的冲击后压缩(CAI)试验的一部分。通常,沿一个平板表面的法线方向对其进行冲击,一般采用直径 12.5～25.0 mm(0.5～1 in)的半圆形冲击头。常常用厚度在 5.0～10.0 mm(0.2～0.4 in)之间的准各向同性层压板,来筛选飞机结构用的材料。落锤的冲击能量由经典公式给出。

$$E = 1/2 \, mv^2 = mgh$$

式中:E 为能量;m 为质量;v 为速度;g 为重力加速度常数,9.8 m/s² 或 32 ft/s²;h 为坠落高度。

因为 g 是常数,落锤试验的能量水平一般按 ft·lbf 或每英寸厚度 ft·lbf 给出。随着落锤速度的变化,即使能量相同也可能出现损伤的变化。这种现象与损伤类型、损伤在试件中的扩展速率以及试件在冲击过程中的变形有关。

CAI 试验采用的落锤一般以 4.5～9.0 kg(10～20 lb)的质量从几英尺高处落下,因而被认为是低速冲击。像落锤试验这种低速冲击不能恰当地模拟弹伤。有时候,研究者可用弹性绳加速下落以获得较高的速度。如果要研究很低速度的冲击,可采用长臂摆锤来冲击质量极大的试件。

冲击之后必须进行损伤评定。损伤评定的准则可包括目视明显可见损伤区域的测量,凹坑深度的测量,以及无损评估,如对内部损伤面积的 C 扫描。在评定之后,就可进行其他的力学试验,如 CAI 或疲劳试验。

试验误差来源有:

- 由于导向滑轨/管的摩擦,速度可能低于预计值。为了保证精度,应当测量在冲击前刹那的实际落锤速度。
- 应采取措施使落锤不回弹,冲击试件不多于一次。
- 损伤的量与试件的支持条件有关,例如固持方案。必须很仔细地再现这些条件。设备地基的总体刚度,甚至冲击装置下面的地板都可以影响试验结果。

落锤冲击试验方法

ASTM D7136"测量纤维增强聚合物基复合材料对落锤冲击事件的冲击阻抗的标准试验方法"。本方法用来确定聚合物基复合材料层压板的冲击阻抗,复合材料限制为连续纤维增强并在加载方向均衡对称的层压板,标准的试验复合材料为$[45/90/-45/0]_{ns}$铺层顺序家族,下标表示重复的次数,以便对于指定的试验方法和构型得到合适的层压板厚度,以调整厚度达到 4.0~6.0 mm(0.160~0.240 in)范围,标准试件的宽度为 10 cm(4.0 in)、长度为 15 cm(6.0 in)。

落锤的位能由冲击物的质量和下落高度确定,在试验前预先给出。设备和试验方法需提供落锤冲击事件过程中的接触力和速度测量值。损伤阻抗由试验件的总损伤尺寸(面积)和损伤类型来定量。如果需要,这种试验方法可用于几种不同的试件或者对一块大板用不同冲击能量水平进行多次低速冲击以建立冲击能量和要求的冲击参数间的关系。

用这一试验方法获得的特性可对有类似材料、厚度、铺层顺序等的复合材料结构提供指导。但是,必须要理解复合材料结构的损伤阻抗强烈地依赖于某些参数包括几何尺寸、厚度、刚度、质量和支持条件等等,由于这些参数不同可造成冲击力/能量和最终损伤状态之间的关系出现明显的差别。因此所得的结果一般不适用于其他构型,特别是试验的几何和物理性质组合的情况。

图 7.7.2.1 给出了标准冲击试验支持夹具,底座由铝板或钢板做成,厚度至少 20 mm(0.75 in),中间开一个长 125 mm(5.9 in)、宽 75 mm(3.0 in)的方孔,冲击时用四个弹簧夹约束试验件,冲击件的标准质量为 5.5 kg(12 lb),含直径 16 mm (0.625 in)的半球形冲头,标准试验时对归一化试件厚度冲击能量取为6.7 J/mm(1500 in·lbf/in)。

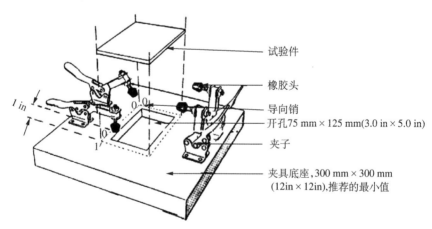

试验件

橡胶头

导向销

开孔75 mm × 125 mm(3.0 in × 5.0 in)

夹子

夹具底座,300 mm × 300 mm (12 in × 12 in),推荐的最小值

1 in

图 7.7.2.1　ASTM D7136 落锤冲击试验夹具

冲击试验前和试验后都需对试件进行无损检查,检测裂纹和缺陷。许多种 NDI 技术可用来检测表面和内部缺陷,没有强制性规定特定的检测技术。NDI 被用来测量缺陷损伤的几何尺寸。

7.7.2.2　Izod 和 Charpy 冲击

Izod 和 Charpy 冲击是塑料和金属材料常见的经典试验,在 ASTM D256 中介绍了这些试验方法。ASTM 标准中给出了 5 种方法,标准的方法 A,C 和 D 讨论了 Izod 试验,采用带缺口的矩形棒 6.35 cm × 1.27 cm × 0.635 ~ 1.27 cm 厚(2.5 in × 0.5 in × 0.25 ~ 0.5 in 厚)。试件的一端夹在虎钳中形成一个垂直的悬臂梁,用一个已称重的摆锤,在缺口和虎钳上方的某个固定的距离处冲击带缺口的表面。测量在冲击期间的摆锤能量损失并计算 Izod 冲击强度。方法 C 中包括一个使破坏的试件部分摇摆所需能量的修正系数。对于 Izod 冲击强度小于 $0.5\,\mathrm{ft}\cdot\mathrm{lbf/in}$ 缺口的材料,这个系数是大的。

以前在方法 B 中讨论过摆锤试验,但于 1997 年被去掉,现在成为一个新标准 ASTM D6110。这个试验也采用带缺口的矩形棒 6.35 cm × 1.27 cm × 0.635 ~ 1.27 cm(2.5 in × 0.5 in × 0.25 ~ 0.5 in) 厚。在这个试验中,试件被支持为水平简支梁形式,并在支持点中间正对缺口的背面处用摆锤进行冲击。

方法 D 是 Izod 方法的变种,但具有不同的缺口半径。这个试验可以给出材料的缺口敏感性指标。

方法 E 是反向缺口的 Izod 试验,它与方法 A 类似,只是在缺口的相反一面对试件冲击。这个方法给出了塑料无缺口冲击强度的指标。

ASTM D256 中没有一种试验方法能普遍适用于连续增强的复合材料,同时由这些试验得到的数据将不为 CMH - 17 所接受。

7.7.2.3　准静态压痕

进行准静态压痕试验时将一个平板支持在框架上,并用一个与万能试验机连接的压头来压板的中心,ASTM D6264 介绍了这个方法。最常用的试件是 15 cm × 15 cm(6 in × 6 in) 的准各向同性层压板,厚度约 4.3 mm(0.7 in)。试验件可以简支在有 127 mm(5 in) 直径开口的框架上,或者刚性支持在实心平坦的平板上。在试验期间测量其载荷-横梁位移并报告得出的曲线。用预先设定的损伤水平或横梁位移,来确定试验期间在何处读取数据和在刚性支持情况下在何处停止试验。在简支情况下还要报告最大压痕力。在试件卸载后,要评价压痕的深度和损伤情况。

7.7.2.4　其他损伤阻抗试验

在积木式研究的较高层次上,常常进行其他冲击试验。这些试验可能包括弹丸冲击、冰/冰雹模拟、鸟撞模拟和计划规定的其他试验。通常采用空气枪将弹丸射向试件完成试验。这些试验的细节还没有标准化,因此不在这里详细介绍。

还进行一些专用化的试验来评价具体应用中的材料性能和耐久性。这些试验中包括地板对滚轮车的阻抗试验和对尖鞋后跟的阻抗试验。

7.7.3　损伤容限试验

读者可参阅第 3 卷 12.2 节有关损伤容限更详细的讨论。

7.7.3.1 冲击后压缩试验

7.7.3.1.1 概述

冲击后压缩试验(CAI)是对面外冲击所引起层压板压缩强度退化的一种经验评定。研究者依据材料形式、应用和预期的损伤,采用许多不同的冲击与损伤容限试验。虽然 CAI 试验是由飞机工业为比较候选复合材料的损伤容限而发展的,但一般也可用于其他工业。试验所针对模拟的可能损伤状况包括工具坠落、跑道碎石冲击等。因为冲击速度比较低,该试验通常不用于评价弹丸的损伤容限。

复合材料工业中通常采用几种方法来确定 CAI。所有方法都要对含冲击损伤的层压平板进行压缩试验。冲击过程中,用一个在冲击面的背面带有开孔的支持系统来约束被试平板,冲击头一般是半圆形的落锤(下落的镖,棒,球)。最常用的方法是 SACMA SRM 2R‐94(见文献 7.7.3.1.1(a)),NASA 1092 和 1142(见文献 7.7.3.1.1(b)和(c))和 ASTM D7136(冲击)/D7137(压缩剩余强度)。

也常常对夹层板进行损伤容限评价。目前还没有工业界范围内的夹层板 CAI 标准。然而,为了检验取证或筛选试验,许多公司在有控制的条件下冲击平的夹层板,然后进行评价。评价中可能包括 NDI、水浸入、剩余压缩强度或剪切强度试验。在文献 7.7.3.1.1(d)中可以找到更详细的讨论。

选择的冲击水平一般是使其引起的层压板损伤为目视可见的,但要使损伤发生在板的中央。也已采用了另外一些损伤水平,如"目视勉强可见冲击损伤"(BVID)。如果损伤扩展到试件宽度的一半以上或者穿透了层压板,则这损伤水平就太大,以至不能用随后的压缩试验来进行有意义的评价。这些方法中规定了冲击的能量水平,但可以根据试验目的而变化。

在冲击后,可用表观的损伤面积(前面和后面)、凹痕深度和用超声 C 扫描或者类似技术,对损伤的程度进行表征。在压缩试验前,NASA 的方法需要进行附加的机加工,以减小试件的尺寸并保证两个端面的平坦与平行。然后,在一个可以使试件边缘附近稳定(但不限制泊松比效应所产生横向变形)的夹具中进行压缩试验。

CAI 试验(所有方法)的局限如下:

- 不应直接比较具有不同厚度或铺层的材料。
- 使用者应注意,不可将这些试件中的损伤机理按比例扩大到较大的零件中,对于韧性树脂体系的复合材料尤其如此。
- 冲击损伤的水平与试件在冲击时的支持系统刚度有关。
- 由于不同的支持系统,各实验室之间可能会出现试验结果的差异。一般来说,刚度较小的支持将导致较小的冲击损伤,从而有较高的 CAI 强度。
- 由于得到给定能量水平所用的冲击质量不同,可能出现各试验机之间的变异。

- 数据和理论模型还不足以说明在给定能量下其质量/速度变化的意义。
- 如果破坏不发生在冲击区域,就得不到可靠的结果。柔软的层压板可能由于在侧面支持的上部或下部出现屈曲而破坏,也可能出现端部散开,这两种失效模式都是不可接受的。
- 像大多数复合材料一样,正确的试件制备很重要,端面的平面度和平行度尤其重要。

7.7.3.1.2　SACMA SRM 2R-94"定向纤维-树脂复合材料的冲击后压缩性能"

SACMA SRM 2-88 方法来自波音公司的 BSS 7260。试件是一个 $100\,\text{mm} \times 150\,\text{mm}(4\,\text{in} \times 6\,\text{in})$ 名义厚度 $6\,\text{mm}(0.25\,\text{in})$ 的准各向同性层压板。如果准备在冲击后用 C 扫描,则应进行初始的 C 扫描以便作为比较的基准。试件被夹持到一个铝合金支持底座上,座上有 $76\,\text{mm} \times 125\,\text{mm}(3\,\text{in} \times 5\,\text{in})$ 的开孔。然后用一个直径 $16\,\text{mm}$ $(0.625\,\text{in})$ 的半球形锤头,按照该试件厚度要求的冲击能量目标,从所需要的高度冲击试件。不规定冲击头的质量,但在正常实践中为 $4.5 \sim 5.5\,\text{kg}(10 \sim 12\,\text{lb})$ 之间。冲击能量按以下方法之一进行计算:

- 方法 1　能量 ＝ 下落重量 × 下落高度 / 试件厚度
- 方法 2　能量 ＝ 1/2 质量 × (速度)² / 试件厚度

规定的冲击能量水平是 $6.7\,\text{J/mm}(1\,500\,\text{in} \cdot \text{lbf/in})$,在冲击前瞬时测量速度。按标志点和试件之间的任何行程来校正速度测量。因为方法 2 考虑摩擦损失,是首选的方法。

必须避免对试件的回弹冲击。如果在试验期间采用仪器设备,就可计算实际的冲击能量,并记录冲击力与时间的关系。采用超声扫描检测冲击过的试件,记录分层面积和一般形状。

试件试验——用压缩载荷夹具来保证在所希望的平面内轴向加载。虽然在工业实践中并不总采用应变计,该方法需采用 4 个轴向应变计测量应变。试验速度是 $1\,\text{mm/min}(0.05\,\text{in/min})$。要分别画出各应变计的输出图形,以检查异常的加载情况。CAI 按下式计算:

$$F^{\text{CAI}} = P/tw \tag{7.7.3.1.2}$$

式中:P 为载荷;t 为厚度;w 为宽度。

优点:所需的材料比 NASA 方法少得多,消除了二次机械加工,节约了成本。

缺点:在冲击后没有机加工去除在夹持区或端部可能出现的损伤。

7.7.3.1.3　NASA 1142,B.11"冲击后压缩试验"

NASA CAI 方法在 NASA 1092,ST-1 和 NASA 1142,B.11 中介绍。

NASA 1142,B.11 方法是 NASA 1092 新近的版本。

在冲击之前,试件是 $180\,\text{mm} \times 300\,\text{mm}(7\,\text{in} \times 12\,\text{in})$ 准各向同性层压板,在一般的实践中厚度是 $6\,\text{mm}(0.25\,\text{in})$,在冲击之前应进行超声 C 扫描作为基准。试件被夹持在带有 $130\,\text{mm} \times 130\,\text{mm}(5\,\text{in} \times 5\,\text{in})$ 开孔的钢支持板上,开孔在冲击部位的背

面。用一个直径 13 mm(0.5 in)的半球形冲击头冲击试件。冲击头的质量是 4.5~5.5 kg(10~12 lb)。需要的冲击能量是 27 J(20 ft·lbf)。

冲击后用目视和超声检查试件,然后机械加工到最后的压缩试件尺寸 130 mm×250 mm(5 in×10 in)。最后的机械加工步骤消除了冲击过程中在夹持区对试件造成的任何损伤,并把末端加工成平面。

然后,在试件上背对背地粘贴应变计,应变计用来监控试验期间不寻常的加载情况,在工业实践中并不总采用应变计。

按照下式计算 CAI:

$$F^{CAI} = P/tw \qquad\qquad (7.7.3.1.3)$$

式中:P 为载荷;t 为厚度;w 为宽度。

7.7.3.1.4　ASTM D7137"含损伤聚合物基复合材料板压缩剩余强度性能标准试验方法"

ASTM D7137 扩展了 SACMA SRM 2-94 和 Boeing BSS-7260,仅限于损伤容限评定。本试验方法覆盖了多向聚合物基复合材料层压板的压缩剩余强度性能,该板在施加压缩力以前已经受到按试验方法 D6264/D6264M 施加的准静态压痕,或按试验方法 D7136/D7136M 施加的落锤冲击。试验层压板限于具有多个纤维铺向的连续纤维增强聚合物基复合材料且相对试验方向对称均衡。标准试验层压板是为 $[45/0/-45/90]_{ns}$,其中 n 表示重复的次数,以便得到层压板的厚度在 4.0~6.0 mm[0.16~0.24 in]范围内。标准试件宽 10 cm[4.0 in]、长 15 cm[6.0 in]。

用本试验方法得到的性能,能为用类似材料、厚度、铺层顺序等制造的复合材料结构预期的损伤容限能力提供指南。然而必须要知道,复合材料结构的损伤容限与几个因素密切相关,这些因素包括几何尺寸、刚度、支持条件等,由于这些参数的差别,得到的现有损伤状态和压缩剩余强度之间的关系会有巨大差别。于是,一般来说,这些结果是不可延伸用于其他构型的,其结果仅是所试验的几何尺寸和物理状态的特定情况。

图 7.7.3.1.4 所示的压缩试验夹具基于 Boeing BSS-7260 的夹具,使用可调节的固定板,使得试样在端部受载时支持试样的边缘并抑制屈曲。夹具的构成包括 1 个底座、2 个底座滑动板、2 个角板、4 个侧板、1 个顶板和 2 个顶部滑动板。允许使用角板与底座整体连接的替代夹具。建议对试样进行应变测量,但不要求。如果进行应变测量,则应在 4 个位置同时测量纵向应变(试件两表面各 2 个背靠背位置),来保证施加纯压缩载荷,并检测弯曲或屈曲(如果存在)。

试验速率为 1 mm/min[0.05 in/min]。连续或以规定的间隔记录力-横梁位移和力-应变(如果进行测试)。记录每个试样破坏的模式、区域和位置。

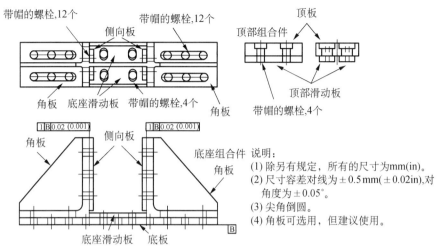

图 7.7.3.1.4　ASTM D7137 压缩剩余强度稳定性夹具

参 考 文 献

7.4.1　　　　SRM 3 - 88, SACMA Recommended Test Method for Open-Hole Compression Properties of Oriented Fiber-Resin Composites Suppliers of Advanced Composite Materials Association, Arlington, VA, 1988.

7.4.3.2　　　Sawcki A, and Minguet P. Failure Mechanisms in Compression-Loaded Composite Laminates Containing Open and Filled Holes [J]. Journal of Reinforced Plastice and Composites, Vol.18, NO.18(1999), pp.1708 - 1728.

7.5.2.2.1　　ASTM D953, Standard Method of Test for Bearing Strength of Plastics [S]. Annual Book of ASTM Standards, Vol8.01, American Society for Testing and Materials, West Conshohocken, PA.

7.5.2.3.2　　MIL - STD - 1312/B, Fasteners Test Methods [S].

7.5.3.2　　　Crews J H and Naik R A. Combined Bearing and Bypass Loading on a Graphite/Epoxy Laminate [J]. Composite Structures, Vol 6, 1986, pp.21 - 40.

7.5.4.4(a)　ASTM Test Method E8 - 04, Standard Test Methods for Tension Testing of Metallic Materials [S]. Annual Book of ASTM Standards, Vol. 3.01, American Society for Testing and Materials, West Conshohocken, PA.

7.5.4.4(b)　ASTM Practice E4 - 07, Standard Practice for Force Verification of Testing Machines [S]. Annual Book of ASTM Standards, Vol.3.01, American Society for Testing and Materials, West Conshohocken, PA.

7.5.4.4(c)　ASTM Practice E83 - 06, Standard Practice Verification and Classification of Extensometers [S]. Annual Book of ASTM Standards, Vol. 3.01, American Society for Testing and Materials, West Conshohocken, PA.

7.6.2(a)　　Krieger, Raymond B Jr. Stress Analysis of Metal-to-Metal Bonds in Hostile Environments [C]. Proceedings of the 22nd National SAMPE Symposium, San Diego, CA, April 26 - 28, 1977.

7.6.2(b)   Krieger, Raymond B Jr. Stress Analysis Concepts for Adhesive Bonding of Aircraft Primary Structure [Adhesively Bonded Joints: Testing, Analysis and Design, ASTM STP 981, W. S. Johnson, Ed. American Society for Testing and Materials, Philadelphia 1988, pp. 264 - 275.

7.6.2(c)   ASTM Test Method D2095 - 96(2002), Standard Test Method for Tensile Strength of Adhesives by Means of Bar and Rod Specimens [S]. Annual Book of ASTM Standards, Vol. 15. 06, American Society for Testing and Materials, West Conshohocken, PA.

7.6.2.1.1(a) Kassapoglou, Christos and Adelmann, John C. KGR - 1 Thick Adherend Specimen Evaluation for the Determination of Adhesive Mechanical Properties [S]. SAMPE Quarterly, October 1992.

7.6.2.1.1(b) Tsai, Ming-Yi, Morton J and Oplinger D. Determination of Thin-Layer Adhesive Shear Properties Using Strain Gages [J]. Experimental Mechanics, (to be published).

7.6.2.1.1(c) Hart-Smith L J. Adhesively Bonded Joints for Fibrous Composite Structures [C]. Proceedings of International Symposium on Joining and Repair of Fibre-Reinforced Plastics, London, Great Britain, September, 1986.

7.6.2.1.2   ASTM Test Method E229 - 97, Shear Strength and Shear Modulus of Structural Adhesives [S]. Annual Book of ASTM Standards, Vol. 15. 06, American Society for Testing and Materials, West Conshohocken, PA.

7.6.2.2.1(a) ASTM Practice D2094 - 00(2006), Standard Practice for Preparation of Bar and Rod Specimens for Adhesion Testing [S]. Annual Book of ASTM Standards, Vol. 15. 06, American Society for Testing and Materials, West Conshohocken, PA.

7.6.2.2.1(b) Hart-Smith L J. Adhesive Bonded Single Lap Joints [R]. NASA CR - 11236, January, 1973.

7.6.2.3(a)   Chai H. Bond Thickness Effect in Adhesive Joints and Its Significance for Mode I Interlaminar Fracture [C]. Composite Materials: Testing and Design (7th Conference), ASTM STP 893, J. M. Whitney, Ed. , American Society for Testing and Materials, Philadelphia, 1986, pp. 209 - 231.

7.6.2.3(b)   Chai H. Observation of Deformation and Damage at the Tip of Cracks in Adhesive Bonds Loaded in Shear and Assessment of a Criterion for Fracture [J]. International Journal of Fracture, Vol. 60, 1993, pp. 311 - 326.

7.6.2.3(c)   Kinloch A J and Shaw S J. The Fracture Resistance of a Toughened Epoxy Adhesive [J]. Journal of Adhesion, Vol. 12, 1981, pp. 59 - 77.

7.6.2.3(d)   Lee D - B, Ikeda T, Miyazaki N, and Choi N. - S. Fracture Behavior Around a Crack Tip in Rubber-Modified Epoxy Adhesive Joint with Various Bond Thicknesses [J]. Journal of Materials Science Letters, Vol. 22, 2003, pp. 229 - 233.

7.6.3.1   ASTM Test Method C297/C297M - 04, Standard Test Method for Tensile Strength of Flat Sandwich Constructions in Flatwise Plane [S]. Annual Book of ASTM Standards, Vol. 15. 03, American Society for Testing and Materials, West Conshohocken, PA.

7.6.3.3   ASTM Test Method D3528 - 92 (2002), Standard Test Method for Strength Properties of Double Lap Shear Adhesive Joints by Tension Loading [S]. Annual

Book of ASTM Standards, Vol. 15.06, American Society for Testing and Materials, West Conshohocken, PA.

7.6.3.4.2　European Aircraft Industry Standard EN 6066, Determination of Tensile Strength of Tapered and Stepped Joints [S].

7.7.3.1.1(a)　SACMA SRM 2R-94 SACMA Recommended Test Method for Compression After Impact Properties of Oriented Fiber-Resin Composites [S]. Suppliers of Advanced Composite Materials Association, 1600 Wilson Blvd. Suite 1008, Arlington, VA 22209.

7.7.3.1.1(b)　NASA Reference Publication 1092 - Revised. Standard Tests for Toughened Resin Composites, Revised Edition, 1983 [S].

7.7.3.1.1(c)　NASA Reference Publication 1142, NASA/Aircraft Industry Standard Specification for Graphite Fiber/Toughened Thermoset Resin Composite Material [G]. compiled by ACEE Composites Project Office, Langley Research Center, Hampton, VA, 1985.

7.7.3.1.1(d)　Caldwell, Borris, Fallabella. Impact Damage Tolerance Testing of Bonded Sandwich Panels [C]. SAMPE Technical Conference, November 1990.

第8章 统计方法

8.1 引言

复合材料性能数据的变异性可能由一系列因素引起，诸如制造期间的操作差异、原材料的批间变异性、检验差异及材料的固有变异性。重要的是进行复合材料设计时认识这一变异性并把它引入复合材料性能的设计值中。本章提供了基于统计的材料性能的计算方法。采用恰当规划的试验大纲(参见第2章)，这些统计方法可以解释一些，但不是全部的变异性来源。一个基本的假设就是人们是在测量想要的性能。否则，没有一种统计方法能够充分考虑其他的技术不足。

第8.2节提供了本章其余部分所使用的方法中用到的背景知识与指南材料。不熟悉本章中统计方法的读者在阅读本章其余部分前应阅读第8.2节，有经验的读者会发现该节的内容是有参考价值的。第8.3节提供了评估数据和计算基于统计的性能的方法。第8.4节给出了其他统计方法，包括有关材料验收的材料等同性以及基于统计的规范值的确定方法、数据组的比较方法以及过程控制方法。第8.4节还提供了给出材料力学性能——应力/应变曲线的格式。第8.5节给出了统计表与近似公式。

8.1.1 基于统计的性能的计算方法概述

第8.3节描述了从复合材料数据获得A基准值和B基准值的计算方法。流程图(见图8.3.1.1(a)和(b))用于指引用户了解统计计算的基本过程。统计过程始于如下的假设，即假设数据来自于多批材料且假设存在足够多不同水平下的某种固定影响(如试验环境)。在这种情况下，对数据进行总体上更大的合并对于评估变异性是具有优势的。沿着上述流程图向基准值继续逼近时，需要验证某些附加的假设。如果数据量或数据结构未达到要求，则放弃使用合并方法而采用"单点计算方法"(无固定影响)。在单点方法中，将根据数据是否能按自然方式分组(例如根据批次)采用不同的计算方法。不能分组的数据，或各组间差异可忽略的数据称为非结构型数据，否则，该数据称为结构型数据。第8.3.2节中的检查数据组之间的差异是否可忽略的统计方法，可用来确定这些数据可否作为结构型数据或非结构型数据。非结构型数据采用 8.3.6.6.1 节的正态分布、8.3.6.6.2 节的 Weibull 分布或 8.3.6.6.2 节的对数正态分布来模拟。如果用上述分布模拟均不合适,则确定非参数的基准值(8.3.6.6.4 节)。结构型数据按照 8.3.7 节中的方法采用线性统计模型来模拟,包括回归和方差分析(ANOVA)。

8.1.2 计算机软件

可以获得有用的分析材料性能数据的非专利的计算机软件。软件 ASAP 可从美国维奇托州立大学的国家航空研究院(NIAR)获得,该软件可执行框图 8.3.1.1(a)所示的与考虑多个固定影响的合并方法相关的计算。软件 STAT17 可从 CMH - 17秘书处索取,该软件可执行框图 8.3.1.1(b)所示的单点方法的计算。软件 RECIPE(REgression Confidence Intervals on Percentiles)可从国家标准和技术研究院(NIST)索取,该软件可以进行基于线性模型(包括回归和方差分析)的材料基准值的计算。一个非专利的通用统计分析与图形软件包 DATAPLOT 也可从 NIST 获得,可通过 NIST 的软件索引(http://www.itl.nist.gov/div898/software/)获得软件 RECIPE 和 DATAPLOT。

8.1.3 符号

下面列出第 8 章中用到的且在本手册其余部分不通用的符号,同时给出其各自的定义及其首次出现的章节。

符号	定义	章节
A	A 基准值	8.1.1
a	分布下限	8.1.4
ADC	ADK 临界值	8.3.2.2
ADK	k 样本 Anderson-Darling 统计量	8.3.2.2
B	B 基准值	8.1.1
b	分布上限	8.1.4
C	临界值	8.3.3.1
CV	离散系数	8.3.10.1
e	误差,残差	8.3.7.1
F	F 统计量	8.3.6.7.3
$F(x)$	累积分布函数	8.1.4
$f(x)$	概率密度函数	8.1.4
F_0	标准正态分布函数	8.3.6.5.1.2
IQ	信息分位数函数	8.3.8.2
J	每批样本个数	8.2.5.3
k	批次数	8.2.3
k_A	(a) 单侧容限系数,A 基准值	8.3.6.6.1
	(b) Hanson-Koopmans 系数,A 基准值	8.3.6.6.4.2

k_B	（a）单侧容限系数，B 基准值	8.3.6.6.1
	（b）Hanson-Koopmans 系数，B 基准值	8.3.6.6.4.2
MNR	最大赋范残差检验统计量	8.3.3
MSB	批间均方值	8.3.6.7.3
MSE	批内均方值	8.3.6.7.3
n	一批数据的观测值个数	8.1.4
n'	有效样本大小	8.3.6.7.4
$\tilde{n}$	可比重复性必需的样本数	8.2.5.3
n^*	见式 8.3.6.7.4(b)	8.3.6.7.4
n_i	第 i 批中的观测值个数	8.3.2.1
OSL	观测的显著性水平	8.3.1
$p(s)$	确定性条件	8.3.7.1
Q	分位数函数	8.3.8.1
$\hat{Q}$	分位数函数估计量	8.3.8.1
r	观察值序号	8.3.6.6.4.1
RME	相对误差大小	8.5
s	样本标准差	8.1.4
s^2	样本方差	8.1.4
s_L	对数标准差	8.3.6.5.3
s_y	回归直线误差的标准差估计值	8.3.7.3
SSB	批间平方和	8.3.6.7.2
SSE	批内平方和	8.3.6.7.2
SST	总平方和	8.3.6.7.3
T	容限系数	8.3.6.7.5
t	t 分布分位数	8.3.3.1
T_i	第 i 个温度条件	8.3.7.1
$t_{\gamma, 0.95 t(\delta)}$	偏心参数为 δ，自由度为 γ 时偏心 t 分布的 0.95 分位数	8.3.7.3
TIQ	截断的信息分位数函数	8.3.8.2
u	批间与批内均方值之比	8.3.6.7.5
V_A	Weibull 分布单侧容限系数，A 基准值	8.3.6.6.2
V_B	Weibull 分布单侧容限系数，B 基准值	8.3.6.6.2
w_{ij}	转换的数据	8.3.4.1
$\bar{x}$	样本均值，总体均值	8.1.4
x_i	样本中第 i 个观测值	8.1.4
$\tilde{x}_i$	x 值的中值	8.3.4.1

x_{ij}	第 i 批中第 j 个观测值	8.3.2.1
x_{ijk}	在第 i 个条件下第 j 批中第 k 个观测值	8.2.3
x_L	对数均值	8.3.4.4
$x_{(r)}$	升序排列的第 r 个观测值；序号为 r 的观测值	8.3.6.6.4.2
$z_{0.10}$	母体分布的第 10 百分位点	8.2.2
$z_{(i)}$	排序后的独立值	8.3.6.5.3
$z_{p(s),u}$	回归常数	8.3.7.1
α	（a）显著性水平	8.3.3.1
	（b）Weibull 分布的尺度参数	8.1.4
$\hat{\alpha}$	尺度参数 α 的估计值	8.3.6.6.2
β	Weibull 分布的形状参数	8.1.4
$\hat{\beta}$	形状参数 β 的估计值	8.3.6.6.2
β_i	回归参数	8.3.7.3
$\hat{\beta}_i$	β_i 的最小二乘估计值	8.3.7.3
γ	自由度数	8.3.7.3
δ	偏心参数	8.3.7.3
θ_i	回归参数	8.3.7.1
μ	母体均值	8.1.4
μ_i	第 i 个条件下的均值	8.2.3
ρ	同一批内两个测量值的相关系数	8.2.5.3
σ	母体标准差	8.1.4
σ^2	母体方差	8.1.4
σ_b^2	母体批间方差	8.2.3
σ_e^2	母体批内方差	8.2.3

8.1.4　统计术语

本节给出了本手册中最常用的统计术语的定义。

该明细表当然是不完整的。不熟悉统计方法的本文用户还应参考统计方法基础理论，如文献 8.1.4。1.7 节给出了其他统计术语的定义。

母体：有待对其进行推断的一组测量值，或在给定试验条件下可获得的所有可能的测量值。例如，"在 95% 的相对湿度和室温条件下复合材料 A 的所有可能的极限拉伸强度的测量值"。为了对一个母体进行推断，通常需要假设其分布形式。所假设的分布形式也可以视为母体。

样本：取自指定母体的测量值（有时称之为观测值）的集合。

样本大小：样本中测量值的数目。

A 基准值：基于统计的材料性能；测量值的指定母体的第一百分位点的 95% 的置信下限。也是上侧 99% 指定母体的 95% 置信下限。

B基准值：基于统计的材料性能；测量值的指定母体的第十百分位点的95％的置信下限。也是上侧90％指定母体的95％的置信下限。

相容：与来自同一母体的不同子体或组有关的描述性术语。

结构型数据：可以进行自然分组的数据，或所关注的响应随已知因素系统变化的数据。例如，若干批次的每批测量结果能够按批次合理分组，以及在若干已知温度下的测量值可用线性回归（见8.3.4节）来模拟。因此这两组数据都可看成结构型数据。

非结构型数据：所有相关信息均包含在测量结果自身中的数据。这可能是因为这些测量结果是全部已知的，或者是因为能够忽略数据中可能的构成。例如，按批次分组的且批间变异性被证明（采用8.3.2节子样本相容性判别法）可忽略的测量结果可认为是非结构型数据。

位置参数与统计值

母体均值：给定母体的所有可能的测量值按其在母体中出现的相对频率加权后得出的均值。也是当样本大小增加时样本均值的极限。

样本均值：一个样本中所有观测值的平均值，是母体均值的一个估计值。如果用 x_1，x_2，$\cdots$，x_n 表示一个样本中的 n 个观测值，那么样本均值可定义为

$$\bar{x} = \frac{x_1 + x_2 + \cdots + x_n}{n} \tag{8.1.4(a)}$$

或

$$\bar{x} = \frac{1}{n} \sum_{i=1}^{n} x_i \tag{8.1.4(b)}$$

样本中位数：将一个样本中的观测值按递增顺序排列后，如果样本大小为奇数，则样本中位数为最中间的观测值；如果样本大小为偶数，则样本中位数为最中间的两个观测值的均值。如果母体对称于其均值，则样本中位数也是对母体均值的一个令人满意的估计值。

离差统计量

样本方差：样本观测值与样本均值之差的平方和除以 $n-1$，这里 n 表示样本大小。样本方差定义为

$$s^2 = \frac{1}{n-1} \sum_{i=1}^{n} (x_i - \bar{x})^2 \tag{8.1.4(c)}$$

或

$$s^2 = \frac{1}{n-1} \sum_{i=1}^{n} x_i^2 - \frac{n}{n-1} \bar{x}^2 \tag{8.1.4(d)}$$

样本标准差：样本方差的平方根。样本标准差用 s 表示。

概率分布术语

概率分布:给出某个值落在指定区间内的概率的公式。在本章中用到"分布"一词时,均指概率分布。

正态分布:一类双参数(μ, σ)的概率分布,按此分布某个观测值落在a与b之间的概率由下列曲线下a, b之间的面积给出:

$$f(x) = \frac{1}{\sigma \sqrt{2\pi}} e^{-(x-\mu)^2/2\sigma^2} \tag{8.1.4(e)}$$

参数为(μ, σ)的正态分布的母体均值为μ,方差为σ^2。

对数正态分布:一种概率分布,按此分布从某一母体中随机选取的一个观测值落在a与b($0 < a < b < \infty$)之间的概率,由正态分布曲线下$\ln(a)$与$\ln(b)$之间的面积给出。

双参数 Weibull 分布:一种概率分布,按此分布从某一母体中随机选取的一个观测值落在a与b($0 < a < b < \infty$)之间的概率,由下式给出:

$$e^{-(a/\alpha)^\beta} - e^{-(b/\alpha)^\beta} \tag{8.1.4(f)}$$

式中:α称为尺度参数;β称为形状参数。

概率函数术语

累积分布函数:通常用$F(x)$表示的一个函数,它给出一个随机变量落在任意给定的两个数之间的概率。即

$$\Pr(a < x \leqslant b) = F(b) - F(a) \tag{8.1.4(g)}$$

这种函数具有非降性并满足

$$\lim_{x \to +\infty} F(x) = 1 \tag{8.1.4(h)}$$

累积分布函数F与概率密度函数f通过下式相联系:

$$f(x) = \frac{\mathrm{d}}{\mathrm{d}x} F(x) \tag{8.1.4(i)}$$

假设式中$F(x)$是可微的。

F 分布:用于方差分析、回归分析及方差等同性检验的一种概率分布。可以方便地获得这种分布表。

概率密度函数:一种函数,对于所有的x,$f(x) \geqslant 0$且

$$\int_{-\infty}^{\infty} f(x)\mathrm{d}x = 1 \tag{8.1.4(j)}$$

由概率密度函数按下式确定累积分布函数$F(x)$:

$$F(x) = \int_{-\infty}^{x} f(t)\,\mathrm{d}t \qquad\qquad (8.1.4(\mathrm{k}))$$

注意极限区间$(-\infty, \infty)$指的是一般情形；例如定义概率密度函数如下式的指数分布满足上述定义：

$$f(x) = \begin{cases} 0 & x \leqslant 0 \\ \mathrm{e}^{-x} & x > 0 \end{cases} \qquad\qquad (8.1.4(\mathrm{l}))$$

概率密度函数用来计算下式所示的概率：

$$\Pr(a < x \leqslant b) = \int_{a}^{b} f(x)\,\mathrm{d}x \qquad\qquad (8.1.4(\mathrm{m}))$$

误差与变异性

固定影响：由处置或条件的特定状态的改变引起的测量值的系统性偏移。处置或条件状态的改变通常由试验者控制。例如，测量值可以是压缩强度或拉伸模量，处置或条件可以是试验温度、加工者等等。对固定影响来说，可将测量值的偏移解释为同样的处置或条件不仅对已测数据而且对未测数据的影响是一致的。

随机影响：由外部的，通常由不可控因素的特定状态的改变引起的测量值的偏移。该因素的这种状态被看成是从一个无限母体中的一次随机抽取。试验人员无法控制随机影响的具体大小，然而它可能在观测值的有限子体中保持不变。例如，测量值可以是压缩强度或拉伸模量，外部因素可能为导致批间差异的批生产。如果将所涉及的加工人数看成是所有现有和未来的加工者（母体）中的一个小样本时，可以认为加工者之间的差异是一种随机影响。对随机影响来说，测量值的偏移可看成一个均值为零而方差非零的随机变量。受一定大小的某种外部因素影响的子体中，测量值是相互关联的（它们在母体均值附近偏移，其偏移量取决于该因素的状态）。因此，为了获得关于测量值母体最独立的信息，子体越多的方法要优于每个子体中包含的测量数越多的方法。

随机误差：由未知的或不可控的外部因素引起的那一部分数据偏差，其对每个观测值的影响是独立的且是不可预见的。它是对模型分析所产生的残差，也就是去除由固定性影响和随机影响引起的差异之后所剩余的差异。随机误差是随机影响的一种特殊情形。在两种情况下，随机影响或误差的水平是无法控制的但随机误差随每次测量独立变化（即，几个测量值不会有共同的随机误差漂移）。随机误差的一个重要例子就是在处置、条件、批次和其他外部因素（固定与随机影响）的状态一致的条件下，出现在子体内的试件间的变异性。

材料变异性：由材料自身空间的变化、一致性的改变以及材料加工的差异（例如，固有的微结构、缺陷分布，交键密度等等）引起的变异性。材料变异性的组成可以是固定影响、随机影响和随机误差的任意组合。

8.2　基础知识

本节提供了本章其余部分所用方法的预备知识与指导。不熟悉本章中统计方法的读者在阅读本章其余部分前应先阅读本节。对有经验的读者来说,本节是关于统计方法及术语的一个有用的参考资料。

8.2.1　基于统计的设计值

材料的设计值为预期用于结构制造的材料性能的最小值。该设计值可以是确定性的或基于统计的。S-基准值是常用的一个确定值,这一基准值意味着只要被抽样检验的材料的任意一个性能值低于相应的 S-值,则拒收该批材料。基于统计的设计值承认材料性能的随机性。在按确定性方式进行结构设计时,确定性设计值和基于统计的设计值的使用方法相同。为了(确保)结构的完整性,结构中实际的(考虑适当的安全系数)的应力或应变不得超过材料的设计值。如果结构按概率方法设计(依据可靠性评估),则只能采用基于统计的设计值。

为了理解"基于统计的"设计值,必须将所关心的材料性能当成随机变量,而不是常量。这一随机变量随试件的不同而按某种概率分布发生变化。一个合理的做法就是定义材料性能的 B 基准值和 A 基准值分别为材料性能分布的第十和第一百分位点。人们期望材料性能值通常能够高于这两个值,因此上述定义是与传统的设计值的确定性定义相对应的基于统计的定义。当然,实践中存在的一个显而易见的问题,就是人们不知道材料性能的概率分布。迄今为止,在这些定义中只用到了概率论的简单概念,在处理这些百分位点的不确定性时统计推断起着重要作用。

8.2.2　非结构型数据的基准值

在破坏 n 个试件前,想象每个试件均具有一个可以描述成符合某个共同的概率分布的强度值。试件破坏后,得到 n 个值。如果 n 足够大,这些值的柱状图将接近该未知分布。这一概率分布称作母体,而这 n 个值则是该母体的一个随机样本。从概念上讲,可以作多次这种设想的试验,获得包含 n 个值的多个不同的组。基于统计的材料性能 B 基准值是由一个大小为 n 的随机样本算出的一个统计量,因此如果重复获得大小为 n 的随机样本并多次计算基准值,其中有 95% 次的计算值将低于(未知的)第 10 百分位点。同样地可定义 A 基准值,将第 10 百分位点用第 1 百分位点取代即可。按统计的说法,基准值是指定百分位点的 95% 置信下限,有时也称为容许限。

注意基于统计的材料性能分两步确定。首先为了考虑材料性能的分散性,将用确定性方法处理的性能改用概率方法来处理。并根据该分布的百分位点初步确定基准值。如果能够获得足够的性能数据的话,这样做就能够计及上述的不确定因素(即分散性)。但是由于在计算时用 n 个数据替代无限多的数据,因此,又引起了额外的不确定性。因而初步确定的百分位点用其保守的低估值来取代,以便考虑由于使用有限数据而引起的随机材料性能的额外的不确定性。

举个例子有助于理解上述思想。假设材料的拉伸强度服从均值为 1 000 MPa，标准差为 125 MPa 的正态分布。该分布的第 10 百分位点为

$$z_a = 1\,000 - (1.282) \times 125 \approx 840\,\text{MPa} \qquad (8.2.2)$$

如果数据为无限多，即已知母体，那么该值即为 B 基准值。假设只能得到 $n=10$ 的性能数据，可以算出这 n 个数据的 B 基准值（将公式（8.2.2）中的参数 1.282 替换成 2.355，见 8.3.6.5.1 节）。如果想要从同一母体得到大小为 10 的多组样本数据，对 95% 的这些重复抽样来说，该基准值将低于 840 MPa。上述由少量数据样本确定 B 基准值的方法反映了实际存在的分散性，这一分散性主要起因于母体方差的不确定性（见 8.2.5 节）。

如果同意下述两个简化假设，那么目前的讨论就已经给出了材料基准值的清楚完整的描述。首先材料性能的批间变异性可以忽略；其次所有数据都是从相同条件下的试验中获得的。在 8.3.2 节中，将这类数据定义为非结构型数据。然而，复合材料的性能经常随批次的不同而发生较大的变化，而且性能数据通常不是在单一确定的条件下而是在温度、湿度和铺层顺序等的一些组合条件下经试验获得的。反映这些额外复杂性的数据被称为结构型数据（见 8.3.2 节），并采用回归和方差分析来分析处理这类数据。第 8.3.7 节将讨论一般的回归分析方法。

8.2.3   存在批间变异性时的基准值

复合材料的很多性能在批与批之间出现明显的变异性。由于这一变异性，人们不应不加区分地将几批的数据汇集在一起并采用上面及 8.3.6.6 节讨论的非结构型数据分析方法进行分析。基准值必须体现材料批间的预期的变异性，特别是当批次很少时或有特别的理由假设这一变异性不可忽略时。合并不同批次的数据意味着假设这类变异性可以忽略，而实际上情况并不是这样，由合并得出的值会过于乐观。在合并数据前必须进行 8.3.2 节的子样本相容性检验。下面对单侧 ANOVA 模型（见 8.3.6.7.1 节）的最简单情形，讨论如何描述存在批间（或板间等）变异性时的材料基准值。

在以下的讨论中，数据由在同一试验条件下同一材料的同一性能的 n 个测量值组成。在这一假设下这些数据的唯一明显的区别就是每个试件用 k 批原材料中的某一批制造。（同样，可以想象成试件用同批原材料制造，但需经几次热压罐加工，从而引起加工试件的板与板之间的不可忽略的性能变异性）。每一个数据可看成三部分的和。第一部分为未知均值，第二部分为由加工试件的批次引起的均值偏移，第三部分为由同一批次不同试件测量值的分散性引起的随机扰动。

该未知常量均值与一系列固定条件有关（例如，根据详细规定的试验方法在指定试验条件下通过试验得到的某种材料的 8 层单向板的拉伸强度）。如果不停地按批次生产，并在这些固定条件下准备每批次的试件并进行破坏试验，得到所需的性能测量值，则在无限多批的极限情况下所有这些测量值的均值将逼近该未知常数。

该未知均值可表示成试件制备条件和试验环境条件的函数,这里,该函数形式是已知的,只是某些常数未知。这种处理方法涉及回归模型的概念,在 8.3.7.1 节中将对回归模型进行具体论述。

然而,如果设想只对取自单批的多个试件进行试验,在此情况下的平均强度也逼近某一常数,但这一常数与试件取自不同批次的情形不同。上段讨论的均值收敛于所有批次的总体均值(总均值),而在上述设想下的均值则收敛于某特定批次的母体均值。总体均值与某特定批次的母体均值之差是材料性能测量值的第二个分量。该差值为一随机量,它随批次发生无规律的变化。假定这一随机的"批次影响"服从具有零均值和某种未知方差的正态分布,称该未知方差为方差的批间分量并记为 σ_b^2。

即使采用同批材料制造试件且在相同条件下试验,每次测得的值也不同。除母体均值和随机"批次影响"外,测量值还存在第三个分量。它也是随机的,但仅随批内试件不同而变化。该随机量称作批内变异性,并将其模拟成服从具有均值为零,方差为 σ_w^2 的正态分布的随机变量。该方差称为方差的批内分量。

总而言之,取自特定批次的特定试件的数据的测量值由三部分组成:

$$x_{ijk} = \mu_i + b_j + e_{ijk} \tag{8.2.3}$$

式中:x_{ijk} 是第 i 个固定条件下取自第 j 批材料的第 k 个测量值。随机变量 b_j 和 e_{ijk} 服从具有均值为零,方差分别为 σ_b^2 和 σ_w^2 的正态分布。在当前的讨论中只有一组固定条件,因此下标"i"可略去。对于 8.3.7.1 节和 8.3.7.2 节叙述的一般回归和方差分析模型,可能存在多种固定因素的多种组合,那时方程(8.2.3)中的下标"i"必须保留。

如果可以获得多批次数据,则依据这些数据并采用软件 RECIPE(见 8.1.2 节)确定基准值。对于特定的一组固定条件,在 95% 的置信水平下,所确定的基准值低于从以后随机选取的批次中随机选取的观测值的相应的百分位点。这些值可防止因批间变异性导致的以后批次的均值性能比现有批次低的可能性。

8.2.4　批料、板料及其混同

式(8.2.2)与 8.3.7 节描述的模型基于最多只有两种变异性来源的假设,即"批间变异性"和"批内变异性"。可是在复合材料的制造过程中,一般存在至少三种变异性来源。对于预浸料制成的复合材料,另外的变异性来源于如下的实际情况,即通常用一块"板料"同时制造几个试件。因此第三种来源可称作"板间"变异性。

如果数据来自于数批材料而固定条件只有一组时,不能将批间变异性和板间变异性的评估区分开来。当数据来自新一批材料时,该数据也是来自不同的板。(在统计术语上,称之为将批间方差和板间方差进行混同)。因此在此情况下所说的"批间变异性"实际上是批间和板间方差之和。除非板间变异性可以忽略,否则在上述情况下批间变异性将被高估。这使材料性能的基准值比本来的要低。

其次考虑数据来自于数批材料且有多种固定条件(见8.3.7.3节)的情形。如果同时假设同一批次的不同条件下的数据来自于不同的板,则原则上可分别评估批间变异性和板间变异性。然而本章的回归模型和RECIPE软件只考虑其中的一种变异性。因此板间方差不是与上述批间方差混同,而是与批内方差混同。这样做的结果将导致材料基准值比本来的高一些。基于某些原因,认为这样处理产生的问题可能没有将板间与批间方差混同引起的问题严重。或许其中最主要的原因是变异性的来源,因为批间变异性是人们最为关心的,因而应对其进行恰当合理地处理。另一个原因是板内变异性通常很大,如果板间变异性比板内变异性小,则材料性能基准值不会有实质性的提高。

8.2.5 用于确定基准值的样本大小指南

材料基准值通常被称为材料性能,也就是说,这些值可理解为有助于表征材料与工艺的常数。即使材料、环境条件及试验状态保持不变,基准值也常常随数据组变化,因此将其作为材料常数通常是一种近似的做法。

可是,如果计算是基于足够多的数据,基准值必定能在工程精度内在类似的数据组中重复。本节旨在举例说明小样本的重复性问题并为确定在基准值计算中能够近似满足重复性要求的所必需的数据量提供指导。

多少数据是"足够的"取决于许多因素,包括

(1) 用于近似模拟数据抽样母体的统计模型;

(2) 期望的重复程度;

(3) 被测性能的变异性,以及

(4) 由试验方法引起的性能测量值的变异性。

由于上列因素,因此无法给出严格的建议。本节的讨论目的是为本手册用户在确定样本大小时提供背景资料与指导性建议。必须强调,本节仅涉及基准值相对于样本大小的稳定性问题。另一个值得单独考虑的与样本大小有关的重要问题是统计模型假设对基准值的影响——因为依据小样本选取模型时具有相当大的不确定性。有关样本大小选择的影响的进一步的讨论参见2.2.5节。

8.2.5.1 例子

表8.2.5.1给出了室温干态条件下测得的单向复合材料的拉伸强度数据(单位为ksi)。

表 8.2.5.1 室温干态单向复合材料的拉伸强度

226	227	226	232	252

这些数据的均值和标准差为 $\bar{x} = 232.6$ 和 $s = 11.13$。采用正态分布模型(见8.3.4.3节)计算这些数据的B基准值

$$B = \bar{x} - k_{B}s = 232.6 - 3.407 \times (11.13) = 195 \qquad (8.2.5.1)$$

首先应强调的是在大多数应用中由少至 5 个试件确定的 B 基准值不太可能足以重复而被作为材料常数看待。对于该问题作个似乎合理的假设,即上述数据取自均值为 230 且标准差为 10 的正态分布的一个样本。

可以算出相应于假定强度测量值服从正态分布的 B 基准值的理论母体,如图 8.2.5.1所示。注意观测的基准值接近该基准值母体的均值。这是预期的结果,因为所假定正态分布的参数是基于确定基准值的同一组数据。但是,应注意,基准值附近±20 ksi 内的值也可能被观测到。基于这一分析,不能排除包含 5 个试件的下一个样本的 B 基准值低至 180 ksi 和高至 220 ksi 的可能性。

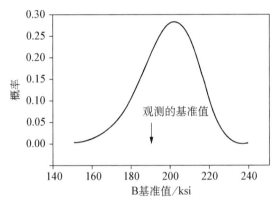

图 8.2.5.1　样本大小为 5 的 B 基准值母体

8.2.5.2　正态分布基准值的均值和标准差

由小样本算得的基准值显示出高的变异性。量化这一变异性的一个途径就是当根据假定分布计算基准值的理论均值、标准差与离散系数时,将这些量表示为试件数的函数。当然,这些计算取决于所选择的统计模型以及为该模型选择的参数。然而,这些计算的目的不是提供严格的标准,而是从定性上告知用户基准值的特点。

本小节的讨论将考虑一均值为 100,标准差为 10 的正态分布。10% 的离散系数对很多材料性能来说是典型的观测值,且大小为 100 的均值也与大多数单向复合材料的强度测量值(单位 ksi)在一个数量级内。选定正态分布是因为正态分布基准值方法具有广泛的吸引力且所需的计算都能以封闭形式完成。基于 Weibull 母体的基准值的样本大小一般应大于基于正态母体的基准值的样本大小,以便获得同样的重复度。该小节仅考虑一个简单随机样本的基准值。下一小节将讨论 ANOVA 基准值。

来自均值为 100,标准差为 10 的正态母体的 B 基准值的均值和一倍标准差界限在图 8.2.5.2(a)中作为试件数的函数示出。注意,当样本大小为 10 或更小时变异非常大。

离散系数 CV 是标准差与均值的比值。因此易从图 8.2.5.2(a)的信息中得到作为样本大小函数的 CV。图 8.2.5.2(b)示出了这些 CV 值,并在 10% 处有一水平线以供参考。

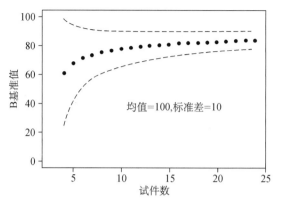

图 8.2.5.2(a)　正态分布 B 基准值及标准差(1σ)

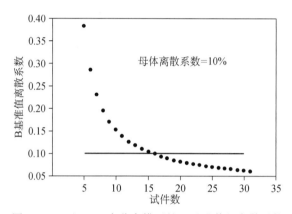

图 8.2.5.2(b)　正态分布模型的 B 基准值的离散系数

由于 A 基准值是关于母体的第 1 百分位点的 95％ 置信下限,而 B 基准值是关于第 10 百分位点的 95％ 置信下限,显而易见,对给定基准值的重复性程度,A 基准值比 B 基准值需要明显多的数据。如果假设测量值为取自正态分布的一个样本,则合理的做法是先确定 B 基准值需要的试件数 n,然后将之乘 3 可得确定 A 基准值所需的样本大小。这一方法是基于母体离散系数小于 15％ 的假设。

8.2.5.3　采用 ANOVA(方差分析法)的基准值

当数据来自于数批材料且批间变异性明显时,流程图(见图 8.3.1.1)表明应使用 8.3.6.7 节的 ANOVA 法。要确定当数据来自数批材料时所需的试件数时,首先将数据按来自于单批处理,基于前一节的讨论选择样本大小,用 n 表示。如果 J 是每批次的试件数(假设各批次的试件数相等)且 ρ 为由同批次试验测得的任意两个测量值间的相关系数,则在多批次情形下出现可比重复性所需的试件数近似为

$$\tilde{n} = [J\rho + 1 - \rho]n \qquad (8.2.5.3)$$

如果 $\rho = 0$,不存在批间变异性,因此 $\tilde{n} = n$。在另一极端情形下,即如果 $\rho = 1$,每

批内的测量值完全相关(即每批由 J 个相同的数据组成),则 $\tilde{n} = Jn$,也就是说,要获得与 n 个不相关($\rho = 0$)试件同样的重复程度,需要 n 批试件。实际上,ρ 是未知的。作为确定样本大小的指导性意见,对大多数情况,令 $\rho = 1/2$ 就足够了。这表明要达到与大小为 n 的单个样本同样的重复程度,需要样本大小为 J 的($n(J+1)/(2J)$)批试件。通常更可取的方法是将一定数量的试件分配在尽可能多的批中。可是,测试一批新试件比在单批内测试更多试件要贵很多。有时情况是这样的,即同一批的两块分别加工与测试的板之间的变异性与两块来自不同批的板之间的变异性相差不大。在此情况下,用同一批的多块板替代多个批次是合理的。

假设想要得到一个与大小 $n = 5$ 的单个样本的 B 基准值具有相同重复程度的、基于 ANOVA 方法的 A 基准值。首先如 8.2.5.2 节所述,对 A 基准值样本大小进行修正:$n_A = 3 \times 5 = 15$;其次,假定批间变异性适中且批的大小 $J = 3$,计算可得,满足期望的重复程度所需的批次数为 $n_A[(J+1)/(2J)] = 10$,共计 30 个试件。

8.3　基于统计的材料性能的计算

8.3 节包括从复合材料试验数据中获得 B 基准值和 A 基准值的计算方法。

8.3.1　计算程序指南

8.3.1.1　计算流程图

确定基准值的程序取决于数据的特点。流程图 8.3.1.1(a)和图 8.3.1.1(b)说明了选择合适计算方法的步骤。下面将对流程图中的每一步骤加以简要描述。具体计算方法的详细资料在稍后的几节中提供。

程序开始于图 8.3.1.1(a)所示流程的起点。这里假设数据来自于多批材料与多个试验环境条件,并且尝试合并各环境样本数据以提高变异性的评估水平。ASAP 计算机程序就是为完成与这一合并过程有关的计算而设计的。同时这种方法要求数据能够满足某些其他准则并且应对此进行证明。如果数据能够满足所有这些准则,则程序终止于图 8.3.1.1(a)所示的流程。如果所有数据或者部分数据不能满足这些假设和准则,则应根据图 8.3.1.1(b)所示的单点方法的计算流程对所有数据或部分数据进行分析。图 8.3.1.1(a)已示出何时需要采用单点方法。图 8.3.1.1(b)的流程之所以被命名为单点方法是因为每种环境样本(或其他固定影响)是单独分析的,而非多种环境样本的合并分析。STAT17 计算机程序就是为完成与单点方法相关的计算而设计的。

图 8.3.1.1(a)和图 8.3.1.1(b)中实心圆中的数字编号指向对流程的每个步骤进行说明的对应编号的段落。尽管有时用同一批次的多块板替代多批材料是合理的(见 8.2.5.3 节的说明),但是出于对流程图描述的需要,仍旧使用"批次"这个术语。同样地,尽管如前文所述可采用几乎任何固定影响,但是出于流程图描述的需要,假设固定影响是指测试的环境条件(室温干态、高温湿态、低温干态等),而且使用"环境""条件"或"环境条件"这些术语。

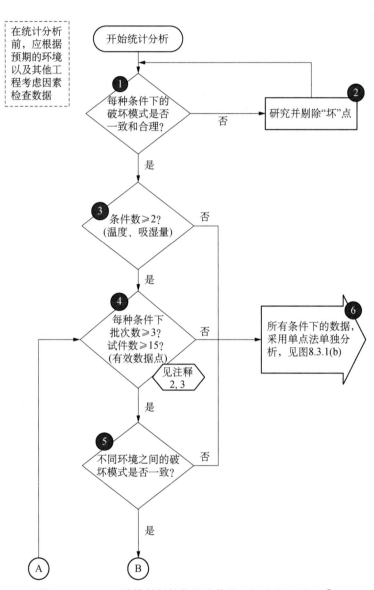

图 8.3.1.1(a)　计算材料性能基准值的一般流程(5 之 1)[①]

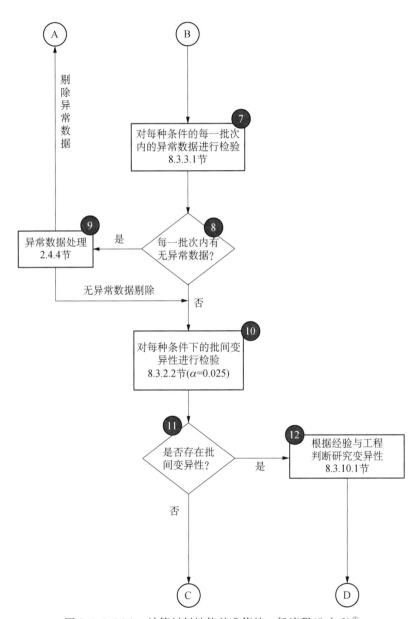

图 8.3.1.1(a)　计算材料性能基准值的一般流程(5 之 2)[①]

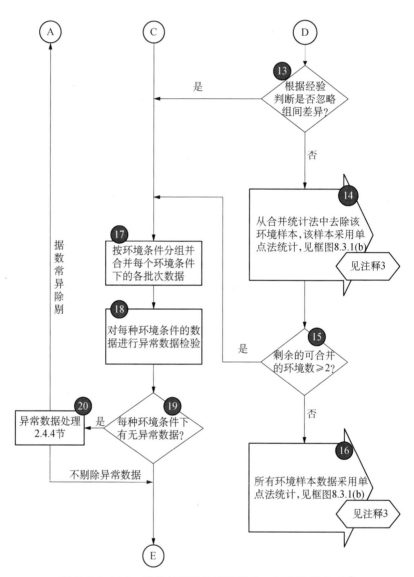

图 8.3.1.1(a) 计算材料性能基准值的一般流程(5 之 3)[①]

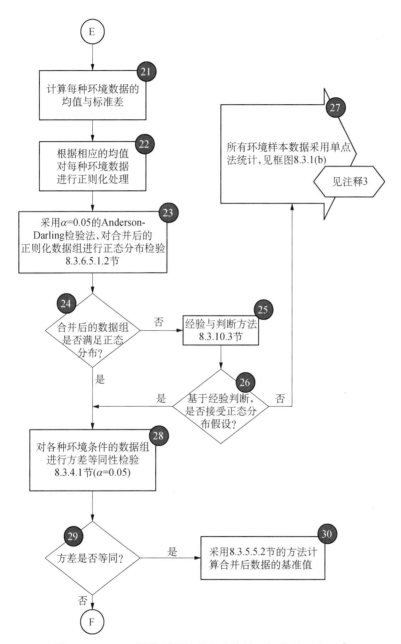

图 8.3.1.1(a) 计算材料性能基准值的一般流程(5 之 4)[①]

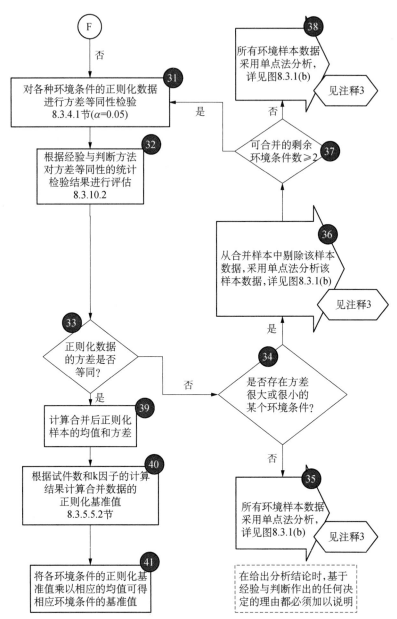

图 8.3.1.1(a)　计算材料性能基准值的一般流程(5 之 5)[①]

[①]此流程图未包含线性回归分析(RECIPE 计算程序)。CMH-17 中采用线性回归分析的数据的可接受性正在考察中。

此流程图适用于 B 基准值与 A 基准值的计算。然而,框图中所指的试件数及批次大小仅适用于 B 基准值的计算。有关各种数据分类的批次大小及试件数量的要求详见2.5.3 节。

每当流程提示全部数据或者部分数据需采用单点法进行分析时,那么就提醒用户可用的数据点少于计算 B 基准值所需的数据量。

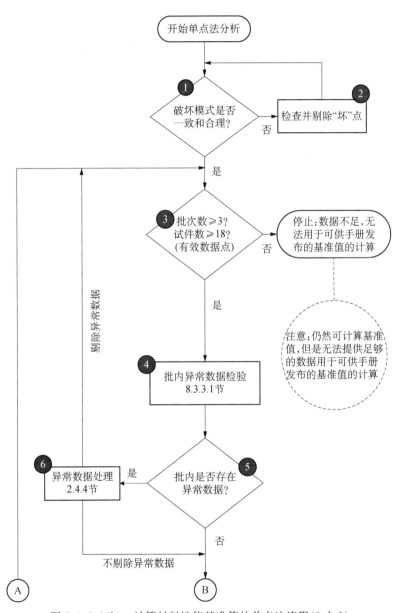

图 8.3.1.1(b)　计算材料性能基准值的单点法流程(3 之 1)

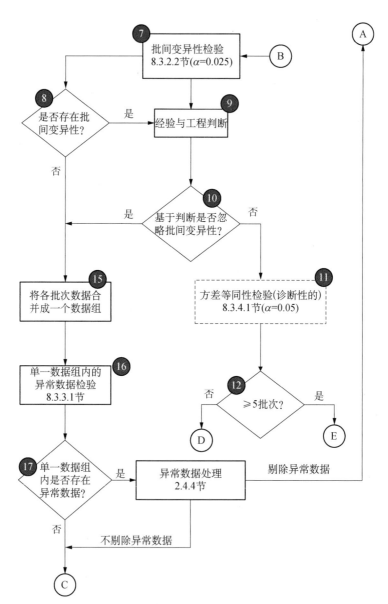

图 8.3.1.1(b)　计算材料性能基准值的单点法流程(3 之 2)

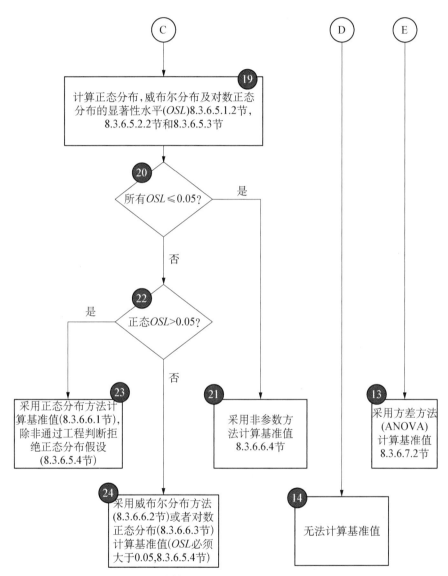

图 8.3.1.1(b)　计算材料性能基准值的单点法流程(3 之 3)

在计算基准值之前,应按照 2.4.3 节的方法对原始数据进行合适的正则化处理。图 8.3.1.1(a)中多处使用了"正则化"一词,这不能与 2.4.3 节中为考虑纤维体积含量不同而进行正则化处理时所采用的"正则化"术语相混淆。

对图 8.3.1.1(a)中分析步骤的说明(实心圆中的数字):

(1) 破坏模式是决定强度数据是否被采纳及可否对某些数据进行有效合并或融合的关键因素。第一步对组内(同一批次,同一环境条件等)试件的破坏模式进行评定。对于所研究的某种特定性能,所有的破坏模式应是合理的,并且组内试件的破坏模式应是一致的。试件一旦呈现出不合理的破坏模式,试件数据就不应包括在数据组中。如果在数据组中发现某些试件的破坏模式是合理的但却不一致,就必须对数据进行检查,以确定这些不同的破坏模式是否会导致不同的强度结果。倘若破坏模式与强度值之间存在某种联系,则应该对试件加工工艺,环境控制方法,试验设备,试验夹具及其他因素进行检查,以确定导致不同破坏模式的原因。

(2) "坏"数据并非只是令人生厌的试验结果。"坏"点是经鉴定可导致试验结果无效的数据点。在流程图的这一步,所关注的是依据破坏模式的合理性和一致性来评估是否保留"坏"点。那些的确是非正常破坏的特定试验的试件的试验数据应该从数据组中剔除。在流程图的后续步中,将涉及"异常"数据的处理问题。异常数据是依据试验结果的数值来识别的,而在流程图的这一步,强调的则是破坏模式的物理证据而非试验数据本身。

(3) 为了应用"环境样本合并"方法,必须获得两种或两种以上环境条件下(或其他固定影响)的数据。在试验温度范围内,被合并的环境条件应是相邻的,并且应包括 RTA 环境条件,有关这一要求的详细讨论参见 8.3.9 节。

(4) 如果可获得至少 3 种环境条件的试验数据,那么应检查数据量是否满足最低要求。对于所考虑的每种环境条件,要求数据至少来自于 3 批材料而且试件总数不少于 15 件。这是采用合并法计算 B 基准值的最低要求。计算 A 基准值需要更大的数据量,目前还未进行具体定义,CMH‑17 统计工作小组正在对此进行研究。

(5) 如果需要合并不同环境的样本数据,那么要求每种环境的破坏模式必须是相似的。所有相关试件必须以可接受的破坏模式发生破坏,但不要求每个单独试件都以完全相同的破坏模式发生破坏。流程图的这一步的目的在于确保所有环境条件下的典型破坏模式或破坏模式的混合基本保持一致。

(6) 只要步骤(3)、(4)、(5)的条件中有一项不满足,那么环境样本合并方法就不适用于这些数据,应采用如图 8.3.1.1(b)所示的单点法的流程进行分析。单点法对每种环境样本分别进行处理。目前单点法的最小数据量要求为来自三批次材料的 18 个试件的试验数据。如果只测试了 15 个试件(假设采用了合并法),那么数据量就不足,因而无法获得可供手册发布的与单点法的思路相一致的 B 基准值(即使 B 基准值一定可以被计算出)。

(7) 如果步骤(3)、(4)、(5)的所有条件均被满足,那么下一步就对每一组数据

（每种环境条件下的每一批次的数据）进行异常数据检验。有关的统计方法详见8.3.5.2节。

（8）8.3.5.2节的统计检验将确定是否存在任何异常数据。如果查出异常数据,则必须按照步骤(9)的方法进行处理。

（9）在数据组中查出统计意义上的异常数据这一事实并不意味着该数据一定是无效的。这是因为取自母体的小的数据样本可能不包含均匀分布的数据,还有一些数据被认定是异常值是由于表面上看来这些值处于样本的极值位置。不管怎样,为了剔除一个数据点,必须识别出剔除的具体理由,详见2.4.4节。如果根据2.4.4节的指南剔除了异常数据,那么在流程图的步骤(4)中必须对数据量要求进行重新检查,并且需重新进行异常数据检验,直至查出所有的异常数据并进行相应的处理。

（10）在处理完每组数据中的异常数据后,检验每种环境条件下的各批数据是否来自于同一材料性能值的母体。这种检验一般被称为批次合并性检验或者批间变异性检验。8.3.2.2节给出了采用 k 样本 Aderson-Daring 检验进行这种检验的方法。

（11）如果未检测出统计显著的批间变异性,则按环境合并方法继续进行分析(步骤(17))。如果检测出批间变异性,则必须根据经验与工程判断来决定已识别出的统计差异是否具有工程意义上或实际意义上的显著性(步骤(12))。

（12）由于 B 基准值的计算通常与工程耗费有关,所以必须承认统计意义上的显著性与工程意义上的显著性是有区别的。在统计意义上显著的某种影响可能从工程或实际观点来看是不显著的。此外,数据中可能存在某些影响统计结论的人为因素,根据经验与工程判断可推翻这一结论。应用工程判断评估批间变异性的具体指南参见 8.3.10.1 节。

（13）基于工程判断方法作出如下决定:接受某种环境条件下存在显著批间变异性的统计结论,或者忽略批间变异性。对于每种环境条件都需要进行这种判定。

（14）如果根据工程判断不能忽略批间变异性,那么必须从合并样本中去除被检测出批间变异性的一种或多种环境样本,进一步采用图 8.3.1.1(b)所给出的单点法对这些环境样本逐个进行分析。

（15）为了继续采用合并法进行分析,在去除那些存在批间变异性的环境样本之后,剩余的环境条件个数必须大于或等于2。同样,被合并的环境条件应在试验温度范围内是邻近的且包含 RTA 条件,对具体要求的详细讨论参见 8.3.9 节的内容。

（16）如果剩余的环境条件个数小于 2,那么所有环境条件只能采用图 8.3.1.1(b)所给出的单点法逐个分析。

（17）如果未检测出批间变异性,或者在去除存在批间变异性的环境条件后,剩余的环境条件个数大于或等于2(原文为3),那么把每种环境条件下的各批次数据合并成一个单一的数据组。

（18）与步骤(7)相同,对数据组进行异常数据检验。只不过此时,将每种环境条件下的各批次数据作为一个整体来看待而不区分批次并采用8.3.3.1节所述的检验方法对每种环境条件进行检验。

（19）根据 8.3.3.1 节的统计检验方法可检测出是否存在异常数据。如果检测出异常数据，则在步骤（20）进行处理。

（20）与步骤（9）相同，对异常数据进行处置。如果根据 2.4.4 节的指南剔除了这些异常数据，那么必须执行流程图的步骤（4）即重新检查数据量要求，其他后续需要用到的步骤也必须重复执行（这是由于异常数据的剔除导致一个或多个数据组发生了变化）。

（21）计算出每种环境条件下的均值和标准差。

（22）一般来说，不同环境条件下的数据组的均值存在统计意义上的差异。因此，不能直接合并这些数据组。为了合并数据，必须对每种环境的数据组进行正则化处理，即将每个数据组（对应于每种环境条件）中的每个观测值除以该组的均值。由此将获得每种环境条件下的正则化数据组，各数据组的均值都为 1，但方差不同。

（23）环境样本合并方法要求合并后的正则化数据组满足正态概率模型。为检验此条件，把所有正则化数据（不包括经步骤（20）（原文为（28））所剔除的数据）合并成一个单一的数据组，并采用 8.3.6.5.1.2 节的统计方法进行分析。

（24）如果 8.3.6.5.1.2 节的统计方法确认数据呈正态分布，则继续采用环境合并法进行分析（步骤（28）（原文为（36）））。

（25）如果采用 8.3.6.5.1.2 节的统计方法不能断定数据呈正态分布，则采用 8.3.10.3 节所述的统计工具以及判断方法来决定是否接受正态分布假设。

（26）基于其他统计工具与判断方法，做出接受或拒绝正态分布假设的决定。

（27）如果不能证实或接受正态分布假设，则必须采用图 8.3.1.1(b) 的单点法对所有环境条件的数据分别进行单独分析。单点法允许采用除了正态分布以外的其他概率分布假设。

（28）采用 8.3.4.1 节所述的检验方法，检验不同环境样本数据的方差等同的假设。方差的等同性检验是继续采用合并标准差方法所需的诊断性检验。

（29）如果不同环境条件的方差无统计意义上的差别，则采用合并标准差方法进行合并。如果有差别，则采用合并离散系数（CV）方法。

（30）利用根据合并后的样本大小统计得到的标准差及 k 因子，采用 8.3.5.5.2 节的公式计算每种环境条件的基准值。

（31）尽管正则化数据组的均值相等，但是各数据组的方差（分散性）通常是不同的。采用 8.3.4.1 节所述的检验方法检验方差等同的假设。方差等同性检验是继续采用合并法所需的诊断性检验。

（32）必须结合工程意义上的显著性，对方差等同性的统计检验结果进行分析。8.3.10.2 节给出了有关方差等同性检验结果的评判方法的若干例子。

（33）基于统计结果与工程判断相结合的方法，判定方差等同或者不同。

（34）如果正则化的各数据组的方差不等同，应对数据进行检查，以便确定某种特殊环境条件的方差相比其他环境条件而言是否特别大或者特别小。

（35）如果不存在比其他环境条件的数据组的方差明显高或者明显低的某种特殊环境的数据样本,那么必须采用图 8.3.1.1(b)的单点法对所有的环境样本分别进行单独分析。

（36）如果某种环境的数据方差比其他环境的数据方差明显高或者明显低,那么在数据合并时应去除该环境的数据,并采用图 8.3.1.1(b)的单点法对该环境的数据进行单独的分析。

（37）为了继续采用合并法进行分析,在去除正则化方差不合理的环境条件后剩余环境条件的个数必须大于或等于 2。如果满足此要求,对于剩余的环境样本,必须重复步骤(23),(24)及(25)的分析。被合并的环境条件应在试验温度范围内应是邻近的并且应包含 RTA 条件,具体要求参见 8.3.9 节的详细讨论。

（38）如果剩余的环境条件个数小于 2,那么必须采用图 8.3.1.1(b)的单点法对所有的环境条件分别进行单独分析。

（39）计算正则化合并数据的均值和标准差(均值为 1)。

（40）采用第 8.3.5.5.1(原文为 8.3.5.6.1)节的公式计算每种环境条件下的容差因子 k。利用容差因子 k 并结合步骤(39)(原文为(36))的均值与标准差计算各环境条件的正则化基准值(第 8.3.5.5.1.3(原文为 8.3.5.6.2)节)。

（41）将步骤(40)(原文为(37))的正则化基准值乘以步骤(21)的相应的未正则化均值即可获得每种环境条件的基准值。

对图 8.3.1.1(b)中分析步骤的说明(实心圆中的数字):

（1）破坏模式是决定强度数据是否被采纳的关键因素。对于所研究的某种特定性能,所有的破坏模式应是合理的,并且对某种给定的环境条件,试件的破坏模式也应该是一致的。数据组中不应包含破坏模式不合理的那些试件。如果在数据组中发现某些试件的破坏模式是合理的但却不一致,那么就必须对数据进行检查,以确定这些不同的破坏模式是否会导致不同的强度结果。倘若破坏模式与强度值之间存在某种联系,则应该对试件加工工艺、环境条件控制方法、试验设备、试验夹具及其他因素进行检查,以确定导致不同破坏模式的原因。

（2）"坏"数据并非只是令人生厌的试验结果。"坏"点是经鉴定可导致试验结果无效的数据点。在流程图的这一步,所关注的是依据破坏模式的合理性和一致性来评估是否保留"坏"点。那些的确是非正常破坏的特定试验的试件的试验数据应该从数据组中剔除。在流程图的后续步中,将涉及"异常"数据的处理问题。异常数据是依据试验结果的数值来识别的,而在流程图的这一步,强调的则是破坏模式的物理证据而非试验数据本身。

（3）对于单独进行分析的每种环境条件,生成可供手册公布的 B 基准值至少需要 3 批材料的共 18 个试件(有效数据点)。如果需要生成 A 基准值,则至少需要 5 批材料的 55 件试件(有效数据点)。理想情况是每批材料的数据点数基本相同。如果试件数达不到最低要求,将无法确定可供 CMH - 17 发布的基准值。

(4) 如果满足计算基准值的最低要求,则下一步进行批内异常数据检验。8.3.3.1节给出了有关的统计方法。

(5) 8.3.3.1节的统计检验将指出是否存在异常数据。如果检测出异常数据,则必须在步骤(7)中对其进行处理。

(6) 在数据组中查出统计意义上的异常数据这一事实并不意味着该数据一定是无效的。这是因为取自母体的小的数据样本可能不包含均匀分布的数据,还有一些数据被认定是异常值是由于表面上看来这些值处于样本的极值位置。不管怎样,为了剔除一个数据点,必须识别出剔除的具体理由,详见2.4.4节。如果根据2.4.4节的指南剔除了异常数据,那么在流程图的步骤(3)中必须对数据量要求进行重新检查,并需重新进行异常数据检验(步骤(5)),直至查出所有的异常数据并进行相应的处理。

(7) 在处理完每组数据中的异常数据后,检验不同批次的数据是否来自于同一材料性能值的母体。这种检验一般被称为批次合并性检验或者批间变异性检验。8.3.2.2节给出了采用 k 样本 Aderson-Daring 检验进行这种检验的方法。

(8) 如果未检测出统计显著的批间变异性,则继续执行下一步(步骤(15)(原文为(16)))。如果检测出批间变异性,则必须根据经验与工程判断来决定已识别出的统计差异是否具有工程意义上或实际意义上的显著性(步骤(9)(原文为(10)))。

(9) 由于 B 基准值的计算通常与工程耗费有关,所以必须承认统计意义上的显著性与工程意义上的显著性是有区别的。在统计意义上显著的某种影响可能从工程或实际观点来看是不显著的。此外,数据中可能存在某些影响统计结论的人为因素,根据经验与工程判断可推翻这一结论。应用工程判断评估批间变异性的具体指南参见 8.3.10.1节。

(10) 基于工程判断方法做出如下决定:接受存在显著的批间变异性的统计结论,或者忽略批间变异性。

(11) 如果根据经验与工程判断不能忽略批间变异性,那么必须把该数据看成是结构型的,并采用方差分析(ANOVA)方法计算存在批间变异性情况下的基准值。作为一种诊断手段,采用 8.3.4.1节的统计检验方法确定不同批次数据的方差是否等同。

(12) 在各批次数据的方差相等的假设且批次足够多的条件下,现在必须决定是否继续进行 ANOVA 分析。由于 8.3.4.1节的检验是一种诊断性的方法,因此,其结果对于分析而言通常并非关键。进一步的详细内容参见 8.3.4.1节和 8.3.9.2节。

(13) 如果得出批间方差等同的结论且至少有 5 批次数据,则采用 ANVOA 方法并按照 8.3.6.7节给出的分析流程来计算基准值。

(14) 如果不能得出批间方差等同的结论且批次数小于 5,则无法计算出基准值(见 8.3.6.7.6节和 8.3.6.7.7节)。

（15）如果不存在明显的批间变异性，那么将各批次数据合并成一个单一的数据组（称为非结构型数据）。

（16）采用 8.3.3.1 节的方法对合并后的数据进行异常数据检验。

（17）8.3.3.1 节的统计检验将给出是否存在异常数据的结论。如果检测出异常数据，则必须按步骤（18）（原文为（19））对异常数据进行处理。

（18）与步骤（6）（原文为（7））相同，对异常数据进行处理。如果根据 2.4.4 节的指南剔除该异常数据，那么必须执行流程图的步骤（3），即对数据量要求进行重新检查，并且所有的后续步骤必须重新执行（因为数据的剔除已改变了数据组）。

（19）采用 8.3.6.5.1.2 节、8.3.6.5.2.2 节及 8.3.6.5.3 节的方法分别计算正态分布、威布尔分布及对数正态分布的显著性水平（$OSLs$）。这些统计值给出了上述分布对于数据的拟合优度的一般指标。

（20）对 OSL 的数值大小进行评估。为了不拒绝可作为数据的合理分布模型的某种分布，OSL 值必须大于 0.05。

（21）如果 OSL 值中没有一个大于 0.05，则可得出结论：正态分布、威布尔分布及对数正态分布不能恰当地模拟数据。在这种情况下，采用 8.3.6.6.4 节的非参数方法计算基准值。

（22）如果 OSL 值中有一个或超过一个大于 0.05，那么选择分布模型时首先考虑正态分布的 OSL 值是否大于 0.05。通常优先考虑正态分布模型。

（23）如果正态分布的 OSL 值大于 0.05，则采用 8.3.6.6.1 节的正态分布方法计算基准值，除非通过工程判断拒绝了正态分布假设。8.3.6.5.4 节讨论了采用工程判断拒绝使用正态分布的问题。

（24）如果正态分布的 OSL 值小于 0.05，则采用 OSL 值大于 0.05 的其他分布模型。虽然分布模型的选择是根据 OSL 值的相对大小，但是由于威布尔分布模型的保守性，因此通常优先考虑该模型，除非对数正态分布的 OSL 值要大得多。

8.3.1.2 有效数字

数据的分析和基准值的计算结果均受到数据的有效数字位数的影响。虽然有效数字位数对均值无明显影响，但是可显著地改变正态分布、对数正态分布及威布尔分布的显著性水平 OSL 值的大小。k 样本的 Aderson-Daring 统计量也会受此影响。数据精度较低（有效位数较少）会使得这些统计量的估计值变得较差。研究业已证明，当有效数字位数大于或等于 3 时统计结果是稳定的，但是当只采用 2 位有效数字进行统计计算时，统计结果的稳定性急剧退化。因此，虽然普遍认为对于诸如载荷传感器等一些测量装置一般只要求 ±1% 的精度（只有两位有效数字位数），但是当这些测量值用于统计分析时，建议至少保含三位有效数字位数，并应清楚最右边的数字可能并没有多少物理意义。

8.3.2 子体相容性——结构型数据或非结构型数据

本节的一些考虑事项及计算方法既可用于环境样本合并方法又可用于单点

方法。

在确定数据是否存在自然或逻辑分组时,应考虑到预料和未预料到的情况。存在自然分组的数据或所关心的响应能随已知因素系统变化的数据为结构型数据。例如,几批中各批的测量值可根据批次适当分组,以及在不同已知温度下的测量值可用线性回归模型(见 8.3.5 节)模拟,因此,两者都可看成结构型数据。在许多方面,分析非结构型数据更容易一些。因此常常期望能够证明数据的自然分组无明显影响。当所有相关信息包含在测量值本身中时,数据被看成是非结构型数据。这可能是因为所有测量值均已知,或者是因为可以忽略数据中可能的结构。例如,按批分组且证明批间变异性可以忽略的测量值可以视为非结构型数据。一个非结构型数据组是一个简单随机样本。

下一节介绍 k 样本 Anderson-Darling 检验,用以证明各子体是相容的,也就是说,自然分组无明显影响。相容的各组可以当成同一母体的一部分。这样,按自然分组的结构型数据,在用 k 样本 Anderson-Darling 检验证明自然分组无明显影响时可变成非结构型数据。

对于复合材料,推荐将各批次(如果可能,采用板也可以)视为自然分组并检验其相容性。其他形式的分组也许是出于预期性能的要求而被采用。铺层数可能对 ±45 剪切试验(ASTM D3518)有明显影响,因此,对于这种试验,铺层数不同的试件自然按铺层数分组。关于数据分组的决定也可能受试验目的影响。例如,考虑应变速率对材料性能的影响。可以设计试验程序来评估应变速率对某一特定性能的影响。该程序将得到在所选与受控的应变速率下的数据。这将提供数据的自然分组。可用子体相容性检验方法确定是否存在明显影响,或者采用诸如线性回归的结构型数据方法。

8.3.2.1 分组数据的符号

对于结构型数据,每个数值都属于某一特定的组,而且每组内通常将有不止一个数据。因此将用双下标识别观测值。假定数据用 x_{ij} 表示,$i = 1$,$\cdots$,k 和 $j = 1$,$\cdots$,n_i,其中 i 表示组号,j 示该组内观测值号。k 组中的第 i 组有 n_i 个数值。那么总的观测值数目为 $n = n_1 + n_2 + \cdots + n_k$。将经合并的数据组中的不同数值,按从最小到最大排序,记为 $z_{(1)}$,$z_{2)}$,$\cdots$,$z_{(L)}$,其中,当存在相同的观测值时 L 小于 n。

8.3.2.2 k 样本 Anderson-Darling 检验

k 样本 Anderson-Darling 检验是一种非参数统计方法,用来检验从中抽取两组或多组数据的母体是等同的假设。该检验要求各组为来自某一母体的独立随机样本。关于该方法的更多内容参见文献 8.3.2.2。

k 样本 Anderson-Darling 统计量为

$$ADK = \frac{n-1}{n^2(k-1)} \sum_{i=1}^{k} \left[\frac{1}{n_i} \sum_{j=1}^{L} h_j \frac{(nF_{ij} - n_iH_j)^2}{H_j(n - H_j) - nh_j/4} \right] \quad (8.3.2.2(a))$$

式中:$h_j =$ 合并样本中等于 $z_{(j)}$ 的数值个数

$H_j =$ 合并样本中小于 $z_{(j)}$ 的数值个数加上合并样本中等于 $z_{(j)}$ 的数值个数的一半

$F_{ij} =$ 第 i 组中小于 $z_{(j)}$ 的数值个数加上该组中等于 $z_{(j)}$ 的数值个数的一半

在母体间无差异的假设下，ADK 的均值近似为 1，方差近似为

$$\sigma_n^2 = \text{var}(ADK) = \frac{an^3 + bn^2 + cn + d}{(n-1)(n-2)(n-3)(k-1)^2} \qquad (8.3.2.2(\text{b}))$$

其中：

$$a = (4g - 6)(k - 1) + (10 - 6g)S \qquad (8.3.2.2(\text{c}))$$
$$b = (2g - 4)k^2 + 8Tk + (2g - 14T - 4)S - 8T + 4g - 6 \qquad (8.3.2.2(\text{d}))$$
$$c = (6T + 2g - 2)k^2 + (4T - 4g + 6)k + (2T - 6)S + 4T \qquad (8.3.2.2(\text{e}))$$
$$d = (2T + 6)k^2 - 4Tk \qquad (8.3.2.2(\text{f}))$$

式中：

$$S = \sum_{i=1}^{k} \frac{1}{n_i} \qquad (8.3.2.2(\text{g}))$$

$$T = \sum_{i=1}^{n-1} \frac{1}{i} \qquad (8.3.2.2(\text{h}))$$

及

$$g = \sum_{i=1}^{n-2} \sum_{j=i+1}^{n-1} \frac{1}{(n-i)j} \qquad (8.3.2.2(\text{i}))$$

如果临界值

$$ADC = 1 + \sigma_n \left[1.96 + \frac{1.149}{\sqrt{k-1}} - \frac{0.391}{k-1} \right] \qquad (8.3.2.2(\text{j}))$$

小于式（8.3.2.2(a)）中的检验统计量，则可以断定（2.5% 的错判风险）各组是从不同母体中抽取的。否则，接受各组来自同一母体的假设，且该数据可看成是所考虑的随机影响或固定性影响的非结构型数据。

8.3.3　检查异常数据

本节的一些考虑事项及计算方法既可用于环境样本合并方法又可用于单点方法。

异常数据就是在数据组中比大多数观测值低很多或高很多的观测值。异常数据通常是错误的值，这些错误值或许是由于记录错误、试验中不正确的设置环境条件或采用了带缺陷的试件而引起的。数据必须例行进行异常数据筛选，因为这些数据对统计分析有实质性的影响。除对异常数据进行定量筛选外（见 8.3.3.1 节），还必须对数据进行目视检查，因为有关异常数据检查的统计方法并非是完全

可靠的。

用最大赋范残差(MNR)方法来对异常数据进行定量筛选。该检验筛选非结构型数据组中的异常数据。如果数据能够自然分组(由于批次、制造商、温度等等),那么应尽可能将组分到最小并分别对每组进行筛选。基于前一节,应对来自相容分组的数据进行合并,并对合并后的较大的组进行检验筛选。当然只有当合并数据有意义时才进行数据合并。例如,同一性能且环境条件一致的数批数据可以合并,但拉伸和压缩数据决不能合并。

必须研究被识别成异常数据的所有的数值。如果可能,应对可以确定异常起因的数据进行纠正,否则弃之。发现数据采集与记录中的错误时,必须检查所有数据以确定是否出现了类似的错误,对这类异常数据也必须进行更正或丢弃。如果找不到异常数据的起因,必须将之保留在数据组中。如果某个异常数据明显是错误的,只要删除某个值的主观决定作为数据分析的一部分记录在案,经过仔细分析后可删除该值。如果任意观测值被更正或丢弃,必须重新进行异常数据的统计检验和目视检查。

8.3.3.1　最大赋范残差

最大赋范残差(MNR)检验是识别非结构型数据组中异常数据的一种筛选方法。与样本标准差相比而言,如果某个值与样本均值的绝对偏差太大,而并非是由于偶然因素造成的话,依据该方法(MNR),该值被认定为异常数据。这一方法假设不是异常数据的多个观测值可看成是来自某一正态母体的一个随机样本。MNR方法一次只能检测一个异常数据,因此其显著性水平适用于对数据个体进行判断。关于该方法的进一步的内容可在文献8.3.3.1(a)与(b)中找到。

假定 x_1, x_2, …, x_n 表示大小为 n 的样本中的数据,并假定 $\bar{x}$ 和 s 为8.1.4节中定义的样本均值和样本标准差。MNR统计量为关于样本均值的绝对偏差除以样本标准差:

$$MNR = \frac{\max | x_i - \bar{x} |}{s} \quad i = 1, 2, \cdots, n \qquad (8.3.3.1(a))$$

检验时,将式(8.3.3.1(a))的值与表8.5.7中的样本大小为 n 的临界值进行比较。这些临界值由下式计算:

$$C = \frac{n-1}{\sqrt{n}} \sqrt{\frac{t^2}{n-2+t^2}} \qquad (8.3.3.1(b))$$

式中:t 为自由度为 $n-2$ 的 t 分布的 $[1-\alpha/(2n)]$ 分位数,α 为显著性水平。推荐的显著性水 $\alpha = 0.05$。

如果MNR小于临界值,则样本中未检查出异常数据;否则与 $| x_i - \bar{x} |$ 的最大值关联的数值被认定为异常数据。

如果检查出异常数据,则从样本中剔除该值并再次使用MNR方法。重复该过程直至检查不出异常数据。注意对样本进行第 j 次异常数据检查时，采用样本大小 $n-j-1$ 计算均值、标准差和临界值。必须注意：对于小样本，例如包含 5 个或 6 个数据的一个批次，该方法可能将大多数数据识别为异常数据，特别是当其中两个或多个数据相等时更是如此。8.3.11.1.1 节中实例的步骤 7～9 示范该方法。

8.3.4　方差等同性检验

本节的一些考虑事项及计算方法既可用于环境样本合并方法又可用于单点方法。在单点方法中，方差等同性检验作为一种诊断性方法来使用；然而在合并方法中，对方差等同性的证明却是一种必要条件。

8.3.4.1　方差等同性的 Levene 检验

ANOVA 方法是在批内方差相等的假设下推导出来的。本节给出 Levene 提出的被广泛使用的检验方法(见文献 8.3.4.1(a)～(c))，用来确定 k 组的样本方差是否明显不同。该检验是非参数的，也就是说，它对有关母体分布形式的假设要求不高。

为进行该检验，生成转换数据：

$$w_{ij} = | x_{ij} - \widetilde{x}_i | \tag{8.3.4.1}$$

式中：$\widetilde{x}_i$ 为第 i 组 n_i 个值的中位数。然后对转换后的数据进行 F 检验(见 8.3.4.2 节)。如果检验统计量大于或等于列出的 F 分布的分位数，那么可以断定方差明显不同。如果检验统计量小于表列值，那么接受方差等同的假设。

如果检验拒绝了方差等同的假设，建议研究方差不等同的原因。这可以暴露数据生成或材料制造中的问题。如果方差明显不同，采用 ANOVA 法计算的基准值很可能是保守的。

8.3.4.2　均值等同性的 F 检验

为了检验从中抽取 k 个样本的母体具有相同的均值，计算下面的 F 统计量：

$$F = \frac{\sum_{i=1}^{k} n_i (\bar{x}_i - \bar{x})^2 / (k-1)}{\sum_{i=1}^{k} \sum_{j=1}^{n_i} (x_{ij} - \bar{x}_i)^2 / (n-k)} \tag{8.3.4.2}$$

式中：$\bar{x}_i$ 为第 i 组 n_i 个值的均值，$\bar{x}$ 为所有 n 个观测值的均值。如果式(8.3.4.2)中的 F 大于分子自由度为 $k-1$、分母为自由度 $n-k$ 的 F 分布的 $1-\alpha$ 分位数，那么断定($100*\alpha\%$ 的出错风险)这 k 个母体均值不是全部等同。对于 $\alpha = 0.05$，所需的 F 分布分位数列在表 8.5.1 中。

该检验基于数据服从正态分布的假设。然而众所周知，它对偏离这一假设相对不敏感。

8.3.5　采用环境样本合并方法计算基准值的方法(见图 8.3.1.1(a))

8.3.5.1　数据准备

如果要获得所期望的或所要求的合理的结果，在分析之前，所有有关的受纤维控制的性能数据应根据 2.4.3 节的方法进行正则化处理,以考虑各个试件之间、各块板料之间以及/或者各批次材料之间的纤维体积含量的变化对性能的影响。然后,为获取合适的性能,采用正则化的数据进行分析。另外,还应查阅 2.5 节中关于向手册提交数据的一些要求。

8.3.5.2 每种环境条件下的每批材料中的异常数据

采用 8.3.3.1 节的方法对每批次/环境的数据组进行异常数据检查。一旦检测出异常数据,则根据 2.4.4 节的指南进行处理。如果异常数据被剔除,剩余的数据量必须满足批次数与试件数的最低要求。

8.3.5.3 每种环境条件下的批间变异性

采用 8.3.2.2 节的 k 样本 Anderson-Daring 检验方法对每种环境条件下的批间变异性进行评估。当应用该检验方法时,α 取 0.025,因此,当该检验给出的结论为各批次数据样本来自于不同母体时,实际上表明各批次数据来自于同一母体的可能性只有 2.5%(2.5%的 I 型误判可能)。

如果 k 样本 Anderson-Daring 检验给出的结论为各批次数据样本来自于不同母体,根据经验与工程判断拒绝该结论并把每种环境下的数据看成非结构型数据可能是合理的。8.3.10.1 节对这一问题进行了讨论。

如果一种或者更多环境条件下的数据存在显著的批间变异性,则必须采用图 8.3.1.1(b)所示的单点方法分别分析这些样本,在环境数等于或大于 2 且各自环境条件下的批次数与试件数能满足所需的数量要求,则可采用合并方法继续分析剩余的环境样本(无批间变异性)。

8.3.5.4 每种环境条件的异常数据

合并批间变异性不显著的每种环境条件下的多批次数据后,把每种环境下合并后的数据看成一个整体再次进行异常数据检验(见 8.3.3.1 节),并且再次采用 2.4.4 节的指南处理检测出的异常数据。如果异常数据被剔除,则剩余的数据量必须满足批次数与试件数的最低要求。

8.3.5.5 数据合并

在完成了异常数据的处理、批间变异性的检验之后,并且已经证明数据量能够满足合并方法的要求,就可正式开始合并数据。此外,待合并的各环境条件下的数据样本应在试验温度范围内是邻近的,且应包含 RTA 环境条件。有关该要求的详细讨论参见 8.3.9 节。

合并多种环境数据的方法有两种,计算合并后的离散系数或者计算合并后的标准差。合并值可用于计算被合并的每一种环境的基准值。在大多情况下这两种方法只有细微的差别,然而,对于均值最大与最小的环境样本,两种方法计算结果的差别随着最大值与最小值之差的增大而增大,如图 8.3.5.5 所示。

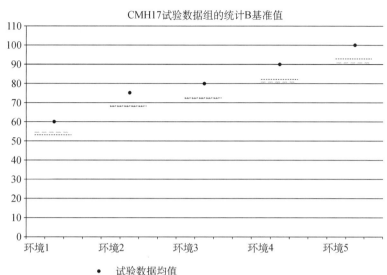

图 8.3.5.5 采用不同合并方法的 B 基准值计算结果的比较

表 8.3.5.5 图 8.3.5.5(原文误为 4-1)中的数据

	环境 1	环境 2	环境 3	环境 4	环境 5
均值	60	75	80	90	100
合并标准差方法计算的 B 基准值	52.88	67.97	72.37	81.87	92.56
合并离散系数方法计算的 B 基准值	54.46	68.11	72.09	80.69	90.37

当所有环境条件的样本大小相同时,合并离散系数方法计算的基准值与每种环境样本均值的比值为常数;而合并标准差方法计算的基准值为每种环境样本的均值减去一常数值。因此,对于强度均值最小的环境样本而言,采用合并标准差方法计算的基准值更为保守。

当采用 Levene 检验来证明每个数据组内的变异接近到足以合并的程度时,被检验数据必须对应于所选方法。当使用合并标准差方法时,采用 Levene 方法进行检验的数据应满足被合并的环境样本之间的变异对于可接受的合并而言应足够相似。

当使用合并离散系数方法时,在进行 Levene 检验之前,应对数据进行转化,以使每种环境数据的均值为 1。数据转化后每种环境内的各批次数据的离散系数与方差均等同。采用 Levene 检验来证明不同环境样本之间的离散系数是否是足够接近的。

这两种方法的区别:合并标准差方法具有很好的理论支持;合并离散系数方法虽然理论支持不足,但是可能更好地适用于复合材料的物理属性。为了确定最适合于特定数据组的方法,如 8.3.4 节所述,首先进行方差等同性的 Levene 检验。如果数据通过该检验,则应采用合并标准差方法。如果未通过检验,如 8.3.5.5.1 节所述,采用 Levene 检验以比较各批的离散系数。如果数据均未通过上述的诊断性检验,那么数据合并就不合适。ASAP 2008 程序使用的是合并标准差方法。

8.3.5.5.1 采用合并离散系数方法计算基准值

样本合并过程包括:首先,根据各自均值对每种环境条件下的样本数据进行正则化处理;其次,对不同环境样本的方差进行等同性检验;最后,合并所有正则化数据,并且对合并后数据进行正态分布检验。具体计算如下:

使用公式(8.3.5.5.1(a))计算每种环境(用下标 j 表示)的样本均值:

$$\bar{x}_j = \frac{1}{n_j} \sum_{i=1}^{n_j} x_{ij} \qquad (8.3.5.5.1(a))$$

式中:$\bar{x}_j$ 为第 j 个环境条件的样本均值;n_j 为第 j 个环境条件的试件数(数据量);x_{ij} 为第 j 个环境条件的第 i 个数据。

对每种环境条件的数据进行正则化,即将每个数据除以该条件下的由公式(8.3.5.5.1(a))所得的环境样本均值。每种环境样本的正则化数据的均值为 1。根据 8.3.4.1 节的检验方法对正则化数据进行方差等同性检验。如果检验结果表明方差不等同,则可采用 8.3.10.2 节所述的经验与工程判断方法来决定是否接受方差等同性的假设。如果由于某个环境样本的方差与其他样本相比特别高或特别低而导致不能通过方差等同性检验,那么允许从分析中去除该样本,只要满足剩余的环境条件数大于等于 2 的要求,则可重新对剩余的环境样本进行分析。被去除的环境样本可采用图 8.3.1.1(b)所示的单点方法单独进行分析。

如果已证实或接受方差等同性的假设,则将所有环境的正则化数据合并为单一数据组。然后,对该数据组进行检验以确定正态分布是否为正则化数据的合理模型。在 0.05 的显著性水平下使用 Anderson-Darling 统计量对此进行评估。使用正则化数据完成 8.3.6.5.1.2 节的拟合优度计算。

基于 8.3.6.5.1.2 节的计算,如果拒绝正态分布模型,可采用 8.3.10.3 节所讨论的判断方法拒绝该检验结果从而接受正态分布模型的假设。如果已证实或接受正态分布模型,则可采用 8.3.5.6(原文为 8.3.10.3)节所述的合并方法计算基准值。否则必须采用图 8.3.1.1(b)所示的单点方法对每种环境条件分别进行分析,这里考虑了不同于正态分布的其他模型。

使用合并方法计算基准值的过程可分为 3 个步骤完成:

(1) 计算每种环境条件的容限系数。

(2) 使用容限系数、正则化数据样本的均值及标准差计算每种环境条件的换算系数。

(3) 使用换算系数及实际(未正则化)数据的均值计算每种环境条件的基准值。

8.3.5.5.1.1 容限系数计算

第 j 个环境样本的 B 基准容限系数可表示为非中心 t 分布的第 95 百分位点,即

$(k_\mathrm{B})_j = \dfrac{t_{0.95}(z_\mathrm{B}\sqrt{n_j},\ N-r)}{\sqrt{n_j}}$。该系数可用公式(8.3.5.5.1.1(a))近似表示。用来计算式(8.3.5.5.1.1(a))中常数的下列近似公式所给出的容限系数值与计算 B 基准值的容限系数表列值相比精度在 1.2% 以内。

$$(k_\mathrm{B})_j = z_\mathrm{B}\sqrt{\dfrac{f}{Q}} + \sqrt{\dfrac{1}{c_\mathrm{B}n_j} + \left(\dfrac{b_\mathrm{B}}{2c_\mathrm{B}}\right)^2} - \dfrac{b_\mathrm{B}}{2c_\mathrm{B}} \qquad (8.3.5.5.1.1(a))$$

式中：$(k_\mathrm{B})_j$ 为第 j 个环境样本的 B 基准容限系数；z_B 为概率为 90% 的标准正态随机变量值，其值为 1.28155；f 为方差的自由度，$f = N-r$，其中 N 是整个合并数据组（包括所有环境及所有批次）的数据点总数，r 是被合并的环境数目。

当 $f \geqslant 3$ 时，

$$Q = f - 2.327\sqrt{f} + 1.138 + 0.6057\,\dfrac{1}{\sqrt{f}} - 0.3287\,\dfrac{1}{f}$$

当 $f = 2$ 时，$Q = 0.05129$。

$$c_\mathrm{B} = 0.36961 + 0.0040342\,\dfrac{1}{\sqrt{f}} - 0.71750\,\dfrac{1}{f} + 0.19693\,\dfrac{1}{f\sqrt{f}}$$

$$b_\mathrm{B} = 1.1372\,\dfrac{1}{\sqrt{f}} - 0.49162\,\dfrac{1}{f} + 0.18612\,\dfrac{1}{f\sqrt{f}}$$

n_j 为第 j 个环境条件的数据点数。

正如之前图 8.3.1.1(a) 的注释(2)所述，使用合并方法计算 A 基准值所需的数据量尚未确定。第 j 个环境样本的 A 基准容限系数可表示为非中心 t 分布的第 95 百分位点，即 $(k_\mathrm{A})_j = \dfrac{t_{0.95}(z_\mathrm{A}\sqrt{n_j},\ N-r)}{\sqrt{n_j}}$。假设批次数与试件数足够，第 j 个环境样本的 A 基准容限系数可用公式(8.3.5.5.1.1(b))近似表示。用来计算式(8.3.5.5.1.1(b))中常数的下列近似公式所给出的容限系数值与计算 A 基准值的容限系数表列值相比精度在 0.9% 以内。

$$(k_\mathrm{A})_j = z_\mathrm{A}\sqrt{\dfrac{f}{Q}} + \sqrt{\dfrac{1}{c_\mathrm{A}n_j} + \left(\dfrac{b_\mathrm{A}}{2c_\mathrm{A}}\right)^2} - \dfrac{b_\mathrm{A}}{2c_\mathrm{A}} \qquad (8.3.5.5.1.1(b))$$

式中：$(k_\mathrm{A})_j$ 为第 j 个环境样本的 A 基准容限系数；z_A 为概率为 99% 的标准正态随机变量值，其值为 2.32635；f 为方差的自由度 $= N-r$，其中 N 是整个合并数据组（包括所有环境及所有批次）的数据点总数，r 是被合并的环境数目

当 $f \geqslant 3$ 时，

$$Q = f - 2.327\sqrt{f} + 1.138 + 0.6057\,\dfrac{1}{\sqrt{f}} - 0.3287\,\dfrac{1}{f}$$

当 $f = 2$ 时，$Q = 0.05129$（与上述有关 B 基准值的情形一致）。

$$c_A = 0.36961 + 0.0026958 \frac{1}{\sqrt{f}} - 0.65201 \frac{1}{f} + 0.011320 \frac{1}{f\sqrt{f}}$$

$$b_A = b_A = 2.0643 \frac{1}{\sqrt{f}} - 0.95145 \frac{1}{f} + 0.51251 \frac{1}{f\sqrt{f}}$$

n_j 为第 j 个环境条件的数据点数。

8.3.5.5.1.2　换算系数计算

使用公式(8.3.5.5.1.2(a))计算正则化合并样本的标准差 s：

$$S = \sqrt{\frac{\sum_{i=1}^{n}(x_i-1)^2}{(N-r)}} \qquad (8.3.5.5.1.2(a))$$

式中：S 为正则化合并数据组的标准差；x_i 为正则化合并数据组的第 i 个数据点；N 为正则化合并数据组的数据总数；r 为被合并的环境数。

利用上面定义的 $\bar{x}$（等于 1）、公式(8.3.5.5.1.1(a))的 $(k_B)_j$ 及公式(8.3.5.5.1.2(a))的 s，采用公式(8.3.5.5.1.2(b))可计算每种环境条件的 B 基准换算系数 B_j：

$$B_j = 1 - (k_B)_j s \qquad (8.3.5.5.1.2(b))$$

类似地，采用公式(8.3.5.5.1.2(c))可计算每种环境条件的 A 基准换算系数 A_j：

$$A_j = 1 - (k_A)_j s \qquad (8.3.5.5.1.2(c))$$

这些 B_j 与 A_j 本质上为小于 1 的"折减"系数。

8.3.5.5.1.3　B 基准值计算

将 8.3.5.5.1.2 节所计算的换算系数及每种环境的实际（非正则化）样本均值（公式(8.3.5.5.1(a))），可计算出每种环境的 B 基准值与 A 基准值：

$$(B \text{ 基准值})_j = \bar{x}_j B_j \qquad (8.3.5.5.1.3(a))$$

$$(A \text{ 基准值})_j = \bar{x}_j A_j \qquad (8.3.5.5.1.3(b))$$

8.3.5.5.2　采用合并标准差方法计算基准值

使用公式(8.3.5.5.1(a))计算每种环境（用下标 j 表示）的样本均值。使用 8.3.4 节所述的 Levene 检验方法对数据组进行方差等同性检验。如 8.3.5.5.1 节所述，对合并数据组进行正态分布检验。但是，如果被合并的每种环境都分别通过了基于 Anderson-Darling 方法的正态分布检验，那么可采用合并标准差方法计算基准值，即使合并后的数据组没有通过正态分布检验。

如 8.3.5.5.1.1 节所述，计算容限系数 $(k_B)_j$ 和 $(k_A)_j$。使用公式(8.3.5.5.2)计算被合并数据的合并后的标准差：

$$s_p = \sqrt{\frac{\sum\limits_{j=1}^{k}\sum\limits_{i=1}^{n_j}(x_{ij}-\overline{x_j})^2}{(N-r)}} \tag{8.3.5.5.2}$$

式中：x_{ij} 为第 j 个数据组的第 i 个数据点；$\overline{x_j}$ 为第 j 个数据组的样本均值；N 为正则化合并数据组的数据总数；r 为被合并环境的数目。

经合并处理后的第 j 个环境的基准值可由下式计算：

$$(B\,\text{基准值})_j = \overline{x_j} - (k_B)_j s_p$$
$$(A\,\text{基准值})_j = \overline{x_j} - (k_A)_j s_p$$

8.3.6　采用单点方法的基准值计算程序（见图 8.3.1.1(b)）

8.3.6.1　数据准备

在分析之前，应根据 2.4.3 节的方法对所有受纤维控制的性能数据进行正则化处理，以考虑各个试件之间、各块板料之间以及/或者各批次材料之间的纤维体积含量的变化对性能的影响。然后，为获取合适的性能，采用正则化的数据进行分析。

8.3.6.2　每批材料的异常数据检验

采用 8.3.3.1 节的方法对每批材料的数据进行异常数据检查。一旦检测出异常数据，则根据 2.4.4 节的指南进行处理。如果异常数据被剔除，剩余的数据量必须满足批次数与试件数的最低要求。

8.3.6.3　批间变异性检验

采用 8.3.2.2 节的 k 样本 Anderson-Daring 检验方法评估批间变异性。当应用该检验方法时，α 取 0.025，因此，当该检验给出的结论为各批次数据样本来自于不同母体时，实际上表明各批次数据来自于同一母体的可能性只有 2.5%（2.5% 的 Ⅰ 型误判可能）。

如果 k 样本 Anderson-Daring 检验给出的结论为各批次数据样本来自于不同母体，根据经验与工程判断拒绝该结论并把数据看成是非结构型数据可能是合理的。8.3.10.1 节对这一问题进行了讨论。

如果应用经验判断仍断定存在明显的批间变异性，则必须采用方差分析方法（ANOVA）计算基准值（见 8.3.6.7.2 节）。如果断定批间变异性不明显，则对所考察的性能与环境条件，可把各批次数据合并成单一的数据组。

8.3.6.4　合并数据组的异常数据检验

合并多批次数据后，对该单一数据组再次进行异常数据检验（见 8.3.3.1 节）。并且再次采用 2.4.4 节的指南处理所检测出的异常数据。如果剔除异常数据，则所剩的数据点数必须满足批次数与试件数的最低要求。

8.3.6.5　基准值计算的统计分布模型（拟合优度检验）

采用对尾端区域偏差敏感的 Anderson-Darling 检验统计量检验每种分布。Anderson-Darling 检验将所考虑的分布的累积分布函数与数据的累积分布函数进行比较。首先将数据转换成所考虑分布的常用表示方式。例如,对于正态分布,数据被正则化为均值为 0 且标准差为 1 的形式。计算每个检验的基于 Anderson-Darling 检验统计量的观测显著性水平(OSL)。OSL 度量的是所观察的 Anderson-Darling 检验统计值至少与计算值的极值相当的概率,该计算值是当所考虑的分布实际上就是数据可能的分布时获得的。换句话说,OSL 是获得至少与计算值一样大的检验统计值的概率,该计算值是当数据确实来自被检验分布的假设正确时得到的。如果 OSL 小于或等于 0.05,则拒绝所做的假设(至多 5% 的错判风险),认为数据不是来自被检验的分布,继续对数据进行其他分布形式的检验。

除非另外注明,下文中均用 n 表示样本大小,样本观测值用 x_1,x_2,$\cdots$,x_n 表示,按递增顺序排列的样本观测值用 $x_{(1)}$,$x_{(2)}$,$\cdots$,$x_{(n)}$ 表示。

8.3.6.5.1　正态分布

为了计算正态分布母体的基准值,必须得到母体均值和标准差的估计值。8.3.6.5.1.1 节给出了计算这些参数的公式。8.3.6.5.1.2 节给出了正态分布拟合优度检验方法。

8.3.6.5.1.1　估计正态分布的均值和标准差

母体均值和标准差用样本均值 $\bar{x}$ 和样本标准差 s 估计。

$$\bar{x} = \frac{1}{n} \sum_{i=1}^{n} x_i$$

$$s^2 = \frac{1}{n-1} \sum_{i=1}^{n} (x_i - \bar{x})^2$$

8.3.6.5.1.2　正态分布的拟合优度检验

通过比较能够最佳拟合数据的累积正态分布函数(见 8.1.4 节)与数据的累积分布函数来考察正态分布。令

$$z_{(i)} = \frac{x_{(i)} - \bar{x}}{s} \quad i = 1, \cdots, n \qquad (8.3.6.5.1.2(a))$$

式中:$x_{(i)}$ 是样本中第 i 个最小观测值,$\bar{x}$ 是样本均值,s 为样本标准差。

Anderson-Darling 统计量为

$$AD = \sum_{i=1}^{n} \frac{1-2i}{n} \{\ln[F_0(z_{(i)})] + \ln[1 - F_0(z_{(n+1-i)})]\} - n$$

$$(8.3.6.5.1.2(b))$$

式中:F_0 为标准正态分布(式(8.1.4(e)))的累积分函数。观测显著性水平为

$$OSL = 1/\{1 + \exp[-0.48 + 0.78\ln(AD^*) + 4.58AD^*]\}$$

$$(8.3.6.5.1.2(c))$$

式中:

$$AD^* = (1 + 4/n - 25/n^2)AD \qquad (8.3.6.5.1.2(\text{d}))$$

如果 $OSL \leqslant 0.05$，可以断定（5％的错判风险）该母体不符合正态分布。否则，则该母体符合正态分布的假设成立。关于该方法的更多的信息见文献 8.3.6.5。

8.3.6.5.2 双参数 Weibull 分布

为了计算双参数 Weibull 母体的基准值，首先必须获得该母体的形状与尺度参数的估计值。8.3.6.5.2.1 节给出了计算这些参数的极大似然估计值的方法。8.3.6.5.2.2 节中给出了 Weibull 分布拟合优度检验的计算方法。关于这些方法的更多内容见文献 8.3.6.5。

8.3.6.5.2.1 估计 Weibull 分布的形状与尺度参数

本节描述估计双参数 Weibull 分布的参数的极大似然法。形状与尺度参数的极大似然估计值表示为 $\hat{\beta}$ 和 $\hat{\alpha}$。估计值为下述方程组的解：

$$\hat{\alpha}\hat{\beta}n - \frac{\hat{\beta}}{\hat{\alpha}^{\hat{\beta}-1}}\sum_{i=1}^{n} x_i^{\hat{\beta}} = 0 \qquad (8.3.6.5.2.1(\text{a}))$$

和

$$\frac{n}{\hat{\beta}} - n\ln\hat{\alpha} + \sum_{i=1}^{n}\ln x_i - \sum_{i=1}^{n}\left[\frac{x_i}{\hat{\alpha}}\right]^{\hat{\beta}}(\ln x_i - \ln\hat{\alpha}) = 0$$

$$(8.3.6.5.2.1(\text{b}))$$

式（8.3.6.5.2.1(a)）可写成为

$$\hat{\alpha} = \left[\frac{\sum_{i=1}^{n} x_i^{\hat{\beta}}}{n}\right]^{\frac{1}{\hat{\beta}}} \qquad (8.3.6.5.2.1(\text{c}))$$

将式（8.3.6.5.2.1(c)）代入式（8.3.6.5.2.1(b)）中，可得下列方程：

$$\frac{n}{\hat{\beta}} + \sum_{i=1}^{n}\ln x_i - \frac{n}{\sum_{i=1}^{n} x_i^{\hat{\beta}}}\sum_{i=1}^{n} x_i^{\hat{\beta}}\ln x_i = 0 \qquad (8.3.6.5.2.1(\text{d}))$$

可对式（8.3.6.5.2.1(d)）进行数值求解，得到 $\hat{\beta}$，将之代入式（8.3.6.5.2.1(c)）得到 $\hat{\alpha}$。

图 8.3.6.5.2.1 给出了根据上述方法计算 $\hat{\alpha}$ 和 $\hat{\beta}$ 估计值的三个程序的 FORTRAN 源代码。WBLEST 为返回参数 $\hat{\alpha}$ 和 $\hat{\beta}$ 估计值的子程序。FNALPH 是计算尺度参数估计值 $\hat{\alpha}$ 的函数子程序。GFUNCT 是求解式（8.3.6.5.2.1(d)）的函数子程序。WBLEST 的自变量为：

X——长度为包含数据的 NOBS 向量（输入）。

NOBS——数值个数 n（输入）。

BETA——形状参数估计值(输出)。

ALPHA——尺度参数估计值(输出)。

下面叙述 FORTRAN 源程序计算估计值所用的算法。

式(8.3.6.5.2.1(d))是 $\hat{\beta}$ 的单调递减连续函数。将式(8.3.6.5.2.1(d))左边除以 n 并记为 $G(\hat{\beta})$,再用下面的迭代方法获得 $\hat{\beta}$ 的一个解。令 S_y 表示 y_1, y_2, $\cdots$, y_n 的标准差,这里 $y_i = \ln x_i$, $i = 1, \cdots, n$。计算 $I = 1.28/S_y$,将其作为求解的初始估计值并计算 $G(I)$。如果 $G(I) > 0$,那么找出使得 $G(I/2^k) < 0$ 的最小正整数 k 并令 $L = I/2^k$ 及 $H = I/2^{k-1}$。如果 $G(I) < 0$,那么找出使得 $G(2^k I) > 0$ 的最小正整数 k 并令 $L = 2^{k-1} I$ 及 $H = 2^k I$。在每一种情况下,区间 (L, H) 都包含 $G(\hat{\beta}) = 0$ 的解。取 $M = (L + H)/2$,计算 $G(M)$。如果 $G(M) = 0$,那么解为 $\hat{\beta} = M$。如果 $G(M) > 0$,那么令 $H = M$。如果 $G(M) < 0$,那么令 $L = M$。新区间 (L, H) 仍然包含 $G(\hat{\beta}) = 0$ 的解,但是它只是原区间的一半。计算新的 M 值并再次开始区间二分过程。这一过程一直重复直到 $H - L < 2I/10^6$ 为止。此时取 $G(\hat{\beta}) = 0$ 的解为 $M = (L + H)/2$。解的误差不超过 $I/10^6$。

```
C----------------------------------------------
      SUBROUTINE WBLEST(X, NOBS, ALPHA, BETA)
C
C     COMPUTE MLES FOR SHAPE PARAMETER (BETA) AND SCALE PARAMETER
C     (ALPHA) BY SOLVING THE EQUATION G(BETA)=0, WHERE G IS
C     A MONOTONICALLY INCREASING FUNCTION OF BETA.
C THE INITIAL ESTIMATE IS: RI=(1.28)/(STD. DEV. OF LOG(X)'S)
C     AND THE TOLERANCE IS : 2*RI/(10**6).
C
      DIMENSION X(NOBS)
C
      RN = FLOAT(NOBS)
      SUMY = 0.0
      SUMYSQ = 0.0
      DO 2 I = 1, NOBS
                 Y = ALOG(X(I))
                 SUMY = SUMY+Y
                 SUMYSQ = SUMYSQ+(Y**2)
2     CONTINUE
      YSTD = SQRT((SUMYSQ-(SUMY**2)/RN)/(RN-1.0))
      XGM = EXP(SUMY/RN)
      RI = 1.28/YSTD
      TOL = 2.0*.000001*RI
      BETAM = RI
      GFM = GFUNCT(X, NOBS, BETAM, XGM)
C
C     IF G(BETAM). GE. 0, DIVIDE THE INITIAL ESTIMATE BY 2 UNTIL
C     THE ROOT IS BRACKETED BY BETAL ND BETAH.
C
      IF(GFM. GE. 0.0) THEN
          DO 3 J = 1, 20
```

```
                    BETAH = BETAM
                    BETAM = BETAM/2.0
                    GFM = GFUNCT (X, NOBS, BETAM, XGM)
                    IF (GFM. LE. 0.0) GO TO 4
3              CONTINUE
          STOP'GFM NEVER LE 0'
4              CONTINUE
          BETAL-BETAM
       ENDIF
C
C      IF G(BETAM). LT. 0, MULTIPLY THE INITIAL ESTIMATE BY 2
C      UNTIL THE ROOT IS BRACKETED BY BETAL AND BETAH
C
       IF(GFM. LT. 0.0) THEN
           DO 7 J = 1 , 20
                    BETAL = BETAM
                    BETAM = BETAM * 2.0
                    GFM=GFUNCT(X, NOBS, BETAM, XGM)
                    IF(GFM. GE. 0.0) GO TO 8
8              CONTINUE
          BETAH = BETAM
       ENDIF
C
C      SOLVE THE EQUATION G(BETA) = 0 FOR BETA BY BISECTING THE
C      INTERVAL (BETAL, BETAH) UNTIL THE TOLERANCE IS MET
C
10 CONTINUE
       BETAM = (BETAL+BETAH)/2.0
       GFM = GFUNCT(X, NOBS, BETAM, XGM)
```

图 8.3.6.5.2.1　计算双参数 Weibull 分布形状与尺度参数估计值的 FORTRAN 程序

```
       IF(GFM. GE. 0.0) THEN
       BETAH = BETAM
       ENDIF
       IF(GFM. LT. 0.0) THEN
                BETAL = BETAM
       ENDIF
       IF((BETAHK-BETAL). GT. TOL) GO TO 10
C
       BETA = (BETAL+BETAH)/2.0
       ALPHA = FNALPH(X, NOBS, BETA, XGM)
       RETURN
       END
C------------------------------------------------
       FUNCTION FNALPH(X, NOBS, BETA, XGM)
C
C      COMPUTE MLE FOR TWO-PARAMETER WEIBULL SCALE PARAMETER (ALPHA)
C      XGM IS THE GEOMETRIC MEAN OF THE X'S
C
       DIMENSION X(NOBS)
       RN = FLOAT(NOBS)
```

```
C
      SUMZ = 0.0
      DO 20 I = 1, NOBS
            SUMZ = SUMZ I (X(l)/XGM) * * BETA
20 CONTINUE
C
      FNALPH = XGM * (SUMZ/RN) * * (1. /BETA)
C
      RETURN
      END
C———————————————————————————————————————————————
C———————————————————————————————————————————————
      FUNCTION GFUNCT(X, NOBS, BETA, XGM)
C
C     COMPUTE G FUNCTION USED IN ESTIMATING THE TWO-PARAMETER WEIBULL
C     SHAPE PARAMETER (BETA).
C     XGC IS THE GEOMETRIC MEAN OF THE X'S USED IN ESTIMATING ALPHA.
C
      DIMENSION X (NOBS)
      RN = FLOAT (NOBS)
C
      ALPHA = FNALPH (X, NOBS, BETA, XGM)
      SUMYZ = 0.0
      DO 10 I = 1, NOBS
            SUMYZ = SUMYZ + ALOG (X(I)) * ((X(I)/ALPHA) * * BETA − 1. )
10    CONTINUE
C
      GFUNCT = (SUMYZ/RN) − 1.0/BETA
C
      RETURN
      END
C———————————————————————————————————————————————
```

图 8.3.6.5.2.1(续)　计算双参数 Weibull 分布形状与尺度参数估计值的 FORTRAN 程序

8.3.6.5.2.2　双参数 Weibull 分布拟合优度检验

通过比较能够最佳拟合数据的累积 Weibull 分布函数(见 8.1.4 节)与数据的累积分布函数,来考察双参数 Weibull 分布。采用 8.3.6.5.2.1 节中的形状与尺度参数估计值,令

$$z_{(i)} = \left[x_{(i)}/\hat{\alpha} \right]^{\hat{\beta}} \quad i = 1, \cdots, n \qquad (8.3.6.5.2.2(a))$$

则 Anderson-Darling 统计量为

$$AD = \sum_{i=1}^{n} \frac{1-2i}{n} \left[\ln\left[1 - \exp(-z_{(i)}) \right] - z_{(n+1-i)} \right] - n$$

$$(8.3.6.5.2.2(b))$$

观测显著性水平为

$$OSL = 1/\{1 + \exp[-0.10 + 1.24\ln(AD^*) + 4.48AD^*]\}$$

$$(8.3.6.5.2.2(c))$$

式中：

$$AD^* = \left(1 + \frac{0.2}{\sqrt{n}}\right)AD \qquad (8.3.6.5.2.2(d))$$

假设数据样本实际上就是来自某个双参数的 Weibull 分布母体时，OSL 度量的是观测的 Anderson-Darling 统计量至少是计算值的极值的概率。如果 $OSL \leqslant 0.05$，可以断定(5%的错判风险)该母体不符合双参数 Weibull 分布。否则，则母体符合双参数 Weibull 分布的假设成立。关于该方法的更多内容见文献 8.3.6.5。

8.3.6.5.3 对数正态分布

对数正态分布是一种正的不对称分布，它与正态分布简单相关。如果变量符合对数正态分布，那么该变量的对数就符合正态分布。在 CMH - 17 中采用以 e 为底的自然对数。对数正态分布的定义见 8.1.4 节。

为了检验对数正态分布的拟合优度，对数据取对数然后进行 8.3.6.5.1.2 节中的正态分布的 Anderson-Darling 检验。采用自然对数，令

$$z_{(i)} = \frac{\ln(x_{(i)}) - \bar{x}_L}{s_L} \quad i = 1, \cdots, n \qquad (8.3.6.5.3)$$

式中：$x_{(i)}$ 是样本中第 i 个最小观测值；$\bar{x}_L$ 和 s_L 为 $\ln(x_{(i)})$ 的均值及标准差。

采用式(8.3.6.5.1.2(b))计算 Anderson-Darling 统计量并用式(8.3.6.5.1.2(c))计算观测显著性水平(OSL)。假如数据样本实际上就是来自某个正态分布母体时，那么 OSL 度量所观察的 AD 统计量至少与计算值非常一致的概率。如果 $OSL \leqslant 0.05$，可以断定(5%的错判风险)该母体不符合对数正态分布。否则，则接受该母体符合对数正态分布的假设。关于该方法的更多内容见文献 8.3.6.5。

8.3.6.5.4 模型选择

一旦计算出正态分布、威布尔分布及对数正态分布的 OSL 值，必须对用哪种分布模型计算基准值做出选择。正态分布为优先考虑的模型，其理由如下：

(1) 经验表明采用正态分布能更好地模拟大样本的复合材料强度数据。

(2) 由于没有可观的数据量(粗略估计需要超过 60 个数据点)，因此，就现有的统计水平而言，区分符合正态分布、威布尔分布或对数正态分布的数据组之间的差别是不可能的。

(3) 在应用异常数据检验的最大赋范残差方法(见 8.3.3.1 节)和方差等同性检验方法(见 8.3.4 节)时，已采用正态分布的假设。

因此，除非有很强的证据反对，否则应优先采用正态分布。

一般说来，如果按 8.3.6.5.1.2 节的方法计算的正态分布的 OSL 值大于 0.05，则采用正态分布算法(见 8.3.6.6.1 节)计算基准值。然而，即使正态分布的 OSL

值大于 0.05,也可能选择其他模型,其原因如下:

(1) 对于同一性能的其他环境条件而言,如果由于正态分布的 OSL 值等于或小于 0.05 而只能被迫采用其他不同模型(威布尔分布或对数正态分布)时,那么出于一致性考虑,可选用与其他环境条件相同的模型(只要对所考虑的环境条件而言,该模型的 OSL 值大于 0.05)。

(2) 如果其他模型的 OSL 值远超过正态分布的 OSL 值(例如等于或大于 3 倍),则可考虑采用其他模型。OSL 值的这种差别通常只在大样本数据组(如前面提到的数据点数等于或大于 60)的情况下才是显著的。当其他模型的 OSL 值超过正态分布的 OSL 值的 10 倍时,Sat17 软件自动推荐使用其他模型。之所以推荐上述方法是因为正态模型的 OSL 值位于 5%到 10%之间,而推荐模型的 OSL 值位于 50%到 100%之间,说明非正态分布模型能够更好地拟合数据。

如果正态分布的 OSL 值等于或小于 0.05,则基于 OSL 值的大小,或者考虑到与测试同一性能的其他环境条件的一致性,应该选用另外一种可选模型(威布尔或对数正态分布模型)。

如果这三种模型中没有一种模型能够恰当地拟合数据(所有 OSL 值等于或小于 0.05),则必须采用 8.3.6.6.4 节的非参数方法计算基准值。

8.3.6.6　非结构型数据的基准值计算

如果断定批间变异性(见 8.3.6.3 节)不明显并且已合并了各批次数据,则称数据为非结构型数据(详见 8.2.2 节和 8.3.2 节),可采用本节的方法计算该类型数据的基准值。如果存在明显的批间变异性,则称数据组为结构型数据,可采用 8.3.6.7 节的方法计算基准值。对于非结构型数据,可使用 8.3.6.6.1 节的正态分布方法、8.3.6.6.2 节的威布尔分布方法、8.3.6.6.3 节的对数正态分布方法及 8.3.6.6.4 节的非参数方法。为获得可供 CMH-17 发布的 B 基准值,必须提供至少 3 批次的 18 个试件的数据点。对于可供 CMH-17 发布的 A 基准值,必须提供至少 5 批次的 55 个试件的数据点。

8.3.6.6.1　正态分布的基准值

如果非结构型数据组来自正态分布母体,其 B 基准值为

$$B = \bar{x} - k_{\mathrm{B}}s \qquad (8.3.6.6.1)$$

式中:s 为样本标准差,可由式(8.1.4(c))或式(8.1.4(d))的求根运算获得。k_{B} 为表 8.5.10 中的合适的单侧容限系数。式(8.3.5.5.1.1(a))(原文为式(8.5.10))给出了 k_{B} 的数值近似。

为计算 A 基准值(假设可获得所需的数据量),用表 8.5.11 中合适的 k_{A} 值或式(8.3.5.5.1.1(b))(原文为式(8.5.11))的 k_{A} 的近似值替代 k_{B}。

8.3.6.6.2　双参数 Weibull 分布的基准值

如果非结构型数据组来自双参数 Weibull 分布母体,其 B 基准值为

$$B = \hat{q} \exp \left\{ \frac{-V}{\hat{\beta}\sqrt{n}} \right\} \qquad (8.3.6.6.2(a))$$

式中：

$$\hat{q} = \hat{\alpha}(0.105\,36)^{1/\hat{\beta}} \qquad (8.3.6.6.2(b))$$

V 是表 8.5.8 中对应于样本大小 n 的值。式(8.5.8(h))给出了 V 的数值近似。

为计算 A 基准值，使用表 8.5.9 中合适的 V 值并用式(8.3.6.6.2(c))替代式(8.3.6.6.2(b))。

$$\hat{q} = \hat{\alpha}(0.010\,05)^{1/\hat{\beta}} \qquad (8.3.6.6.2(c))$$

8.3.6.6.3　对数正态分布的基准值

如果非结构型数据组来自对数正态分布母体，则采用 8.3.6.6.1 节给出的方法（正态分布）计算其基准值。注意，这里采用数据的对数而非原始观测值来进行计算。必须采用所用对数变换的逆变换将计算出的 B 基准值转换为原始单位。

8.3.6.6.4　非参数的基准值

当由于正态、威布尔以及对数正态模型均不能恰当拟合数据而不愿假定某一特殊母体分布模型时，应采用这些方法来计算非结构型数据的基准值。根据样本大小情况，有两种方法可供选用。

8.3.6.6.4.1　大样本的非参数基准值

为计算 $n > 28$ 时的 B 基准值，确定表 8.5.12 中相应于样本大小 n 的 r_B 值。当样本大小介于表列值之间时，选用小于实际 n 值的表中最大样本大小所对应的 r_B 值。B 基准值为数据组中第 r_B 个最小的观测值。例如，在一个样本大小 $n = 30$ 的样本中，最小的($r_B = 1$)观测值即为 B 基准值。8.5.12 节中给出了作为 n 的函数的表列值 r_B 的数值近似。关于该方法的更多内容见文献 8.3.6.6.4.1。

当 $n > 298$ 时，可采用同样的方法用从表 8.5.13 中选取的 r_A 值计算 A 基准值。

8.3.6.6.4.2　Hanson-Koopmans 方法

下列方法(见文献 8.3.6.6.4.2(a)与(b))可作为获得样本大小不超过 28 时的 B 基准值的有用方法。该方法需要假设观测值为来自累积分布函数的对数为上凹的母体的一个随机样本。一大类概率分布满足该假设。足够的经验证据表明复合材料的强度数据满足该假设，因此该方法常被推荐用于 $n < 29$ 的情形。然而，考虑到所要求的假设，推荐使用该方法不是无条件的。

Hanson-Koopmans B 基准值为

$$B = x_{(r)} \left[\frac{x_{(1)}}{x_{(r)}} \right]^k \qquad (8.3.6.6.4.2(a))$$

式中：$x_{(1)}$ 是最小数值，$x_{(r)}$ 是第 r 个最大数值。r 和 k 值依赖于 n 并已列在表 8.5.14

中。如果 $x_{(r)} = x_{(1)}$，不得使用该 B 基准值公式。为获得可供 CMH - 17 发布的 B 基准值，必须提供至少 3 批次的 18 个试件的数据点。

Hanson-Koopmans 方法可用来计算 $n < 299$ 时的 A 基准值。从表 8.5.15 中查出对应于样本大小 n 的 k_A 值，假定 $x_{(n)}$ 和 $x_{(1)}$ 为最大和最小数值。则 A 基准值为

$$A = x_{(n)} \left[\frac{x_{(1)}}{x_{(n)}} \right]^k \qquad (8.3.6.6.4.2(b))$$

为获得可供 CMH - 17 发布的 A 基准值，必须提供至少 5 批次的 55 个试件的数据点。

8.3.6.7　基于方差分析(ANOVA)的结构型数据的基准值计算

本节描述采用方差分析(ANOVA)计算基准值的方法。尤其是，本节处理存在明显批间变异性而不能合并成单一数据组的样本基准值的生成。这只不过是采用回归分析处理结构型数据的一个例子，更一般的讨论见 8.3.7 节。然而，在此节对 ANOVA 方法进行详细讨论是因为该方法是单点法计算基准值的一部分(见图 8.3.1.1(b))。

下面的计算涉及批间变异性。换句话说，批次是分组的唯一原因而且 k 样本 Anderson-Darling 检验(见 8.3.2 节)表明不能使用非结构型数据方法。该方法基于单因素方差分析(ANOVA)随机影响模型，文献 8.3.6.7 对其使用方法进行了说明。

假设如下：

(1) 每批数据服从正态分布。

(2) 各批次的批内方差相同。

(3) 批次均值符合正态分布。

对于第一个假设没有可用的检验方法，这是因为从每一批材料的数据量通常不能可靠地对该假设做出判断。尽管如此，模拟研究指出适度违背这一假设对 ANOVA 方法的特性没有不利影响。第二个假设必须通过进行 8.3.4.1 节中所述的 levene 的方差等同性检验证实。目前，建议将该检验作为诊断性检验使用，这是因为大量的模拟研究指出违背这一假设很可能使结果保守，尽管在某些情形下会出现非保守的结果。除非能得到很多批的数据(20 批或者更多)，否则对第三个假设没有可用的检验方法。

在本分析中，所有批次都视为相同的(例如，来自不同厂家的批次间没有区别)。如果批料不是来自单个厂家，那么应该使用更一般的回归分析方法。

本节的安排如下。开始的四个小节介绍 ANOVA 方法中所使用的统计量的计算方法。其次介绍用于五批或更多批的方法，随后讨论了用于三批到四批及两批的方法。

8.3.6.7.1　基于单个测量值的单因素 ANOVA 计算

当能获得样本中的所有观测值时，第一步是计算均值

$$\bar{x} = \sum_{i=1}^{k} \sum_{j=1}^{n_i} x_{ij} / n \qquad (8.3.6.7.1(a))$$

和

$$\bar{x}_i = \sum_{j=1}^{n_i} x_{ij} / n_i \quad i = 1, \cdots, k \qquad (8.3.6.7.1(b))$$

式中:

$$n = \sum_{i=1}^{k} n_i \qquad (8.3.6.7.1(c))$$

为总的样本大小。现在可以计算所需的平方和。批间平方和由下式计算:

$$SSB = \sum_{i=1}^{k} n_i \bar{x}_i^2 - n\bar{x}^2 \qquad (8.3.6.7.1(d))$$

以及总平方和

$$SST = \sum_{i=1}^{k} \sum_{j=1}^{n_i} x_{ij}^2 - n\bar{x}^2 \qquad (8.3.6.7.1(e))$$

以上两式相减可得批内或误差平方和

$$SSE = SST - SSB \qquad (8.3.6.7.1(f))$$

8.3.6.7.2　基于合计统计量的单因素 ANOVA 计算

某些情形下,只有各组的合计统计量可用。如果这些合计统计量包含样本均值 $\bar{x}_i$、各组数据的标准差 (s_i) 和各组大小 (n_i),则平方和可计算如下。首先计算总均值

$$\bar{x} = \sum_{i=1}^{k} n_i \bar{x}_i / n \qquad (8.3.6.7.2(a))$$

采用式(8.3.6.7.1(d))计算批间平方和。采用 s_i^2,批内平方和可表示为

$$SSE = \sum_{i=1}^{k} (n_i - 1) s_i^2 \qquad (8.3.6.7.2(b))$$

总平方和 SST 为 SSB 和 SSE 的和。

8.3.6.7.3　单因素模型的 ANOVA 表

ANOVA 表显示了有关平方和中变异来源的信息。用于固定影响及随机影响模型的典型 ANOVA 表说明如下。第一列确定变异来源。自由度及计算出的平方和列于第二和第三列。第四列为均值平方,其被定义为平方和除以相应的自由度。最后一列为等于均值平方之比的 F 统计量。该统计量用于检验样本之间存在明显变异的假设(见 8.3.4.2 节)。将该统计量与分子自由度为 $k-1$ 分母自由度为 $n-k$ 的 F 分布的上 0.95 分位数进行比较。表 8.5.1 给出了 F 的临界值。如果计算出的统计量

大于表列 F 值,则表明样本之间存在统计上的明显差异。如果计算出的统计量小于表列值,则对于选定的显著性水平样本之间的差异在统计意义上是不明显的。

来源	自由度	平方和	均值平方	F 检验
样本	$k-1$	SSB	$MSB = SSB/(k-1)$	$F = MSB/MSE$
误差	$n-k$	SSE	$MSE = SSE/(n-k)$	
总计	$n-1$	SST		

8.3.6.7.4　单因素 ANOVA 基准值的合计统计量的计算

计算 ANOVA 基准值的第一步是计算合计统计量,包括批次均值、总的母体均值的估计值以及批间方差与批内方差的估计值。由于各批次的试件数不必要求相同,因此定义"有效批次大小"如下:

$$n' = \frac{n - n^*}{k - 1} \qquad (8.3.6.7.4(a))$$

式中:

$$n^* = \sum_{i=1}^{k} \frac{n_i^2}{n} \qquad (8.3.6.7.4(b))$$

及

$$n = \sum_{i=1}^{k} n_i \qquad (8.3.6.7.4(c))$$

为总的样本大小。

其次,如 8.3.6.7.1 节或 8.3.6.7.2 节那样计算批次均值($\bar{x}_i$),总均值($\bar{x}$),批间和批内平方和。然后,如 8.3.6.7.3 节那样,将这些平方和除以适当的自由度数得到批间均值平方(MSB)和批内均值平方(MSE)。

利用这两个均值平方,母体标准差的估计值为

$$S = \sqrt{\frac{MSB}{n'} + \left(\frac{n'-1}{n'}\right)MSE} \qquad (8.3.6.7.4(d))$$

8.3.6.7.5　五批或五批以上的计算

将样本大小为 n 的取自正态分布的一个简单随机样本的容限系数表示为 k_0,并将样本大小为 k 的取自正态分布的一个简单随机样本的容限系数表示为 k_1。这些容限系数可从表 8.5.10(对于 B 基准值)或表 8.5.11(对于 A 基准值)中查得。将均值平方之比记为

$$u = \frac{MSB}{MSE} \qquad (8.3.6.7.5(a))$$

如果 u 小于 1,则令 u 等于 1。容限系数为

$$T = \frac{k_0 - k_1/\sqrt{n'} + (k_1 - k_0)w}{1 - \frac{1}{\sqrt{n'}}} \qquad (8.3.6.7.5(\mathrm{b}))$$

式中:

$$w = \sqrt{\frac{u}{u + n' - 1}} \qquad (8.3.6.7.5(\mathrm{c}))$$

基准值为

$$B = \bar{x} - TS \qquad (8.3.6.7.5(\mathrm{d}))$$

该值是 A 基准值或是 B 基准值取决于 k_0 和 k_1 是从表 8.5.10 还是从表 8.5.11 中查得。

8.3.6.7.6　三批或四批的情况

如 2.2.5.2 节的说明,当批次数小时,ANOVA 方法只能获得极保守的基准值。因此,不推荐在少于五批的情况下使用 ANOVA 方法。

如果仅有三批或四批数据,可采用下列可选方法,按从高到低的优先级排序:

(1) 获得更多的批次数据。

(2) 分别计算每批的基准值,并选用最低值作为初步的基准值。对于手册中的数据组,不使用该方法。

(3) 合并各批次数据并采用非结构型数据的计算方法(见 8.3.6.6 节)。对于手册中的数据组,不使用该方法,除非数据审查工作组通过工程判断认为该方法是合理的。与批间变异性相关的工程判断详见 8.3.10.1 节。合并数据时可以不顾及批间相容性检验结果(见 8.3.2.2 节)。一般不推荐使用这种方法。

8.3.6.7.7　两批的情况

如果只有两批可用,那么 ANOVA 法不再有用。有两种选择:

(1) 获得更多的批次数据,或者

(2) 分别计算每批的基准值,并选用最低值作为初步的基准值。对于手册中的数据组,不使用该方法。

8.3.7　采用回归分析计算结构型数据的基准值

如果可能的话,将结构型数据简化成 8.3.2 节中讨论的非结构型数据情形是有利的。采用除结构型数据分析方法中所假设的正态概率模型之外的其他分布形式分析非结构型数据是有可能的。在结构型数据的基准值的计算方法中,采用了正态概率模型假设。所有这些方法都是基于回归分析。8.3.7.1 节中描述了关于线性统计模型的回归分析方法。本节包含对所需假设进行检查的讨论。方差分析(ANOVA)是一种具有某种随机影响而无固定性影响的特殊情形,更一般的讨论见 8.3.6.7.2 节。然而,由于 ANOVA 是计算基准值的单点方法(依据 8.3.2.2 节的

ADK 检验结果不能对各批次的数据进行合并而采取的一种基准值计算方法)的一部分,因此 8.3.6.7 节给出了该方法的计算细节。只有一种固定影响而无随机影响的情况为简单线性回归分析(见 8.3.7.3 节)。

8.3.7.1 线性统计模型的回归分析

材料性能基准值的回归分析旨在获得作为固定因素(如温度、铺层和湿度)函数的特定响应(例如拉伸强度)的基准值。将测得的响应值称为观测值,将描述对应于观测值的条件的量称为协变量。例如,如果假设拉伸强度与温度之间为线性关系,且在某温度 T_i 下有无限多个观测值,那么在此极限情况下,该温度下的平均强度等于 $\theta_0 + \theta_1 T_i$。常数 θ_0 与 θ_1 通常未知且必须从数据中估算。与这些未知常数相乘的数即为协变量,此处为 1 和 T_i,它们一起描述测量第 i 个强度观测值的固定条件。线性回归指的是一种针对作为未知参数(此处为 θ_0 与 θ_1)的线性函数的模型的分析方法。这些模型对协变量而言不一定为线性关系。例如,引入温度平方(T^2)作为附加协变量的二次模型也可以用线性回归方法进行分析。在这种情况下,模型包含一个反映温度平方影响的附加项 $\theta_2 T_i^2: \theta_0 + \theta_1 T_i + \theta_2 T_i^2$。

多个预测变量的回归模型的一般表达式可写为:

$$x_s = \theta_0 + \theta_1 z_1 + \theta_2 z_2 + \cdots + \theta_l z_l + e_s \tag{8.3.7.1(a)}$$

式中:x_s 为强度测量的观测值;θ_i,$0 \leqslant i \leqslant 1$ 表示回归方程的参数;z_i,$0 \leqslant i \leqslant 1$ 表示预测用的变量或变量组合;e_s 为误差,即观测值与预测值之差。

将式(8.3.7.1(a))称作回归模型。回归分析从选择回归模型开始。实际中经常用到该公式的特殊情形。如果处理的是数据组,而且协变量表明了每个数据组与每个观测值的对应关系,那么回归模型即为方差分析(ANOVA)(见 8.3.7.2 节)。当批间变异性明显时,最常使用这一情形来计算基准值。有一个连续协变量的情形称作简单线性回归模型(见 8.3.7.2 节)。更一般情形的分析超出本手册的范围,但是 RECIPE 软件可用于更一般情形的分析。

基准值回归模型所展现的强大功能是通过对额外的假设进行检查而实现的。定义残差为某一数据点与其拟合值之差。利用残差,需要检查下述假设:

(1) 检查性能与预计变量之间曲线关系的有效性,例如直线,二次曲线或其他假设的关系。

(2) 检查方差齐性(假设在整个预计变量范围内方差为常数)。

(3) 检查回归残差的正态性。

(4) 检查残差的独立性。

此外,如果没有恰当合理的理由,不应将回归关系外推到预计变量的范围之外。

虽然关于回归模型有效性的详细讨论超出本手册的范围,但是在许多初级教程中对此进行了详细讨论,包括文献 8.3.7.1(a)~(d)。尽管本手册不对回归模型有效性进行详细的讨论,但是做某种程度的阐述对理解回归模型是有帮助的。

如果某一模型符合的好,那么残差应该或正或负,因此它们每隔少数几个数值时就会变号。它们没有明显的结构,理想情况下如"白噪声"一样。如果某一模型符合的不好,那么经常是一长列残差同号,残差呈现明显的曲线变化模式。

如果一组残差的方差高,那么这些残差会显得更分散,反之,分散性就小。这一特性经常可在检查残差图时发现。例如,对作为温度函数的试件强度进行简单线性回归,如果当温度升高时强度更容易发生变化,那么残差对温度的曲线呈"喇叭"状。

检查残差正态性假设时也可采用作图法。可在大多数教材中找到这些方法。还可能对残差与关于回归曲线的标准差的比值(也就是 e_i/s_y)应用正态性的 Anderson-Darling 拟合优度检验(见 8.3.6.5.1.2 节)。文献 8.3.7.1(e)论述了该方法的合理性。

很难用作图法检验独立性。一种可能就是绘制奇数序号残差与偶数序号残差的关系图来看是否有明显的变化趋势。更进一步的讨论可在参考教材中找到。

8.3.7.2　方差分析

本节讨论单因素方差分析(ANOVA)方法。尽管这些模型可以采用式(8.3.7.1 (a))的一般符号书写,但是对于目前的讨论,可简单地将单因素方差分析模型写成

$$x_{ij} = \mu + b_i + e_{ij} \qquad \begin{matrix} i = 1, \cdots, k \\ j = 1, \cdots, n_i \end{matrix} \qquad (8.3.7.2)$$

式中:n_i 是第 i 组的数值个数,x_{ij} 表示 k 组中第 i 组的第 j 个观测值。母体的总均值为 μ, b_i 为第 i 组的影响值,e_{ij} 为随机误差项,表示无法解释的各种变异源。假设误差项 e_{ij} 为独立分布的正态随机变量,其均值为零、方差为 σ_e^2(组内方差)。b_i 可以看成固定常数(未知),或者也可将它们模拟成随机变量,通常认为该随机变量符合均值为零、方差为 σ_b^2(组间方差)的正态分布。

b_i 固定的情形称作固定影响的方差分析,它适合于各组均值 $\mu + b_i$ 不能被看成是来自均值母体的样本的情形。例如各组可能由铺层数不同的复合材料试件的强度测量值组成。如果各组的平均强度明显不同,可以考虑确定不同铺层数的基准值。但是,将铺层数不同的试件母体设想为随机的,并将数据中出现的 k 组数据当成来自这种母体的一个随机样本,显然是没有意义的。

如果各组均值 $\mu + b_i$ 被看成来自均值母体的样本,那么该模型为随机影响方差分析。例如,数据可能来自 k 个批次。对于这一情形,人们就会同样程度地去考虑将来生产的批料的情况。如果打算在制造中使用将来的批次,那么计算已有的 k 个批次中每个批次的基准值就没有多大意义。相反,更愿意根据由某个还未获得的批次的随机观测值所组成的母体来确定基准值。这样,在确定设计值时就能够避免批间变异性的影响。文献 8.3.7.2 提供了更多关于方差分析方法的资料。样本大小对此类分析的影响必须在设计试验程序时考虑(见 2.2.5.2 节)。

使用方差分析计算基准值的内容详见 8.3.6.7 节。

8.3.7.3　简单线性回归

简单线性回归是一般回归模型(见式(8.3.7.1(a)))的特殊情形,其中协变量为

1 和 z，并且没有如批间变异性这种随机影响：

$$x_s = \mu_{p(s)} + e_s = \theta_1 + \theta_2 z_{p(s),2} + e_s \tag{8.3.7.3(a)}$$

采用更常用的符号并假设 β_0 和 β_1 为未知的固定参数，将上式改写成

$$Y = \beta_0 + \beta_1 X + \varepsilon \tag{8.3.7.3(b)}$$

假设试验人员选择 n 个不必彼此不同的 x 值，$x_1, x_2, \cdots, x_n$，并观测到相应的 y 值；那么数据由 n 对数值组成

$$(x_1, y_1), (x_2, y_2), \cdots, (x_n, y_n)$$

为了使统计分析有效，必须有 $n \geqslant 3$ 并且至少有两个不同的 x 值。用 $\hat{\beta}_0$ 和 $\hat{\beta}_1$ 表示 β_0 和 β_1 的估计值。那么对于不必是试验值 $(x_1, x_2, \cdots, x_n)$ 之一的任意的 x 值，可得一预计值或拟合值 $\hat{y}$，即

$$\hat{y} = \hat{\beta}_0 + \hat{\beta}_1 x \tag{8.3.7.3(c)}$$

通常采用如下的最小二乘法估计 β_0 和 β_1。设 β_0^* 和 β_1^* 为 β_0 和 β_1 的任意估计值。令

$$Q(\beta_0^*, \beta_1^*) = \sum_{i=1}^{n} (y_i - \hat{y}_i^*)^2 \tag{8.3.7.3(d)}$$

式中：$\hat{y}_i^* = \beta_0^* + \beta_1^* x_i$。

最小二乘估计值 $\hat{\beta}_0$ 和 $\hat{\beta}_1$ 就是使 $Q(\beta_0^*, \beta_1^*)$ 最小的 β_0^* 和 β_1^* 的值。它们由下式给出：

$$\hat{\beta}_0 = \bar{y} - \hat{\beta}_1 \bar{x} \tag{8.3.7.3(e)}$$

$$\hat{\beta}_1 = \frac{\sum_{i=1}^{n} (x_i - \bar{x})(y_i - \bar{y})}{\sum_{i=1}^{n} (x_i - \bar{x})^2} \tag{8.3.7.3(f)}$$

式中：

$$\bar{y} = \sum_{i=1}^{n} y_i / n \tag{8.3.7.3(g)}$$

$$\bar{x} = \sum_{i=1}^{n} x_i / n \tag{8.3.7.3(h)}$$

有时用下面的等价公式计算 $\hat{\beta}_1$ 更方便：

$$\hat{\beta}_1 = \frac{\sum_{i=1}^{n} x_i y_i - n\bar{x}\bar{y}}{\sum_{i=1}^{n} x_i^2 - n\bar{x}^2} \tag{8.3.7.3(i)}$$

回归的统计显著性(在水平 α 下)意味着有证据表明 $\beta_1 \neq 0$($\beta_1 = 0$ 的概率小于等于 α)。如果 $\beta_1 \neq 0$,那么 x 与 y 之间存在线性关系。为了使通常的显著性检验有效,需进一步假设 y 为具有共同方差 σ^2 和均值 $\beta_0 + \beta_1 x_i$($i = 1, 2, \cdots, n$) 的独立正态分布随机变量。

要检查在水平 α 下回归是否显著,令

$$s_y^2 = \frac{\sum\limits_{i=1}^{n}(y_i - \hat{\beta}_0 - \hat{\beta}_1 x_i)^2}{n - 2} \tag{8.3.7.3(j)}$$

并定义

$$SSE = \sum_{i=1}^{n}(y_i - \hat{\beta}_0 - \hat{\beta}_1 x_i)^2 \tag{8.3.7.3(k)}$$

$$SST = \sum_{i=1}^{n}(y_i - \bar{y})^2 \tag{8.3.7.3(l)}$$

$$SSR = SST - SSE \tag{8.3.7.3(m)}$$

然后定义

$$F = \frac{SSR}{s_y^2} \tag{8.3.7.3(n)}$$

它是具有自由度为($1, n-2$)的 F 分布。如果式(8.3.7.3(n))的值超过自由度 $\gamma_1 = 1$ 和 $\gamma_2 = n-2$ 的 F 分布的 $1-\alpha$ 分位数,则回归是显著的。表 8.5.1 提供了 $\alpha = 0.05$ 的 F 分布的 $1-\alpha$ 分位数。

对于给定的 x_0,B 基准值满足如下条件,即 $B(x_0)$ 是均值为 $f(x_0) = \beta_0 + \beta_1 x_0$、方差为 σ^2 的正态分布的 B 基准值。在简单线性回归情形下,B 基准值可以确定如下。对于 $x = x_0$,按下式计算 B 基准值

$$B = (\hat{\beta}_0 + \hat{\beta}_1 x_0) - k_B s_y \tag{8.3.7.3(o)}$$

式中:s_y 是式(8.3.7.3(j))中 s_y^2 的平方根,

$$k_B = t_{\gamma, 0.95}(\delta)\sqrt{\frac{1 + \Delta}{n}} \tag{8.3.7.3(p)}$$

且 $t_{y, 0.95}(\delta)$ 是自由度为 $\gamma = n-2$、偏心参数为 δ 的偏心 t 分布的第 95 百分位点。

$$\delta = \frac{1.282}{\sqrt{\dfrac{1 + \Delta}{n}}} \tag{8.3.7.3(q)}$$

和

$$\Delta = \frac{n(x_0 - \bar{x})^2}{\sum\limits_{i=1}^{n}(x_i - \bar{x})^2} \tag{8.3.7.3(r)}$$

当 n 大于等于 10 且 $0 \leqslant \Delta \leqslant 10$ 时可采用下面的近似公式计算 k_B:

$$k_B = 1.282 + \exp\left[0.595 - 0.508\ln(n) + \frac{4.62}{n} + \left(0.488 - \frac{0.988}{n}\right)\ln(1.82 + \Delta)\right]$$

$$\tag{8.3.7.3(s)}$$

要使式(8.3.7.3(o))能够计算 A 基准值,在式(8.3.7.3(q))中用 2.326 取代 1.282。对于 A 基准值,k_A 可近似为

$$k_A = 2.326 + \exp\left[0.659 - 0.514\ln(n) + \frac{6.58}{n} + \left(0.481 - \frac{1.42}{n}\right)\ln(3.71 + \Delta)\right]$$

$$\tag{8.3.7.3(t)}$$

8.3.7.4 多个预测变量的线性回归

假设被分析的数据是由在 l 个固定条件(或状态)下的 n 个观测值组成,并将这些条件编号为 1,2,$\cdots$,l。在关于温度的线性回归例子中,有 l 级温度及 l 个相应的协变量组 $(1, T_1)$,$(1, T_2)$,$\cdots$,$(1, T_l)$。有必要指明每个固定条件与每个观测值的对应关系(回想式(8.2.3)中的下标 i),因此,令对应于第 s 个观测值的固定条件为 $p(s)$。同样,每个观测值是来自于 m 批中的一个批次中的一个试件得到的。将这些批次编号为 1,2,$\cdots$,m 并且用 $q(s)$ 表示相应于第 s 个观测值的批次。观测值用 x_s 表示,$s = 1$,2,$\cdots$,n,此处第 s 个值对应于固定条件 $p(s)$ 和批次 $q(s)$。

假设用 $\{x_s\}$ 表示来自于某个正态分布的一个样本,其均值为

$$\mu_{p(s)} = \theta_1 z_{p(s),1} + \theta_2 z_{p(s),2} + \cdots + \theta_r z_{p(s),r} \tag{8.3.7.4(a)}$$

式中:$z_{p(s),u}$ 为已知常数,$1 \leqslant p(s) \leqslant l$ 及 $u = 1, \cdots, r$。$\{\theta_u\}$ 为待估参数。例如,如果假定强度均值随温度线性变化并且条件 $p(s) = 1$ 相应于 75 度,那么

$$\mu_1 = \theta_1 + 75\theta_2 \tag{8.3.7.4(b)}$$

因此,$r = 2$,$z_{11} = 1$ 及 $z_{12} = 75$。回想协变量 $z_{p(s),u}$ 不必是线性的。例如强度与温度之间的二次关系式包含协变量 1,T_i 和 T_i^2。

均值 $\mu_{p(s)}$ 不可能被观测到但必须从有限数据中估算出来。每个数值由 $\mu_{p(s)}$ 与随机量 $b_{q(s)} + e_s$ 的和组成,此处 $b_{q(s)}$ 对每批次 $q(s)$ 取不同的值而 e_s 对每个观测值取不同的值。假设随机变量 $\{b_{q(s)}\}$ 和 $\{e_s\}$ 为来自均值为 0、方差分别为 σ_b^2 和 σ_e^2 的正态分布母体的随机样本。方差 σ_b^2 为批间方差而方差 σ_e^2 为批内方差(或误差)。(关于这些概念的更基本的讨论见 8.2.3 节)。

数据模型现在可以写成

$$x_s = \mu_{p(s)} + b_{q(s)} + e_s = \theta_1 z_{p(s),1} + \theta_2 z_{p(s),2} + \cdots + \theta_r z_{p(s),r} + b_{q(s)} + e_s$$

$$(8.3.7.4(c))$$

式中:$\{z_{p(s),u}\}$ 已知,$\{\theta_u\}$ 为未知的固定量,并且 $\{b_{q(s)}\}$ 和 $\{e_s\}$ 为方差未知的随机变量。

8.3.8 探索性数据分析

探索性数据分析(EDA)方法是简单、直观、定性的方法,常常能在分析初期指出数据的重要特征。如果可能,应采用基于 EDA 的结论对定量统计方法进行补充。下面叙述了两种 EDA 方法:分位数箱线图和信息分位数函数。关于这一主题的更完备的论述可在文献 8.3.8 中找到。

8.3.8.1 分位数箱线图

分位数箱线图以图形的方式总结了样本值的特征。该方法显示样本的对称性、尾端大小和中位数,并指出可能存在的异常数据和不同类的数据。

令 $F(x)$ 为潜在的分布函数。$F(x)$ 的第 u 个分位数 q_u 为方程 $F(q_u) = u$ 的解。分位数函数 $Q(u)$ 定义为(见文献 8.3.6.1(a))

$$Q(u) = F^{-1}(u) \quad 0 < u < 1 \qquad (8.3.8.1(a))$$

令 $x_{(1)} \leqslant x_{(2)} \leqslant \cdots \leqslant x_{(n)}$ 表示大小为 n 的样本排序后的测量值,$Q(u)$ 由下列分段线性函数估计

$$\hat{Q}(u) = \left(nu - j + \frac{1}{2}\right)x_{(j+1)} + \left(j + \frac{1}{2} - nu\right)x_{(j)} \qquad (8.3.8.1(b))$$

式中:

$$\frac{2j-1}{2n} \leqslant u \leqslant \frac{2j+1}{2n} \qquad (8.3.8.1(c))$$

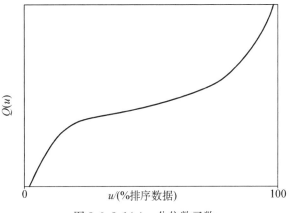

图 8.3.8.1(a) 分位数函数

图 8.3.8.1(b)是分位数箱线图的一个例子。图中的矩形用来检查潜在分布的对称性和尾端大小。$Q(u)$中的平缓点表示众数值。u在 0 和 1 附近时 $Q(u)$的急剧增加表示可能存在异常数据。矩形内 $Q(u)$的急剧增加表示数据中可能存在两个(或多个)母体或数据中存在大的间断。有关使用分位数箱线图的详细说明见文献 8.3.6.1。

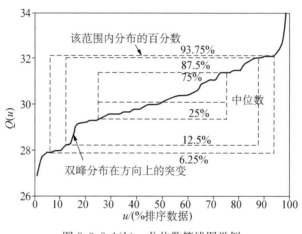

图 8.3.8.1(b)　分位数箱线图举例

8.3.8.2　信息分位数函数

获得单峰数据 B 基准值的方法可分为两个主要类型:关于特定参数族的方法和非参数方法。信息分位数(IQ)函数可作为一种辅助工具以识别能够满意地拟合数据的参数模型。已经非常全面地讨论了有关正态、对数正态及双参数 Weibull 参数族的参数方法,因此这里仅考虑这几种方法。本节以后提到的 Weibull 参数族都应理解为双参数 Weibull 参数族。

IQ 函数用于识别能够最佳描述一组排序数据的单变量的位置——尺度参数分布。单变量的位置——尺度参数分布是这样一种分布,其分布函数 $F(x)$可表示为

$$F(x) = F_0[(x-a)/b] \tag{8.3.8.2(a)}$$

这里 a 和 b 分别表示位置参数和尺度参数,并且 $F_0(x)$是当 $a=0$ 及 $b=1$ 时的"标准"分布。IQ 函数用于识别标准分布形式,因此不依赖于位置参数和尺度参数的值。

Weibull 及对数正态参数族不属于位置——尺度参数族。然而,这些分布与两个位置——尺度参数简单相关:正态族与极值族。

IQ 函数的估计量定义为

$$\hat{IQ}(u) = \frac{\hat{Q}(u) - \hat{Q}(0.5)}{2[\hat{Q}(0.75) - \hat{Q}(0.25)]} \tag{8.3.8.2(b)}$$

这里 $\hat{Q}(u)$是式(8.3.8.1(b))中定义的分位数函数的估计量。相应的精确的 IQ 函数记为 $IQ(u)$并由式(8.3.8.2(b))定义,其中用 $Q(u)$代替 $\hat{Q}(u)$。为了确定

能否由正态或者极值分布来恰当地模拟数据,由下式分段定义 IQ 函数的估计量,将其曲线与这些分布的精确的 TIQ 曲线(见图 8.3.8.2(a)与(b))进行比较

$$\widehat{TIQ}(u) = \begin{cases} -1 & \hat{IQ}(u) \leqslant -1 \\ \hat{IQ}(u) & -1 < \hat{IQ}(u) \leqslant 1 \\ 1 & \hat{IQ}(u) > 1 \end{cases} \qquad (8.3.8.2(c))$$

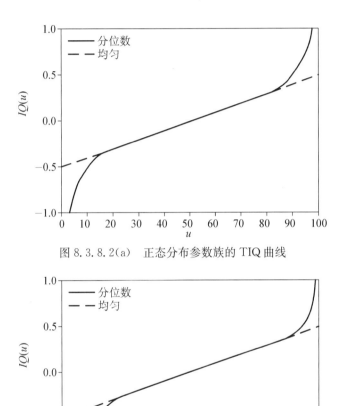

图 8.3.8.2(a)　正态分布参数族的 TIQ 曲线

图 8.3.8.2(b)　极值分布参数族的 TIQ 曲线

　　虽然数据的 TIQ 曲线将明显不如精确的 TIQ 曲线光滑,但可对其总体形状和尾端形态进行比较。

　　为了确定对数正态分布或 Weibull 分布的适合程度,采用数据的自然对数来定义分位数函数。因此,式(8.3.8.1(b))变为

$$\hat{Q}(u) = \left(nu - j + \frac{1}{2}\right)\ln(x_{(j+1)}) + \left(j + \frac{1}{2} - nu\right)\ln(x_{(j)}) \qquad (8.3.8.2(d))$$

式中：

$$\frac{2j-1}{2n} \leqslant u \leqslant \frac{2j+1}{2n} \qquad (8.3.8.2(e))$$

式(8.3.8.2(b)和(c))中的 IQ 和 TIQ 函数也用该分位数函数定义。

因此，为了确定数据能否用正态分布恰当地模拟，将原始数据的 $\widehat{T}IQ$ 曲线与图 8.3.8.2(a)中正态分布的精确 TIQ 曲线进行比较。为了确定数据能否用对数正态分布恰当地模拟，将数据对数的 $\widehat{T}IQ$ 曲线与图 8.3.8.2(a)中正态分布的精确 TIQ 曲线进行比较。双参数 Weibull 分布的适合程度通过比较数据对数的 $\widehat{T}IQ$ 曲线与图 8.3.8.2(b)中极值分布的精确 TIQ 曲线来确定。关于分位数函数和信息分位数函数的进一步的资料，读者可参阅文献 8.3.8.2(a)与 8.3.8.2(b)。

8.3.9 对于合并可接受的环境条件组合

当使用图 8.3.1.1(a)所示的合并环境样本分析方法时，如果批间变异性和方差等同性检验确定某些环境条件不能合并（见流程图中的步骤(3)、(15)和(29)），则剩余的可合并环境条件必须处于邻近的试验温度与环境条件范围内，且必须包含室温/环境湿度条件（假如有室温条件数据）。此项要求的原因是当中间环境条件被排除在合并之外时，确保极端环境条件下的数据不被合并。用以下例子说明接受和不接受合并的情形。

一些可接受的情形如下（"×"表示数据的环境条件；灰色格子表示可合并的环境条件）：

湿度条件	温　　度				
吸湿条件	低温	室温	高温 1	高温 2	高温 3
环境湿度	×	×	×		
湿态			×		

湿度条件	温　　度				
吸湿条件	低温	室温	高温 1	高温 2	高温 3
环境湿度	×	×	×		
湿态			×		

湿度条件	温　　度				
吸湿条件	低温	室温	高温 1	高温 2	高温 3
环境湿度	×	×	×	×	×
湿态			×	×	×

湿度条件	温　　度				
吸湿条件	低温	室温	高温 1	高温 2	高温 3
环境湿度	×	×	×	×	×
湿态			×	×	×

湿度条件	温　　度				
吸湿条件	低温	室温	高温 1	高温 2	高温 3
环境湿度	×	×			
湿态			×	×	

湿度条件	温　　度				
吸湿条件	低温	室温	高温 1	高温 2	高温 3
环境湿度	×				
湿态			×	×	

一些不可接受的情形如下("×"表示数据的环境条件;灰色格子表示可合并的环境条件):

湿度条件	温　　度				
吸湿条件	低温	室温	高温 1	高温 2	高温 3
环境湿度	×	×	×		
湿态			×		

由于在合并时未包含室温/环境湿度条件的数据,因此不接受合并。

湿度条件	温　　度				
吸湿条件	低温	室温	高温 1	高温 2	高温 3
环境湿度	×	×	×	×	
湿态			×	×	

由于在合并时未包含高温 1/环境湿度条件的数据,造成室温/环境湿度条件与高温 2/环境湿度条件的数据之间的间断,因此不接受合并。

湿度条件	温度				
吸湿条件	低温	室温	高温 1	高温 2	高温 3
环境湿度	×	×	×	×	×
湿态			×	×	×

由于在合并时未包含高温 2/环境湿度条件的数据，造成高温 1/环境湿度条件与高温 3/环境湿度条件的数据之间的间断，因此不接受合并。

湿度条件	温度				
吸湿条件	低温	室温	高温 1	高温 2	高温 3
环境湿度	×	×	×	×	×
湿态			×	×	×

由于在合并时未包含室温/环境湿度条件的数据，因此不接受合并。

湿度条件	温度				
吸湿条件	低温	室温	高温 1	高温 2	高温 3
环境湿度	×	×	×	×	×
湿态			×	×	×

由于在合并时未包含室温/环境湿度条件的数据，因此不接受合并。

湿度条件	温度				
吸湿条件	低温	室温	高温 1	高温 2	高温 3
环境湿度	×	×	×	×	×
湿态			×	×	×

由于在合并时未包含高温/环境湿度条件的数据，造成室温/环境湿度条件与高温 1/吸湿条件的数据之间的间断，因此不接受合并。

湿度条件	温度				
吸湿条件	低温	室温	高温 1	高温 2	高温 3
环境湿度	×	×	×	×	×
湿态			×	×	×

由于在合并时未包含高温 2/环境湿度条件的数据,造成高温 1/环境湿度条件与高温 3/环境湿度条件的数据之间的间断,因此不接受合并。

8.3.10　统计结果的经验与工程判断方法应用指南

由于基准值的计算通常与工程耗费有关,因此实践经验与统计上的考虑都对结果起作用。在很多情况下,从表面上来看接受统计结果是合适的,但是在某些情况下,根据经验与工程判断拒绝或修改统计结果却是合理的。以下小节将说明在三种具体的统计过程中使用工程判断方法的情况。

8.3.10.1　批间变异性

当 k 样本 Anderson-Darling(ADK)检验的结果表明各批次数据不是来自于同一母体时,可根据工程上或实际上的一些考虑因素来拒绝该结果并允许合并各批次数据(对合并方法和单点方法均适用)。对于例外情况必须加以说明。这些考虑因素包括:

(1) 在某些情况下,各批次数据的均值很接近但方差却不同。如果绝大部分数据处于各批次数据的重叠范围内,只有少数分散性较高的数据点落在重叠区间以外,则认为各批次数据可合并。

(2) 在各批次数据合并后,如果离散系数(CV)很小,则表明由于极低的批内分散性而使得 ADK 检验结果过于敏感。经验表明,对于单层强度性能而言,其母体的离散系数一般不低于 4%,而对于层合板与缺口层合板的强度性能而言,其母体的离散系数一般不低于 3%。如果合并后数据的离散系数同样的低,那么即使 ADK 检验结果表明批间存在差异,也可对各批次数据进行合并。

(3) 在各批次数据合并后,如果离散系数(CV)小于试验方法的测量精度,那么即使 ADK 检验结果表明不能合并,也可对各批次数据进行合并。

(4) 在某些情况下,ADK 检验表明对于给定性能的大多数但并非全部的环境样本的批次数据是可合并的。如果不能进行批间合并的环境样本的离散系数与那些经 ADK 检验可进行批间合并的环境样本的离散系数相当的话,则认为这些样本也是可合并的。

(5) 如果存在某批次数据的均值始终高于或低于大部分环境样本的均值这样一种可辨认的趋势,则该批次数据不应被合并。

8.3.10.2　方差等同性

在使用 ANOVA 方法计算基准值之前,单点方法将方差等同性(EOV)检验作为一种诊断性手段来使用,用于检验在 0.05 显著性水平下的批间变异性。合并方法将同样的检验方法作为一种诊断检验手段来检验各种环境条件的正则化数据在 0.05 的显著性水平下的方差等同性。该检验仅仅是诊断性的,容易造成误判和漏判的结果,因此在审查 EOV 结果时往往需要借助工程判断。一方面,即使 EOV 检验结果表明方差可能等同,工程判断方法却可能给出相反的判断。另一方面,即使 EOV 检验表明方差不等同,但是一系列的工程判断可能拒绝这一诊断性结果并允许按流程继续执行下一步的判断：

（1）可采用其他显著性水平（$\alpha = 0.025, 0.01$ 等等）下的方差等同性（EOV）检验对方差的不等同性进行评估。如果在减小后的显著性水平下通过了 EOV 检验，可认为方差是等同的，在此，应认识到当事实上本应拒绝这一等同性假设时，该检验增加了接受等同性假设的风险（Ⅱ类误判）。

（2）即使未通过方差等同性（EOV）检验，但是各组数据的离散系数均处于某种合理的水平并且相互之间的差别在百分之几以内，则可根据工程判断认为方差是充分等同的。

（3）如果存在某种环境条件，其对环境敏感的不同力学性能的离散系数一直保持在很高或很低的水平，则该环境的数据应不予合并。

8.3.10.3 正态分布检验

合并方法基于合并后的正则化数据呈正态分布的假设。即使 Anderson-Darling 统计量表明数据不具有正态分布性质，但是，基于对正态分布曲线图的目视评估以及/或者 ASAP 软件中的有关正态性评价的 r^2 值的大小，可能接受正态分布的假设。

8.3.11 算例

8.3.11 节给出了若干算例，说明了如何使用软件包来执行在 8.3.1 节到8.3.10 节中详述的分析方法以建立工程 B 基值。

8.3.11.1 AGATE 统计分析程序（ASAP）

8.3.11.1.1 ASAP 算例 1——数据未通过合并性检验

本例采用如图 8.3.11.1.1(a) 所示的数据组，说明了流程图、计算方法以及 ASAP 和 STAT17 软件的使用方法。

以下的数字编号引用图 8.3.1.1(a) 中的流程步骤：

（1）每种条件下的破坏模式是否一致且合理？   是
（2）如果否：研究，剔除数据坏点。   未使用
（3）环境条件数是否大于或等于 2？   是
（4）每种环境条件是否包含 3 批次的 15 个试件？   是
（5）各环境条件之间的破坏模式是否一致？   是
如果步骤（3）、（4）、（5）的结果为"否"，则执行步骤（6）。
（6）使用单点法单独分析所有环境条件样本。   未使用
（7）每种环境条件的每批数据的异常数据检验，8.3.3.1 节。

首先检查每种条件的每批数据最大及最小值的最大赋范残差。如果最大赋范残差（MNR）检验表明最大值与最小值不是异常数据，则其他数据也不可能是异常数据。采用公式（8.3.3.1(a)）计算每批数据最大值及最小值的 MNR 值，并使用表8.5.7 的临界值，其结果如表 8.3.11.1.1(a) 所示。

CTD 环境		RTD 环境		ETD 环境		ETW 环境		ETW2 环境	
批次	性能	批次	性能	批次	性能	批次	性能	批次	性能
1	118.377 460 4	1	84.958 136 4	1	83.743 603 5	1	106.357 525	1	99.023 996 6
1	123.603 561 2	1	92.489 182 2	1	84.383 167 7	1	105.898 733	1	103.341 238
1	115.223 809 2	1	96.821 265 9	1	94.803 043 3	1	88.464 008 2	1	100.302 13
1	112.637 974 4	1	109.030 325	1	94.393 153 7	1	103.901 744	1	98.463 413 3
1	116.556 427 7	1	97.891 818 2	1	101.702 222	1	80.205 821 9	1	92.264 728
1	123.164 989 6	1	100.921 517	1	86.537 212 1	1	109.199 597	1	103.487 693
2	128.558 902 7	1	103.699 444	1	92.377 268 4	1	61.013 943 1	1	113.734 763
2	113.146 210 3	2	93.790 821 2	2	89.208 402 4	2	99.320 710 7	2	108.172 659
2	121.424 810 7	2	107.526 709	2	100.686 001	2	115.861 77	2	108.426 732
2	134.324 190 6	2	94.576 970 4	2	81.044 419 2	2	82.613 308 2	2	116.260 375
2	129.640 511 7	2	93.883 137 3	2	91.339 807	2	85.369 041 1	2	121.049 61
2	117.981 865 8	2	98.229 660 5	2	93.144 193 9	2	115.801 622	2	111.223 082
3	115.450 522 6	2	111.346 59	2	85.820 416 8	2	44.321 774 1	2	104.574 843
3	120.036 946 7	2	100.817 538	3	94.896 627 3	2	117.328 077	2	103.222 552
3	117.163 108 8	3	100.382 203	3	95.806 852	2	88.678 290 3	2	99.391 853 8
3	112.930 279 7	3	91.503 781 1	3	86.784 225 2	3	107.676 986	3	87.342 165 8
3	117.911 450 1	3	100.083 233	3	94.401 197 3	3	108.960 241	3	102.730 741
3	120.190 015 9	3	95.639 361 5	3	96.723 117 1	3	116.122 64	3	96.369 491 6
3	110.729 596 6	3	109.304 779	3	89.901 038 4	3	80.233 481 5	3	99.594 608 8
		3	99.120 584 7	3	89.367 230 6	3	106.145 57	3	99.594 608 8
		3	100.078 562			3	104.667 866	3	97.071 240 7
						3	104.234 953		

图 8.3.11.1.1(a) ASAP 算例 1 数据

表 8.3.11.1.1(a)　*MNR* 计算与结果

异常数据检查

CTD 环境

批次	均值	标准差	最小值	最大值	数目	*MNR*	临界值	结果
1	118.261	4.390	112.638	123.604	6	1.281	1.887	无异常数据
2	124.179	7.996	113.146	134.324	6	1.380	1.887	无异常数据
3	116.345	3.548	110.730	120.190	7	1.583	2.02	无异常数据

RTD 环境

批次	均值	标准差	最小值	最大值	数目	*MNR*	临界值	结果
1	97.973	7.795	84.958	109.030	7	1.670	2.02	无异常数据
2	100.024	7.007	93.791	111.347	7	1.616	2.02	无异常数据
3	99.445	5.425	91.504	109.305	7	1.818	2.02	无异常数据

ETD 环境

批次	均值	标准差	最小值	最大值	数目	*MNR*	临界值	结果
1	91.134	6.566	83.744	101.702	7	1.610	2.02	无异常数据
2	90.207	6.692	81.044	100.686	6	1.566	1.887	无异常数据
3	92.554	3.815	86.784	96.723	7	1.512	2.02	无异常数据

ETW 环境

批次	均值	标准差	最小值	最大值	数目	*MNR*	临界值	结果
1	93.577	17.940	61.014	109.200	7	1.815	2.02	无异常数据
2	93.662	24.568	44.322	117.328	8	2.008	2.127	无异常数据
3	104.006	11.218	80.233	116.123	7	2.119	2.02	异常

ETW2 环境

批次	均值	标准差	最小值	最大值	数目	*MNR*	临界值	结果
1	101.517	6.571	92.265	113.735	7	1.859	2.02	无异常数据
2	110.419	6.361	103.223	121.050	7	1.671	2.02	无异常数据
3	97.083	5.271	87.34217	102.731	6	1.848	1.887	无异常数据

（8）是否存在批内异常数据？　　　　　　　　　　　　　　　　　　　是

ETW 环境的批次 3 内有一异常数据。去除该异常数据重新进行 MNR 检验，结果表明该数据是仅有的异常数据。

如果检出异常数据，则执行步骤（9）。

（9）处理异常数据，见 2.4.4 节。

绘制 ETW 环境的数据曲线图以便通过目视检查该异常数据是否有用。由

图 8.3.11.1(b)可见虽然该数据对于批次 3 来说是异常的,但是对于合并后的数据组来说并非是异常值。由于没有剔除该数据的正当理由,并且通过检查可知该数据对该环境条件样本的统计影响甚微(见表 8.3.11.1.1(b)),因此很容易作出保留该异常数据的决定。

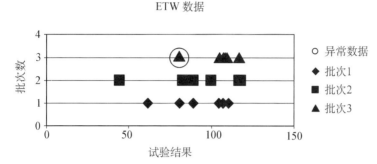

图 8.3.11.1.1(b)　ETW 数据

表 8.3.11.1.1(b)　包含异常数据与不包含异常数据的 ETW 数据的统计值

	ETW 数据	
	所有数据	去除异常数据
均值	96.93	97.72
标准差	18.80	18.89
离散系数	19.40%	19.33%
最小值	44.32	44.32
最大值	117.33	117.33
数目	22	21

（10）每种环境条件的批间变异性检验,见 8.3.2.2 节($\alpha = 0.025$)。

ASAP 将处理所有后续检验。输入数据和标题信息,再按页面顶部的"Analyze Data"按钮。

（11）是否存在批间变异性?　　　　　　　　　　　　　　　　　　　　　　　　是

ETW2 环境的 ADK 值大于 $\alpha = 0.025$ 时的临界值。ASAP 的输出结果如图 8.3.11.1.1(c)所示。

批间等同性的 k 样本 ADK 检验($ADK < ADC$ 时为同一母体)					
试验条件	CTD	RTD	ETD	ETW	ETW2
ADK	1.427	0.452	0.732	0.793	3.024
$ADC(\alpha = 0.05)$	1.924	1.935	1.930	1.940	1.930
$ADC(\alpha = 0.025)$	2.225	2.240	2.233	2.246	2.233
$ADC(\alpha = 0.01)$	2.264	2.644	2.634	2.652	2.634
同一母体?($\alpha = 0.05$)	是	是	是	是	否

图 8.3.11.1.1(c)　ADK 检验的 ASAP 输出结果

(12) 经验与工程判断，见 8.3.10.1 节。

为判断拒绝检验结果是否合理，检查 ASAP 提供的每批数据的图表（见图 8.3.11.1.1(d)）和数据汇总（见图 8.3.11.1.1(e)）。

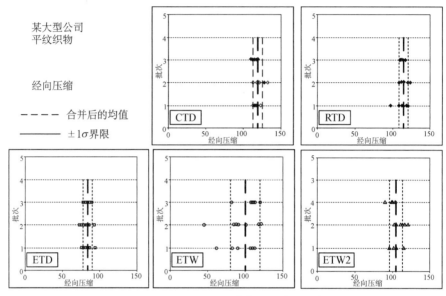

图 8.3.11.1.1(d)　ASAP 算例 1 的各批次数据图

数据汇总					
统计值	环境试验条件				
	CTD	RTD	ETD	ETW	ETW2
样本大小	19	21	20	22	20
批次数量	3	3	3	3	3
均值	119.42	99.15	91.35	96.93	103.30
标准差	6.24	6.52	5.56	18.80	8.11
离散系数/(%)	5.23	6.58	6.09	19.40	7.85
最小值	110.73	84.96	81.04	44.32	87.34
最大值	134.32	111.35	101.70	117.33	121.05

图 8.3.11.1.1(e)　ASAP 数据汇总

按照 8.10.3.1 节的指南进行检查。

12(a) 在某些情况下，各批次数据的均值很相近但方差却不同。如果各批次数据的分布范围几乎全部重叠在一起，仅有少数分散性较高的数据点落在重叠区间以外，则认为各批次数据可合并。

对于本例(ETW2),批次 2 与批次 3 的数据尽管变异性相似,但是几乎无重叠区域。因此,根据指南不接受批间数据的合并。

12(b) 批间数据合并后,如果离散系数(CV)很小,则说明 ADK 检验结果对于极低的批内分散性过于敏感。经验表明单层板强度性能的母体离散系数一般不低于 4%,或者说,层合板与缺口层合板强度性能的母体离散系数一般不低于 3%。如果合并后数据的离散系数同样的低,则即使 ADK 检验结果表明存在批间差异,仍可对各批次数据进行合并。

12(c) 批间数据合并后,如果离散系数(CV)小于试验方法的测量精度,则即使 ADK 检验表明存在批间差异,也认为各批次数据可以合并。

ETW2 环境数据的 CV 值为 7.85%,由于该 CV 值过高以至于无论是根据指南 2 还是 3 都无法证明拒绝 ADK 检验结果的合理性。

12(d) 在某些情况下,ADK 检验表明,对于某种给定性能的大多数但并非全部的环境样本而言,可以进行批间合并。如果不能进行批间合并的环境样本的离散系数与经 ADK 检验可进行批间合并的其他环境样本的相当,则认为其他环境样本的批次可以进行合并。

其他环境样本的离散系数分别为:

CTD—5.23%　　　RTD—6.58%　　　ETD—6.09%　且 ETW—19.4%

ETW2 的 CV 值小于 ETW 而高于其他环境的 CV 值,因此认为它与其他环境样本的 CV 值相当。由于其他环境样本经 ADK 检验证明可进行合并,因此根据此项指南 ETW 的数据可与其他环境数据合并。

12(e) 如果存在如下的可辨认的趋势:某批次数据的均值始终低于或高于大部分环境样本,那么则该批数据不应被合并。

该例中无上述可辨认的趋势,即不存在均值始终低于或高于大部分环境样本的批次数据。

(13) 根据经验判断是否忽略组间变异性?　　　　　　　　　　　　　　　否

ETW2 环境数据不满足拒绝检验结果的指南要求—具体来讲不符合指南 12(a),12(b)和12(c),因此不能进行批间合并。

(14) 从合并中去除存在批间变异性的环境样本,对其使用单点方法进行分析。　是

ETW2 环境数据将采用下一节的 STAT17 程序进行分析。

(15) 至少剩余 2 种环境条件?　　　　　　　　　　　　　　　　　　　　是

如果步骤 15 的结果是"否",则执行步骤(16)。

(16) 使用单点方法分别分析所有环境样本。　　　　　　　　　　　　未使用

(17) 按环境条件进行分组,合并各批次数据并收集数据。

(18) 每种环境条件内的异常数据检验,见 8.3.3.1 节。

从 ASAP 程序中去除 ETW2 数据,继续分析剩余的 4 种环境样本数据,获得如图 8.3.11.1.1(f)所示的输出结果。

试验条件	CTD	RTD	ETD	ETW		
异常数据的最大赋范残查检验						
每种环境试验条件的异常数据个数						
被合并的批次	无	无	无	1		

图 8.3.11.1.1(f) ASAP 异常数据识别

(19) 环境条件内有无异常数据？   是

ETW 环境内有一个异常数据。

如果检查出异常数据,则执行步骤(20)。

(20) 异常数据处理,见 2.4.4 节。

ETW 环境数据的曲线图(见图 8.3.11.1.1(g))表明该环境条件内的异常数据出现在批次 2 内,该数据明显小于数据组内的其他数据。注意,批次 3 内的被保留的异常数据在各批次数据合并后不再是异常数据。包括与不包括该异常数据的统计结果(见表 8.3.11.1.1(c))表明去除该异常数据将对该环境条件的统计结果造成一定的影响,但是去除该异常数据后,标准差与离散系数会更大。由于无剔除该异常数据的合理理由,并且其值较小,因此该数据不应从数据组中剔除,而是保留之。

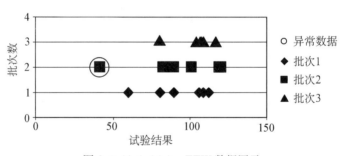

ETW 数据

图 8.3.11.1.1(g) ETW 数据图示

表 8.3.11.1.1(c) ETW 统计结果

	ETW 数据	
	所有数据	去除异常数据
均值	96.93	99.43
标准差	18.80	15.04
离散系数/%	19.40	15.13
最小值	44.32	61.01
最大值	117.33	117.33
数目	22	21

（21）计算每种环境条件的数据组的均值与标准差。

ASAP 提供了统计结果的汇总和试验结果，如图 8.3.11.1.1(e)所示。

（22）根据各自的均值对每种环境条件的数据进行正则化。

（23）各环境条件的数据组之间的正则化方差等同性检验，见 8.3.4.1 节。

ASAP 对数据进行正则化处理并执行 8.3.4.1 节所述的 Levene 检验（见图 8.3.11.1.1(h)）。在正则化处理时，把所有环境的均值设置为 1，这意味着离散系数与标准差相等。

离散系数等同性的 Levene 检验（当 $F_{计算}<F_{临界}$ 时等同）				
α	0.1	0.05	0.025	0.01
$F_{临界}$	2.304	2.882	3.452	4.210
$F_{计算}$	6.331			

图 8.3.11.1.1(h)　Levene 检验的 ASAP 输出结果

（24）应用经验与工程判断方法对方差等同性的统计结果进行评判，见 8.3.8.2 节。

在本例中，计算的 F 值(6.331)高于推荐 α 为 0.05 时的临界值。尽管对于所有检验结果推荐使用工程判断方法（见 8.3.10.2 节），但是计算所得的 F 值很高，超过了 α 为 0.01 时的临界值，足以证明合并是不合理的。

（25）正则化方差是否等同？　　　　　　　　　　　　　　　　　否

（26）某种环境数据的方差与其他环境的相比是否很高或很低？　　是

ETW 环境的标准差和离散系数均明显高于其他环境。

如果结果为"否"，则执行步骤（27）。如果结果为"是"，则执行步骤（28）。

（27）采用单点法分别分析所有环境条件的数据。　　　　　　　未使用

（28）从合并中去除异常条件样本并采用单点方法分析该异常样本。　是

ETW 数据将在 8.3.11.2 节中采用 STAT17 程序进行分析。注意，之前已根据 ADK 检验结果将 ETW2 条件去除。如果未去除，则此时按照 8.3.9 节的要求也应将该环境样本去除。这是因为合并时环境条件是不能够"跳跃"的。因此，如果去除 ETW 条件，那么就必须去除 ETW2 条件。去除 ETW 条件后，Levene 检验表明剩余的环境样本间的方差可认为是等同的（见图 8.3.11.1.1(i)）。

离散系数等同的 Levene 检验（当 $F_{计算}<F_{临界}$ 时等同）				
α	0.1	0.05	0.025	0.01
$F_{临界}$	3.299	4.235	5.200	6.567
$F_{计算}$	0.581			

图 8.3.11.1.1(i)　去除 ETW 后的 Levene 检验结果

（29）至少剩余 2 种环境条件？ 是

如果结果为"否"，则执行步骤 30。如果结果为"是"，则执行步骤（31）。

（30）使用单点法单独分析所有环境条件数据。 未使用

（31）使用 $\alpha = 0.05$ 的 Anderson Darling 检验方法对合并后的正则化数据组进行正态分布检验，见 8.3.6.5.1.2 节。

尽管已确定 ETW 数据不适合进行合并，但是为了举例仍对其进行正态分布检验分析。

ASAP 提供了有关正态分布的两种不同的诊断性检验方法。对于通过正态分布检验的数据，所有环境条件的数据组以及合并后的数据组的观察显著性水平（OSL）必须大于 0.05。ASAP 提供的正态分布检验的图解法的数值虽然有助于做出判断，但不够充分。ASAP 的正态分布检验的输出结果如图 8.3.11.1.1(j) 所示。

试验条件	CTD	RTD	ETD	ETW	
正态分布的 ADK 检验	$\alpha = 0.01$				
OSL	0.1863	0.3952	0.6458	0.0061	
正态性是	可接受	可接受	可接受	可疑的	
合并后的数据组的 *OSL*	0.0005	正态性是可疑的			
基于图解法的正态性检查					
Pearson 系数 r	0.9652	0.9815	0.9920	0.9258	
正态性是	可接受	可接受	可接受	可接受	
合并后的数据组的 r	0.9262	正态性是可接受的			

图 8.3.11.1.1(j)　ASAP 正态分布检验

虽然对于 ADK 检验，ETW 环境与合并后的数据一起被贴上值得怀疑的标签，但这不是基于图解法的检查结果。在这种情况下，为了给出有关数据合并性的决定，应检查正态分布曲线图。

图 8.3.11.1.1(k) 给出了 ASAP 生成的正态分布曲线图。注意 ETW 环境的正态分布曲线是如何穿过其他相互平行的正态分布曲线的。同时，其他三种环境的数据与所预计的各自的正态分布曲线非常接近，然而 ETW 数据与期望的正态分布曲线偏离较大。合并后的数据组也与期望的正态分布曲线的偏差相对较大，上下偏差接近 10%。这些结果表明 ETW 数据和合并后的数据是非正态分布的。

如图 8.3.11.1.1(l)所示的正态分数图中，ETW 数据出现了明显的弯曲而非正

态分布所期望的直线,而其他环境条件的线性度较好。合并数据组也出现了这种弯曲现象。显然,即使 Levene 检验未证明 ETW 数据不可合并,正态分布曲线与正态分数图同样可表明该数据不可合并。

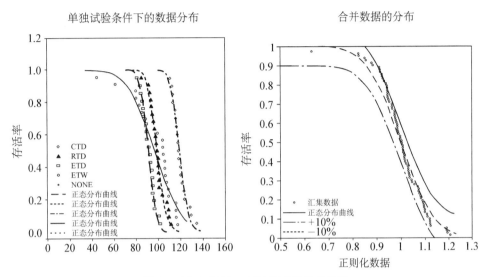

图 8.3.11.1.1(k) ASAP 正态分布曲线

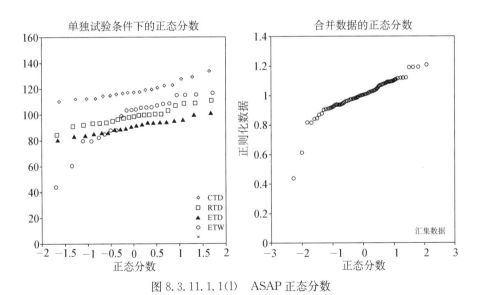

图 8.3.11.1.1(l) ASAP 正态分数

(32) 合并数据组是否呈正态分布?   是

当去除 ETW 环境后重新分析剩余数据,合并数据组通过所有的正态分布检验。至此,数据组中因包含 ETW 环境条件所带来的问题已解决。图 8.3.11.1.1 (m)到(o)给出了合并数据组的 ASAP 正态分布检验的输出结果和正态分数图。

试验条件	CTD	RTD	ETD		
正态分布的 ADK 检验	$\alpha = 0.01$				
OSL	0.1863	0.3952	0.6458		
正态性是	可接受	可接受	可接受		
合并数据组的 OSL	0.3071	正态性是可接受的			
基于图解法的正态性检查					
Pearson 系数 r	0.9652	0.9815	0.9920		
正态性是	可接受	可接受	可接受		
合并数据组的 r	0.9262	正态性是可接受的			

图 8.3.11.1.1(m)　去除 ETW 后 ASAP 正态分布检验

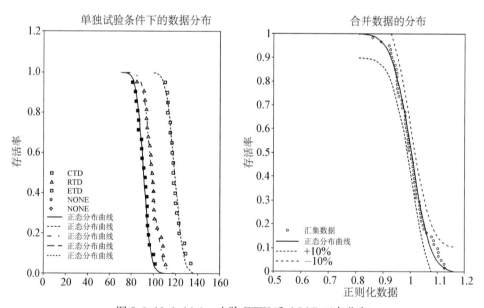

图 8.3.11.1.1(n)　去除 ETW 后 ASAP 正态分布

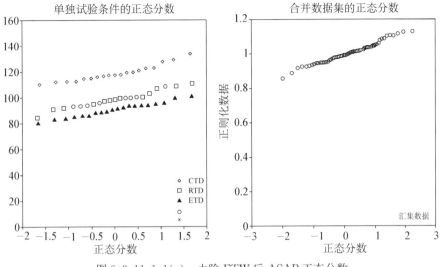

图 8.3.11.1.1(o)　去除 ETW 后 ASAP 正态分数

（33）经验与工程判断，8.3.10.3 节。　　　　　　　　　　　　　　未使用

（34）根据判断是否接受正态分布假设？　　　　　　　　　　　　　　　　是

如果结果为"否"，则执行步骤（35）。

（35）用单点法单独分析所有环境条件数据。　　　　　　　　　　　　未使用

（36）计算正则化的合并样本的均值和标准差。

（37）根据试件数和 K 因子的计算值计算合并数据组的正则化基准值，
8.3.5.6.2 节。

（38）每种环境条件的均值乘以正则化基准值可得每种条件的基准值。

步骤（36）～（38）可由 ASAP 完成，这里只给出最终的结果汇总，如
图 8.3.11.1.1(p)所示。

数据汇总					
统计值	环境试验条件				
	CTD	RTD	ETD		
样本大小	19	21	20		
批次	3	3	3		
均值	119.42	99.15	91.35		
标准差	6.24	6.52	5.56		
离散系数/%	5.23	6.58	6.09		
最小值	110.73	84.96	81.04		
最大值	134.32	111.35	101.70		

数据汇总					
统计值	环境试验条件				
	CTD	RTD	ETD		
合并数据的离散系数/%	5.91				
K_b	1.7502	1.7337	1.7416		
K_a	2.9208	2.9073	2.9138		
CV 等同时的基准值					
B 基准值	108.70	88.52	80.68		
A 基准值	101.52	81.33	73.49		

图 8.3.11.1.1(p) ASAP 基准值

8.3.11.1.2 ASAP 算例 2-可合并的数据

例 2 使用图 8.3.11.1.2(a)所示的数据组并说明流程图、计算方法及 ASAP 软件的使用。

CTD		RTD		ETW		ETW2	
批次#	性能	批次#	性能	批次#	性能	批次#	性能
1	79.04517	1	103.2006	1	63.22764	1	54.09806
1	102.6014	1	105.1034	1	70.84454	1	58.87615
1	97.79372	1	105.1893	1	66.43223	1	61.60167
1	92.86423	1	100.4189	1	75.37771	1	60.23973
1	117.218	2	85.32319	1	72.43773	1	61.4808
1	108.7168	2	92.69923	1	68.43073	1	64.55832
1	112.2773	2	98.45242	1	69.72524	2	57.76131
1	114.0129	2	104.1014	2	66.20343	2	49.91463
2	106.8452	2	91.51841	2	60.51251	2	61.49271
2	112.3911	2	101.3746	2	65.69334	2	57.7281
2	115.5658	2	101.5828	2	62.73595	2	62.11653
2	87.40657	2	99.57384	2	59.00798	2	62.69353
3	102.2785	2	88.84826	2	62.37761	3	61.38523
3	110.6073	3	92.18703	3	64.3947	3	60.39053
3	105.2762	3	101.8234	3	72.8491	3	59.17616

CTD		RTD		ETW		ETW2	
批次 ♯	性能	批次 ♯	性能	批次 ♯	性能	批次 ♯	性能
3	110.8924	3	97.68909	3	66.56226	3	60.96422
3	108.7638	3	101.5172	3	66.56779	3	46.47396
3	110.9833	3	100.0481	3	66.00123	3	51.16616
3	101.3417	3	102.0544	3	59.62108		
3	100.0251			3	60.61167		
				3	57.65487		
				3	66.51241		
				3	64.89347		
				3	57.73054		
				3	68.94086		
				3	61.63177		

图 8.3.11.1.2(a)　ASAP 算例 2 数据

以下的数字编号引用图 8.3.1.1(a)中的流程步骤。

（1）每种条件内的破坏模式是否一致且合理？　　　　　　　　　　　　否

（2）研究，剔除数据坏点

可接受与不可接受的破坏模式是根据试验计划所参考的相关 ASTM 文件确定的。在本例中，代号为 HIT 与 CIT 的破坏模式是不可接受的，应从结果中去除。

（3）环境条件数是否大于或等于 2？　　　　　　　　　　　　　　　　是

（4）每种环境条件内是否包含 3 批次的 15 个试件？　　　　　　　　　是

（5）各环境间的破坏模式是否一致？　　　　　　　　　　　　　　　　是

该例说明多种破坏模式的混合情形，这些模式在不同的环境中似乎呈随机分布且大致相同。

如果步骤（3）、（4）、（5）的结果为"否"，则执行步骤（6）。

（6）使用单点法单独分析所有环境条件样本。　　　　　　　　　　　未使用

（7）每种环境条件的每批数据的异常数据检验，见 8.3.3.1 节。

本例中，无异常数据。

（8）是否存在批内异常数据？　　　　　　　　　　　　　　　　　　　否

如果检出异常数据，见步骤（9）。

（9）处理异常数据，见 2.4.4 节。　　　　　　　　　　　　　　　　未使用

（10）每种环境条件的批间变异性检验，见 8.3.2.2 节（ $\alpha = 0.025$ ）。

ASAP 将处理所有后续检验。输入数据和标题信息，再按页面顶部的"Analyze Data"按钮。ASAP 的完整输入界面如图 8.3.11.1.2(b)所示。

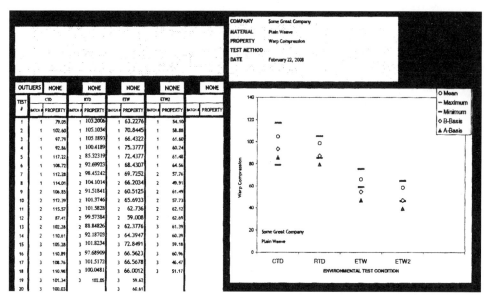

图 8.3.11.1.2(b)　完整的 ASAP 输入界面

（11）是否存在批间变异性？　　　　　　　　　　　　　　　　　是

CTD、RTD、ETW2 环境的 ADK 值均小于 $\alpha=0.025$ 时的临界值，但是 ETW 环境却未通过 $\alpha=0.025$ 时的 ADK 检验。ASAP 的输出结果如图 8.3.11.1.2(c) 所示。

试验条件	CTD	RTD	ETW	ETW2		
批间等同性的 ADK 检验（$ADK < ADC$ 时为同一母体）						
ADK	0.506	2.061	2.369	0.772		
$ADC(\alpha=0.05)$	1.930	1.924	1.956	1.917		
$ADC(\alpha=0.025)$	2.233	2.226	2.268	2.217		
$ADC(\alpha=0.01)$	2.635	2.625	2.681	2.613		
同一母体？（ $\alpha=0.025$ ）	是	是	否	是		

图 8.3.11.1.1(c)　ADK 检验的 ASAP 输出

（12）经验与工程判断，8.3.10.1 节。

因为 ADK 的计算值为 2.369 只是略高于 $\alpha=0.025$ 时的临界值，因此拒绝检验结果可能是合理的。为决定是否有可能拒绝检验结果，检查 ASAP 提供的每批数据的图表（见图 8.3.11.1.2(d)）和数据汇总（见图 8.3.11.1.2(e)）。

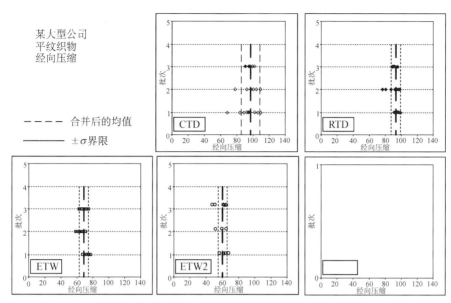

图 8.3.11.1.2(d)　ASAP 算例 2 的各批次的数据图

数据汇总					
统计值	试验环境条件				
	CTD	RTD	ETW	ETW2	
样本大小	20	19	26	18	
批次数	3	3	3	3	
均值	104.85	98.56	65.27	58.45	
标准差	9.78	5.72	4.72	4.91	
离散系数/%	9.33	5.80	7.23	8.39	
最小值	79.05	85.32	57.65	46.47	
最大值	117.22	105.19	75.38	64.56	

图 8.3.11.1.2(e)　ASAP 的数据汇总

按照 8.10.3.1 节的指南进行检查。

12(a) 在某些情况下,各批次数据的均值很相近但方差却不同。如果各批次数据的分布范围几乎全部重叠,仅有少数分散性较高的数据点落在重叠区间以外,则认为各批次数据可合并。

ETW 环境的 3 批次数据的重叠范围相当大,批次 2 的数据(分散性最低)完全落在批次 3 的数据范围内。因此合并 ETW 环境的各批次数据是合理的。

12(b) 批间数据合并后,如果离散系数(CV)很小,则说明 ADK 检验结果对于极低的批内分散性过于敏感。经验表明单层板强度性能的母体离散系数一般不低于 4%，或者说，层合板与缺口层合板强度性能的母体离散系数一般不低于 3%。如果合并后数据的离散系数同样的低，则即使 ADK 检验结果表明存在批间差异，仍可对各批次数据进行合并。

12(c) 批间数据合并后，如果离散系数(CV)小于试验方法的测量精度，则即使 ADK 检验表明存在批间差异，也认为各批次数据可以合并。

合并后 ETW 环境数据的 CV 值为 7.32%，由于该 CV 值不够小以至于无论是根据指南 12(b)还是指南 12(c)都无法证明拒绝 ADK 检验结果的合理性。

12(d) 在某些情况下，ADK 检验表明，对于某种给定性能的大多数但并非全部的环境样本而言，可以进行各批次数据的合并。如果不能进行批间合并的环境样本的离散系数与经 ADK 检验可进行批间合并的其他环境样本的相当，则认为其他环境样本的批次可以进行合并。

其他环境样本的离散系数分别为：

$$CTD-9.33\%\qquad RTD-5.80\%\qquad ETW2-8.39\%$$

ETW 的 CV 值略小于 ETW2 而略高于 RTD 环境，认为它与其他环境样本的 CV 值相当。由于其他环境条件经 ADK 检验证明可进行合并，因此根据此项指南 ETW 的数据可与其他环境数据合并。

12(e) 如果存在如下的可辨认的趋势：某批次数据的均值始终低于或高于大部分环境样本，那么则该批数据不应被合并。

该例中无上述可辨认的趋势，即不存在均值始终低于或高于大部分环境样本的批次数据。

(13) 根据经验判断是否忽略组间变异性？　　　　　　　　　　　　是

虽然 ETW 数据未通过 12(b)和(c)的指南要求，但是按照指南 12(a)、(d)和(e)的检查结果表明 ETW 环境可与其他环境相合并。本例中，由于 ADK 检验结果相对比较接近，因此经工程判断，合并 ETW 环境是可接受的。

如果步骤(13)的结果为"否"，则执行步骤(14)～(16)。

(14) 从合并中去除存在批间变异性的样本，并使用单点方法分析这些样本。未使用

(15) 至少剩余 2 种环境条件？　　　　　　　　　　　　　　　　未使用

如果步骤(15)的结果是"否"，则执行步骤(16)。

(16) 使用单点方法分别单独分析所有环境样本。　　　　　　　　未使用

(17) 按环境条件进行分组，合并各批次数据并收集数据。

(18) 每种环境条件内的异常数据检验，见 8.3.3.1 节。

ASAP 对每种条件进行此项检验。本例的输出结果如图 8.3.11.1.2(f)所示。

试验条件	CTD	RTD	ETW	ETW2		
异常数据的 MNR 检验						
每种环境试验条件的异常数据个数						
合并后的数据组	无	无	无	无		

图 8.3.11.1.2(f) ASAP 异常数据检验结果

(19) 每种环境条件内有无异常数据？ 否

如果检查出异常数据，则执行步骤(20)。

(20) 处理异常数据，见 2.4.4 节。 未使用

(21) 计算每种环境条件的数据组的均值与标准差。

ASAP 提供了统计结果的汇总和检验结果，如图 8.3.11.1.2(e)所示。

(22) 根据各自的均值对每种环境条件的数据进行正则化。

(23) 各环境条件的数据组之间的正则化方差等同性检验，见 8.3.4.1 节。

ASAP 对数据进行正则化处理并执行 8.3.2.1 节所述的 Levene 检验(见图 8.3.11.1.1(g))。在正则化处理时，把所有环境的均值设置为 1，这一设置使得离散系数与标准差相等。本例中，由于 F 的计算值(0.818)足够小，因此可合并数据。

离散系数等同性的 Levene 检验(当 $F_{计算} < F_{临界}$ 时等同)					
α	0.1	0.05	0.025	0.01	
$F_{计算}$	2.303	2.882	3.450	4.206	
$F_{临界}$	6.331				

图 8.3.11.1.2(g) ASAP 的 Leven 检验结果

(24) 应用经验与工程判断方法对方差等同性的统计结果进行评判，见 8.3.8.2 节。

无须考虑方差相等的正则化数据组之间的方差等同性问题。

(25) 正则化方差是否等同？ 是

如果"否"，则执行步骤(26)~(30)，但是本例中无须执行。

(26) 某种环境数据的方差与其他环境的相比很高或很低？

(27) 采用单点法分别分析所有环境条件的数据。

(28) 从合并中去除异常条件样本并采用单点方法分析该异常样本。

(29) 至少剩余 2 种环境条件？

(30) 使用单点法分别分析所有环境条件数据。

(31) 使用 $\alpha = 0.01$ 的 Anderson-Darling 检验方法对合并后的正则化数据组进行正态分布检验，见 8.3.6.5.1.2 节。

ASAP 提供了有关正态分布的两种不同的诊断性检验方法。对于通过正态分

布检验的数据，所有环境条件的数据组以及合并后的数据组的观察显著性水平（OSL）必须大于 0.01。ASAP 的输出结果如图 8.3.11.1.2(h) 所示。

试验条件	CTD	RTD	ETW	ETW2		
正态分布的 ADK 检验	$\alpha = 0.01$					
OSL	0.0679	0.0119	0.6166	0.0029		
正态性	可接受	可接受	可接受	可疑		
合并数据组的 OSL	0.0022	正态性是可疑的				
基于图解法的正态性检查						
Pearson 系数 r	0.9480	0.9427	0.9914	0.9190		
正态性	可接受	可接受	可接受	可接受		
合并数据组的 r	0.9748	正态性是可接受的				

图 8.3.11.1.2(h)　ASAP 正态分布检验输出结果

（32）合并数据组是否呈正态分布？　　　　　　　　　　　　　　　　否

（33）经验与工程判断，见 8.3.10.3 节。

ASAP 提供的图解正态分布检验值有助于进行判断，但是不充分。ASAP 还提供了正态分数图以帮助判断数据的正态性。ASAP 的正态分布检验的输出结果如图 8.3.11.1.2(i) 和图 8.3.11.1.2(j) 所示。

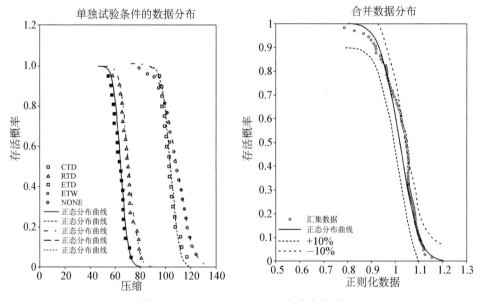

图 8.3.11.1.2(i)　ASAP 正态分布曲线

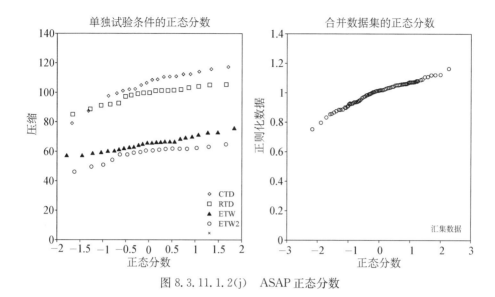

图 8.3.11.1.2(j)　ASAP 正态分数

由图 8.3.11.1.2(i)可看出所有四种条件的斜率近似相等,且合并数据均落在正态分布曲线的±10%的偏差范围内(如点画线所示)。图 8.3.11.1.2(j)显示正态分数图均落在相对较直的曲线上。总之,虽然正态分布的 Anderson-Darling 检验指出正态性是可疑的,但是上述结果表明合并数据组呈正态分布是可接受的。

(34)根据判断是否接受正态分布假设?　　　　　　　　　　　　　　　　　是

如果"否",则执行步骤(35)。

(35)用单点法单独分析所有环境条件数据。　　　　　　　　　　　　未使用

(36)计算正则化的合并样本的均值和标准差。

(37)根据试件数和 k 因子的计算值估算合并数据组的正则化基准值,见 8.3.6.6.1 节。

(38)每种环境条件的均值乘以正则化的基准值可得每种条件的基准值。

步骤(36)～(38)可由 ASAP 完成,这里只给出最终结果,如图 8.3.11.1.2(k)所示。

注意:ASAP 总是同时计算数据组的 A 及 B 基准值。这些值未必都满足 CMH-17 手册关于数据发布的所有指南要求。用户可通过检查所有的检验结果并合理地应用工程判断方法,对结果进行仔细的审查以决定基准值是否有效。本例中,B 基准值满足 CMH-17 规定的所有要求,但是由于可供 A 基准值计算的数据不足,因此 A 基准值是无效的。

但是,ASAP 提供了一些标识,以提醒用户注意可能存在问题。

在 ASAP 的数据汇总的下面有一段注释文字,如图 8.3.11.1.2(l)所示。

数据汇总					
统计值	环境试验条件				
	CTD	RTD	ETW	ETW2	
样本大小	20	19	26	18	
批次数	3	3	3	3	
均值	104.85	98.56	65.27	58.45	
标准差	9.78	5.72	4.72	4.91	
离散系数/%	9.33	5.80	7.23	8.39	
最小值	79.05	85.32	57.65	46.47	
最大值	117.22	105.19	75.38	64.56	
合并数据的离散系数/%	7.62				
K_b	1.7157	1.7245	1.6745	1.7341	
K_a	2.8559	2.8634	2.8215	2.8716	
CV 等同的基准值					
B 基准值	93.64	87.30	54.33	47.12	
A 基准值	86.19	79.86	46.84	39.69	

图 8.3.11.1.2(k)　ASAP 基准值

注释
≫下列试验条件的各批次数据可能不是来自同一个母体。批次数据未通过显著性水平为 0.025 的 k 样本 Anderson-Darling 检验。尝试采用其他的显著性水平重新检验并应用工程判断方法
ETW
≫如下试验条件的数据正态性值得怀疑 采用图解法以及/或者工程判断方法
≫合并数据的正态性值得怀疑 采用图解法以及/或者工程判断方法

图 8.3.11.1.2(l)　ASAP 关于算例 2 的注释

有关 ETW 的 ADK 检验及合并数据的正态分布检验存在的问题已告知分析者进行研究。

8.3.11.2 使用 STAT17 程序进行单点分析

8.3.11.2.1 STAT17 算例 1——非参数化分布

由 8.3.11.1.1 节的步骤 28 可知,ETW 环境数据不可合并,必须使用单点方法进行分析。下面的例子将完成 ASAP 算例 1 中 ETW 环境的分析。以下的步骤编号引用自流程图 8.3.1.1(b)。采用 STAT17 程序完成所有必要的计算。

(1) 破坏模式是否一致且合理(在 ASAP 例子中确定)? 是

(2) 研究,剔除数据坏点。 未使用

(3) 是否至少包含 3 批数据的 18 个有效数据点? 是

(4) 对每批数据进行异常数据检验。 是

在 STAT17 中输入数据,并点击"Calculate"按钮可获得图 8.3.11.2.1(a)所示的结果。

(5) 批内是否存在异常数据? 是

STAT17 计算表明批次 3 内第 4 个数据为批内异常数据。图 8.3.11.2.1(b)给出了 STAT17 的数据组制图,该图是一种便于目视观察每个数据组内数据的变异性及异常数据的有用工具。

(6) 异常数据处理。

ASAP 例子中的步骤(9)对一个异常数据进行了分析,见 8.3.11.1.1 节。分析结论是应保留该异常数据。

(7) 批间变异性检验,见 8.3.2.2 节($\alpha = 0.025$)。

STAT17 程序执行可合并性的 Anderson-Darling 检验,如图 8.3.11.2.1(c)所示。

(8) 是否存在批间变异性?

在 α 为 0.025 的水平下,通过了 Anderson-Darling 检验,表明无批间变异性,3个批次的数据可处理成单一的数据组。

如果步骤(8)的结果为"是",则执行图 8.3.1.1(b)的步骤(9)到(14)。本例中,这些步骤无需执行。

(15) 将各批次数据合并为单一数据组。

(16) 单一数据组内的异常数据检验。SATA17 完成相应的计算并在如图 8.3.11.2.1(a)所示的"after pooling"这一列中对异常数据进行标记。

(17) 单一数据组内是否存在异常数据? 是

批次 2 的第 6 个数据为合并后的异常数据。

(18) 异常数据处理。

在 8.3.11.1.1 节中 ASAP 例子的步骤(20)中,已经确定应保留该异常数据。

CMH-17的B基准值和A基准值统计分析

CLEAR HEADER INFORMATION

MATERIAL	Graphite/Epoxy
PROPERTY	Compression Strength
TEST ENVIRONMENT	ETW
PROGRAM	Qualification Data
CHARGE NO.	
DATA SOURCE	
RUN DATE	2/25/2008
NOTE / COMMENT	

OUTPUT SUMMARY

No. Spec.:	22	No. Batches:	3	No. Sets:	3
Mean:	96.9	Std. Dev.:	18.8	% CV:	19.4
	Normal	Log Norm.	Weibull	Non-para.	ANOVA
B-Basis	61.5	60.8	65.2	37.9	61.7
B/Mean	0.634	0.628	0.673	0.391	0.636
B/Norm. B		0.990	1.06	0.616	1.00
A-Basis	36.1	44.3	41.5	13.0	36.5
A/Mean	0.373	0.458	0.428	0.134	0.377
A/Norm. A		1.23	1.15	0.360	1.01

OUTPUT RESULTS

Use of nonparametric results is indicated since the pooled data do not adequately fit normal, Weibull, or lognormal models.

Number of Specimens:	22
Number of Batches:	3
Number of Data Sets:	3
Minimum Data Value:	44.3
Maximum Data Value:	117

INPUT DATA

CLEAR INPUT DATA

BATCH ID	DATA SET NO.	COUPON ID	DATA VALUES	OUTLIERS BEFORE POOLING	AFTER POOLING
1	1	1	106.358		
1	1	2	105.899		
1	1	3	88.464		
1	1	4	103.902		
1	1	5	80.206		
1	1	6	109.200		
1	1	7	61.014		
2	2	1	99.321		
2	2	2	115.862		
2	2	3	82.613		
2	2	4	85.369		
2	2	5	115.802		
2	2	6	44.322		X
2	2	7	117.328		
2	2	8	88.678		
3	3	1	107.677		
3	3	2	108.960		
3	3	3	116.123		
3	3	4	80.233	X	
3	3	5	106.146		
3	3	6	104.668		
3	3	7	104.235		

Results of k-sample Anderson-Darling Test

$AD_{Calculated}$	0.793
$AD_{critical}$ ($\alpha = 0.01$)	2.65
$AD_{critical}$ ($\alpha = 0.025$)	2.25
$AD_{critical}$ ($\alpha = 0.05$)	1.94
Same Population (based on $\alpha = 0.025$)?	YES

Normal Distribution Statistics

Observed Significance Level (OSL)	0.006051
Mean	96.9
Standard Deviation	18.8
Coefficient of Variation (%)	19.4
B-Basis Value	61.5
A-Basis Value	36.1

Lognormal Distribution Statistics

Observed Significance Level (OSL)	0.000307
Log Mean	4.55
Log Standard Deviation	0.235
B-Basis Value	60.8
A-Basis Value	44.3

Weibull Distribution Statistics

Observed Significance Level (OSL)	0.0219
Scale Parameter	104
Shape Parameter	7.29
B-Basis Value	65.2
A-Basis Value	41.5

Nonparametric Statistics

B-Basis Method	Hans-Koop
A-Basis Method	Hans-Koop
B-Basis Rank	10.0
A-Basis Rank	N/A
B-Basis Hans-Koop k Factor	1.18
A-Basis Hans-Koop k Factor	2.26
B-Basis Value	37.9
A-Basis Value	13.0

Results of Equality of Variances Test

$F_{calculated}$	1.51
$F_{critical}$	4.67
Variances Equal?	YES

Analysis of Variance (ANOVA) Statistics

Sample Between-batch Mean Sq. (MSB)	257
Error Mean Square (MSE)	364
Estimate of Pop. Std. Deviation (S)	18.7
B-Basis Tolerance Limit Factor (T_B)	1.89
A-Basis Tolerance Limit Factor (T_A)	3.23
B-Basis Value	61.7
A-Basis Value	36.5

图 8.3.11.2.1(a)　STAT17 输入界面

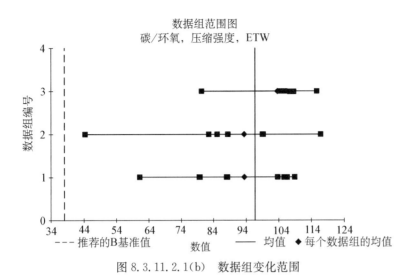

图 8.3.11.2.1(b) 数据组变化范围

结果输出

由于合并数据组不满足正态、威布尔或者正态对数分布,因此采用非参数法的统计结果。	
试件数:	22
批次数:	3
数据组数:	3
最小值	44.3
最大值	117
k 样本的 Anderson-Darling 检验结果	
$AD_{计算值}$	0.793
$AD_{临界值}$($\alpha = 0.01$)	2.65
$AD_{临界值}$($\alpha = 0.025$)	2.25
$AD_{临界值}$($\alpha = 0.05$)	1.94
母体相同($\alpha = 0.025$)?	是

图 8.3.11.2.1(c) Anderson-Darling 检验结果

正态分布统计值	
观察显著性水平(OSL)	0.006 051
均值	96.9
标准差	18.8
离散系数/%	19.4
B 基准值	61.5
A 基准值	36.1
对数正态分布统计值	
观察显著性水平(OSL)	0.000 307
对数均值	4.55
对数标准差	0.235
B 基准值	60.8
A 基准值	44.3
威布尔分布统计值	
观察显著性水平(OSL)	0.0219
尺度参数	104
形状参数	7.29
B 基准值	65.2
A 基准值	41.5

图 8.3.11.2.1(d)　正态、威布尔及对数正态分布的观察显著性水平(OSL)

(19) 计算正态、威布尔及对数正态分布的 OSL 值。

STAT17 计算 OSL 值,如图 8.3.11.2.1(d)所示。

(20) 是否所有的 OSL 值均小于或等于 0.05?　　　　　　　　　　　　　　　是

本例中正态、威布尔及对数正态分布的 OSL 值均小于 0.05。

如果步骤(20)的结果为"否",则执行图 8.3.1.1(b)的步骤(22)～(24)。本例中,这些步骤无需执行。

(21) 使用非参数方法计算基准值。

SATA17 使用非参数方法计算基准值,如图 8.3.11.2.1(e)所示。ETW 环境样本的统计汇总如图 8.3.11.2.1(f)所示。

非参数法统计	
B 基准方法	Hans-Koop
A 基准方法	Hans-Koop
B 基准的序号	10.0
A 基准的序号	无
B 基准的 Hans-Koop k 因子	1.18
A 基准的 Hans-Koop k 因子	2.26
B 基准值	37.9
A 基准值	13.0

图 8.3.11.2.1(e)　非参数统计结果

输出汇总

试件数：	22	批次数：	3	数据组数：	3
均值：	96.9	标准差：	18.8	$CV/(\%)$：	19.4
	正态	对数正态	威布尔	非参数	ANOVA
B 基准值	61.5	60.8	65.2	37.9	61.7
B 基准值/均值	0.634	0.628	0.673	0.391	0.636
B 基准值/正态 B 基准值		0.990	1.06	0.616	1.00
A 基准值	36.1	44.3	41.5	13.0	36.5
A 基准值/均值	0.373	0.458	0.428	0.134	0.377
A 基准值/正态 B 基准值		1.23	1.15	0.360	1.01

图 8.3.11.2.1(f)　ETW 数据组统计汇总

8.3.11.2.2　STAT17 算例 2——ANOVA

由 8.3.11.1.1 节的步骤(14)可知,算例 1 中的 ETW2 环境数据不可合并,必须使用单点方法进行分析。下面的例子将完成 ASAP 算例 1 中 ETW2 环境的分析。以下的步骤编号引用自流程图 8.3.1.1(b)。采用 STAT17 程序完成所有必要的计算。

(1) 破坏模式是否一致且合理(在 ASAP 例子中确定)?　　　　　　　　　是

(2) 研究,剔除数据坏点　　　　　　　　　　　　　　　　　　　　未使用

(3) 是否至少包含 3 批数据的 18 个有效数据点?　　　　　　　　　　　是

(4) 对每批数据进行异常数据检验。　　　　　　　　　　　　　　　　　是

在 STAT17 中输入数据,并点击"Calculate"按钮可获得图 8.3.11.2.2(a)所示的结果。

CMH-17的B基准值和A基准值统计分析

CALCULATE

CLEAR HEADER INFORMATION	
MATERIAL:	Graphite/Epoxy
PROPERTY:	Compression Strength
TEST ENVIRONMENT:	ETW2
PROGRAM:	Qualification Data
CHARGE NO.:	
DATA SOURCE:	
RUN DATE:	2/25/2008
NOTE / COMMENT:	

OUTPUT SUMMARY

No. Spec.:	20	No. Batches:	3	No. Sets:	3
Mean:	103	Std. Dev.:	8.11	% CV:	7.85
	Normal	Log Norm.	Weibull	Non-para.	ANOVA
B-Basis	87.7	88.6	82.2	83.8	63.2
B/Mean	0.849	0.858	0.796	0.811	0.612
B/Norm. B		1.01	0.937	0.956	0.721
A-Basis	76.6	79.6	63.6	55.9	34.6
A/Mean	0.741	0.771	0.616	0.541	0.335
A/Norm. A		1.04	0.831	0.730	0.452

INPUT DATA

CLEAR INPUT DATA

BATCH ID	DATA SET NO.	COUPON ID	DATA VALUES
1	1	1	99.024
1	1	2	103.341
1	1	3	100.302
1	1	4	98.463
1	1	5	92.265
1	1	6	103.488
1	1	7	113.735
2	2	1	108.173
2	2	2	108.427
2	2	3	116.260
2	2	4	121.050
2	2	5	111.223
2	2	6	104.575
2	2	7	103.223
3	3	1	99.392
3	3	2	87.342
3	3	3	102.731
3	3	4	96.369
3	3	5	99.595
3	3	6	97.071

OUTLIERS	
BEFORE POOLING	AFTER POOLING

OUTPUT RESULTS

No basis values can be recommended. ANOVA would be indicated, but the use of ANOVA results with fewer than 6 batches is not recommended.

Number of Specimens:	20
Number of Batches:	3
Number of Data Sets:	3
Minimum Data Value:	87.3
Maximum Data Value:	121

Results of k-sample Anderson-Darling Test	
$AD_{calculated}$	3.02
$AD_{critical}$ ($\alpha = 0.01$)	2.63
$AD_{critical}$ ($\alpha = 0.025$)	2.23
$AD_{critical}$ ($\alpha = 0.05$)	1.93
Same Population (based on $\alpha = 0.025$)?	NO

Normal Distribution Statistics	
Observed Significance Level (OSL)	0.429
Mean	103
Standard Deviation	8.11
Coefficient of Variation (%)	7.85
B-Basis Value	87.7
A-Basis Value	76.6

Lognormal Distribution Statistics	
Observed Significance Level (OSL)	0.527
Log Mean	4.63
Log Standard Deviation	0.0780
B-Basis Value	88.6
A-Basis Value	79.6

Weibull Distribution Statistics	
Observed Significance Level (OSL)	0.102
Scale Parameter	107
Shape Parameter	13.1
B-Basis Value	82.2
A-Basis Value	63.6

Nonparametric Statistics	
B-Basis Method	Hans-Koop
A-Basis Method	Hans-Koop
B-Basis Rank	10.0
A-Basis Rank	N/A
B-Basis Hans-Koop k Factor	1.25
A-Basis Hans-Koop k Factor	2.37
B-Basis Value	83.8
A-Basis Value	55.9

Results of Equality of Variances Test	
$F_{calculated}$	0.123
$F_{critical}$	4.76
Variances Equal?	YES

Analysis of Variance (ANOVA) Statistics	
Sample Between-batch Mean Sq. (MSB)	304
Error Mean Square (MSE)	37.7
Estimate of Pop. Std. Deviation (S)	8.82
B-Basis Tolerance Limit Factor (T_B)	4.55
A-Basis Tolerance Limit Factor (T_A)	7.79
B-Basis Value	63.2
A-Basis Value	34.6

WARNING - Use of ANOVA basis values with fewer than 5 material batches is not recommended

图 8.3.11.2.2(a) STAT17 输入界面

（5）批内是否存在异常数据？　　　　　　　　　　　　　　　　否

（6）异常数据处理　　　　　　　　　　　　　　　　　　　未使用

（7）批间变异性检验，8.3.2.2 节（$\alpha = 0.025$）

STAT17 执行关于可合并性的 Anderson-Darling 检验，如图 8.3.11.2.2（b）所示。

结果输出

无推荐的基准值。需要使用 ANOVA 方法进行分析，然而少于 5 批次数据的 ANOVA 结果不推荐使用。	
试件数	20
批次数	3
数据组数	3
最小值	87.3
最大值	121
k 样本 Anderson-Darling 检验结果	
$AD_{计算值}$	3.02
$AD_{临界值}$（$\alpha = 0.01$）	2.63
$AD_{临界值}$（$\alpha = 0.025$）	2.23
$AD_{临界值}$（$\alpha = 0.05$）	1.93
母体相同（基于 $\alpha = 0.025$）？	否

图 8.3.11.2.2（b）　Anderson-Darling 检验结果

（8）是否存在批间变异性？

在 α 为 0.025 的水平下，未通过 Anderson-Darling 检验，表明存在批间变异性，3 批次的数据不可合并。

（9）经验与工程判断。

为了确定是否有可能拒绝检验结果，检查 SATA17 提供的批次数据图（见图 8.3.11.2.2（c））及数据汇总（见图 8.3.11.2.2（d））。

按照 8.10.3.1 节的指南进行检查：

9（a）在某些情况下，各批次数据的均值很相近但方差却不同。如果绝大部分数据处于批间数据的重叠范围内，只有少数分散性较高的数据点落在重叠区间以外，则认为各批次数据可合并。

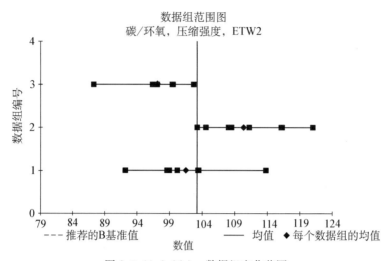

图 8.3.11.2.2(c) 数据组变化范围

碳纤维/环氧
压缩强度
ETW2

数据组 1			数据组 2			数据组 3		
批次	试件号	数值	批次	试件号	数值	批次	试件号	数值
1	5	92.26473	2	7	103.2226	3	2	87.34217
1	4	98.46341	2	6	104.5748	3	4	96.36949
1	1	99.024	2	1	108.1727	3	6	97.07124
1	3	100.3021	2	2	108.4267	3	1	99.39185
1	2	103.3412	2	5	111.2231	3	5	99.59461
1	6	103.4877	2	3	116.2604	3	3	102.7307
1	7	113.7348	2	4	121.0496			

数据数	7		数据数	7		数据数	6	
最小值	92.26472		最小值	103.2225		最小值	87.34216	
最大值	113.7348		最大值	121.0496		最大值	102.7307	
均值	102		均值	110		均值	110	
标准差	6.57		标准差	6.36		标准差	6.36	
离散系数/(%)	6.47		离散系数/(%)	5.76		离散系数/(%)	5.76	

图 8.3.11.2.2(d) 各批次统计结果汇总

本例中,批次 2 与批次 3 的数据几乎无重叠区域,尽管两者的变化相似。因此,根据此项指南不予接受这两批数据的合并。

9(b) 批间数据合并后,如果离散系数(CV)很小,则说明 ADK 检验结果对于极低的批内分散性过于敏感。经验表明单层板强度性能的母体离散系数一般不低于 4%,或者说,层合板与缺口层合板强度性能的母体离散系数一般不低于 3%。如果合并后数据的离散系数同样的低,则即使 ADK 检验结果表明存在批间差异,仍可对各批次数据进行合并。

9(c) 批间数据合并后,如果离散系数(CV)小于试验方法的测量精度,则即使 ADK 检验表明存在批间差异,也认为各批次数据可以合并。

ETW2 环境数据的 CV 值为 7.85%,由于该 CV 值过高以至于无论是根据指南 2 还是 3 都无法证明拒绝 ADK 检验结果的合理性。

9(d) 在某些情况下,ADK 检验表明,对于某种给定性能的大多数但并非全部的环境样本而言,可以进行批间合并。如果不能进行批间合并的环境样本的离散系数与经 ADK 检验可进行批间合并的其他环境样本的相当,则认为其他环境样本的批次可以进行合并。

其他环境样本的离散系数分别为:

CTD－5.23%   RTD－6.58%   ETD－6.09%   且 ETW－19.4%

ETW2 的 CV 值小于 ETW 而高于其他环境的 CV 值,认为它与其他环境样本的 CV 值相当。由于其他环境样本经 ADK 检验证明可进行合并,因此根据此项指南 ETW 的数据可与其他环境数据合并。

9(e) 如果存在如下的可辨认的趋势:某批次数据的均值始终低于或高于大部分环境样本,那么则该批数据不应被合并。

该例中无上述可辨认的趋势,即不存在均值始终低于或高于大部分环境样本的批次数据。

(10) 根据经验判断是否忽略组间变异性?   否

ETW2 环境数据不满足拒绝检验结果的指南要求-具体来讲不符合指南 1,2 和 3,因此不能进行批间合并。

(11) 按照 8.3.4.2 节($\alpha = 0.025$)进行方差等同性检验。

STAT17 完成此项计算,其结果如下,说明方差是等同的。

方差等同性检验结果	
$F_{计算}$	0.123
$F_{临界}$	4.76
方差等同?	是

（12）批次数大于或等于 5？　　　　　　　　　　　　　　　　　　　　　　否

ETW2 环境只有 3 批次的数据。

如果"是"，则执行步骤（13），如果"否"，则执行步骤（14）。

（13）使用 ANOVA 方法计算基准值。

尽管在目前的例子中未应用到该方法，但是出于说明的目的，图 8.3.11.2.2(e)给出了 SATA17 的 ANOVA 方法的输出结果。注意：STAT17 发出了一则警告信息，指出当批次数少于 5 时所计算出的 ANOVA 基准值不应采用。

方差分析（ANOVA）统计值	
样本批间均方值（MSB）	304
样本批内均方值（MSE）	37.7
母体标准差的估计值（S）	8.82
B 基准值容限系数（T_B）	4.55
A 基准值容限系数（T_A）	7.79
B 基准值	63.2
A 基准值	34.6

图 8.3.11.2.2(e)　ANOVA 统计结果

警告：不推荐使用批次数少于 5 的 ANOVA 基准值

（14）如果各批次的方差明显不同且批次数少于 5，则无法计算出可供正式提交给 CMH - 17 手册的基准值。

8.3.11.3　例子——线性回归——问题 1

本例数据组包括两种确定温度下的拉伸试验测量值。本例举例说明 8.3.7.1 节介绍的回归分析方法。第一步的异常数据计算可由 STAT17 执行并由数据组 example.d07 说明。第二步至第五步的计算可由 RECIPE 执行并由数据组 ex3.dat 说明。注意强度与温度之间的线性关系不适合于所有温度范围。

问题 1，第一步：本例中，x 表示温度，y 表示由一组拉伸试验确定的拉伸强度。对每个温度或固定条件进行异常数据检查。在本例数据组中的两种温度情况均未查出异常数据。

问题 1，第二步：用表 8.3.11.3 中数据，计算下述各量：

$$n = 11 \qquad \left(\sum x\right)^2 = 13\,225$$
$$\sum x = 115 \qquad \left(\sum y\right)^2 = 14\,163\,006$$
$$\sum y = 3763 \qquad \left(\sum x\right)\left(\sum y\right) = 4\,327\,883$$
$$\sum x^2 = 56\,195 \qquad \sum xy = 37\,033.94$$
$$\sum y^2 = 1\,288\,172$$

表 8.3.11.3　8.3.11.3 节例题数据组

问题1			问题2			问题2		
温度	批次	数据	温度	批次	数据	温度	批次	数据
75	1	328.1174	75	1	328.1174	−67	4	315.2963
75	1	334.7674	75	1	334.7674	−67	4	322.8280
75	1	347.7833	75	1	347.7833	−67	5	340.0990
75	1	346.2661	75	1	346.2661	−67	5	348.9354
75	1	338.7314	75	1	338.7314	−67	5	331.2500
75	1	340.8146	75	2	297.0387	−67	5	330.0000
−67	1	343.5855	75	2	293.4595	−67	5	340.9836
−67	1	334.1746	75	2	308.0419	−67	5	329.4393
−67	1	348.6610	75	2	326.4864	−67	7	330.9309
−67	1	356.3232	75	2	318.1297	−67	7	328.4553
−67	1	344.1524	75	2	309.0487	−67	7	344.1026
			75	3	337.0930	−67	7	343.3584
			75	3	317.7319	−67	7	344.4717
			75	3	321.4292	−67	7	351.2776
			75	3	317.2652	−67	8	331.0259
			75	3	291.8881	−67	8	322.4052
			75	4	297.6943	−67	8	327.6699
			75	4	327.3973	−67	8	296.8215
			75	4	303.8629	−67	8	338.1995
			75	4	313.0984			
			75	4	323.2769			
			75	5	312.9743			
			75	5	324.5192			
			75	5	334.5965			
			75	5	314.9458			
			75	5	322.7194			
			75	6	291.1215			
			75	6	309.7852			
			75	6	304.8499			
			75	6	288.0184			
			75	6	294.1995			
			−67	1	340.8146	**问题3**		
			−67	1	343.5855	来源	批次	数据
			−67	1	334.1746	1	1	75.8
			−67	1	348.6610	1	1	78.4
			−67	1	356.3232	1	1	82.0
			−67	1	344.1524	1	2	68.8
			−67	2	308.6256	1	2	70.9
			−67	2	315.1819	1	2	73.5
			−67	2	317.6867	1	3	74.5
			−67	2	313.9832	1	3	74.8
			−67	2	309.3132	1	3	78.8
			−67	2	275.1758	2	4	81.3
			−67	3	321.4128	2	4	87.7
			−67	3	316.4652	2	4	89.0
			−67	3	331.3724	2	5	88.2
			−67	3	304.8643	2	5	91.2
			−67	3	309.6249	2	5	94.2
			−67	3	347.8449			
			−67	4	331.5487			
			−67	4	316.5891			
			−67	4	303.7171			
			−67	4	320.3625			

$$S_{xx} = \sum x^2 - (\sum x)^2/n = 56\,195 - (13\,225)/11 = 54\,992$$

$$S_{xy} = \sum xy - (\sum x)(\sum y)/n = 37\,033.94 - (115)(3\,763)/11 = -2\,310.459$$

$$S_{yy} = \sum y^2 - (\sum y)^2/n = 1\,288\,172 - (14\,163\,006)/11 = 626.506\,3$$

回归直线斜率为

$$b = \frac{S_{xy}}{S_{xx}} = \frac{-2\,310.459}{54\,992} = -0.042\,0$$

回归直线 y 截距为

$$a = \frac{\sum y - b\sum x}{n} = \frac{3\,763}{11} - \frac{(-0.042\,0)(115)}{11} = 342.1 - (-0.438) = 342.564\,4$$

那么最终的最小二乘回归直线方程为：

$$y^* = a + b\bar{x} = 342.564\,4 - 0.042\,0\bar{x}$$

利用该方程,计算对应于数据组中 x 值的 y^* 值,列于下表。

x	y	y^*	$e = y - y^*$
75	328.117 4	339.413 4	$-11.295\,966\,7$
75	334.767 4	339.413 4	$-4.645\,966\,7$
75	347.783 3	339.413 4	8.369 933 3
75	346.266 1	339.413 4	6.852 733 3
75	338.731 4	339.413 4	$-0.681\,966\,7$
75	340.814 6	339.413 4	1.401 233 3
-67	343.585 5	345.379 3	$-1.793\,840\,0$
-67	334.174 6	345.379 3	$-11.204\,740\,0$
-67	348.661 0	345.379 3	3.281 660 0
-67	356.323 2	345.379 3	10.943 860 0
-67	344.152 4	345.379 3	$-1.226\,940\,0$

均方根误差计算如下：

$$s_y = \sqrt{\frac{\sum (y - y^*)^2}{n-2}} = \sqrt{\frac{529.5}{9}} = 7.669\,818$$

R^2 计算如下：

$$R^2 = \frac{b^2 S_{xx}}{S_{yy}} = \frac{(-0.042\,0)^2(54\,992)}{626.560\,3} = 0.154\,9$$

从而由 y 与 x 之间的线性关系解释了数据 y 相对于其均值的 15% 的变异性。

问题 1,第三步:线性回归分析中的假设之一即残差关于回归直线呈正态分布。该假设的有效性可通过 8.3.7.1 节讨论的对残差的正态性拟合优度检验来检查。注意用于计算 Anderson-Darling 统计量的 $z_{(i)}$ 值定义为 $z_{(i)} = e_{(i)}/S_y$,此处 $e_{(i)}$ 为第 i 个排序后的残差,S_y 为回归分析的均方根误差。这 11 个排序后的残差以及初步的拟合优度计算见下表。

$e_{(i)}$	$z_{(i)} = \dfrac{e_{(i)}}{S_y} = \dfrac{e_{(i)}}{58.83}$	$e_{(i)}$	$z_{(i)} = \dfrac{e_{(i)}}{S_y} = \dfrac{e_{(i)}}{58.83}$
-11.2959667	-1.47278162	-1.7938400	-0.23388299
-4.6459667	-0.60574667	-11.2047400	-1.46088734
8.3699333	1.09128187	3.2816600	0.42786674
6.8527333	0.89346752	10.9438600	1.42687349
-0.6819667	-0.08891563	-1.2269400	-0.15996990
1.4012333	0.18269447		

问题 1,第四步:有数个 x 值存在多个 y 的观测值。这样,就可能建立方差分析表来检验 8.3.5.3 节中讨论的回归分析的合适程度。方差分析表中的主要三行的平方和计算如下:

$$SSR = b^2 S_{xx} = (-0.0420)^2 (54992) = 97.7138$$

$$SST = S_{yy} = 626.5063$$

$$SSE = SST - SSR = 626.5063 - 97.7138 = 529.4349$$

均值平方(及 F 检验统计量)计算如下:

$$MSR = SSR = 97.07138$$

$$MSE = SSE/n - 2 = 529.4349/9 = 58.82611$$

$$F = MSR/MSE = 97.07138/58.82611 = 1.650141$$

方差分析表如下

变异来源	自由度	平方和,SS	均值平方,MS	$F_{计算}$
回　归	1	97.07	97.07	$F = 1.65$
误　差	9	529.4	58.83	
总　计	10	626.5		

具有自由度 1 和 $n - 2 = 9$ 的 F 值为 1.65,该值小于表 8.5.1 中相应于自由度为 1 和 9 的值 5.12,所以回归分析可以忽略。

问题 1,第五步:由第一步得到的线性回归方程,可用 8.3.7.3 节的方法计算任意温度(x 值)下的容许下限。在 $x = 25$ 时计算 B 基准值的详细步骤如下。

该组数据的平均温度为

$$\bar{x} = \sum x/n = 115/11$$

计算容限系数所需的 Δ 为

$$\Delta = \frac{(x_0 - \bar{x})^2}{\sum_{i=1}^{n} (x_i - \bar{x})^2/n} = \frac{(25 - 10.45)^2}{(54\,992)/11} = 0.0423^{①}$$

k' 的近似值为

$$k'_{B} = 1.282 + \exp\left[0.595 - 0.508\ln(n) + \frac{4.62}{n} + \left(0.486 - \frac{0.986}{n}\right)\ln(1.82 + \Delta)\right]$$

$$= 1.282 + \exp\left[0.595 - 0.508\ln(11) + \frac{4.62}{11} + \left(0.486 - \frac{0.986}{11}\right)\ln(1.82 + 0.0423)\right]$$

$$= 2.33$$

那么，当 $x = 25$ 时的 B 基准值计算如下

$$B = (a + bx_0) - k_B s_y$$
$$= [342.5644 + (-0.0420)(25) - 2.33(7.669\,818)]$$
$$= 323.643\,39$$

为向 MIL‑HDBK‑17 提供数据，该值应化整成 324。

RECIPE 完成该例的线性回归计算。数据来自单批材料，所以 $m = 1$，但是可能包括数种条件($l > 1$)。为了固定分析状态，假设现有来自某单批材料的几组单向拉伸强度数据，且每一组是在不同温度下试验测得的，而其他条件保持不变。进一步假设该种材料的强度随温度线性变化，至少是在此数据的测试温度范围内如此。对于仅一批数据，不能估计批间变异性。适合于这种情形的回归模型为

$$x_s = \theta_1 z_{p(s),1} + \theta_2 z_{p(s),2} + e_s$$

这就是 8.3.7.3 节的简单线性回归模型。

相应于本例的数据文件 ex3.dat 为

---

① 原文公式中误将分母中 x_i 写成 x_0。

```
  #
  #   RECIPE Example #3: Regression model with data from a single batch
  #   This corresponds to MIL - HDBK - 17, Problem #7
  #
  #   —This dataset has 11 observations at two fixed levels. The
      data come from 1 batch, there are two fixed parameters to
      estimate (the slope and intercept of a straight line), and
      a B-basis value is to be calculated at 7 points on this line.
  #
  #   —ntot, nlvl, nbch, npar, npts, prob, conf
      11 2 1 2 7. 9d0. 95d0
  #
  #   —We are fitting a model y=a+bT at two levels: T=75 degrees and
      T=−67 degrees. The first column corresponds to 'a' in this
      linear equation; the second column corresponds to 'b'. Note
      that these values need not be given in any special order,
      for example (1, −67) need not come before (1, 75). The
      important thing is that the order of the rows given here
      must correspond to the level indicator, p(s), given with each
      response value.
  1 75
  1−67
  #
  #   —Now we have the 11 observations. The first column is the
      level (=1 for 75 degrees, =2 for −67 degrees), the second
      column is the batch (always 1), and in the third column are
      the strength observations.
  #
  1    1    328. 1174
  1    1    334. 7674
  1    1    347. 7833
  1    1    346. 2661
  1    1    338. 7314
  1    1    340. 8146
  2    1    343. 5855
  2    1    334. 1746
```

```
2    1    348.6610
2    1    356.3232
2    1    344.1524
#
#        —Finally，we give the seven points at which basis
#        values are to be determined.  These correspond
#        to seven different temperatures −67，...，50.  Note
#        that the first column of ones is required because
#        of the intercept in the regression model
1−67
1−50
1−25
1 0
1 25
1 50
1 75
```

注意 ex3. dat 中第一个非注释行表明(按顺序，从左到右)：总共有 11 个观测值，数据在 2 个固定状态下获得，所有数据来自单批材料，模型的固定部分包含 2 个未知参数(实际上就是采用直线拟合数据)，将在 7 个点计算基准值，并且要计算的容许限为 B 基准值。

本例说明对材料基准值为温度函数的通用情形的简化。已经−67°F 和 75°F 两种固定状态下的数据，想要确定−67°F、−50°F、−25°F、0°F、25°F、50°F 和 75°F 等 7 个温度下的基准值。线性函数的截距对所有温度都一样，所以，包含固定影响的 2 行以及包含用于计算基准值的温度点的 7 行的第一列均等于 1。对此数据执行 RECIPE 后的输出文件为

recipe

Filename（without. dat extension）？

ex3

RECIPE：One-Sided Random-Effect Regression Tolerance Limits
（Version 1. 0，April 1995）

*** Simulated pivot critical value file ex3. crt not found.
　　Satterthwaite approximation will be used.

regini：Warning：between-batch variance cannot
　　　　be estimated from these data. Results
　　　　will be based on the assumption that the
　　　　between-batch variability is negligible.

Probability	Confidence	Regression	Tolerance Limit
0.90	0.95	345.379 340	325.887 099
0.90	0.95	344.665 104	325.747 683
0.90	0.95	343.614 756	325.338 699
0.90	0.95	342.564 409	324.619 436
0.90	0.95	341.514 062	323.538 853
0.90	0.95	340.463 714	322.102 027
0.90	0.95	339.413 367	320.366 619

最后 7 行中的每一行给出回归直线上的一点,以及文件 ex3. dat 中 7 组协变量 (温度)中的每一组的 B 基准值(容许限值)曲线上的对应点。注意出现了一个警告信息,因为无法利用单批数据估计批间变异性。这些基准值在批间变异性为零(或至少可以忽略)的假设下是有效的。数据、回归曲线及 B 基准曲线如图 8.3.11.3 所示。

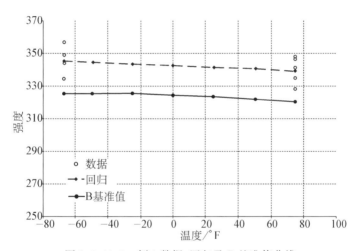

图 8.3.11.3 例 1 数据、回归及 B 基准值曲线

8.3.11.4 例子——涉及某种随机影响的简单线性回归——问题 2

本例数据组包括数批材料在两种温度下的压缩试验测量值。除了数据来自多批外,本例的情形与问题 1 相同。第一步的计算可由 STAT17 执行并可由数据组 example. d08 说明。第二步的计算可由 RECIPE 执行并由数据组 ex4. dat 说明。注意强度与温度之间的线性关系不适合于所有温度范围。

问题 2,第一步:在本例中,x 表示温度,y 表示由一组拉伸试验测得的拉伸强度。对每个温度或固定条件进行异常数据检查。对于本例数据组的两种温度情况,均未查出异常数据。

问题 2,第二步:现在可将随机批次影响 $b_{q(s)}$ 引入模型,有

$$x_s = \theta_1 z_{p(s),1} + \theta_2 z_{p(s),2} + b_{q(s)} + e_s$$

式中：$z_{p(s),1} = 1$，$z_{p(s),2} = T_i$ 为第 i 个试验温度，$b_{q(s)}$ 为第 $q(s)$ 批的批次均值。对应于本例的文件 ex4. dat 为

```
#
#     RECIPE Example #4: Regression model with data from several
#     batches
#     This corresponds to MIL - HDBK - 17, Problem #8
#
#     —In this example, we have 72 strength observations on data
#     from 8 batches. A straight-line regression is fit with
#     two fixed levels (temperatures). B - basis values are calculated
#     for 7 points along this curve.
#
#     —ntot, nlvl, nbch, npar, npts, prob, conf
72 2 8 217. 9d0. 95d0
#
#     —There are two fixed levels, corresponding to
#     75 and −67 degrees.
1 75
1−67
#
#     —The following 72 rows give the fixed level in the
#     first column, the batch in the second column, and the
#     strength observation in the third column.
1    1    328. 1174
1    1    334. 7674
1    1    347. 7833
1    1    346. 2661
1    1    338. 7314
1    2    297. 0387
1    2    293. 4595
1    2    308. 0419
1    2    326. 4864
1    2    318. 1297
1    2    309. 0487
```

1	3	337.0930
1	3	317.7319
1	3	321.4292
1	3	317.2652
1	3	291.8881
1	4	297.6943
1	4	327.3973
1	4	303.8629
1	4	313.0984
1	4	323.2769
1	5	312.9743
1	5	324.5192
1	5	334.5965
1	5	314.9458
1	5	322.7194
1	6	291.1215
1	6	309.7852
1	6	304.8499
1	6	288.0184
1	6	294.1995
2	1	340.8146
2	1	343.5855
2	1	334.1746
2	1	348.6610
2	1	356.3232
2	1	344.1524
2	2	308.6256
2	2	315.1819
2	2	317.6867
2	2	313.9832
2	2	309.3132
2	2	275.1758
2	3	321.4128
2	3	316.4652
2	3	331.3724
2	3	304.8643

2	3	309.6249
2	3	347.8449
2	4	331.5487
2	4	316.5891
2	4	303.7171
2	4	320.3625
2	4	315.2963
2	4	322.8280
2	5	340.0990
2	5	348.9354
2	5	331.2500
2	5	330.0000
2	5	340.9836
2	5	329.4393
2	7	330.9309
2	7	328.4553
2	7	344.1026
2	7	343.3584
2	7	344.4717
2	7	351.2776
2	8	331.0259
2	8	322.4052
2	8	327.6699
2	8	296.8215
2	8	338.1995

```
    ♯
♯       —The following 7 rows give the points at which
    ♯    the B - basis value is to be calculated; these
    ♯    correspond to 7 temperatures −67, −50, ... , 75.
1 −67
1 −50
1 −25
1 0
1 25
1 50
1 75
```

执行 RECIPE 产生输出：

recipe

Filename (without. dat extension)?

ex4

RECIPE：One-Sided Random-Effect Regression Tolerance Limits
(Version 1. 0，April 1995)

＊＊＊Simulated pivot critical value file ex4. crt not found.
Satterthwaite approximation will be used.

Probability	Confidence	Regression	Tolerance Limit
0. 90	0. 95	327. 537310	286. 895095
0. 90	0. 95	326. 157386	285. 580736
0. 90	0. 95	324. 128085	283. 557672
0. 90	0. 95	322. 098785	281. 470595
0. 90	0. 95	320. 069485	279. 335972
0. 90	0. 95	318. 040184	277. 119935
0. 90	0. 95	316. 010884	274. 783636

　　输入与输出文件格式与问题 1 相同。问题 1 与问题 2 之间的主要区别是问题 2
中的基准值考虑了批间变异性，而在问题 1 中所计算的基准值严格地说仅对某个具
体的批次有效。同时注意此处没有出现问题 2 中的警告信息，这是因为数据来自数
批材料。数据、回归曲线及 B 基准曲线如图 8.3.11.4 所示。

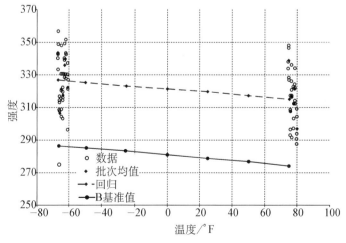

图 8.3.11.4　例 2 数据、回归及 B 基准值曲线

8.3.11.5　例子——方差分析单因素混合模型：有多个数据来源的基准值——问题 3

本例数据组包含来自不止一个厂家的多批材料的拉伸试验测量值。第一步和第二步的计算可由 STAT17 执行并可由数据组 example. d09 说明。第三步的计算可由 RECIPE 执行并可由数据组 ex3. dat 说明。

假设有来自多个厂家的多批数据，且这些厂家希望合并他们的资源来确定基准值。如果确信所有所有这些数据的制造和试验条件相同，那么可以忽略数据来自多个厂家的事实。然而，这些厂家在材料生产或试验或同时在这两方面通常会存在细微的差异。在这种情况下，如果不愿假设所有厂家的批间与批内变异性接近到相同时，那么别无选择，必须对每个厂家的数据分别应用通常的方差分析法（见8.3.7.2节）进行分析。然而，如果愿意假设每组数据具有相同的变异性（各个厂家的均值可能不同），那么可用所有批次的数据来确定每一个厂家的基准值。这些基准值通常要比采用各个厂家的数据单独计算得到的基准值明显高一些而且更接近一些。

问题 3，第一步：应对每批数据进行异常数据检查。没有在这些批次中发现异常数据。

问题 3，第二步：对于这种情况，还值得做的是将数据按厂家分组并分别对每一组进行异常数据检查。未检测出异常数据。

问题 3——第三步：为建立本例的回归模型，令第 i 个厂家的均值为 μ_i。如果有 l 个厂家，我们有 $r = l$ 个未知的固定参数，μ_1，μ_1，$\cdots$，μ_l 以及方差分量 σ_b^2 和 σ_e^2。因此回归模型具有如下形式

$$y_s = \theta_1 z_{p(s),1} + \theta_2 z_{p(s),2} + \theta_3 z_{p(s),3} + \cdots + \theta_l z_{p(s),l} + b_{q(s)} + e_s$$
$$= \mu_{p(s)} + b_{q(s)} + e_s$$

式中：$z_{p(s),u} = \delta_{p(s),u}$，其中，当 $p(s) = u$ 时 $\delta_{p(s),u}$（Kronecker 符号 δ）等于 1，否则为零。固定参数为 $\theta_i = \mu_i$。

对应于该问题的示例数据组 ex5. dat 包含来自两个厂家的同种材料的数批数据。对于该例子，假设每个厂家的变异性是相同的。固定状态数 $l = r = 2$。

```
#
#        RECIPE Example #5: Basis values using data from multiple sources
#        This corresponds to MIL-HDBK-17, Problem #9
#    #
#        —In this example, we have five batches of data: three from
#    #    one source, and two from a second source. We would like
#    #    to use all five batches of data to get a tolerance limit
#    #    for each source.
#    #
#        —ntot, nlvl, nbch, npar, npts, prob, conf
```

```
      #
      15 2 5 2 2 .9d0 .95d0
      #
#          —The fixed part of this model is a different mean for
      #     each of the two sources
      1 0
      0 1
      #
#          —Here are the 15 data values. Column 1 indicates the
      #     fixed level (data source), and column 2 indicates the
      #     number of the batch. The third column gives the strength
      #     values.
      1    1    75. 8
      1    1    78. 4
      1    1    82. 0
      1    2    68. 8
      1    2    70. 9
      1    2    73. 5
      1    3    74. 5
      1    3    74. 8
      1    3    78. 8
      2    4    81. 3
      2    4    87. 7
      2    4    89. 0
      2    5    88. 2
      2    5    91. 2
      2    5    94. 2
      #
#          —The tolerance limit are to be calculated at two
      #     points, which correspond to the two sources. So
      #     we just repeat the two lines for the fixed part
      #     of the model here.
      1 0
      0 1
```

从文件 ex5. dat 可知有 15 个数值，回归模型的参数个数 $r = 2$。文件 ex5. dat 中包含数据的 15 行的第一列表示固定状态，第二列表示批次，第三列给出强度值。

模型的固定部分有 2 个均值,每一个分别对应一个数据来源。所以,固定状态所在的行以及用于计算基准值的数据点所在的行,包含分别位于不同列的两个数 1 和"2"。

本例的 RECIPE 输出为

recipe

Filename（without. dat extension）?

ex5

RECIPE：One-Sided Random-Effect Regression Tolerance Limits（Version 1. 0，April 1995）

＊＊＊Simulated pivot critical value file ex5crt not found.

Satterthwaite approximation will be used.

Probability	Confidence	Regression	Tolerance Limit
0. 90	0. 95	75. 277 78	59. 401 536
0. 90	0. 95	88. 600 000	71. 902 179

因此两个厂家的 B 基准值分别为 59. 4 和 71. 9。使用 STAT17 程序进行分析,如果每个厂家只用自己的数据,那么其 B 基准值分别为 52. 8 和 34. 6。注意混合模型给出更高且更接近的基准值。特别需要指出的是,很低的值 34. 6 是由于第二个厂家只提供了两批数据。

8.4 统计方法

8.4.1 同一材料的已有数据库与新的数据组的等同性检验

当遇到以下几种情形时,需要确定同一原材料的某个试验数据样本是否与其原有数据组等同:

（1）对于材料批次的验证与验收,必须证明该批次的性能"等同"于经鉴定的数据库,即该批次数据满足材料规范验收界限。

（2）材料供应商希望更改原材料的生产工艺。

（3）部分制造商想使用由另一机构建立的材料性能的公共数据库和基准值。无论他们采用的是与用于获得共享数据库的层压板完全相同的制造工艺,还是更改过的生产工艺,该制造商必须证明其获得相同材料性能的制造方法的等同性。

（4）已经建立材料性能、规格值和基准值数据库的部分制造商,希望更改生产工艺而不想重建性能数据库。

本节旨在提供在上述几种情况下确定数据"等同性"的统计方法。这些方法不是用来确定使用某一替换材料（第二货源）的可接受性,这一情况参见 8. 4. 2 节。在下列方法中必须选择一个拒绝某种"好"材料的概率水平 α。本卷其他章节中推荐了某些特殊情形下的合适的 α 值。例如,参见 2.3.7 节中有关具体使用 CMH-17 第二卷数据的要求。

材料试件的力学与化学性能具有随机的变异性。因此必须接受出错的可能性:某种"好的"材料性能未通过统计检验。对于试件个数确定的样本,只有在确认不合格材料时检出不合格材料的可能性减小的情况下,发生这种不想要的结果的概率(在下面的统计检验中定义为 α)才会降低。未通过统计检验的出错概率大小应在两类出错中进行折中。如果进行统计检验时能结合试验大纲,该大纲允许对"不合格"性能重新进行试验,则可用稍高的 α 值,因为在重新试验后用 α^2 代替 α 更有效。

依据所关心的性能来选择用于确定给定复合材料大型数据库与同一材料的检验样本等同性的判据。

对于模量或物理性能,例如单层厚度,判据要求其均值在可接受的范围内,既不高也不低。针对这些性能的判据被设置为拒绝高的或低的均值。下面给出适当的统计方法,即"均值变化检验"。

另一方面,关于强度性能的判据必须拒绝低的均值或低的最小个体值。下面给出合适的强度性能统计方法,即"均值和最小个体值减少检验"。该检验要求,无论采用对均值的检验还是对最小个体值的检验,拒绝某一"好"的数据组的概率都是相同的。两种检验条件间的这种均衡提供了最大的"统计能力",也是对工业界建立材料规范的验收界限的 ad-hoc 法的改进。

关于某些化学与物理性能如挥发物含量或孔隙率水平的判据必须拒绝高的均值,因为期望的性能值为零。关于这些性能的合适的统计方法在下面给出,即"高均值检验"法。

均值和最小个体值减少检验——取自原始材料鉴定数据库的单一试验条件(环境)下的数据均值、标准差近似为 $\overline{x}$ 和 s。均值性能的合格/不合格门槛值 W_{mean} 由式(8.4.1(a))确定。表 8.5.17 给出了 k_n^{mean} 值。试验均值必须满足或超过

$$W_{\text{mean}} = \overline{x} - k_n^{\text{mean}} s \qquad (8.4.1(\text{a}))$$

最小个体值的合格/不合格门槛值 $W_{\text{minimum individual}}$ 由式(8.4.1(b))确定。表 8.5.18 给出了 k_n^{indv} 值。试验的最小个体值必须满足或超过

$$W_{\text{minimum individual}} = \overline{x} - k_n^{\text{indv}} s \qquad (8.4.1(\text{b}))$$

均值变化检验——由于原始数据库的样本大小 n_1 与新数据的样本大小 n_2 不同,因此将合并后的标准差 S_p 作为公共母体标准差的估计值。

$$S_p = \sqrt{\frac{(n_1 - 1)s_1^2 + (n_2 - 1)s_2^2}{n_1 + n_2 - 2}} \qquad (8.4.1(\text{c}))$$

利用合并后的标准差以及原始的和新的数据组的均值,由下式计算检验统计量 t_0:

$$t_0 = \frac{\overline{x_1} - \overline{x_2}}{S_p \sqrt{\dfrac{1}{n_1} + \dfrac{1}{n_2}}} \qquad\qquad (8.4.1(d))$$

由于这是一个双侧 t 检验,要求的 t 值为 $t_{a,n} = t_{a/2, n_1-n_2-2}$。注意双侧检验的 $a = \alpha/2$。由表 8.5.19 可查出 t_a,$_n$的值。

某种材料要通过该检验,统计量 t_0 必须满足:

$$-t_{a/2, n_1+n_2-2} \leqslant t_0 \leqslant t_{a/2, n_1+n_2-2} \qquad\qquad (8.4.1(e))$$

高均值检验——此类检验的统计量 t_0 由式(8.4.1(d))算出。此类检验用于检查不希望出现的高均值,例如检查预浸料的挥发物含量情况。如果式(8.4.1(f))得到满足,则认为该"后续"性能的均值低于或等于"原始"性能的均值,这标志某种材料与/或工艺是可接受的。这是一种单侧 t 检验,因此 $t_{a,n} = t_{a/2, n_1+n_2-2}$。注意单侧检验的 $a = \alpha$。由表 8.5.19 可查出 t_a,$_n$的值。某种材料要通过该检验,统计量 t_0 必须满足:

$$t_0 \leqslant t_{a/2, n_1+n_2-2} \qquad\qquad (8.4.1(f))$$

α 的推荐值

为确定材料规范中的批次验收界限,对所有使用检验统计量的检验方法,推荐设定拒绝某种好性能的概率 α 为 0.01(1%)。对于材料的批料验收试验,强度性能推荐最少用 5 个试件,模量性能推荐最少用 3 个试件。

为确定材料等同性(例如本节引言中所列的第二到第四种情形),对所有使用检验统计量的检验方法,推荐设定拒绝某种好性能的概率 α 为 0.05(5%)。允许对每个性能重复试验一次,将其实际概率降至 0.0025(0.25%)。进行强度性能比较时,推荐至少采用 8 个试件(通常 4 个试件取自两种不同的板与工艺流程)。进行模量比较时,推荐至少采用 4 个试件(通常 2 个试件取自两种不同的板与工艺流程)。如果一个或多个性能不满足合适的判据,可只对那些不满足判据的性能进行重复试验。

8.4.2 替代材料的统计方法

通常可以获得由特定供应商加工的特定材料体系及原材料的大量数据,包括许用值。打算改变材料体系的某一方面,如换个新的厂商。在 2.3.4 节中规定了所要求的附加试验。本节描述的统计方法将有助于确定何时原有材料与替代材料相差到如此大的程度,以至于这种差异很可能真的不是由偶然因素造成的。如果本节的方法显示出统计上的显著差异,并且从工程观点来看,该差异大小的产生是有原因的,则在未进行附加试验之前,有可能该替代材料不被认定是合格的。

本节假设可获得 2.3.4 节所要求的数据。由于材料间的差异通常表现为性能均值的差异,因此本节方法侧重于均值的比较。值得注意的是:尽管未提供用于比较方差的正式检验方法,但是,应对这种变异性的差别进行研究:这些差别明显大于基于类似材料经验的差别。

采用考虑随机批料影响的双样本 t 检验(见 8.4.2.1 节),对可从中获得数据的原有材料与替代材料的每个力学性能的均值进行比较。该分析将得到一组观测显著性水平和置信区间。应对统计上显著的(5% 显著性水平)任何均值差进行研究。

为得到度量材料间差异的单一数据,令 p_i 为如 8.4.2.1 节中确定的第 i 个性能的观测显著性水平 OSL,并且令 m 为被比较的性能个数。计算下式:

$$P = -2 \sum_{i=1}^{m} \ln(p_i) \tag{8.4.2}$$

P 值越大,则表明材料间存在差异的数据中的证据越充分。将 P 与具有自由度为 $2m$ 的 χ^2 分布(见表 8.5.2)的第 95 百分位点进行比较以确定均值的差异在 5% 显著性水平下是否显著。

该组合检验只有当 m 组数据在统计意义上相互独立时才严格有效。然而,由于这些试验数据是针对同一材料与相同批次的,因此这一独立性无法严格保证。在很多情形下,试验数据是近似独立的,且这一组合的 P 值可有效度量两组试验数据不同的程度。如果通过检查数据,发现有些批次的数据始终高而其他批次的低,即不具有独立性,则在对该组合检验进行解释时,应当谨慎。

8.4.2.1 两组批次的比较

本节考虑如下问题:检验两组测量值的均值差异是否在统计上显著,其中每一组均由多批测量值组成。例如,本节方法可用于对在某一地点由三批材料制造的试件的室温拉伸强度均值与另外一组测量值进行比较,其中后一组测量值是在另一地点制造的五批材料的同一力学性能的测量值。

这两组数据用 x_{ij} 与 y_{ij} 表示。其中首个下标表示批次号,第二个下标表示批内数值的编号。假设数据组 x 和 y 是从单因素均衡随机影响模型(见 8.3.6.7 节)采样的:

$$x_{ij} = \mu^{(1)} + b_i^{(1)} + e_{ij}^{(1)} \tag{8.4.2.1(a)}$$

式中:$i = 1, \cdots, k_1$ 且 $j = 1, \cdots, n_1$ 且

$$y_{ij} = \mu^{(2)} + b_i^{(2)} + e_{ij}^{(2)} \tag{8.4.2.1(b)}$$

式中:$i = 1, \cdots, k_2$ 且 $j = 1, \cdots, n_2$。k_1 和 n_1,k_2 和 n_2 分别为 x 和 y 的批次数和批次大小。

ANOVA 模型将每个观测值表示成三个分量的和：$\mu^{(l)}$ 是总均值，$\mu^{(l)} + b_i^{(l)}$ 是第 i 批的母体均值，$e_{ij}^{(l)}$ 表示批内方差。其中对 x 数据 $l=1$，对 y 数据 $l=2$。假设误差项 $e_{ij}^{(l)}$ 为均值为零、方差为 σ_e^2（批内方差）的独立分布的正态随机变量。

假设批次均值 $b_i^{(l)}$ 为服从均值为零、方差为 σ_b^2（批间方差）的独立分布的正态随机变量。假设所有批次的批内方差相同。

将 x 组的批次均值用 $\overline{x_i}$ 表示，$i=1, \cdots, k_1$，并将 y 组的批次均值用 $\overline{y_i}$ 表示，$i=1, \cdots, k_2$。检验统计量使用了下述四个量：

$$\overline{x} = \frac{1}{k_1} \sum_{i=1}^{k_1} \overline{x_i} \qquad (8.4.2.1(c))$$

$$\overline{y} = \frac{1}{k_2} \sum_{i=1}^{k_2} \overline{y_i} \qquad (8.4.2.1(d))$$

$$s_x^2 = \frac{n_1}{k_1 - 1} \sum_{i=1}^{k_1} (\overline{x} - \overline{x_i})^2 \qquad (8.4.2.1(e))$$

$$s_y^2 = \frac{n_2}{k_2 - 1} \sum_{i=1}^{k_2} (\overline{y} - \overline{y_i})^2 \qquad (8.4.2.1(f))$$

如果 $k_1 = 1$，令 $s_x^2 = 0$；如果 $k_2 = 1$，令 $s_y^2 = 0$；如果 $k_1 = k_2 = 1$ 则不应使用本节的方法。根据式（8.4.2.1(c)～(f)）中的统计量，检验统计量为

$$T = \frac{|\overline{x} - \overline{y}|}{\sqrt{\dfrac{s_x^2}{k_1 n_1} + \dfrac{s_y^2}{k_2 n_2}}} \qquad (8.4.2.1(g))$$

为检验在显著性水平 α 下的假设 $\mu^{(1)} = \mu^{(2)}$，将 T 与具有自由度为 $y = k_1 + k_2 - 2$ 的中心 t 分布的随机变量的 $100(1-\alpha/2)$ 分位数 $t_{1-\alpha/2, y}$（见表 8.5.3）进行比较。如果 T 不超过该 t 分位数，则断定这些数据符合其母体均值相等的假设，否则断定其母体均值（在显著性水平 α 下）存在统计上的显著差异。

$100(1-\alpha)$ 置信区间为

$$|\overline{x} - \overline{y}| \pm t_{1-\alpha/2, \gamma} \left(\frac{s_x^2}{k_1 n_1} + \frac{s_y^2}{k_2 n_2} \right)^{0.5} \qquad (8.4.2.1(h))$$

观测显著性水平或 OSL，指的是当均值相等的假设确实为真时观测的 T 值等于或大于实际被观测的 T 值的概率。小于显著性水平 α 的 OSL 表示在显著性水平 α 下拒绝均值相等的无效假设。OSL 为 T 和 $y = k_1 + k_2 - 2$ 的函数。当 γ 大于 10 时，下面的近似方法通常可满足要求。计算

$$u = \frac{T\left(1 - \dfrac{1}{4\gamma}\right)}{\left(1 + \dfrac{T^2}{2\gamma}\right)} \qquad (8.4.2.1(i))$$

确定一个标准正态随机变量小于 u 的概率 P。该概率可由如表 8.5.5 的正态分布表确定。OSL 等于 $2(1-P)$。如果 γ 小于 10，则上述近似方法不够准确，须从表 8.5.4 中查得 OSL。

例如，考虑表 8.4.2.1 中的强度测量值。提供这些数据的试件取自一组 3 个连续批次材料和一组 5 个连续批次材料。第二组批次在第一组批次生产一年多后生产。由于这一时间差异，未经证明时不应将这些数据当成来自单个母体的 8 个随机批次。更为稳妥的做法是将这些试验数据当成一个来自某一母体的 3 批次的随机样本和一个来自可能不同的母体的 5 批次的随机样本。

表 8.4.2.1　两组连续批料的强度测量值

第一组			第二组		
均值	方差	n	均值	方差	n
402.2	138.7	5	408.4	40.8	5
387.8	1002.2	5	395.8	113.2	5
389.4	321.8	5	357.2	451.7	5
			376.2	119.7	5
			377.0	189.5	5

利用表 8.4.2.1 中的数据，式（8.4.2.1(c)～(g)）给出下列值：

$$\bar{x} = 393 \qquad\qquad (8.4.2.1(\mathrm{j}))$$

$$\bar{y} = 383 \qquad\qquad (8.4.2.1(\mathrm{k}))$$

$$s_x^2 = 311 \qquad\qquad (8.4.2.1(\mathrm{l}))$$

$$s_y^2 = 1946 \qquad\qquad (8.4.2.1(\mathrm{m}))$$

$$T = \frac{|\,393 - 383\,|}{\sqrt{\dfrac{311}{3 \times 5} + \dfrac{1946}{5 \times 5}}} = 1.007 \qquad (8.4.2.1(\mathrm{n}))$$

从表 8.5.3 中查得，具有自由度 $5+3-2=6$ 的 t 分布的第 97.5 百分位点为 $t_{0.975,6} = 2.45$。由于 1.007 小于 2.45，因此推断在 5% 显著性水平下两组数据的平均强度不存在统计上的显著差异。由于 $k_1+k_2-2=6$ 小于 10，利用表 8.5.4 得到 $OSL = 0.036$。均值差的 95% 置信区间给出如下

$$|\,393 - 383\,| \pm (2.45)\left(\frac{311}{3 \times 5} + \frac{1946}{5 \times 5}\right)^{0.5} = 10 \pm 24.3 \qquad (8.4.2.1(\mathrm{o}))$$

注意，因为在 95% 水平下均值差不显著，因此本例的置信区间必定包含零。

8.4.3　离散系数的置信区间

离散系数是母体标准差与母体均值的比值。本节假设所考虑的分布形式为正态分布，并给出离散系数置信区间的计算方法。母体的离散系数由样本的离散系数

估计如下

$$c = \frac{s}{\bar{x}} \tag{8.4.3(a)}$$

式中：s 是样本标准差，$\bar{x}$ 为样本均值。

离散系数的 $100\alpha\%$ 置信区间的近似值的下限为

$$c_1 = c\left[\left(\frac{u_1+2}{n}-1\right)c^2 + \frac{u_1}{n-1}\right]^{-\frac{1}{2}} \tag{8.4.3(b)}$$

上限为

$$c_h = c\left[\left(\frac{u_2+2}{n}-1\right)c^2 + \frac{u_2}{n-1}\right]^{-\frac{1}{2}} \tag{8.4.3(c)}$$

式中：u_1 和 u_2 为具有 $n-1$ 个自由度的 χ^2 分布的第 $100(1+\alpha)/2$ 和第 $100(1-\gamma)/2$ 百分位点。表 8.5.16 列出了 γ 等于 0.9, 0.95 和 0.99 的 u_1 和 u_2 的值。

8.4.3.1　离散系数置信区间的计算实例

由 5 个试件构成的样本的样本均值为 $\bar{x} = 103.8$，样本标准差为 $s = 4.161$，则样本离散系数

$$c = \frac{4.161}{103.8} = 0.0400 \tag{8.4.3.1}$$

从表查得常数 u_1 和 u_2 为 $u_1 = 5 \times 2.2287 = 11.1435$，$u_2 = 5 \times 0.0968883 = 0.48444$。将之代入式(8.4.3(a) 和(b)) 中可得，在 95% 置信水平下，母体离散系数的置信区间的下限为 $c_1 = 0.0240$，上限为 $c_h = 0.115$。

8.4.3.2　近似方法的说明

该近似方法适用于母体离散系数小于 35% 的情形。这种方法通常都是非常精确的，而且它在样本无限大和母体离散系数无限小的两种极限情况下是精确的。该近似方法的推导及其特点详见文献 8.4.3.2。对于离散系数明显大于 35% 的母体的测量值，可用一种精确(但有点复杂的)方法。然而如果想要考虑母体离散系数比 35% 大很多的可能性，为使正态模型有意义，必须接受负值的可能性。因此如果某个量必须为正，则一个非常大的离散系数意味着正态模型无物理意义。因此对于不能采用该近似方法的那些情形，人们无论如何都不愿意采用正态模型假设，这样人们几乎不采用上述复杂的精确方法。

8.4.4　修改离散系数方法

新材料研发中的一个值得关注的问题是由最初加工及检测的试件无法获得经长期的大批量生产后的材料的所有变异性。经验表明，在鉴定材料及确定许用值的计划中，人们通常无法获得真实的材料性能的变异性。

由于种种原因在材料鉴定阶段所度量的变异性通常低于真实的材料变异性。

用于鉴定计划的材料一般在短期内完成制造,通常只有 2~3 周,这对生产型材料而言不具代表性。某些用于制造多批次鉴定材料的原始组分材料实际上可能来自于相同的产品批次或者是在短期内制造完成的,因此用于鉴定的材料尽管被认为是多批次的,但是实际上并非是多批次的,也就不能代表真实的生产型材料的变异性。

这会导致大量材料因不能达到最初建立的基准值要求而被拒绝使用。因此需要一种通过对预期的附加变异进行预先考虑的方式以调低初始基准值的方法。

修改离散系数 CV 方法能够对鉴定试验中获得的过低的变异性进行补偿。这种方法假设,对于复合材料的所有被测性能,其离散系数至少在 6% 以上,CV 值的重置方法详见 8.4.4.1 节。该方法的提出是为了考虑在鉴定试验中通常不会显现的变异性,从而确保材料的许用值不会过于乐观,以避免导致非保守的设计。当 CV 值低于 8% 时,在计算基准值之前,首先使用修改 CV 方法增加 CV 值。CV 值越高,基准值就越低或越保守并降低规格范围。修改 CV 方法只计划在可用数据最少的情况下偶尔使用。当加工与试验的产品批次足够多时(大约 8~15 批次),可直接采用 CV 测量值调高基准值并提高规格范围。

8.4.4.1 修改规则

(1)如果 CV 值小于 4%,则把 CV 值修改为 6%。

(2)如果 CV 值在 $4\%\sim8\%$ 之间,则把 CV 值修改为 $(0.5^*CV)+4\%$。

(3)如果 CV 值大于 8%,则不做修改。

公式

$$修改后的 CV:(CV^*) = \begin{cases} 0.06 & CV < 0.04 \\ \dfrac{CV}{2}+0.04 & 0.04 \leqslant CV \leqslant 0.08 \\ CV & 0.08 \leqslant CV \end{cases} \quad (8.4.4.1)$$

上述修改规则的影响如图 8.4.4.1 所示。

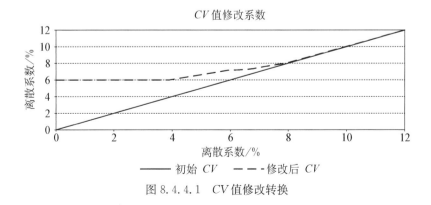

图 8.4.4.1 CV 值修改转换

8.4.4.2 修改后的标准差(S^*)

产品控制使用的是标准差,并非离散系数,因此必须使用修改后的离散系数计算出修改后的标准差,公式如下:

$$S^* = \overline{X} \cdot CV^* \tag{8.4.4.2}$$

对于采用修改后的 CV 值建立基准值的材料,当计算控制图的过程能力(C_{pk})及控制界限时,可以使用修改后的标准差。

8.4.4.3 使用修改后的 CV 值合并环境样本

根据修改后的 CV 值计算合并后的标准差:

$$S_p^* = \sqrt{\dfrac{\sum\limits_{i=1}^{k}((n_i - 1)(CV^* \cdot \overline{X}_i)^2)}{\sum\limits_{i=1}^{k}(n_i - 1)}} \tag{8.4.4.3}$$

在修改的 CV 值假设下,通过用 S^* 替代 S 计算 A 基准值和/或 B 基准值。

同样的,对于大多数诊断性检验,当合并各批次数据和环境数据时,可用 S^* 替代 S。但是,ADK 检验时需要进行数据转换。必须进行数据转换,以确保各批次数据的均值保持不变,而转换后数据的标准差(所有被合并的批次)与修改后的标准差相匹配。

8.4.4.4 转换数据的 k 样本 Anderson-Darling 检验

下文中的 $i = 1, \cdots, k$ 表示批次,$j = 1, \cdots, n_i$ 表示批内数据,且 $n = \sum\limits_{i=1}^{k} n_i$。

步骤(1):对每批数据应用 CV 值修改规则,并计算每批数据修改后的标准差 $S_i^* = CV_i^* \cdot \overline{X}_i$。每批数据的转换如下:

$$X'_{ij} = C_i(X_{ij} - \overline{X}_i) + \overline{X}_i \tag{8.4.4.4(a)}$$

$$C_i = \dfrac{S_i^*}{S_i} \tag{8.4.4.4(b)}$$

对转换后数据进行批间等同性的 ADK 检验。如果通过检验,则执行步骤(2)。如果未通过,停止分析,说明数据不可合并。

步骤(2):需进行其他转换。由于合并多批次数据时存在额外的批间变异,第一次转化后的 CV 值将与目标修改值不同(更高或更低),因此需进行第二次转换以修正这种差别。为了更改数据以便与 S^* 相匹配,需再次对转换后的数据进行转换,此时对于所有批次采用相同的 C_i 值。SSE 表示平方误差和。所需的 SSE^* 和 SSE' 的精确计算公式如下:

$$X''_{ij} = C'(X'_{ij} - \overline{X}_i) + \overline{X}_i \tag{8.4.4.4(c)}$$

$$C' = \sqrt{\frac{SSE^*}{SSE'}} \tag{8.4.4.4(d)}$$

$$SSE^* = (n-1)(CV^* \cdot \overline{X})^2 - \sum_{i=1}^{k} n_i (\overline{X}_i - \overline{X})^2 \tag{8.4.4.4(e)}$$

$$SSE' = \sum_{i=1}^{k} \sum_{j=1}^{n_i} (X'_{ij} - \overline{X}_i)^2 \tag{8.4.4.4(e)}$$

一旦完成第二次转换,可对转换后数据进行批间等同性的 k 样本 Anderson-Darling 检验以确定修改后的离散系数是否允许数据合并。

注意:若需要,仅执行步骤(2)后就进行 ADK 检验。从技术上讲,未在执行步骤(1)后首先检查数据的可合并性,就不应该执行步骤(2)。然而,如果在执行步骤(1)后数据未通过 ADK 检验,也无法通过步骤(2)后的检验。因此,仅进行步骤(2)后的检验足以确定数据在修改 CV 值的假设下是否满足合并要求。

8.4.4.5 修改离散系数方法的使用指南

该方法用于建立初始阶段的基准值。如果使用该方法建立基准值,则可通过使用基于修改的 CV 值的标准差完成所有关于规格范围、过程控制界限及过程能力(C_{pk})的计算。在收集到更多的产品数据之后,如果通过修改的 CV 值和标准差所估算的变异程度比计算值大,那么可对基准值、规格范围、过程控制界限及 C_{pk} 的计算进行修改来反映这一差异。

8.4.5 过程控制统计方法

统计过程控制(SPC)是质量工程中的一种已建立的比较完善的体系,可用于提醒制造商关注过程的变化。依据过程的历史数据而非规格范围来建立控制界限。这是在建立过程控制图时应记住的一个关键点。只要过程控制界限处于规格范围内,所生产的材料应是可接受的。但是,如果过程控制界限超出规格范围,则需进行额外的验收检验以对产品进行分类。

该节假设读者熟悉控制图的基本概念,并且只提供与复合材料变异性相关的过程控制方面的详细描述。

8.4.5.1 控制图的基础

当使用过程控制图时,将数据分组进行收集并按时间进行绘图。控制图可分为两大类:计数控制图和计量控制图。计数控制图在没有可用的直接测量值时使用,它只是一种计数(例如一块板上的缺陷)或者是一种好/坏分类。一般情况下,对复合材料的关键性能都会进行测量,因此本节讨论重点是计量控制图。有关建立和描述典型控制图的详细内容已在许多相关书籍中进行了论述,本书将不作重复介绍。然而,一些鲜为人知的内容将在 8.4.5.2 节和 8.4.5.3 节进行描述。

8.4.5.1.1 控制图的目的

建立关于过程/特性的控制图的主要目的是监控过程,如在制造过程中生产不可接受产品之前对作业进行纠正。然而控制图可能无法提供复合材料批料验收的充分准则,可参考 8.4.1 节中关于制定复合材料规范中的验收界限指南。当控制图与 SPC 一起使用并识别出"失控"的结果时,要求研究导致该结果的根源。失控点的研究、研究结论及造成后果的任何变化应与控制图一起进行记录。

8.4.5.1.2 双控制图优于单一控制图

计量控制图最好应该成对给出。其中一幅图用于强调均值,而另外的一幅图用于跟踪一系列样本的变化。两幅控制图对评估过程都是需要的。使用一对控制图的优点是能够识别出两种不同类型的变异。均值图突出了从一个分组到下一个分组的变化;而另外的一幅图则说明分组内的变异。控制图中应用最多的是 $\bar{X}$(样本均值)和 R(样本极差)。示例如图 8.4.5.1.2(a)和(b)所示。

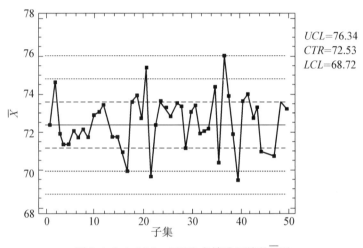

图 8.4.5.1.2(a) ETW 充填孔压缩的 $\bar{X}$ 图

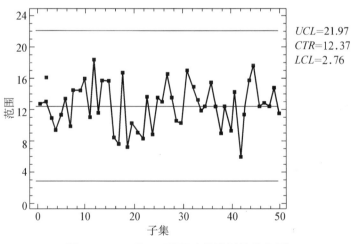

图 8.4.5.1.2(b) ETW 充填孔压缩的 R 图

8.4.5.1.3　控制图类型

已提出了多种不同类型的控制图用于分析各种过程、特性及制造状态。唯一一种可用于复合材料产品生产的控制图详见 8.4.5.2 节。但是,假定过程/特性满足技术要求时,任何一种计量控制图都是可接受性的。选择是否使用传统的$\overline{X}$和 R 控制图、CUSUM 控制图、EWMA 控制图、多元 T^2 控制图等完全取决于生产者。

$\overline{X}$和R:一对典型的控制图。这对控制图用于监测稳定过程的均值和标准差(注意:该控制图不能用于控制不稳定的过程)。$\overline{X}$控制图为各分组均值的连续图。R控制图为分组内的连续图。由于改变分组大小将会引起控制界限的变化,因此对于控制图的延续,分组大小应保持常数。当分组大小在 2~10 之间时推荐使用这种控制图。

$\overline{X}$和标准差(S):当分组大小在 10 以上时,S 控制图更好。S 控制图为分组标准差的连续图。对于大样本而言,该控制图比 R 控制图能略微精确地反映过程的变异性。

单值和移动极差:当无法获得分组时,可使用单值图。该图是数据的连续图。移动极差图是数据间差值的连续图。这种图在批内变异与批间变异相比非常小时也是可用的。

CUSUM:累积和控制图。CUSUM 控制图以与$\overline{X}$、R 和 S 控制图不同的方式考虑分组的均值。在 CUSUM 图上的每一点表示的是每个$\overline{X}$减去其名义值的累积和。该图使用一种称之为 V-mask 的概念替代控制界限,用于识别失控点。尽管对该图的建立和解释存在较大的困难,但是该图的优点在于对名义值的小的偏移具有较高的敏感性(见图 8.4.5.1.3(a))。

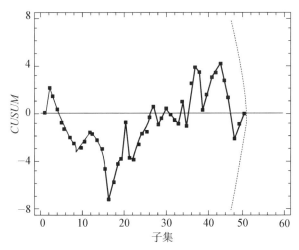

图 8.4.5.1.3(a)　ETW 充填孔压缩的 CUSUM 图

EWMA:指数加权的移动均值。传统的$\overline{X}$控制图的一个缺点是对所有的分组施以相同的权重。*EWMA* 控制图允许用户对数据施加不同的权重,对于更新的分组施加更大的权重。施加权重的结果导致控制界限发生改变,因此建立和解释该控制图变得更加复杂。根据分组的大小,该图与 *R* 或 *S* 控制图一起使用(见图 8.4.5.1.3(b))。

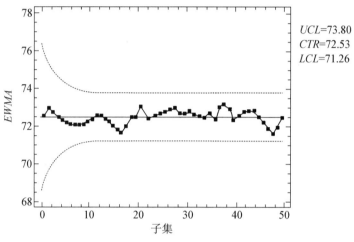

UCL=73.80
CTR=72.53
LCL=71.26

图 8.4.5.1.3(b)　ETW 充填孔压缩的 *EWMA* 图

T^2 多元控制图:将该图设计成在一张图中合并不同的测量值。当由同一产品测试多种特性时(复合材料通常就是这种情况),比较有利的做法是将数据合并成一张图而不是对每种特性分别建立控制图。仅使用了一张控制图,而且与单个测量值的情况相比,对于合并的测量值而言,该图对与名义值之间的偏差同样敏感。尤其是,如果特性之间相互关联,T^2 控制图将从正常变异中获得偏差值,而每种特性的单独的控制图将会丢失这些偏差信息。示例见图 8.4.5.1.3(c)所示。

8.4.5.1.4 "失控"结果的标记规则

"西方电气规则":以此命名是因为该规则是专门为西方电气制定的,其条目已在下文列出。该条目中包括所有或者几乎所有的采用$\overline{X}$控制图时使用的规则。然而,没有必要使用所有的规则。经常使用的是规则1——有一点落在 3 倍方差(3σ)的界限上或以外,而其他规则则是可选的。使用的规则越多,出错警告的概率越大,但这能帮助生产者在制造不符合规范的材料之前注意并纠正出错的倾向。在图8.4.5.1.2(a)所示的控制图中,可以确认点 48 和 49 违背了规则 3。当开始建立控制图时就应该决定使用何种规则作为失控条件。

西方电气规则:

(1) 有一点落在 3 倍方差(3σ)的界限上或界限以外。

(2) 连续三点中有两点落在 *A* 区内或 *A* 区以外——所有点位于中心线的同一侧。

(3) 连续五点中有四点落在 *B* 区内或 *B* 区以外——所有点位于中心线的同一侧。

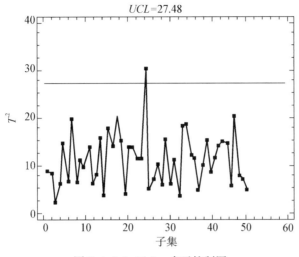

图 8.4.5.1.3(c) 多元控制图

(4) 连续八点落在 C 区内或 C 区以外——位于中心线的同一侧。

(5) 长系列点(大约 14 个)呈现出高、低、高、低的特点,该顺序无任何打断(系统性变量)。

(6) 连续七点持续递增或递减。(单调性是一种更严格的要求)

(7) 有或超过 15 个连续点落在 C 区内,要么位于中心线的上方要么位于下方。(分层法)

(8) 连续八点落在中心线的两侧,且无点落在 C 区内。(混合模式)

A、B 和 C 区指的是由距离中心线 3 倍、2 倍和 1 倍方差的直线所绘出的区域。C 区表示中心线与 1σ 线之间的区域,B 区表示 1σ 线与 2σ 线之间的区域,A 区表示 2σ 线与 3σ 线之间的区域。在图 8.4.5.1.2(a)所示的 $\overline{X}$ 控制图中已绘出这些直线。

8.4.5.2 包括批次影响的 x 图

假设数据为取自单因素的均衡随机影响的方差分析模型(见 8.3.6.7 节)的一个样本:

$$x_{ij} = \mu + b_i + e_{ij},\ i = 1,\ \cdots,\ k,\ j = 1,\ \cdots,\ n \qquad (8.4.5.2(a))$$

式中:k 为已接受的批次数;n 为每批试件数;x_{ij} 表示第 i 批第 j 个试件的测量值。

该 ANOVA 模型将每个观测值表示成三个分量的和:μ 是母体总均值,b_i 是第 i 批的母体均值,e_{ij} 为表示批内方差的随机误差项。假设误差项 e_{ij} 为独立分布的均值为零、方差为 σ_e^2(批内方差)的正态随机变量。假设批次均值 b_i 为服从均值为零、方差为 σ_b^2(批间方差)的正态分布的独立随机变量。

利用之前已接受的 k 批次数据来检验新批次的可接收性。指定新批次为第 $k+1$ 批。将已接受的 k 批次的总均值表示为

$$\overline{x}^{(k)} = \sum_{i=1}^{k} \sum_{j=1}^{n} x_{ij} / (kn) \tag{8.4.5.2(b)}$$

批次均值由下式计算

$$\overline{x}_i = \sum_{j=1}^{n} x_{ij} / n \qquad i = 1, \cdots, k \tag{8.4.5.2(c)}$$

在本节中,圆括号中的上标表示计算某个统计量所用数据的批次数。例如,$\overline{x}^{(k)}$ 为一直到第 k 批(包括第 k 批)的所有批次的总均值。依据这些数值可计算出需要的平方和。批间均值的平方和计算如下

$$MSB^{(k)} = \frac{1}{k-1} \sum_{i=1}^{k} n(\overline{x}_i - \overline{x}^{(k)})^2 \tag{8.4.5.2(d)}$$

假定第 $k+1$ 批也用式 8.4.5.2(a)的模型描述。第 $k+1$ 批的均值呈正态分布,其均值为 μ,方差为

$$\frac{1}{n}(n\sigma_b^2 + \sigma_e^2)$$

那么之前已接受的 k 批次的总均值与第 $k+1$ 批的均值之差

$$\overline{x}^{(k)} - \overline{x}_{k+1}$$

呈正态分布,其均值为零,方差为

$$\frac{k+1}{k} \frac{(n\sigma_b^2 + \sigma_e^2)}{n}$$

且

$$\frac{k+1}{kn} MSB^{(k)} \sim \frac{k+1}{k(k-1)} \frac{(n\sigma_b^2 + \sigma_e^2)}{n} \chi_{k-1}^2 \tag{8.4.5.2(e)}$$

式中:"$\sim$"表示"符合某分布",χ_{k-1}^2 表示自由度为 $k-1$ 的 χ^2 分布。将总均值与第 $k+1$ 批均值之差除以式 8.4.5.2(e) 的左边得

$$V^{(k+1)} = \frac{\overline{x}^{(k)} - \overline{x}_{k+1}}{\left[\dfrac{k+1}{k(k-1)} \sum_{i=1}^{k} (\overline{x}_i - \overline{x}^{(k)})^2\right]^{1/2}} \sim t_{k-1} \tag{8.4.5.2(f)}$$

式中:t_{k-1} 表示自由度为 $k-1$ 的中心 t 分布。这一关系式为控制图的基础。将由新批均值与以前已接受的数批的均值算出的量 $V^{(k+1)}$ 与 t 分布的极限值进行比较。具体来讲,$V^{(k+1)}$ 将与表 8.5.3 中的自由度为 $k-1$ 的中心 t 分布的 $t_{k-1,\alpha}$ 分位数进行比较。如果 $V^{(k+1)}$ 的绝对值超过 $t_{k-1,\alpha}$,则不接受第 $k+1$ 批。当批数增加时,这些极值逼近正态分布的极值。由于采用的是计量控制图(计量控制界限),因此应有可能在很少几批后开始使用该控制图。在获得四或五批数据后使用控制图是合

理的。

如果第 $k+1$ 批被接受，总均值与均值平方和更新如下：

$$\overline{x}^{(k+1)} = \frac{k\,\overline{x}^{(k)} - \overline{x}_{k+1}}{k+1} \qquad (8.4.5.2(g))$$

$$MSB^{(k+1)} = \frac{k-1}{k}MSB^{(k)} + \frac{n}{k+1}(\overline{x}^{(k)} - \overline{x}_{k+1})^2 \qquad (8.4.5.2(h))$$

最后应注意，如果均值存在某种趋势时，这一方法无效。这种趋势会抬高方差的估计值并导致界限过大。鉴于此，上述方法与趋势的"趋向"检验一起使用。见图 8.4.5.2(a) 和(b) 给出的例子。这些图显示了每一连续批次的界限 $t_{k-1,\alpha}$ 和 $-t_{k-1,\alpha}$ 以及 $V^{(k+1)}$。

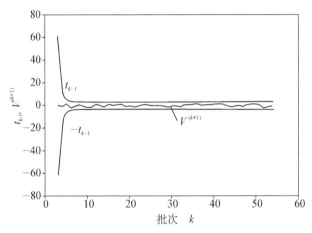

图 8.4.5.2(a)　从第三批开始的均值控制图例(0.01 水平)

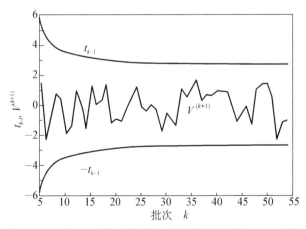

图 8.4.5.2(b)　从第五批开始的均值控制图例(0.01 水平)

8.4.5.3　批内方差分量的 s^2 图

令 s^2 为被接受的第 j 批的样本方差,利用下面的统计量检验第 $k+1$ 批的方差:

$$U_{k+1} = \frac{s_{k+1}^2}{\sum_{j=1}^{k} s_j^2 / k} \sim F \qquad (8.4.5.3)$$

式中: F 表示分子自由度为 $n-1$,分母自由度为 $k(n-1)$ 的标准 F 分布。将 U_{k+1} 与分子自由度为 $n-1$,分母自由度为 $k(n-1)$ 的 F 分布的分位数 F_α 比较。表8.5.1给出了0.95水平的这些分位数的大小。如果 U_{k+1} 超过 F_α,则第 $k+1$ 批不被接受。当 F 统计量的分母自由度变大时,控制界限将逼近常数。正如均值图一样,在获得一些批次的数据后该方差图应是可用的。图8.4.4.2给出了 s^2 图例,该图显示了每一连续批次的界限 F_α 和 U。

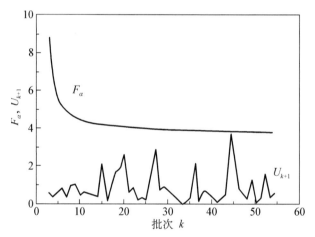

图 8.4.5.3　从第三批开始的方差控制图例(0.01水平)

8.4.5.4　批次均值趋势检验

如果收到的最初几批的批次均值存在一种系统的趋势,或是上升,或是下降,8.4.5.2节包括批次影响的 $\bar{x}$ 图可能会出现问题。这一趋势将使分母增大从而导致 $V^{(k+1)}$(见式8.4.5.2(f))太小。这会引起如果不存在某种趋势时早该被拒收的批次被接受。如果在控制限制趋于稳定之前(例如在第25批以前,见图8.4.5.2(b))检查出批次均值的某种趋势,则在接受批次时必须谨慎,特别是当可以看出下降趋势时。本小节给出一种诊断性检验,应采用该检验对已收到的前25批进行检验以确定是否存在统计上显著的趋势。在25批之后,应停止该诊断性检验,这是因为可能出现的任何趋势对控制界限不再有明显的影响,因此8.4.5.2节中检验的有效性不再受到怀疑。该检验蕴含的思想就是通过批次均值采用最小二乘法拟合一直线,然后确定该直线的斜率是否在统计上是显著的。

假设第 i 个接受的批次的均值用 $\bar{x}_i$ 表示, t_i 为与该批次到货有关的时间。例如，首批到货时间可表示为 $t_1=0$，随后的 t_i 可以是首批到货后再经过的天数。假设迄今已接受的批次数为 k，并且假设已经算出下列量，因而能够获得这些量值：

$$\overline{x}^{(k)} = \sum_{i=1}^{k} \overline{x}_i/k \qquad\qquad (8.4.5.4(\mathrm{a}))$$

$$\overline{t}^{(k)} = \sum_{i=1}^{k} t_i/k \qquad\qquad (8.4.5.4(\mathrm{b}))$$

$$S_{tt}^{(k)} = \sum_{i=1}^{k} (t_i - \overline{t}^{(k)})^2 \qquad\qquad (8.4.5.4(\mathrm{c}))$$

$$S_{xx}^{(k)} = \sum_{i=1}^{k} (\overline{x}_i - \overline{x}^{(k)})^2 \qquad\qquad (8.4.5.4(\mathrm{d}))$$

$$S_{tx}^{(k)} = \sum_{i=1}^{k} (t_i - \overline{t}^{(k)})(\overline{x}_i - \overline{x}^{(k)}) \qquad\qquad (8.4.5.4(\mathrm{e}))$$

$$b^{(k)} = \frac{S_{tx}^{(k)}}{S_{tt}^{(k)}} \qquad\qquad (8.4.5.4(\mathrm{f}))$$

$$S_R^{(k)} = S_{xx}^{(k)} - 2b^{(k)}S_{tx}^{(k)} + [b^{(k)}]^2 S_{tt}^{(k)} \qquad\qquad (8.4.5.4(\mathrm{g}))$$

基于 k 批数据的最小二乘直线的斜率为 $b^{(k)}$，且关于该最小二乘直线的标准差为

$$SD^{(k)} = [S_R^{(k)}/(k-2)]^{1/2} \qquad\qquad (8.4.5.4(\mathrm{h}))$$

当在时间 t_{k+1} 收到第 $(k+1)$ 批时，应执行下列各步。

第一步　更新 $S_{tt}^{(k)}$，$S_{xx}^{(k)}$ 和 $S_{tx}^{(k)}$。

$$S_{tt}^{(k+1)} = S_{tt}^{(k)} + \frac{k}{k+1}(\overline{t}^{(k)} - t_{k+1})^2 \qquad\qquad (8.4.5.4(\mathrm{i}))$$

$$S_{xx}^{(k+1)} = S_{xx}^{(k)} + \frac{k}{k+1}(\overline{x}^{(k)} - \overline{x}_{k+1})^2 \qquad\qquad (8.4.5.4(\mathrm{j}))$$

$$S_{tx}^{(k+1)} = S_{tx}^{(k)} + \frac{k}{k+1}(\overline{t}^{(k)} - t_{k+1})\overline{x}_{k+1} \qquad\qquad (8.4.5.4(\mathrm{k}))$$

第二步　计算 $b^{(k+1)}$ 和 $S_R^{(k+1)}$。

$$b^{(k+1)} = \frac{S_{tx}^{(k+1)}}{S_{tt}^{(k+1)}} \qquad\qquad (8.4.5.4(\mathrm{l}))$$

$$S_R^{(k+1)} = S_{xx}^{(k+1)} - 2b^{(k+1)}S_{tx}^{(k+1)} + [b^{(k+1)}]^2 S_{tt}^{(k+1)} \qquad\qquad (8.4.5.4(\mathrm{m}))$$

第三步　计算趋势统计量。

$$U^{(k+1)} = b^{(k+1)} \sqrt{\frac{(k-1)S_{tt}^{(k+1)}}{S_R^{(k+1)}}} \tag{8.4.5.4(n)}$$

第四步 确定具有 $k-1$ 个自由度的中心 t 分布(见表 8.5.3)的 α 分位数 $t_{k-1,\,\alpha/2}$。如果 $|U^{(k+1)}|$ 大于 $t_{k-1,\,\alpha/2}$,则检出某种统计上显著的趋势且必须加以研究。

检验水平 α 的选取有些任意,或许应该选择水平低的 α(例如 0.001)以降低将无趋势情况误判为有趋势情况的概率。

第五步 更新均值。

$$\overline{x}^{(k+1)} = \frac{k\,\overline{x}^{(k)} + \overline{x}_{k+1}}{k+1} \tag{8.4.5.4(o)}$$

$$\overline{t}^{(k+1)} = \frac{k\,\overline{t}^{(k)} + t_{k+1}}{k+1} \tag{8.4.5.4(p)}$$

关于该检验必须注意以下几点:

(1) 一旦包括批次影响的 $\overline{x}$ 图(见 8.4.5.2 节)的控制界限趋于稳定时,则不应进行该检验。只有在接受的批次数等于或少于 25 批时才进行该检验。

(2) 所提出的趋势检验方法仅用于当 8.4.5.2 节中检验的有效性受到怀疑时的情况。该方法不适于作为一般用途的趋势检验。

(3) 对式(8.4.5.4(i)~(k))与式(8.4.5.4(o)~(p))的更新使得不必对每个批次使用式(8.4.5.4(a)~(e))。只用计算器就可基于第 k 批的检验结果来计算用于检验第 $k+1$ 批所需的量值。

(4) 同样也可为趋势检验准备与图 8.4.5.2 类似的控制图,它能提供有用的信息。

8.4.6 平均应力-应变曲线和挤压载荷-变形曲线

最希望得到拉伸、压缩和面内剪切载荷的平均应力-应变曲线以及挤压载荷-变形曲线。然而下面提出的描述平均曲线的公式是连续的,不能描述可能由损伤起始引起的不连续情况。因此,也希望得到许多单个试验的典型的实际数据组的曲线图。

平均曲线由每批的至少两组数据采用最佳拟合方法确定。采用文献 8.4.6(a)与(b)所述方法并按照最佳拟合原则,将每组数据拟合成下列 7 种代数函数之一。

(1) 线性。

(2) 抛物线。

(3) 反抛物线。

(4) Ramberg-Osgood 指数形式。

(5) 双线性。

(6) 抛物线-线性。

(7) 抛物线-指数形式

8.4.6.1 节给出了每种函数的公式。拟合的平均误差由应力(载荷)的均方根

(RMS)误差与应力(载荷)的均方根(RMS)百分比误差之积确定。利用这两个值的乘积,可给出对误差的敏感性,该误差与高应力(载荷)值以及数据组的初始部分有关。选用平均误差最小的函数拟合每组数据。

采用平均误差最小的最佳拟合函数和下述方法确定所有数据组的平均曲线,直到获得所有数据组的最低强度为止。在最低强度的百分之一增量处确定每个最佳拟合函数的平均应变(变形)。再用 7 种代数函数来拟合这些平均应变(变形)与应力(载荷)以获得一个平均曲线。拟合误差的平均值最小的函数及其常数与平均曲线将在第二卷中给出。

所有强度、破坏应变与破坏变形值,而不仅仅是用于确定平均曲线的那些值将被包括在平均曲线上方的分散图中。包括分散图的应力-应变曲线实例见图 8.4.6(a)与(b)。

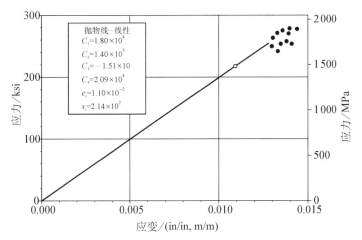

图 8.4.6(a)　AS4/3501-6 碳/环氧材料的拉伸应力-应变曲线

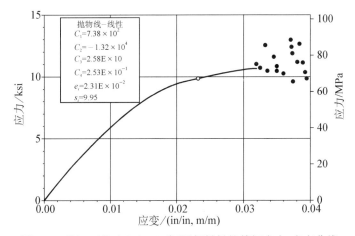

图 8.4.6(b)　AS4/3501-6 碳/环氧材料的剪切应力-应变曲线

8.4.6.1 拟合公式

下面介绍基于文献 8.4.5(a) 与 (b) 的应力-应变曲线的拟合公式。同时包括关于各种曲线的割线与切线模量曲线的公式。如 8.4.4 节所述,将在 CMH-17 中提供这些曲线。每个函数都是基于应力 (s) 和应变 (e) 项。割线模量函数用当前应变值与零应变值间的割线模量来表示。

$$E_s = \frac{s(e) - s(0)}{e - 0} = \frac{s(e)}{e} \qquad (8.4.6.1(a))$$

任意应变值的切线模量公式为

$$E_t = \frac{\mathrm{d}s}{\mathrm{d}e} \qquad (8.4.6.1(b))$$

线性:

$$s = C_1 e \qquad (8.4.6.1(c))$$

$$E_t = E_s = C_1 \qquad (8.4.6.1(d))$$

抛物线:

$$s = C_1 e + C_2 e^2 \qquad (8.4.6.1(e))$$

$$E_t = C_1 + 2C_2 e \qquad (8.4.6.1(f))$$

$$E_s = C_1 + C_2 e \qquad (8.4.6.1(g))$$

反抛物线:

$$e = C_2 s + C_3 s^2 \qquad (8.4.6.1(h))$$

$$E_t = \pm (C_2^2 + 4C_3 e)^{-1/2} \qquad (8.4.6.1(i))$$

$$E_s = \frac{C_2 \pm (C_2^2 + 4C_3 e)^{1/2}}{2C_3 e} \qquad (8.4.6.1(j))$$

其中,$\pm$ 符号与常数 C_3 的正负号相同。

Ramberg-Osgood 指数形式:

$$e = \frac{s}{C_2} + 0.002 \left[\frac{s}{C_1}\right]^n, \ n = C_3 \qquad (8.4.6.1(k))$$

Ramberg-Osgood 指数曲线的割线与切线模量值用数值方法求出。

余下的函数由两部分拟合曲线组成。可以求出两部分拟合曲线的交点 (e_i, s_i)。

双线性:

低于 (e_i, s_i)

$$s = C_1 e \qquad (8.4.6.1(c))$$

$$E_t = E_s = C_1 \qquad\qquad (8.4.6.1(\mathrm{d}))$$

高于 (e_i, s_i)

$$s = C_2 + C_3 e \qquad\qquad (8.4.6.1(\mathrm{l}))$$

$$E_t = C_3 \qquad\qquad (8.4.6.1(\mathrm{m}))$$

$$E_s = \frac{C_2}{e} + C_3 \qquad\qquad (8.4.6.1(\mathrm{n}))$$

抛物线-线性:

　　低于 (e_i, s_i)

$$s = C_1 e + C_2 e^2 \qquad\qquad (8.4.6.1(\mathrm{e}))$$

$$E_t = C_1 + 2C_2 e \qquad\qquad (8.4.6.1(\mathrm{f}))$$

$$E_s = C_1 + C_2 e \qquad\qquad (8.4.6.1(\mathrm{g}))$$

　　高于 (e_i, s_i)

$$s = C_3 + C_4 e \qquad\qquad (8.4.6.1(\mathrm{o}))$$

$$E_t = C_4 \qquad\qquad (8.4.6.1(\mathrm{p}))$$

$$E_s = \frac{C_3}{e} + C_4 \qquad\qquad (8.4.6.1(\mathrm{q}))$$

抛物线-指数形式:

　　低于 (e_i, s_i)

$$s = C_1 e + C_2 e^2 \qquad\qquad (8.4.6.1(\mathrm{e}))$$

$$E_t = C_1 + 2C_2 e \qquad\qquad (8.4.6.1(\mathrm{f}))$$

$$E_s = C_1 + C_2 e \qquad\qquad (8.4.6.1(\mathrm{g}))$$

　　高于 (e_i, s_i)

$$s = C_3 e^n, \ n = C_4 \qquad\qquad (8.4.6.1(\mathrm{r}))$$

$$E_t = n C_3 e^{n-1} \qquad\qquad (8.4.6.1(\mathrm{s}))$$

$$E_s = C_3 e^{n-1} \qquad\qquad (8.4.6.1(\mathrm{t}))$$

在所有情形下,曲线类型及常数值将在典型的应力-应变曲线图中示出。当应力-应变曲线存在两个区域时,应力值与应变值及两个区域的交点也在图中示出。

8.5 统计表与近似方法

本节包含 8.3 节中分析所需的一些统计表。表 8.5.1,表 8.5.4~表 8.5.6 及表8.5.14专门为 CMH-17 创建。其余的表由 MMPDS(之前为 MIL-HDBK-5,见文献 8.3.6.6.4.1)改编。

下面提供了一些表列值的理论推导及数值近似方法。当不能获得生成表列值的软件时,近似法很实用。近似值的精度用相对误差大小 *RME* 来度量。定义 *RME* 为

$$RME = \frac{|近似值 - 实际值|}{实际值} \tag{8.5}$$

用以度量近似值相对实际值的百分比误差。

8.5.1 *F* 分布的分位数

表 8.5.1 中 $F_{0.95}$ 值的近似值为

$$F_{0.95} = \exp\left(2\delta\left[1 + \frac{z^2 - 1}{3} - \frac{4\sigma^2}{3}\right] + 2\sigma z\sqrt{1 + \frac{\sigma^2(z^2 - 3)}{6}}\right) \tag{8.5.1(a)}$$

式中:

$$\delta = 0.5\{1/(\gamma_2 - 1) - 1/(\gamma_1 - 1)\} \tag{8.5.1(b)}$$

$$\sigma^2 = 0.5\{1/(\gamma_2 - 1) + 1/(\gamma_1 - 1)\} \tag{8.5.1(c)}$$

$$z = 1.645 \tag{8.5.1(d)}$$

γ_1 为分子自由度;γ_2 为分母自由度。

当 γ_1 或 γ_2 为 1 时,式(8.5.1(a)~(c))无效。下列公式将用于这些特殊情形:

当 $\gamma_1 = 1$ 时

$$F_{0.95} = \left[1.959\,964\,00 + \frac{2.372\,272\,00}{\gamma_2} + \frac{2.822\,500\,00}{\gamma_2^2} + \frac{2.555\,585\,200}{\gamma_2^3} + \frac{1.589\,536\,00}{\gamma_2^4}\right]^2 \tag{8.5.1(e)}$$

当 $\gamma_2 = 1$ 时

$$F_{0.95} = \left[0.062\,706\,71 + \frac{0.015\,738\,32}{\gamma_1} + \frac{0.002\,000\,73}{\gamma_1^2} - \frac{0.002\,438\,52}{\gamma_1^3} - \frac{0.000\,648\,11}{\gamma_1^4}\right]^2 \tag{8.5.1(f)}$$

表 8.5.1　*F* 分布的分位数

		\multicolumn{9}{c}{γ_1 分子自由度}								
		1	2	3	4	5	6	7	8	9
γ_2 分母自由度	1	161.45	199.50	215.71	224.58	230.16	233.99	236.77	238.88	240.54
	2	18.51	19.00	19.16	19.25	19.30	19.33	19.35	19.37	19.38
	3	10.13	9.55	9.28	9.12	9.01	8.94	8.89	8.85	8.81
	4	7.71	6.94	6.59	6.39	6.26	6.16	6.09	6.04	6.00
	5	6.61	5.79	5.41	5.19	5.05	4.95	4.88	4.82	4.77

（续表）

	γ_1 分子自由度								
	1	2	3	4	5	6	7	8	9
6	5.99	5.14	4.76	4.53	4.39	4.28	4.21	4.15	4.10
7	5.59	4.74	4.35	4.12	3.97	3.87	3.79	3.73	3.68
8	5.32	4.46	4.07	3.84	3.69	3.58	3.50	3.44	3.39
9	5.12	4.26	3.86	3.63	3.48	3.37	3.29	3.23	3.18
10	4.96	4.10	3.71	3.48	3.33	3.22	3.14	3.07	3.02
11	4.84	3.98	3.59	3.36	3.20	3.09	3.01	2.95	2.90
12	4.75	3.89	3.49	3.26	3.11	3.00	2.91	2.85	2.80
13	4.67	3.81	3.41	3.18	3.03	2.92	2.83	2.77	2.71
14	4.60	3.74	3.34	3.11	2.96	2.85	2.76	2.70	2.65
15	4.54	3.68	3.29	3.06	2.90	2.79	2.71	2.64	2.59
16	4.49	3.63	3.24	3.01	2.85	2.74	2.66	2.59	2.54
17	4.45	3.59	3.20	2.96	2.81	2.70	2.61	2.55	2.49
18	4.41	3.55	3.16	2.93	2.77	2.66	2.58	2.51	2.46
19	4.38	3.52	3.13	2.90	2.74	2.63	2.54	2.48	2.42
20	4.35	3.49	3.10	2.87	2.71	2.60	2.51	2.45	2.39
21	4.32	3.47	3.07	2.84	2.68	2.57	2.49	2.42	2.37
22	4.30	3.44	3.05	2.82	2.66	2.55	2.46	2.40	2.34
23	4.28	3.42	3.03	2.80	2.64	2.53	2.44	2.37	2.32
24	4.26	3.40	3.01	2.78	2.62	2.51	2.42	2.36	2.30
25	4.24	3.39	2.99	2.76	2.60	2.49	2.40	2.34	2.28
26	4.23	3.37	2.98	2.74	2.59	2.47	2.39	2.32	2.27
27	4.21	3.35	2.96	2.73	2.57	2.46	2.37	2.31	2.25
28	4.20	3.34	2.95	2.71	2.56	2.45	2.36	2.29	2.24
29	4.18	3.33	2.93	2.70	2.55	2.43	2.35	2.28	2.22
30	4.17	3.32	2.92	2.69	2.53	2.42	2.33	2.27	2.21
40	4.08	3.23	2.84	2.61	2.45	2.34	2.25	2.18	2.12
60	4.00	3.15	2.76	2.53	2.37	2.25	2.17	2.10	2.04
120	3.92	3.07	2.68	2.45	2.29	2.18	2.09	2.02	1.96
∞	3.84	3.00	2.61	2.37	2.21	2.10	2.01	1.94	1.88

γ_2 分母自由度

（续表）

		γ_1 分子自由度									
		10	12	15	20	24	30	40	60	120	∞
	1	241.88	243.91	245.95	248.01	249.05	250.10	251.14	252.20	253.25	254.31
	2	19.40	19.41	19.43	19.45	19.45	19.46	19.47	19.48	19.49	19.51
	3	8.79	8.74	8.70	8.66	8.64	8.62	8.59	8.57	8.55	8.53
	4	5.96	5.91	5.86	5.80	5.77	5.75	5.72	5.69	5.66	5.63
	5	4.74	4.68	4.62	4.56	4.53	4.50	4.46	4.43	4.40	4.37
	6	4.06	4.00	3.94	3.87	3.84	3.81	3.77	3.74	3.70	3.67
	7	3.64	3.57	3.51	3.44	3.41	3.38	3.34	3.30	3.27	3.23
	8	3.35	3.28	3.22	3.15	3.12	3.08	3.04	3.01	2.97	2.93
	9	3.14	3.07	3.01	2.94	2.90	2.86	2.83	2.79	2.75	2.71
	10	2.98	2.91	2.85	2.77	2.74	2.70	2.66	2.62	2.58	2.54
	11	2.85	2.79	2.72	2.65	2.61	2.57	2.53	2.49	2.45	2.40
	12	2.75	2.69	2.62	2.54	2.51	2.47	2.43	2.38	2.34	2.30
	13	2.67	2.60	2.53	2.46	2.42	2.38	2.34	2.30	2.25	2.21
	14	2.60	2.53	2.46	2.39	2.35	2.31	2.27	2.22	2.18	2.13
	15	2.54	2.48	2.40	2.33	2.29	2.25	2.20	2.16	2.11	2.07
γ_2 分母自由度数	16	2.49	2.42	2.35	2.28	2.24	2.19	2.15	2.11	2.06	2.01
	17	2.45	2.38	2.31	2.23	2.19	2.15	2.10	2.06	2.01	1.96
	18	2.41	2.34	2.27	2.19	2.15	2.11	2.06	2.02	1.97	1.92
	19	2.38	2.31	2.23	2.16	2.11	2.07	2.03	1.98	1.93	1.88
	20	2.35	2.28	2.20	2.12	2.08	2.04	1.99	1.95	1.90	1.84
	21	2.32	2.25	2.18	2.10	2.05	2.01	1.96	1.92	1.87	1.81
	22	2.30	2.23	2.15	2.07	2.03	1.98	1.94	1.89	1.84	1.78
	23	2.27	2.20	2.13	2.05	2.01	1.96	1.91	1.86	1.81	1.76
	24	2.25	2.18	2.11	2.03	1.98	1.94	1.89	1.84	1.79	1.73
	25	2.24	2.16	2.09	2.01	1.96	1.92	1.87	1.82	1.77	1.71
	26	2.22	2.15	2.07	1.99	1.95	1.90	1.85	1.80	1.75	1.69
	27	2.20	2.13	2.06	1.97	1.93	1.88	1.84	1.79	1.73	1.67
	28	2.19	2.12	2.04	1.96	1.91	1.87	1.82	1.77	1.71	1.65
	29	2.18	2.10	2.03	1.94	1.90	1.85	1.81	1.75	1.70	1.64
	30	2.16	2.09	2.01	1.93	1.89	1.84	1.79	1.74	1.68	1.62
	40	2.08	2.00	1.92	1.84	1.79	1.74	1.69	1.64	1.58	1.51
	60	1.99	1.92	1.84	1.75	1.70	1.65	1.59	1.53	1.47	1.39
	120	1.91	1.83	1.75	1.66	1.61	1.55	1.50	1.43	1.35	1.25
	∞	1.83	1.75	1.67	1.57	1.52	1.46	1.39	1.32	1.22	1.00

8.5.2　χ^2 分布的分位数

表 8.5.2 中 χ^2 分位数（$\chi^2_{0.95}$）的近似值为

$$\chi^2_{0.95} = \gamma\left[1 - \frac{2}{9\gamma} + 1.645\left(\frac{2}{9\gamma}\right)^{\frac{1}{2}}\right]^3 + \frac{9}{100\gamma} \tag{8.5.2}$$

式中 γ 为自由度。该近似公式精确到表列值的 0.2% 误差以内（见文献 8.5.2）。

表 8.5.2　χ^2 分布的分位数

γ	$\chi^2_{0.95}$	γ	$\chi^2_{0.95}$	γ	$\chi^2_{0.95}$
1	3.84	11	19.68	21	32.68
2	5.99	12	21.03	22	33.93
3	7.82	13	22.37	23	35.18
4	9.49	14	23.69	24	36.42
5	11.07	15	25.00	25	37.66
6	12.60	16	26.30	26	38.89
7	14.07	17	27.59	27	40.12
8	15.51	18	28.88	28	41.34
9	16.93	19	30.15	29	42.56
10	18.31	20	31.42	30	43.78

8.5.3　t 分布的上侧分位数

表 8.5.3 专门为 CMH - 17 创建。

表 8.5.3　t 分布的上侧分位数

γ	0.75	0.90	0.95	0.975	0.99	0.995
1	1.0000	3.0777	6.3137	12.7062	31.8205	63.6568
2	0.8165	1.8856	2.9200	4.3027	6.9646	9.9248
3	0.7649	1.6377	2.3534	3.1825	4.5407	5.8409
4	0.7407	1.5332	2.1318	2.7764	3.7470	4.6041
5	0.7267	1.4759	2.0150	2.5706	3.3649	4.0322
6	0.7176	1.4398	1.9432	2.4469	3.1427	3.7074
7	0.7111	1.4149	1.8946	2.3646	2.9980	3.4995
8	0.7064	1.3968	1.8595	2.3060	2.8965	3.3554
9	0.7027	1.3830	1.8331	2.2622	2.8214	3.2498
10	0.6998	1.3722	1.8125	2.2281	2.7638	3.1693
11	0.6974	1.3634	1.7959	2.2010	2.7181	3.1058
12	0.6955	1.3562	1.7823	2.1788	2.6810	3.0545
13	0.6938	1.3502	1.7709	2.1604	2.6503	3.0123
14	0.6924	1.3450	1.7613	2.1448	2.6245	2.9768

(续表)

γ	0.75	0.90	0.95	0.975	0.99	0.995
15	0.6912	1.3406	1.7530	2.1314	2.6025	2.9467
16	0.6901	1.3368	1.7459	2.1199	2.5835	2.9208
17	0.6892	1.3334	1.7396	2.1098	2.5669	2.8982
18	0.6884	1.3304	1.7341	2.1009	2.5524	2.8784
19	0.6876	1.3277	1.7291	2.0930	2.5395	2.8609
20	0.6870	1.3253	1.7247	2.0860	2.5280	2.8453
21	0.6864	1.3232	1.7207	2.0796	2.5176	2.8314
22	0.6858	1.3212	1.7171	2.0739	2.5083	2.8188
23	0.6853	1.3195	1.7139	2.0687	2.4999	2.8073
24	0.6848	1.3178	1.7109	2.0639	2.4922	2.7969
25	0.6844	1.3163	1.7081	2.0595	2.4851	2.7874
30	0.6828	1.3104	1.6973	2.0423	2.4573	2.7500
40	0.6807	1.3031	1.6839	2.0211	2.4233	2.7045
60	0.6786	1.2958	1.6706	2.0003	2.3901	2.6603
120	0.6765	1.2886	1.6577	1.9799	2.3578	2.6174
∞	0.6745	1.2816	1.6449	1.9600	2.3263	2.5758

8.5.4 t 分布的双侧概率

表 8.5.4 专门为 CMH-17 创建。

表 8.5.4 t 分布的双侧概率

T	自由度, γ									
	1	2	3	4	5	6	7	8	9	10
0.00	1.0000	1.0000	1.0000	1.0000	1.0000	1.0000	1.0000	1.0000	1.0000	1.0000
0.25	0.8440	0.8259	0.8187	0.8149	0.8125	0.8109	0.8098	0.8089	0.8082	0.8076
0.50	0.7048	0.6667	0.6514	0.6433	0.6383	0.6349	0.6324	0.6305	0.6291	0.6279
0.75	0.5903	0.5315	0.5077	0.4950	0.4870	0.4816	0.4777	0.4747	0.4724	0.4705
1.00	0.5000	0.4226	0.3910	0.3739	0.3632	0.3559	0.3506	0.3466	0.3434	0.3409
1.25	0.4296	0.3377	0.2999	0.2794	0.2666	0.2578	0.2515	0.2466	0.2428	0.2398
1.50	0.3743	0.2724	0.2306	0.2080	0.1939	0.1843	0.1773	0.1720	0.1679	0.1645
1.75	0.3305	0.2222	0.1784	0.1550	0.1405	0.1307	0.1236	0.1182	0.1140	0.1107
2.00	0.2952	0.1835	0.1393	0.1161	0.1019	0.0924	0.0856	0.0805	0.0766	0.0734
2.25	0.2662	0.1534	0.1099	0.0876	0.0743	0.0654	0.0592	0.0546	0.0510	0.0482
2.50	0.2422	0.1296	0.0877	0.0668	0.0545	0.0465	0.0410	0.0369	0.0339	0.0314
2.75	0.2220	0.1107	0.0707	0.0514	0.0403	0.0333	0.0285	0.0251	0.0225	0.0205
3.00	0.2048	0.0955	0.0577	0.0399	0.0301	0.0240	0.0199	0.0171	0.0150	0.0133
3.25	0.1900	0.0831	0.0475	0.0314	0.0227	0.0175	0.0141	0.0117	0.0100	0.0087

（续表）

T	自由度，γ									
	1	2	3	4	5	6	7	8	9	10
3.50	0.1772	0.0728	0.0395	0.0249	0.0173	0.0128	0.0100	0.0081	0.0067	0.0057
3.75	0.1659	0.0643	0.0331	0.0199	0.0133	0.0095	0.0072	0.0056	0.0046	0.0038
4.00	0.1560	0.0572	0.0280	0.0161	0.0103	0.0071	0.0052	0.0039	0.0031	0.0025
4.25	0.1471	0.0512	0.0239	0.0132	0.0081	0.0054	0.0038	0.0028	0.0021	0.0017
4.50	0.1392	0.0460	0.0205	0.0108	0.0064	0.0041	0.0028	0.0020	0.0015	0.0011
4.75	0.1321	0.0416	0.0177	0.0090	0.0051	0.0032	0.0021	0.0014	0.0010	0.0008
5.00	0.1257	0.0377	0.0154	0.0075	0.0041	0.0025	0.0016	0.0011	0.0007	0.0005
5.25	0.1198	0.0344	0.0135	0.0063	0.0033	0.0019	0.0012	0.0008	0.0005	0.0004
5.50	0.1145	0.0315	0.0118	0.0053	0.0027	0.0015	0.0009	0.0006	0.0004	0.0003
5.75	0.1096	0.0289	0.0104	0.0045	0.0022	0.0012	0.0007	0.0004	0.0003	0.0002
6.00	0.1051	0.0267	0.0093	0.0039	0.0018	0.0010	0.0005	0.0003	0.0002	0.0001
6.25	0.1010	0.0247	0.0083	0.0033	0.0015	0.0008	0.0004	0.0002	0.0001	0.0001
6.50	0.0972	0.0229	0.0074	0.0029	0.0013	0.0006	0.0003	0.0002	0.0001	0.0001
6.75	0.0936	0.0213	0.0066	0.0025	0.0011	0.0005	0.0003	0.0001	0.0001	0.0001
7.00	0.0903	0.0198	0.0060	0.0022	0.0009	0.0004	0.0002	0.0001	0.0001	0.0000
7.25	0.0873	0.0185	0.0054	0.0019	0.0008	0.0003	0.0002	0.0001	0.0000	0.0000
7.50	0.0844	0.0173	0.0049	0.0017	0.0007	0.0003	0.0001	0.0001	0.0000	0.0000
7.75	0.0817	0.0162	0.0045	0.0015	0.0006	0.0002	0.0001	0.0001	0.0000	0.0000
8.00	0.0792	0.0153	0.0041	0.0013	0.0005	0.0002	0.0001	0.0000	0.0000	0.0000

8.5.5 标准正态分布的上侧概率

表 8.5.5 专门为 CMH - 17 创建。

表 8.5.5 标准正态分布的上侧概率

x	0.00	0.25	0.50	0.75	1.00	1.25	1.50	1.75	2.00	2.25
0.00	0.50000	0.59871	0.69146	0.77337	0.84134	0.89435	0.93319	0.95994	0.97725	0.98778
0.01	0.50399	0.60257	0.69497	0.77637	0.84375	0.89617	0.93448	0.96080	0.97778	0.98809
0.02	0.50798	0.60642	0.69847	0.77935	0.84614	0.89796	0.93574	0.96164	0.97831	0.98840
0.03	0.51197	0.61026	0.70194	0.78230	0.84850	0.89973	0.93699	0.96246	0.97882	0.98870
0.04	0.51595	0.61409	0.70540	0.78524	0.85083	0.90147	0.93822	0.96327	0.97932	0.98899
0.05	0.51994	0.61791	0.70884	0.78814	0.85314	0.90320	0.93943	0.96407	0.97982	0.98928
0.06	0.52392	0.62172	0.71226	0.79103	0.85543	0.90490	0.94062	0.96485	0.98030	0.98956
0.07	0.52790	0.62552	0.71566	0.79389	0.85769	0.90658	0.94179	0.96562	0.98077	0.98983
0.08	0.53188	0.62930	0.71904	0.79673	0.85993	0.90824	0.94295	0.96637	0.98124	0.99010
0.09	0.53586	0.63307	0.72240	0.79955	0.86214	0.90988	0.94408	0.96712	0.98169	0.99036
0.10	0.53983	0.63683	0.72575	0.80234	0.86433	0.91149	0.94520	0.96784	0.98214	0.99061

（续表）

x	0.00	0.25	0.50	0.75	1.00	1.25	1.50	1.75	2.00	2.25
0.11	0.54380	0.64058	0.72907	0.80511	0.86650	0.91309	0.94630	0.96856	0.98257	0.99086
0.12	0.54776	0.64431	0.73237	0.80785	0.86864	0.91466	0.94738	0.96926	0.98300	0.99111
0.13	0.55172	0.64803	0.73565	0.81057	0.87076	0.91621	0.94845	0.96995	0.98341	0.99134
0.14	0.55567	0.65173	0.73891	0.81327	0.87286	0.91774	0.94950	0.97062	0.98382	0.99158
0.15	0.55962	0.65542	0.74215	0.81594	0.87493	0.91924	0.95053	0.97128	0.98422	0.99180
0.16	0.56356	0.65910	0.74537	0.81859	0.87698	0.92073	0.95154	0.97193	0.98461	0.99202
0.17	0.56749	0.66276	0.74857	0.82121	0.87900	0.92220	0.95254	0.97257	0.98500	0.99224
0.18	0.57142	0.66640	0.75175	0.82381	0.88100	0.92364	0.95352	0.97320	0.98537	0.99245
0.19	0.57535	0.67003	0.75490	0.82639	0.88298	0.92507	0.95449	0.97381	0.98574	0.99266
0.20	0.57926	0.67364	0.75804	0.82894	0.88493	0.92647	0.95543	0.97441	0.98610	0.99286
0.21	0.58317	0.67724	0.76115	0.83147	0.88686	0.92785	0.95637	0.97500	0.98645	0.99305
0.22	0.58706	0.68082	0.76424	0.83398	0.88877	0.92922	0.95728	0.97558	0.98679	0.99324
0.23	0.59095	0.68439	0.76730	0.83646	0.89065	0.93056	0.95818	0.97615	0.98713	0.99343
0.24	0.59483	0.68793	0.77035	0.83891	0.89251	0.93189	0.95907	0.97670	0.98745	0.99361

注：为了得到标准正态随机变量小于 x 的概率，查对应于行和列之和为 x 的数据（如：当 $x=0.73=0.5+0.23$ 时，由第 23 行第 3 列查得 $P=0.76730$）。如果 x 小于零，由其绝对值查得 P'，令其概率为 $P=1-P'$（如当 $x=-0.73$ 时，$P=1-0.76730=0.23270$）

8.5.6　在 $\alpha=0.05$ 显著性水平下 k 样本 Anderson-Darling 检验的临界值

表 8.5.6 中的 k 样本 Anderson-Darling 检验的临界值由式 8.3.2.2(j) 在样本大小为 n 的情况下算出。

表 8.5.6　在 0.05 显著性水平下 k 样本 Anderson-Darling 检验的临界值

							k^*							
	2	3	4	5	6	7	8	9	10	11	12	13	14	15
3	2.11	1.80	1.65	1.56	1.50	1.46	1.42	1.39	1.37	1.35	1.33	1.32	1.31	1.29
4	2.20	1.86	1.70	1.60	1.54	1.49	1.45	1.42	1.39	1.37	1.36	1.34	1.33	1.31
5	2.25	1.89	1.73	1.63	1.56	1.51	1.47	1.43	1.41	1.39	1.37	1.35	1.34	1.32
6	2.29	1.92	1.74	1.64	1.57	1.52	1.48	1.45	1.42	1.40	1.38	1.36	1.34	1.33
7	2.32	1.94	1.76	1.65	1.58	1.53	1.49	1.45	1.43	1.40	1.38	1.36	1.35	1.34
n^*　8	2.34	1.95	1.77	1.66	1.59	1.53	1.49	1.46	1.43	1.41	1.39	1.37	1.35	1.34
9	2.35	1.96	1.78	1.67	1.59	1.54	1.50	1.46	1.43	1.41	1.39	1.37	1.36	1.34
10	2.37	1.97	1.78	1.67	1.60	1.54	1.50	1.47	1.44	1.41	1.39	1.37	1.36	1.35
11	2.38	1.97	1.79	1.68	1.60	1.55	1.50	1.47	1.44	1.42	1.39	1.38	1.36	1.35
12	2.39	1.98	1.79	1.68	1.60	1.55	1.51	1.47	1.44	1.42	1.40	1.37	1.36	1.35
13	2.39	1.98	1.80	1.68	1.61	1.55	1.51	1.47	1.44	1.42	1.40	1.38	1.36	1.35

（续表）

	k^*													
	2	3	4	5	6	7	8	9	10	11	12	13	14	15
14	2.40	1.99	1.80	1.69	1.61	1.55	1.51	1.47	1.44	1.42	1.40	1.38	1.37	1.35
15	2.41	1.99	1.80	1.69	1.61	1.55	1.51	1.48	1.45	1.42	1.40	1.38	1.37	1.35
16	2.41	2.00	1.80	1.69	1.61	1.56	1.51	1.48	1.45	1.42	1.40	1.38	1.37	1.35
n^* 17	2.42	2.00	1.81	1.69	1.61	1.56	1.51	1.48	1.45	1.42	1.40	1.38	1.37	1.35
18	2.42	2.00	1.81	1.69	1.62	1.56	1.51	1.48	1.45	1.42	1.40	1.39	1.37	1.35
19	2.42	2.00	1.81	1.70	1.62	1.56	1.52	1.48	1.45	1.43	1.40	1.39	1.37	1.36
20	2.43	2.01	1.81	1.70	1.62	1.56	1.52	1.48	1.45	1.43	1.40	1.39	1.37	1.36
	2.49	2.05	1.84	1.72	1.64	1.58	1.53	1.50	1.46	1.44	1.42	1.40	1.38	1.37

8.5.7 最大赋范残差(MNR)异常数据检验的临界值

表 8.5.7 中的临界值由下式计算：

$$V_c = \frac{n-1}{\sqrt{n}} \sqrt{\frac{t^2}{n-2+t^2}} \qquad (8.5.7)$$

式中：t 是自由度为 $n-2$ 的 t 分布的 $[1-\gamma/(2n)]$ 分位数，γ 为检验的显著性水平，n 为样本大小。表 8.5.7 中的数是在 $\gamma=0.05$ 显著性水平下算出的(见文献 8.3.3.1(b))。

表 8.5.7 最大赋范残差异常数据检验的临界值

n	CV	n	CV	n	CV	n	CV	n	CV
—	—	16	2.586	31	2.924	46	3.094	61	3.206
—	—	17	2.620	32	2.938	47	3.103	62	3.212
3	1.154	18	2.652	33	2.952	48	3.112	63	3.218
4	1.481	19	2.681	34	2.965	49	3.120	64	3.224
5	1.715	20	2.708	35	2.978	50	3.128	65	3.230
6	1.887	21	2.734	36	2.991	51	3.136	66	3.236
7	2.020	22	2.758	37	3.003	52	3.144	67	3.241
8	2.127	23	2.780	38	3.014	53	3.151	68	3.247
9	2.215	24	2.802	39	3.025	54	3.159	69	3.252
10	2.290	25	2.822	40	3.036	55	3.166	70	3.258
11	2.355	26	2.841	41	3.047	56	3.173	71	3.263
12	2.412	27	2.859	42	3.057	57	3.180	72	3.268
13	2.462	28	2.876	43	3.067	58	3.187	73	3.273
14	2.507	29	2.893	44	3.076	59	3.193	74	3.278
15	2.548	30	2.908	45	3.085	60	3.200	75	3.283

n	CV	n	CV	n	CV	n	CV	n	CV
76	3.288	101	3.387	126	3.461	151	3.519	176	3.567
77	3.292	102	3.391	127	3.464	152	3.521	177	3.568
78	3.297	103	3.394	128	3.466	153	3.523	178	3.570
79	3.302	104	3.397	129	3.469	154	3.525	179	3.572
80	3.306	105	3.401	130	3.471	155	3.527	180	3.574
81	3.311	106	3.404	131	3.474	156	3.529	181	3.575
82	3.315	107	3.407	132	3.476	157	3.531	182	3.577
83	3.319	108	3.410	133	3.479	158	3.533	183	3.579
84	3.323	109	3.413	134	3.481	159	3.535	184	3.580
85	3.328	110	3.416	135	3.483	160	3.537	185	3.582
86	3.332	111	3.419	136	3.486	161	3.539	186	3.584
87	3.336	112	3.422	137	3.488	162	3.541	187	3.585
88	3.340	113	3.425	138	3.491	163	3.543	188	3.587
89	3.344	114	3.428	139	3.493	164	3.545	189	3.588
90	3.348	115	3.431	140	3.495	165	3.547	190	3.590
91	3.352	116	3.434	141	3.497	166	3.549	191	3.592
92	3.355	117	3.437	142	3.500	167	3.551	192	3.593
93	3.359	118	3.440	143	3.502	168	3.552	193	3.595
94	3.363	119	3.442	144	3.504	169	3.554	194	3.596
95	3.366	120	3.445	145	3.506	170	3.556	195	3.598
96	3.370	121	3.448	146	3.508	171	3.558	196	3.599
97	3.374	122	3.451	147	3.511	172	3.560	197	3.601
98	3.377	123	3.453	148	3.513	173	3.561	198	3.603
99	3.381	124	3.456	149	3.515	174	3.563	199	3.604
100	3.384	125	3.459	150	3.517	175	3.565	200	3.606

8.5.8　Weibull 分布的单侧 B 基准值容限系数 V_B

表 8.5.8 中的 V 值利用下列统计结果算出。首先定义随机变量

$$A_i = \frac{\ln(x_i) - \ln(\hat{\alpha})}{1/\hat{\beta}} \qquad i = 1, \cdots, n \qquad (8.5.8(a))$$

式中：x_i 为形状参数 β 和尺度参数 α 未知的 Weibull 随机变量，且 $\hat{\alpha}$ 和 $\hat{\beta}$ 为由式 8.3.4.2.1(a) 与 8.3.4.2.1(c) 给出的 α 和 β 的极大似然估计值（MLE）。对于特定的 n，V_B 值为该随机变量的条件分布的 0.95 分位数。

$$V_\mathrm{B} = \frac{\sqrt{n}\left[\ln(\hat{Q}) - \ln(Q)\right]}{1/\hat{\beta}} \qquad (8.5.8(b))$$

给出

$$A_i = \frac{\ln(x'_i) - \ln(\hat{\alpha}')}{1/\hat{\beta}} \qquad (8.5.8(c))$$

式中：

$$x'_i = -\ln\left(1 - \frac{i - 0.5}{n + 0.25}\right) \qquad i = 1, \cdots, n \qquad (8.5.8(d))$$

$$\hat{Q} = \hat{\alpha}(0.105\,36)^{1/\beta} \qquad (8.5.8(e))$$

$$Q = \alpha(0.105\,36)^{1/\beta} \qquad (8.5.8(f))$$

且 $\hat{\alpha}'$ 和 $\hat{\beta}'$ 为样本 $x'_1, \cdots, x'_n$ 的双参数 Weibull 分布的尺度与形状参数的极大似然估计值。V_B 的条件分布由下面的关系式确定

$$V_B = \sqrt{n}\,[Z + \ln(0.105\,36)] \qquad (8.5.8(g))$$

式中：Z 的分布由文献 8.3.4.2 第 150 页的定理 4.1.3 给出。基于这些结果，采用数值积分确定表 8.5.8 中的 V 值。

表 8.5.8 中的 V 值的近似公式为：

$$V_B \approx 3.803 + \exp\left[1.79 - 0.516\ln(n) + \frac{5.1}{n-1}\right] \qquad (8.5.8(h))$$

对于 n 大于或等于 16 时该近似公式精确到表列值的 0.5% 误差以内。

表 8.5.8　Weibull 分布 B 基准值单侧容限系数 V_B

$n = 10 - 192$

n	V_B	n	V_B	n	V_B	n	V_B
10	6.711	24	5.265	38	4.875	52	4.680
11	6.477	25	5.224	39	4.857	53	4.670
12	6.286	26	5.186	40	4.840	54	4.659
13	6.127	27	5.150	41	4.823	55	4.650
14	5.992	28	5.117	42	4.807	56	4.640
15	5.875	29	5.086	43	4.792	57	4.631
16	5.774	30	5.057	44	4.778	58	4.622
17	5.684	31	5.030	45	4.764	59	4.631
18	5.605	32	5.003	46	4.751	60	4.605
19	5.533	33	4.979	47	4.738	61	4.597
20	5.469	34	4.956	48	4.725	62	4.589
21	5.412	35	4.934	49	4.713	63	4.582
22	5.359	36	4.913	50	4.702	64	4.574
23	5.310	37	4.893	51	4.691	65	4.567

（续表）

$n = 10 - 192$

n	V_B	n	V_B	n	V_B	n	V_B
66	4.560	87	4.443	116	4.344	158	4.256
67	4.553	88	4.439	118	4.339	160	4.253
68	4.546	89	4.435	120	4.334	162	4.249
69	4.539	90	4.431	122	4.328	164	4.246
70	4.533	91	4.427	124	4.323	166	4.243
71	4.527	92	4.423	126	4.317	168	4.240
72	4.521	93	4.419	128	4.314	170	4.237
73	4.515	94	4.415	130	4.309	172	4.234
74	4.509	95	4.411	132	4.305	174	4.232
75	4.503	96	4.407	134	4.301	176	4.229
76	4.498	97	4.404	136	4.296	178	4.226
77	4.492	98	4.400	138	4.292	180	4.224
78	4.487	99	4.396	140	4.288	182	4.221
79	4.482	100	4.393	142	4.284	184	4.218
80	4.477	102	4.386	144	4.280	186	4.216
81	4.471	104	4.380	146	4.277	188	4.213
82	4.466	106	4.373	148	4.273	190	4.211
83	4.462	108	4.367	150	4.269	192	4.208
84	4.457	110	4.361	152	4.266		
85	4.452	112	4.355	154	4.262		
86	4.448	114	4.349	156	4.259		

$n = 194 - \infty$

n	V_B	n	V_B	n	V_B
194	4.206	240	4.161	292	4.124
196	4.204	244	4.157	296	4.121
198	4.201	248	4.154	300	4.119
200	4.199	252	4.151	310	4.113
204	4.195	256	4.148	320	4.108
208	4.191	260	4.145	330	4.103
212	4.186	264	4.142	340	4.098
216	4.182	268	4.140	350	4.093
220	4.179	272	4.137	360	4.089
224	4.175	276	4.134	370	4.085
228	4.171	280	4.131	380	4.081
232	4.168	284	4.129	390	4.077
236	4.164	288	4.126	400	4.073

（续表）

			$n = 194 - \infty$				
n	V_B	n	V_B	n	V_B		
425	4.076	800	3.998	1700	3.934		
450	4.067	825	3.995	1800	3.931		
475	4.060	850	3.992	1900	3.927		
500	4.053	875	3.989	2000	3.924		
525	4.047	900	3.986	3000	3.901		
550	4.041	925	3.983	4000	3.887		
575	4.035	950	3.981	5000	3.878		
600	4.030	975	3.979	6000	3.872		
625	4.025	1000	3.976	7000	3.866		
650	4.020	1100	3.968	8000	3.862		
675	4.016	1200	3.960	9000	3.859		
700	4.012	1300	3.954	10000	3.856		
725	4.008	1400	3.948	15000	3.846		
750	4.005	1500	3.943	20000	3.840		
775	4.001	1600	3.939	∞	3.803		

8.5.9   Weibull 分布单侧 A 基准值容限系数 V_A

表 8.5.9 中 V_A 值如 8.5.8 节（见文献 8.5.9）中所述算出。V_A 值的近似公式为：

$$V_A = 6.649 + \exp\left[2.55 - 0.526\ln(n) + \frac{4.76}{n}\right] \qquad (8.5.9)$$

对于 n 大于或等于 16 时该近似公式精确到表列值的 0.5% 误差以内。

表 8.5.9   **Weibull 分布 A 基准值单侧容限系数 V_A（见文献 8.5.11）**

n	V_A	n	V_A	n	V_A	n	V_A
10	12.573	22	9.809	34	8.990	46	8.573
11	12.093	23	9.710	35	8.946	47	8.547
12	11.701	24	9.619	36	8.904	48	8.522
13	11.375	25	9.535	37	8.863	49	8.498
14	11.098	26	9.457	38	8.825	50	8.474
15	10.861	27	9.385	39	8.789	51	8.452
16	10.654	28	9.318	40	8.754	52	8.430
17	10.472	29	9.251	41	8.721	53	8.409
18	10.311	30	9.195	42	8.689	54	8.389
19	10.166	31	9.139	43	8.658	55	8.369
20	10.035	32	9.087	44	8.629	56	8.349
21	9.917	33	9.037	45	8.600	57	8.330

（续表）

n	V_A	n	V_A	n	V_A	n	V_A
58	8.313	99	7.855	180	7.504	360	7.229
59	8.295	100	7.845	182	7.499	370	7.222
60	8.278	102	7.834	184	7.493	380	7.214
61	8.262	104	7.820	186	7.488	390	7.206
62	8.246	106	7.811	188	7.483	400	7.198
63	8.230	108	7.795	190	7.478	425	7.183
64	8.215	110	7.783	192	7.473	450	7.167
65	8.200	112	7.771	194	7.469	475	7.152
66	8.186	114	7.759	196	7.454	500	7.138
67	8.172	116	7.748	198	7.459	525	7.126
68	8.158	118	7.737	200	7.455	550	7.114
69	8.145	120	7.727	204	7.446	575	7.103
70	8.132	122	7.717	208	7.437	600	7.093
71	8.119	124	7.706	212	7.429	625	7.084
72	8.107	126	7.697	216	7.421	650	7.075
73	8.095	128	7.687	220	7.413	675	7.066
74	8.083	130	7.678	224	7.404	700	7.058
75	8.071	132	7.669	228	7.397	725	7.051
76	8.060	134	7.660	232	7.390	750	7.044
77	8.049	136	7.652	236	7.383	775	7.037
78	8.038	138	7.643	240	7.376	800	7.031
79	8.028	140	7.635	244	7.370	825	7.025
80	8.017	142	7.627	248	7.363	850	7.019
81	8.007	144	7.619	252	7.357	875	7.013
82	7.997	146	7.612	256	7.351	900	7.008
83	7.988	148	7.604	260	7.345	925	7.003
84	7.978	150	7.597	264	7.339	950	6.998
85	7.969	152	7.590	268	7.333	975	6.993
86	7.960	154	7.583	272	7.328	1000	6.989
87	7.951	156	7.576	276	7.322	1100	6.972
88	7.942	158	7.569	280	7.317	1200	6.958
89	7.933	160	7.563	284	7.312	1300	6.945
90	7.925	162	7.556	288	7.307	1400	6.934
91	7.916	164	7.550	292	7.302	1500	6.924
92	7.908	166	7.544	296	7.297	1600	6.915
93	7.900	168	7.538	300	7.292	1700	6.907
94	7.892	170	7.532	310	7.280	1800	6.899
95	7.884	172	7.526	320	7.270	1900	6.892
96	7.877	174	7.520	330	7.259	2000	6.886
97	7.867	176	7.515	340	7.249	3000	6.841
98	7.862	178	7.509	350	7.240		

8.5.10　正态分布单侧 B 基准值容限系数 k_B

表 8.5.10 中的 k_B 值由偏心参数为 $1.282\sqrt{n}$、自由度为 $n-1$ 的偏心 t 分布的 0.95 分位数的 $1/\sqrt{n}$ 倍来计算。表 8.5.10 中的 k_B 值的近似公式为：

$$k_B = 1.282 + \exp\{0.958 - 0.520\ln(n) + 3.19/n\} \qquad (8.5.10)$$

对于 n 大于或等于 16 时该近似公式精确到表列值的 0.2% 误差以内。

表 8.5.10　正态分布 B 基准值单侧容限系数 k_B

$n = 2 - 137$

n	k_B	n	k_B	n	k_B	n	k_B
2	20.581	32	1.758	62	1.603	92	1.539
3	6.157	33	1.749	63	1.600	93	1.537
4	4.163	34	1.741	64	1.597	94	1.536
5	3.408	35	1.733	65	1.595	95	1.534
6	3.007	36	1.725	66	1.592	96	1.533
7	2.756	37	1.718	67	1.589	97	1.531
8	2.583	38	1.711	68	1.587	98	1.530
9	2.454	39	1.704	69	1.584	99	1.529
10	2.355	40	1.698	70	1.582	100	1.527
11	2.276	41	1.692	71	1.579	101	1.526
12	2.211	42	1.686	72	1.577	102	1.525
13	2.156	43	1.680	73	1.575	103	1.523
14	2.109	44	1.675	74	1.572	104	1.522
15	2.069	45	1.669	75	1.570	105	1.521
16	2.034	46	1.664	76	1.568	106	1.519
17	2.002	47	1.660	77	1.566	107	1.518
18	1.974	48	1.655	78	1.564	108	1.517
19	1.949	49	1.650	79	1.562	109	1.516
20	1.927	50	1.646	80	1.560	110	1.515
21	1.906	51	1.642	81	1.558	111	1.513
22	1.887	52	1.638	82	1.556	112	1.512
23	1.870	53	1.634	83	1.554	113	1.511
24	1.854	54	1.630	84	1.552	114	1.510
25	1.839	55	1.626	85	1.551	115	1.509
26	1.825	56	1.623	86	1.549	116	1.508
27	1.812	57	1.619	87	1.547	117	1.507
28	1.800	58	1.616	88	1.545	118	1.506
29	1.789	59	1.613	89	1.544	119	1.505
30	1.778	60	1.609	90	1.542	120	1.504
31	1.768	61	1.606	91	1.540	121	1.503

（续表）

$n=2-137$							
n	k_B	n	k_B	n	k_B	n	k_B
122	1.502	126	1.498	130	1.494	134	1.491
123	1.501	127	1.497	131	1.493	135	1.490
124	1.500	128	1.496	132	1.492	136	1.489
125	1.499	129	1.495	133	1.492	137	1.488

$n=138-\infty$							
n	k_B	n	k_B	n	k_B	n	k_B
138	1.487	168	1.467	198	1.451	340	1.409
139	1.487	169	1.466	199	1.450	345	1.408
140	1.486	170	1.465	200	1.450	350	1.407
141	1.485	171	1.465	205	1.448	355	1.406
142	1.484	172	1.464	210	1.446	360	1.405
143	1.483	173	1.464	215	1.444	365	1.404
144	1.483	174	1.463	220	1.442	370	1.403
145	1.482	175	1.463	225	1.440	375	1.402
146	1.481	176	1.462	230	1.438	380	1.402
147	1.480	177	1.461	235	1.436	385	1.401
148	1.480	178	1.461	240	1.434	390	1.400
149	1.479	179	1.460	345	1.433	395	1.399
150	1.478	180	1.460	250	1.431	400	1.398
151	1.478	181	1.459	255	1.430	425	1.395
152	1.477	182	1.459	260	1.428	450	1.391
153	1.476	183	1.458	265	1.427	475	1.388
154	1.475	184	1.458	270	1.425	500	1.386
155	1.475	185	1.457	275	1.424	525	1.383
156	1.474	186	1.457	280	1.422	550	1.381
157	1.473	187	1.456	285	1.421	575	1.378
158	1.473	188	1.456	290	1.420	600	1.376
159	1.472	189	1.455	295	1.419	625	1.374
160	1.472	190	1.455	300	1.417	650	1.372
161	1.471	191	1.454	305	1.416	675	1.371
162	1.470	192	1.454	310	1.415	700	1.369
163	1.470	193	1.453	315	1.414	725	1.367
164	1.469	194	1.453	320	1.413	750	1.366
165	1.468	195	1.452	325	1.412	775	1.364
166	1.468	196	1.452	330	1.411	800	1.363
167	1.467	197	1.451	335	1.410	825	1.362

（续表）

\multicolumn{8}{c}{$n = 138 - \infty$}							
n	k_B	n	k_B	n	k_B	n	k_B
850	1.361	950	1.356	2000	1.332	∞	1.282
875	1.359	975	1.355	3000	1.323		
900	1.358	1000	1.354	5000	1.313		
925	1.357	1500	1.340	10000	1.304		

8.5.11 正态分布单侧 A 基准值容限系数 k_A

表 8.5.11 中的 k_A 值由偏心参数为 $2.326\sqrt{n}$、自由度为 $n-1$ 的偏心 t 分布的 0.95 分位数的 $1/\sqrt{n}$ 倍来计算。表 8.5.11 中的 k_A 值的近似公式为：

$$k_A = 2.326 + \exp\{1.34 - 0.522\ln(n) + 3.87/n\} \tag{8.5.11}$$

对于 n 大于或等于 16 时该近似公式精确到表列值的 0.2% 误差以内。

表 8.5.11   正态分布 A 基准值单侧容限系数 k_A（见文献 8.5.11）

n	k_A	n	k_A	n	k_A	n	k_A
2	37.094	24	3.181	46	2.890	68	2.773
3	10.553	25	3.158	47	2.883	69	2.769
4	7.042	26	3.136	48	2.876	70	2.765
5	5.741	27	3.116	49	2.869	71	2.762
6	5.062	28	3.098	50	2.862	72	2.758
7	4.642	29	3.080	51	2.856	73	2.755
8	4.354	30	3.064	52	2.850	74	2.751
9	4.143	31	3.048	53	2.844	75	2.748
10	3.981	32	3.034	54	2.838	76	2.745
11	3.852	33	3.020	55	2.833	77	2.742
12	3.747	34	3.007	56	2.827	78	2.739
13	3.659	35	2.995	57	2.822	79	2.736
14	3.585	36	2.983	58	2.817	80	2.733
15	3.520	37	2.972	59	2.812	81	2.730
16	3.464	38	2.961	60	2.807	82	2.727
17	3.414	39	2.951	61	2.802	83	2.724
18	3.370	40	2.941	62	2.798	84	2.721
19	3.331	41	2.932	63	2.793	85	2.719
20	3.295	42	2.923	64	2.789	86	2.716
21	3.263	43	2.914	65	2.785	87	2.714
22	3.233	44	2.906	66	2.781	88	2.711
23	3.206	45	2.898	67	2.777	89	2.709

n	k_A	n	k_A	n	k_A	n	k_A
90	2.706	129	2.636	168	2.594	235	2.549
91	2.704	130	2.635	169	2.593	240	2.547
92	2.701	131	2.634	170	2.592	245	2.544
93	2.699	132	2.632	171	2.592	250	2.542
94	2.697	133	2.631	172	2.591	255	2.540
95	2.695	134	2.630	173	2.590	260	2.537
96	2.692	135	2.628	174	2.589	265	2.535
97	2.690	136	2.627	175	2.588	270	2.533
98	2.688	137	2.626	176	2.587	275	2.531
99	2.686	138	2.625	177	2.587	280	2.529
100	2.684	139	2.624	178	2.586	285	2.527
101	2.682	140	2.622	179	2.585	290	2.525
102	2.680	141	2.621	180	2.584	295	2.524
103	2.678	142	2.620	181	2.583	300	2.522
104	2.676	143	2.619	182	2.583	305	2.520
105	2.674	144	2.618	183	2.582	310	2.518
106	2.672	145	2.617	184	2.581	315	2.517
107	2.671	146	2.616	185	2.580	320	2.515
108	2.669	147	2.615	186	2.580	325	2.514
109	2.667	148	2.613	187	2.579	330	2.512
110	2.665	149	2.612	188	2.578	335	2.511
111	2.663	150	2.611	189	2.577	340	2.509
112	2.662	151	2.610	190	2.577	345	2.508
113	2.660	152	2.609	191	2.576	350	2.506
114	2.658	153	2.608	192	2.575	355	2.505
115	2.657	154	2.607	193	2.575	360	2.504
116	2.655	155	2.606	194	2.574	365	2.502
117	2.654	156	2.605	195	2.573	370	2.501
118	2.652	157	2.604	196	2.572	375	2.500
119	2.651	158	2.603	197	2.572	380	2.499
120	2.649	159	2.602	198	2.571	385	2.498
121	2.648	160	2.601	199	2.570	390	2.496
122	2.646	161	2.600	200	2.570	395	2.495
123	2.645	162	2.600	205	2.566	400	2.494
124	2.643	163	2.599	210	2.563	425	2.489
125	2.642	164	2.598	215	2.560	450	2.484
126	2.640	165	2.597	220	2.557	475	2.480
127	2.639	166	2.596	225	2.555	500	2.475
128	2.638	167	2.595	230	2.552	525	2.472

（续表）

n	k_A	n	k_A	n	k_A	n	k_A
550	2.468	725	2.449	900	2.436	3 000	2.385
575	2.465	750	2.447	925	2.434	5 000	2.372
600	2.462	775	2.445	950	2.433	10 000	2.358
625	2.459	800	2.443	975	2.432	∞	2.326
650	2.456	825	2.441	1000	2.430		
675	2.454	850	2.439	1500	2.411		
700	2.451	875	2.438	2000	2.399		

8.5.12　确定非参数的 B 基准值的观测值序号 r_B

当 $n>29$ 时，表 8.5.12 中 B 基准值的序号的近似公式为：

$$r_B \approx \frac{n}{10} - 1.645\sqrt{\frac{9n}{100}} + 0.23 \qquad (8.5.12)$$

四舍五入成最接近的整数。除范围（$29 \leqslant n \leqslant 10\,499$）内的 12 个 n 值外，该近似公式都是精确的。对于这些占比很小（0.1%）的 n 值，将该近似公式错开一个序号，偏于保守一侧。

表 8.5.12　用于确定非参数 B 基准值的观测值序号 r_B

n	r_B	n	r_B	n	r_B
28	(1)	251	18	638	52
29	1	263	19	660	54
46	2	275	20	682	56
61	3	298	22	704	58
76	4	321	24	726	60
89	5	345	26	781	65
103	6	368	28	836	70
116	7	391	30	890	75
129	8	413	32	945	80
142	9	436	34	999	85
154	10	459	36	1053	90
167	11	481	38	1107	95
179	12	504	40	1161	100
191	13	526	42	1269	110
203	14	549	44	1376	120
215	15	571	46	1483	130
227	16	593	48	1590	140
239	17	615	50	1696	150

（续表）

n	r_B	n	r_B	n	r_B
1 803	160	3 693	340	5 871	550
1 909	170	3 797	350	6 130	575
2 015	180	3 901	360	6 388	600
2 120	190	4 005	370	6 645	625
2 226	200	4 109	380	6 903	650
2 331	210	4 213	390	7 161	675
2 437	220	4 317	400	7 418	700
2 542	230	4 421	410	7 727	730
2 647	240	4 525	420	8 036	760
2 752	250	4 629	430	8 344	790
2 857	260	4 733	440	8 652	820
2 962	270	4 836	450	8 960	850
3 066	280	4 940	460	9 268	880
3 171	290	5 044	470	9 576	910
3 276	300	5 147	480	9 884	940
3 380	310	5 251	490	10 191	970
3 484	320	5 354	500	10 499	1 000[2]
3 589	330	5 613	525		

注：(1) 当 $n<28$ 时，B 基准值不存在。
(2) 当 $n>10499$，使用式 8.5.12。

8.5.13　确定非参数的 A 基准值的观测值序号 r_A

当 $n\geqslant299$ 时，表 8.5.13 中 A 基准值的序号的近似公式为：

$$r_A \approx \frac{n}{100} - 1.645\sqrt{\frac{99n}{10\,000} + 0.29} + \frac{19.1}{n} \qquad (8.5.13)$$

当 $n<299$ 时，不能计算 A 许用值。除范围（$299\leqslant n\leqslant11691$）内的 23 个 n 值外，该近似公式都是精确的。对于这些占比很小（0.2%）的 n 值，将该近似公式错开一个序号，偏于保守一侧（见文献 8.3.4.5.1）。

表 8.5.13　用于确定非参数的 A 基准值的观测值序号 r_A（见文献 8.3.6.6.4.1）

n	k_A	n	k_A	n	k_A	n	k_A
298	[1]	1 049	6	1 818	12	2 546	18
299	1	1 182	7	1 941	13	2 665	19
473	2	1 312	8	2 064	14	2 784	20
628	3	1 441	9	2 185	15	2 902	21
773	4	1 568	10	2 306	16	3 020	22
913	5	1 693	11	2 426	17	3 137	23

n	k_A	n	k_A	n	k_A	n	k_A
3254	24	5539	44	7763	64	9954	84
3371	25	5651	45	7874	65	10063	85
3487	26	5764	46	7984	66	10172	86
3603	27	5876	47	8094	67	10281	87
3719	28	5988	48	8204	68	10390	88
3834	29	6099	49	8314	69	10498	89
3949	30	6211	50	8423	70	10607	90
4064	31	6323	51	8533	71	10716	91
4179	32	6434	52	8643	72	10824	92
4293	33	6545	53	8753	73	10933	93
4407	34	6657	54	8862	74	11041	94
4521	35	6769	55	8972	75	11150	95
4635	36	6879	56	9081	76	11258	96
4749	37	6990	57	9190	77	11366	97
4862	38	7100	58	9300	78	11475	98
4975	39	7211	59	9409	79	11583	99
5088	40	7322	60	9518	80	11691	100[2]
5201	41	7432	61	9627	81		
5314	42	7543	62	9736	82		
5427	43	7653	63	9854	83		

注：(1) 当 $n < 299$，A 基准值不存在。
　　(2) 当 $n > 11691$ 时，使用式 8.5.13。

8.5.14　小样本非参数 B 基准值

表 8.5.14 中的数值基于文献 8.3.4.5.2(a)。

表 8.5.14　小样本非参数 B 基准值因子（见文献 8.3.6.6.4.2(a)）

n	r_B	k_B	n	r_B	k_B
2	2	35.177	12	7	1.814
3	3	7.859	13	7	1.738
4	4	4.505	14	8	1.599
5	4	4.101	15	8	1.540
6	5	3.064	16	8	1.485
7	5	2.858	17	8	1.434
8	6	2.382	18	9	1.354
9	6	2.253	19	9	1.311
10	6	2.137	20	10	1.253
11	7	1.897	21	10	1.218

（续表）

n	r_B	k_B	n	r_B	k_B
22	10	1.184	26	11	1.060
23	11	1.143	27	11	1.035
24	11	1.114	28	12	1.010
25	11	1.087			

8.5.15 小样本非参数 A 基准值

表 8.5.15 中的数值基于文献 8.3.4.5.2(b)。

表 8.5.15 小样本非参数 A 基准值参数（见文献 8.3.6.6.4.2(b)）

n	k_A	n	k_A	n	k_A
2	80.00380	29	1.99791	62	1.51053
3	16.91220	30	1.96975	64	1.49520
4	9.49579	31	1.94324	66	1.48063
5	6.89049	32	1.91822	68	1.46675
6	5.57681	33	1.89457	70	1.45352
7	4.78352	34	1.87215	72	1.44089
8	4.25011	35	1.85088	74	1.42881
9	3.86502	36	1.83065	76	1.41724
10	3.57267	37	1.81139	78	1.40614
11	3.34227	38	1.79301	80	1.39549
12	3.15540	39	1.77546	82	1.38525
13	3.00033	40	1.75868	84	1.37541
14	2.86924	41	1.74260	86	1.36592
15	2.75672	42	1.72718	88	1.35678
16	2.65889	43	1.71239	90	1.34796
17	2.57290	44	1.69817	92	1.33944
18	2.49660	45	1.68449	94	1.33120
19	2.42833	46	1.67132	96	1.32324
20	2.36683	47	1.65862	98	1.31553
21	2.31106	48	1.64638	100	1.30806
22	2.26020	49	1.63456	105	1.29036
23	2.21359	50	1.62313	110	1.27392
24	2.17067	52	1.60139	115	1.25859
25	2.13100	54	1.58101	120	1.24425
26	2.09419	56	1.56184	125	1.23080
27	2.05991	58	1.54377	130	1.21814
28	2.02790	60	1.52670	135	1.20620

（续表）

n	k_A	n	k_A	n	k_A
140	1.19491	185	1.11486	230	1.05935
145	1.18421	190	1.10776	235	1.05417
150	1.17406	195	1.10092	240	1.04914
155	1.16440	200	1.09434	245	1.04426
160	1.15519	205	1.08799	250	1.03952
165	1.14640	210	1.08187	275	1.01773
170	1.13801	215	1.07595	299	1.00000
175	1.12997	220	1.07024		
180	1.12226	225	1.06471		

8.5.16　离散系数的近似置信限的临界值

表 8.5.16 中列出了当 γ 等于 0.90, 0.95 和 0.99 时，自由度为 n_1 的 χ^2 分布的 u_1 和 u_2 以及第 $100(1+\gamma)/2$ 和第 $100(1\gamma)/2$ 百分位点的值。

表 8.5.16　离散系数的近似置信限的临界值

n	置信水平					
	下限 C_l			上限 C_u		
	0.99	0.95	0.90	0.90	0.95	0.99
2	0.3562	0.4461	0.5101	15.989	31.999	160.051
3	0.4344	0.5207	0.5778	4.415	6.285	14.124
4	0.4834	0.5665	0.6196	2.920	3.729	6.467
5	0.5188	0.5991	0.6493	2.372	2.874	4.396
6	0.5464	0.6242	0.6720	2.089	2.453	3.485
7	0.5688	0.6444	0.6903	1.915	2.202	2.980
8	0.5875	0.6612	0.7054	1.797	2.035	2.660
9	0.6036	0.6755	0.7183	1.711	1.916	2.439
10	0.6177	0.6878	0.7293	1.645	1.826	2.278
20	0.7018	0.7604	0.7939	1.370	1.461	1.666
30	0.7444	0.7964	0.8255	1.280	1.344	1.487
40	0.7718	0.8191	0.8453	1.232	1.284	1.397
50	0.7914	0.8353	0.8594	1.202	1.246	1.341
60	0.8065	0.8476	0.8701	1.181	1.220	1.303
70	0.8185	0.8574	0.8785	1.165	1.200	1.274
80	0.8284	0.8654	0.8855	1.152	1.185	1.252
90	0.8368	0.8722	0.8913	1.142	1.172	1.235
100	0.8440	0.8780	0.8963	1.134	1.162	1.220
125	0.8583	0.8895	0.9062	1.118	1.142	1.193

（续表）

| n | 置信水平 | | | | | |
| | 下限 C_l | | | 上限 C_u | | |
	0.99	0.95	0.90	0.90	0.95	0.99
150	0.8692	0.8982	0.9137	1.106	1.128	1.173
200	0.8849	0.9106	0.9243	1.090	1.109	1.147
250	0.8959	0.9193	0.9317	1.080	1.096	1.129
500	0.9243	0.9416	0.9507	1.055	1.066	1.088

8.5.17　正态分布均值验收界限的单侧容限系数

表 8.5.17 中所列数值用于确定两组数据间的等同性和建立材料最小均值的规范要求。这些常数用于检查均值下降的等同性检验。表中的数值取自文献 8.3.5.4 (b) 与文献 8.5.17。

表 8.5.17　正态分布均值的验收界限的单侧容限系数

| α | 样本数目（n） | | | | | | | | |
	0.2	3	4	5	6	7	8	9	10
0.5	0.1472	0.1591	0.1539	0.1473	0.1410	0.1354	0.1303	0.1258	0.1217
0.25	0.6266	0.5421	0.4818	0.4382	0.4048	0.3782	0.3563	0.3379	0.3221
0.1	1.0539	0.8836	0.7744	0.6978	0.6403	0.5951	0.5583	0.5276	0.5016
0.05	1.3076	1.0868	0.9486	0.8525	0.7808	0.7246	0.6790	0.6411	0.6089
0.025	1.5266	1.2626	1.0995	0.9866	0.9026	0.8369	0.7838	0.7396	0.7022
0.01	1.7804	1.4666	1.2747	1.1425	1.0443	0.9678	0.9059	0.8545	0.8110
0.005	1.9528	1.6054	1.3941	1.2488	1.1411	1.0571	0.9893	0.9330	0.8854
0.0025	2.1123	1.7341	1.5049	1.3475	1.2309	1.1401	1.0668	1.0061	0.9546
0.001	2.3076	1.8919	1.6408	1.4687	1.3413	1.2422	1.1622	1.0959	1.0397
0.0005	2.4457	2.0035	1.7371	1.5546	1.4196	1.3145	1.2298	1.1596	1.1002
0.00025	2.5768	2.1097	1.8287	1.6363	1.4941	1.3835	1.2943	1.2203	1.1578
0.0001	2.7411	2.2429	1.9436	1.7390	1.5877	1.4701	1.3752	1.2966	1.2301
0.00005	2.8595	2.3389	2.0266	1.813	1.6553	1.5326	1.4337	1.3517	1.2824
0.000025	2.9734	2.4313	2.1065	1.8844	1.7204	1.5928	1.4900	1.4048	1.3327
0.00001	3.1179	2.5487	2.2079	1.9751	1.8031	1.6694	1.5616	1.4723	1.3968

8.5.18　正态分布个体值的验收界限的单侧容限系数

表 8.5.18 中所列数值用于确定两组数据间的等同性和建立材料最小个体值的规范要求。这些常数用于检查个体值下降的等同性检验。表中的数值取自文献 8.3.5.4(b) 与文献 8.5.17。

表 8.5.18　正态分布个体值的验收界限的单侧容限系数

α	样本数目(n)								
	2	3	4	5	6	7	8	9	10
0.5	0.7166	1.0254	1.2142	1.3498	1.4548	1.5400	1.6113	1.6724	1.7258
0.25	1.2887	1.5407	1.6972	1.8106	1.8990	1.9711	2.0317	2.0838	2.1295
0.1	1.8167	2.0249	2.1561	2.2520	2.3272	2.3887	2.4407	2.4856	2.525
0.05	2.1385	2.3239	2.4420	2.5286	2.5967	2.6527	2.7000	2.7411	2.7772
0.025	2.4208	2.5888	2.6965	2.7758	2.8384	2.8900	2.9337	2.9717	3.0052
0.01	2.7526	2.9027	2.9997	3.0715	3.1283	3.1753	3.2153	3.25	3.2807
0.005	2.9805	3.1198	3.2103	3.2775	3.3309	3.3751	3.4127	3.4455	3.4745
0.0025	3.1930	3.3232	3.4082	3.4716	3.5220	3.5638	3.5995	3.6307	3.6582
0.001	3.4549	3.5751	3.6541	3.7132	3.7603	3.7995	3.8331	3.8623	3.8883
0.0005	3.6412	3.7550	3.8301	3.8864	3.9314	3.9690	4.0011	4.0292	4.0541
0.00025	3.8188	3.9270	3.9987	4.0526	4.0958	4.1319	4.1628	4.1898	4.2138
0.0001	4.0421	4.1439	4.2117	4.2629	4.304	4.3384	4.3678	4.3936	4.4166
0.00005	4.2035	4.3011	4.3664	4.4157	4.4554	4.4886	4.5172	4.5422	4.5644
0.000025	4.3592	4.4530	4.5160	4.5637	4.6022	4.6344	4.6620	4.6863	4.7079
0.00001	4.5573	4.6466	4.7069	4.7527	4.7897	4.8206	4.8473	4.8707	4.8915

8.5.19　双侧 t 分布的上侧与下侧分位数

表 8.5.19 中所列值用于确定两组数据间的等同性和建立材料最小和/或最大均值的规范要求。这些常数用于检查均值上升或用于检查均值变化(或升或降)的等同性检验。表中的数值取自文献 8.3.5.4(b)与文献 8.5.17。

表 8.5.19　双侧 t 分布的上侧与下侧分位数

n	a									
	0.4	0.25	0.1	0.05	0.025	0.01	0.005	0.0025	0.001	0.0005
1	0.325	1	3.078	6.314	12.706	31.821	63.657	127.32	318.31	636.62
2	0.289	0.816	1.886	2.920	4.303	6.965	9.925	14.089	23.326	31.598
3	0.277	0.765	1.638	2.353	3.182	4.541	5.841	7.453	10.213	12.924
4	0.271	0.741	1.533	2.132	2.776	3.747	4.604	5.598	7.173	8.610
5	0.267	0.727	1.476	2.015	2.571	3.365	4.032	4.773	5.893	6.869
6	0.265	0.718	1.440	1.943	2.447	3.143	3.707	4.317	5.208	5.959
7	0.263	0.711	1.415	1.895	2.365	2.998	3.499	4.029	4.785	5.408
8	0.262	0.706	1.397	1.860	2.306	2.896	3.355	3.833	4.501	5.041
9	0.261	0.703	1.383	1.833	2.262	2.821	3.250	3.690	4.297	4.781
10	0.260	0.700	1.372	1.812	2.228	2.764	3.169	3.581	4.144	4.587
11	0.260	0.697	1.363	1.796	2.201	2.718	3.106	3.497	4.025	4.437
12	0.259	0.695	1.356	1.782	2.179	2.681	3.055	3.428	3.930	4.318

（续表）

n	a									
	0.4	0.25	0.1	0.05	0.025	0.01	0.005	0.0025	0.001	0.0005
13	0.259	0.694	1.350	1.771	2.160	2.650	3.012	3.372	3.852	4.221
14	0.258	0.692	1.345	1.761	2.145	2.624	2.977	3.326	3.787	4.140
15	0.258	0.691	1.341	1.753	2.131	2.602	2.947	3.286	3.733	4.073
16	0.258	0.690	1.337	1.746	2.120	2.583	2.921	3.252	3.686	4.015
17	0.257	0.689	1.333	1.740	2.110	2.567	2.898	3.222	3.646	3.965
18	0.257	0.688	1.330	1.734	2.101	2.552	2.878	3.197	3.610	3.922
19	0.257	0.688	1.328	1.729	2.093	2.539	2.861	3.174	3.579	3.883
20	0.257	0.687	1.325	1.725	2.086	2.528	2.845	3.153	3.552	3.850
21	0.257	0.686	1.323	1.721	2.080	2.518	2.831	3.135	3.527	3.819
22	0.256	0.686	1.321	1.717	2.074	2.508	2.819	3.119	3.505	3.792
23	0.256	0.685	1.319	1.714	2.069	2.500	2.807	3.104	3.485	3.767
24	0.256	0.685	1.318	1.711	2.064	2.492	2.797	3.091	3.467	3.745
25	0.256	0.684	1.316	1.708	2.060	2.485	2.787	3.078	3.450	3.725
26	0.256	0.684	1.315	1.706	2.056	2.479	2.779	3.067	3.435	3.707
27	0.256	0.684	1.314	1.703	2.052	2.473	2.771	3.057	3.421	3.690
28	0.256	0.683	1.313	1.701	2.048	2.467	2.763	3.047	3.408	3.674
29	0.256	0.683	1.311	1.699	2.045	2.462	2.756	3.038	3.396	3.659
∞	0.253	0.674	1.282	1.645	1.960	2.326	2.576	2.807	3.090	3.291

参 考 文 献

8.1.4　　　　Moore D S, McCabe G P. Introduction to the Practice of Statistics, Second Edition [M]. W. H. Freeman, New York, 1993.

8.3.2.2　　　Scholz F W, Stephens M A. K-Sample Anderson-Darling Tests of Fit [J] Journal of the American Statistical Association, Vol 82, 1987, pp. 918 - 924.

8.3.3.1(a)　　Snedecor G W, Cochran W G. Statistic Method [M]. 7th ed., The Iowa State University Press, 1980:252 - 253.

8.3.3.1(b)　　Stefansky W. Rejecting Outliers in Factorial Designs [J]. Technometrics, Vol 14, 1972:469 - 479.

8.3.4.1(a)　　Lehmann E L. Testing Statistical Hypotheses [M]. John Wiley & Sons, 1959: 274 - 275.

8.3.4.1(b)　　Levene H. Robust Tests for Equality of Variances in Contributions to Probability and Statistics [M]., ed. I. Olkin, Palo, Alto, CA: Stanford University Press, 1960.

8.3.4.1(c)　　Conover W J, Johnson M E, Johnson M M. A Comparative Study of Tests for Homogeneity of Variances, with Applications to the Outer Continental Shelf Bidding Data [J]. Technometrics, 1981, 23:351 - 361.

8.3.6.5   Lawless J F. Statistical Models and Methods for Lifetime Data [M]. John Wiley & Sons, 1982, pp.150,452 – 460.

8.3.6.6.4.1   Metallic Materials and Elements for Aerospace Vehicle Structures, MIL –HDBK – 5E [S]. Naval Publications and Forms Center, Philadelphia, Pennsylvania, 1 June 1987, 9 – 166, 9 – 167.

8.3.6.6.4.2(a)   Hanson D L, Koopmans L H. Tolerance Limits for the Class of Distribution with Increasing Hazard Rates [J]. Annals of Math. Stat., 1964, 35:1561 – 1570.

8.3.6.6.4.2(b)   Vangel M G. One-Sided Nonparametric Tolerance Limits [J]. Communications in Statistics: Simulation and Computation, 1994, 23:1137.

8.3.6.7   Vangel M G. New Methods for One-Sided Tolerance Limits for a One-Way Balanced Random Effects ANOVA Model [J]. Technometrics, 1992, 34:176 – 185.

8.3.7.1(a)   Draper N R, Smith H. Applied Regression Analysis [M]. 2nd ed., John Wiley & Sons, 1981.

8.3.7.1(b)   Hinkelmann K, Kempthorne O. Design and Analysis of Experiments Volume 1: Introduction to Experimental Design [M]. New York, John Wiley & Sons, 1994.

8.3.7.1(c)   Scheffé H. The Analysis of Variance [M]. John Wiley & Sons, 1959.

8.3.7.1(d)   Box G E P, Hunter W G, Hunter J S. Statistics for Experimenters [M]. John Wiley & Sons, 1981.

8.3.7.1(e)   Pierce D A, Kopecky K J. "Testing Goodness-of-Fit for the Distribution of Errors in Regression Models [J]. Biometrika, 1979, 66:1 – 5.

8.3.7.2   Searle S R. Linear Models [M]. John Wiley & Sons, 1971:473 – 474.

8.3.8   Tukey J W. Exploratory Data Analysis [M]. Addison-Wesley Publishing Company, 1977.

8.3.8.1   Parzen E. A Density-Quantile Function Perspective on Robust Estimation," Robustness in Statistics [M]. Academic Press, New York, 1979.

8.3.8.2(a)   Parzen E. Entropy Interpretation of Tests for Normality by Shapiro-Wilk Statistics [C]. presented at the Twenty-Eighth Conference on the Design of Experiments in Army Research, Development, and Testing, 20 – 22 October 1982, Monterey, California.

8.3.8.2(b)   Parzen E. Informative Quantile Function and Identification of Probability Distribution Types[R]. Technical Report A – 26, Department of Statistics, Texas A&M University (August 1983).

8.4.3.2   Vangel M G. Confidence Intervals for a Normal Coefficient of Variation[J]. The American Statistician, 1996, 14:21 – 26.

8.4.6(a)   Papirno R. Average Stress-Strain Curves for Resin Matrix Composites [J]. Composite Technology Review, 1986:107 – 116.

8.4.6(b)   Papirno R. Algebraic Approximations of Stress-Strain Curves for Kevlar-Reinforced Composites[J]. Journal of Testing and Evaluation, 1985, 13:115 – 122.

8.5.2   Johnson N L, Kotz S. Distributions in Statistics: Continuous Univariate Distributions – 1 [M].John Wiley & Sons, 1970:176.

8.5.9   Jones R A, Ossiander M, Scholz F W, et al. Tolerance Bounds for Loggamma Regression Model [J]. Technometrics, 1985, 27:109 - 118.

8.5.11   Odeh R E, Owen D B. Tables of Normal Tolerance Limits, Sampling Plans and Screening[M]. Marcel Dekker, 1980.

8.5.17   Vangel M. Acceptance and Compliance Testing Using the Sample Mean and an Extrema [J]. submitted to Technometrics, 2001.